精通資料視覺化
用試算表和程式說故事

Hands-On Data Visualization
Interactive Storytelling from Spreadsheets to Code

Jack Dougherty & Ilya Ilyankou 著
張雅芳 譯

O'REILLY®

目錄

前言 .... **ix**

簡介 .... **xv**

第 I 部　基礎技能

第一章　選擇說故事的工具 **1**

為你的資料故事打草稿 1

選擇工具時要考量的十大因素 4

我們推薦的工具 9

使用密碼管理器 10

總結 11

第二章　提高試算表技能 **13**

選擇試算表工具 15

下載為 CSV 或 ODS 格式 17

製作 Google 試算表的副本 19

共用你的 Google 試算表 20

上傳並轉換為 Google 試算表 21

Google 試算表中的地理編碼地址 23

使用 Google 表單收集資料......26
排序和篩選資料......28
使用公式計算......31
使用資料透視表來彙整資料......33
使用 VLOOKUP 比對資料欄......38
試算表 vs. 關聯式資料庫......42
總結......45

第三章 尋找和質疑你的資料......47
引導搜尋的問題......47
公開資料和私人資料......52
遮蔽或彙整敏感資料......55
開放式資料儲存庫......56
資料溯源......59
識別不良資料......60
質疑你的資料......63
總結......65

第四章 清理凌亂的資料......67
使用 Google 試算表進行智慧清理......68
尋找並取代為空白......69
轉置列和欄......71
將資料拆為個別的欄......72
將資料合併為一欄......75
使用 Tabula 從 PDF 擷取表格......76
使用 OpenRefine 來清理資料......79
總結......86

第五章 進行有意義的比較......87
精確地描述比較......87

將資料正規化 90
留意偏誤比較 93
總結 95

第 II 部　建構視覺化

第六章　將資料轉成圖表 99
圖表設計原則 103
Google 試算表圖表 114
條形圖和柱形圖 114
直方圖 122
圓餅圖、折線圖和面積圖 126
Datawrapper 圖表 131
帶注釋的圖表 132
範圍圖 137
散佈圖和泡泡圖 140
Tableau Public 圖表 146
用 Tableau Public 製作散佈圖 147
篩選折線圖 152
總結 157

第七章　將資料製成地圖 159
地圖設計原則 162
設計熱度地圖的顏色和間隔 169
正規化熱度地圖資料 178
用 Google My Maps 製作點地圖 179
用 Datawrapper 製作符號點地圖 187
用 Datawrapper 製作熱度地圖 193
用 Tableau Public 製作熱度地圖 202

用 Socrata 開放資料製作即時地圖 209
總結 216

第八章　表列你的資料 217
表格設計原則 218
帶有迷你圖的 Datawrapper 表 220
其他製表工具 227
總結 227

第九章　嵌入網頁 229
靜態圖片與互動式 iframe 230
取得嵌入程式碼或 iframe 標籤 233
將程式碼或 iframe 貼到網站上 240
總結 243

第III部　程式碼樣版和進階工具

第十章　使用 GitHub 編輯和託管程式碼 247
複製、編輯和託管簡單的 Leaflet 地圖樣版 249
將 GitHub Pages 連結轉換為 iframe 257
在 GitHub 上新增儲存庫並上傳檔案 258
用 GitHub 桌面和 Atom 文字編輯器有效率地寫程式 263
總結 275

第十一章　Chart.js 和 Highcharts 樣版 277
用 Chart.js 製作條形圖或柱形圖 279
用 Chart.js 製作誤差線 282
用 Chart.js 製作折線圖 284
用 Highcharts 製作帶注釋的折線圖 285
用 Chart.js 製作散佈圖 287

用 Chart.js 製作泡泡圖 289
總結 291

第十二章 **Leaflet 地圖樣版 293**
用 Google 試算表製作 Leaflet 地圖 296
用 Google 試算表製作 Leaflet 故事圖 310
取得 Google 試算表 API 密鑰 324
用 CSV 資料製作 Leaflet 地圖 329
用 CSV 資料製作 Leaflet 熱圖點 331
Leaflet 可搜尋的點地圖 332
用開放資料 API 製作 Leaflet 地圖 335
總結 337

第十三章 **轉換你的地圖資料 339**
地理空間資料和 GeoJSON 340
尋找 GeoJSON 邊界檔案 344
用 GeoJson.io 進行繪圖和編輯 345
用 Mapshaper 進行編輯和合併 350
將壓縮的 KMZ 轉換為 KML 363
用 Map Warper 進行地理對位 365
使用美國人口普查的批次地理編碼 367
將點樞軸轉換為多邊形資料 368
總結 371

第IV部 講述真實、有意義的故事

第十四章 **測謊和降低偏誤 375**
如何用圖表說謊 376
如何用地圖說謊 387

辨別並減少資料偏誤 392
辨識並減少空間偏誤 396
總結 400

第十五章 講述和呈現你的資料故事 401
在分鏡腳本上建構敘述 402
吸引注意力到意義上 405
標注來源和不確定性 408
確定你的資料故事格式 410
總結 410

附錄 A 解決常見問題 411

索引 423

前言

這本入門書將教你使用網路上免費易學的工具來說故事，並用資料做呈現。你將學到如何從簡單的拖放式工具開始（例如 Google 試算表、Datawrapper 和 Tableau Public），為你的網站設計出互動式圖表和客製化地圖。跟著步驟式的教學、真實的範例和線上資源，你還會逐步學到如何在 GitHub 上編輯 Chart.js、Highcharts 和 Leaflet 等開源程式模組。本書非常適合學生、教育者、社會運動者、非營利組織、小型企業主、地方政府、記者、研究人員，或任何想要述說故事並顯示資料的人。你無須具備寫程式的經驗。

受眾與概述

身為教育者，我們設計的這本書，是為了讓新手學習資料視覺化的關鍵概念，並透過實際的案例來進一步強化知識。除了基本的電腦知識以及對高中數學的模糊記憶外，讀者並不需要先具備其他知識。根據本書初稿所收到的意見回饋來看，全球已經有許多讀者透過這本書自學，也有其他教育者將它當作教科書來教學。

我們的副標題「**從試算表到程式碼——互動式說故事**」說明了本書的範圍是從增強基本技能，到編輯開源程式碼模版，並同時持續關注講述真實有意義的資料故事。我們解釋了**為什麼**以及**如何**進行視覺化，並鼓勵讀者對社會上建構資料的方式，以及它服務了或忽略誰了的利益，進行批判性的思考。

和坊間許多專注於推銷特定軟體應用程式的電腦書籍不同，本書會介紹二十幾種不同的視覺化工具，都是免費而且容易學習的。我們也提供了指南，建議在未來不斷發展的數位工具之間，如何做出明智的選擇。透過樣本資料集和教學，你將製作十幾個不同的互動式圖表、地圖和表格，並在公開的網路上與其他讀者分享這些資料故事。

這本入門書雖然全面，但並不收錄某些進階主題。例如討論到有意義的資料比較方法時，並沒有深入探討統計資料分析領域。此外，本書將焦點放在具有友善圖形使用者介面（GUI）的軟體工具，而不是那些要求你記住並輸入指令的軟體工具，例如功能強大的R統計套件。最後，雖然書中教讀者如何使用 Chart.js、Highcharts 和 Leaflet 庫來修改 HTML-CSS-JavaScript 程式碼模版，但不會探索更進階的視覺化函式庫，例如 D3（*https://d3js.org*）。儘管如此，我們相信所有閱讀本書的人都會獲得一些新的、且有價值的東西。

實作學習建議

使用已連接上網的筆記型電腦或桌上型電腦，跟著我們的步驟教學來學習。本書中介紹的大多數工具都是線上的，建議你使用 Firefox、Chrome、Safari 或 Edge 瀏覽器的最新版本。我們不建議使用 Internet Explorer，因為許多網路服務都不再正確支援此舊瀏覽器。在 Mac 或 Windows 上可以完成所有教學，如果你使用的是 Chromebook 或 Linux 電腦，應該仍然可以完成大部分的教學，在特定的地方，我們會指出限制之處。雖然在平板電腦或智慧手機上也可能完成部分教學，但我們不建議你這樣做，因為這些較小的設備會使你無法完成幾個關鍵步驟。

如果你使用的是筆記型電腦，請考慮購買或借用外接滑鼠。有些讀者表示，使用外接滑鼠來點按、懸停和捲動，會比使用內建觸控板要容易許多。如果你不熟悉電腦，或者正在使用本書來指導新學員，請考慮從 Goodwill Community Foundation（*https://oreil.ly/8VLJb*）的基本電腦和滑鼠教學開始。此外，如果你正在筆記型電腦上閱讀本書的數位版本，最好能夠連接第二台螢幕，或與平板電腦或第二台電腦一起使用。這樣就可以一個螢幕用來閱讀，另一個螢幕上實際動手製作資料視覺化。

章節大綱

本書章節是逐步累積，朝我們的中心目標邁進：使用資料講述真實而有意義的故事。

簡介探討了資料視覺化的重要性，並顯示圖表、地圖和文字如何引導我們進入故事或隱瞞真相。

第 *I* 部：基礎技能

第 1 章協助你走過勾勒故事草圖的過程，並選擇能夠有效講述故事的視覺化工具。

第 2 章先從基礎開始，接著介紹使用資料透視表和 lookup 公式來整理和分析資料，以及地理編碼外掛程式，和使用線上表單收集資料的方法。

第 3 章提供尋找可靠資訊的具體策略，同時提出了更深層次的問題：資料真正代表了什麼，以及它為誰服務。

第 4 章介紹如何使用試算表和更高階的工具來發現與修復不一致和重複資料，以及如何使用數位文件製作額外的表格。

第 5 章提供常識性的策略來分析和正規化資料，同時留意帶有偏見的做法。

第 *II* 部：建立視覺化

第 6 章介紹如何使用簡單易學的拖放式工具來建立視覺化，以及哪種視覺化最適合哪種資料故事。

第 7 章著重於建立包括空間元素等不同類型的視覺化，以及在設計真實且有意義的地圖時會面臨的挑戰。

第 8 章介紹如何製作互動式表格，包括稱為 sparkline 的縮圖視覺化。

第 9 章承襲了前幾章的內容，示範如何複製和修改嵌入的程式碼，將視覺化內容發佈到線上，與更廣泛的受眾分享你的作品。

第 *III* 部：程式碼模版和進階工具

第 10 章介紹了一個用來修改和分享開源視覺化程式碼模版的熱門平台的網路介面。

第 11 章將開源程式碼模版組合在一起，製作可以客製化和託管在網路上任何地方的圖表。

第 12 章收集了開源程式碼模版，以建立各式各樣的地圖來傳達你的資料故事。

第 13 章將更深入地探討地理空間資料和簡單易學的工具，以客製化地圖資料。

第 *IV* 部：講述真實有意義的故事

第 14 章探討如何使用圖表和地圖來說謊，以教你如何用更好的方式說實話。

第 15 章將所有先前的章節統整一起，強調資料視覺化不僅只是數字，而且是真實的敘述，能夠說服讀者為什麼你的解讀是重要的。

附錄：「解決常見問題」是當視覺化工具或程式碼無法運作時的應對指南，這也是一個學習的好方法。

本書編排慣例

本書使用以下排版慣例：

斜體字（*Italic*）

表示新術語、URL、電子郵件地址、檔名、欄位名稱和副檔名。中文以楷體表示。

定寬字（`Constant width`）

用於程式列表，以及在段落中引用程式元素，例如變數或函式名稱、資料庫、資料類型、環境變數、陳述句和關鍵字。

定寬粗體字（**`Constant width bold`**）

顯示指令或其他應由使用者直接輸入的文字。

定寬斜體字（*`Constant width italic`*）

顯示應由使用者提供的值或由上下文確定的值來替換掉的文字。

此元素表示提示或建議。

該元素表示一般性說明。

此元素表示警告或注意。

感謝

2016 年，我們在康乃狄克州哈特福市市的三一學院（Trinity College）的學生及社區合作夥伴的入門課程中，以一個不同的標題《**所有人的資料視覺化**》推出了本書的先行版草稿，讓他們透過互動式圖表和地圖說出他們自己組織單位的資料故事。Veronica X. Armendariz（三一學院 2016 年畢業生）擔任了出色的助教，並擔任最早的教學。在 2017 年，我們與很棒的共同講師 Stacy Lam（三一學院 2019 年畢業生）和 David Tatem（教學技術專家）推出了免費的線上 Trinity edX 課程（*https://oreil.ly/-lq7k*），他們貢獻了豐富的想法和無數個小時。

迄今為止，雖然只有一小部分學生實際完成了為期六週的課程（*https://oreil.ly/6QbUq*），但已有超過 23,000 名學生開始了這門 edX 課程。也要感謝製作了 edX 課程影片的 Trinity 資訊技術服務的工作人員和朋友：Angie Wolf、Sean Donnelly、Ron Perkins、Samuel Oyebefun、Phil Duffy 和 Christopher Brown。三一學院的社區學習和資訊技術服務辦公室慷慨地為從事早期草案工作的學生提供了資金。

我們十分感謝幫助我們學習本書中所教授的技能的許多個人與組織，尤其是《**康乃狄克鏡報**》的前資料記者 Alvin Chang 和 Andrew Ba Tran；Michael Howser、Steve Batt 及他們在康乃狄克大學圖書館地圖和地理資訊中心（MAGIC）的同事；以及三一學院網站開發總監 Jean-Pierre Haeberly。此外，由衷感謝人文與技術營（THATCamp，由 George Mason 大學的 Roy Rosenzweig 歷史與新媒體中心和 Andrew W. Mellon 基金會贊助）活動的與會人員，他們啟發 Jack 開始對程式碼感到好奇，並鼓勵他和他的學生們在陽光基金會贊助的「透明營」中探索用於公共利益的公民技術。

我們也很高興有機會在由 Scott Harul 和 Doug Shipman（哈特福市公開捐贈「Public Giving」基金會的前負責人），以及 Michelle Riordan-Nold（康乃狄克州資料協作組織「Data Collaborative」）所主持的資料研討會上，分享我們正在進行的工作。

根據讀者、教育者和編輯之回饋意見，我們在 2020 年重新編寫了整個草稿，以重新組織結構、加深概念並增強教學。我們感謝 O'Reilly Media 出版社每一位與我們一起完成此書的人，尤其是傑出的開發編輯 Amelia Blevins、細膩的文案編輯 Stephanie English、井然有序的生產編輯 Katie Tozer，以及他們團隊的其他成員： Nick Adams、Jonathan Hassel 和 Andy Kwan。我們也感謝 O'Reilly 三位技術編審的支援：Carl Allchin、Derek Eder 和 Erica Hayes，他們提供了出色的評論，協助我們改善書稿。

也要感謝分享了對於文字或程式碼模版草稿之意見的讀者： Jen Andrella、Gared Bard、Alberto Cairo、Fionnuala Darby-Hudgens、Nick Klagge、Federico Marini、Elizabeth Rose、Lisa Charlotte Rost、Xavier Ruiz、Laura Tateosian、Elizabeth von Briesen 和 Colleen Wheeler。

簡介

為什麼要進行資料視覺化？

在這本書中，你會透過結合了設計原則和步驟教學的章節，來學習如何製作真實而有意義的資料視覺化，使這些以資訊為基礎的分析和論述，更具洞察力和吸引力。正如句子若有證據和來源注釋會更有說服力一樣，當資料驅動的文章搭配上適當的表格、圖表或地圖時，也變得更加強大。文字告訴我們故事，但視覺化將定量、關係或空間上的模式轉換為影像，向我們展示資料故事。經過精心設計的視覺化，會將我們的注意力吸引到資料中最重要的部分，而這是很難單靠文字來溝通的。

我們的書中使用了許多免費、易學的數位工具來製作**資料視覺化**。我們廣義地將它定義為「**圖表**」，它將資料編碼為影像，並加上空間維度成為**地圖**。雖然**表格**無法以相同的方式說明資料，但我們也將它們收錄在書中，因為在指導新學習者的決策過程當中，通常結論都是製作這三種形式的其中之一。此外在這個數位時代，我們將資料視覺化定義為：只要「修改通常儲存在資料文件中的基礎資訊，就能輕鬆地重新利用」的影像。這與通常設計成單次使用的**資訊圖**（*infographics*）是不同的[1]。

身為教育者，我們藉由本書來介紹關鍵概念，並為新學習者提供步驟教學。你可以用它來自學，或使用這本書來教別人。此外，相較於許多只將焦點放在一種工具上的技術書籍，本書推薦了 20 多種免費且易於使用的視覺化工具中供你選擇。最後，雖然有些書籍將焦點放在只能在紙本或 PDF 文件上發佈的**靜態**視覺化內容，但本書示範了如何設計**互動式**

1 請注意，其他資料視覺化書籍使用這些術語的方法可能不同。例如，在 Alberto Cairo 的《*How Charts Lie: Getting Smarter About Visual Information*》（W.W. Norton & Company, 2019）一書中（*https://oreil.ly/wXcBX*, p. 23），所有的視覺化都被定義為「圖表」（charts）。

表格、圖表和地圖，並將其嵌入到網路上。互動式的視覺化能引發受眾與資料進行互動、探索他們感興趣的模式、下載需要的檔案，並在社群媒體上輕鬆分享你的成果。

在過去的十年中，資料視覺化已在網路上廣泛散播。在現今的網頁瀏覽器中，我們遇到的數位圖表和地圖比以往的印刷時代多。但是快速成長也帶來了嚴重的問題。現在「資訊時代」與「虛假時代」交疊了。幾乎每個人都可以在網上發佈資訊，那麼要如何才能明智地判斷要信任誰？當你看到關於分裂性的政策議題（例如社會不平等或氣候變遷）等相互矛盾的資料故事時，你該相信哪一個？在下一單元中，我們要深入討論這個棘手的話題，探討哪種證據具有說服力及其原因。我們將分享一個關於資料視覺化的暗黑小秘密：它照亮了我們追求真理的道路，但同時也讓我們掌握了欺騙和說謊的能力。

你能相信什麼？

首先，你如何知道是否能相信本書的作者？我們有可能正在欺騙你嗎？你如何確定哪些資訊是真實的？讓我們從一個簡單的單句陳述開始。

範例 I-1

> 自 1970 年代以降，美國的經濟不平等現象急劇上升。

你是否相信此一聲明？也許你過去從未用這樣的方式思考過這個主題（若是如此，有很多資訊都可以為你提供幫助）。你的回應可能取決於此陳述與你先前的信念一致或者相反。或者，也許你被教導要對缺乏支援證據的主張抱持懷疑態度（如果是的話，要感謝你的老師）。好，讓我們前往下一個更複雜的雙句陳述，其中一句話引用了一個來源。

範例 I-2

> 在 1970 年，美國收入最高的 10% 成年人平均收入為 $135,000（現今幣值），而收入最低的 50% 成年人平均收入約為 $ 16,500。依據「世界不平等資料庫」（World Inequiality Database）的資料，這種不平等差距在隨後的五十年急劇擴大，最高收入攀升至約 $350,000 美元，而最低 50% 的收入僅增至 19,000 美元[2]。

2 World Inequality Database, "Income Inequality, USA, 1913–2019," accessed 2020, *https://oreil.ly/eUYZn*.

範例 I-2 比範例 I-1 更具可信度嗎？它將最高 10% 與最低 50% 的平均收入進行時間變化後的比較，藉此來定義何為經濟不平等，並提出了更為精確的聲明。同樣的，範例 I-2 將聲明的依據鎖定在特定的來源上，並請讀者依照註腳進一步閱讀。但是這些因素如何影響其說服力？範例 I-2 是否會引您探問來源的可信度，以及它對「收入」的定義？它的措辭用語是否讓你好奇兩個極端之外的 40% 人口的情況？

為了回答其中的一些問題，讓我們為範例 I-2 補充一些資訊，如表 I-1 所示。

表 I-1　1970-2019 年美國成年人平均收入[a]

美國收入階層	1970	2019
前 10%	$136,308	$352,815
中 40%	$44,353	$76,462
後 50%	$16,515	$19,177

[a] 以 2019 年定值美元價格顯示。20 歲以上的個人在繳稅和政府移轉前的國民收入，但包含養老金繳款和分配。資料來源：2020 年世界不平等資料庫（*https://oreil.ly/eUYZn*）。

表 I-1 是否使範例 I-2 更具說服力？因為此表格與和上面雙句陳述關於最高與最低收入水準的內容是相同的，應該沒有任何差異，但此表格更有效地傳達了證據，並提出了更具說服力的案例。

對於許多人來說，比起複雜的句子，整理在格子中的數字之間的關係，更容易閱讀和理解。當你的眼睛掃過各欄時，你會自動注意到收入最高的 10% 人的收入遽增，隨著時間幾乎翻了三倍，而收入最低的 50% 的人幾乎沒有動搖。此外，此表還提供了文字所缺少的、關於中間 40% 的更多資訊，這些人的收入隨時間有所成長，但幅度不及收入最高者。此外，表格底部的注釋進一步說明資料是以 2019 年定值美元來顯示，代表 1970 年代的數字已經過調整，反映生活成本和美元購買力在半個世紀以來的變化。此注釋還簡要地提及了世界不平等資料庫用來計算收入的其他術語（例如稅收、政府移轉和養老金），不過你可能需要查閱原始資料來獲得更清楚的定義。社會科學家使用不同的方法來衡量收入不平等，但通常報告的發現與此處顯示的結果相似[3]。

3　世界不平等資料庫奠基於經濟學家 Thomas Piketty、Emmanuel Saez 及其同事的工作成果，他們依據自陳報告的問卷與美國國稅局的大量納稅申報表，建立了美國歷史收入資料。參見世界不平等資料庫中的 WID 方法（*"Methodology," 2020, https://oreil.ly/F4SNk*）。參見 Chad Stone 等人的方法論方法概述：*"A Guide to Statistics on Historical Trends in Income Inequality"*（*Center on Budget and Policy Priorities, January 13, 2020*）, *https://oreil.ly/uqAzm*。參見皮尤慈善信託基金會由 Julia Menasce Horowitz、Ruth Igielnik 和 Rakesh Kochhar 撰寫的 *"Trends in US Income and Wealth Inequality"* 中關於美國收入不平等的相似發現（*Pew Research Center's Social & Demographic Trends Project, January 9, 2020*）, *https://oreil.ly/W5nPq*。

有些圖片更具說服力

現在，讓我們用資料視覺化（尤其是圖 I-1 中的折線圖）來代替表格，比較一下哪個更有說服力。

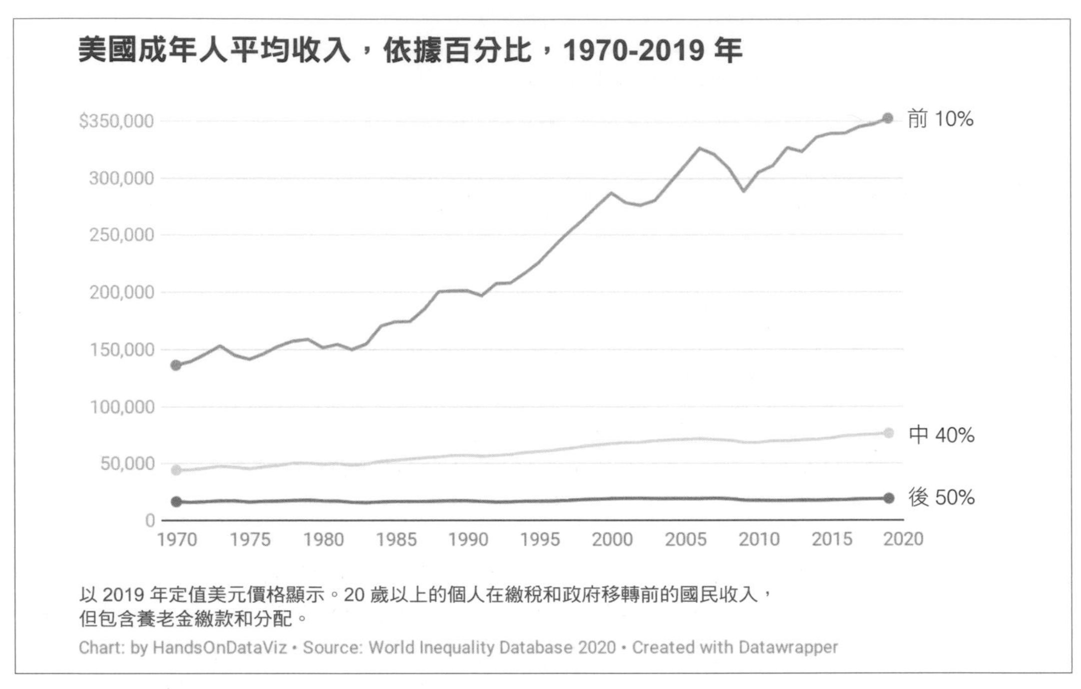

圖 I-1　探索一下美國成年人收入不平等之互動式折線圖（*https://oreil.ly/x0Phg*）。

圖 I-1 比表 I-1 更具說服力嗎？由於折線圖內含的歷史起點和終點與表格相同，因此應該不會有任何區別。但它同時傳達了一個強大、視覺化的收入差距的資料故事，比表格更有效地吸引了你的注意力。

當你的視線沿著頁面上的水平彩色線條移動時，頂層、中間層和底層之間的不平等現象逐漸擴大。此圖表也將大量的詳細資訊塞進一張影像中。仔細觀察，你還會發現頂層收入等級在 1970 年代相對穩定，接著從 1980 年代飆升到現在，並且與其他收入線之間的距離越來越遠。同期間，中等收入階層隨著時間略有上升，而最低階層的命運仍然相對平穩，在 2007 年達到頂峰，然後在過去十年的大部分時間回落。常言道：富者更富，窮者更窮。但此圖表顯示了這些財富的成長有多快，而貧困仍然原地踏步。

現在讓我們來看看圖 I-2。它內含了與圖 I-1 相同的資料，但是以不同的格式顯示。你應該相信哪個圖表呢？別忘了我們警告過，要留心那些使用資料視覺化來說謊的人。

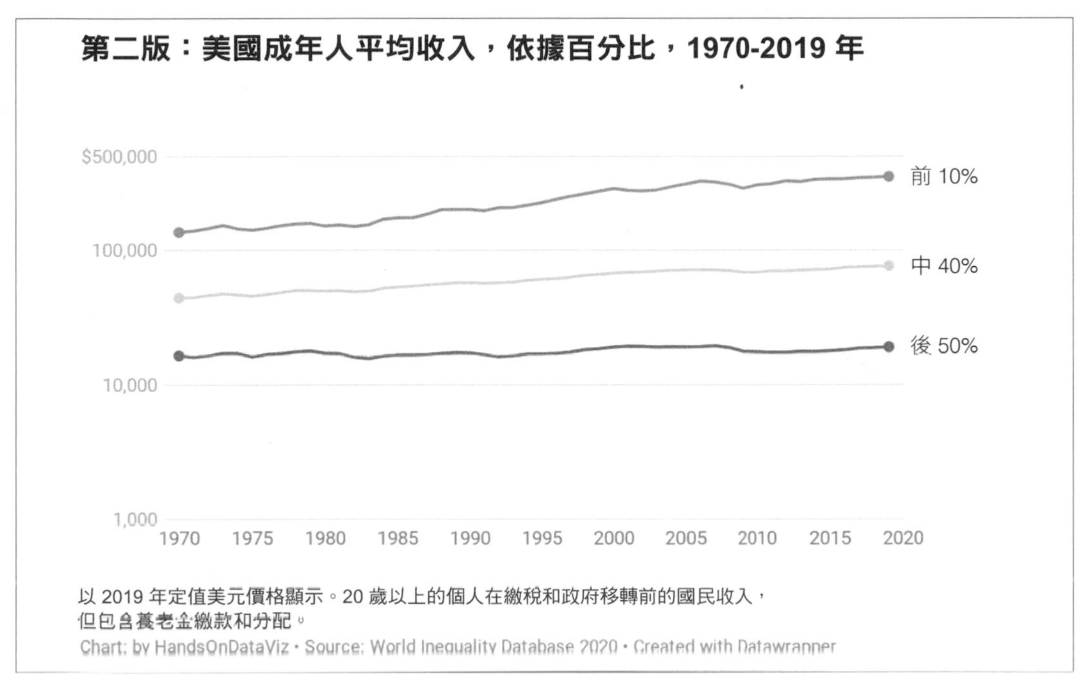

圖 I-2　探索美國成年人之收入不平等隨時間變化的互動式折線圖的替代版本（*https://oreil.ly/vECje*），使用與第一版相同的資料。

這是怎麼回事？如果圖 I-2 的資料與圖 I-1 相同，為什麼看起來截然不同？原本不平等差距的巨幅成長似乎已經消除了？發生了什麼事？危機突然消失了嗎？只是個騙局嗎？

雖然圖 I-2 中的圖表在技術上是準確的，但我們故意將它設計來誤導讀者。仔細查看縱軸上的標籤。第一個數字和第二個數字之間（$1,000 到 $10,000）的距離，與第二個和第三個數字（$ 10,000 到 $ 100,000）之間的距離相同，但呈現了差距極大的金額（$9,000 對 $90,000）。這是因為此圖表是用對數尺度（*https://oreil.ly/Hr4dL*）製作的，它最適合顯示指數成長。

你可能還記得在 COVID-19 疫情期間看到的對數尺度，將它們用來呈現傳統線性尺度很難顯示的極高成長率是很適合的。第二張圖表的資料點和尺度標籤是吻合的，因此在技術上是準確的，但它具有誤導性，因為沒有理由使用對數尺度來呈現此收入資料，除非是想要隱瞞這場危機。圖表可以用來闡明事實，也可以用來掩蓋事實。

真相的不同陰影

讓我們將收入不平等的分析，擴充到單一國家之外。範例 I-3 加入了比較性的證據及其來源。與先前美國範例顯示了三個收入層級之歷史資料不同，這個全球範例將重點放在每個國家中收入最高的 1% 的最新資料。此外，這項全球性的比較，衡量的並非美元收入，而是收入最高的 1% 人口占了國民收入的百分比。換句話說，它呈現每個國家中最富有的 1% 人口占了圓餅圖的多少範圍。

範例 I-3

> 在美國，收入不平等現象更為嚴重，美國最富有的 1% 人口目前占全國收入的 20%。相比之下，在大多數歐洲國家中，最富有的 1% 人口所占比例較小，介於全國收入的 6% 至 15% 之間[4]。

讓我們延續相同的思路，對範例 I-3 進行視覺化補充以評估其說服力。雖然我們可以製作表格或圖表，但這並不是快速展示 120 多個國家資訊的最有效方法。因為這是空間資料，所以讓我們將它轉換為互動式地圖，協助我們辨識出地域性模式，並鼓勵讀者去探究全球收入等級，如圖 I-3 所示。

與範例 I-3 相比，圖 I-3 是否更具說服力？地圖和文字提供了關於美國和歐洲的收入不平等的相同資料，所以應該沒有差別，但是地圖將你帶入一個有力的故事中，生動地描繪了貧富之間的鴻溝，類似上面的圖表範例。地圖中的顏色預示著危機，因為紅色在許多文化中都表現出了急迫性。美國（以及包括俄羅斯和巴西在內的其他幾個國家）的收入不平等情況，以圖例中的最高的深紅色凸顯出來，收入最高的 1% 占國民收入的 19% 或以上。相較之下，當你的視線跨到大西洋另一端時，幾乎所有的歐洲國家都呈現淺米色和橘色，代表沒有緊急危機，因為他們的最高所得者在國民收入中所占的比例較小。

現在讓我們來介紹圖 I-4 的替代地圖，它包含的資料與圖 I-3 相同，但以不同的格式呈現。你應該相信哪張地圖？

---

4 World Inequality Database, "Top 1% National Income Share," 2020, accessed 2020, *https://oreil.ly/fwQQV*.

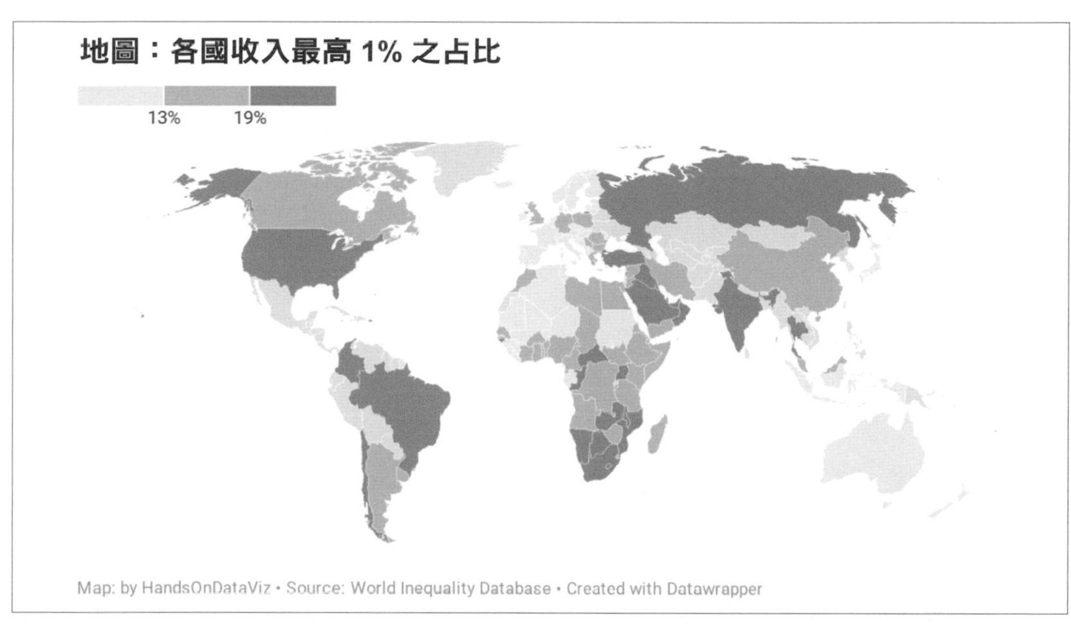

圖 I-3　探索全球收入不平等的互動式地圖（*https://oreil.ly/6CUz-*），此地圖依據可獲得的最新資料，由最高 1% 的人口在國民收入中所占的比例來衡量。資料來源：世界不平等資料庫 2020（*https://oreil.ly/fwQQV*）。

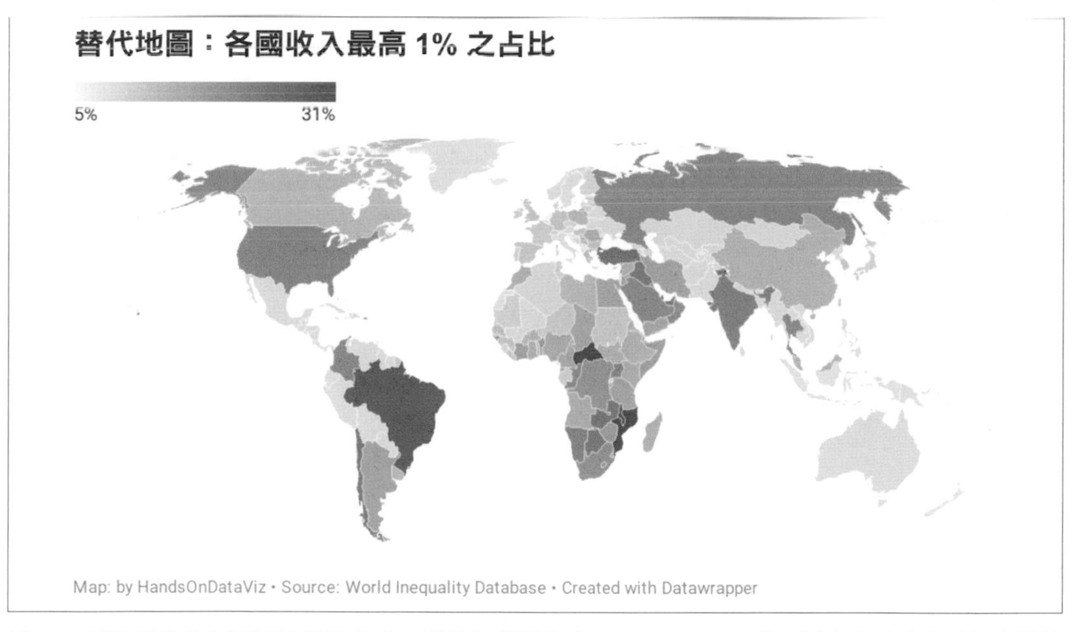

圖 I-4　探索世界收入不平等的互動式地圖的替代版本（*https://oreil.ly/-l9bM*），圖中使用的資料與之前的地圖相同。

為什麼圖 I-4 看起來與圖 I-3 不同？現在美國從深紅色變成深藍色，在光譜上更接近加拿大和大多數歐洲國家。不平等危機是否已從美國逐漸消失，轉向了深藍色的巴西？哪張地圖說的是實話？

這一次，兩張地圖都沒有誤導。雖然在我們眼中產生了截然不同的印象，但兩張地圖都透過合理的設計選擇，對資料進行了真實的解釋。要了解原因，請仔細查看地圖圖例。第一張地圖將國家分為三類（小於 13%%、13-19% 以及 19% 及以上），而第二張地圖則以綠藍色漸變顯示了整個範圍。由於美國的比例為 20.5%，因此在第一張地圖中，它落在最高位置的深紅色，而在第二張地圖中，它是靠近中間的藍色位置。但是，這兩張地圖都是同等有效的，因為它們既沒有違反地圖設計中的定義性規則，也沒有故意掩蓋資料。地圖可以用來誤導，但是能描述真相的地圖也可能不止一張。

資料視覺化本質的可解釋性，形成了嚴峻的挑戰。身為本書的作者，我們的目標是引導你製作真實而有意義的圖表。我們會指引你遵循良好設計的原則，鼓勵你深思熟慮，並嘗試用範例來做教導。有時我們甚至會告訴你**不要**做什麼。但資料視覺化是一門狡猾的學科，有時藝術多於科學。我們知道圖表和地圖可以被操縱（就像文字一樣）來誤導觀眾，所以我們也會展示常見的欺騙手段，協助你在他人的作品中發現它們，並有意識地避免使用。但是初學者對於資料視覺化有些模糊的規則，可能會感到沮喪。通常，一個問題沒有**唯一**的正確答案，但會有**幾種**可行的解決方案，每一種都各有優缺點。

身為學習者，你的任務是不斷尋找**更好的答案**，而非期望找到**一個正確的答案**，尤其是隨著視覺化的方法和工具不斷發展，人們持續發明新方法來展示真相，更是如此。

本書的編排

我們將本書各章編排成一本資料視覺化的入門實作指南，從試算表到程式碼。另外，除了對電腦操作的一般熟悉程度、對高中數學的模糊記憶，以及對於用資料說故事的天生好奇心之外，你不需預先具備其他技能。這本書分為四個部分。

在第 I 部中，你會發展出構想資料故事的基礎技能，以及說這些故事所需的工具和資料。我們會從第 1、2、3、4 到第 5 章循序漸進，這些章節將以實例教學為主，透過邊做邊學，使學習更豐富。

在第 II 部中，你會使用容易上手的拖放式工具來製作大量的視覺化，並探索哪些類型最適合哪一種資料故事。我們將從第 6、7 和 8 章開始，並加深你了解每種視覺化類型所強調的解釋風格。在第 9 章中，你會學習到如何將這些互動式視覺化加到常用的網路平台上，以邀請讀者探索你的資料，並更廣泛地分享你的成果。

在第 III 部中，你會進階到更強力的工具，尤其是能讓你更加掌控客製視覺化效果的外觀，以及線上託管之位置的程式碼模版。我們將從第 10 章開始，指引你使用受歡迎的開源編碼平台之簡單網路介面。接著，你會使用第 11 章和第 12 章來製作視覺化，並在第 13 章中探索更進階的空間工具。在本書的最後，我們提供了「附錄：解決常見問題」，作為你意外弄壞程式碼時的參考，這也是學習程式碼運作原理的好方法。

在第 IV 部中，我們將回到此簡介的核心主題，來總結你學到的所有視覺化技能：使用資料講述真實而有意義的故事。在第 14 章中，你會學到如何用圖表和地圖來說謊，以便在述說真相上做得更好。最後，第 15 章將強調資料視覺化的目的不僅只是製作一些與數字相關的圖片，而是用來闡述論點，告訴讀者你的解讀以及重點為何。

總結

現在你對這本書的主要目標應該有了更清晰的認識。我們的目標是讓你學習如何透過互動式資料視覺化，來講述真實而有意義的故事，同時留意人們可能用視覺化來誤導他人的方式。下一章，我們會告訴你如何準備一個資料故事，以及在選擇工具時所需要考慮的因素。

第 I 部

基礎技能

第一章

選擇說故事的工具

如果你對現今可用的大量數位工具感到不知所措，你並不孤單。如果你只想完成日常工作，那麼跟上最新的軟體發展狀況，可能會讓你覺得是額外的心力，而非分內的工作。數位工具持續不斷地變化和發展。如果你熱愛嘗試，也喜歡在不同的選項中進行選擇，這對你來說就是個好消息；但如果你沒有時間做出複雜的決定，這個消息就不怎麼優了。

本章將引導你走過決策過程。我們將從最重要的步驟：為資料故事打草稿開始，幫助你找出你所需的有效工具。接下來，我們將在第 4 頁查看「選擇工具時要考量的十大因素」。最後，在第 9 頁會有「我們推薦的工具」，此外還有一個額外工具可以幫助你進行歸類整理：在第 10 頁上「使用密碼管理器」。所有這些工具都是免費的，書中會逐步介紹，從簡單易學的初學者工具，到更進階、能夠進一步掌控作品之託管位置和外觀的強大工具。

為你的資料故事打草稿

在深入探索數位工具之前，讓我們先來關注最重要的內容：我們的資料故事。我們製作視覺化的用意，是協助講述一個關於我們收集到的資訊的故事——此敘事吸引了觀眾對資料片段當中有意義的模式和重要見解的關注。在你的資料故事中，要幫助觀眾看到整座森林，而不是列出每棵樹。

但是在資料視覺化專案的早期階段，有一個普遍的問題是：我們對資料故事的關鍵部分或它們如何串在一起，還不十分清楚。這是完全正常的。解決此問題的最佳方法之一，是將尚未完整成形的想法從頭腦中移到紙上的快速練習，以協助你和工作夥伴能看得更清楚。

進行此練習時，請離開你的電腦，拿出我們最喜歡的老派工具：

- 幾張空白紙
- 彩色鉛筆、原子筆或簽字筆
- 你的想像力。

準備好用文字和圖片勾勒出你的資料故事（不需任何繪畫技巧）：

1. 在第一張紙上，寫下激發你做這個資料專案的動力。如果需要提示的話，試試填寫以下空格：**我們需要找出 ___________ ，以便 ___________** 。

   在許多情況下，人們會帶著一個資訊導向的問題來進行資料視覺化，希望藉此實現更宏大的目標。例如在撰寫本書初稿時，我們的問題陳述是：**我們需要找出讀者對資料視覺化的背景和興趣，以便寫出滿足他們需求的更佳入門指南。**

2. 在第二張紙上，**將問題陳述重寫為一個問句**。寫出你確實還不知道答案的問題，並標上問號。

   如果你的大腦忍不住想嘗試回答這個問題，請抗拒這份衝動。反之，將注意力集中在使用更精確的措辭來構想問題，而不限制可能的結果範圍。例如，在撰寫本書的初稿時，我們的問題是：**本書的讀者如何描述他們之前在資料視覺化方面的經驗？他們的教育程度是？學習目標是？**雖然我們有一些初步的猜測，但老實說我們當時並不知道答案，所以這是一個真心的問題。

3. 在第三張紙上，**畫上圖片和箭頭來表示你要如何找到能夠回答這些問題的資料。**

   你是在附近區域上門採訪居民，還是向客戶發送線上問卷，或者從美國人口普查下載家庭收入和郡縣地圖？畫出資料收集過程的示意圖，表示你預計如何將不同的資訊彙整在一起。例如，在編寫本書的初稿時，我們要求讀者填寫一份快速的線上問卷，並提醒他們不要輸入任何私人資料，因為我們會在一個公開的試算表上分享他們的回覆。

4. 在第四張紙上，畫出最少一種在你獲得資料之後預計製作的視覺化形式。

   你是否想像了某種類型的圖表，例如條形圖、折線圖或散佈圖？還是你想像某種可能帶有點或多邊形的地圖？如果你的視覺化將是互動式的，請嘗試使用按鈕和多幾張紙來展示概念。你可以在此階段加上虛構資料，因為它只是初步草圖而已。盡情的玩！

Step 1：問題

我們需要找出讀者在資料視覺化方面的背景和興趣，以便寫出更好的簡介來符合他們的需求。

Step 2：陳述→提問

本書讀者對資料視覺化的先前經驗、教育程度和學習目標是什麼？

Step 3：尋找資料

Step 4：視覺化

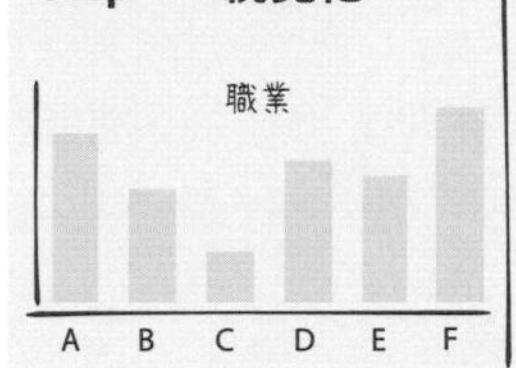

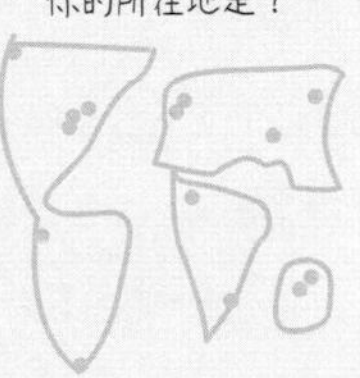

此練習在許多方面對你都有幫助，無論你是自己進行，或者更棒的是與團隊夥伴一起，如圖 1-1。首先，將想法從頭腦轉移到紙上，不僅會使你的思維更清晰，也更容易與他人溝通。勾勒出構想之後，你可以反覆思考、聆聽回饋意見，刪掉不夠好的構想，並在新的紙張上將它替換為更好的構想。如果你的初始草圖過於複雜或混亂，那就將這些想法拆解在不同的頁面上，讓它們更加一致。

圖 1-1　資料故事草稿練習可以單獨完成，但團隊合作的成效更好。在我們的資料視覺化課程中，會讓大學生和社區合作夥伴協力為專案構想資料故事。

第二，將這些頁面當成分鏡腳本（storyboard）來看。將它們散佈在桌子上，重新排列順序，並定義故事的三個基本階段：開始、中間和結束。此外，這些頁面還可以幫助你整理想法，思考如何將資料故事傳達給更廣大的受眾，例如做成幻燈片簡報，或做成報告或網頁中的段落和圖片。不要丟掉這些草稿，我們在書末的第 15 章會回到此練習上。

最後，這個草稿練習可以協助你確認你應將重點放在本書的哪些章節。如果你對於要去哪裡搜尋資料感到困惑，請查閱第 3 章。如果你想要製作圖表或地圖，但需要不同類型的範例，請參閱第 6 章和第 7 章的開頭。

現在你對自己要說的故事有了更清晰的認識，對於要製作的視覺化內容也有了一些初步的想法，在接下來的兩個單元中，我們將討論用來完成任務的工具，以及在決定使用哪種視覺化工具時應考慮的因素。

選擇工具時要考量的十大因素

要在看似不計其數的數位工具當中做出決定，可能會讓人大感吃不消。為了協助你做出決定，我們列出了評估新的視覺化工具或線上服務時，應該考慮的 10 個關鍵因素。在比較各個選項時，許多決定都牽涉到折衷的做法，在想要和需要之間達成平衡，例如易用性與多種功能。我們相信透過關鍵因素的確認，每位讀者對哪些工具最適合自己，都能夠做出更明智的決定，畢竟每個人都是不同的。此外，我們用了廣泛的措辭來進行歸類，因為這些概念也可以應用在你的數位生活中的其他方面，但是後續會細談它們與資料視覺化的關聯。

1. 簡單易學

學習新工具需要多少時間？在我們忙碌的生活中，這通常是最重要的因素，但也存在著很大的差異，因為每個人需要投入的時間和精力，取決於你過去使用相關工具和掌握關鍵概念的經驗。

本書使用「**簡單工具**」的標籤來標識最適合初學者的工具（甚至有些進階使用者也愛用）。它們通常有圖形使用者介面（GUI），代表你可以透過下拉選單或拖放式步驟來操作，而非記住得在黑色畫面上鍵入的指令。更好的解決方案還提供了使用者友善（user-friendly）的錯誤訊息，可在你轉錯方向時，引導你回到正軌。

在本書的後半段，我們將介紹一些**功能強大的工具**，這些工具可以提供更多針對視覺化效果的控制和客製化，例如可以複製和編輯的程式碼模版，這會比從頭寫起容易得多。整體而言，在決定要在本書中收錄哪些工具時，我們將「簡單易學」放在清單的頂端。實際上，我們從本書的初稿中刪除了一個熱門的免費拖放式工具，因為我們覺得不是很好上手。當你有幾個不錯的選擇時，請選擇簡單的。

2. 免費或可負擔的

此工具可以免費使用嗎？或是提供免費的基本功能，進階功能則要付費的免費增值（freemium）模式？還是需要一次性購買或每月訂閱費用？當然，對於「可負擔的」這件事，答案因人而異。

我們完全理解許多軟體開發人員的商業模式需要穩定的收入，也都願意為工作所需的工具付費。如果你經常仰賴某一個工具來完成自己的工作而沒有其他顯而易見的選擇，那麼在經濟上支援他們持續生存，將是你的最大利益。不過，在編寫本書的過程中，我們訝異於市面上有這麼多免費提供給使用者的高品質資料視覺化工具。為了提高讀者對資料視覺化的運用，我們推薦的每個工具都是免費的，或者其核心功能是可以免費使用的。

3. 功能強大

此工具是否提供你預期所需的所有功能？舉例來說，它是否為你的專案提供足夠多的資料視覺化類型？雖然一般來說圖表種類越多越好，但是有些類型的圖表隱晦難懂，很少使用，例如雷達圖（*https://oreil.ly/B-LVF*）和瀑布圖（*https://oreil.ly/7f6AF*）。此外，也要留意可上傳的資料量限制，或對你製作的視覺化的限制。舉例來說，我們刪除了一個免費工具，因為這家公司開始要求當你的地圖在線上被瀏覽一百次之後，就必須開始付費。此外，此工具可以客製視覺化外觀的程度有多大？由於拖放式和免費增值工具通常會限制顯示的選項，因此在這些工具與更強大且可客製化的工具之間，你可能就必須做出權衡。在本書中，我們將從簡單的工具開始介紹，然後逐漸在每章中介紹更進階的工具，以協助你找出兼具簡易性和強大功能的理想組合。

4. 支援

開發人員是否定期維護和更新，並針對問題和狀況做出回應？是否有活躍的使用者社群能夠支援此工具，並分享使用知識？如果你使用數位工具的歷史和我們一樣久，那麼你就會懂得工具停止開發時所造成的痛苦。例如，Killed By Google（*https://killedbygoogle.com*）網站列出了這家價值數十億美元的公司所關閉的近兩百個應用程式和線上服務。當中有一個廣受歡迎的資料視覺化工具 Google Fusion Tables，此工具曾在本書的初稿中占據了一整章的篇幅，但是當 Google 在它營運 10 年後的 2019 年關掉了此工具時，我們便將它刪去了。

雖然沒有人能預測哪些線上工具會持續存在，但是在將它們納入本書之前，我們尋找了它們提供積極支援的跡象，例如定期更新、在 GitHub 開發人員的網站上獲得的好評，以及在 Stack Overflow 使用者論壇中的提問回答。但是永遠不要以為未來會和過去一樣。數位工具的不斷發展，代表某些工具已經消失了。

5. 移動性

在工具中**轉入**和**轉出**資料容易嗎？舉例來說，當我們發現某知名軟體公司製作的線上故事地圖工具雖然可以讓使用者輕鬆上傳位置、文字和照片，卻無法將所有的工作成果轉出時，我們就停止推薦了！

隨著數位技術必然的演變，所有資料都會需要遷移到另一個平台上，你必須為這樣的轉移做好準備。將這件事比照「歷史的保存」來看待，以提高這些專案將來在未來會出現的其他平台上繼續順利運作的可能性。如果你目前的工具開發商宣布下個月即將結束服務，你是否能夠輕鬆地將所有背後的資料擷取為常用文件格式，以便上傳到其他工具中？要提前保護視覺化成果的關鍵步驟，是確保你的資料檔案，與產生圖表或地圖的展示軟體，能夠輕鬆地分割開來。在為本書推薦工具時，我們偏愛那些支援資料下載，以供未來進行遷移的工具。

6. 安全性和隱私性

此類別結合了關於安全性和隱私性的相關問題。首先，此線上工具或服務是否採取了合理的預防措施，來保護你的個資免受駭客和惡意軟體的攻擊？查看維基百科上的重大資料外洩事件（*https://oreil.ly/8LJj0*），以協助你做出明智的決定。如果你的工具開發商最近遇到了惡意的資料駭客攻擊，請關切一下他們是否有任何應對措施。

其次，當你使用瀏覽器開啟此工具時，它是否會追蹤你在不同網站上的網路活動？此外也請留意由維基百科彙整的全球各國政府網際網路審查現況（*https://oreil.ly/D6NmK*），但若你剛好是在中國閱讀這本書就無法開啟了，因為中國自 2019 年 4 月起全面封鎖維基百科（*https://oreil.ly/6nAL_*）。

最後，此工具是否清楚說明，你輸入的資料或製作的成果將會保持隱密或公開？舉例來說，某些公司免費提供視覺化工具的功能，但交換條件是，你必須公開自己的資料、圖表和地圖。如果你使用的是開放資料，而且原本就計劃要免費分享你的視覺化成果，如像許多記者和學者一樣，那麼這種折衷可能是可以接受的。無論如何，在開始使用工具之前，請確認服務條款中有明確的定義。

7. 協作

此工具是否允許團隊一起工作，並共同協作資料視覺化？若是如此，此工具是否允許不同層級的權限或版本控制，以防止團隊成員意外覆蓋彼此的進度？前幾代的數位工具主要是為單一使用者設計的，一部分的用意是解決之前出現的安全性和隱私問題。但是今日，許多資料視覺化專案需要多位團隊成員的存取和貢獻。協作對於成功至關重要。身為本書的共同作者，我們一起編寫文字內容，也共同製作了許多視覺化，因此偏好使用新一代的團隊合作工具環境。

8. 跨平台

此類別指的是數位內容的製作和使用。首先，此工具是否可以在不同的電腦作業系統上運作？在本書中，我們特別介紹了幾種可以在任何現今的網頁瀏覽器中運作的工具，它們通常（但不完全都是）可以在所有主要的桌上型電腦和筆記型電腦平台上運作（例如 Windows、Mac、Chromebook 和 Linux）。在必要時，我們會註明某些工具只能在特定的電腦作業系統上運作，這通常代表在低價的電腦上無法使用。

其次，此工具製作的視覺化是否能適應不同螢幕尺寸？換言之，它是否可以在較小的設備（例如智慧手機和平板電腦）上產生令人滿意的圖表和地圖？在本書中，我們偏好能在較小的設備上顯示響應式（responsive）內容的跨平台工具，但是不期望在小型設備上操作工具來製作視覺化。換句話說，當我們說某個工具可以在任何現今網頁瀏覽器中運作時，不一定包括手機和平板電腦的瀏覽器，不過有時它們也能運作。

9. 開源

此工具的軟體程式碼是否可以公開檢視？程式碼是否可以修改與重新發佈，讓其他開發人員提出改進建議，或者製作新功能或擴充功能？我們知道許多開發人員依賴非公開的專屬程式碼來銷售其工具並賺取利潤，本書也收錄了其中的一些。但是，我們對於永續社群（成員包括志願者、非營利組織，和一些肯定開源程式碼開發所帶來的經濟優勢的營利企業）透過不同類型的開源許可所提供的各種高品質的資料視覺化工具，感到印象深刻。在為本書推薦工具時，我們會特別標註可用的開源選項。

10. 視障讀者可用性

此工具是否能夠製作視障讀者也能讀取的視覺化？雖然數十年前已通過殘障者權益保護法，但是數位技術仍然落在法規之後，追趕的速度緩慢，尤其是在資料視覺化的領域。不過有一些工具內含了內建的色盲檢測（*https://oreil.ly/Z231v*），並提供了專為弱視族群使用螢幕閱讀器時所設計的圖表類型（*https://oreil.ly/4XzXO*），如圖 1-2。

以上為在決定是否將其他工具加到我們的數位工具箱裡時，我們會考慮的 10 個因素。正如你在下一單元中會讀到的，我們經常需要做出讓步。當然，你列出的因素可能不同，可能包括其他至關重要、但有時更難判斷的價值，例如軟體開發人員的商業道德或對公益的貢獻。無論你重視什麼標準，都必須在決策過程中明確表達這些標準，並告知他人哪些因素會影響你的選擇。

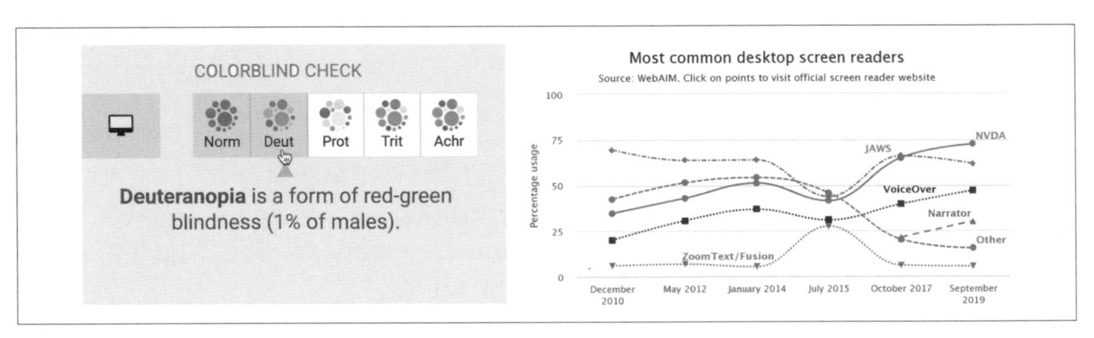

圖 1-2　左圖：Datawrapper 內建色盲檢測。右圖：專為弱視設計的 Highcharts 折線圖。

另外也請考慮其他人對工具決策的看法。當視覺化設計師 Lisa Charlotte Rost 將她用 24 種不同的工具製作同一張圖表的絕妙實驗寫下來時（*https://oreil.ly/qIVcx*），得到了這個結論：「沒有完美工具，只有針對特定目標的好工具。」同樣的，當數位歷史學家 Lincoln Mullen 針對數位工具提出謹慎選擇的建言時（*https://oreil.ly/YsqCs*），他的第一個建議是：「你可以用來完成任務的工具，就是最好的工具。」不要陷入常見的陷阱，以為只要使用另一種新工具，你的生產力就會提高。Mullen 的第二條建議是：「選擇當地同事使用的工具。」即使其他工具客觀上更好，但是可能比不上在當地環境、與夥伴使用一個不那麼厲害的工具的相互支援和協作[1]。

1　Lisa Charlotte Rost, "What I Learned Recreating One Chart Using 24 Tools" (Source, December 8, 2016), *https://oreil.ly/qIVcx;* Lincoln Mullen, "How to Make Prudent Choices About Your Tools" (ProfHacker, August 14, 2013), *https://oreil.ly/YsqCs*。關於教育工具的條件請參閱 Audrey Watters 的 "The Audrey Test: Or, What Should Every Techie Know About Education?" (Hack Education, March 17, 2012), *https://oreil.ly/cD9-Q*.

現在你已經思考過工具決策背後的不同因素了，下一單元會有我們對本書讀者的建議總覽及簡潔的說明，並連結到介紹它們的個別章節。

我們推薦的工具

在編寫本書時，我們將目標放在找出初學者可能會遇到的、最基本的資料視覺化任務，以及完成這些任務所需的數位工具箱。在上一單元中，我們列出了影響工具建議的 10 個因素，例如易學、免費或負擔得起，以及功能強大等。在本單元中，我們將列出本書中介紹的所有工具、推薦的用途，和它們出現的章節，如表 1-1 所示。你的資料視覺化專案可能只需動用其中的少量工具，甚至只用到一種。但重要的是知道工具有哪些不同的類型，因為如果不知道它們的存在，便可能不會意識到它們對你會有什麼幫助。

表 1-1　推薦的工具和用途，以及出現的章節

工具	收集	清理	圖表	地理編碼	地圖	表格	程式碼	轉換
Google Sheets 試算表 / 圖表	第2章	第4章	第6章	第2章		第8章		
LibreOffice Calc 試算表 / 圖表	第2章							
Airtable 關聯式資料庫	第2章							
Tabula PDF 表格擷取器		第4章						
OpenRefine 資料清理器		第4章						
Datawrapper 圖表 / 地圖 / 表格			第6章	第7章	第7章	第8章		
Tableau Public 圖表 / 地圖 / 表格			第6章		第7章	第7章		
Chart.js 程式碼模版			第11章					
Highcharts 程式碼模版			第11章					
Google My Maps 簡單地圖製作器				第7章	第7章			
Leaflet 地圖程式碼模版					第12章			
GitHub 編輯和託管程式碼							第10章	
GitHub Desktop 和 Atom 程式碼編輯器							第10章	
GeoJson.io 編輯與繪製地理資料								第13章
Mapshaper 編輯與合併地理資料								第13章
Map Warper 地理對位影像								第13章

如果這張表乍看之下讓人吃不消，別擔心！新手只需使用兩個易學的工具，即可完成本書 12 個入門級章節中的大部分內容。從第 15 頁的「選擇試算表工具」開始，慢慢前進到第 131 頁的「Datawrapper 圖表」。光這兩種工具就可以製作出很棒的資料視覺化。此外，由於 Datawrapper 能夠直接從 Google 試算表匯入和更新資料，因此兩者可以搭配使用。

除了表 1-1 中提供的工具外，在文中也會提到更多實用的外掛程式和協力工具，包括用來選擇地圖顏色的 ColorBrewer（第 162 頁的「地圖設計原則」），Google 試算表的外掛程式 SmartMonkey Geocoding（第 23 頁的「Google 試算表中的地理編碼地址」），以及 W3Schools 的 TryIt iframe 頁面（*https://oreil.ly/xgWyc*）。此外，可以考慮安裝 Electronic Frontier Foundation 的免費瀏覽器擴充程式 Privacy Badger（*https://privacybadger.org*）來增強網路安全性，以查看和掌控誰可以追蹤你，並了解一下 EFF 的「監視自我防禦指南」（Surveillance Self-Defense Guide，*https://ssd.eff.org*）。

我們通常會對那些在某些方面特別突出的工具做出妥協。舉例來說，在我們的教學中最常使用的工具是 Google 試算表，因為它簡單易學、免費，而且功能強大。但 Google 試算表不是開源的，有些人會擔心讓 Google 存取過多資訊的問題。為此，要使這種妥協讓人較能接受的一種方法，是為資料視覺化的工作另外設定一個專屬的 Google 帳戶，和你的個人帳戶做區分。

最後，我們明白數位工具正在不斷變化和發展中。某些工具之所以會被我們發現，只是因為在編寫本書的期間有人提到它，或發佈了相關的推文。隨時間過去，有些工具可能會停用，而我們也期望發現更新、更能幫助我們講述資料故事的工具。

使用密碼管理器

最後，我們強烈建議你使用密碼管理器：將它想成一個管理所有密碼的工具。密碼管理器可幫助你管理使用上述幾種線上工具時將製作的所有帳戶。我們建議你安裝 Bitwarden（*https://bitwarden.com*），這是一個開源的密碼管理器，它為 Windows、Mac 和 Linux 系統、所有主要的網頁瀏覽器，以及 iOS 和 Android 行動裝置免費提供核心功能。在安裝 Bitwarden 時，你會製作一個全域密碼（請小心不要忘記它），此全域密碼可授予你存取目錄中所有帳戶使用者名和密碼的權限。你還可以在偏愛的網頁瀏覽器中安裝 Bitwarden 擴充程式。在瀏覽器中註冊新帳戶時，密碼管理器通常會詢問你是否希望使用「端到端加密技術」，將這些資訊儲存在保管庫中。未來當你存取該網站時，密碼管理器通常會辨識該網站，並一鍵輸入你的登入帳密，如圖 1-3 所示。

我們建議將密碼儲存在 Bitwarden 之類的工具中，而不是儲存在特定的網頁瀏覽器（例如 Chrome 或 Firefox）中，這有兩個原因。首先，你可以設定 Bitwarden 在**不同的**瀏覽器和**多種**設備之間（包括筆記型電腦和智慧手機）同步化和存取密碼。其次，如果你的主瀏覽器或電腦當機了，你仍然可以到線上存取安全的 Bitwarden 保管庫，這代表你可以換到其他電腦上繼續工作。

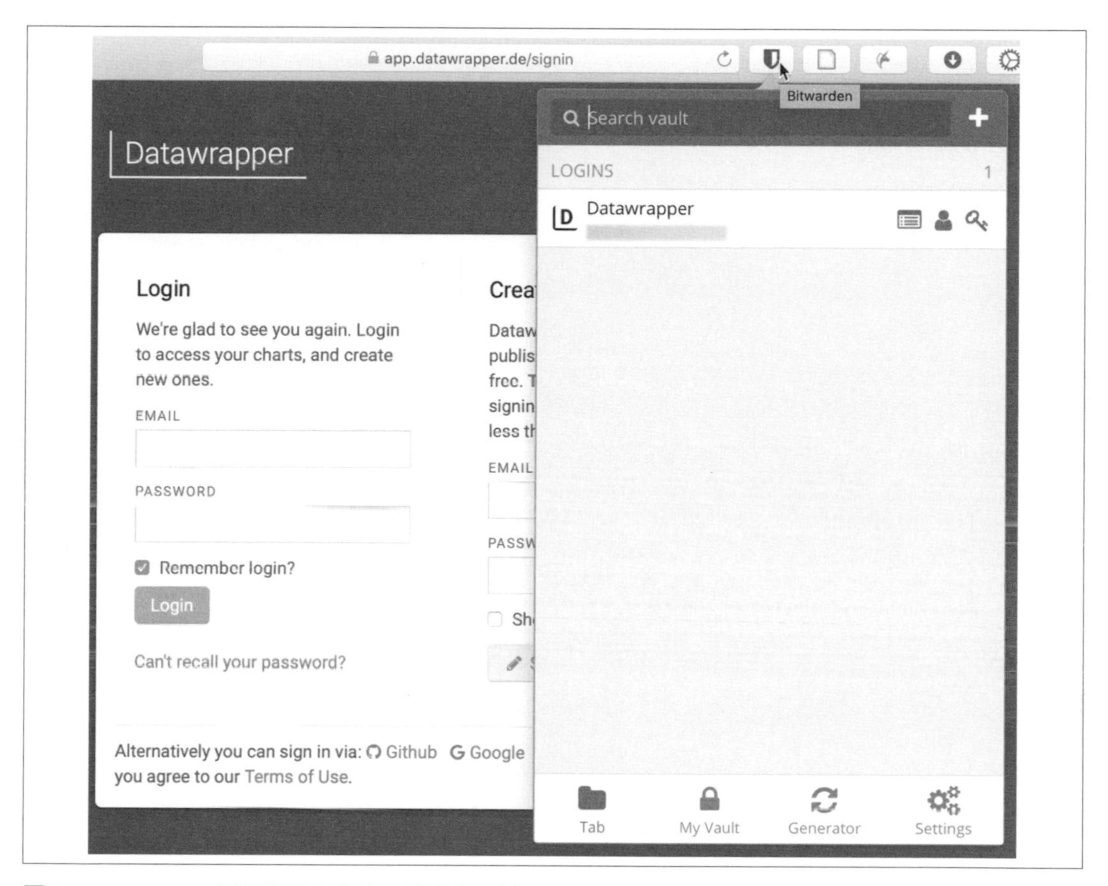

圖 1-3　Bitwarden 瀏覽器擴充套件會辨識你已儲存了登入帳密的網站，並一鍵輸入你的憑證。

總結

現在你對書中推薦的各種資料視覺化工具，以及選擇工具時應該如何做出明智的決定，都已有更好的了解。永遠要將資料故事放在第一位，因為工具只是實現目標的方法而已。下一章的目標是提高你資料視覺化最常用到的工具技能：試算表。

第二章

提高試算表技能

在我們開始設計資料視覺化之前，重要的是要確認我們的試算表技能程度夠好。在教授這個主題時，我們聽到許多人說，他們在學校或工作場合的培訓中，「從未真正學習過」如何使用試算表工具。但是，學習試算表技能非常重要，它不僅是節省繁瑣任務的省時方法，而且更重要的是，它還有助於我們發現隱藏在資料中的故事。

本書稍後將製作的互動式圖表和地圖，都是以資料表格為基礎，這些表格通常是使用試算表工具（例如 Google 試算表、LibreOffice 或 Microsoft Excel）來開啟的。試算表通常內含數字或文字資料的欄和列，如圖 2-1 所示。第一列通常內含標題，也就是描述每一欄資料的標籤。此外，欄會自動標為字母，列會標為數字，以便對表格中的每個儲存格進行參照，例如 C2。當你點按一個儲存格時，它可能會顯示一個參照了其他儲存格的自動計算。公式都是以等號為開頭，可以是簡單地將其他儲存格加總起來（例如 =C2+C3+C4），也可以包含執行特定運算的函數（例如計算儲存格範圍的平均值：=average(C2:C7)）。有些試算表檔案會有多個工作表，底部的每個標籤都能開啟一個特定的工作表。

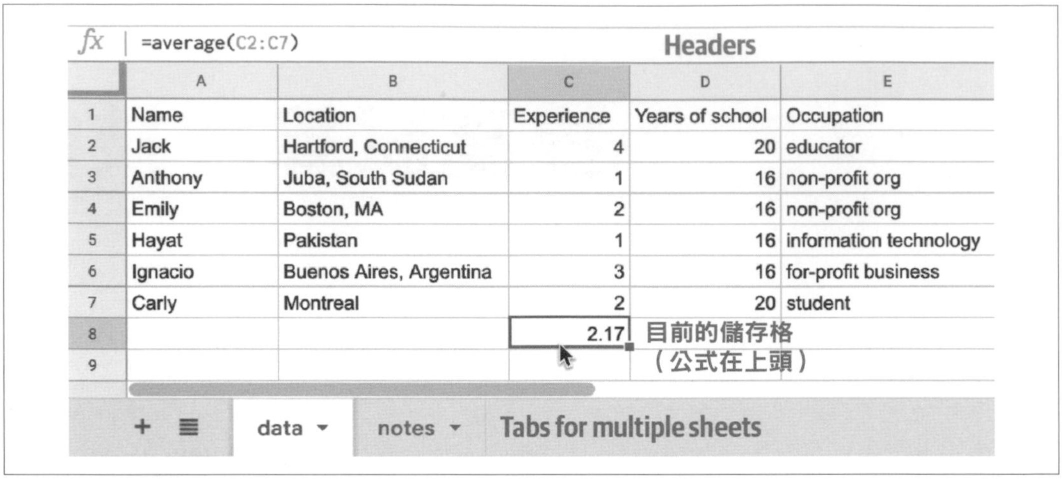

fx | =average(C2:C7)

Headers

	A	B	C	D	E
1	Name	Location	Experience	Years of school	Occupation
2	Jack	Hartford, Connecticut	4	20	educator
3	Anthony	Juba, South Sudan	1	16	non-profit org
4	Emily	Boston, MA	2	16	non-profit org
5	Hayat	Pakistan	1	16	information technology
6	Ignacio	Buenos Aires, Argentina	3	16	for-profit business
7	Carly	Montreal	2	20	student
8			2.17		
9					

目前的儲存格（公式在上頭）

+ ≡ data ▾ notes ▾ Tabs for multiple sheets

圖 2-1　一個典型的試算表，有標題、工作表，以及設有公式的儲存格。

在本章中，我們首先將介紹第 20 頁的「共用你的 Google 試算表」、第 21 頁的「上傳並轉換為 Google 試算表」、第 23 頁的「Google 試算表中的地理編碼地址」和第 26 頁的「用 Google Forms 收集資料」。接下來，我們會繼續介紹整理和分析資料的方法，例如第 28 頁的「排序和篩選資料」、第 31 頁的「使用公式計算」和第 33 頁的「用資料透視表彙整資料」。最後，我們將在第 38 頁的「使用 VLOOKUP 比對資料欄」和第 42 頁的「試算表 vs. 關聯式資料庫」中，探討連結不同工作表的方法。我們是以初學者的角度來描述這些方法的，所以你不需要具備任何背景知識。

我們將使用你可能會有興趣的範例資料（因為這些資料包括了與你同類型的人），來練習其中的一些技能。到目前為止，已有超過三千名讀者對一份簡短的公開問卷做出了回應，包括他們的大概位置、先前的經驗和教育程度，以及學習資料視覺化的目標。如果你還沒有填過，請填寫問卷表（*https://oreil.ly/GXTUT*）來加上自己的回答，這樣你會對於問題的提出方式有更多理解，然後在公開樣本資料集中查看結果（*https://oreil.ly/_Lpm8*）。

如果你想學習讓電腦為你完成更多繁瑣的資料準備工作，那麼本章絕對適合你。如果你已經非常熟悉試算表，也至少應該稍微翻閱本章，也許你會學到一兩個技巧，可以幫助你在本書的後面更有效率地製作圖表和地圖。

選擇試算表工具

你應該使用哪些試算表工具呢？正如我們在第 1 章中詳細描述的那樣，答案取決於你針對此項工作的各種回答。

首先，你的資料是公開的還是私有的？如果是私有的，請考慮可以下載到電腦上使用的試算表工具，以降低自動儲存資料在雲端線上試算表工具時發生意外洩露的風險。其次，你是獨自工作還是與他人一起合作？若是協作專案，請考慮使用線上試算表工具，因為它可以讓其他團隊成員同時查看或編輯資料。第三，你是否需要以任何特定格式（將在下一單元中介紹）匯入或匯出資料，例如逗號分隔值（CSV）？若是如此，那就選擇能支援此格式的試算表工具。最後，你是否偏好免費工具？還是願意為它付費？或者你願意捐款支持開源的開發？

以下是三種常見的試算表工具在這些問題上的比較：

Google 試算表

一個免費的線上試算表工具，可在任何現今的網頁瀏覽器中使用，並自動將你的資料儲存在雲端。在預設情況下，雖然你上傳的資料是私人的，但你可以選擇與特定的個人或網路上的任何人分享資料，並允許他們查看或編輯，進行即時協作（類似 Google 文件）。Google 試算表也能以 CSV、OpenDocument Spreadsheet（ODS）、Excel 和其他格式匯入和匯出資料。

你可以使用與你的 Google Mail 帳戶相同的使用者名稱來註冊一個免費的個人 Google 雲端硬碟帳戶，或使用新的使用者名稱另外建立一個獨立的帳戶，以減少 Google 入侵你的私人生活。另一種選擇是付費訂閱 Google Workspace（*https://workspace.google.com*）商業帳戶（之前稱為 G Suite），此訂閱提供幾乎相同的工具，但有針對大型組織或教育機構設計的共用設定功能。

LibreOffice

可免費下載的工具套件，包括它的 Calc 試算表，可用於 Mac、Windows 和 Linux 電腦，也是越來越受歡迎的 Microsoft Office 替代工具。當你下載 LibreOffice 時，它的贊助組織 The Document Foundation 會請求捐款以延續他們的開源軟體開發。Calc 試算表工具會以它原生的 ODS 格式，以及 CSV、Excel 等格式匯入和匯出資料。它的線上協作平台正在開發中，尚未開放廣泛使用。

Microsoft Excel

Microsoft Office 套裝軟體中的試算表工具有不同的版本，不過由於微軟改過產品名稱，因此經常引起混淆。Microsoft 365 的付費訂閱提供兩個版本：適用於 Windows 或 Mac 電腦和其他設備的 Excel 全功能可下載版本（大多數人簡稱「Excel」時，指的就是此版本），以及可透過瀏覽器使用的、更簡單的線上 Excel，功能包含 Microsoft 的線上託管服務與協作者共用檔案。

如果不想支付訂閱費用的話，任何人都可以在 Microsoft 的網站上的 Office（*https://office.com*）上註冊免費版本的線上 Excel，但這不包括功能齊全的可下載版本。線上 Excel 工具有其局限性。舉例來說，線上 Excel 的付費版和免費版，都無法以單頁的常用 CSV 格式儲存檔案，CSV 格式是後面幾章中某些資料視覺化工具必需的重要功能。你只能使用可下載的 Excel 工具來轉存為 CSV 格式，而此工具僅在付費的 Microsoft 365 訂閱下提供。

決定要使用哪種試算表工具並非易事。有時我們的決定會因專案而異，取決於成本、資料格式、隱私問題，以及任何協作者的個人喜好。有時，我們也會遇到同事或客戶特別要求，將非敏感試算表資料透過電子郵件寄送，而不是透過為了協作而設計的試算表工具平台進行分享。因此最好能夠熟悉上述三種常用的試算表工具，並了解它們各自的優缺點。

本書的大多數範例主要是使用 Google 試算表。我們透過本書發佈的所有資料都是公開的。此外，我們也需要一個用來協作的試算表工具，以便與讀者分享資料檔案的連結，讓你們查看原始版本，並能夠製作一個副本以便在自己的 Google 雲端硬碟中進行編輯，或下載一個可以在 LibreOffice 或 Excel 中使用的其他格式。我們教導的大多數試算表方法，在所有試算表工具中看起來都是相同的，若有例外情況我們會指出來。

常用資料格式

試算表工具以不同的格式來組織資料。將試算表資料下載到電腦時，你通常會看到它的檔名，後面跟著一個句點，和一個代表了資料格式的縮寫副檔名。本書中使用的常見資料格式如下：

.csv

CSV 是一種用於簡單資料的常用格式，它不儲存公式也不保留樣式。

.ods

ODS 是一種正規化的開放格式，可以儲存工作表的活頁簿、公式、樣式等。

.xlsx（或更舊的 *.xls*）

Excel，一種 Microsoft 格式，支援工作表的活頁簿、公式、樣式等。

.gsheet

Google 試算表也支援多工作表的活頁簿、公式、樣式等，但是你通常不會在電腦上看到這些格式，因為它們主要存在於線上。

Mac 電腦在預設情況下會隱藏副檔名，這代表你可能看不到句號之後的縮寫檔案格式，例如 *data.csv* 或 *map.geojson*。我們建議你到 Finder >「偏好設定⋯」>「進階」，並勾選「顯示所有檔案副檔名」。

下載為 CSV 或 ODS 格式

在第 1 章中，你學到為什麼我們推薦那些支援可移動性的軟體，如此才能隨著技術的演化，將資料遷移到其他平台。切勿將重要資料上傳到不能讓你輕易將它取回的工具中。在理想情況下，試算表工具應該能夠讓你以常用或開放性的資料檔案格式（例如 CSV 和 ODS）匯出工作，以便最大程度地增加遷移到其他平台的選項。

如果你正在使用具有多個工作表和公式的任何試算表，匯出為 CSV 將只儲存正在使用中的工作表（就是你目前正在查看的工作表），而且僅會儲存該工作表中的資料（也就是說，假如你插入了運算公式，它就只會顯示結果，而不會顯示公式）。在本書的稍後的章節中，你可能需要製作一個匯入到資料視覺化工具的 CSV 檔，因此，如果來源是帶有公式的試算表，請保留原始檔案。

本書採用 Google 試算表的原因之一，是因為它可以匯出幾種常見格式。要嘗試的話，請打開此 Google 試算表範例資料檔案（*https://oreil.ly/jCZg6*），然後到「File」>「Download」匯出 CSV 格式（僅匯出目前工作表中的資料），或 ODS 格式（保留活頁簿中的工作表和大部分公式），或其他格式（例如 Excel），如圖 2-2 所示。同樣的，在可下載的 LibreOffice 及其 Calc 試算表工具中，選擇「File」>「Save As」，以原生 ODS 格式儲存資料，或匯出為 CSV、Excel 或其他格式。

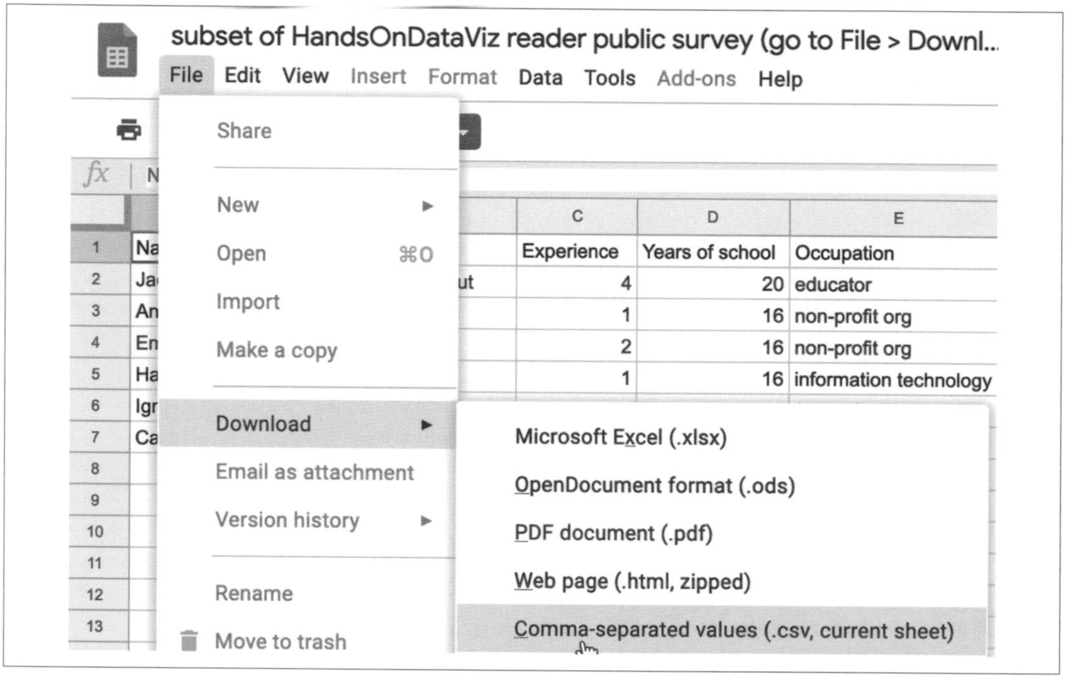

subset of HandsOnDataViz reader public survey (go to File > Downl...

	C	D	E
1	Experience	Years of school	Occupation
2	4	20	educator
3	1	16	non-profit org
4	2	16	non-profit org
5	1	16	information technology

File > Share, New, Open, Import, Make a copy, Download, Email as attachment, Version history, Rename, Move to trash

Download > Microsoft Excel (.xlsx), OpenDocument format (.ods), PDF document (.pdf), Web page (.html, zipped), Comma-separated values (.csv, current sheet)

圖 2-2　在 Google 試算表中，到「File」>「Download」，以幾種常用格式匯出資料。

但是在 Microsoft Excel 中匯出資料可能會比較棘手。使用瀏覽器中的線上 Excel 工具（免費版或付費版），你**無法**以常用的單頁 CSV 格式儲存檔案，這是本書後面幾章中的某些資料視覺化工具所要求的步驟。只有可下載的 Excel 工具（現在需要付費訂閱）才能以 CSV 格式匯出。而且，當使用可下載的 Excel 工具以 CSV 格式儲存時，它的步驟有時令人困惑。

首先，如果你看到多個 CSV 選項，請選擇 *CSV UTF-8*，在各種不同的電腦平台上，它應該效果最好。其次，如果你的 Excel 試算表內含多個工作表或公式，你可能會看到一個警告，說明它無法以 CSV 格式儲存，僅能儲存使用中的工作表（而非所有工作表）內含的資料（而非公式）。如果你理解這一點，請點按「確定」來繼續。第三，由於先前所述的原因，以 CSV 格式儲存 Excel 檔案時，Excel 可能會在下一個畫面警告你「可能的資料遺失」。整體而言，使用可下載的 Excel 工具時，請先以 XLSX 格式儲存完整版 Excel 檔案，然後再以 CSV 格式匯出單個工作表。

了解如何將試算表資料匯出為開放格式之後，就可以將它遷移到其他資料視覺化工具或平台上，我們將在後面的章節中做介紹。資料可移動性是確保你的圖表和地圖可以延續至未來的關鍵。

製作 Google 試算表的副本

本書提供了一些使用 Google 試算表的資料檔案。我們提供了線上檔案的連結，而且設定了共用權限，允許任何人檢視（但不能編輯）原始版本。這樣，每個人都可以存取資料，但是沒有人會意外修改內容。要完成本章中的幾項練習，你需要學習如何製作你自己的 Google 試算表副本（可編輯的），而無需更改我們的原件。

1. 在瀏覽器的新標籤頁中打開這份「Hands-on Data Visualization」讀者公開問卷回覆的 Google 試算表（*https://oreil.ly/SOuTl*）。我們將它設定為「View only」，讓網路上的任何人都可以看到內容，但不能編輯原始檔案。關於問卷的更多資訊，請參考本章最開頭。

2. 點按右上角的藍色按鈕登入你的 Google 帳戶。

3. 到「File」>「Make a copy」，在 Google 雲端硬碟中製作此試算表的副本。你可以重新命名檔案，將「Copy of...」刪除。

4. 為了讓 Google 雲端硬碟的檔案井然有序，請將它儲存在有相關名稱的檔案夾中，方便尋找。例如，你可以點按「My Drive」，然後「New Folder」（ ）來為你的資料製作一個檔案夾，最後按 OK。

在預設情況下，你的 Google 試算表副本只限你私人獨有。下個單元，我們將介紹與其他人共用 Google 試算表資料的不同選項。

共用你的 Google 試算表

如果你正在與其他人一起進行協作專案，Google 試算表可以提供幾種線上共用資料的方法，甚至也可以和沒有 Google 帳戶的人共用。在製作新的工作表時，它的預設值為私人，代表只有你可以查看或編輯其內容。在本單元中，你會學到如何使用「Share」按鈕來擴大這些選項：

1. 登入你的 Google 雲端硬碟帳戶，點按「New」，選擇「Google Sheets」，然後製作一張空白試算表。你需要命名檔案才能繼續進行下一步。

2. 點按右上角的「Share」，你的選項就會顯示在「Share with people and groups」的視窗上。

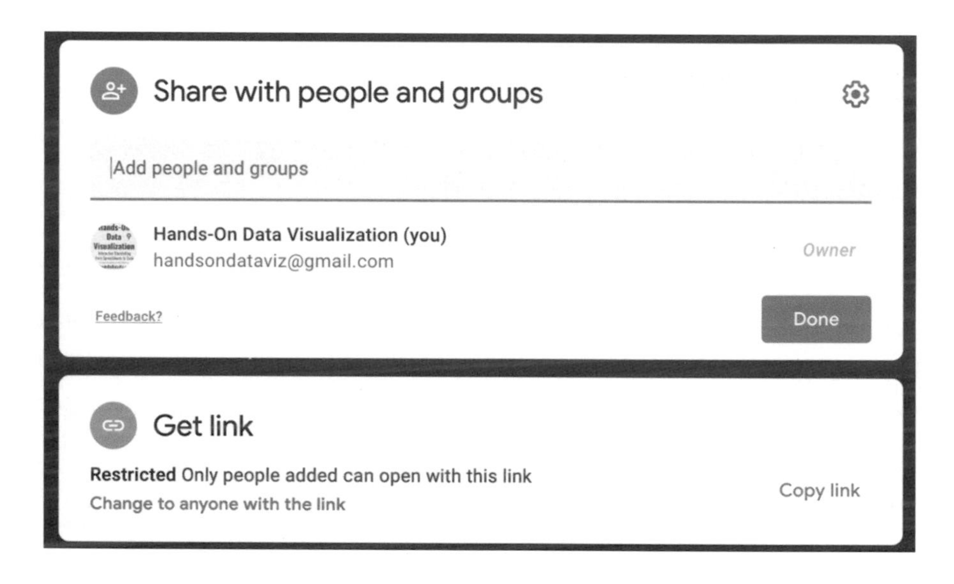

3. 在視窗的上半部分，你可以在「Add people and groups」欄位中鍵入特定對象的 Google 使用者名稱，以便與對方共用存取權限。在下一個畫面中，選擇每個人或群組旁的下拉選單，將他們指派為檔案的檢視者、評論者或編輯者。決定一下你是否想要傳送檔案連結以及選擇性的訊息給他們。

4. 在視窗的下半部，你可以點按「Change to anyone with the link」來更廣泛地分享存取權限。在下一個視窗中，預設的選項是允許取得連結的任何人查看檔案，但是你可以修改此設定，允許任何人對檔案進行評論或編輯。此外你可以點按「Copy link」，將此份資料的網址貼到電子郵件裡或公開網站上。

如果你不想傳一大串 Google 試算表網址給別人，例如：

https://docs.google.com/spreadsheets/d/1egX_akJccnCSzdk1aaDdtrEGe5HcaTrlOWYf6mJ3Uo

你可以使用免費的縮址服務。例如，使用免費的 Bitly.com（*https://bitly.com*）帳戶，以及它方便的 Chrome 瀏覽器擴充功能（*https://oreil.ly/fCTCN*）或 Firefox 瀏覽器擴充功能（*https://oreil.ly/JtNVP*），我們可以貼上一段長的 URL，然後將後半部客製成較短的網址，例如 *bit.ly/reader-responses*。如果其他人已經用掉了你想要的客製化名稱，你就得使用其他名稱。請注意，bit.ly 連結有大小寫之分，因此我們偏好將後半部客製成全小寫字母，以配合前半部。

現在你已了解共用 Google 試算表的不同選擇了，讓我們來學習如何上傳和轉換不同格式的資料。

上傳並轉換為 Google 試算表

本書使用 Google 試算表的部分原因是它支援資料遷移，代表我們能以多種常見格式匯入和匯出檔案。但是，匯入功能最好用的方式，是點選隱藏在 Google 雲端硬碟設定齒輪符號下的「Convert uploads」勾選框。勾選此項目會自動將 Microsoft Excel 工作表轉換為 Google 試算表格式（並將 Microsoft Word 和 PowerPoint 檔案轉換為 Google 文件和 Google 簡報格式），讓編輯變得更容易。如果未勾選此框，Google 就會保留檔案的原始格式，使檔案難以編輯。Google 會在新帳戶中預設關閉此轉檔設定，但我們要教你如何啟用它，以及這樣做的好處：

1. 找一個可以在電腦上使用的範例 Excel 檔案。如果你沒有的話，請開啟並儲存 Hands-On Data Visualization 讀者公開問卷回覆之一小部分的 Excel 檔案，將它下載到你的電腦上：（*https://oreil.ly/pu8cr*）。

2. 登入你的 Google 雲端硬碟帳戶，然後點按右上角的齒輪符號（⚙）來打開「Settings」視窗。請注意，這個全域性齒輪符號 >「Settings」是出現在 Google 雲端硬碟的層級，而非每個 Google 試算表中。

3. 在「Settings」視窗中，勾選「Convert uploaded files to Google Docs editor format」，然後點按「Done」。這會在全域啟用轉換設定，意思是你之後上傳的所有檔案（包括 Microsoft Excel、Word、PowerPoint 等）在可能的情況下都會進行轉換，除非你將此設定關閉。

4. 將範例 Excel 檔案從你的電腦上傳到 Google 雲端硬碟。將它拖放到你想要的檔案夾中，或使用「New」按鈕，並選擇「File upload」。

   如果你忘記勾選「Convert uploads」，Google 雲端硬碟將會保留上傳檔案的原始格式，並顯示其圖示和副檔名，例如 *.xlsx* 或 *.csv*。

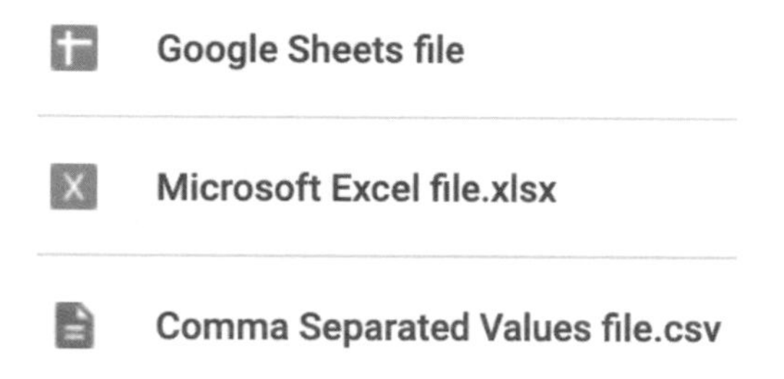

Google 雲端硬碟現在允許你編輯 Microsoft Office 檔案格式，但並非所有功能都可以跨平台使用。此外，Google 雲端硬碟現在也允許使用「File」>「Save as Google Sheets」選單，將上傳的 Excel 檔案轉換為 Google 格式。最後，若要在不關閉全域轉換設定的情況下、將單一檔案轉換至 Google 雲端硬碟，可以從任何 Google 試算表內部選擇「File」>「Import」>「Upload」。但是我們會建議大多數人依照前面所述，開啟全域轉換設定，除非你刻意使用 Google 雲端硬碟來編輯 Excel 格式的檔案，並了解某些功能可能無法使用。

現在你知道如何上傳和轉換現有資料集了，在下一單元中，你會學到如何安裝和使用 Google 試算表的外掛程式，將地址資料進行地理編碼，成為緯度和經度坐標。

Google 試算表中的地理編碼地址

在此單元中，你會學到如何安裝免費的 Google 試算表外掛程式來對資料進行地理編碼。它能直接在試算表中對地址進行地理編碼，這一點在使用第 12 章中的 Leaflet 地圖程式碼模版時，將會非常有用。

「地理編碼」（geocoding）指的是將地址或位置名稱轉換為可以在地圖上繪製的地理坐標（或 X 和 Y 坐標），如圖 2-3 所示。舉例來說，紐約市地區的自由女神像位於 *40.69, –74.04*。第一個數字是緯度，第二個數字是經度。由於赤道為北緯 0 度，因此北半球為正緯度，南半球為負緯度。同樣的，本初子午線是 0 度經度，它穿過英格蘭的格林威治。因此，子午線以東為正經度，子午線以西為負經度，直到地球的另一側，大約在太平洋的國際換日線附近。

圖 2-3　要將地址放在地圖上時，首先要對地址進行地理編碼。

如果只有一個或兩個地址，你可以使用 Google Maps 快速進行地理編碼。搜尋地址，用右鍵點按該點，然後選擇「What's here?」就會出現一個內含經度和緯度的彈出視窗，如圖 2-4 所示。

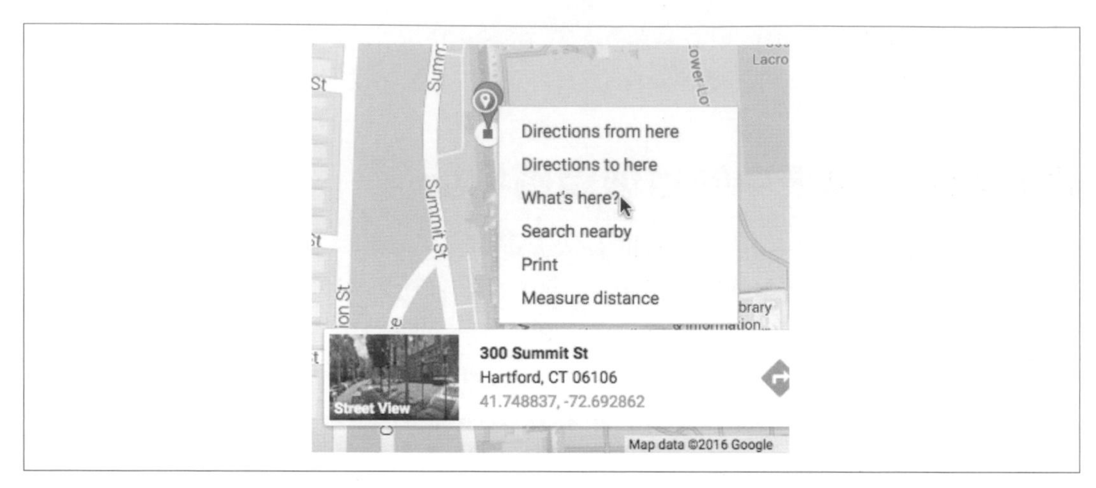

圖 2-4　要對一個地址進行地理編碼時，請在 Google 地圖中搜尋它，然後右鍵點按「What's here?」來顯示坐標。

但是如果你需要對十幾個或一百個地址進行地理編碼呢？要對試算表中的多個地址進行地理編碼，請安裝由位於西班牙巴塞隆納的地理路線規劃公司 SmartMonkey 執行長 Xavier Ruiz 所製作的免費 Google 試算表外掛程式 SmartMonkey。外掛程式指的是由第三方公司製作的，用來擴充 Google 試算表、Google Docs 和相關工具的功能。它們經過驗證，符合 Google 的要求，並透過 Google Workspace Marketplace 發行。

要安裝此 Google 試算表外掛程式來對地址進行地理編碼，請依照以下步驟操作：

1. 登入你的 Google 雲端硬碟帳戶，到 Geocoding by SmartMonkey 外掛程式頁面（*https://oreil.ly/QTgJ7*），點按藍色按鈕將它安裝到你的 Google 試算表中。外掛程式將在安裝前要求你的許可，如果你同意，請按「繼續」。在下一個視窗中，選擇你的 Google 雲端硬碟帳戶，如果你同意條款，請點按「允許」以完成安裝。Google 會發送電子郵件，確認你已安裝此第三方應用程式並授權它存取你的帳戶。如果有需要，你隨時可以查看權限並撤銷存取權限（*https://oreil.ly/JmBor*）。

2. 到你的 Google 雲端硬碟，新增一份新的 Google 試算表。選擇「Add-ons」選單來查看新的「Geocoding by SmartMonkey」選項，然後選擇「Geocode details」。此外掛程式將製作一張內含範例資料的新工作表，並以三個新欄顯示結果：「Latitide」、「Longitude」和「Address found」。切記要比較「*Address found*」欄與輸入的原本地址，以檢查地理編碼結果的正確性。

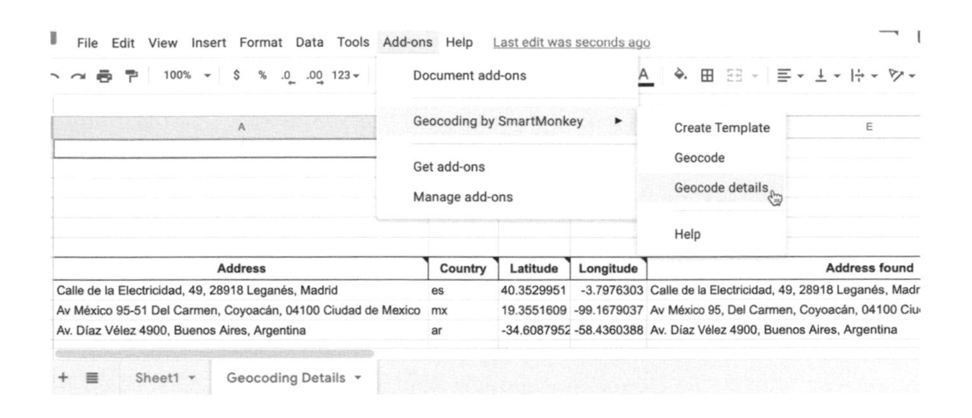

3. 貼上你自己的地址資料來替換工作表中的範例資料，並依照步驟 2 的操作，對地址資料進行地理編碼。請遵循以下原則來提高結果的品質：

   - 不要跳過 Address 欄中的任何一列。
   - 使用所在國家的郵政格式來插入完整地址。用空格分隔名詞。
   - 你可以將國家欄留白，但其預設值為美國。要指定其他國家時，請使用其最高層級網路域名碼（*https://oreil.ly/BObCf*），例如西班牙為 es。
   - 如果你的原始資料將街道、城市、州和郵政編碼分成不同的欄，請參閱第 75 頁的「將資料合併為一欄」。
   - 給工具一些時間處理。舉例來說，假如你輸入了 50 個地址，請至少等待 15 秒才能獲得地理編碼的結果。
   - 每次都要檢查處理結果的品質，不要假定提供商的地理編碼服務都是準確的。

如果你需要一次最多可以處理 10,000 筆資料的更快速美國地址地理編碼服務，請參閱第 13 章第 367 頁的「使用美國人口普查的批次地理編碼」。

現在你已經知道如何使用 Google 試算表外掛程式對地址進行地理編碼，在下一單元中，你會學到如何使用線上表單來收集資料，並以試算表的形式進行存取。

使用 Google 表單收集資料

在本章的開頭，我們曾邀請你和本書的其他讀者填寫簡短的線上問卷（*https://oreil.ly/GXTUT*），並在範例資料集中公開分享所有回覆（*https：//oreil.ly/SOuTl*），以便更加了解讀者，並持續修改書中內容以符合讀者的期望。在本單元中，你會學到如何製作自己的線上表單，並將結果連結到即時的 Google 試算表上。

在你的 Google 雲端硬碟帳戶中，點按「New」，然後選擇「Google Forms」。Google 表單的「Questions」可讓你設計不同類型答案的問題：短的回答和段落長度的答案、複選、勾選框、檔案上傳等，如圖 2-5 所示。此外，Google 表單也會嘗試解讀你輸入的問題，將它們分配到適合的類型。

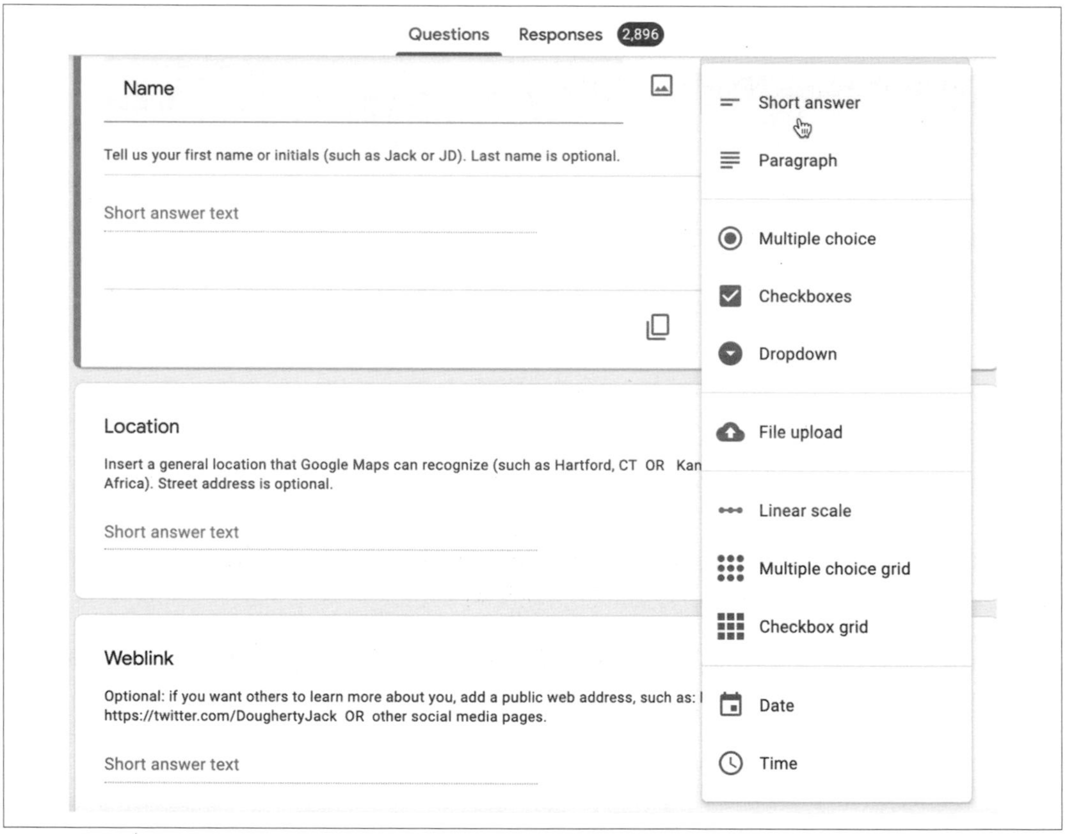

圖 2-5　Google 表單的「Questions」可讓你指定不同類型的回覆。

給每個問題一個簡短的標題，因為在你稍後要製作的連結試算表中，這些標題會成為欄標題。如果你的問題需要更多的說明或範例，請點按右下角的三點選單，選擇「Show」>「Description」，這會開啟一個文字框，讓你在其中輸入更多詳細資訊，如圖 2-6。此外，你可以到 「Show」>「Response validation」，它會要求使用者遵循特定格式，例如電子郵件地址或電話號碼。另外，你可以開啟「Require」欄位，要求使用者回答完問題才能繼續。其他選項請參閱 Google 表單支援頁面（*https://oreil.ly/CX77G*）。

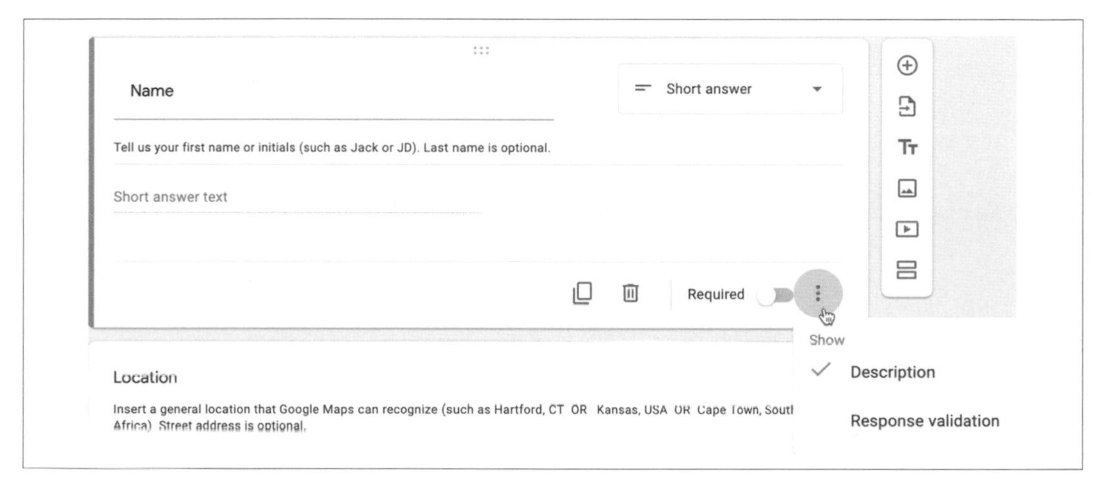

圖 2-6　點按三點選單，選擇「Show」>「Description」為問題加上詳細資訊。

三點選單符號又稱「串烤選單」(kebab)，因為它長得類似中東串烤食物，與許多行動裝置上的三線「漢堡」選單不同。軟體開發人員大概很餓吧。

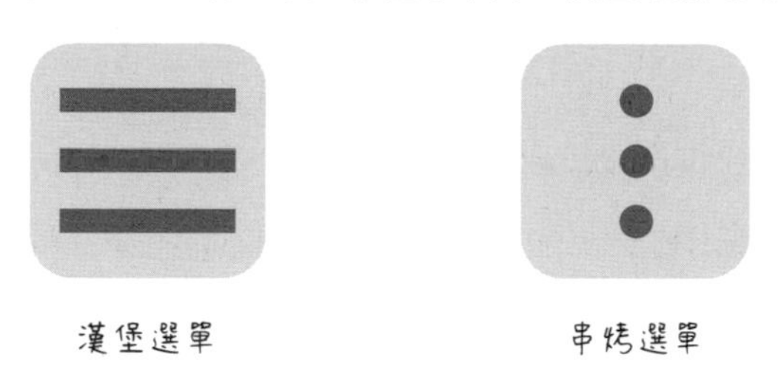

要以收件人的角度預覽你的線上表單的話，請點按頁面頂端附近的「眼睛（👁）」圖示。表單設計完成後，請按「Send」透過電子郵件或連結進行發送，或者將表單以 iframe 方式嵌入網頁中。在第 9 章將介紹更多相關更多資訊。

Google 表單的 Responses 標籤會顯示你收到的個別結果，還包括一個功能強大的按鈕，可以在連結的 Google 試算表中打開結果，如圖 2-7 所示。

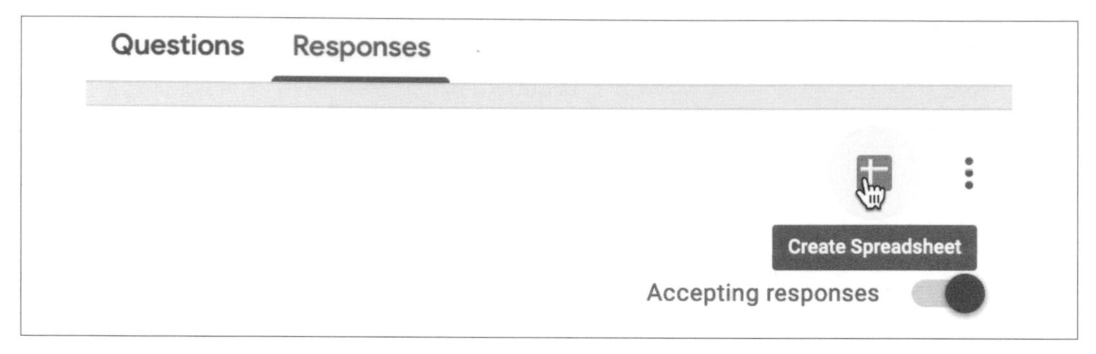

圖 2-7　Google 表單的「Responses」標籤內有一個按鈕，可以在連結的 Google 試算表中打開結果。

現在你已經知道如何使用線上表單和連結的試算表來收集資料了，接下來的兩個單元將教你如何對表格進行排序、篩選和資料透視，開始分析其內容和所揭露的故事。

排序和篩選資料

試算表工具可幫助你更深入資料，讓暗藏的故事浮出水面。整理資料的基本步驟是依特定欄對表格進行排序，以快速查看其最小值和最大值，以及介於兩者之間的範圍。有一種相關的方法是篩選整個表，僅顯示內含某些值的列，使它們在所有資料中脫穎而出，以供進一步研究。當試算表內含數百或數千列的資料時，這兩種方法都會更顯威力。為了學習如何排序和篩選，讓我們來探索在本章開頭描述的讀者問卷樣本資料集：

1. 在瀏覽器的新標籤頁中打開「*Hands-On Data Visualization*」讀者公開問卷回覆的 Google 試算表（*https://oreil.ly/SOuTl*）。
2. 登入你的 Google 試算表帳戶，然後到「File」>「Make a copy」來建立你自己的版本以便進行編輯。
3. 在進行排序之前，先點按工作表的左上角來選取所有儲存格。當整個工作表變成淺藍色、且所有字母欄和數字列標題都變成深灰色時，這代表你已選取了所有儲存格。

	A	B	
1	Timestamp	Name	Location
2	1/14/2017 11:49:02	Jack	Hartford, C
3	2/4/2017 9:02:39	Ania	Needham, I
4	2/8/2017 14:35:56	Devan Suggs	Hartford, C
5	2/8/2017 17:42:02	Alex	Chicago, IL
6	2/8/2017 21:49:00	Nhat Pham	Hanoi, Viet

如果你忘記選取所有儲存格，可能就會意外地對單一欄進行排序，這會弄亂你的資料集，使它變得毫無意義。排序前請務必選取所有儲存格！

4. 在上方選單中，到「File」>「Make a copy」來查看所有排序選項。在下一個畫面中，勾選「Data has header row」，來顯示資料的欄標題。讓我們將 Experience with data visualization 欄進行遞增排序，在最上方顯示最小值，最下方顯示最大值，以及兩者之間的範圍。

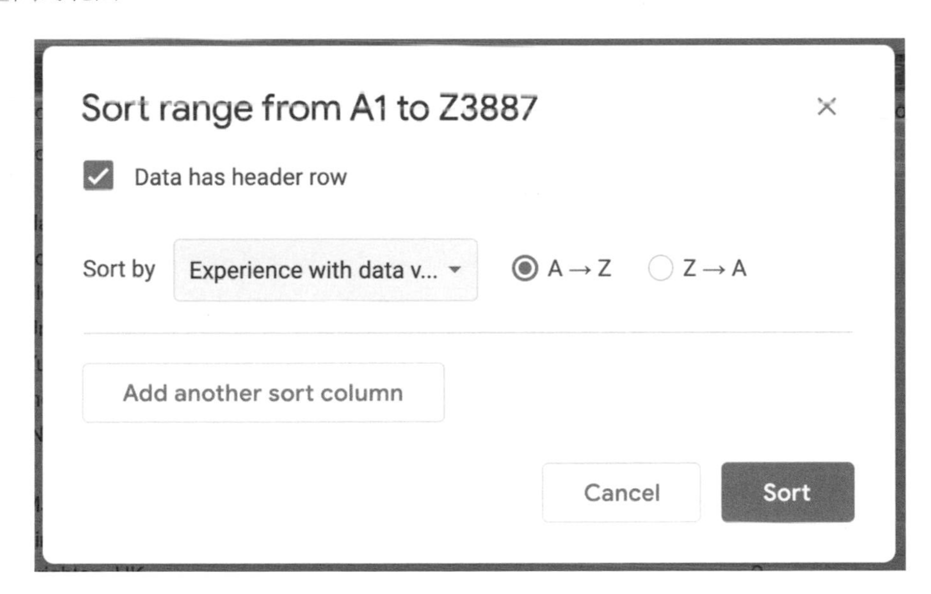

捲動瀏覽這些排序之後的資料，你會看到超過有一千名讀者將自己評為資料視覺化的初學者（level 1）。

在處理大型試算表時，你可以「凍結」第一列，以便在向下捲動時依然顯示欄標題。在 Google 試算表中，到「View」>「Freeze」，然後選擇一列。你也可以凍結一欄或多欄，以便在橫向捲動時持續顯示。LibreOffic 具有相同的「View」>「Freeze」選項，但 Excel 的選項不同，稱為「Window」>「Split」。

5. 現在，讓我們來試試篩選工作表。到「Data」>「Create a filter」，它會在每個欄標題中插入向下箭頭。點按 *Occupation* 欄的向下箭頭，然後查看顯示或隱藏資料列的選項。例如，查看「Filter by values」下的內容，然後點按「Clear」來清除所有選項，接著點按「educator」，只顯示有此答案的列。點按 OK。

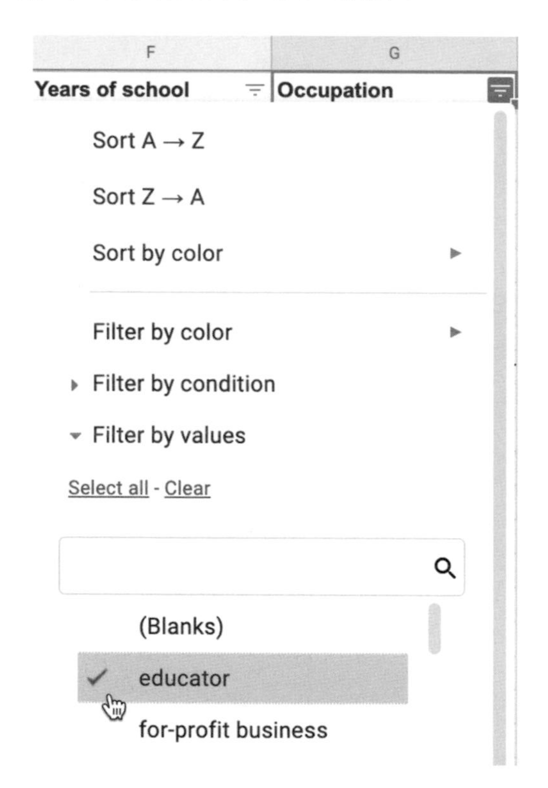

現在，讀者的回應是依照經驗來排序，而且篩選之後只顯示教育者。捲動瀏覽這些讀者學習資料視覺化知識的目標。他們的目標和你的有什麼不同？在下一單元中，我們將學習如何使用簡單的公式和函數來開始分析資料。

使用公式計算

插入簡單的公式和函數來自動對整個資料列和整個欄執行計算，可以為你節省大量時間。公式都是以等號為開頭，可以簡單地將其他儲存格加起來（例如 `=C2+C3+C4`），也可以內含執行特定運算的函數（例如計算儲存格範圍的總和：`=SUM(C2:C100)`）。在本單元中，你會學到如何編寫兩個帶有函數的公式：一個用來計算平均值，另一個用來計算特定文字回應的頻率。再一次，讓我們使用本章開頭描述的讀者問卷樣本資料集來學習這項技能：

1. 在瀏覽器的新標籤頁中打開此份讀者公開問卷回覆（*https://oreil.ly/SOuTl*）。
2. 登入你的 Google 雲端硬碟帳戶，然後到「File」>「Make a copy」來編輯你自己的版本。
3. 在標題列下方，加上一個空白列，為公式留出空間。用右鍵點按第一列，然後選擇「Insert 1 below」來加上新的一列。
4. 讓我們來計算讀者對資料視覺化的平均經驗程度。點按剛製作的新空白列中的儲存格 E2，然後鍵入等號（=）來啟動公式。Google 試算表會自動依據上下文，建議可能的公式。你可以選擇一個會顯示欄中值之平均值的公式，例如 `=AVERAGE(E3:E2894)`，然後按鍵盤上的 Return 或 Enter。

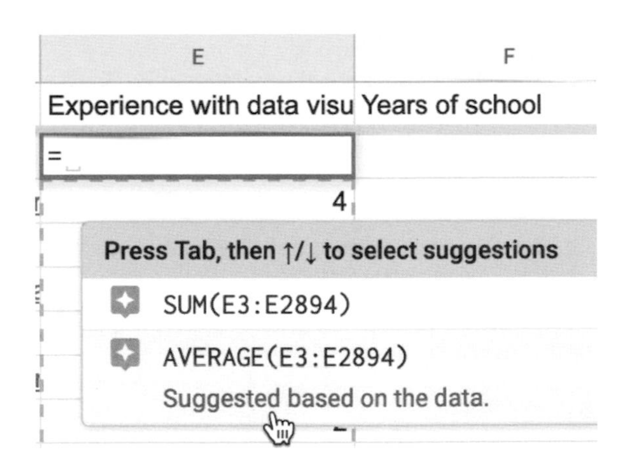

由於試算表位在線上，問卷回覆數量會持續增加，因此你的最後一個儲存格的數目會更大，因為包括了所有的資料筆數。目前，讀者對於資料視覺化的平均經驗程度是 2（從 1「初學者」到 5「專業」），但是隨著填寫問卷的讀者越來越多，這種情況可能會改變。請注意，如果有任何讀者將此問題留白，試算表工具在執行計算時會忽略空白儲存格。

在 Google 試算表中，`=AVERAGE(E3:E)` 是編寫公式的另一種方法，此公式將 E 欄中所有儲存格的值取平均值，從 E3 開始，最後一個儲存格則無需指定。使用此語法可以使你的計算結果保持更新狀態，即使加上更多列也不受影響，但這在 LibreOffice 或 Excel 中無法使用。

5. 試算表的神奇之處在於，你可以使用內建的按住 - 拖曳功能來跨欄或跨列複製貼上公式，它會自動更新儲存格中的參照。點按儲存格 E2，然後按住此儲存格右下角的藍色點，將游標轉換為十字。將游標拖曳到儲存格 F2 並放開。新欄會自動貼上並更新為公式 `=AVERAGE(F3:F2894)` 或 `AVERAGE(F3:F)`，取決於你原本的公式。同樣的，由於這是一個即時試算表，回應數量會持續增加，因此你的工作表最後一個儲存格的參照數字會較大。

E	F	
Experience with data	Years of school	Occ
2.090909091		
4	20	edu

E	F	
Experience with data	Years of school	Occ
2.090909091	+	
4	20	edu

E	F	
Experience with data	Years of school	Occ
2.090909091	17.80737082	
4	20	educ

6. 因為 Occupation 欄內含一組已定義的文字回應，所以讓我們使用一個不同的函數，透過 *if* 陳述對它們進行統計，例如若讀者回應「educator」的人數有多少。點按儲存格 G2，然後鍵入等號（=）來啟動新公式。Google 試算表會依據上下文自動建

議可能的公式，你可以選擇一個公式來顯示整個欄當中目前值為「educator」之數量。你可以直接輸入公式 **=COUNTIF(G3:G2894,"=educator")**，其中最後一個儲存格的參照儲存格要換成更大的數字來反映你手邊的版本，或者輸入 Google 試算表語法 **=COUNTIF(G3:G,"=educator")**，它會在整個欄上進行計算，無須指定特定的結束點。

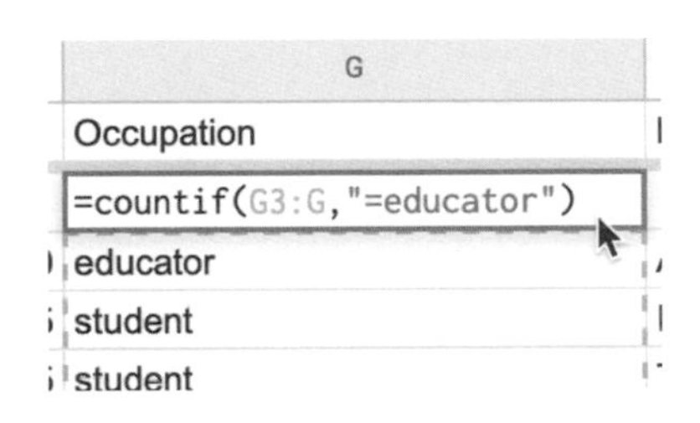

試算表工具備有許多其他功能，可以執行數值計算以及修改文字。你可以在 Google 試算表（*https://oreil.ly/GJUJm*）、*LibreOffice*（*https://oreil.ly/XMWDM*）或 Microsoft Excel（*https://oreil.ly/sIH7m*）的支援頁面中了解關於功能的更多資訊。

其他的試算表技能，請參閱本書後續各章，例如第 69 頁的「尋找並取代為空白」，第 72 頁的「將資料拆分為個別的欄」，以及第 4 章的第 75 頁「將資料合併為一欄」。另請參閱第 368 頁的「將點樞軸轉換為多邊形資料」和第 90 頁的「將資料正規化」。

現在你已經學會了如何計算一種類型的問卷回覆，下一單元將教你如何使用資料透視表對資料進行重新分組，這些資料透視表將依照類別來歸納所有回應。

使用資料透視表來彙整資料

資料透視 / 樞紐分析表（Pivot table）是試算表工具中另一個內建的強大功能，可幫助你重組資料，並以新方式彙整資料。但是，它經常被從未了解過它或尚未發現如何使用它的人忽略。讓我們使用本章開頭描述的讀者問卷樣本資料集來學習這項技能。每一列代表了一位讀者，包括他們的職業和過去的資料視覺化經驗等級。你會學到如何將這些個人層級的資料「轉」到一個新表中，這個新表會依照兩個類別來顯示讀者回應的總數：職業和經驗等級。

1. 在瀏覽器的新標籤頁中打開此讀者公開問卷回覆 Google 表單（*https://oreil.ly/SOuTl*）。登入你的 Google 雲端硬碟帳戶，然後到「File」>「Make a copy」來編輯你自己的版本。

2. 或者，如果你已經為上一個公式和函數單元製作了自己的副本，請刪除內含計算公式的第 2 列，因為我們不希望它們和資料透視表混在一起。
3. 到「Data」>「Pivot table」，然後在下一個畫面點選「New sheet」並按下「Create」。新工作表的底部將出現資料透視表工作表。

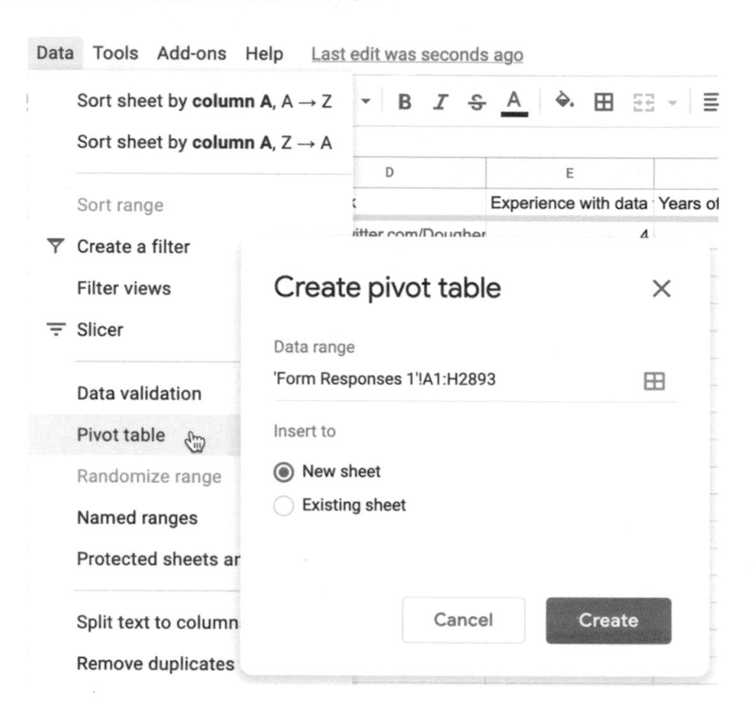

4. 在「Pivot table editor」畫面中，你可以加上列、欄和值，對第一張工作表中的資料進行重新分組。首先，點按「Rows」的「Add」按鈕，然後選擇「Occupation」，此欄內容就會出現。

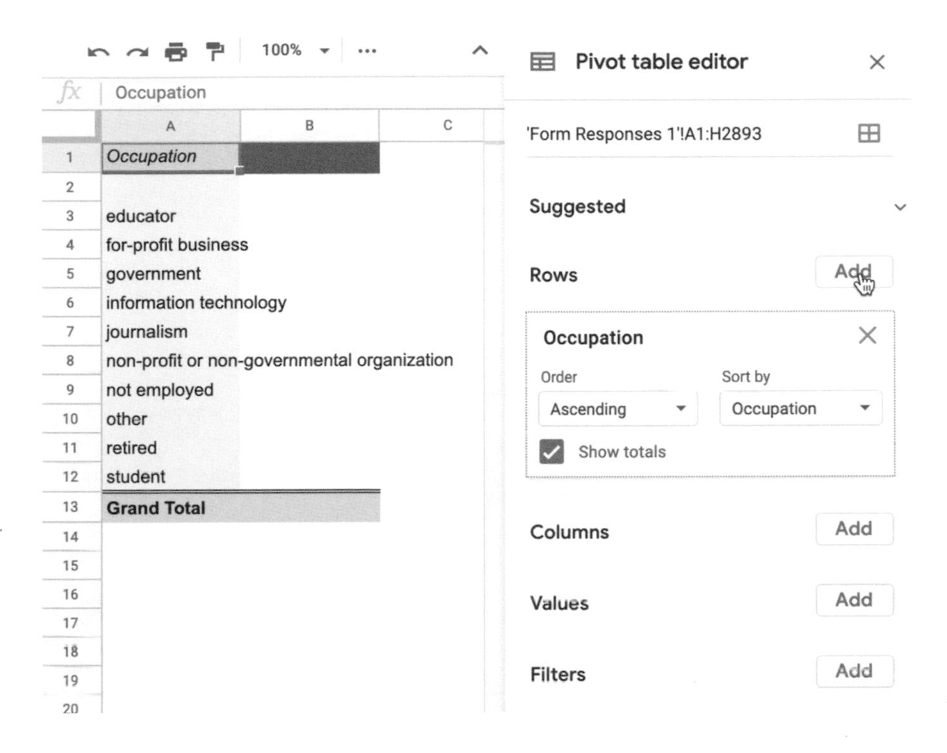

5. 接下來，為了計算每個類別的回應數，請點按「Value」的「Add」按鈕，然後再次選擇「Occupation」。Google 試算表會自動使用 *COUNTA* 來彙整數值，顯示每個文字回覆的頻率。

   目前，讀者回應的職業前三名是資訊技術、營利企業，以及學生。這是一個即時的試算表，因此隨著更多讀者對問卷做出回應，這些排名可能會發生變化。

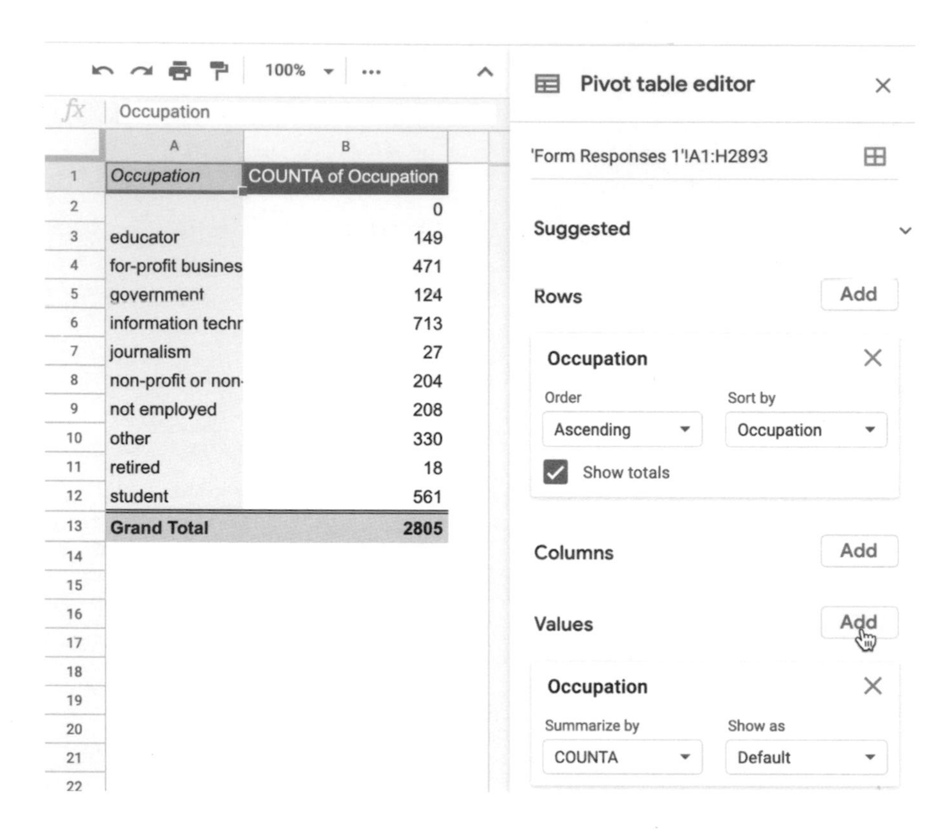

Occupation	COUNTA of Occupation
	0
educator	149
for-profit busines	471
government	124
information techr	713
journalism	27
non-profit or non-	204
not employed	208
other	330
retired	18
student	561
Grand Total	**2805**

6. 此外，你可以製作一份更進階的職業與經驗值交叉列表。點按「Column」的「Add」按鈕來加上「Experience with data visualization」。

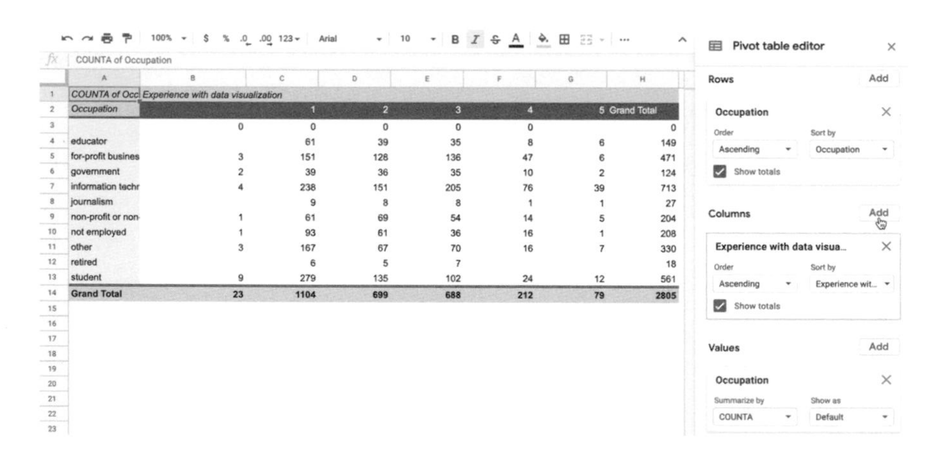

COUNTA of Occ	Experience with data visualization						
Occupation		1	2	3	4	5	Grand Total
	0	0	0	0	0		0
educator		61	39	35	8	6	149
for-profit busines	3	151	128	136	47	6	471
government	2	39	36	35	10	2	124
information techr	4	238	151	205	76	39	713
journalism		9	8	8	1	1	27
non-profit or non-	1	61	69	54	14	5	204
not employed	1	93	61	36	16	1	208
other	3	167	67	70	16	7	330
retired		6	5	7			18
student	9	279	135	102	24	12	561
Grand Total	**23**	**1104**	**699**	**688**	**212**	**79**	**2805**

若要更進一步，你可以篩選資料，將資料透視表的結果限制在另一類別內。舉例來說，在下拉選單中，你可以點按「Filters Add」按鈕，選擇「Years of school」，然後在「Filter by values」下選擇「Clear 清除」，然後勾選 20，只顯示列了 20 年或以上的讀者。

要決定如何在「Pivot table editor」中新增「Value」，可能不太容易，因為彙整資料的選項有許多，如圖 2-8 所示。Google 試算表會依據上下文提供自動猜測，但你可能需要手動選擇最佳選項，以便依據需求來呈現資料。彙整值的三個最常見的選項是：

SUM

數值回應的加總值。（讀者受教育的總年數是多少？）

COUNT

數值回應的統計數字。（有多少讀者列了 20 年的教育經歷？）

COUNTA

文字回應的統計數字。（有多少讀者將他們的職業列為「educator」？）

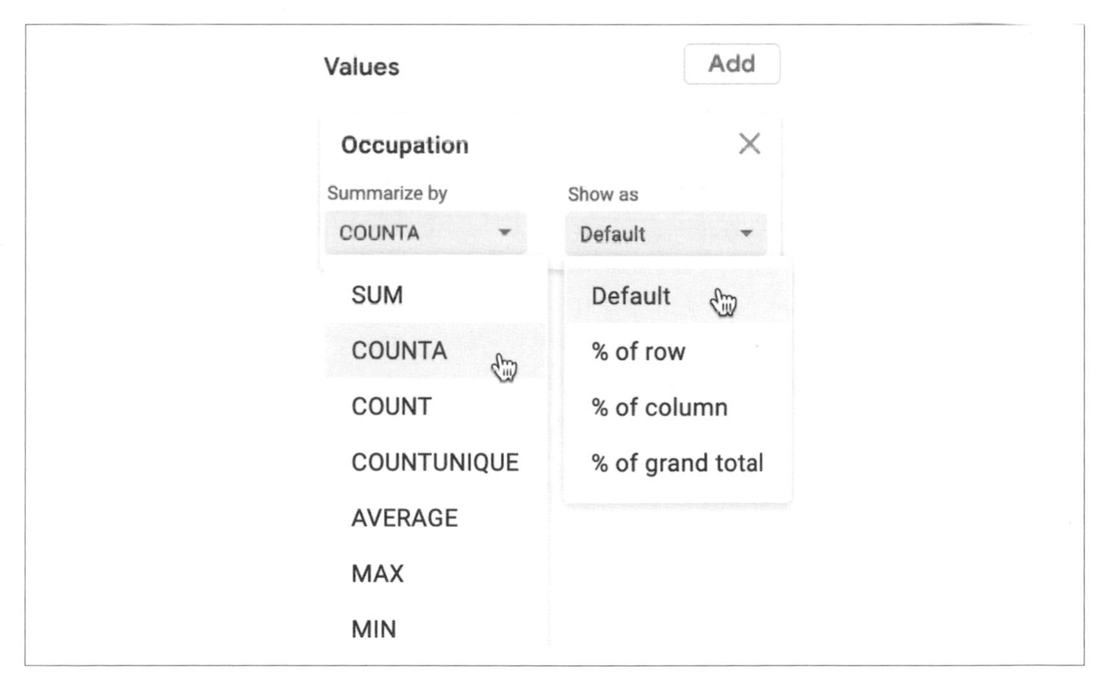

圖 2-8　在資料透視表編輯器中，有多個選項可以彙整數值。

雖然 Google 試算表的資料透視表在預設下會顯示原始數字，但在「Show as」下拉選單下，你可以選擇將它顯示為「列總和百分比」、欄總和百分比」或「總和」。

在其他試算表工具中，資料透視 / 樞紐分析表的外觀可能有所不同，但概念都是相同的。請到 Google 試算表（*https://oreil.ly/GJUJm*）或 LibreOffice（*https://oreil.ly/utHh1*）或 Microsoft Excel（*https://oreil.ly/XP26v*）的支援頁面了解資料透視 / 樞紐分析表如何運作。別忘了，你可以下載 Google 試算表資料並匯出為 ODS 或 Excel 格式，以便嘗試使用其他工具中的資料透視 / 樞紐分析表。

現在，你已經了解如何使用資料透視表重新組合和彙整資料，在下一單元中，你會學到一種相關的方法：使用 VLOOKUP 將不同試算表中比對相符的資料欄連接起來。

使用 VLOOKUP 比對資料欄

試算表工具還能讓你「搜尋」工作表中的資料，並自動尋找和貼上另一工作表中比對相符的資料。本單元將介紹 VLOOKUP 函數，*V* 代表「垂直」，意思是跨欄比對，這是搜尋資料的最常用方法。你將學到如何在一個工作表中編寫一個函數，以便在第二個工作表的特定欄中尋找相符的儲存格，並將相關資料貼到第一個工作表的新欄中。如果你曾經遇過在兩個不同試算表之間手動搜尋和比對資料的繁瑣任務，那麼這種自動化方法將為你節省大量時間。

下面的情況示範了為何要使用、以及如何使用 VLOOKUP 函數。圖 2-9 顯示了兩個不同的工作表，內含關於美國不同地區提供食物給飢餓人口的食物銀行的範例資料，資料來自「Feeding America: Find Your Local Food Bank」（*https://oreil.ly/yliMu*）。第一個工作表列出了每家食物銀行的聯絡人姓名，第二張工作表列出了每家食物銀行的地址，兩個工作表都有一個名為 organization 的欄。你的目標是製作一張郵寄清單工作表，其中每一列都包含一位聯絡人的姓名、組織單位和完整的郵件地址。由於我們使用的是一個較小的資料範例來簡化此教學，因此你可能會想直接手動複製貼上資料。但是，想像一下在真實的案例中有 200 多家美國食物銀行和更多人名，在這個情況下，使用自動化方法來比對和貼上資料就是必要的了。

	A	B
1	name	organization
2	Denise B.	Central Texas Food Bank
3	Derrick C.	Central Texas Food Bank
4	Eric S.	Arkansas Food Bank
5	Ginette B.	Utah Food Bank
6	Greg F.	Arkansas Food Bank
7	Kent L.	Utah Food Bank
8	Mark J.	Central Texas Food Bank
9	Rhonda S.	Arkansas Food Bank
10	Sarah R.	Arkansas Food Bank
11	Scott W.	Utah Food Bank

names addresses

	A	B	C	D	E
1	organization	street	city	state	zip
2	Arkansas Food Bank	4301 W 65th St	Little Rock	AR	77209
3	Central Texas Food Bank	6500 Metropolis Dr	Austin	TX	78744
4	Utah Food Bank	3150 South 900 West	Salt Lake City	UT	84119
5					
6					
7					
8					
9					
10					
11					

names addresses source

圖 2-9　你的目標是製作一份郵寄清單，將左側工作表中的人名和組織，與右側工作表中的地址進行比對。

以下是使用 VLOOKUP 來比對資料的步驟：

1. 在新的瀏覽器分頁中，打開這個食物銀行的範例人名和地址之 Google 試算表（*https://oreil.ly/YRiev*）。登入你的 Google 雲端硬碟，然後到「File」>「Make a copy」製作自己的版本，即可進行編輯。

   為了簡化兩個工作表的麻煩，我們已將兩張表放在同一個 Google 試算表中。點按第一個「*names*」工作表，然後點按第二個「*addresses*」工作表。未來如果你需要將兩個單獨的 Google 試算表移動到同一檔案中，請到其中一個試算表的工作表，右鍵點按該工作表，選擇「Copy to」>「Existing spreadsheet」，然後選擇另一個試算表的名稱。

2. 在你的可編輯 Google 試算表中，「names」工作表會是我們要製作的郵寄清單目的地。到「*addresses*」工作表，複製 *street*、*city*、*state*、*zip* 的欄標題，然後貼到「*names*」工作表中的 C1 至 F1 儲存格中。這會新增新的欄標題，稍後尋找到的結果會被自動貼到這裡。

	A	B	C	D	E	F
1	name	organization	street	city	state	zip
2	Denise B.	Central Texas Food Bank				
3	Derrick C.	Central Texas Food Bank				
4	Eric S.	Arkansas Food Bank				
5	Ginette B.	Utah Food Bank				

names addresses source

3. 在「*names*」表中，點按儲存格 C2 並鍵入 **`=VLOOKUP`**，Google 試算表就會建議你以下列格式填寫完整的公式：

   ```
   VLOOKUP(search_key, range, index, [is_sorted])
   ```

   以下每個部分的含義：

   search_key

   第一個工作表中你想要進行比對的儲存格。

   range

   第二個工作表中的至少兩欄，在此範圍內搜尋相符的項目和結果。

   index

   第二個工作表範圍中含有你想要的結果的欄，其中 1 = 第 1 欄，2 = 第 2 欄，依此類推。

   「*is_sorted*」

   輸入 `false` 只會尋找完全相符的項目，在這個例子中是合理的。如果第二個工作表範圍的第一欄進行了排序，則輸入 true，這代表即使不完全相符，你也會接受最接近的結果。

4. 一種選擇是使用逗號分隔符，將這個公式直接鍵入儲存格 C2 中：**`=VLOOKUP(B2,'addresses'!A:E,2,false)`**。另一種選擇是點按 Google 試算表建議的「VLOOKUP Vertical lookup」灰色框，然後點按相關的儲存格、欄和工作表，它就會自動為你輸入公式。「names」工作表中的此公式，參照了「addresses」工作表中 A 到 E 欄的範圍。在鍵盤上按 Return 鍵或 Enter 鍵。

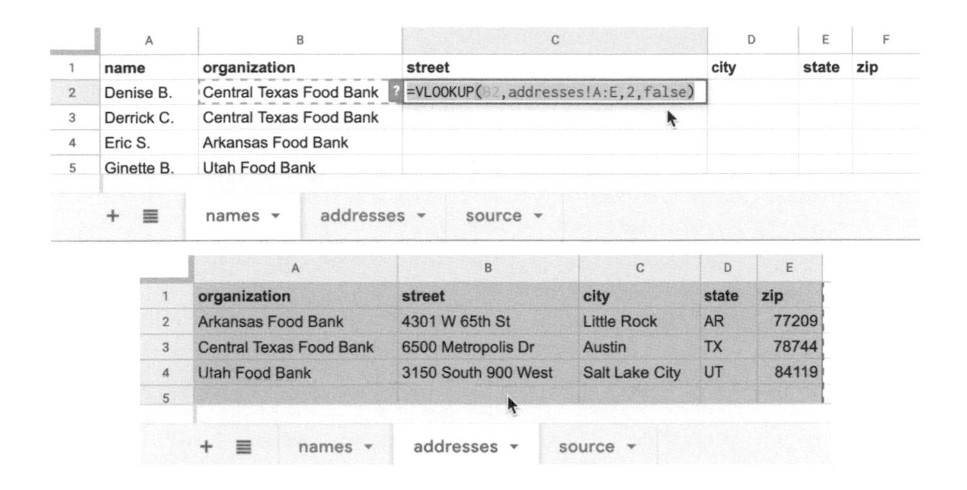

	A	B	C	D	E	F
1	name	organization	street	city	state	zip
2	Denise B.	Central Texas Food Bank	=VLOOKUP(B2,addresses!A:E,2,false)			
3	Derrick C.	Central Texas Food Bank				
4	Eric S.	Arkansas Food Bank				
5	Ginette B.	Utah Food Bank				

	A	B	C	D	E
1	organization	street	city	state	zip
2	Arkansas Food Bank	4301 W 65th St	Little Rock	AR	77209
3	Central Texas Food Bank	6500 Metropolis Dr	Austin	TX	78744
4	Utah Food Bank	3150 South 900 West	Salt Lake City	UT	84119
5					

讓我們拆解一下你在「names」表的儲存格 C2 中輸入的公式：

`B2`

search_key；在「*names*」表中，你想與 organization 欄的這個儲存格進行比對。

`'addresses'!A:E`

在「*addresses*」表中的 A 到 E 欄的範圍中，搜尋相符的結果。

`2`

index，代表你要的結果在範圍中的第二欄（*street*）中

`false`

只尋找完全符合者。

5. 輸入完整的 VLOOKUP 公式後，它會顯示完全符合第一個組織團體 Central Texas Food Bank 的資料，地址為 6500 Metropolis Drive。點擊並按住儲存格 C2 右下角的藍點，將十字游標拖曳到 D 欄至 F 欄，然後放開，它將自動貼上並更新城市、州和郵政編碼欄的公式。

	A	B	C	D	E	F
1	name	organization	street	city	state	zip
2	Denise B.	Central Texas Food Bank	6500 Metropolis Dr	Austin	TX	78744
3	Derrick C.	Central Texas Food Bank				

6. 最後，使用相同的點按拖曳方法，往下貼上並更新公式，填滿所有的列。

	A	B	C	D	E	F
1	name	organization	street	city	state	zip
2	Denise B.	Central Texas Food Bank	6500 Metropolis Dr	Austin	TX	78744
3	Derrick C.	Central Texas Food Bank	6500 Metropolis Dr	Austin	TX	78744
4	Eric S.	Arkansas Food Bank	4301 W 65th St	Little Rock	AR	77209
5	Ginette B.	Utah Food Bank	3150 South 900 West	Salt Lake Cit	UT	84119
6	Greg F.	Arkansas Food Bank	4301 W 65th St	Little Rock	AR	77209
7	Kent L.	Utah Food Bank	3150 South 900 West	Salt Lake Cit	UT	84119
8	Mark J.	Central Texas Food Bank	6500 Metropolis Dr	Austin	TX	78744
9	Rhonda S.	Arkansas Food Bank	4301 W 65th St	Little Rock	AR	77209
10	Sarah R.	Arkansas Food Bank	4301 W 65th St	Little Rock	AR	77209
11	Scott W.	Utah Food Bank	3150 South 900 West	Salt Lake Cit	UT	84119
12						

names ▾ addresses ▾ source ▾

如果你將此試算表儲存為 CSV 格式，計算的結果會顯示在 CSV 表格中，但是用來產生這些結果的所有公式都會消失。記得要保留原始試算表，以便提醒自己公式是如何寫的。

你已成功使用 VLOOKUP 函數比對貼上兩張工作表中的資料，製作了一份郵寄清單（包括每個人的姓名、組織團體和完整的郵件地址）。現在你已了解如何使用公式來連結不同的試算表，下一單元我們將介紹如何透過關聯式資料庫的協助，管理試算表之間的多個關係。

試算表 vs. 關聯式資料庫

在上一單元中，你了解了 VLOOKUP 函數如何在試算表中的欄中比對資料並自動貼上結果。在此概念的基礎上，讓我們來區分一下試算表和關聯式資料庫的差異，以及在什麼情況下使用後者是更聰明的做法。

試算表有時也稱為**平面檔案資料庫**（*flat-file database*），因為所有記錄都儲存在單張表的列與欄中。舉例來說，如果你保存一份美國食物銀行員工的試算表，則每一列都會有一個人名、組織團體和地址，就像我們在上一單元的 VLOOKUP 中在步驟 6 中製作的郵寄清單一樣。

但是，將所有資料儲存在單一試算表中可能會引起問題，例如，萬一它內含很多重複的條目。對於在同一個食物銀行工作的所有人，每一列都重複列出了組織團體的地址。如果組織團體要移至新的地址，那就必須更新含有這些地址的所有列。或者，如果兩個組織團體以新名稱合併，受影響的所有人都必須更新。雖然一開始將所有資訊整理在一個試算表中聽起來不錯，但是當資料集變大，內部關係不斷成長時（例如追蹤與組織團體有聯絡的人），經常更新每一列資料就變成了許多額外的工作。

不使用單個試算表的話，你可以考慮使用關聯式資料庫。關聯式資料庫會將資訊整理到單獨的工作表（也稱為表格）中，但會不斷維護它們之間的相關連結。回頭看看我們在 VLOOKUP 單元一開頭的圖 2-9 中所介紹的兩份工作表問題。第一份工作表列出了每家食物銀行的人名，第二份工作表列出了每家食物銀行的地址，兩份都有一個名為 *organization* 的欄，顯示了他們之間的關係。關聯式資料庫可以節省你的時間。例如，如果你在一個工作表中更新了一個組織的地址，則連結的工作表將自動更新在該組織工作的每個人的資料。

雖然 Google 試算表很方便，但它不是關聯式資料庫。因此請考慮使用更好的工具，例如 Airtable（*https://airtable.com*），此工具可讓你使用現有模版或你自己的設計，在網頁瀏覽器中製作多達 1200 筆免費記錄（更多則需付費）的關聯式資料庫。Airtable 透過匯入或匯出所有記錄的 CSV 檔來實現資料遷移，同時也支援與同事的即時編輯器協作。

為了做示範，我們將兩個 Google 試算表都匯入了這個即時 Airtable 資料庫中，此資料庫名為 Food Banks sample（*https://oreil.ly/mielX*），取得連結的任何人都可以查看，但只有我們可以編輯。頂端的「*people*」和「*food banks*」標籤可以查看各個工作表。為了將它轉換為關聯式資料庫，我們使用了 Airtable 設定，將「*people*」表中的 *organization* 欄，連結到存有地址的「*food banks*」表，如圖 2-10 所示。在我們的可編輯版本中，我們在欄名上按兩下，然後在下拉選單中選擇「Link to another record」，以便將它連結到另一個資料表。

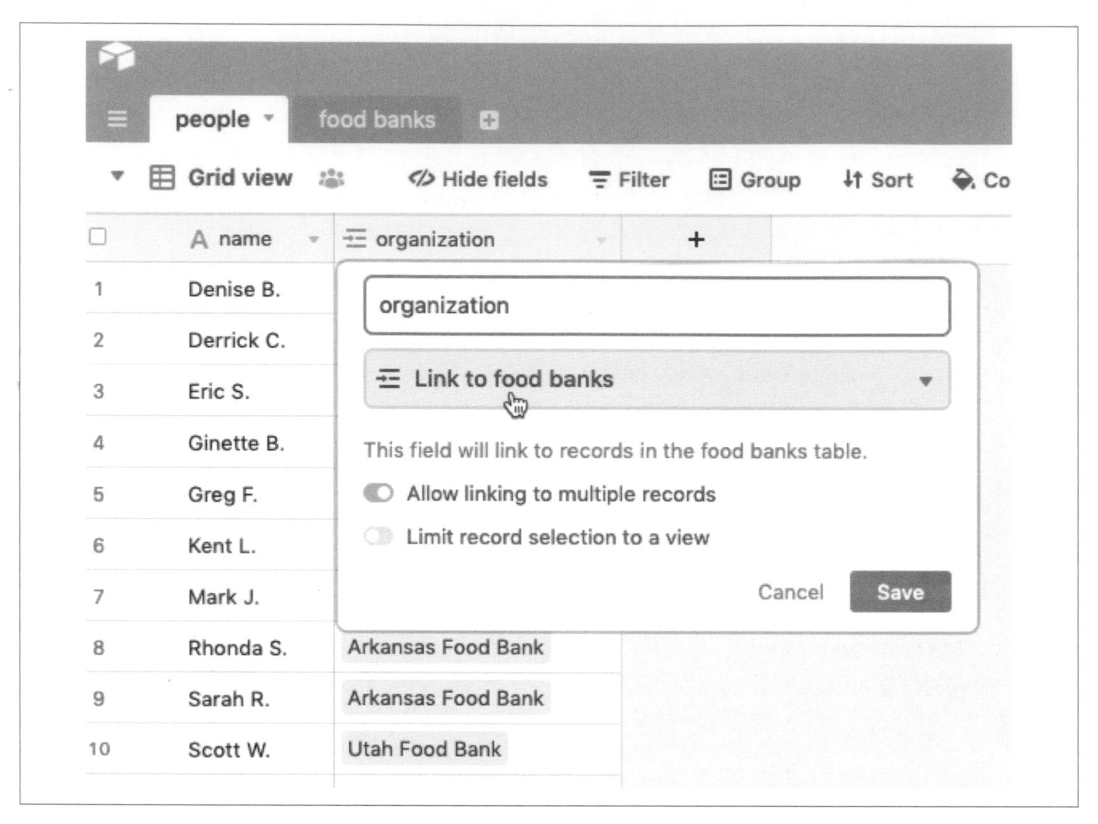

圖 2-10　在此 Airtable 範例中，我們將「people」表中的 organization 欄連結到「food banks」表。

在我們的 Airtable 範例中，點按一個已連結的列來展開並查看相關資料。例如，如果在「*people*」表的第一列上點按並展開，則其組織的完整地址就會顯示在「*food banks*」表中，如圖 2-11 所示。在我們的可編輯版本中，如果我們更新「*food banks*」工作表中某個組織的地址，則在「*people*」表中，連結到該組織的所有員工的地址都會自動更新。此外，Airtable 可讓你排序、篩選和製作可以與他人共用的資料的不同檢視，這是我們將在第 9 章中介紹的主題。更多功能資訊請見 Airtable 支援頁面（*https://support.airtable.com*）。

很重要的是了解「平面檔案」試算表和關聯式資料庫之間的概念差異，以幫助你決定何時要哪一種工具。如你在上一單元中所學到的，試算表是開始整理和分析資料的最佳選擇，它使用諸如排序、篩選、資料透視和 lookup 等方法來協助揭露你可能想要進行視覺化的背後故事。但是，在維護有內部連結的大量資料時（例如組織與數個員工的一對多關係），關聯式資料庫會是你的最佳選擇。

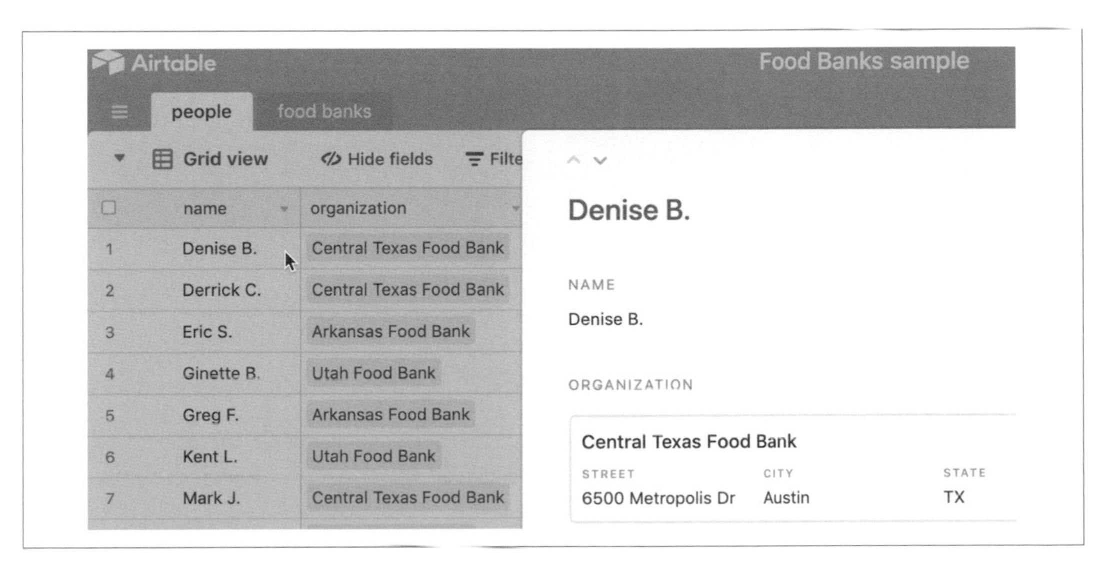

圖 2-11　在此 Airtable 示範中（*https://airtable.com/shrOlb4XT11Xy2LP2*），點按任一工作表中的其中一列，展開並查看連結到另一工作表中的資料。

總結

如果你在學校或工作上「從未真正學習過」試算表，或者你是一點一滴自學而來的，那麼我們希望本章能夠成功地提高你的技能。本書的所有後續章節，尤其是第 6 章設計互動式圖表和第 7 章設計互動式地圖的章節，都需要對試算表具有基本的熟悉程度。除了在繁瑣的資料任務上節省時間之外，試算表工具和方法也能幫助你共用、排序、計算、樞紐分析和尋找相符資料，以資料故事的視覺化為更遠大的目標。

下一章將介紹尋找資料和質疑資料的策略，尤其是在政府和非營利組織管理的開放資料網站上。在這些網站上，你也會需要試算表技能來下載和整理公開資訊。

第三章

尋找和質疑你的資料

在視覺化專案的早期階段，我們通常從兩個相互關聯的問題開始著手：**在哪裡可以找到可靠的資料？**當你找到一些東西後，**這些資料真正代表了什麼？**如果你太快就跳進圖表和地圖的製作，而沒有深入思考這兩個問題，那麼你就有可能做出毫無意義、甚至更糟的誤導性的視覺化。

本章將這兩個廣泛的問題分解為第 47 頁的「引導搜尋的問題」、第 52 頁的「公開資料和私人資料」、第 55 頁的「遮蔽或彙整敏感資料」、第 56 頁的「開放式資料儲存庫」、第 59 頁上的「資料溯源」、第 61 頁上的「識別不良資料」。最後，在找到一些檔案後，我們在第 63 頁的「質疑你的資料」中，提出了一些方法來質疑和理解資料的局限性。

資訊並非憑空出現的。相反的，人們在其時代的社會背景和權力結構中，因著明確或隱含的目的而收集和發佈資料。身為資料視覺化的倡導者，我們強烈贊成有證據的推理，而不是缺乏佐證的替代方案。但是，我們建議不要擁抱所謂的資料客觀性，因為數字和其他形式的資料並**不是**中立的。因此，在處理資料時，請停下來更深入地探詢：**這裡說的是誰的故事？誰的觀點仍保持沉默？**依據《**數據女性主義**》（*Data Feminism*）（*https://oreil.ly/YvupZ*）作者 Catherine D'Ignazio 和 Lauren Klein 的說法，只有探問這些類型的問題，我們才會開始看到特權如何滲入我們的資料作業和資料產品中[1]。

引導搜尋的問題

對許多人來說，資料搜尋只是在網上用 Google 搜尋一些關鍵字。有時找得到，有時找不到。當這個方法陷入困境時，身為作者的我們會開始想起，自己在和才華洋溢的圖書館

1 Catherine D'Ignazio and Lauren F. Klein, Data Feminism (MIT Press, 2020), *https://oreil.ly/YvupZ*.

員、新聞工作者和研究人員一起工作時所學到的許多資料收集的經驗教訓。集結起來，他們教了我們一系列引導性問題，概述了關於**如何搜尋**資料的詳細過程。

你想透過資料回答的問題究竟是什麼？

用筆將它寫下來（以問題的形式，並在句尾打上問號）可協助你釐清想法，並清楚傳達給能夠幫助你的人。很多時候，我們的大腦會跑得過於前面，試圖要找出**答案**，卻沒有思考如何問**問題**，才不會限制可能結果的範圍。

回顧那些讓你印象深刻的的資料視覺化專案，找出激發此專案的背後問題。《**華盛頓郵報**》和西維吉尼亞州的《**查爾斯頓公報**》在報導美國鴉片類藥物氾濫時，成功打贏了法律戰，取得了一份聯邦政府和製藥業都想保密的美國藥物管制局資料庫。在 2019 年，一群資料記者透過互動式地圖發佈了此資料庫，回答了他們的核心問題之一：**有多少鴉片類處方藥被送到美國每個郡（每人平均），而責任是在哪些公司和分銷商身上？**他們的地圖顯示了（*https://oreil.ly/Xx7dh*）多個偏遠的阿巴拉契亞山脈（Appalachian）郡縣的高度集群，其中從 2006 年至 2014 年，平均每個居民每年收到 150 片鴉片類藥物。此外，在此期間，僅六家公司就經銷了超過四分之三的全美國 1000 億片的羥考酮和氫可酮藥：McKesson Corp.、Walgreens、Cardinal Health、AmerisourceBergen、CVS 和 Walmart[2]。即使你處理的資料並沒有如此龐大和爭議性，更重要的課題是清楚定義出你想回答的問題。

此外，隨著研究的進展，修訂你的問題是完全正常的。舉例來說，傑克和他的學生曾經天真地問：***1960 年代康乃狄克州公立學校的考試成績如何？***很快地我們發現，一直到 1980 年代中期的學校績效責任制運動後，正規化的州級學校測驗才在康乃狄克州出現。即便如此，當時的學校成績也未廣為公眾所知，一直到 1990 年代，報紙才開始每年出版一次學校成績。後來，隨著網路在 1990 年代末和 2000 年代初的擴展，房地產公司、學校評比公司和政府機構開始陸續在線上公佈資料。依據所學到的，我們將研究問題修訂成：**康乃狄克州的購屋者何時及如何開始意識到學校的考試成績，以及這些考試如何影響到他們願意支付的價格（為了進入想要的公立學校學區）**[3]？當證據引導你走往更好的方向時，請準備好修訂你的問題。

2 "Drilling into the DEA's Pain Pill Database" (Washington Post, July 16, 2019), *https://oreil.ly/Xx7dh*.

3 Jack Dougherty et al., "School Choice in Suburbia: Test Scores, Race, and Housing Markets," American Journal of Education 115, no. 4 (August 2009): 523–48, *https://oreil.ly/T2I81*.

哪些類型的組織可能已經收集或發佈了你想要的資料？

如果政府組織可能參與其中的話，是在什麼層級上：地方、區域、州 / 省、國家或者國際？是哪個政府部門：行政部門、立法部門或司法部門？或者哪個特定的政府機構可能負責編輯或發佈此資訊？由於各種不同的結構可能讓人無法招架，你可以請求通常在州政府圖書館工作（*https://oreil.ly/vEGoJ*）或參加 Federal Depository Library Program 計劃（*https://oreil.ly/Au6SG*）的受過訓練來處理政府檔案和資料庫的圖書館員協助。也許你尋找的資料已經由非政府組織（例如學術機構、記者、非營利組織或營利性公司）收集了？弄清楚**哪些組織**可能已經收集並發佈了資料，可以幫助你找出他們經常發佈的數位或印刷資料，以及最合適將搜尋工作集中在特定領域的工具。

哪些層級的資料可以使用？

資訊是分解成個別案例，還是整合為更大的群體？較小的資料單位可以讓你進行更精細的解讀，而較大的單位可以幫助你看出更廣泛的模式。圖書館員可以幫助我們理解組織如何以及為什麼在不同層級發佈資料。例如，美國人口普查每 10 年收集一次居住在美國的每個人的資料。依據法律，關於每個人的個人等級資料將保密 72 年，然後再公開發佈。目前，你可以在美國國家檔案館（*https://oreil.ly/BkCal*）和其他網站上搜尋 1940 年人口普查和更早的幾十年中的特定個人，如圖 3-1 所示。

Dougherty, Lester E. (X)	Head		M	W	48
—, Hazel L.	Wife	1	F	W	38
—, L. Junior	Son	2	M	W	18
—, R. Gregg	Son	2	M	W	15
—, V. Elizabeth	Daughter	2	F	W	13
—, Beverley J.	Daughter	2	F	W	10
—, George A.	Son	2	M	W	9
—, William P.	Son	2	M	W	6
—, Donna M.	Daughter	2	F	W	4
—, John A.	Son	2	M	W	5/12

圖 3-1　傑克父親家庭的 1940 年美國人口普查個人資料部分節錄。

同時，美國人口普查將個人記錄彙整到更大的地理區域來公佈目前年份的資料，以保護公眾的隱私。使用「美國人口普查地理實體的標準結構」（Standard Hierarchy of US Census Geographic Entities，*https://oreil.ly/pkY2n*），我們在圖 3-2 中製作了一個簡化的地圖，以顯示康乃狄克州哈特福市一些最常見地理區域之間的關係：

- 州
- 郡
- 郡分區（相當於康乃狄克州的城鎮）
- 人口普查區域（指定區域，大約 1,200 ～ 8,000 人）
- 街區組（區域的子單位，大約 600 ～ 3,000 人）
- 人口普查街區（街區組的子單元，但不一定以城市街區為單位）[4]

先前已有類似資料的出版物嗎？如果有的話，如何追溯它們的來源？

我們的一些很棒的點子，靈感始於閱讀描述證據來源的文章或書籍，引發我們想到將資料視覺化的新方法。有幾次，我們偶然發現了印刷出版物或舊網頁中的資料表，激起了我們循線找出新版本的興趣。甚至過時的資料也可以幫助我們理解過去某個人在某個時間點收集資料的方式。跟隨註腳來追溯資料來源。使用 Google 學術搜尋（*https://google.com/scholar*）和更專業的研究資料庫（如果需要，請向圖書管理員尋求幫助）來追溯以前發佈的資料之來源。有個好處是，如果你可以找到更新的資料，就可能設計出一份比較時間變化的視覺化。

4 Katy Rossiter, "What Are Census Blocks?" US Census Bureau, July 11, 2011, *https://oreil.ly/UTxpk*.

圖 3-2　美國康乃狄克州哈特福市周圍的常用美國人口普查地區，2019 年。在互動式版本上縮小畫面（*https://oreil.ly/JaQUN*），以顯示郡和州的邊界。

如果沒人收集過你想尋找的資料呢？

有時，發生這種情況的原因不只是簡單的忽略而已。在《數據女性主義》中，Catherine D'Ignazio 和 Lauren Klein 透過網球明星小威廉絲（Serena Williams）的故事，強調了資料收集的議題「與權力和特權的更大議題有直接的相關性」。小威廉絲在 2017 年因為生女兒而經歷危及生命的併發症，當時她呼籲公眾關注，黑人婦女在醫院需要為自己爭取權益的狀況。在此經歷之後，她在社群媒體上寫道：「黑人婦女死於妊娠或分娩相關原因的可能性，是白人婦女的 3 倍以上」，資料引用自美國疾病控制與預防中心（CDC）。當記者進一步追蹤調查時，發現關於孕產婦死亡率的詳細資料十分缺乏，而且有一份 2014 年聯合國的報告稱，美國醫療體系中的資料收集方面「特別薄弱」。記者報導道，「美國目前仍沒有追蹤妊娠和分娩併發症的國家級系統」，但在心臟病發作或髖關節置換等其他健康問題上卻有。

被高度重視或高度監視的人，才是權力結構關心的對象。D'Ignazio 和 Klein 呼籲我們認真檢查這些權力系統，收集資料以對抗其影響，並讓更多人看到每個人在此過程中付出的心力[5]。如果沒有人收集到你想要的資料，也許你可以公開指出此問題，或許自行收集。

尋找資料這件事，不僅僅是搜尋關鍵字而已。思考一下圖書館員、記者和其他研究人員教我們問的問題類型，來加深搜尋：哪些類型的組織可能已經（或還沒有）收集了資料？在什麼層級？在先前的哪個時間？在什麼社會和政治背景下？在下一單元中，你會了解更多關於公開資料和私有資料所要考慮的相關問題。

公開資料和私人資料

在搜尋資料時，你也需要了解關於公開資料和私人資料的爭議。這些爭論不僅會影響你可能在視覺化中合法使用的資料類型，而且還會引發「任何人應該在何種程度上收集或散佈個人隱私資訊」的更深層道德問題。本單元提供的是我們對這些爭議的一般性觀察，主要是依據美國的情況。由於我們不是律師（感謝老天！），如有需要時，請諮詢法律專家，以取得針對你具體情況的建議。

第一項爭議是：*關於私人的資料收集應該到什麼程度？*

一些針對「大數據」的批評擔心，隨著政府在數位時代收集越來越多公民的個人資料，政府越來越像極權的「老大哥」。在美國，舉報人愛德華・斯諾登（Edward Snowden）於 2013 年揭露了國家安全局如何使用電信公司提供的美國公民電子郵件和電話記錄進行全球監視，引起了擔憂。哈佛商學院教授，《*監視資本主義時代*》的作者 Shoshana Zuboff 警告說，收集和商品化大量個人可識別資料以取得利潤的公司，同樣形成威脅[6]。由於電子商務的興起，強大的科技公司取得了你和其他人認為是隱私的資料：

---

5 D'Ignazio and Klein, *Data Feminism.*

6 Shoshana Zuboff, *The Age of Surveillance Capitalism: The Fight for a Human Future at the New Frontier of Power* (PublicAffairs, 2019).

- Google 知道你在搜尋引擎中鍵入了哪些詞，如 Google 趨勢的彙整表格所示（*https://oreil.ly/zxYZC*）。此外，依據《華盛頓郵報》技術記者 Geoffrey Fowler 所述，Google 的 Chrome 瀏覽器會透過 cookies 追蹤你的線上活動 [7]。
- 正如 Fowler 所記錄的，Amazon 會竊聽並記錄你與 Alexa 家庭助理的對話 [8]。
- Facebook 會追蹤你所偏愛的朋友和政治偏好，Fowler 也在報告中指出它如何追蹤你在 Facebook 以外的活動（例如在其他企業進行的消費），以改善他們的定向廣告 [9]。

有人指出，大企業收集的「大數據」可以提供公眾利益。例如，蘋果公司分享了他們收集彙整的 iPhone 使用者移動資料（*https://oreil.ly/QRdkB*），幫助公共衛生人員比較在 COVID-19 疫情期間，哪些人留在家裡，哪些人外出。有些人指出，企業絕大部分都是自行設立資料收集和如何處理資料的規則。雖然加州在 2020 年開始實施《消費者隱私法》（*https://oreil.ly/9swiI*），承諾讓個人有權力查看和刪除企業所收集的個人資料，但美國國家和聯邦政府尚未完全進入此政策領域。如果你使用的是公開或私營組織從個人那裡收集的資料，請進一步了解這些爭議，以幫助你做出明智且合乎道德的選擇，決定你要放在視覺化中的內容。

第二個問題是：**當我們的政府收集資料時，應在多大程度上公開這些資料？**

在美國，1966 年的《資訊自由法》（*https://oreil.ly/By-zV*）及其後續修正案試圖促使聯邦政府開放資訊，以期提高透明度並促進公眾監督和監督，迫使人員做出積極的改變。此外，各州政府依據自己的資訊法自由運作，這些法條有時被稱為「公開記錄」或「陽光法」。當有人說他已經送交了「FOI」時，意思是已向政府機構送出書面申請要求政府提供依法應該公開的資訊。但是聯邦和各州的 FOIA 法律很複雜，而且隨著時間過去，法院對案件的解釋方式也不同，如新聞自由委員會的《公開政府指南》（*https://oreil.ly/zFVmg*）和國家資訊自由聯盟（*https://www.nfoic.org*）所述。有時政府機構會迅速同意並遵守 FOI 要求，但其他時候也可能會延遲或拒絕 FOI 要求，這可能會迫使申請人嘗試透過耗時的訴訟來解決問題。全世界有一百多個國家擁有自己的資訊自由法版本（*https://oreil.ly/aAPZ0*），最早的是瑞典的 1766 年《新聞自由法》，但這些法律差異甚大。

---

7 Geoffrey A. Fowler, "Goodbye, Chrome: Google's Web Browser Has Become Spy Software," *The Washington Post*, June 21, 2019, *https://oreil.ly/_ef8H*.

8 Geoffrey A. Fowler, "Alexa Has Been Eavesdropping on You This Whole Time," *The Washington Post*, May 6, 2019, *https://oreil.ly/eR6RG*.

9 Geoffrey A. Fowler, "Facebook Will Now Show You Exactly How It Stalks You — Even When You're Not Using Facebook," *The Washington Post*, January 28, 2020, *https://oreil.ly/rmV9T*.

在大多數情況下，美國聯邦和各州政府收集的個人級資料被視為隱私，除非政府流程認為將它公開能夠服務更廣泛的利益。為了說明這種區別，讓我們從美國聯邦法律會保護個人資料隱私的兩種例子開始：

- 患者層級的健康資料通常受《醫療保險可攜與責任法案》的隱私權規則（*https://oreil.ly/IlSRk*，通常稱為 *HIPAA*）的保護。為了使公共衛生人員能夠追踪公眾疾病的廣泛趨勢，必須以保護特定人員的機密方式，將單一患者資料彙整到較大的匿名資料集裡。

- 同樣的，學生層級的教育資料通常受《家庭教育權利和隱私權法案》（*https://oreil.ly/DpRBa*，通常稱為 *FERPA*）的保護。公共教育人員定期將個別學生記錄彙整到較大的匿名公開資料集中，以追蹤學校、學區和州的廣泛趨勢，而無須透露可單獨識別的資料。

相反的，在以下三種情況下，政府會裁定透過廣泛提供個人層級的資料來維護公共利益：

- 在美國聯邦選舉委員會資料庫（*https://oreil.ly/n-nfB*）以及非營利組織的相關資料庫，例如政治與金錢國家研究所的「金錢流向」（Follow The Money，*https://www.followthemoney.org*）和響應性政治中心（Center for Responsive Politics）的「公開的秘密」（Open Secrets，*https://www.opensecrets.org*）中，個人對政治候選人的捐款是公開的資訊。後兩個網站對於透過政治行動委員會送交的捐贈，以及競選財務法中的爭議性例外，都有更詳細的資訊敘述。放眼美國，州級政治捐款法的差異性很大，這些公開記錄都儲存在單獨的資料庫中。舉例來說，任何人都可以搜尋 Connecticut Campaign Reporting Information System（*https://oreil.ly/ycsTB*），來搜尋本書作者傑克對州級政治競選活動的捐款。

- 個人房產所有權記錄是公開的，並且逐漸由許多地方政府在線上維護。有一家私人公司統整了一個美國公開記錄目錄（*https://oreil.ly/OD7MO*），其中內含郡和市政財產記錄的連結。舉例來說，任何人都可以在康乃狄克州西哈特福市的財產評估資料庫中（*https://oreil.ly/jQigl*）搜尋傑克擁有的房產、其面積和購入價格。

- 免稅組織之員工的個人薪資是公開的，這些組織每年都需要向美國國稅局（IRS）申報 990 表。舉例來說，任何人都可以在 ProPublica's Nonprofit Explorer 網站上（*https://oreil.ly/SbNVi*）搜尋 990 表，並檢視傑克之雇主和伊利亞的母校康乃狄克州哈特福市三一學院的高階員工薪資和其他報酬。

關於哪些個人層級的資料類型應該向公眾公開，社會和政治壓力正在不斷改變其界限。例如，「黑人的命也是命」（Blacks Lives Matter）運動逐漸使警察暴力的個人層級資料更加公開。舉例來說，在 2001 年，紐澤西州要求地方警察局記錄任何武力的使用（如開槍射擊），無論情事微小或重大。但是沒有人能夠輕易地搜尋這些紙本表格，直到 NJ Advance Media 的一組記者提出 500 多筆公開記錄申請、並統整了 The Force Report 數位資料庫（*https://force.nj.com*），讓所有人都能查詢個別警員並調查暴力行為模式。同樣的，ProPublica 記者小組也製作了 NYPD Files 資料庫（*https://oreil.ly/cCS_m*），讓任何人都能依照姓名或轄區來搜尋針對紐約市警察之民事投訴的已結案案件，以尋找證實的指控。

每個使用資料的人，都需要了解公開和隱私的關鍵爭議，積極參與關於利益的政策討論，並為積極的改變做出貢獻。在下一單元中，你會學到在處理敏感的個人層級資料時所需要做出的道德選擇。

遮蔽或彙整敏感資料

即使個人層級的資料可以合法且公開地取得，我們每個人都有責任在製作資料視覺化時，對於「是否要用」以及「如何使用」做出合乎道德的決定。在處理敏感資料時，你需要提出一些道德問題：公開個人層級資料可能弊大於利的風險是什麼？是否可以在不公開可能侵犯個人隱私的詳細資訊的情況下，講述相同的資料故事？

這些道德問題並沒有簡單的答案，因為每種情況都不同，並且需要衡量對個人造成傷害的風險，和廣泛了解重要公共議題的所帶來的好處。本單元將介紹替代盲目發佈敏感資訊的一些方案，例如遮蔽（masking）和彙整個人層級的資料。

想像一下你正在瀏覽犯罪資料，並希望製作一張互動式地圖，以了解數個社區中不同類型 911 報案電話的頻率。如果依照第 56 頁上的「開放式資料儲存庫」中的描述，來搜尋關於報案電話的公開資料（*https://oreil.ly/_EX06*），你會看到不同報案中心對於公布個人層級資料的不同策略和做法。在美國許多州，關於性犯罪或虐待兒童案件的受害者的資訊（例如派遣警察到什麼地址）被視為機密資訊，可免於公開發佈，因此未內含在公開資料中。但是某些警察部門會以下列格式公布關於報案的公開資料，以及其他類型犯罪的完整地址：

```
| 日期    | 完整地址       | 分類     |
| 1月1日 | 中正路 1234 號 | 嚴重襲擊 |
```

雖然此資訊是公開可用的，但在資料視覺化中發佈關於暴力犯罪的詳細資訊及其完整地址，可能對受害者造成某種形式的身心傷害。

另一種選擇是**遮蔽**敏感資料中的詳細資訊。例如，部分警察部門會在公開資料報告中隱藏街道門牌的最後幾位數以保護個人隱私，同時仍以相同格式顯示：

```
| 日期   | 完整地址       | 分類     |
| 1月1日 | 中正路 1XXX 號 | 嚴重襲擊 |
```

在適當的時候，你也可以使用第 4 章中討論的、類似試算表工具的「尋找和取代」方法，來遮蔽個人層級的資料。

另一種策略是將個人層級的資料**整合**為更大的組，這樣可以在顯示更廣泛的模式的同時保護隱私。在前面的範例中，如果你正在探索跨不同社區的犯罪資料，可以將 911 的個別報案電話歸類到更大的地理區域中，例如人口普查區域或區域名稱，如下列格式：

```
| 區域 | 犯罪類別 | 次數 |
| 東區 | 嚴重襲擊 | 13   |
| 西區 | 嚴重襲擊 | 21   |
```

將個人層級的詳細資訊整合為較大但有意義的類別，也是講述關於全域的資料故事的更好方法。要彙整簡單的試算表資料，請參見第 33 頁的「使用資料透視表來彙整資料」。要對資料進行正規化以取得更有意義的地圖，請參閱第 90 頁的「將資料正規化」。另請參見第 367 頁的「使用美國人口普查的批次地理編碼」和第 368 頁的「將點樞軸轉換為多邊形資料」。

接下來，你會學到如何探索政府和非政府組織與公眾共用的資料集。

開放式資料儲存庫

在過去的十年中，全球越來越多的政府和非政府組織已開始透過開放式資料儲存庫主動分享開放性的資料。雖然其中有些資料集以前就能在獨立的網站上找到，但這些不斷發展的網絡使得公開資料更容易尋找，各機關部門能更頻繁地進行更新，而且有時也支援與其他電腦的即時互動。開放式資料儲存庫通常包括以下功能：

檢視和匯出

在最基本的功能下，開放式資料儲存庫允許使用者檢視和匯出 CSV、ODS 和 XLSX 等常見試算表格式的資料。一些儲存庫還提供可用來製作地圖的地理邊界檔案。

內建視覺化工具

多個儲存庫提供了內建工具，供使用者在平台網站上製作互動式圖表或地圖。有些還提供程式碼片段（snippets）供使用者將這些內建的視覺化效果嵌入到自己的網站中，你會在第 9 章中了解更多。

應用程式介面（*API*）

一些儲存庫為端點提供了程式碼指令，允許其他電腦將資料直接從平台抓到外部網站或線上的視覺化中。當儲存庫不斷更新資料並發佈 API 端點時，這可能你在視覺化中顯示即時或「幾乎即時」資料的理想方法，你會在第 12 章中了解詳情。

由於開放式資料儲存庫是近來才開始成長，尤其是在政府政策和科學研究方面，因此還沒有網站列出所有的儲存庫。以下是來自美國和全球的一些網站，希望能激發讀者的好奇心，並鼓勵你進行更深入的研究：

Data.gov（*https://www.data.gov*）

美國聯邦政府機構的官方資料庫。

Data.census.gov（*https://data.census.gov*）

存取美國人口普查局資料的主要平台。人口普查每十年進行一次人口統計，而美國社區問卷（ACS）是一種年度樣本統計，可針對不同的人口普查地區提供一年和五年具誤差範圍的估計值。

Eurostat（*https://ec.europa.eu/eurostat*）

歐盟統計局。

Federal Reserve Economic Research（*https://fred.stlouisfed.org*）

提供美國和國際資料。

Global Open Data Index（*https://index.okfn.org/dataset*）

由開放知識基金會（Open Knowledge Foundation）提供。

Google Dataset Search（*https://datasetsearch.research.google.com*）

Google 開發的資料集搜尋引擎。

Harvard Dataverse（*https://dataverse.harvard.edu*）

開放給所有學科的所有研究人員。

Humanitarian Data Exchange（*https://data.humdata.org*）

由聯合國人道主義事務協調廳提供。

IPUMS（*https://www.ipums.org*）

整合公共用途微資料庫（Integrated Public Use Microdata Series），這是世上最大的個人層級人口資料庫，是美國和國際人口普查記錄及問卷的微資料樣本，由明尼蘇達大學維護。

openAfrica（*https://africaopendata.org*）

由 Code for Africa 提供。

Open Data Inception（*https://opendatainception.io*）

以地圖為基礎的全球目錄。

Open Data Network（*https://www.opendatanetwork.com*）

由 Socrata 提供的目錄，主要是美國各州和市政開放資料平台的目錄。聯合國資料（*https://data.un.org*）。

World Bank Open Data（*https://data.worldbank.org*）

全球經濟發展資料庫。

World Inequality Database（*https://wid.world*）

關於收入和貧富差距的全球資料。

關於更多選項，請參閱由數個圖書館的工作人員所整理和維護的 *Open Data* 列表，包括羅切斯特大學（*https://oreil.ly/G4zJn*）、紐約州立大學（SUNY）的吉內塞學院（*https://oreil.ly/Sgs_0*）及布朗大學（*https://oreil.ly/K8tJ8*）等。

除此之外，資源更豐富的高等教育圖書館和其他組織，可能透過訂閱費用允許其學生和員工存取「封閉的」資料庫。例如 Social Explorer（*https://www.socialexplorer.com*）為本地和國家地理區域（主要是美國，加拿大和歐洲）提供了數十年的人口、經濟、健康、教育、宗教和犯罪資料。先前 Social Explorer 向大眾提供了許多檔案，但現在則需要付費訂閱或 14 天免費試閱。此外，Policy Map（*https://www.policymap.com*）提供了美國地區的人口統計、經濟、住宅和生活品質資料，並在「Open Map」檢視中公開顯示這些資料（*https://www.policymap.com*），但你需要訂閱才能下載。

另請參見第 344 頁的「尋找 GeoJSON 邊界檔案」，這是本書中用於製作地圖的開放資料標準。

現在你已了解了更多開放式資料儲存庫的資訊，下一單元將教你如何正確引用你發現的資料來源。

資料溯源

找到資料時，請將來源資訊寫在下載的檔案或你製作的新檔案中。加上關於來源的關鍵詳細資訊，以便你（或將來的其他人）可以複製你的步驟。我們建議在兩個位置執行此步驟：試算表檔名和來源注釋工作表。第三步，備份你找到的資料。第一步是標記你下載或製作的每個資料檔案。我們每個人都遇過類似的「糟糕檔名」，應避免使用：

- *data.csv*
- *file.ods*
- *download.xlsx*

使用簡短但有意義的檔名。雖然這沒有完美的系統，但有一個好的策略是將來源進行縮寫（例如 `census`、`worldbank` 或 `eurostat`），加上主題關鍵字，以及日期或範圍。如果你或同事會使用不同版本的下載檔案，請以 YYYY-MM-DD（年 - 月 - 日期）格式將目前日期也加上。如果你打算將檔案上傳到網路，請以小寫形式輸入名稱，並用破折號（-）或下劃線（_）來取代空格。比較好的檔名如下所示：

- *town-demographics-2019-12-02.csv*
- *census2010_population_by_county.ods*
- *eurostat-1999-2019-co2-emissions.xlsx*

第二步是將關於資料的更詳細來源注釋，儲存在試算表內的獨立工作表上，這個方法在多工作表的試算表工具都適用，例如 Google 試算表、LibreOffice 和 Excel。新增一個名為 notes 的新標籤來描述資料的來源，然後為任何縮寫加上詳細說明，以及上次更新的時間，如圖 3-3。加上你自己的名字，並備註與你合作的協作者。如果你需要用此資料製作一個 CSV 檔案，請使用與試算表檔案相同的名稱，以便日後可以輕鬆地再次找到原始注釋。

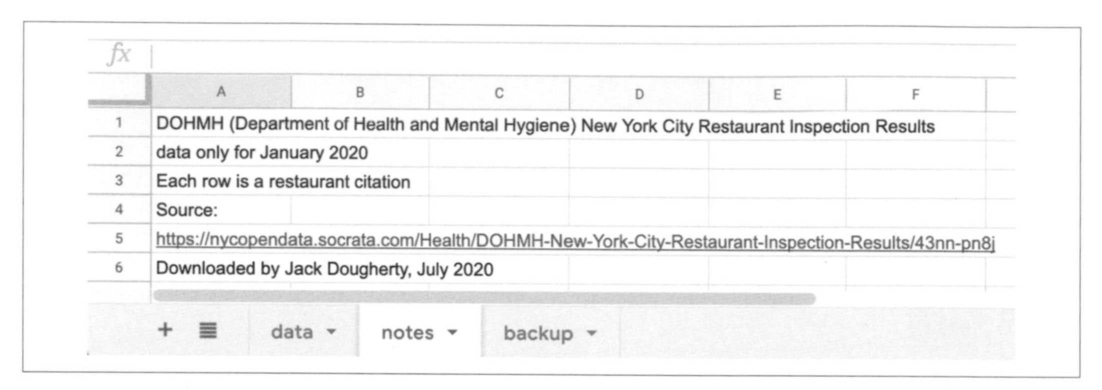

圖 3-3　為 data、notes 和 backup 製作個別的工作表。

第三步是在清理或編輯原始資料之前，先將它備份。若要在試算表工具中製作一個簡單的單頁檔案，請右鍵點按含有資料的工作表，製作副本至另一個工作表中，如圖 3-3。將新工作表清楚標明為備份後，就不必管它了！若是 CSV 檔或更複雜的試算表，請製作一個單獨的備份檔案。說明一下，這些簡單的備份策略只是幫助你避免對原始資料進行不可修復的編輯。請確認你有一個更妥善的方式來備份電腦或雲端帳戶的檔案，以免某個檔案遭到刪除或系統當機。

養成使用這三種來源備註策略（檔名、注釋和備份）的習慣，以提高資料視覺化的可信度和可複製性。在下一單元中，我們將探索更多方法來減少出現「不良資料」之錯誤的機會。

識別不良資料

當你的資料搜尋出現了一些結果時，另一個關鍵步驟是打開檔案，快速捲動瀏覽內容，並尋找可能內含「不良資料」的任何警告信號。如果你未能在早期階段發現資料中的問題，可能會導致錯誤的結論，並降低所有工作成果的可信度。幸運的是，資料視覺化社群的成員分享了多個我們先前遇到的問題的範例，幫助新成員免於犯同樣令人尷尬的錯誤。由諸多資料記者集結彙整的一個熱門指南是《*The Quartz Guide to Bad Data*》（*https://oreil.ly/9YTFX*）。請留意含有以下「不良資料」警告信號的試算表：

失蹤值

如果看到空白或「null」條目，是否表示未收集資料？還是受訪者沒有回答？如果不確定，請向資料製作者詢問。當有人輸入 `0` 或 `-1` 來代表失蹤值時，也要留意，需考慮它對試算表計算（例如 SUM 或 AVERAGE）造成的後果。

缺少前導零

康州哈特福市的郵政編碼之一是 06106。如果有人將整欄的郵政編碼轉換為數值，它會去掉前面的 0 並顯示為 6106。在類似的狀況下，美國人口普查局使用聯邦資訊處理系統（FIPS）的碼來列出每個地點，其中也有部分是以有意義的 0 為開頭。舉例來說，加州洛杉磯郡的 FIPS 碼是 037，但是如果有人不小心將一欄文字轉換為數值，它將會去除前面的 0 並將該 FIPS 碼轉換為 37，這可能會破壞某些期待它是 3 位數的程式功能，或可能誤導一些人將它解讀為北卡羅來納州的兩位數州代碼。

65536 行或 *255* 欄

這些分別是舊式 Excel 試算表或 Apple Numbers 試算表所支援的最大欄列數。如果你的試算表恰好中止於這兩個限制之一，那麼你可能只拿到部分資料。在我們撰寫本文時，BBC 有報導指出，由於舊版 Excel 試算表中的列數限制，英格蘭公共衛生部遺失了數千筆 COVID-19 測試結果（*https://oreil.ly/kUyEi*）。

日期格式不一致

例如在美國，試算表通常將 2020 年 11 月 3 日輸入為 `11/3/2020`（月 - 日 - 年），而全球其他地區的人，通常將其輸入為 `3/11/2020`（日 - 月 - 年）。檢查你的來源。

諸如 *1900* 年 *1* 月 *1* 日，*1904* 年或 *1970* 年 *1* 月 *1* 日的日期

這些是 Excel 試算表和 Unix 作業系統中的預設時間戳章，可能代表實際日期為空白或被覆蓋。

相似 *43891* 的日期

當你在 2020 年的 Microsoft Excel 中鍵入 3 月 1 日時，它將自動顯示為 `1-Mar`，但它在 Excel 的內部日期系統中是儲存為 `43891`。如果有人將此欄從日期轉換為文字格式，你會看到 Excel 系統的五位數，而不是你期望的日期。

第 28 頁的「排序和篩選資料」和第 33 頁的「使用資料透視表來彙整資料」，以及第 6 章的直方圖介紹中，將討論其他檢查試算表欄中的資料品質的方法。這些方法能讓你快速檢查欄中顯示的值範圍，並協助你識別不良資料。

如果位置被轉換為無法信任的緯度和經度坐標時，也要留意不良的地理編碼而導致的不良資料（請參閱第 23 頁「Google 試算表中的地理編碼地址」）。例如，視覺化專家 Alberto Cairo 描述到，從資料表面上「看起來」，堪薩斯州居民比美國其他州瀏覽更多線上色情內容。經過仔細檢查，許多觀看者的網路協議（IP）地址並未正確做地理編碼，這可能是因為他們試圖使用虛擬私有網路（VPN）掩蓋自己的位置來維護隱私，結果便造成地理編碼工具自動將大量使用者定位在美國本土的地理中心（恰好位於堪薩斯州）[10]。在類似的狀況下，當全球資料的地理編碼有誤時，虛構的「Null」島上的人口就會激增（*https://www.microsoft.com/zh-cn/null/://oreil.ly/ZuwAx*），但它實際上是一個位於大西洋的氣象浮標，位於本初子午線與赤道的交點，緯度和經度坐標為 0,0。歸結以上原因，請仔細檢查地理編碼資料，以避免因為工具將結果錯誤地定位在地理區域的正中心而導致的錯誤，如圖 3-4 所示。

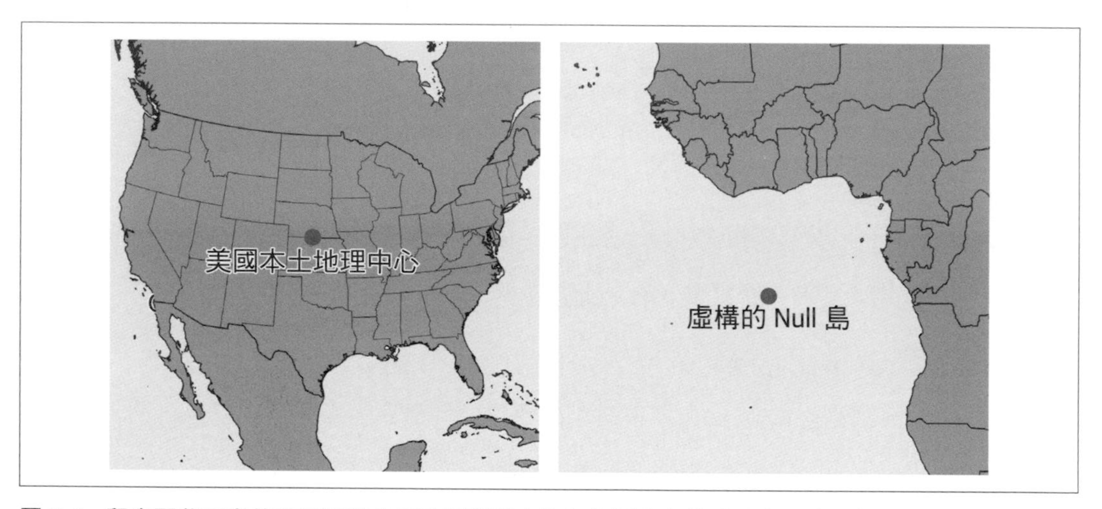

圖 3-4　留意那些不良的地理編碼會自動將資料定位在美國本土的地理中心（在堪薩斯州北部），或者在虛構的大西洋 Null 島上（坐標為 0,0 的位置）。

10　Cairo, *How Charts Lie*, 2019, pp. 99–102

發現專案中有不良資料該怎麼辦？有時，小問題相對簡單明瞭，不會引發對整個資料集完整性的質疑。有時，你可以使用我們在第 4 章中介紹的方法來修正這些問題。大的狀況則可能會造成問題。請追蹤資料流的來源，試著找出問題的根源。如果你無法獨自找到並解決問題，請聯絡資料供應者並徵詢他們的意見，因為他們對於提高資料品質會有很高的興趣。如果他們不能解決重要的資料問題，那麼你需要暫停並仔細考慮。在這種情況下，是否應該繼續採用有問題的資料，並向讀者加上警告提示？還是應該完全停止使用此資料集，並關注其潛在的問題？這些都不是容易做的決定，你應該徵詢同事的意見。無論如何，切勿忽視不良資料的警告信號。

最後，依照我們列出的關鍵步驟，你可以協助防止不良資料的發生。為資料檔案做有意義的命名，並在獨立的工作表中加上取得資料之時間地點等來源注釋，以及資料測量的內容和其記錄方法等定義或詳細資訊。說明任何空白或 null 值的含義，並避免用 0 或其他符號取代。在試算表中輸入資料或進行計算時，必須注意格式問題。

在下一單元中，你將學到更多能夠幫助你更深入了解資料的提問。

質疑你的資料

現在你已經找到來源、註明了來源，並檢查了一些檔案，下一步是透過比表面層次更深入的查詢，來**質疑你的資料**。請閱讀**詮釋資料**（*metadata*），這是描述資料及其來源的注釋。檢查其內容來對照它明確聲明或未聲明的內容，以便更加理解其來源、上下文和局限性。你無法讓電腦來為你執行此步驟，因為它需要批判性的思考以超越螢幕上的字元和數字。

可以用這個問題做起點：「**資料標題的真正含義是什麼？**」並考慮以下潛在問題。

欄的縮寫標題之完整定義是什麼？

試算表通常會內含縮寫的欄標題，例如「**海拔**」或「**收入**」。有時，原始軟體會限制可以輸入的字元數，或者製作標題名稱的人喜歡保持精簡。但「**海拔**」是以公尺或英尺為單位？精簡的資料標題無法回答這樣的關鍵問題，因此你需要檢查來源注釋，如果沒有註明的話，就要將海拔資料與內含測量單位的已知來源資料做比對。同樣的，如果你使用的是美國人口普查資料，**收入**是指每人、每個家庭，還是每戶？此外，這個值是否反映了**中位數**（數字範圍的中點）或**平均值**（透過將總和除以數量而得出的平均值）？請檢查來源注釋中的定義。

資料究竟是如何收集的？

例如，特定位置的海拔高度是地面上的 GPS 裝置所測量的嗎？還是在內含海拔資料的數位地圖上對位置進行地理編碼？在大多數情況下，這兩種方法將產生不同的結果，而這個差異是否重要，取決於工作所需的精確度。同樣的，當美國人口普查局在報告中指出其年度美國社區問卷（ACS）之收入和其他變數的估算資料，而這些資料是從較小地理區的受訪者的小樣本中得出時（例如人口數大約為 4000 人的人口普查區），則會產生很高的誤差幅度。舉例來說，ACS 估計（*https://oreil.ly/GNKUY*）某個人口普查區的平均家庭收入為 50,000 美元，但誤差幅度為 25,000 美元，這並不少見，這代表真正的數字是介於 $ 25,000 和 $ 75,000 之間。因此，ACS 對於小型地理單位的某些估計實際上是沒有意義的。檢查資料的記錄方式，並在來源注釋中記下所有已報告的誤差範圍。另請參見第 6 章了解如何製作誤差線。

資料在多大程度上是社會的結構？

關於人們在不同的時空下、不同社會和政治環境中如何定義「類別」這件事，資料揭露或隱藏了什麼？

例如，我們使用一百多年來的美國人口普查資料，為康乃狄克州的哈特福市設計了一個互動式的種族變化歷史地圖（*https://oreil.ly/cEu9W*）。但是，在過去的幾十年中，種族和族裔的人口普查類別發生了巨大變化，因為當權者重新定義了這些有爭議的術語，並將人們重新分配到不同的群體中[11]。在 1930 年代之前，美國人口普查人員會在報告中將「白人」和「外國出生的白人」分開，但在隨後的幾十年中將他們合併統稱為「白人」了。此外，美國人口普查人員在 1930 年將「墨西哥人」歸類為「其他種族」，然後在 1940 年將此族群移回「白人」，然後在 1960 年呈現「波多黎各人或西班牙姓氏」的資料，隨後的幾十年中變成「西班牙裔或拉丁裔」，為「族裔」而非「人種」。最後一個例子是，人口普查在 1980 年用「黑人」取代了「黑鬼」（Negro），並最終在 2000 年放棄了單選的種族類別，讓人們可以選擇多個種族。這樣的結果是，這些種族和族裔社會結構的歷史性變化影響了我們設計的地圖，以便隨著時間變化來顯示「白人」或「僅白人」，並在彈出視窗中顯示與每十年相關的其他人口普查類別，並在標題和原始說明中加上對這些決定的解釋。

當定義在數十年間發生變化時，沒有一種固定的方法能夠將社會結構的資料視覺化。在選擇資料時，請在注釋或隨附文字中描述你的思考過程。

11 更深入的分析，可以參考 Margo J. Anderson 的 *The American Census: A Social History*, 第二版 (Yale University Press, 2015)。

資料的哪些方面仍然不清楚或不確定？

這是資料處理的悖論：如果資料是他人收集的，那麼其中一些深層問題可能無法完全被回答，尤其如果此人來自遙遠的地點或時間點，或社會階層中的其他位置。即使你無法完全回答這些問題，也不要讓它阻止你就資料的來源、上下文和基本含義提出很好的問題。我們的工作是用資料講述真實和有意義的故事，但是此過程首先要釐清我們對收集到的資訊之了解（與不了解）。有時我們可以透過誤差線來視覺性地描述其局限性，如你在第 103 頁的「圖表設計原則」中所了解的；有時我們需要承認資料故事中的不確定性，如我們在第 408 頁的「標注來源和不確定性」中所討論的。

總結

本章檢視了在視覺化專案的早期階段每個人都應該問的兩個主要問題：**在哪裡可以找到資料？我對它真正的了解為何？**我們將這兩個問題分解為更具體的部分，透過問題指引你進行搜尋、參與關於公開和私人資料的辯論、遮蔽和彙整敏感資料、瀏覽開放式資料儲存庫，尋找資料來源、識別不良資料，並且對資料的質疑超過表面的層次，以鍛鍊你的知識和技能。在進入下一章關於清理資料以及製作互動式圖表和地圖時，請記住這些課題。我們將在第 14 章中回到與此主題相關的議題。

第四章

清理凌亂的資料

通常資料集是凌亂而且難以立即視覺化的。裡面會有缺少值、不同格式的日期、純數值欄出現文字、同一欄出現多筆資料、同一名稱有各種拼法，以及其他意料之外的東西。範例見圖 4-1。如果你發現自己花在清理資料的時間比進行分析和視覺化還多，不用感到驚訝。

Year	City	Amount
1990	New York City	$1,123,456.00
1995-96		2.2 mil
2000's	NYC	No data
2020	New_York	5000000+

圖 4-1　原始資料通常看起來很亂。

在本章中你會學到不同的工具，可幫助你決定使用哪種工具來有效清理資料。我們將從第 68 頁的「使用 Google 試算表進行智慧清理」、第 69 頁的「尋找並取代為空白」、第 71 頁的「轉置列和欄」、第 72 頁的「將資料拆分為個別的欄」，和第 75 頁的「將資料合併為一欄」，從 Google 試算表的基本清理開始著手。雖然我們在範例中使用的是 Google 試算表，但當中的許多原理（在某些情況下，它們的公式相同）適用於 Microsoft Excel、LibreOffice Calc、Mac 的 Numbers 或其他試算表套裝軟體。接下來，你會學到如何使用 Tabula 從文字類型 PDF 檔案中擷取表格資料。免費工具 Tabula 是全球資料新聞工作者和研究人員用來分析支出資料、健康報告，以及許多封在 PDF 中的各種資料集（請參閱第 76 頁的「使用 Tabula 從 PDF 擷取表格」。最後，我們將在第 79 頁的「使用 OpenRefine 來清理資料」中介紹 OpenRefine，這是一種功能強大且用途廣泛的工具，可清理最混亂的試算表，例如包含了同一名稱卻有數十種不同拼法的試算表。

使用 Google 試算表進行智慧清理

使用 Google 試算表來處理資料的最新原因之一，是使用它的智慧清理（Smart Cleanup）功能協助你識別和建議更正不正確的資料。此工具會開啟一個側欄選單，抓出潛在問題，然後讓你決定是否接受建議。

讓我們使用全球 10 個人口最多的國家的樣本資料（其中包括我們刻意加上的一些問題資料），來了解 Smart Cleanup 會發現和漏掉哪些類型的問題：

1. 在 Google 試算表中打開 Smart Cleanup 範例資料檔案（*https://oreil.ly/NxGPN*），使用你的帳戶登入，然後到「File」>「Make a copy」，製作一個可以在 Google 雲端硬碟中編輯的版本。

2. 到「Data」>「Cleanup suggestions」，檢視側欄中出現的項目。

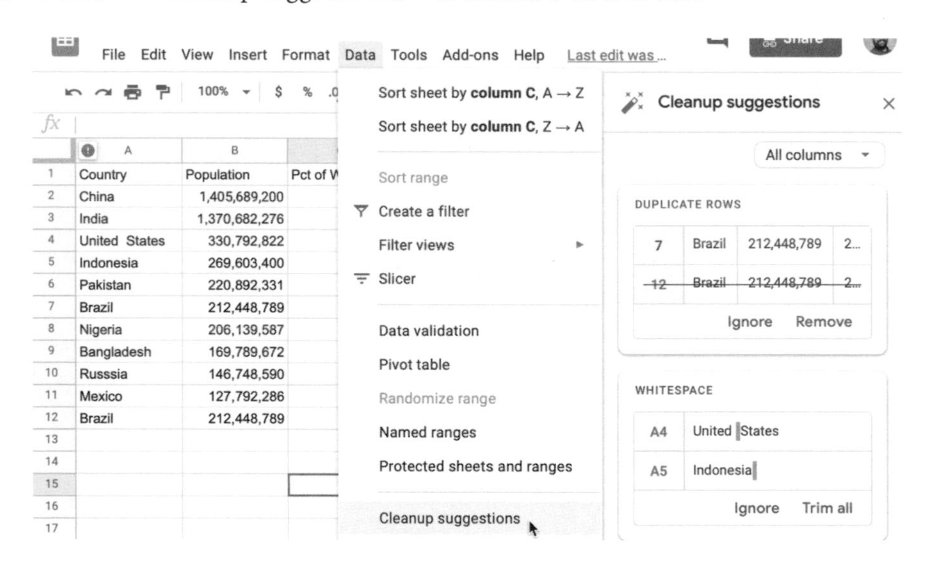

Smart Cleanup 功能成功抓出了重複的條目（第 12 行），以及儲存格 A4 和 A5 中的空白。點按綠色的「Remove」和「Trim All」按鈕，確認 Google 試算表應該執行清理。

你可以找出 Smart Cleanup 漏掉的其他錯誤嗎？

- 在 A10 儲存格中，*Russsia* 多了一個 *s*。
- 在 C6 儲存格中，巴基斯坦在世界人口中的比例是小數點格式而非百分比。
- 在 D4 儲存格中，美國日期的格式不同於其他條目。如果你熟悉不同國際日期格式的話，你也會好奇 `12/10/2020` 是美國常用的 `MM/DD/YYYY` 格式，還是其他地區常用的 `DD/MM/YYYY` 格式。Smart Cleanup 無法為你解決此問題。

Google 試算表智慧清理功能是一個不錯的起點。如果你的資料確實很亂，則可能需要使用本章稍後介紹的更複雜的工具，例如第 79 頁的「使用 OpenRefine 來清理資料」。在下一單元中，你會學到另一種適用於任何情況的試算表清理方法：尋找並取代為空白條目。

尋找並取代為空白

每個試算表中最簡單、最強大的清理工具之一，是「尋找和取代」指令。你還可以使用它來批次更改相同名稱的不同拼法，例如縮短一個國家的名稱（將「印度共和國」改成「印度」），展開縮寫（從 *US* 改成 *United States*），或翻譯名稱（從「*Italy*」到「義大利」）。此外，你可以使用「尋找和取代為空白」來刪除有時與數字並存於同一儲存格中的測量單位（例如將 *321 kg* 更改為 *321*）。

讓我們來看看「尋找和取代」如何實地操作。美國人口普查資料的一個常見問題，是地理名稱內含不必要的單詞。例如，當你下載關於康乃狄克州城鎮人口的資料時，位置欄會在每個名稱後加上單詞「town（鎮）」：

```
Hartford town
New Haven town
Stamford town
```

通常你會想要一個乾淨的城鎮清單，方便顯示在圖表中，或者與另一個資料集合併，如下：

```
Hartford
New Haven
Stamford
```

讓我們來下載內含 169 個康乃狄克州城鎮名稱及其人口的美國人口普查樣本檔案，並使用「尋找並取代」來刪除每個地名後不必要的「town」字眼：

1. 在 Google 試算表中打開 CT Town Geonames 檔案（*https://oreil.ly/OQ5Tu*），使用你的帳戶登入，然後到「File」>「Make a copy」，製作可在 Google 雲端硬碟中編輯的版本。

2. 點按你想要修改的欄標題。如果不選擇欄，它將會在整個試算表中進行搜尋和取代。

3. 在「Edit」選單中，選擇「Find and replace」。你會看到以下內容。

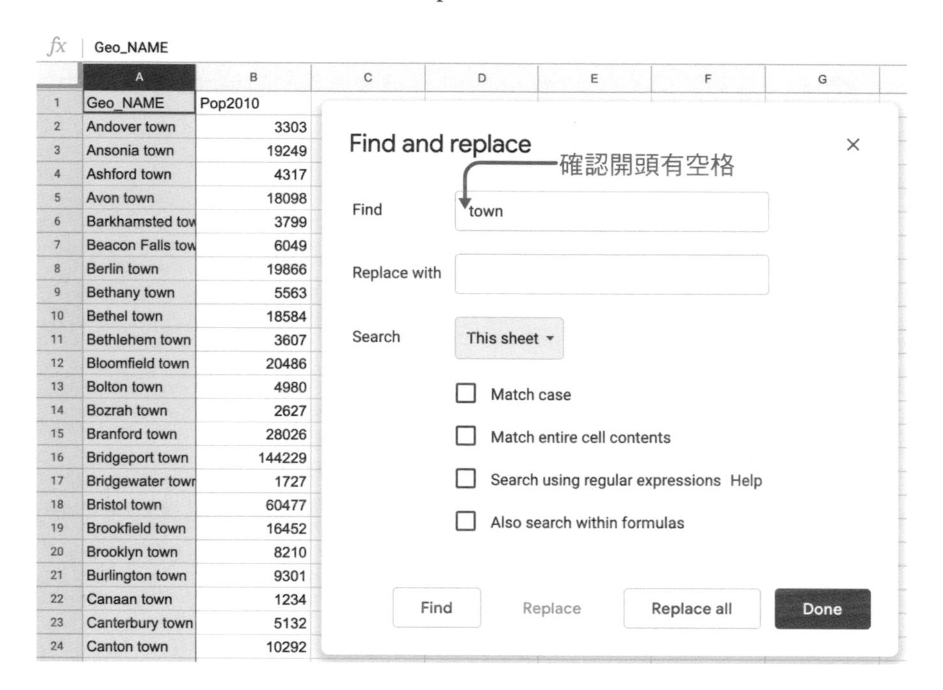

4. 在「Find」欄位中，鍵入 **town**，並在這個詞之前插入一個空格。如果你不插入空格，那麼 *Middletown* 等地名中的 *town* 就會被刪去。此外，你也會意外地在行尾留下空白，後面沒有任何字元，這可能會造成未來的問題。

5. 將「Replace with」欄位保留為空白。不要插入空格，就讓它全空即可。

6. 「Search」欄位應該會是你在步驟 2 中選擇的範圍，如果你剛剛並未選擇任何內容的話，應該會是「All sheet」。

7. 你可以選擇「Match case」（大小寫需符合）。如果勾選起來，則 `town` 和 `Town` 和 `tOwN` 都是不同的。在這個練習中，你可以不勾選「Match case」。
8. 按下「Replace all」按鈕。由於此樣本檔案內含 169 個城鎮，因此視窗將會顯示 169 項的「town」已被取代。
9. 檢查結果。確認名字中包含 *town* 在內的地點（例如 *Middletown*）仍維持原樣。

轉置列和欄

有時候你下載了良好的資料，但是視覺化工具要求你轉置（transpose，或交換）列和欄，以製作所需的圖表或地圖。在處理時間序或歷史資料時，經常會出現此問題，因為在表格和圖表中它們以相反的方式處理。在設計表格時，正確的方法是將日期水平排列當作欄標題，以便我們從左讀到右，如下所示[1]：

```
| Year    | 2000 | 2010 | 2020 |
|---------|------|------|------|
| Series1 |  333 |  444 |  555 |
| Series2 |  777 |  888 |  999 |
```

在 Google 試算表和類似工具中設計折線圖時（你會在第 6 章中學到），我們需要對資料進行轉置，使日期在第一欄中垂直向下移動，方便軟體讀取為資料組的標籤，像這樣：

```
| Year | Series1 | Series2 |
|------|---------|---------|
| 2000 |     333 |     777 |
| 2010 |     444 |     888 |
| 2020 |     555 |     999 |
```

來看看如何在範例資料中交換行和欄：

1. 在 Google 試算表中打開轉置範例資料檔案（*https://oreil.ly/lD0G-*），使用你的帳戶登入，然後到「File」>「Make a copy」，製作可在 Google 雲端硬碟中編輯的版本。
2. 選擇要轉置的所有列和欄，然後到「Edit」>「Copy」。
3. 向下捲動至試算表空白處然後點按一個儲存格，或打開一個新的工作表，然後到「Edit」>「Paste special」>「Paste transposed」。

1 Stephen Few, *Show Me the Numbers: Designing Tables and Graphs to Enlighten*, 2nd edition (Burlingame, CA: Analytics Press, 2012), p. 166.

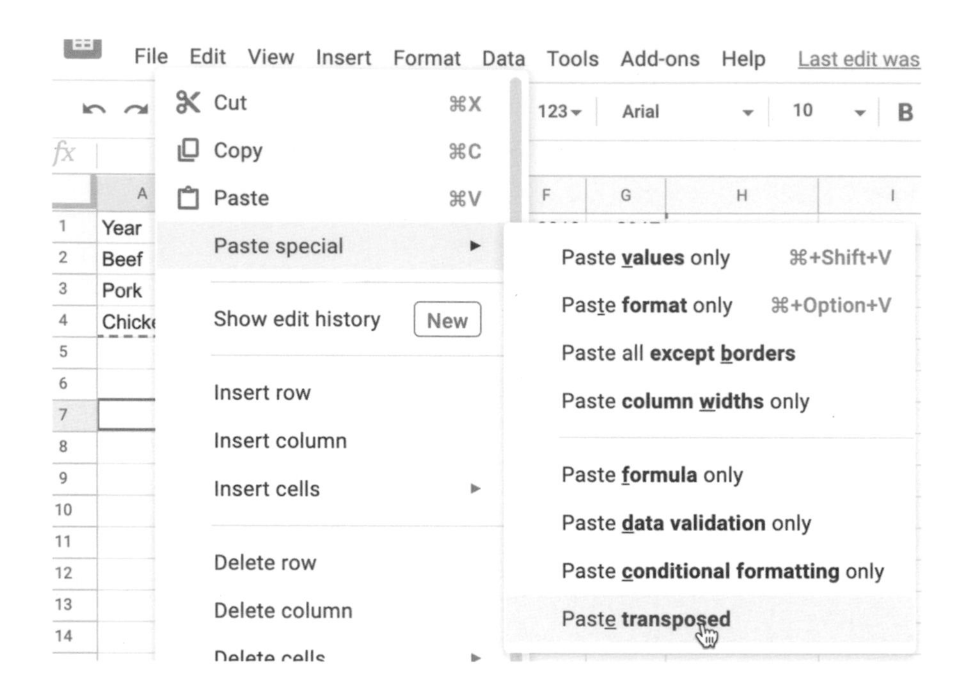

現在你知道如何透過轉置列和欄來清理資料了，在下一單元中，你會學到如何將資料拆為個別的欄。

將資料拆為個別的欄

有時，多筆資料會出現在單個儲存格中，例如姓氏和名字（王大明），地理坐標（`40.12,-72.12`）或地址（`300 Summit St, Hartford, CT, 06106`）。為了進行分析，你可能需要將它們拆為單獨的條目，讓「全名」欄（其中有王大明）變成「姓氏」（王）和「名字」（大明）兩欄，坐標變成「緯度」和「經度」兩欄，而「完整地址」欄變成：「街道」、「城市」、「州」和「郵編」（郵遞區號）四欄。

範例 1：簡易拆分

讓我們從一個簡單的範例開始，將逗號分隔的成對地理坐標，拆成個別的欄：

1. 在 Google 試算表中打開 Split Coordinate Pairs 樣本資料，使用你的帳戶登入，然後到「File」>「Make a copy」，製作可在 Google 雲端硬碟中編輯的版本。

2. 選擇要拆分的資料，可以是整欄，也可以是幾列。請注意，一次只能拆分一欄中的資料。
3. 確認要拆分的資料的右邊欄中沒有資料，因為那裡的所有資料都會被覆蓋。
4. 到「Data」，然後選擇「Split text to columns」。

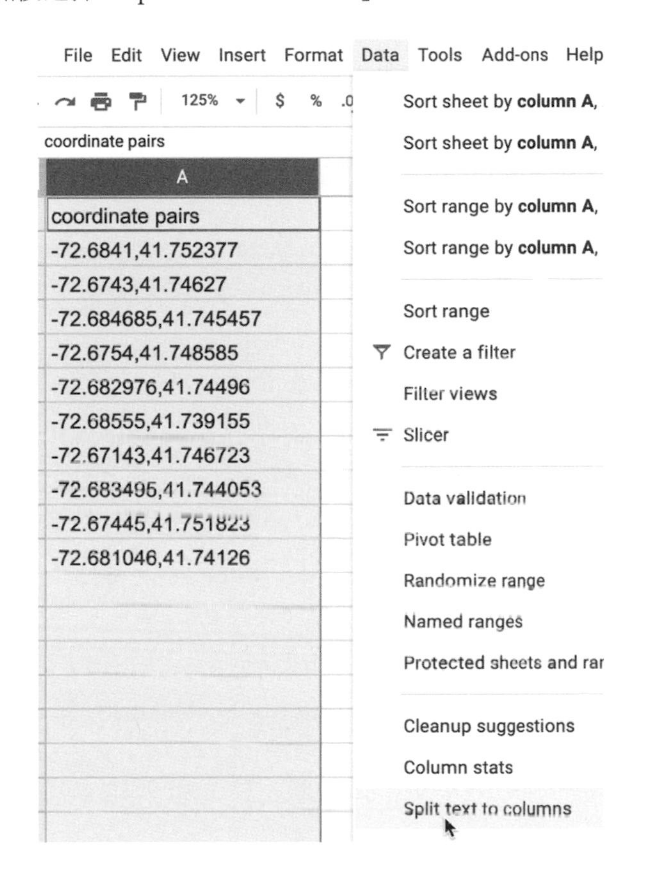

5. Google 試算表會自動嘗試猜測你的分隔符。你會看到你的坐標現在已依照逗號分割開來，並且「Separator」的下拉選單是設定為「Detect automatically」。你可以手動將它更改為逗號（**,**）、分號（**;**）、句點（**.**）、空格字元，或任何其他客製化字元（甚至一串字元，我們將在範例 2 中討論到）。
6. 你可以將新欄重新命名為「*Longitude*」（第一個數字）和「*Latitude*」（第二個數字）。

範例 2：複雜拆分

現在，讓我們來看一個稍微複雜的例子。每個儲存格都內含一個完整的地址，你希望將它分為四欄：街道、城市、州和郵碼（郵遞區號）。但是請注意分隔符之間的區別：街道和城市之間是逗號，城市和州之間是空格，州和郵政編碼之間是兩個破折號。在這種情況下，你需要手動加上一些說明，以將文字正確地分成四欄：

```
| Location                        |
| ------------------------------- |
| 300 Summit St, Hartford CT--06106 |
| 1012 Broad St, Hartford CT--06106 |
| 37 Alden St, Hartford CT--06114   |
```

1. 在 Google 試算表中打開「Split Complex Address」範例檔案（*https://oreil.ly/F6v6P*），使用你的帳戶登入，然後到「File」>「Make a copy」，製作可在 Google 雲端硬碟中編輯的版本。

2. 選擇欄，然後到「Data」>「Split text to columns」，開始從左向右拆分。

3. Google 試算表會使用逗號當作分隔符，自動將你的儲存格分割為兩部分，`Summit St 300` 和 `Hartford CT--06106`（如果沒有的話，請直接從出現的下拉選單中選擇「Comma」）。

4. 現在選擇第二欄，然後再次執行「Split text to columns」。Google 試算表會自動將城市與州和郵政編碼分開，因為它會自動選擇空格作為分隔符。（如果沒有的話，請從下拉選單中選擇「Space」。）

5. 最後，只選擇第三欄，然後再次執行「Split text to columns」。Google 試算表不會將這兩個破折號視為分隔符，因此你需要手動選擇「*Custom*」，在「*Custom separator*」欄位中鍵入這兩個破折號（`--`），然後按 Enter 鍵。現在你已成功將完整地址拆成四欄了。

A	B	C	D	E	F
Complex Address					
300 Summit St	Hartford	CT--06106			
1012 Broad St	Hartford	CT--06106			
37 Alden St	Hartford	CT--06114			

Separator: Custom ⬍ Custom separator

Google 試算表會將郵政編碼視為數字，並將刪除前面的 0（因此 06106 將變為 6106）。要解決此問題，請選擇該欄，然後選擇「Format」>「Number」>「Plain text」。現在，你可以手動重新加上零。如果資料集很大，請考慮使用下一單元介紹的公式來加上 0。

將資料合併為一欄

讓我們來執行相反的操作，使用「&」符號和試算表公式（也稱為串接 concatenate），將資料合併為一欄。想像你拿到的地址資料有四個獨立的欄：街道地址、城市、州和郵編：

```
| Street        | City       | State  | Zip   |
| ------------- | ---------- | ------ | ----- |
| 300 Summit St | Hartford   | CT     | 06106 |
```

但是，假設你需要使用一種工具（例如我們在第 23 頁的「Google 試算表中的地理編碼地址」中介紹的工具）對地址進行地理編碼，此工具要求將所有資料合併到一個欄中，如下：

```
| Location                        |
| ------------------------------- |
| 300 Summit St, Hartford, CT 06106 |
```

你可以在任何試算表中編寫一個簡單的公式，使用「&」符號來組合（或串接）字詞。此外，你可以在公式中加上分隔符，例如帶有引號的空格（" "）或帶逗號的空格（", "），或者任何字元組合。讓我們用一些範例資料來試試：

1. 在 Google 試算表打開「Combine Separate Columns」樣本資料（*https://oreil.ly/-BxHA*）中，使用你的帳戶登入，然後到然後到「File」>「Make a copy」，製作可在 Google 雲端硬碟中編輯的版本。此工作表包括了分為四欄的地址：街道、城市、州和郵政編碼。

2. 在 E 欄中，鍵入一個名為 *location* 的新標題。

3. 在儲存格 E2 中，鍵入 **=A2 & ", " & B2 & ", " & C2 & " " & D2**。該公式使用「&」符號將這四個項目組合在一起，並用引號和逗號來分隔。然後按 Enter 鍵。

4. 點按儲存格 E2，然後將右下角的十字游標向下拖曳，填滿此欄的其餘部分。

fx =A2 & ", " & B2 & ", " & C2 & " " & D2

	A	B	C	D	E	F	G
1	street	city	state	zip	location		
2	300 Summit St	Hartford	CT	06106	=A2 & ", " & B2 & ", " & C2 & " " & D2		
3	950 Main St	Hartford	CT	06103			
4	77 Forest St	Hartford	CT	06105			

現在你已成功將字詞合併到一個位置欄中，就可以使用我們在第 23 頁「Google 試算表中的地理編碼地址」中介紹的 SmartMonkey Google 試算表地理編碼附加元件來尋找緯度和經度坐標，將你的資料繪製在地圖上，在第 7 章中將有討論。

若需要進一步閱讀，我們推薦 Lisa Charlotte Rost 很棒的 Datawrapper 部落格文章，介紹如何清理和準備試算表資料，以進行分析和視覺化[2]。

試算表是尋找和取代資料、將資料拆分為個別的欄，或將資料合併為一欄的出色工具。但是，如果你的資料表格被封在 PDF 中怎麼辦？在下一單元中，我們將介紹 Tabula，並展示如何將文字型 PDF 檔案中的表格，轉換為可以在試算表中進行分析的表格。

使用 Tabula 從 PDF 擷取表格

有時候，你有興趣的資料集僅出現在 PDF 檔案內。不要失望，也許可以使用 Tabula 來擷取表格，並將它另存為 CSV 檔案。請記住，PDF 通常有兩種形式：文字型和影像型。如果你可以使用游標在 PDF 中選擇並複製貼上文字，那麼它就是文字型的，這樣很好，因為你可以使用 Tabula 來處理它。如果不能，則代表它是影像型的，它可能是用原始檔案的掃描版本製作的。你就需要使用光學字元識別（OCR）軟體（例如 Adobe Acrobat Pro 或其他 OCR 工具）將影像型的 PDF 轉換為文字型的 PDF。此外，Tabula 只能從表格中擷取資料，無法從圖表或其他類型的視覺化檔案中擷取資料。

Tabula 是免費工具，可在你的瀏覽器中的 Java 上運作，並且可用於 Mac、Windows 和 Linux 電腦。它是在你自己的電腦上運作，不會將資料傳送到雲端，因此你也可以用它來處理敏感文件。

首先，請下載最新版本的 Tabula（*https://tabula.technology*）。你可以使用左側的下載按鈕，或向下捲動至「Download & Install Tabula」區來下載適合你的系統平台的版本。與大多數其他程式不同的是，Tabula 不需要安裝。只需解壓縮下載的檔案，然後在圖示上按兩下開啟。

2 Lisa Charlotte Rost, "How to Prepare Your Data for Analysis and Charting in Excel & Google Sheets," Datawrapper (blog), accessed August 28, 2020, *https://oreil.ly/emSQz*.

在 Mac 上，第一次啟動 Tabula for 時可能會看到這個警示：「Tabula 是從網路下載的應用程式。是否確定要開啟它？」若是如此，請點按「Open／開啟」。

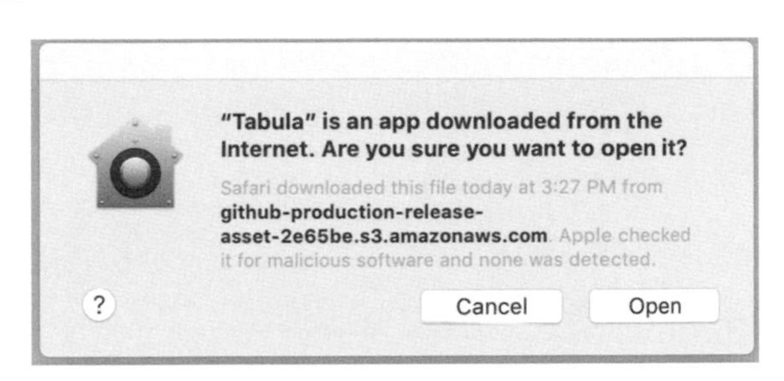

當啟動 Tabula 時，它會以預設瀏覽器開啟一個類似 `http://127.0.0.1/` 的 localhost URL，有時需要指定連接埠，例如：8080，如圖 4-2 所示。Tabula 是在本地電腦而非網路上運作。如果你的預設瀏覽器（例如 Safari 或 Edge）無法與 Tabula 配合使用，你可以將 URL 複製並貼到其他瀏覽器中（例如 Firefox 或 Chrome）。

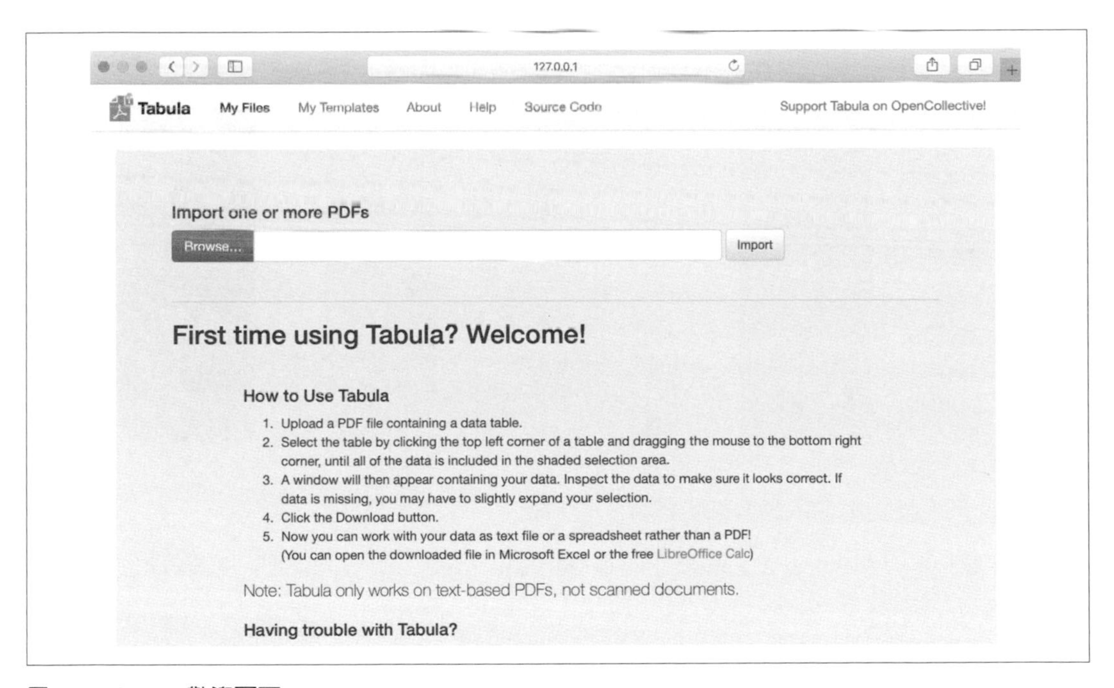

圖 4-2　Tabula 歡迎頁面。

現在，讓我們上傳一個文字型 PDF 範例來偵測是否有任何我們想擷取的表格。在 COVID-19 疫情初期，康乃狄克州公共衛生部僅以 PDF 檔案格式公佈關於確診和死亡的資料。針對這個練習，你可以使用這個 2020 年 5 月 31 日起的文字型 PDF 範例（*https://oreil.ly/9Iue4*），或使用你自己的範例：

1. 點按藍色的「Browse...」按鈕，選擇要擷取資料的 PDF。
2. 點按匯入。Tabula 將開始分析檔案。
3. Tabula 完成 PDF 載入後，你會看到一個單一頁面的 PDF 檢視器。介面非常乾淨，標題中只有四個按鈕。
4. 點按「Autodetect Tables」，讓 Tabula 尋找相關資料。此工具會以紅色突出顯示它檢測到的每個表。

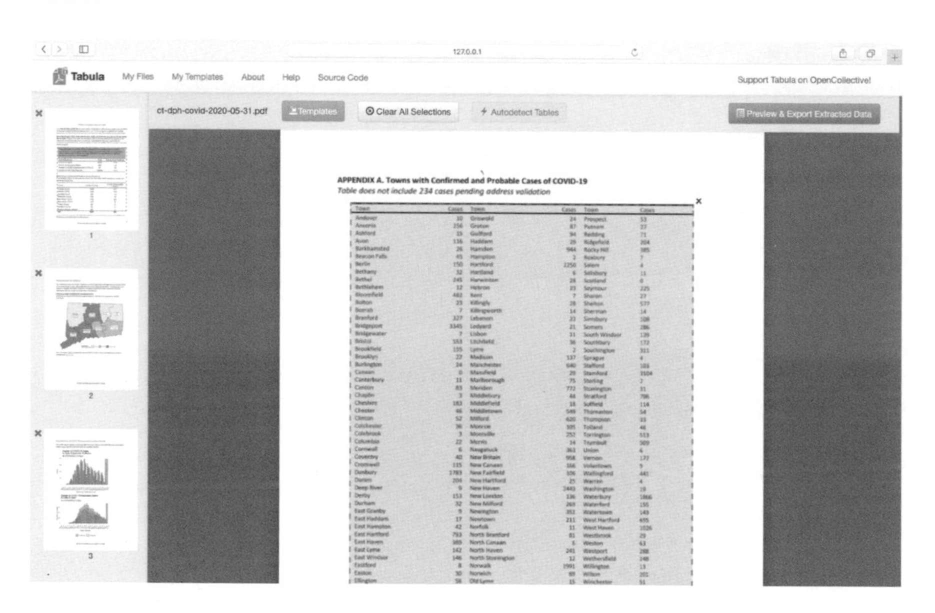

現在讓我們手動調整選取的表格，並匯出資料：

5. 點按綠色的「Preview & Export Extracted Data」按鈕，看看 Tabula 建議資料應該如何匯出。
6. 如果預覽表格中沒有所需的資料，請試試在左側邊欄中的 *Stream* 和 *Lattice* 擷取方法之間做切換。

7. 如果表格顯示依然不正確，或者你要刪除 Tabula 自動檢測到的某些表格，請點按「Revise selection」。這會帶你回到 PDF 檢視器。

8. 現在，你可以點按「Clear All Selections」並手動選擇你有興趣的表格。使用拖放式動作選擇有興趣的表格（或其中一部分）。

9. 如果你要將選取範圍「複製」到部分或全部頁面上，你可以使用顯示在選擇右下角的「Repeat this Selection」下拉選單來進行變更。如果你的 PDF 是由許多格式相似的頁面組成的話，這個功能會非常實用。

10. 選取完成之後，你可以將它匯出。如果只有一個表格，我們建議你使用 CSV 當作匯出格式。如果有多個表格，請考慮將下拉選單中的匯出格式切換為「zip of CSVs」。這樣，每個表格都會被儲存為一個單獨的檔案，而不是所有表格擠在同一個 CSV 檔案中。

將資料匯出到電腦後，找到此檔案並使用試算表工具將它開啟，以進行分析和視覺化。

你剛剛從 PDF 檔案中擷取了一個表格，出現的結果可能會很混亂。在下一單元中，我們將使用一個非常強力的工具 OpenRefine 來清理混亂的資料集。

使用 OpenRefine 來清理資料

開啟 Google 試算表格式的 US Foreign Aid 範例資料集（*https://oreil.ly/RsBGt*），如圖 4-3 所示。你能發現任何問題嗎？此資料摘錄自美國海外貸款和捐款（Greenbook）資料集（*https://oreil.ly/WDs4j*），其中顯示了美國對各個國家的經濟和軍事援助。我們只選擇了 2000 年到 2018 年之間對南韓和北韓的援助。為了示範的目的，我們加上了故意的拼法錯誤和格式問題，但沒有更動值。

注意一下「County」欄有北韓和南韓的各種拼法。另外也注意一下，「FundingAmount」欄並沒有正規化。有些金額使用逗號來分隔千分位，另一些則使用空格。有些金額以美元符號開頭，有些則沒有。要分析這樣的資料集可能是一大惡夢。幸運的是，OpenRefine 提供了強大工具來清理和正規化資料。

	A	B	C	D
1	Year	Country	FundingAgency	FundingAmount
2	2000	Korea, N	Dept of Agriculture	$32 242 376
3	2000	Korea–North	Dept of Agriculture	$86,151,301
4	2000	Korea North	department of State	166855
5	2000	SouthKorea	U.S. Agency for International Development	282,805a
6	2000	south Korea	Trade and Development Agency	735718
7	2001	North Korea	US Agency for International Development	345,399
8	2001	N Korea	Department of Argic	117715223
9	2001	So Korea	Department of agriculture	2260293
10	2001	Korea, North	State Department	183,752
11	2001	Korea, South	Trade and Development Agency	329,953
12	2002	Korea, N	Department of Agriculture	37,322,244.00
13	2002	Korea, South	U.S. Agency for International Development	67,990.00
14	2002	Korea, South	Trade and Development Agency	$294,340
15	2003	Korea, North	U.S. Agency for International Development	$333 823
16	2003	Korea, North	Department - Agriculture	$26,766,828
17	2003	Korea, North	Department - Agriculture	$19,337,695
18	2003	Korea, No	Department of State	220,323
19	2003	Korea, South	U.S. Agency for International Development	66,765
20	2003	Korea, South	Trade and Development Agency	19,899

圖 4-3　你可以找出此樣本資料的問題嗎？

設定 OpenRefine

讓我們使用 OpenRefine 來清理這些凌亂的資料。下載適用於 Windows、Mac 或 Linux 的 OpenRefine（*https://oreil.ly/Q2QgL*）。就像 Tabula 一樣，它在你的瀏覽器中運作，而且資料不會離開你的電腦，因此保密性高。

要在 Windows 中啟動 OpenRefine 時，請解壓縮已下載的檔案，並在 .exe 檔上按兩下，此工具應該會在預設瀏覽器中開啟。

要在 Mac 上啟動 OpenRefine 的話，請按兩下已下載的 .dmg 檔案進行安裝。你可能會看到一則安全警告，阻止 OpenRefine 自動啟動，因為 Apple 無法辨識此開源專案的開發人員。要解決此問題，請到「系統偏好設定」>「安全性與隱私權」>「一般」，然後點按視窗下半部分中的「強制打開」，如圖 4-4 所示。如果出現另一個視窗提示，請點按「打開」。

圖 4-4　如果你的 Mac 顯示了關於啟動 OpenRefine 的警告，請調整「安全性與隱私權」設定，以便開啟程式。

啟動 OpenRefine 時，它將使用本地主機位址 127.0.0.1 打開你的預設瀏覽器，有時帶有連接埠：3333，如圖 4-5。如果你常用的瀏覽器（例如 Safari）在使用 OpenRefine 時表現不佳，請將這個位址複製並貼到其他瀏覽器中（例如 Firefox 或 Chrome）。

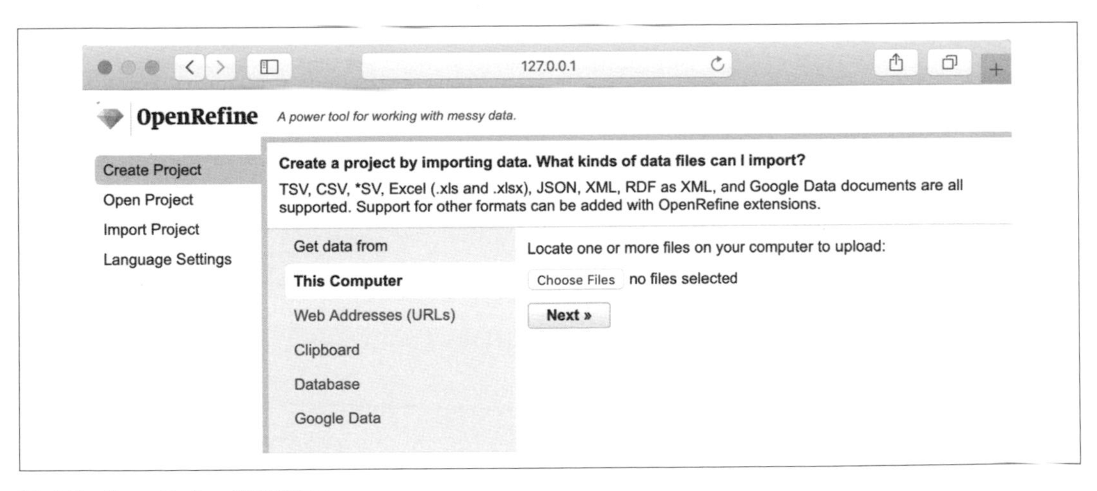

圖 4-5　OpenRefine 歡迎頁面。

載入資料並開始一個新專案

要開始清理凌亂的資料集的話，我們需要將它載入新專案中。使用 Open Refine，你可以從自己的電腦上或遠端網址（例如 Google 試算表）上傳資料集。OpenRefine 還可以直接從 SQL 資料庫擷取資料，但這已超出了本書的範疇：

1. 在 Google 試算表中打開「US Foreign Aid」樣本資料集（*https://oreil.ly/RsBGt*），使用你的帳戶登入，然後到「File」>「Download」，儲存一個 CSV 格式到你的電腦上。
2. 在 OpenRefine 中的「Get data from: This computer」下，點按「Browse...」，然後選擇剛剛下載的 CSV 檔。點按「Next」。
3. 在開始清理資料之前，OpenRefine 會讓你確認資料解析是否正確。在此範例中，解析是指資料拆分為欄的方式。確認一下 OpenRefine 在右側欄指派了值，或到頁面底部的「Parse data as」（將資料解析為）區域中更改設定，直到它們看起來有意義。然後按右上角的 Creat Project。

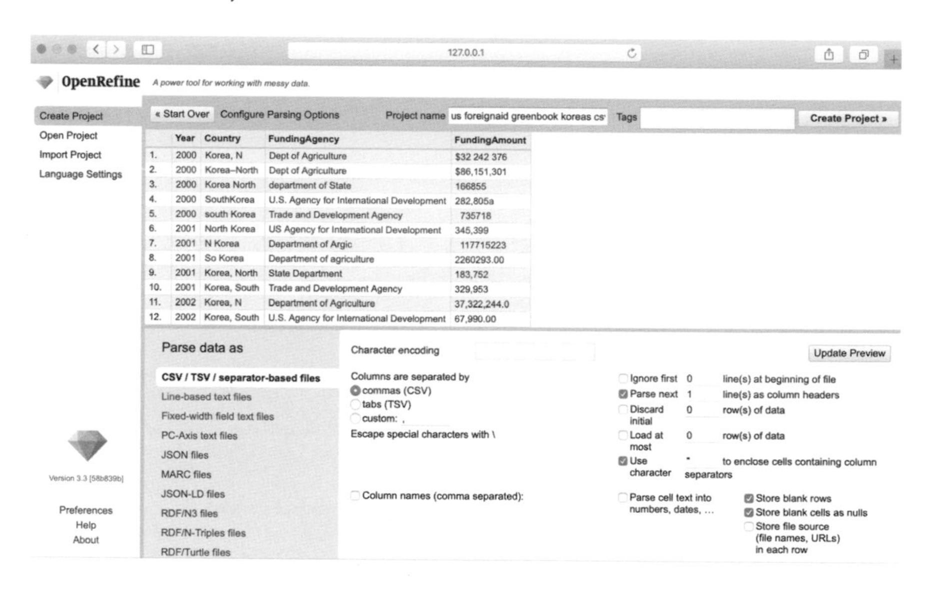

成功讀取資料進入新專案後，讓我們開始有趣的部分：將文字轉換為數字、刪除不必要的字元，並修正北韓和南韓的拼法。

將美元金額從文字轉換為數字

專案新增之後，你會看到資料集的前 10 列。你可以點按標題中的數字，將它們更改為 5、10、25 或 50。

每個欄標題都有自己的選單，你可以點按向下箭頭按鈕來選擇。欄內靠左對齊的數字很可能呈現為文字，就像我們的「FundingAmount」欄，需要轉換為數字格式：

1. 要將文字轉換為數字，請選擇「FundingAmount」欄的選單，然後到「Edit cells」>「Common transforms」>「To number」。

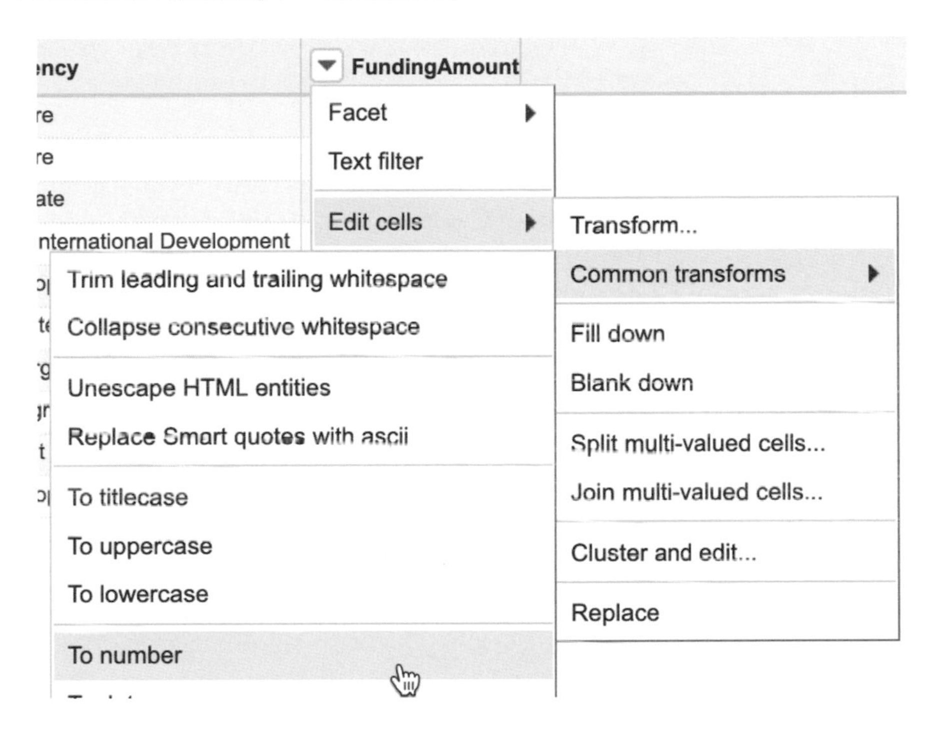

你會看到部分數字變為綠色並右對齊，這表示部分成功，但大多數都沒有改變。這是因為美元符號（`$`）和逗號（`,`）會混淆 OpenRefine，並阻止數值轉換為數字。

2. 讓我們從「FundingAmount」欄中刪除 $ 和 ,。在欄選單中，這次選擇「Edit cells」>「Transform」，因為我們需要手動輸入我們想進行的編輯。在 Expression 視窗中，鍵入 **`value.replace(',','')`**，留意一下，逗號在預覽視窗中消失了。確認公式顯示 No syntax error（沒有語法錯誤）後，點按「OK」。

Custom text transform on column FundingAmount

Expression　Language　General Refine Expression Language (GREL)

```
value.replace(',', '')
```

No syntax error.

3. 現在重複上一步，這次輸入一個不同的運算式來刪除 $ 字元：**value.replace('$', ''),**，確認公式，然後點按「OK」。

4. 在步驟 2 和 3 中，我們用其他文字值取代了文字（或字元串）值，使 OpenRefine 認為此欄不再是數字。結果下來，所有的值都會再次靠左對齊並變為黑色。再次執行步驟 1。這次，幾乎所有儲存格都將變為綠色，這代表它們已成功轉換為數字。但是還剩下一些非數字的黑色儲存格。

5. 要修正剩餘的非數字黑色儲存格的話，我們需要刪除空格和一個數字結尾的一個字元。手動修正這些問題的方法是，將滑鼠懸停在儲存格上，點按「Edit」，然後在新的彈出視窗中將「Data type」更改為「number」，然後按「Apply」。

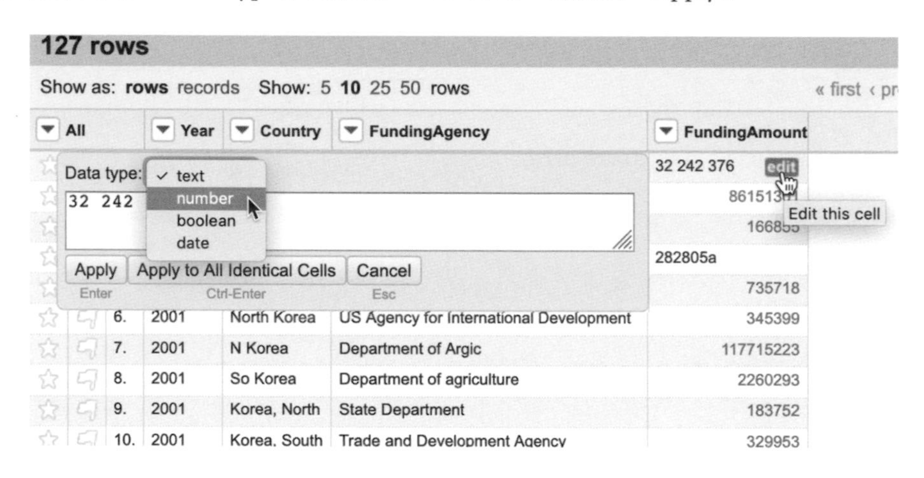

到了此時，所有資金金額都應該為純數字、靠右對齊並以綠色標記。我們可以移到「Country」欄來修正南北韓的不同拼法了。

群集相似拼寫

當你組合不同的資料來源或處理問卷資料時，若受訪者是自行輸入答案，而不是從下拉選單中選擇答案時，那麼同一個字可能會有很多拼法（城鎮名、教育程度——五花八門！）。OpenRefine 最強大的功能之一，就是能夠將相似的回應群集（cluster）起來。

如果你使用的是我們的原始範例檔案，請看一下「*Country*」欄下南北韓的所有拼寫形式。從「*Country*」欄的下拉選單中，到「Facet」>「Text facet」。左側會開啟一個視窗，列出所有欄值的所有拼寫（和統計數量）：一個應該只有兩種不同值（北韓和南韓）的欄，有 26 種變化！

1. 要將拼法正規化的話，請點按「*Country*」欄標題的向下箭頭按鈕，然後選擇「Edit cells」>「Cluster and edit...」。你會看到一個類似這樣的視窗。

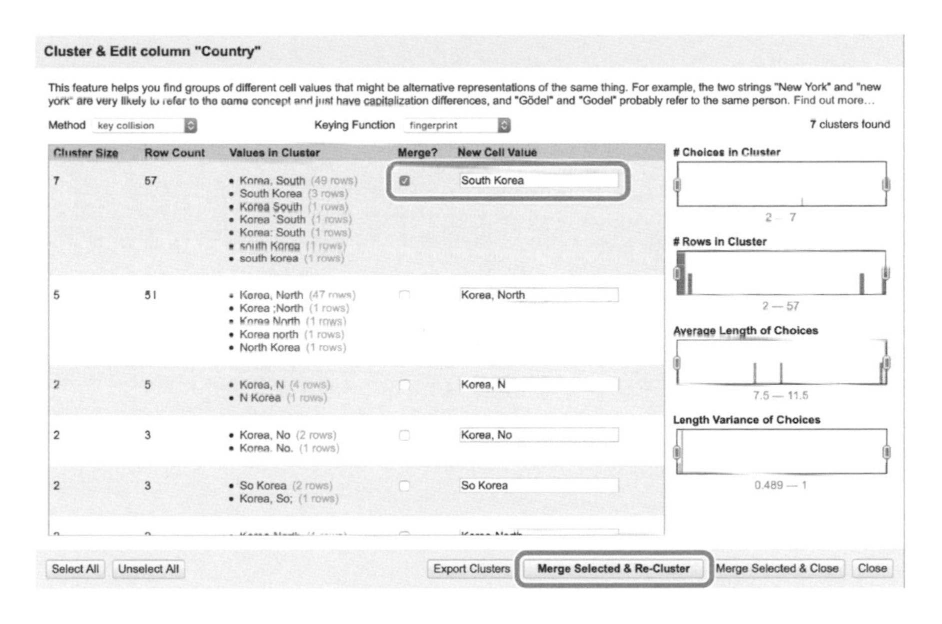

你有兩種群集方法可以選擇：*key collision* 或 *nearest neighbor*。key collision 群集是一種快速很多的技術，適用於較大的資料集，但靈活性較差。Nearest neighbor 是一種計算量更大的方法，在較大的資料集上速度較慢，但是它可以達到更好的微調和精準度。兩種方法都有不同的功能可以支援，你可以到此專題的 Wiki 頁面（*https://oreil.ly/LhSI7*）上了解這些功能。出於本練習的目的，讓我們維持使用帶有「*fingerprint*」功能的預設 *key collision* 方法。

OpenRefine 會計算一整組的群集。「*Values in Cluster*」欄會出現 OpenRefine 認為相同的拼法分組。

2. 如果你同意分組，請勾選「Merge?」框，然後在 New Cell Value 欄位指定 *true* 值，如步驟 1 中的第一個集群所示。在我們的範例中，它會是 `North Korea` 或 `South Korea`。

3. 你可以瀏覽所有分組，也可以在一兩個之後停下來，然後點按「Merge Selected & Re-Cluster」（合併所選並重新群集）按鈕。你選擇的群集將被合併，並且分組將被重新計算（不用擔心，視窗不會消失）。繼續重新分組，直到對結果滿意為止。

   花一些時間試試 *Keying function* 的參數，並注意它們如何產生大小和精度不同的群集。

4. 完成資料的清理和群集之後，點按 OpenRefine 視窗右上角的「Export」來儲存清理資料集。你可以選擇格式（建議使用 CSV）。現在，你已經有了一個乾淨的資料集，可以進行分析和視覺化。

總結

在本章中，我們討論了清理 Google 試算表中的表格，使用 Tabula 釋放封在 PDF 中的表格資料，並使用 OpenRefine 清理了非常混亂的資料集。你會發現自己經常在相同的資料集上使用了其中幾種工具，直到它們可以進行分析為止。我們鼓勵你在 Google 試算表中了解更多公式，並在空閒時間探索 OpenRefine 的其他功能。你了解的清理工具和技術越多，你就越有能力和適應性來處理更複雜的案件。

現在你已知道如何清理資料了，因此在視覺化資料之前，請先進行下一步。在下一章中，我們將討論為什麼應該正規化資料，並使用精確的語言進行有意義的比較。

第五章

進行有意義的比較

現在，你已經將資料故事修正得更精準、提升了你的試算表技能、找到並質疑了資料，也清理了第 1、2、3 和 4 章提到的混亂部分，本章將重點放在分析證據時必須問的關鍵問題：「與什麼相比？」這就是統計學家 Edward Tufte 定義「定量推理的核心」的方式[1]。我們透過比較資料之間的重要性，來識別出真正的亮點發現。有時我們需要調整尺度，以確保我們公平地比較資料，或者如俗話說的，蘋果要與蘋果做比較，而不是和橘子做比較。在以任何格式（文字、表格、圖表或地圖）溝通你發現的結果之前，請確認你進行了有意義的比較，因為若非如此，你做的一切可能變得毫無意義。

本書無意涵蓋統計資料分析，因為已經有許多出色的資源解決了這個廣泛的研究領域[2]。相反的，本章提供了幾種常識性的策略——第 87 頁的「精確描述比較」，第 90 頁的「將資料正規化」和第 93 頁的「留意偏誤比較」，讓你在分析資料時進行有意義的比較，以幫助你設計出真實而有見地的視覺化來講述你的故事。

精確地描述比較

有時比較的效果不彰，是因為我們沒有釐清可能有不同定義的常用術語。三個麻煩的詞是**平均值**（*average*）、**百分比**（*percent*）和**原因**（*cause*）。我們在日常對話中會隨意使用這些詞，但是在處理資料時，它們的定義需要更高的精確度。

---

1 Edward R. Tufte, *Envisioning Information* (Cheshire, CT: Graphics Press, 1990), p. 67.

2 For a reader-friendly introduction to statistical logic and its limits, see Charles Wheelan, *Naked Statistics: Stripping the Dread from the Data* (W.W. Norton & Company, 2013); David Spiegelhalter, *The Art of Statistics: How to Learn from Data* (Basic Books, 2019).

想像一串數字：1、2、3、4、5。在手動或使用內建試算表公式（如第 31 頁的「使用公式計算」中所述）來計算**平均值**時，我們會將數字相加並除以數量。*Mean* 是一個更精確的術語，在這個例子中等於 3。**中位數**（*median*）則是一個不同的術語，它指的是有序數列中間的數字，也稱為**第 *50* 百分位數**，在這個例子中也是 3。

在處理資料時，使用**中位數**和**百分位數**這兩個術語進行比較會很有用，因為它們可以避免數列兩端之極端**離群值**（*outliers*）的影響。舉例來說，想像一系列跟剛剛一樣的數字，但是將 5 改為 100，當作離群值。平均值會突然上升到 22，但中位數保持不變，為 3，如圖 5-1 所示。有一個古老的笑話，當一個億萬富翁走進一個房間時，在場的每個人在平均之後都成了百萬富翁，但中位數幾乎沒有變化。由於億萬富翁離群值存在我們之間實際上並不會使我們一般人變得更富裕，因此中位數是對資料的整體分佈進行有意義之比較的更好術語。

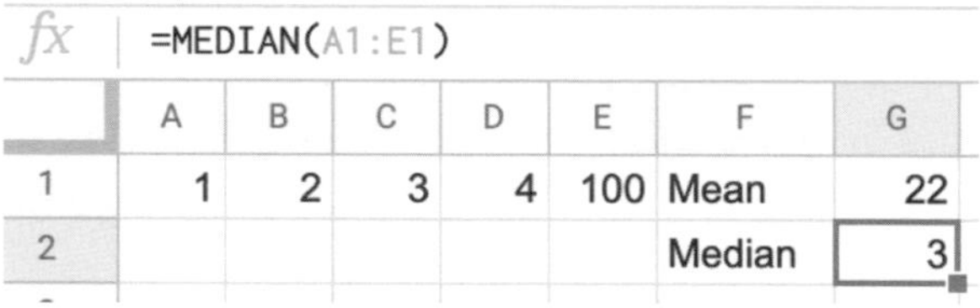

fx =MEDIAN(A1:E1)

	A	B	C	D	E	F	G
1	1	2	3	4	100	Mean	22
2						Median	3

圖 5-1　中位數（median）是比平均值（average 或 mean）更有用的比較性術語，因為它可以抵抗異常值的影響。

百分比是另一個常用術語，幾乎每個人都會直覺地將它理解成百分率。例如，1970 年代的 Trident 口香糖廣告（*https://oreil.ly/7FsBC*）宣稱：「接受問卷的 5 名牙醫中有 4 名為患者推薦無糖口香糖。」[3] 即使你沒看過這廣告，或好奇該問卷實際上是如何進行的，或者對於第五位牙醫如何抵抗如此巨大的同行壓力感到困惑，我們都知道五分之四的牙醫相當於 `4/5 = 0.8 = 80%`。

當人們忙著比較百分比時，有時會出現混淆，因此我們需要謹慎選擇用語。有一個術語是「百分比變化」（*percent change*，也稱為相對變化），在比較**舊值**與**新值**時效果最好。百分比變化是的計算方法是：新舊值之間的差，除以舊值的絕對值，或 `(新值 - 舊值) / |舊值|`。舉例來說，如果四位牙醫在 1970 年推薦無糖口香糖，而同行壓力最終占了上風，五位牙醫在 2020 年都推薦了無糖口香糖，則我們計算的變化百分比為 `(5 - 4)/4 = 1/4 = 0.25 = 25%`。

3　Andrew Adam Newman, "Selling Gum with Health Claims," *The New York Times:* Business, July 27, 2009, *https://oreil.ly/BN9HT*.

另一個術語是「百分比差異」(*percentage point difference*,有時縮寫為 pp 差異),在比較**舊百分比**和**新百分比**時效果最好,計算方法是將一個百分比與另一個百分比相減。例如,如果在 1970 年有 80% 的牙醫推薦無糖口香糖,但在 2020 年有 100% 推薦它,我們就會計算兩者差異為:新的百分比 - 舊的百分比 `= 100% - 80% = 20` **個百分點的差異**。

當我們精確地使用這兩個術語時,有兩種正確的方法可以比較這些數字。一種方法是:「推薦無糖口香糖的牙醫人數隨時間增加了 25%。」另一種方法是:「推薦無糖口香糖的牙醫比例隨時間增加了 20 個百分點。」兩種說法都是正確的。即使有人混淆了這兩個術語,在這個特定範例中,「25% 的變化」和「20% 的增加」之間也沒有很大的差距。

讓我們來看一下有人故意使用不正確的百分比用語來誤導的範例。想像一個政客提議將你購買的產品和服務的銷售稅從 5% 提高到 6%。如果那個政客說「僅增加 1%」,那就錯了。相反的,有兩種正確的方式來描述這種變化。一種方法是:稅收「將增加 20%」,因為 `(6 - 5)/5 = 0.20`。另一種方法是:稅收「將增加 1 個百分點」,因為 `6% - 5%= 1` **個百分點的差異**。你看得出來為什麼政客更喜歡用他們的誤導說法,而不是兩種正確方式中之一嗎?不要讓任何人用非常寬鬆的用語來描述百分比的變化來蠱惑你,並且要準確地知道百分比在你自己的工作中的含義,以免讓他人感到困惑。

關於使用更精確的語言的最後一個建議,是謹慎地使用暗示了資料之因果關係的詞語。在日常對話中,我們有許多方式可以粗略地暗示因果關係,表示行動直接導致反應。例如,當我們說這件事「導致」另一件事,「促進成長」或「引起」變化時,這些詞就暗示了因果關係。雖然這些在日常對話中沒有問題,但是在討論資料時,我們需要透過三個步驟來更仔細地選擇用語。第一步是描述兩個變數之間的任何**相關性**,這代表顯示它們如何相互關聯或相關。但是統計學家總是警告我們,相關性並不代表因果關係(*https://oreil.ly/oQ2m2*)。兩件事有相關,並不一定就代表這一件事導致另一件事發生。為了顯示其因果關係,我們必須採取第二步驟,那就是證明相關性,並展示一個**有說服力的理論**,解釋一個因素(有時稱為自變數,independent variable)如何導致另一因素(稱為因變數,dependent variable)發生變化。第三,我們需要識別並隔離出我們尚未考慮過、但可能影響因果關係的任何**混雜變數**。雖然這些細節不在本書的討論範圍之內,但是在使用資料時,請注意這些步驟,並謹慎選擇你的用詞。

關於展示資料相關性和可能的因果關係,另請參閱第 8 章第 218 頁的「表格設計原則」。

現在,你對如何使用關鍵字詞來更精確地描述資料關係有了更清晰的了解,在下一單元中,你會以此知識為基礎來調整資料,進行更有意義的比較。

將資料正規化

當我們使用以**計數**表示的資料時，例如「2018 年在佛羅里達州發生 3,133 例車禍致死事件」，比較這些數字通常是沒有意義的，除非將資料正規化，代表將使用不同尺度收集的資料，調整為常用參考尺度，換言之，將**原始資料轉換為比率**以進行更有意義的比較。即使你沒聽說過正規化（normalize）這個術語，你可能已經在正規化資料而沒有意識到這一點。

以下的範例是受到視覺化專家 Alberto Cairo 所啟發的汽車安全範例，資料來自公路安全保險協會（IIHS）和美國交通運輸部，2018 年更新（*https://oreil.ly/fGD8N*）[4]。在 2018 年全美有超過 36,000 人死於汽機車事故，包括小汽車和卡車司機、乘客、機車騎士、行人和騎自行車的人。雖然下面的表格只顯示了其中一小部分資料，但是你可以檢視 Google 試算表格式的所有資料（*https://oreil.ly/1zZHO*），並將可編輯的副本儲存到 Google 雲端硬碟中，以跟著這個練習進行後續操作。

讓我們從一個看似簡單的問題開始，看看我們在尋找更有意義的比較時，會發現什麼：

1. **美國哪個州的汽機車事故亡人數最少？**

   當我們依照死亡人數將資料排序時，哥倫比亞特區（District of Columbia）**看起來**是最安全的州，只有 31 人死亡，如表 5-1 所示，即使哥倫比亞特區並非一個州。

   表 5-1　2018 年美國汽機車事故死亡人數最低的州

州	死亡人數
哥倫比亞特區	31
羅德島州	59
佛蒙特州	68
阿拉斯加州	80
北達科他州	105

   但是等等，這不是一個公平的比較。再看一下它列出的五個州，你可能會注意到，這些州的人口數，與位於整個資料集的最底部的較大州（例如加州和德州）相比，都比較小。為了展示出更準確的狀況，讓我們換個方式問問題，以針對人口差異進行調整。

4　Alberto Cairo, *The Truthful Art: Data, Charts, and Maps for Communication* (Pearson Education, 2016), pp. 71-74.

2. **依據人口調整後，美國哪個州的汽機車事故死亡人數最少？**

現在讓我們將每個州的總人口算進來，對死亡資料進行**正規化**。在我們的試算表中，我們將它計算為「`死亡人數 / 人口 × 100,000`」。雖然將死亡人數除以人口來找到**人均比**率也是準確的，但是對於大多數人來說，很小的小數位是很難比較的，因此我們將它乘以 100,000 來更清楚地顯示結果。當我們對資料進行排序時，哥倫比亞特區**似乎**再次成為最安全的州，每 10 萬人中只有 4.4 人死於汽機車事故，如表 5-2 所示。

表 5-2　2018 年美國汽機車事故死亡人數最低的州

州	死亡人數	人口	每十萬人死亡人數
哥倫比亞特區	31	702,455	4.4
紐約州	943	19,542,209	4.8
麻薩諸塞州	360	6,902,149	5.2
羅德島州	59	1,057,315	5.6
紐澤西州	564	8,908,520	6.3

但是等等，這依然不是一個公平的比較。看看列出來的五個州，你會發現它們全部位於美國東北走廊沿線，這些州的公共交通非常集中，例如火車和地鐵。如果像紐約州和波士頓這樣的城市地區居民，駕駛汽車或做短程往返的可能性，會比房屋分佈寬廣的農村地區居民小，這可能會影響到我們的資料。讓我們再重新換個問法，這次針對里程差異進行調整，而非人口差異。

3. **依據車輛里程進行調整後，美國哪個州的汽機車事故死亡人數最少？**

讓我們再次將死亡資料**正規化**，將一個不同的因素算進來：車輛里程（VMT）——在 2018 年於該州的高速公路和所有道路上的汽車、貨車、卡車和機車行駛的行駛總里程數（單位為百萬英里）。在試算表中，我們將它計算為「`死亡人數 / 車輛英里數 × 100`」。乘以 100 是為了更清楚地呈現結果。這次麻薩諸塞州**看起來**是最安全的州，每行駛 1 億英里只有 0.54 例汽機車事故死亡，如表 5-3 所示。此外，注意到哥倫比亞特區已落到名單外，並且被明尼蘇達州取代了。

表 5-3　2018 年，美國每里程的汽機車事故死亡人數最低的州

州	死亡人數	里程英里數（百萬）	每行駛 1 億英里的死亡人數
麻薩諸塞州	360	66,772	0.54
明尼蘇達州	381	60,438	0.63
紐澤西州	564	77,539	0.73
羅德島州	59	8,009	0.74
紐約州	943	123,510	0.76

> 用汽機車事故死亡人數來判斷，我們是否終於找到了**最安全**的州？不盡然。雖然我們將原始資料依據人口和里程數進行了正規化，但是 IIHS 提醒我們，其他幾個因素也可能影響這些數字，例如車輛類型、平均速度、交通法規、天氣等。正如 Alberto Cairo 提醒我們的，每一次我們修改計算方式來進行更有意義的比較時，我們的解讀都更接近事實的呈現。「妄想能夠製作一個完美的模型是不現實的。」Cairo 說，「但我們當然可以提出一個**夠好**的方案。」[5]

正如我們示範的，將資料正規化的最常見方法是將原始統計數字調整為相對比率，例如百分比或人均。但是還有許多其他方法可以正規化資料，因此請確認在尋找和質疑資料時，熟悉第 3 章所述的各種方法。

處理歷史資料（也稱為時間序列或縱向資料）時，你可能需要**依據時間的變化進行調整**。例如，將 1970 年的家庭收入中位數與 2020 年的家庭收入中位數進行直接比較是不公平的，因為由於通貨膨脹和相關因素，10,000 美元的購買力在半個世紀前比今天要高上許多。同樣的，經濟學家通常會在**名目資料**（nominal data，未經調整的）與**實際資料**（real data，隨時間調整）之間進行區分，通常是將特定年份的數字轉換為「定值美元」，將購買力考慮進去，以進行更好的比較[6]。此外，經濟資料通常會**季節性調整**，以改善對全年間有定期變化之資料的比較，例如夏季旅遊旺季和冬季假期購物旺季的就業或收入比較。另一種正規化方法是製作一個**指標**，以測量數值相對於特定參考點的值、隨時間的上升或下降的變化。此外，統計人員通常透過計算**標準分數**（standard score，也稱為 *z* **分數**「*z-score*」）來將使用不同尺度收集的資料正規化，以進行更好的比較。雖然這些方法超出了本書的範疇，但熟悉更廣泛的概念很重要：每個人都同意，將蘋果與蘋果進行做比較，而不是將蘋果與橘子做比較，是更好的做法。

5　Cairo, p. 95

6　"What's Real About Wages?" Federal Reserve Bank of St. Louis (The FRED Blog, February 8, 2018), *https://oreil.ly/yljnI*.

最後，你**不必**每一次都正規化資料，因為有時資料格式已經為你做到了。與原始數字或簡單統計數字不同，大多數**測量變數**（*measured variables*）不需要正規化，因為它們已經出現在常用尺度上。測量變數的一個例子是**年齡中位數**，也就是從最小到最大的人群中，排名「最中間」的人的年齡。由於我們知道人類的年齡介於 0 至 120 歲左右，因此我們可以直接比較不同人群之間的中位年齡。另一個類似的測量變數是**收入中位數**（如果以相同貨幣在相同時間段內測量的話），因為這提供了一個常用的尺度，可以在不同人群之間進行直接比較。

現在你對為什麼、何時以及如何正規化資料有了更好的了解，那麼下一單元將警告你注意資料採樣方法中的偏誤比較。

留意偏誤比較

你可能聽過「不要**挑選**資料」這句話，也就是不要只選擇支持預定結論的證據，而忽略其餘部分。當我們承諾講述真實而有意義的資料故事時，我們同意保持開放的態度，檢查所有相關證據，並權衡競爭性解讀的優缺點。如果你同意這些原則，那麼也請注意有偏誤的資料比較，尤其是**採樣偏誤**，這是指表面上看起來合法的資料收集流程，實際上包括了導致結果偏斜的部分隱藏因素。雖然我們可能認為自己的想法是開放的，但我們可能忽略了那些在不知情的情況下有效地挑選證據的方法。

首先，要留意**選樣偏誤**（*selection bias*），它指的是：為你的研究挑出的樣本，與廣大的人群有系統上的差異。Carl Bergstrom 和 Jevin West 教授告誡：「你所看到的東西，取決於你的目光放在哪裡」。他們的著作《*Calling Bullshit*》，書名令人印象深刻[7]。如果你隨機測量練完籃球正要離開體育館的人的身高，選擇偏誤就會人為地導致更高身高的結果，這是由於選擇偏誤所致，如圖 5-2 所示。

7 Carl T. Bergstrom and Jevin D. West, *Calling Bullshit: The Art of Skepticism in a Data-Driven World* (Random House, 2020), *https://oreil.ly/kpD_S*, pp. 79, 104–133.

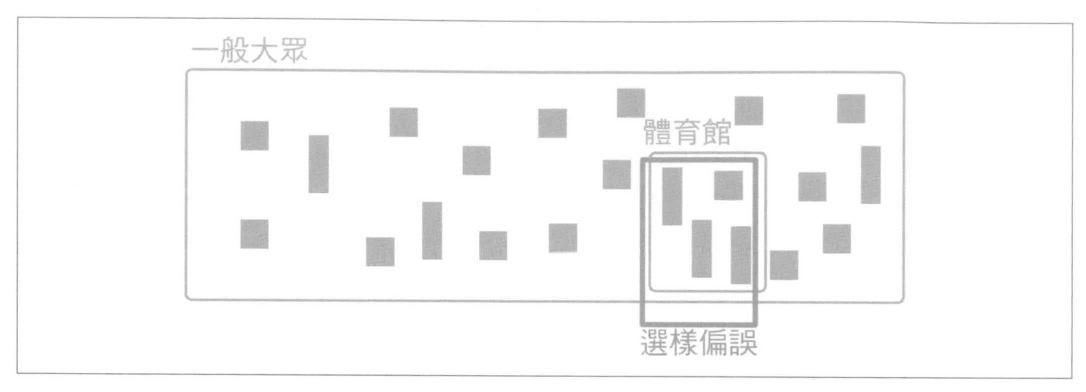

圖 5-2　如果你隨機測量練完籃球正要離開體育館的人的身高，由於選樣偏誤，你會得到人為的高個子結果。

其次，留意「**無回應偏誤**」(*nonresponse bias*)。如果你向廣泛人群發送問卷，但並非所有人都回答，那麼你需要意識到，那些選擇參加問卷的人可能具有某些特質，使他們在整個人口中的代表性下降。例如，美國人口普查研究人員發現，在 2020 年最新人口問卷的補充中，低收入者的無應答率明顯比平常高，這是透過比較前幾年的個別問卷結果而發現的。由於較富有的人更有可能做出回應，因此人為地提高了報告的中位數收入水準，並需要研究人員進行修正[8]。另外請參見「US Census Bureau Hard to Count 2020」地圖(*https://oreil.ly/lTEoq*)，它顯示了各州、郡和地區的回應率。如果你進行的問卷無法修正無回應偏誤，你可能會得到有偏誤的結果。

第三，留意**自選偏誤**(self-selection bias)。當我們嘗試評估人們申請或自願參加的特定計劃或治療的有效性時，通常會出現這種偏見，如圖 5-3 所示。如果你的工作是判斷減肥計劃實際上是否有效，那就需要深入了解資料樣本的選擇方式，因為自選偏誤可能秘密塑造兩組人群的構成，並導致毫無意義的比較。例如，將未參加者(A 組)與已報名參加該計劃的參與者(B 組)之進度進行比較是錯誤的，因為這兩組不是隨機選擇的。參加者之不同，是因為他們主動參加了減肥計劃，並且和非參加者相比，他們可能更積極地改善飲食和鍛鍊身體。令人驚訝的是，我們經常愚弄自己而忘記考慮「自願參與」這件事，如何影響到計劃的有效性，無論該主題是減肥診所、社會服務，或者選校計劃[9]。

8　Jonathan Rothbaum and Adam Bee, "Coronavirus Infects Surveys, Too: Nonresponse Bias During the Pandemic in the CPS ASEC" (US Census Bureau), accessed December 8, 2020, *https://oreil.ly/auhUm*.

9　如果你有興趣了解更多關於選校計劃中的自我選擇偏見，Richard D. Kahlenberg and Halley Potter 的《*A Smarter Charter*》(Teachers College Press), 54 是一個很好的起點。

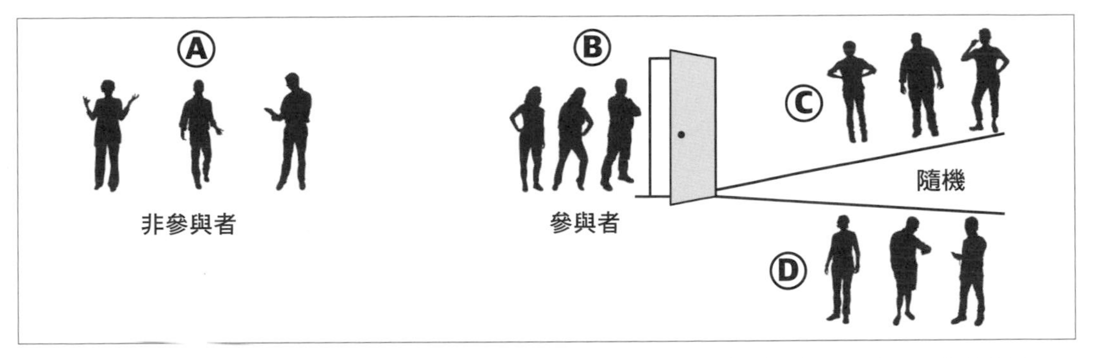

圖 5-3　要評估計劃的有效性，請勿將計劃的非參與者 (a) 與申請或自願參加的參與者 (b) 進行比較。而是將所有參與者隨機分為兩個子組（C 和 D）。

我們要如何減少計畫評估（program evaluation）資料中的自我選擇偏見？正如你在第 63 頁上的「質疑你的資料」中學到的，看穿表面很重要，才能全面理解術語之定義和資料之收集和記錄方式。相比之下，精心設計的計劃評估會將所有志願者（B 組）隨機分為兩個子組來減少自我選擇偏見：一半被分配參加一種減肥方案（C 組），另一半將被分配到另一種減肥方案（D 組），如圖 5-3 所示。由於 C 和 D 小組皆是從同一批較大的志願者中隨機選出的，因此我們在比較他們的進展時可以更有信心，因為沒有理由懷疑他們之間存在動機或其他難以預測的因素上的差異。當然，還有更多研究設計的細節超出了本書的範圍，例如，確認樣本量足夠大、要比較減肥前、中、後的參與者等等。不過避免選擇偏見的邏輯很簡單：將申請或自願參加的人隨機分成小組，以便在有相似動機和其他難以看見的特徵的人群當中，進行更好的計劃效果之比較。

偏誤警告會出現在本書的幾章中，因為我們不斷需要意識到它在資料視覺化過程的各個階段中，對工作產生負面影響的不同類型。在第 392 頁的「辨別並減少資料偏誤」中，你會學到如何在處理資料時，識別並減少其他類型的偏誤，例如認知偏誤、演算法偏誤、群體偏誤，和地圖偏誤。

總結

雖然本書並不教你統計資料分析，不過在本章中，我們討論了幾種常識性的策略，可以在分析資料時進行有意義的比較。你學到了如何在比較資料時使用更精確的詞語、為什麼以及如何對資料進行正規化，我們也為你提供了一些留心偏誤比較的建議。在第 I 部中，你建立了琢磨資料故事、使用試算表、尋找和質疑資料，以及清理混亂資料的技能。現在，你可以結合所有的這些知識，開始在第 II 部中製作互動式圖表和地圖。

第 II 部

建構視覺化

第六章

將資料轉成圖表

圖表吸引讀者深入你的故事。折線圖的斜線，或散佈圖上的密集點點等影像，會比文字或表格更有效地將證據傳遞到讀者眼中。但是，要製作有意義的圖表來吸引讀者關注資料中的關鍵洞見，需要對設計決策進行清晰的思考。

在本章裡，我們將在第 103 頁的「圖表設計原則」中，學到如何區分好的圖表和不良的圖表。你會讀到適用於所有圖表的重要規則，以及一些客製化設計時應遵循的美學準則。雖然許多工具都可以將圖表下載為**靜態**影像，但本書也示範了如何製作**互動式**圖表，以邀請讀者在自己的網頁瀏覽器中瀏覽資料。稍後，你會在第 9 章中學習如何嵌入互動式圖表到網站上。

表 6-1 介紹了你在本書中將製作的不同類型的圖表。圖表類型的決定，基於兩個主要因素：資料的格式，和你希望講述的故事的類型。例如，折線圖最適合顯示一系列連續的資料點（例如隨時間變化），而範圍圖更適合強調資料類別之間的距離（例如不平等之差距）。選擇好你要的圖表類型後，請跟隨我們的工具建議和步驟教學。本章介紹的都是使用拖放式選單的簡單工具，如第 114 頁的「Google 試算表圖表」、第 131 頁的「Datawrapper 圖表」，和第 146 頁的「Tableau Public 圖表」。此表格也將介紹提供了更多操控來客製化和託管視覺化的強大工具，例如第 11 章的 Chart.js 和 Highcharts 程式碼模版。這些進階工具需要具備在 GitHub 編輯和託管程式碼模版的知識，這在第 10 章會有介紹。

我們將條形圖和柱形圖放在一起介紹，因為它們本質上是相同的，差別只在於條形圖是水平的，而柱形圖是垂直的。它們最主要的區別是資料標題的長度。請使用條形圖來顯示更長的標籤（例如「摩卡星冰樂 24 盎司」和「雙層牛肉吉事堡」），因為它們需要更多的水平閱讀空間。不需要太多空間的短標籤（例如「星巴克」和「麥當勞」）則條形圖或柱形圖都適合。你還會注意到，本章中的所有範例都是食物（因為我們在寫書的時候很餓）和健康飲食（因為我們也需要減肥）。

表 6-1　基本圖表類型、最佳用途和教學[a]

圖形	最佳用途與本書中的教學
分組的條形圖或柱形圖 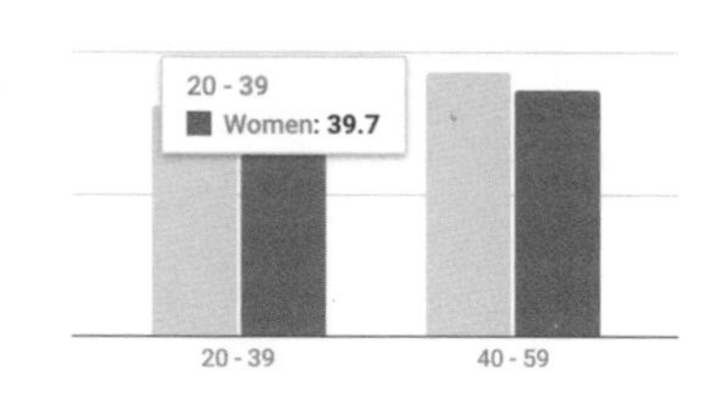 	最適合並列進行比較。如果標籤很長，請使用水平條代替垂直柱。 • 簡單工具：第 114 頁上的「條形圖和柱形圖」或第 131 頁上的「Datawrapper 圖表」 • 強大工具：第 11 章中的 Chart.js 和 Highcharts 模版
分組條形圖或柱形圖 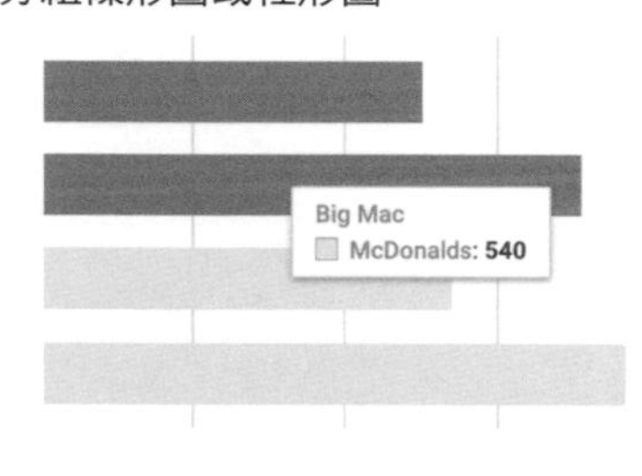 	最適合在單獨的群集中進行比較。如果標籤很長，請使用水平條代替垂直柱。 • 簡單工具：第 114 頁上的「條形圖和柱形圖」或第 131 頁上的「Datawrapper 圖表」 • 強大工具：第 11 章中的 Chart.js 和 Highcharts 模版
堆疊條形圖或柱形圖 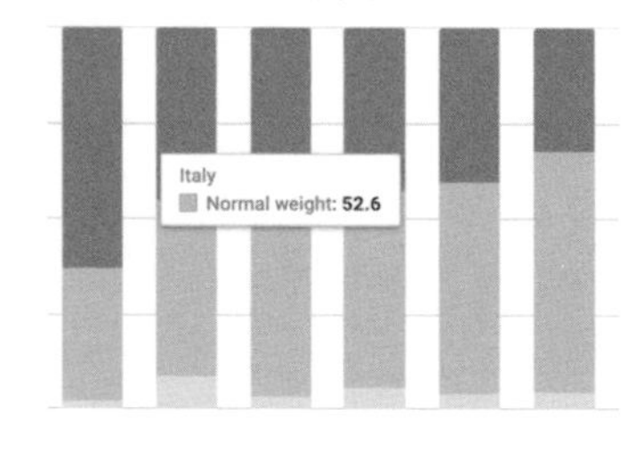 	最適合進行子類別或整體各部分之間的比較。如果標籤很長，請使用水平條代替垂直柱。 • 簡單工具：第 114 頁上的「條形圖和柱形圖」或第 131 頁上的「Datawrapper 圖表」 • 強大工具：第 11 章中的 Chart.js 和 Highcharts 模版

圖形	最佳用途與本書中的教學
帶誤差線的條形圖或柱形圖 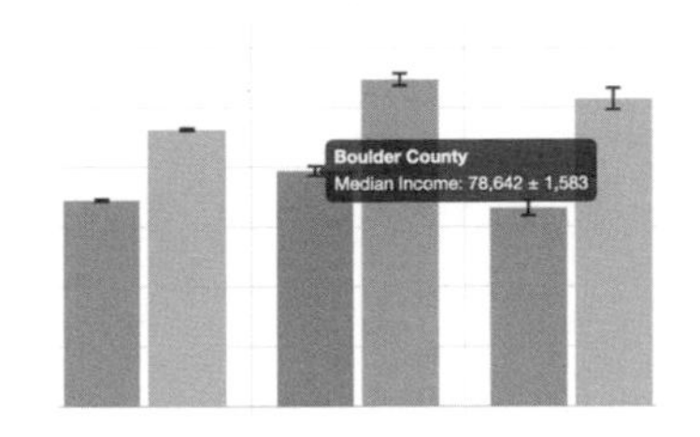 	最適合在進行並排比較時顯示誤差線的範圍。如果標籤很長，請使用水平條代替垂直柱。 • 簡單工具：第 114 頁上的「條形圖和柱形圖」或第 131 頁上的「Datawrapper 圖表」 • 強大工具：第 11 章中的 Chart.js 和 Highcharts 模版
直方圖 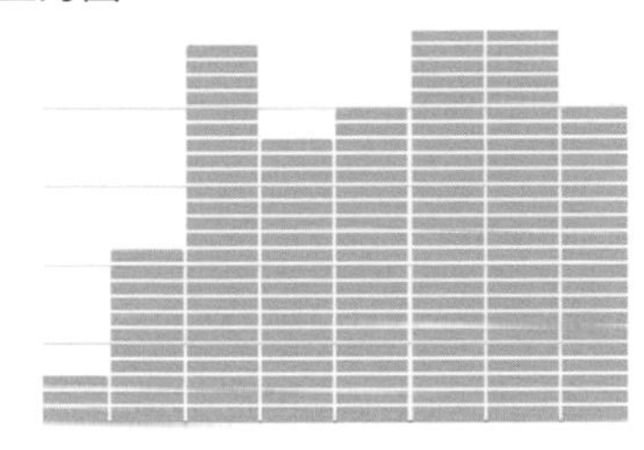	最適合顯示原始資料的分佈，每一個儲存桶都有值的數量。 • 簡單工具：第 122 頁上的「直方圖」 • 強大工具：第 11 章中的 Chart.js 和 Highcharts 模版
圓餅圖 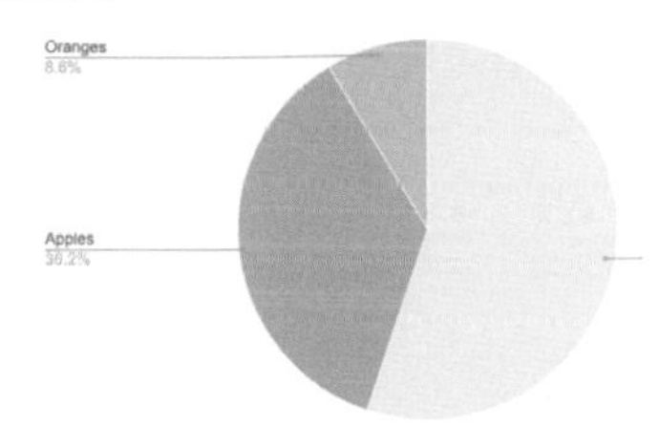 	最適合顯示整體中的各部分，但很難估計切片的大小。 • 簡單工具：第 126 頁的「圓餅圖、折線圖和面積圖」或第 131 頁的「Datawrapper 圖表」 • 強大工具：第 11 章中的 Chart.js 和 Highcharts 模版
折線圖 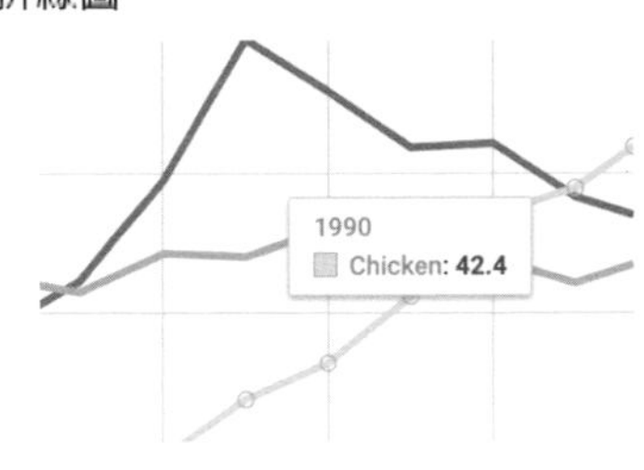 	最適合顯示連續資料，例如隨時間變化的資料。 • 簡單工具：第 126 頁的「圓餅圖、折線圖和面積圖」或第 131 頁的「Datawrapper 圖表」 • 強大工具：第 11 章中的 Chart.js 和 Highcharts 模版

圖形	最佳用途與本書中的教學

帶注釋的折線圖

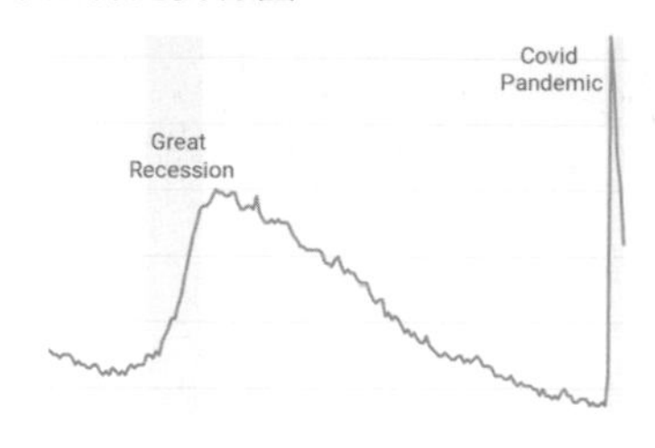

最適合在圖表內加上注釋或突出顯示資料，例如折線圖中的歷史注釋。

- 簡單工具：第 132 頁上的「帶注釋的圖表」
- 強大工具：第 11 章中的 Chart.js 和 Highcharts 模版

篩選折線圖

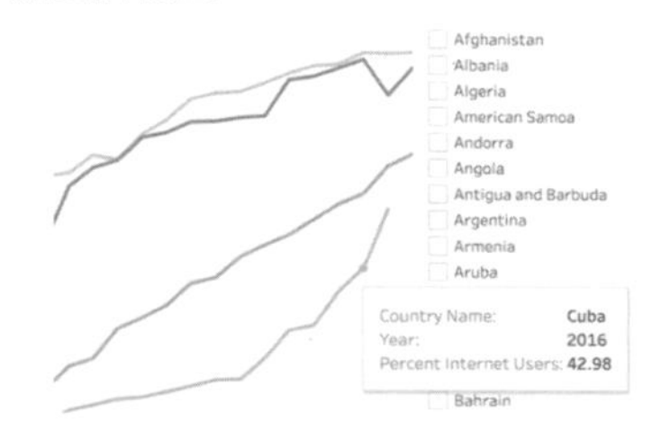

最適合顯示多線段的連續資料，使用者可以切換顯示。

- 簡單工具：第 152 頁的「篩選折線圖」

堆疊面積圖

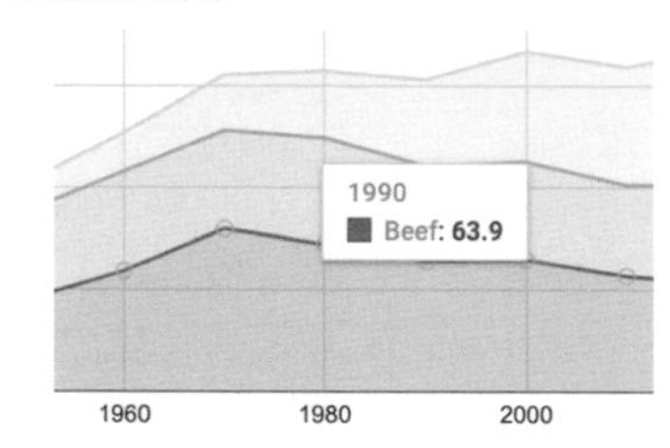

最適合顯示整體的各部分，並帶有連續的資料，例如隨時間的變化。

- 簡單工具：堆疊的面積圖（請參見第 126 頁的「圓餅圖、折線圖和面積圖」）或第 131 頁的「Datawrapper 圖表」
- 強大工具：在第 11 章中的 Chart.js 和 Highcharts 模版

範圍圖

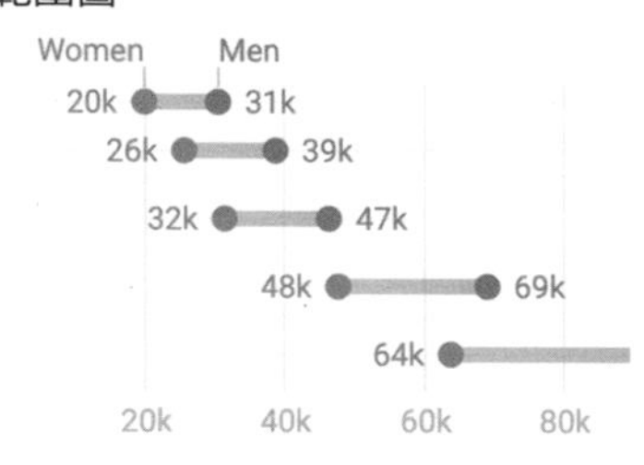

最適合顯示資料點之間的差距，例如不平等。

- 簡單工具和強大工具：第 137 頁上的「範圍圖」

<table>
<tr><th>圖形</th><th>最佳用途與本書中的教學</th></tr>
<tr><td>散佈圖
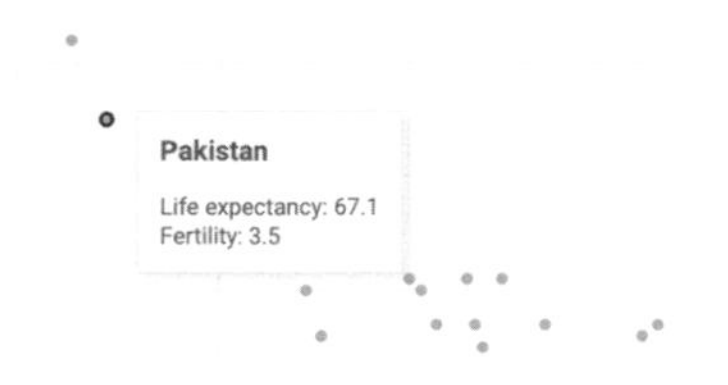
</td><td>最適合顯示兩個變數之間的關係，每個點代表其 X 和 Y 坐標。
• 簡單工具：第 140 頁上的「散佈圖和泡泡圖」或第 147 頁上的「用 Tableau Public 製作散佈圖」
• 強大工具：第 11 章中的 Chart.js 和 Highcharts 模版</td></tr>
<tr><td>泡泡圖
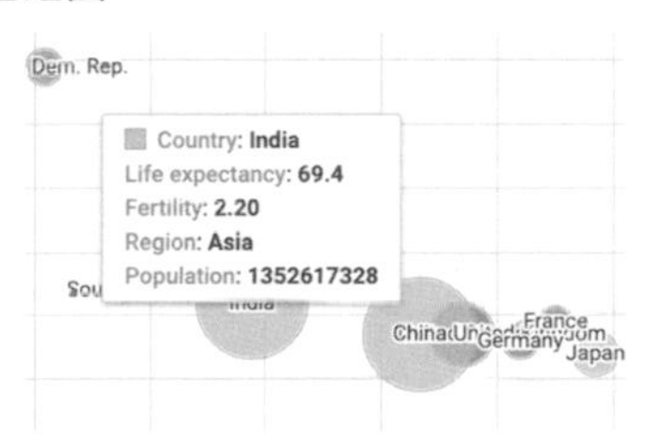
</td><td>最適合顯示三或四組資料之間的關係，帶有 xy 坐標、泡泡大小和顏色。
• 簡單工具：第 140 頁上的「散佈圖和泡泡圖」
• 強大工具：第 11 章中的 Chart.js 和 Highcharts 模版</td></tr>
<tr><td>迷你圖
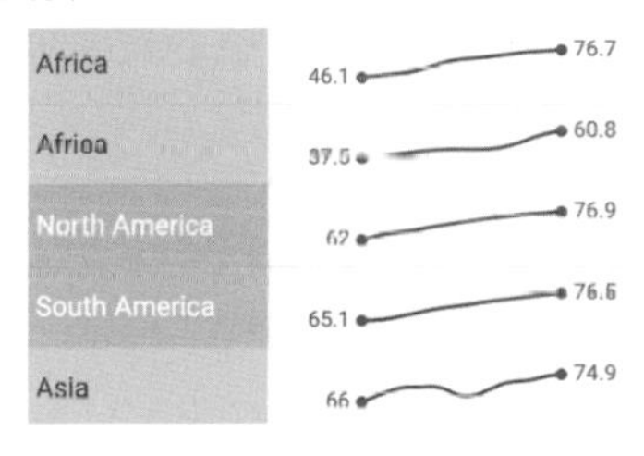
</td><td>最適合將資料趨勢與表格中的細線圖或條形圖進行比較。
• 簡單工具：第 220 頁的「帶有迷你圖的 Datawrapper 表」</td></tr>
</table>

[a] 關於圖表類型和使用範例的更多詳細資訊，請參見 Financial Times Visual Vocabulary（*https://ft.com/vocabulary*）。

圖表設計原則

圖表有非常多種類型。但是，僅因為資料可以製成圖表，並不一定代表它就應該變成圖表。在製作圖表之前，請停下來自問：**視覺化的資料模式對你的故事真的重要嗎？**有時，一個簡單的表格甚至是單獨的文字都可以更有效地的觀眾傳達想法。製作設計良好的圖表需要時間和精力，因此請確認它能夠為你的資料故事加分。

雖然資料視覺化不是一門科學，但它仍有一套原則和最佳做法，可為製作真實而具說服力的圖表奠定基礎。在本單元中，我們將找出圖表設計的一些重要規則。你可能會驚訝地發現，只要你誠實地解讀資料，某些規則並不那麼僵化，而且為了強調某些點，有些規則在必要時可以被「打破」。

為了更加理解在資料視覺化中「遵循規則」和「破壞規則」之間的張力，請參閱 Lisa Charlotte Rost 這篇「What to Consider When Considering Data Vis Rules」中的反省。Rost 認為，透過闡明良好圖表設計背後的潛規則並將它們移到公開領域中進行討論和改善，我們都可以從中受益，就像她在 Datawrapper 學院的許多貼文中所做的（*https://oreil.ly/heYLn*），這些貼文也將每個規則優美地進行了視覺化。但 Rost 提醒我們，規則也有缺點。首先，過於嚴格地遵循規則會阻礙創造力和創新，尤其是當我們在尋找方法來克服設計工作之挑戰時。其次，由於規則是從不同的「資料視覺化理論」中產生的，因此有時會彼此矛盾。衝突性規則的其中一個例子，是「製作易於理解的資料故事」與「揭露資料複雜性的故事」之間的張力，因為一般來說它們似乎顧此失彼。Rost 得到的結論是，我們遵循的規則反映了我們的價值觀，所以我們每個人都需要問：「你希望你的資料視覺化被評價的標準是什麼？」是設計的美觀與否？真實與否？挑起情緒的方式？或者充滿知識性並能改變觀者的想法？[1]

若要進一步研究圖表設計，首先讓我們從建立圖表的常用詞彙開始。

解構圖表

讓我們看一下圖 6-1。它顯示了大多數圖表類型都有的基本圖表組件。

標題可能是任何一個圖表中最重要的元素。一個好的標題要簡短、清楚，並能獨立講述一個故事。例如「疫情重創黑人和拉丁裔人口」或「每年有數百萬噸塑膠進入海洋」都是清晰的標題，可以迅速傳達出更大的故事。

有時，你的編輯或觀眾會偏愛技術性的標題。若是如此，這兩個標題可以分別更改為「2020 年春季 COVID-19 各族裔死亡人數」和「百萬噸塑膠進入海洋，1950-2020 年」。

混合的策略是結合故事為導向的標題與更具技術性的次標題，例如：「疫情重創黑人和拉丁裔人口：2020 年春季 COVID-19 各族裔死亡人數」。如果你採用這種模式，請縮小字體、更改字體樣式或顏色（或兩者並行），讓次標題不如標題突出。

1 Lisa Charlotte Rost, "What to Consider When Considering Data Vis Rules" (Lisa Charlotte Rost, November 27, 2020), *https://oreil.ly/e4uBM*.

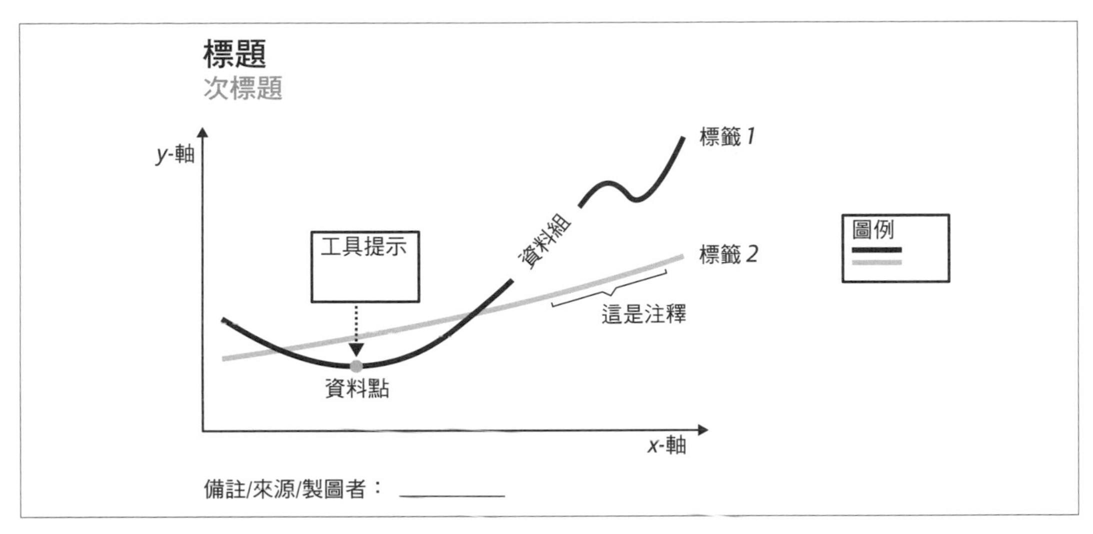

圖 6-1　常用圖表組件。

橫軸（x）和縱軸（y）定義了尺度和測量單位。

資料組（*data series*）是觀測值的集合，通常是資料集中的一列或一欄數字，或**資料點**。

標籤和說明通常整張圖表都會用到，以提供更多上下文。例如，顯示美國 1900 年至 2020 年失業程度的折線圖，可以在 1930 年代加上「大蕭條」說明，並在 2020 年加上「COVID-19 衝擊」說明，兩者都代表失業高峰。你也可以選擇直接標記在項目上，而非依賴 xy 軸（常見於條形圖）。在這種情況下可將相關的軸隱藏起來，使圖表看起來不混亂。

圖例顯示出符號系統，例如圖表中使用的顏色和形狀及其含義（通常代表它們的值）。

你應該在圖表下方加上「備註」、「資料來源」和「製圖者」，讓觀眾知道資料來自何處、是如何處理和分析的，以及誰製作了視覺化。請記住，清楚標示這些資訊有助於建立可信度與釐清責任歸屬。

如果你的資料帶有不確定性（或誤差範圍），請盡可能使用**誤差線**來顯示。如果無法這麼做，請在圖表上加上以下說明：「資料的不確定性最高可達值的 20%」或「對於地理位置 X 和 Y，誤差範圍超過 10%」。這可以幫助讀者評估資料來源的可靠性。

在互動式圖表中，一旦使用者點按或將滑鼠懸停在資料點或資料序列上，通常會出現**工具提示**來提供更多資料或上下文。工具提示非常適合內含多個資料層的複雜視覺化，因為它們會使圖表變得雜亂無章。由於工具提示在較小的螢幕（例如手機和平板電腦）上很難互動，而且在印出圖表時看不見，因此，你應該只用它們來傳達額外的、錦上添花的資訊。確認所有必要資訊在沒有任何使用者互動的情況下，都是顯示出來的。

有些規則特別重要

雖然資料視覺化中的大多數規則都是開放解讀的，只要誠實地解釋資料即可，不過以下兩個規則不能更動：條形圖和柱形圖的零基線，以及圓餅圖的 100% 基線。

條形圖和柱形圖必須從零開始

條形圖和柱形圖使用**長度**和**高度**來表示值，因此它們的軸**必須從零基線開始**。如此才能確保條形長度為另一條的兩倍時，代表其值是兩倍。圖 6-2 是良好例子和不良例子的對比。同樣的規則適用於面積圖，其線下所顯示的填充面積表示值。刻意讓基線始於零以外的數字，是一種手法，通常用來誇大民意調查和選舉結果的差異，稍後在第 14 章會有說明。

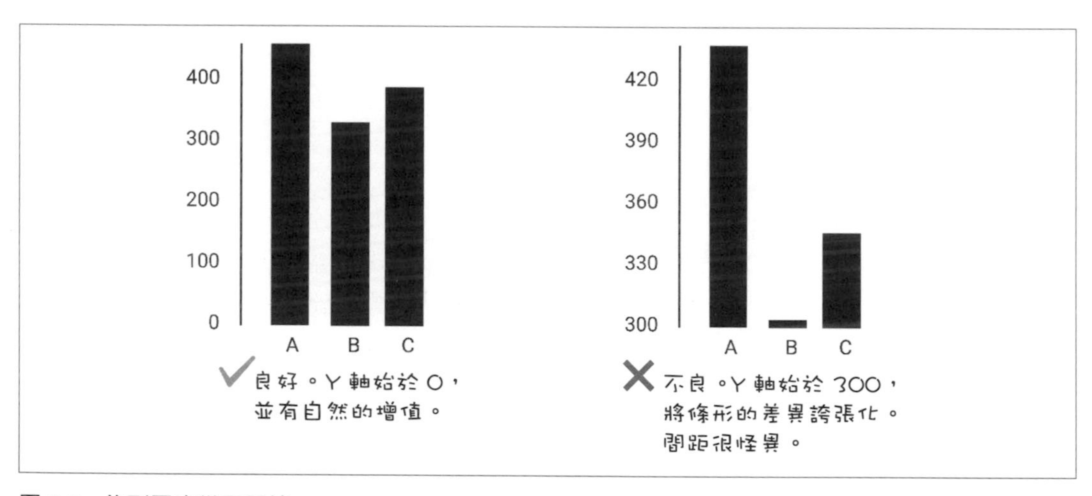

圖 6-2　條形圖應從零開始。

零基準規則**不**適用於折線圖。依據視覺化專家 Alberto Cairo 的說法，折線圖透過**位置**和**角度**，而非高度或長度，來呈現值。從非零的數字開始折線圖並不一定會扭曲其內含的資訊，因為我們的眼睛是依賴其形狀來確定其含義，而不是它與基線的距離[2]。例如，比較一下圖 6-3 的右側和左側，兩者都是正確的。

2　Cairo, How Charts Lie, 2019, p. 61.

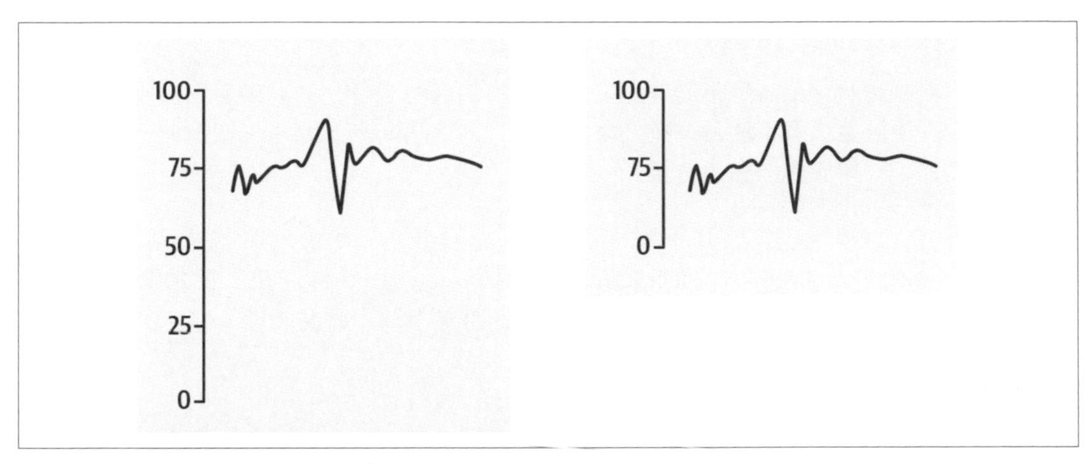

圖 6-3　由於折線圖不需要零基線，因此兩者都是正確的。

此外，雖然強迫折線圖從零基線開始是可以接受的，但這可能無法為你的資料故事提供最佳的視覺化效果。在圖 6-4 中，左側顯示了一張折線圖，其縱軸從零開始，但結果是，此線在圖的頂端顯得非常平坦，並且隱藏了值的變化。右側顯示的折線圖裁短了縱軸來配合值的範圍，使得變化更加清晰。兩者在技術上都是正確的，而在這種情況下，右側更適合用在資料故事上。不過，你仍需謹慎，因為如第 376 頁的「如何用圖表說謊」將介紹的，可能會有人透過修改縱軸來誤導我們，而它在折線圖上的位置並沒有有統一的規則。

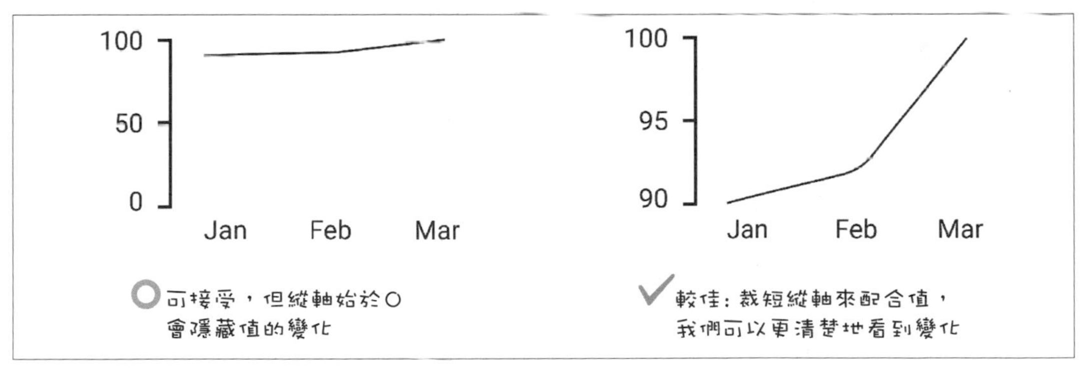

圖 6-4　雖然基線為零的折線圖是可以接受的，但是基線經過修改的折線圖更清楚地講述了關於變化的資料故事。

圓餅圖代表 100%

圓餅圖是資料視覺化中最有爭議的問題之一。大多數資料視覺化的從業者都會建議完全避免使用它們，原因是人們不擅長準確判斷不同切片的大小。我們的立場則寬鬆一點，只要你遵循我們在下一單元中提出的建議。

在資料視覺化中，唯一一件所有專業人士都會同意的事，就是**圓餅圖代表 *100%* 的量**。如果切片加起來不是 100%，那就是犯罪。如果你設計的問卷標題是「你是貓派還是狗派？」，而且可以同時勾選「貓」和「狗」，千萬別把結果放入圓餅圖裡。

圖表美學

請記住，你製作圖表是為了幫助讀者理解故事，而不是使他們感到困惑。決定一下你是否要顯示原始統計數字、百分比或百分比變化，然後幫讀者做數學計算。

避免圖表垃圾

從白色背景開始，並加上適當的元素。你必須能夠證明每個加上的元素的合理性。為此，請自問：這個元素是否可以改善圖表，或者可以在不降低可讀性的情況下刪除它？如此一來，你就不會遇到圖 6-5 所示的所謂「圖表垃圾」，其中包括 3D 透視圖、陰影和不必要的元素。在 Microsoft Office 的早期版本中，這些可能看起來很酷，但是到了今日，請遠離它們。圖表垃圾會使觀眾分心，並降低圖表的可讀性和理解力。它看起來也不專業，沒有為說故事的人增加信賴感。

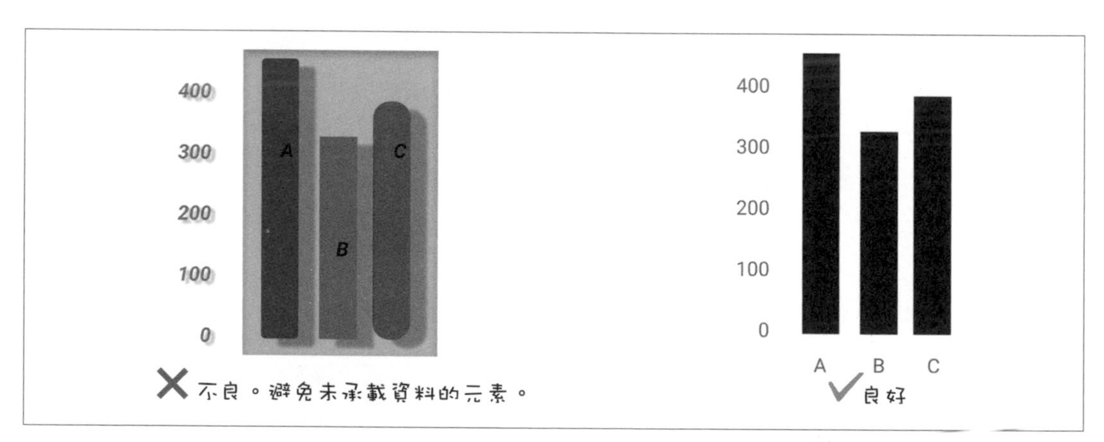

圖 6-5　圖表垃圾會分散觀眾的注意力，因此請遠離陰影、3D 透視圖、不必要的顏色，和其他花俏的元素。

不要在條形圖中使用陰影或粗輪廓，因為讀者可能會認為裝飾元素是該圖的一部分，因而誤讀條形所代表的值。

使用 3D 的唯一理由是繪製具有 x、y 和 z 值的三維資料。例如，你可以製作人口密度的 3D 地圖（*https://oreil.ly/rWmEg*），其中 X 和 Y 值表示緯度和經度。但是在大多數情況下，三維最好使用有不同形狀和顏色的泡泡圖或散佈圖來呈現。

留意圓餅圖

請記住，圓餅圖僅顯示部分與整體的關係，因此所有切片的總和必須為 100%。一般情況下，切片越少越好。依照順時針方向，從大到小排列切片，並將最大的切片放在 12 點鐘開始的位置。

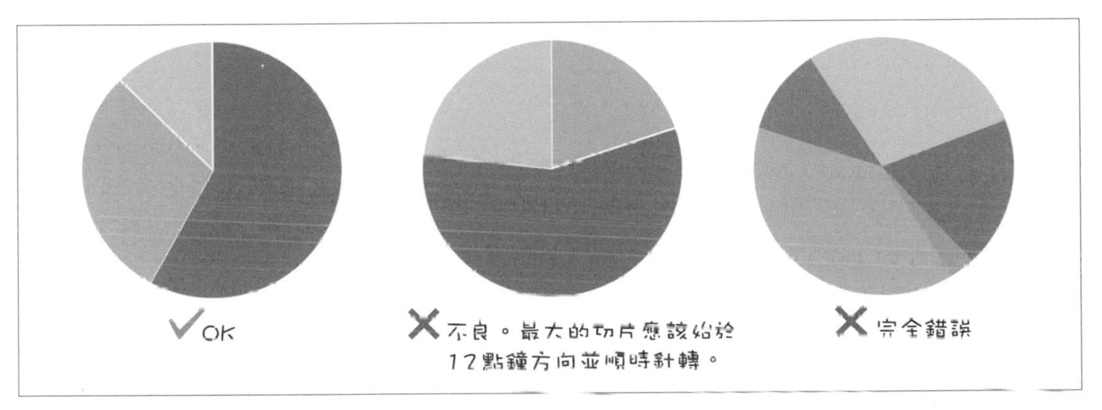

圖 6-6　將圓餅圖中的切片從最大到最小進行排序，並從 12 點鐘開始。

如果你的圓餅圖內含五個以上的切片，請考慮以條形圖顯示資料（堆疊或分割），如圖 6-7 所示。

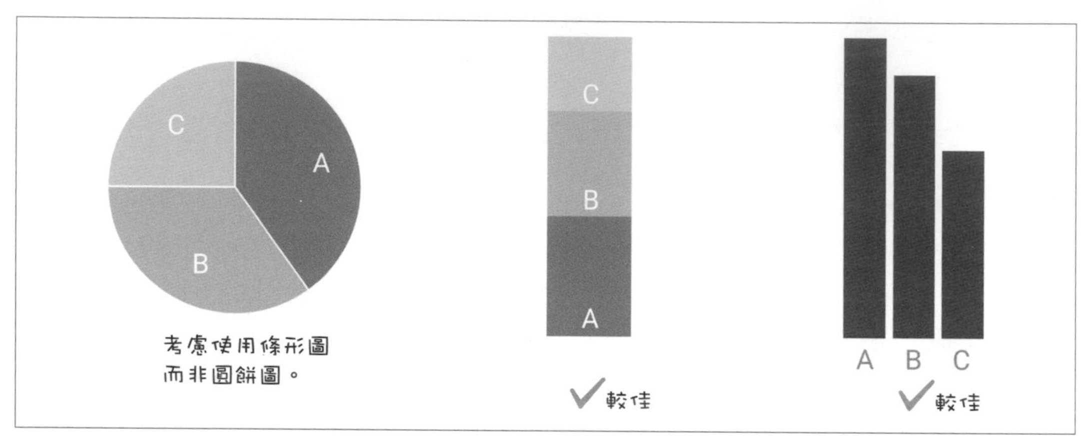

圖 6-7 考慮使用條形圖而非圓餅圖。

別讓讀者歪著頭閱讀

當柱形圖的 X 軸長標籤必須旋轉時（通常為 90 度），請考慮將整張圖表旋轉 90 度，讓它變成水平條形圖。看看圖 6-8，水平標籤易讀許多。

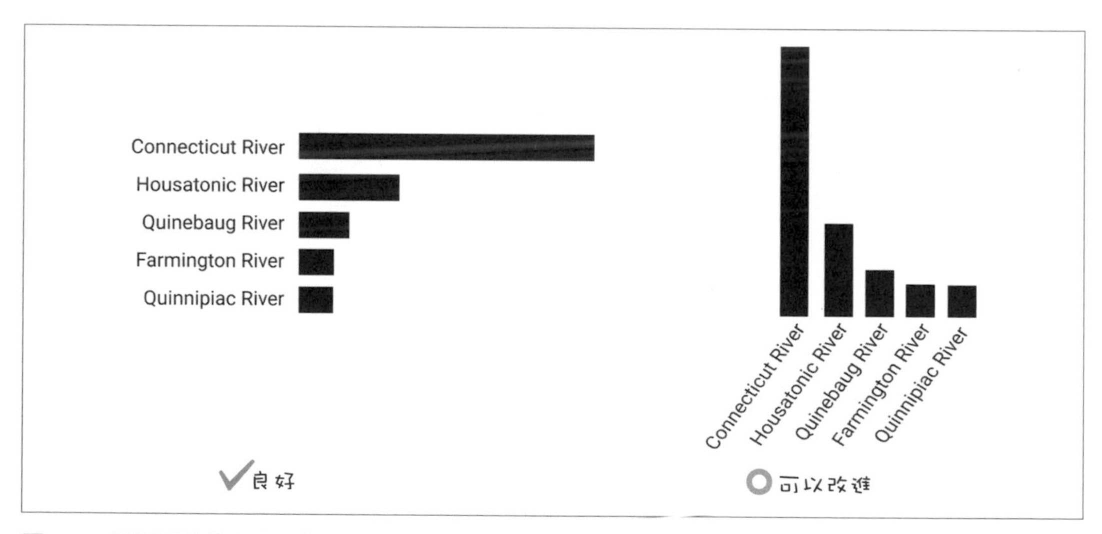

圖 6-8 長標籤請使用水平條形圖。

依邏輯將元素排序

如果你的條形圖顯示不同的類別，請依序排列，如圖 6-9。如果你希望讀者能夠快速找到諸如城鎮之類的項目，依照字母進行排序會很有用。依照值對類別進行排序也是一種常見的作法。

如果條形代表了特定時間的某個值，那麼當然必須依照時間來排序。

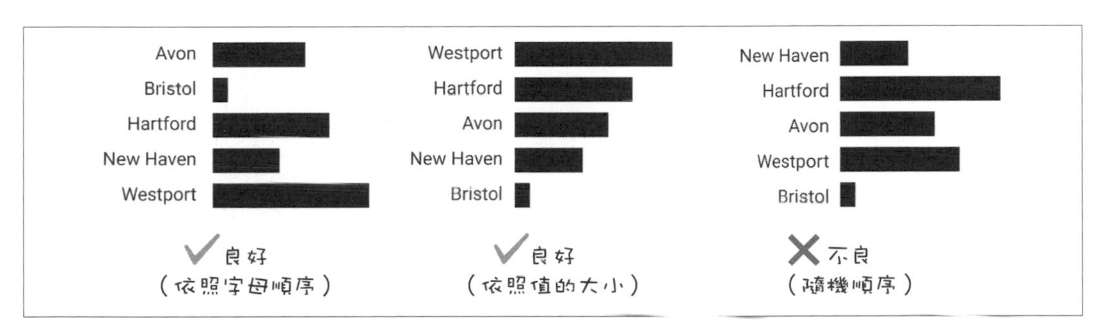

圖 6-9 長標籤請使用水平條形圖。

不要將圖表塞滿

放置標籤在軸上時，請選擇等距的自然增值，例如「0、20、40、60、80、100」，或者對數尺度的「1、10、100、1000」。不要塞滿你的尺度。保持排版簡潔，並使用（但不要過度使用）**粗體**來凸顯主要的見解。為了易讀性，請考慮使用逗號來分隔千分位（1,000,000 比 1000000 更容易閱讀）。

注意顏色

在本單元中，我們將簡要介紹關於顏色的三個重要規則。首先請記住，在大多數情況下，單色（單色調）圖表就足夠了，而且可能根本不需要加上額外的顏色維度。

其次，在選擇配色時，請參考色輪和標準配色規則（*https://oreil.ly/1sIzk*）。考慮互補色的規則（色輪上的相對顏色）來找出顏色配對，例如藍色和橘色、黃色和紫色。相近色或色輪中的相鄰顏色會形成良好的配色，例如橘色、紅色和粉紅色。

第三，遠離純飽和色，改採「髒一點」的版本，例如橄欖綠色（而不是亮綠色）或海軍藍（而不是霓虹藍）。

選擇了用在視覺化上的配色之後，問問自己：

- 顏色與其代表的現象之間，是否有含義上的衝突？我用了黑色表示利潤或者綠色來呈現死亡率嗎？這個問題很複雜，因為顏色對不同的社會群體和文化帶來不同的聯想，但請盡量發揮最高的敏感度。
- 色盲人士可以解讀你的圖表嗎？紅配綠或黃配藍，對他們來說可能是挑戰。請考慮使用 Color Oracle（*https://www.colororacle.org*）或其他模擬器來確保你的視覺化效果可讀。
- 在黑白之下，顏色是否可以區分？即使你不期望觀眾印出你的圖表，但他們有可能這麼做。你可以使用 Color Oracle 或其他模擬器來檢查你的顏色是否具有不同的亮度，並且在灰階上可辨識。圖 6-10 顯示了一些良好和不良的顏色範例。

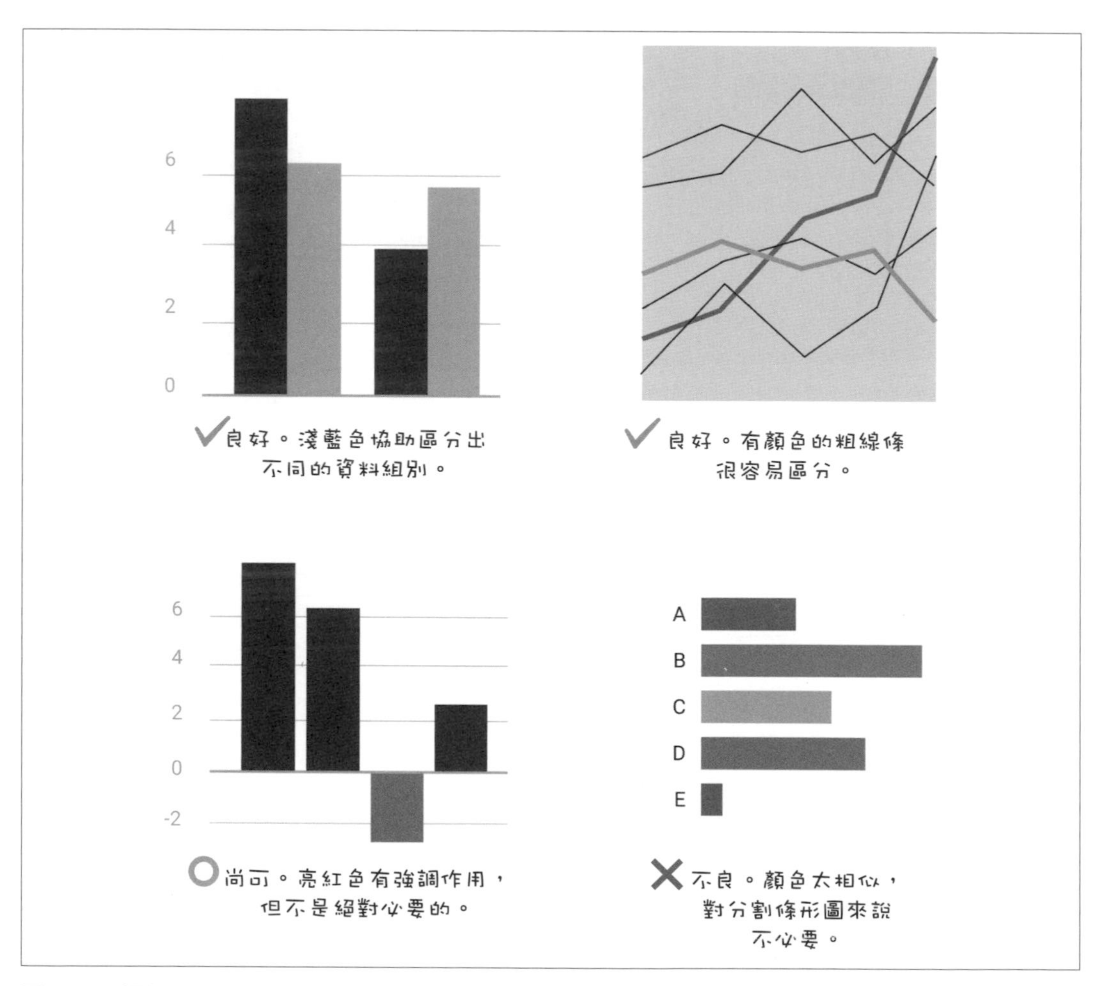

圖 6-10　顏色不要只是為了用而用。

顏色的使用是一個複雜的話題，有很多研究相關的研究。若想參考很棒的論述，請見 Datawrapper 部落格上 Lisa Charlotte Rost 的「Your Friendly Guide to Colors in Data Visualization」和「How to Pick More Beautiful Colors for Your Data Visualization」[3]。

如果你跟著我們的建議做，則應該會得到一張乾淨的圖表，如圖 6-11 所示。注意到你的視覺會被條形圖及數值吸引，而非鮮豔的顏色或者軸線等次要元素。

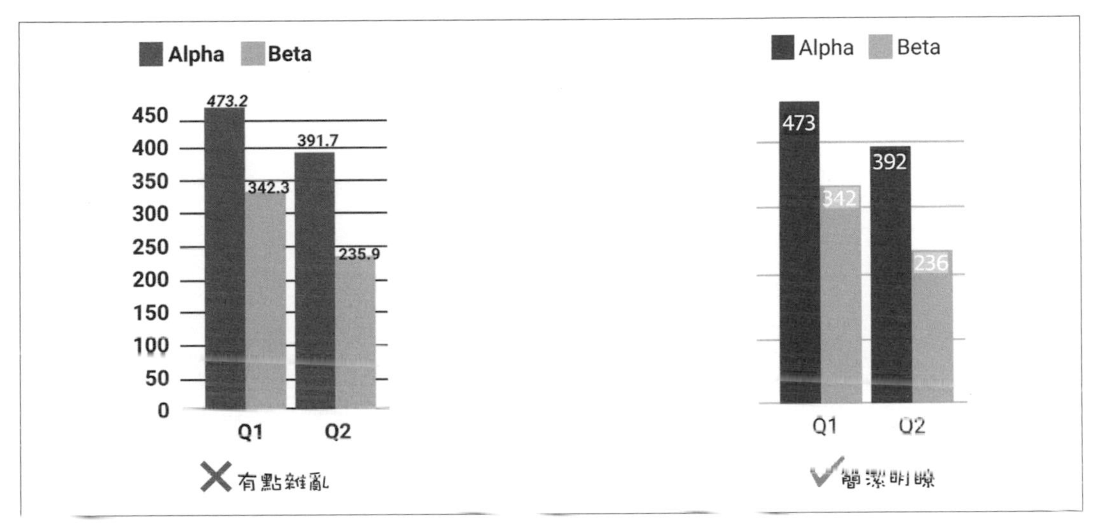

圖 6-11　確認最重要的東西最先吸引目光。

綜合以上，要設計出良好的圖表，你需要訓練你的眼睛和大腦，以了解在敘述資料故事時哪些有效，哪些無效。檢視大量不同的圖表（壞的和好的）來鍛鍊你資料視覺化的能力。舉例來說，瀏覽 Reddit 上的「Data Is Beautiful」(*https://oreil.ly/HryZv*）和「Data Is Ugly」(*https://oreil.ly/wo9yd*）頁面。看看其他讀者的評論，但是發展你自己的見解，這不一定與其他人的意見相同。這也是一種有趣的學習方式！

3　Lisa Charlotte Rost, "Your Friendly Guide to Colors in Data Visualization," Datawrapper (blog), July 31, 2018, *https://oreil.ly/ndITD*; Lisa Charlotte Rost, "How to Pick More Beautiful Colors for Your Data Visualizations," Datawrapper (blog), accessed October 21, 2020, *https://oreil.ly/dRCBy*.

Google 試算表圖表

在本單元中，你會學到使用 Google 試算表製作互動式圖表的優缺點，這是我們在第 2 章中介紹的功能強大的試算表工具。對資料視覺化的新手來說，Google 試算表有許多優點。首先，Google 試算表可以讓你在同一平台上整理、分析、共用和發佈圖表。一個工具就能完成所有工作，所有東西都存放在同一個地方，可以更輕鬆地組織你的工作。第二，Google 試算表對許多使用者來說是熟悉且簡單易學的，因此能夠幫助你「快速」製作出美觀的互動式圖表。到這裡檢視你可以使用 Google 試算表製作的所有圖表類型（*https://oreil.ly/bE5ng*）。雖然有些人將圖表匯出為 JPG 或 PNG 格式的靜態影像，但是本章著重於製作互動式圖表，以便在瀏覽器中懸停游標時，顯示更多關於資料的資訊。稍後在第 9 章中，你會在學到如何在網站上嵌入互動式圖表。

但 Google 試算表也有其局限性。首先，雖然你可以在圖表標題中輸入來源注釋的文字，但是沒有簡單的方法能夠在 Google 試算表圖表中插入可點按的連結，以連結到來源資料，因此你得在嵌有這些互動式圖表的網頁上，加注來源細節。第二，你無法在圖表內加上文字注釋，或突出顯示特定項目。最後，客製化圖表設計有限，尤其是將滑鼠懸停在資料視覺化上時的工具提示。（如果 Google 試算表無法滿足你的需求，請參閱表 6-1 的其他工具，以及第 131 頁的「Datawrapper 圖表」，第 146 頁的「Tableau Public 圖表」以及第 11 章的教學。）

在接下來的兩個單元中，我們要來看看最適合使用條形圖、柱形圖、圓餅圖、折線圖和面積圖的情況。每個單元都有實際操作的範例和樣本資料集的步驟說明來協助你學習。

條形圖和柱形圖

在開始之前，請務必閱讀上一單元介紹的使用 Google 試算表設計圖表的利弊。在本單元中，你會學到如何製作條形圖和柱形圖，這是在比較各類別的值時，最常見的視覺化方法。我們會將重點放在介紹為何製作和如何製作三種不同類型：分組、分割和堆疊。在這些類型上，我們混用了條形圖和柱形圖的說明，因為它們基本上是相同的，只是呈現的方向不同。如果你的資料內含長標籤，請製作水平條形圖而非垂直柱形圖以提供更佳的易讀性。

分組條形圖和柱形圖

分組的條形圖或柱形圖適合用來進行並排比較。舉例來說，如果你想強調肥胖在不同年齡段的性別差異，可以用 Google 試算表的垂直欄來顯示男性和女性資料群，如圖 6-12 所示。現在你就可以輕鬆製作一張分組柱狀圖，並排顯示這些資料組，如圖 6-13。

	A	B	C
1	Age Range	Men	Women
2	20 - 39	40.3	39.7
3	40 - 59	46.4	43.3
4	60 and over	42.2	43.3
5			

圖 6-12　要製作分組條形圖或柱形圖時，請在 Google 試算表中垂直排列每個資料組。

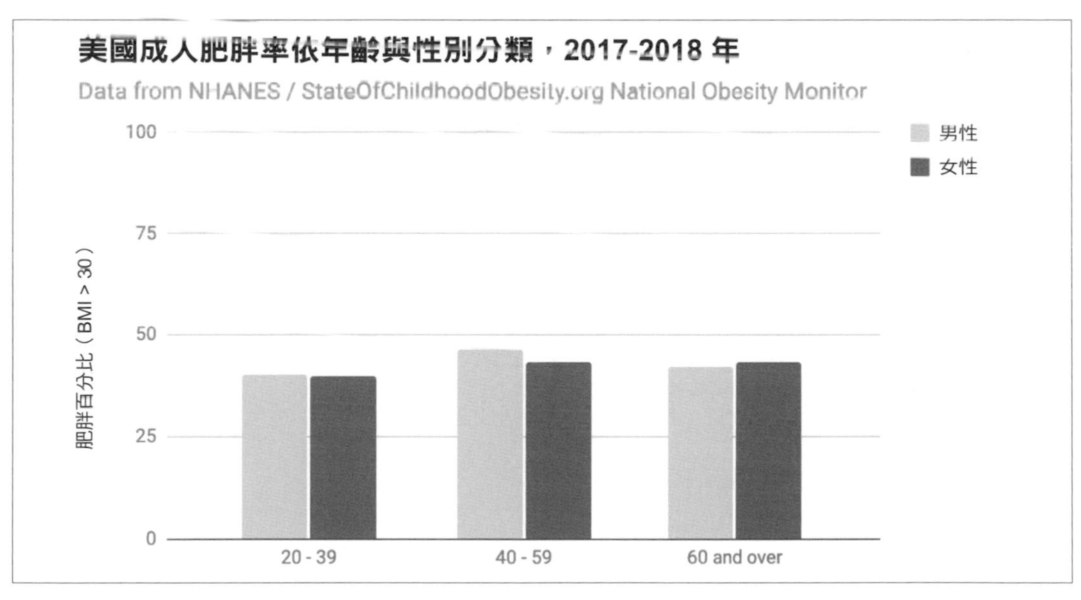

圖 6-13　分組柱形圖；瀏覽互動式版本（*https://oreil.ly/cPfLn*）。資料來自 NHANES/State of Childhood Obesity, 2017–18（*https://oreil.ly/8-OES*）。

若要製作你自己的互動式分組柱形圖（或條形圖），請使用我們的樣版並依照以下步驟操作：

1. 在 Google 試算表中打開內含依性別和年齡分組的美國肥胖資料分組柱形圖樣版（*https://oreil.ly/bY2zh*）。使用你的帳戶登入，然後到「File」>「Make a copy」，將可編輯的版本儲存到自己的 Google 雲端硬碟中。
2. 要從試算表副本中刪除目前圖表的話，請將游標移到圖表的右上角來顯示三點選單，然後選擇「Delete」。

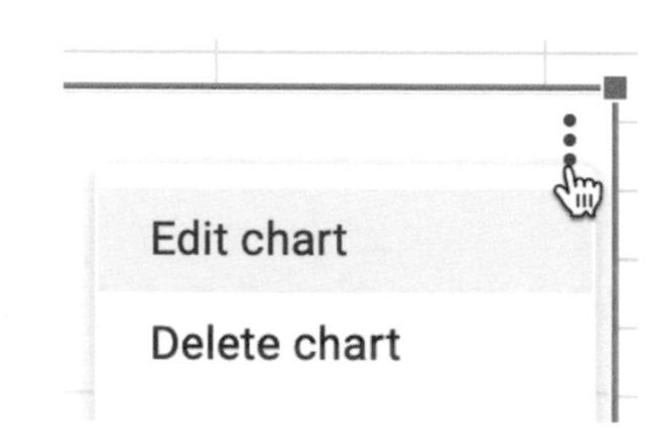

3. 整理你的資料，讓每一欄成為一個資料組（例如男性和女性），如圖 6-12 所示，這代表它會在圖表中顯示為獨立的顏色。你可以任意新增兩欄以上。
4. 使用游標，只選擇你要繪製圖表的資料，然後到「Insert」選單中，選擇「Chart」。

5. 在「Chart editor」中，將預設選擇更改為「Column chart」，並在「Stacking」下選擇「None」來顯示「分組的欄」。如果標籤較長，請選擇「Horizontal bar chart」。

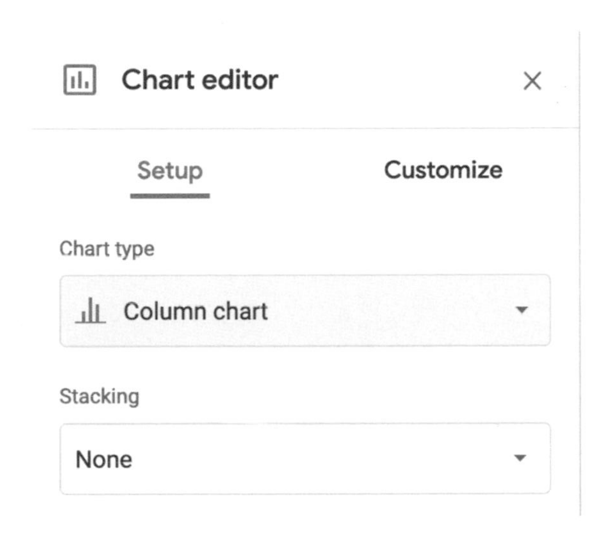

6. 要在「Chart editor」中客製化標題、標籤等，請選擇「Customize」。此外，你可以選擇圖表和軸標題來進行編輯。

7. 若要公開資料，請到工作表的右上角，點按「Share」按鈕，然後在下一個畫面中，點按「Change to anyone with the link」。這代表這份工作表不再只限於私有，而是任何擁有連結的人都可以查看（請參見第 20 頁的「共用你的 Google 試算表」）。

8. 若要將圖表的互動式版本嵌入到另一個網頁中，請點按圖表右上角的三點選單，然後選擇「Publish chart」。在下一個畫面中，選擇「Embed」，然後按「Publish」按鈕。請參閱第 9 章了解如何處理 iframe 程式碼。

   不幸的是，在顯示誤差線或不確定性時，Google 試算表的功能非常有限。你只能指派固定值或百分比誤差線到個別資料組上，但不能到特定的資料點上。如果你希望在 Google 試算表中顯示誤差線，請在「Chart editor」中，選擇「Customize」標籤，向下捲動到「Series」，然後從下拉選單中選擇一個系列。勾選「Error bars」，然後將它的值設定為百分比或固定值。此設定將會套用到該系列中的所有資料點上。

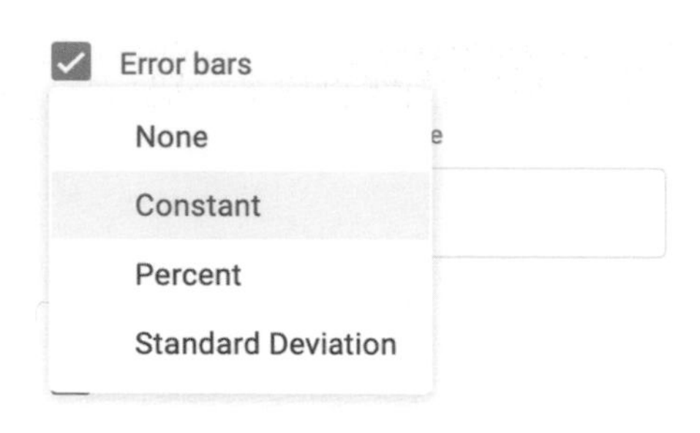

9. 最後請切記，提供資料來源會增加成果的可信度。你可以在 Google 試算表的圖表標題中簡單描述來源。但是這裡沒有簡單的方法可以在圖表中插入可點按的連結，因此你需要在嵌有此互動式圖表的獨立網頁中，加上更多詳細資訊或連結。

分割條形圖和柱形圖

分割柱形圖（或條形圖）最適合用來比較個別群集中的類別。舉例來說，假設你想強調星巴克和麥當勞兩家不同餐廳所提供的餐點的熱量。請將餐廳資料的格式設定為 Google 試算表中的垂直欄，如圖 6-14 所示。

	A	B	C
1	Fast Food items	Starbucks	McDonalds
2	Mocha Frappuccino (24-ounce, 2% milk, whip cream)	500	
3	White Hot Chocolate (20-ounce, 2% milk, whip cream)	710	
4	Big Mac		540
5	Double Quarter Pounder with cheese		770

圖 6-14　要製作分割條形圖（或柱形圖），請垂直列出每個資料組，並在適當的位置將儲存格留白。

由於各家餐廳的餐點不同，因此只要在適當的欄中輸入熱量資料即可，將其他儲存格留白。現在你可以輕鬆製作一張分割條形圖（或柱形圖）來顯示不同群集中的餐廳資料了，如圖 6-15。和之前在圖 6-13 中顯示的分組柱形圖不同，此處的條形圖是彼此分開的，因為我們的目的不是比較各餐廳特有的餐點。此外，由於某些資料標題很長，因此我們的圖表以水平條呈現（而不是柱形）。

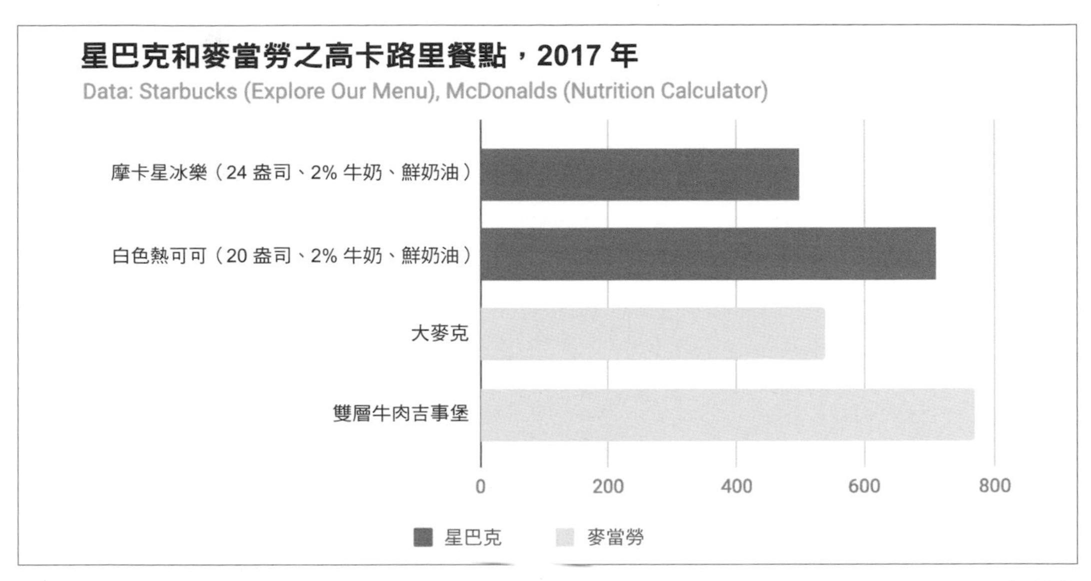

圖 6-15　分割條形圖。瀏覽全螢幕互動式版本：(*https://oreil.ly/NUHiq*)。資料來自星巴克和麥當勞 (*https://oreil.ly/jXnER*)。

使用我們的 Google 試算表分割條形圖樣版（*https://oreil.ly/uWOcA*）和星巴克和麥當勞資料，製作你自己的版本。垂直排列每個資料組，讓它們在圖表中呈現自己的顏色。在無法直接比較的地方，請將儲存格留白。其餘步驟與分組柱形圖的教學相似。

堆疊條形圖和柱形圖

堆疊柱狀圖（或條形圖）最適合比較子類別或整體的一部分。例如，如果你想比較各國超重居民的百分比，請在 Google 試算表的垂直欄中列出每個體重資料組，如圖 6-16 所示。現在你可以輕鬆製作一張堆疊柱形圖來呈現各個國家之體重層級子類別的比較，如圖 6-17 所示。使用堆疊圖而不是多張圓餅圖通常是比較好的，因為比起圓形的圓餅圖，人們可以更準確地看到矩形堆疊之間的差異。

	A	B	C	D
1	Nation	Underweight	Normal weight	Overweight
2	United States	2	35.2	62.8
3	South Africa	8.6	46.2	45.1
4	Italy	3.4	52.6	44
5	Iran	5.7	51.5	42.8
6	Brazil	4	55.4	40.6
7	South Korea	4.7	63.2	32.1
8	India	32.9	62.5	4.5

圖 6-16　要製作堆疊的柱形圖（或條形圖），請在 Google 試算表中垂直列出每個資料組。

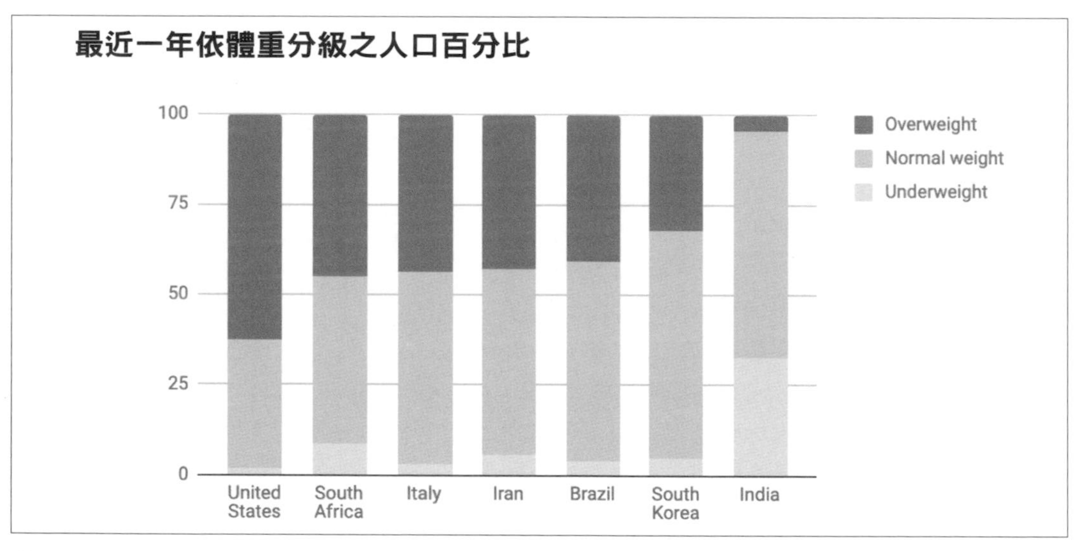

圖 6-17　堆疊柱形圖；瀏覽互動式版本（*https://oreil.ly/VQPIy*）。資料來自 WHO 和 CDC（*https://oreil.ly/E72Jg*）。

使用我們的 Google 試算表堆疊柱形圖樣版（*https://oreil.ly/6E3ti*）和國際體重分級資料來製作自己的版本。將每個資料組垂直排列，使它們在圖表中呈現各自的顏色。在「Chart editor」視窗中，選擇「Chart Type」>「Stacked column chart」（如果資料標題較長，則選擇「堆疊條形圖」）。其餘步驟與前面的步驟相似。

若要更改資料組的顏色（例如以紅色顯示「超重」類別），請點按圖表右上角的三點選單，然後到「Edit chart」>「Customize」>「Series」。從下拉選單中選擇想要的系列，然後在下拉選單中設定顏色，如圖 6-18 所示。

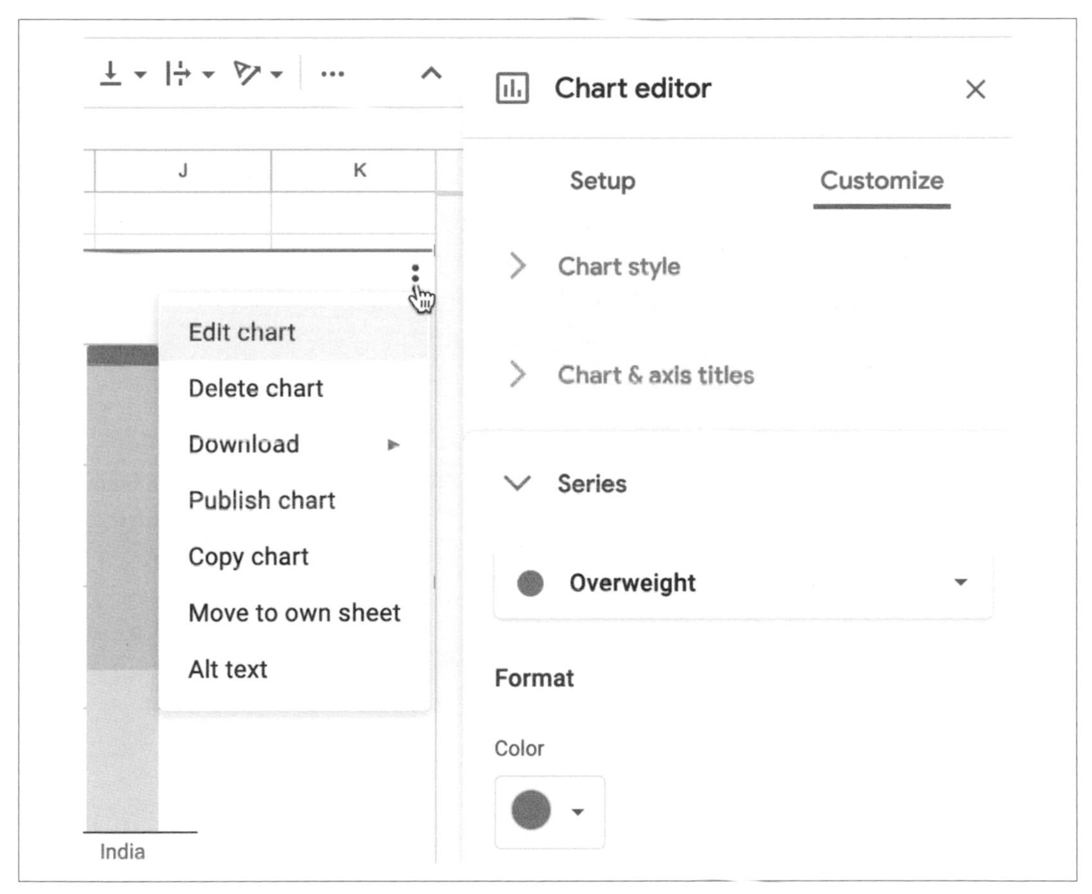

圖 6-18　要編輯欄的顏色，請選擇「Edit chart」>「Customize」>「Series」。

直方圖

直方圖最適合顯示落在定義範圍內（通常稱為**儲存桶**「*bucket*」或**箱**「*bin*」）之值的數量，來呈現原始資料的分佈。在設計更進階的視覺化前（例如熱度地圖），直方圖可能是進一步了解資料的更佳方式，關於這些你會在第 169 頁的「設計熱度地圖的顏色和間隔」中學到。

雖然直方圖看起來可能類似柱狀圖，但兩者是不同的。首先，直方圖顯示的是**連續性**資料，通常你可以調整儲存桶的範圍來探索次數模式。舉例來說，你可以將直方圖的儲存桶從 0-1、1-2、2-3 等，改成 0-2、2-4 等。相反的，柱形圖顯示的是分類資料，例如蘋果、香蕉、胡蘿蔔等等的數量。其次，直方圖的儲存桶之間通常不會顯示空格，因為它們是連續的值，而柱形圖則會顯示將各個類別分開的間隔。

在本單元中，你會在 Google 試算表中製作兩種類型的直方圖：使用「Column stats」選單的快速直方圖，以及使用「Chart 圖表」選單的一般直方圖，並了解個別的優勢。針對這兩個教學，我們將使用相同的資料：聯合國糧食及農業組織（*https://oreil.ly/GVZWO*）彙編的 2017 年 174 個國家的每人平均卡路里供應量，可從 Our World In Data 取得（*https://oreil.ly/7kEd4*）。請注意，測量食物供應的方法因國家和時間而不同，而且估計的是食物供應量，而非實際消耗量。

用 Google 試算表的欄統計製作快速直方圖

要查看資料在 Google 試算表中的某欄資料分布狀況，最快方法是使用內建的「Column stats」工具。請依照以下步驟試試看：

1. 在 Google 試算表中打開「Average Daily Calorie Supply per Capita by Country, 2017」的範例資料（*https://oreil.ly/xCXAR*），使用你的帳戶登入，然後到「File」>「Make a copy」製作可以在 Google 雲端硬碟中編輯的版本。

2. 要在 Google 試算表中製作快速直方圖，請選擇任意一欄，然後到「Data」>「Column stats」，點按側欄中的「Distribution」按鈕來檢視此欄的直方圖。此方法的優點是非常快速，你可以使用側欄頂端旁的箭頭（< >），為同一工作表中的其他欄快速製作直方圖。但是，你無法手動調整儲存桶範圍，或對這些快速直方圖進行其他編輯，也無法像使用 Google 試算表中的一般圖表一樣，將它嵌入到網頁中。

直方圖的用意在於顯示廣泛的資料分佈模式，而非單一值。前面的直方圖顯示，雖然大多數國家的每人每日平均熱量約為 2,800 卡，但有 8 個國家不足 2,000 卡，還有 11 個國家超過 3,500 卡。少了注釋，直方圖無法告訴我們那些離群值的國家名稱，但它們的確讓我們更清楚看見資料分佈的樣態。

用 Google 試算表圖表製作一般直方圖

將第 122 頁「用 Google 試算表的欄統計製作快速直方圖」中的直方圖，與圖 6-19 中使用「圖表」製作的一般直方圖進行比較。你會注意到，在一般直方圖中，你可以定義儲存桶範圍、顯示分隔線，並加上標題和標籤，以向讀者提供更多上下文。此外，一般直方圖的互動式版本可讓使用者移動游標以檢視每一欄之數值的潛藏資料。

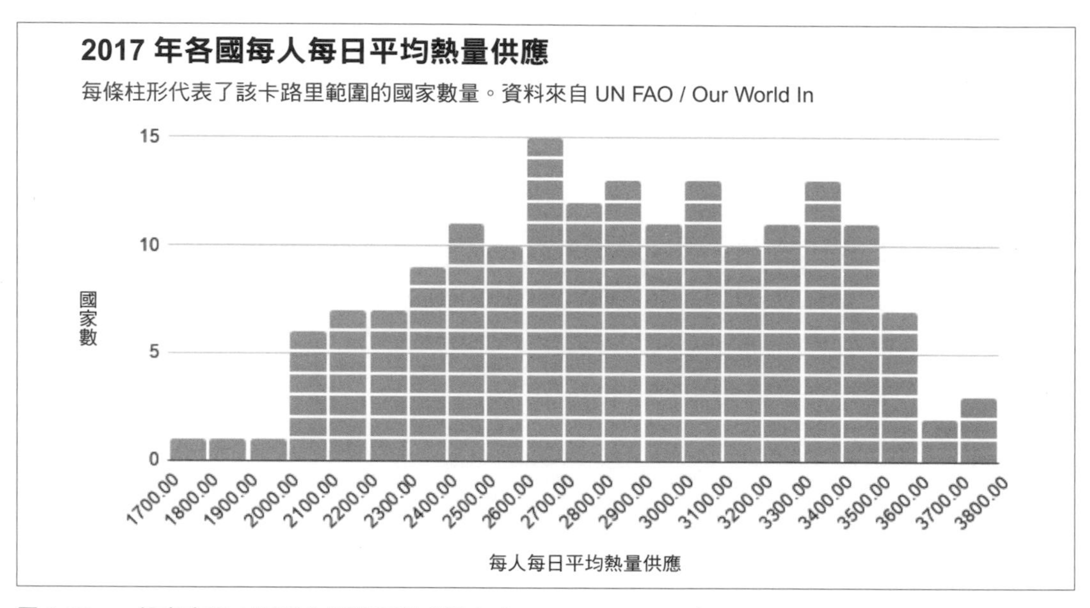

圖 6-19　一般直方圖；瀏覽全螢幕互動式版本（*https://oreil.ly/YRcLs*）。

要在 Google 試算表中製作日常的直方圖，請執行以下：

1. 選擇一個有數值的欄，然後到「Insert」>「Chart」。如果 Google 試算表沒有在「Chart editor」的「Chart Type」下自動選擇「Histogram chart」，請使用下拉選單，在靠近底部的 Other 類別下，手動進行選擇。

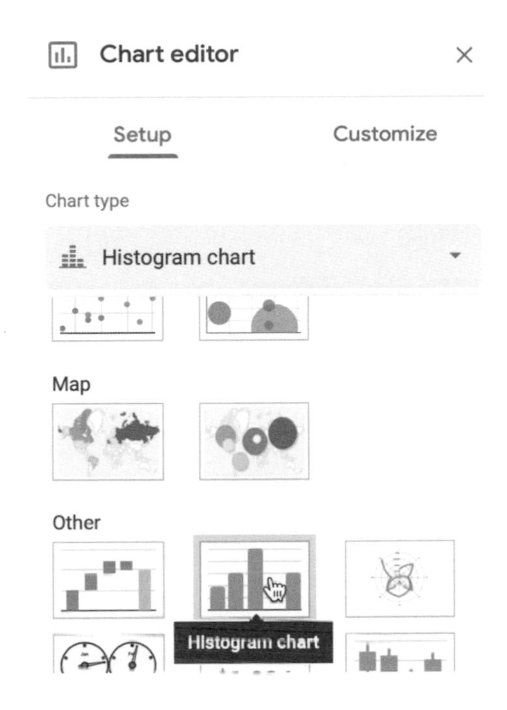

2. 你可以手動設定每個儲存桶的範圍，將斷點四捨五入為整數（例如 1、5 或 100 的倍數），假如這對資料的分配來說較合理的話。在「Chart editor」中，到「Customize」>「Histogram」>「Bucket size」。較大的間隔將內含更多的資料點，看起來較寬；較小的間隔將內含更少的點，看起來較窄。

目前，即使所有斷點都是整數，Google 試算表也不允許使用者刪除直方圖 X 軸標籤中的小數點。

3. 你也可以將欄細分為個別項目（在此範例中是國家），這些項目將顯示為帶有白色邊框的區塊。做法是「Customize」>「Histogram」>「Show item dividers」。

4. 在「Chart editor」中，進一步客製加上圖表標題，描述來源的副標題，並協助讀者解讀圖表的縱軸和橫軸標題。

由於一般直方圖是使用「Charts」功能製作的，因此你可以選擇將它發佈，並複製互動式版本的嵌入程式碼，你將在第 9 章學到。

現在你已了解如何製作直方圖來顯示原始資料的分佈，在下一單元中，我們將繼續介紹其他類型的 Google 試算表圖表類型，例如圓餅圖、折線圖和面積圖。

圓餅圖、折線圖和面積圖

在開始本單元之前，請閱讀第 114 頁的「Google 試算表圖表」及「條形圖和柱形圖」中的初學者步驟說明，來了解其優缺點。在本單元中，你會學到為什麼要使用、以及如何使用 Google 試算表來製作三種其他類型的互動式視覺化效果：圓餅圖（顯示整體的一部分）、折線圖（顯示隨時間的變化）和堆疊面積圖（結合顯示整體的一部分以及隨時間的變化）。如果 Google 試算表或這些圖表類型無法滿足你的需求，請參考表 6-1 來了解其他工具和教學。

圓餅圖

有些人使用圓餅圖來顯示整體的一部分，但是我們強烈建議你小心使用這種類型的圖。舉例來說，如果你希望顯示某家商店一天中出售的各種水果數量占所售水果總數的比例，可以在 Google 試算表的垂直欄中列出標籤和數值，如圖 6-20 所示。數值可以用原始數字或百分比呈現。現在，你可以輕鬆地製作一張圓餅圖，將這些值顯示為圓形的彩色切片，如圖 6-21 所示。觀眾可以看到，香蕉占了售出水果的一半以上，其次是蘋果和柳橙。

	A	B
1	香蕉	32
2	蘋果	21
3	柳橙	5

圖 6-20　要製作圓餅圖時，請在 Google 試算表中垂直列出資料值。

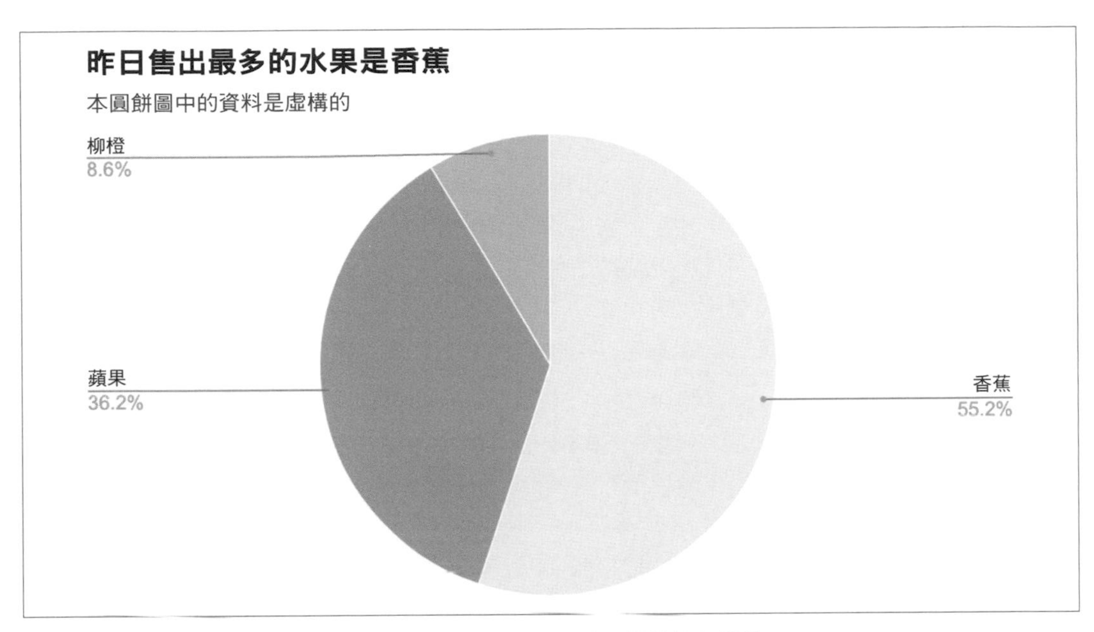

圖 6-21　圓餅圖；瀏覽互動式版本（*https://oreil.ly/24X3m*）。資料是虛構的。

但是，如我們在第 103 頁的「圖表設計原則」中所述，在使用圓餅圖時，你需要格外小心。首先，請確認你的資料加起來等於 100%。如果製作的圓餅圖顯示的是出售的**部分**水果而**非全部**，則此圖沒有任何意義。其次，避免製作過多的切片，因為人們無法輕易區分較小的切片。理想情況下，在圓餅圖中不要超過五個切片。最後，請從圓形的頂端（12 點鐘）開始繪製圓餅，然後依照由大到小的順時針方向排列切片。

使用 Google 試算表中的圓餅圖樣版（*https://oreil.ly/PGhmJ*）製作你自己的版本。這些步驟與本章之前的 Google 試算表圖表教學中的步驟相似。到「File」>「Make a copy」製作一個副本，以便在 Google 雲端硬碟中進行編輯。選擇所有儲存格，然後到「Insert」>「Chart」。如果 Google 試算表無法正確猜出你希望製作圓餅圖，請在「Chart editor」視窗的「Setup」標籤中，在「Chart type」下拉選單中選擇「Pie chart」。

請注意，切片的排列方式會與它們在試算表中的顯示方式相同。選擇整個工作表，然後將資料值的欄從最大到最小，或從 Z 到 A 進行**排序**。在「Chart editor」的「Customize」標籤中，你可以更改顏色並為切片加上邊框。然後依照需求加上有意義的標題和標籤。

折線圖

折線圖是表示連續資料（例如隨時間變化）的最佳方法。舉例來說，假設你希望比較過去一個世紀中美國每人平均不同肉類的供應量。請在你的 Google 試算表中，將時間單位（例如年份）整理到第一欄中，因為這些時間單位將顯示在水平 X 軸上。此外，將每個資料組（例如牛肉、豬肉、雞肉）放在垂直欄內，每個系列形成個別的欄，如圖 6-22 所示。現在你可以輕鬆地製作一張折線圖以強調每個資料組隨時間的變化，如圖 6-23 所示。在美國，每人平均雞肉供應量穩定上升，並在 2000 年左右超過了豬肉和牛肉。

	A	B	C	D
1	年度	牛肉	豬肉	雞肉
2	1910	45.5	38.2	11
3	1920	40.7	39	9.7
4	1930	33.7	41.1	11.1
5	1940	37.8	45.1	10
6	1950	44.6	43	14.3
7	1960	59.1	48.6	19.1
8	1970	79.6	48.1	27.4
9	1980	72.1	52.1	32.7
10	1990	63.9	46.4	42.4
11	2000	64.5	47.8	54.2
12	2010	56.7	44.3	58
13	2017	54	47	64

圖 6-22　要製作折線圖時，請將時間單位和每個資料組列在垂直柱中。

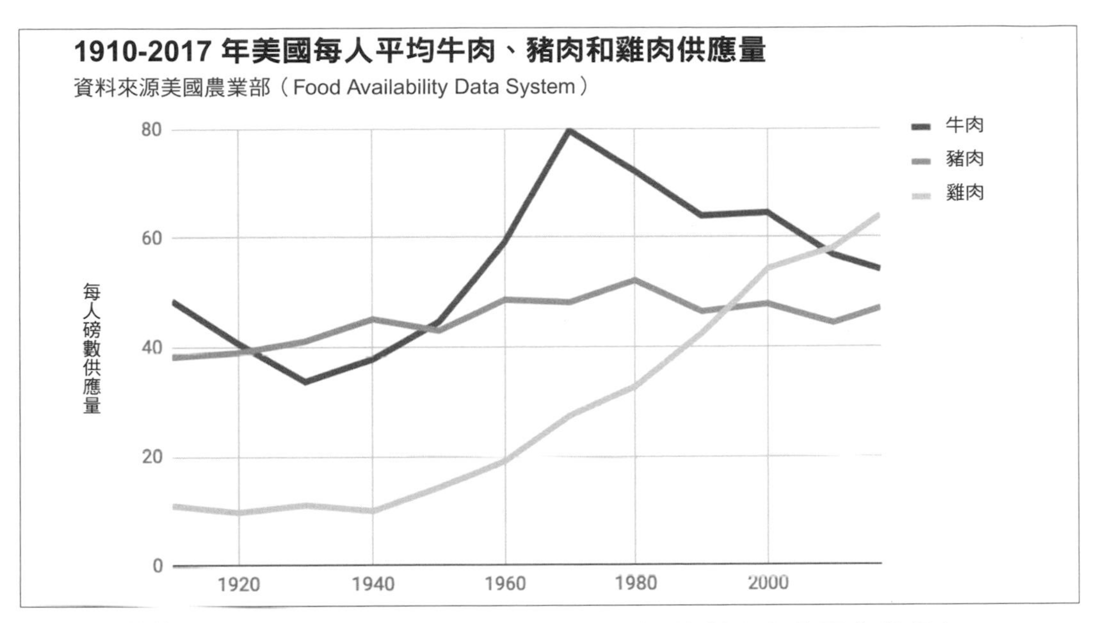

圖 6-23 折線圖；查看互動式版本（*https://oreil.ly/9_XUo*）。資料來自美國農業部（*https://oreil.ly/ADEwa*）。

使用 Google 試算表中的折線圖樣板（*https://oreil.ly/hbZD-*）製作你自己的版本。這些步驟與本章之前的 Google 試算表圖表教學中的步驟相似。到「File」>「Make a copy」製作一個副本，以便在 Google 雲端硬碟中進行編輯。選擇所有儲存格，然後到「Insert」>「Chart」。如果 Google 試算表無法正確猜出你希望製作折線圖，請在「Chart editor」視窗的「Setup」標籤中，在「Chart type」下拉選單中選擇「Line chart」。

時間序列資料中的行與欄

表格和圖表是以相反的方向來處理時間序列資料的。在設計表格時，正確的方法是將日期當作欄標題來水平放置，以便從左讀到右，如下所示：[4]

年	2000	2010	2020
序列 1	…	…	…
序列 2	…	…	…

在 Google 試算表和其他一些工具中設計折線圖時，我們得將日期垂直排列在第一欄的下方，以便工具可以讀取為為資料組的標籤，如下所示：

年	序列 1	序列 2
2000	…	…
2010	…	…
2020	…	…

到第 71 頁的「轉置列和欄」中，了解如何將資料從表格轉換為圖表。

堆疊面積圖

面積圖類似折線圖，但線下有填充的空間。最有用的類型是堆疊面積圖，它最適合結合前面提到的兩個概念：顯示整體的一部分（如圓餅圖）和隨時間推移的連續資料（如折線圖）。舉例來說，折線圖顯示了三種不同肉類的供應量隨時間變化的情況。但是，如果你也希望顯示這些肉類的總供應量隨著時間如何上升或下降的話，則很難在折線圖中看到這一點。你可以改變做法，使用堆疊的折線圖來直覺顯示每種肉的供應量，以及一段期間內的每人平均總供應量。堆疊的折線圖可同時顯示資料的兩個方面。

要製作堆疊的面積圖，請依照與圖 6-22 中的折線圖相同的方式來整理資料。現在你可以輕鬆地製作一張堆疊的折線圖，顯示每種肉類及其組合總量的供應量隨時間的變化，如圖 6-24 所示。整體而言，我們可以看到在 1930 年代的大蕭條時期後的總肉類供應量提高，以及 1970 年以後，雞肉成為總數的較大部分。

4 Few, Show Me the Numbers, p. 166

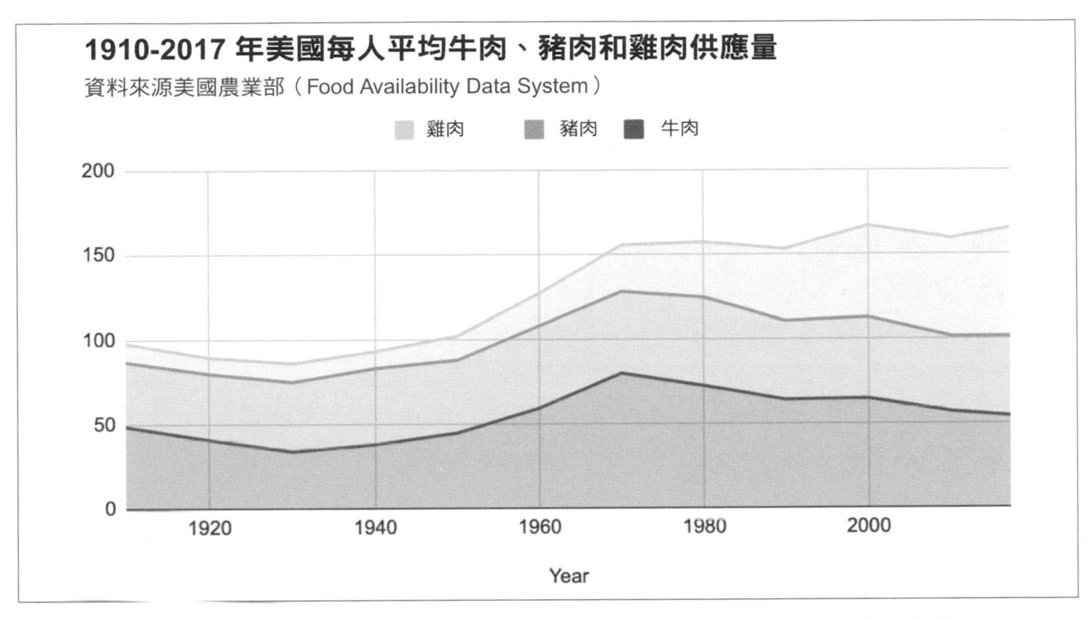

圖 6-24 堆疊面積圖；瀏覽互動式版本（*https://oreil.ly/mdZlY*）。資料來自美國農業部（*https://oreil.ly/PXFbI*）。

使用 Google 試算表中的堆疊面積圖樣版（*https://oreil.ly/PXFbI*）製作你自己的版本。這些步驟與本章之前的 Google 試算表圖表教學中的步驟相似。到「File」>「Make a copy」製作一個副本，以便在 Google 雲端硬碟中進行編輯。將資料整理成和折線圖相同的方式，第一欄為 X 軸的時間單位，並將資料組放到個別的欄中。選擇資料，然後到「Insert」>「Chart」。在「Chart editor」視窗的「Setup」標籤中，在「Chart type」下拉選單中選擇「Stacked area chart」。

現在你已經在 Google 試算表中製作了一些基本圖表，在下一單元中，我們將在另一種工具「Datawrapper」中製作一些更進階的圖表。

Datawrapper 圖表

另一個製作互動式圖表的免費協作工具是 Datawrapper（*https://www.datawrapper.de*），它比 Google 試算表更具優勢。首先，即使沒有註冊帳號，你也可以立即在瀏覽器中使用 Datawrapper，而且它的四步驟流程對於許多新使用者來說都十分直覺。其次，你可以加上製作者、資料來源連結，甚至讓觀眾從你發佈的線上 Datawrapper 視覺化中的按鈕下載資料，這一點會使你的工作更有可信度，而且更方便存取。第三，Datawrapper 支援的互動式圖表類型比 Google 試算表更廣，還有地圖（將在第 7 章中討論）和表格（第 8 章）。使用 Datawrapper，你可以製作本章到目前為止討論的所有基本圖表，以及我們將在第 132 頁的「帶注釋的圖表」，第 137 頁的「範圍圖」和第 140 頁的「散佈圖和泡泡圖」中介紹的三種新類型。稍後，你會在第 9 章中了解如何在網站上嵌入互動式 Datawrapper 圖表。

雖然沒有一種工具可以完成所有任務，但我們建議你考慮同時並用 Google 試算表和 Datawrapper，將這一組容易使用的工具轉變為視覺化的強大工具。首先如第 2 章所述，使用 Google 試算表當成試算表來整理和分析資料，記錄詳細的來源注釋，依照第 3 章所述的方法儲存原始資料檔案，並依照第 4 章所述清理資料。雖然 Datawrapper 可以轉置資料（交換行和欄），但它無法製作資料透視表，也無法像試算表一樣能夠尋找和合併資料。接著，將資料從 Google 試算表匯入到 Datawrapper 中以製作視覺化，因為正如我們稍後會介紹的，後者能讓你控制外觀、注釋和其他功能。Datawrapper 可以直接連結到資料存放的地方，因此與 Google 試算表能配合得很好。將 Google 試算表和 Datawrapper 搭配起來是強大的組合。

此外，我們強烈建議你使用高品質的 Datawrapper 學院支援頁面、大量範例（*https://oreil.ly/mIdeT*），以及精心設計的培訓資料（*https://oreil.ly/LbCo_*）。閱讀這些內容不僅可以學到該按哪些按鈕，而且更重要的是學到如何設計更好的視覺化效果來講述關於資料的、真實且有意義的故事。在編寫本書時，我們從 Datawrapper 學院學到了很多東西，並且在下面的單元中提供了資源和明確的連結。最後還有一個優點是，Datawrapper Core 是開源程式碼（*https://oreil.ly/xQjHJ*），不過它不適用於大多數平台外掛來製作圖表和地圖。

現在，你已經準備好使用 Datawrapper 來製作超越基礎知識的新型圖表了。但是如果本單元中的 Datawrapper 或圖表類型不能滿足你的需求，請參考表 6-1 了解其他工具和教學，或者前面幾章關於試算表、資料來源和清理資料的內容。

帶注釋的圖表

帶注釋的圖表最適合凸顯特定資料，或在視覺化內加上相關說明。設計精良的說明能夠簡潔指出圖表中資料的重要性，以及透過後續更詳細說明的句子或段落，幫助回答「那又如何？」的提問。做注釋時要留意，因為避免加上不必要的「圖表垃圾」非常重要，如第 103 頁的「圖表設計原則」所述。

你可以在 Datawrapper 製作的任何圖表中加上注釋，我們將用一張 2000 年至 2020 年美國的失業資料的折線圖來說明，因為加上一些歷史背景資訊通常能幫助讀者更了解隨著時間變化的資料故事。要在 Datawrapper 中製作折線圖前，請依照第 126 頁上的「圓餅圖、折線圖和面積圖」中的方式整理資料。在第一欄中放置時間單位（例如月 / 年），在第二欄放置數值資料（例如失業率）。現在，你可以製作帶有注釋的互動式折線圖，如圖 6-25 所示。自 2000 年以來，失業率高達 3 倍，但最高峰發生在 COVID-19 疫情引發的 2020 年經濟危機期間。

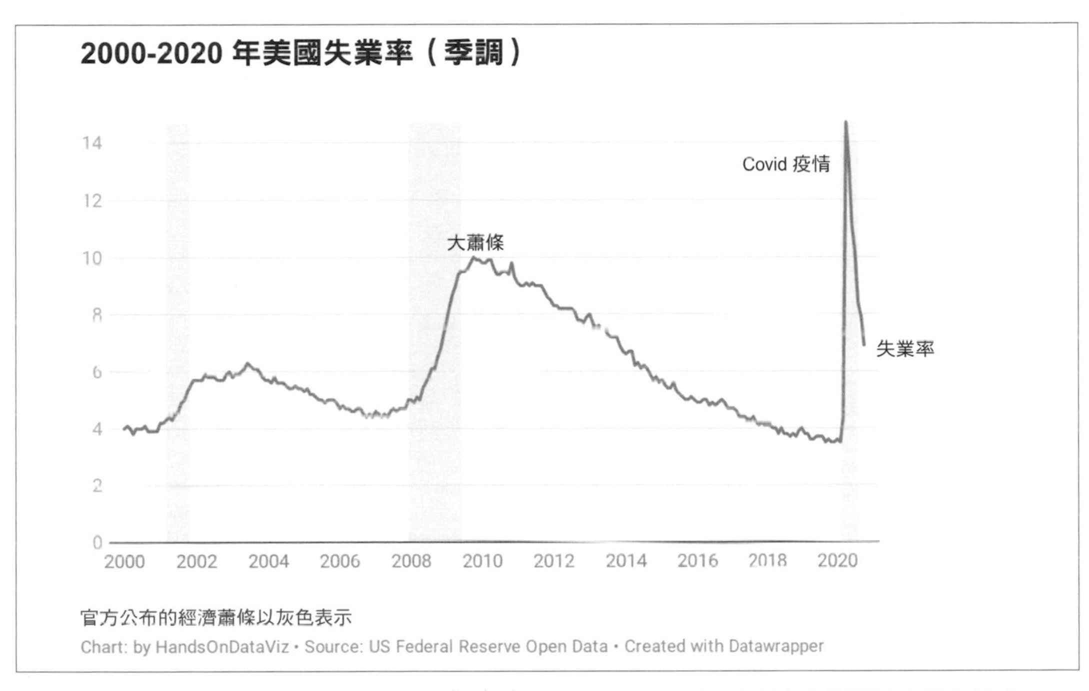

圖 6-25　帶有注釋的折線圖；瀏覽互動式版本（*https://oreil.ly/4stDc*）。資料來自美聯儲公開資料（*https://oreil.ly/ky4m_*）。

跟著本教學，在 Datawrapper 中製作你自己的帶注釋折線圖：

1. 在 Google 試算表中打開「US Unemployment Seasonally Adjusted 2000-2020」樣本資料（*https://oreil.ly/ipFZ-*），然後到「File」>「Make a copy」，以在 Google 雲端硬碟中製作自己的版本。或到「File」>「Download」以將 CSV 或 Excel 版本匯出至你的電腦上。

2. 在瀏覽器中開啟 Datawrapper，然後點按 Start Creating。我們建議你製作一個免費帳戶來方便管理視覺化，但這並非必要步驟。

3. 在「Upload Data」畫面中，點按「Import Google Spreadsheet」，然後將貼上 Google 試算表的連結，然後點按「Proceed」。要上傳 Google 試算表時，「Share」設定值必須從預設的「Private」至少更改為「Anyone with the link can view」。此外，如果你更新 Google 試算表中的儲存格，連結的 Datawrapper 圖表也會自動更新，但圖表發佈到線上之後就不會更新了。或者，你可以透過將資料複製並貼到資料表視窗中來上傳資料，或者上傳 Excel 或 CSV 檔案。

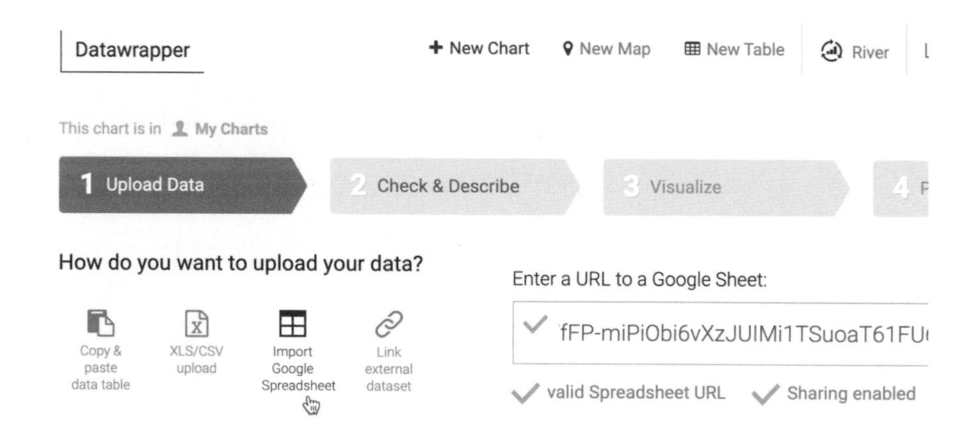

4. 在「Check & Describe」畫面中檢查資料，確認數字顯示為藍色，日期顯示為綠色，文字為黑色，然後點按「Proceed」。

如果需要的話，在「Check & Describe」畫面的底部，有一個按鈕可以用來轉置你的資料（交換列和欄），如果你收到的資料與 Datawrapper 期望的方向顛倒的話，這很有用。但是我們的樣本資料不需要轉置，因為它們的排列方式正確。

5. 在「Visualize」畫面中，Datawrapper 會依據資料格式嘗試猜測你想要的圖表類型。如果你正確輸入了樣本資料，它將正確顯示折線圖。如果沒有的話，你可以選擇其他圖表類型。

6. 點按「Visualize」畫面左上方附近的「Annotate」。輸入有意義的標題，例如「US Unemployment Rate, Seasonally Adjusted, 2000–2020.」(2000-2020 年美國失業率(季調))。此外，加上資料來源，例如「美國聯邦儲備開放資料」，以及連到此來源的連結，例如已共用的 Google 試算表(*https://oreil.ly/ipFZ-*)或美聯儲開放資料網頁(*https://oreil.ly/I1IhJ*)。最後，在署名行中，加上製作此圖表者的姓名或單位以示感謝。你會看到圖表底部自動出現這些細節和連結，增加工作的可信度。

7. 在「Annotate」下，進一步向下捲動到「Text annotations」區，然後點按按鈕來新增。畫一個粉紅色的矩形，將你的注釋放置在圖表中失業率從 2008 年到 2010 年急劇上升的位置，然後在文字欄位中輸入「Great Recession」(大蕭條)。這可以幫助讀者將大蕭條(*https://oreil.ly/ZhQG_*)放在歷史時空下。再次點按此按鈕來新增另一個文字注釋，將它放置在第二個失業高峰 2020 年附近，然後在文字欄位中輸入「COVID-19 疫情」，為讀者提供比較。你可以在畫面下方進一步調整說明的樣式和位置，以及其他選項。

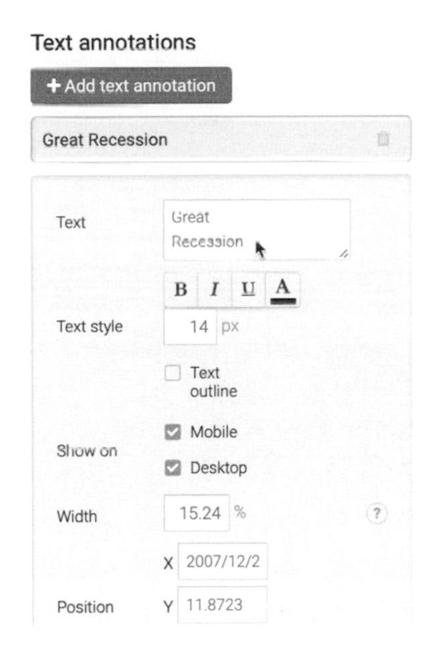

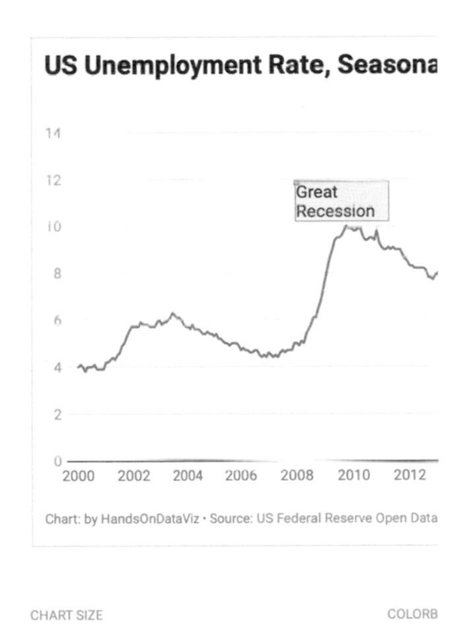

8. 在「Annotate」下進一步向下捲動到「Highlight range」區，然後點按該按鈕，將它加上到圖表中。點按圖表內部，繪製一條從 2007 年 12 月到 2009 年 6 月的粉紅線，這動作會以灰色凸顯出圖表的該部分。在經濟學家看來，這段時期代表了美國大蕭條的正式開始和結束，雖然失業對於整體人口而言仍在繼續增加中。為了凸顯其他官方的衰退期，請再繪製兩個範圍：2001 年 3 月至 11 月，以及 2020 年 2 月至 10 月（本文撰寫時的最新資料）。同樣的，你可以在畫面下方進一步透過更多選項來調整凸顯範圍的樣式和位置。

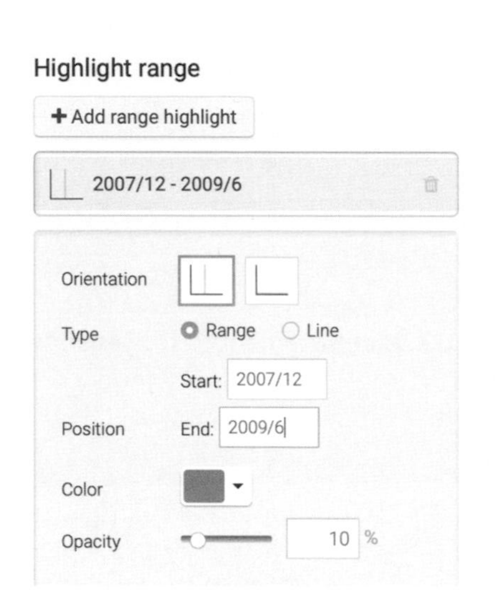

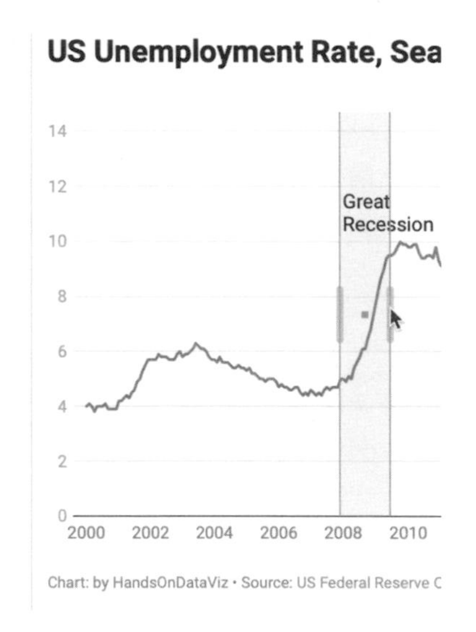

9. 點按「Proceed」，或前進到「Publish & Embed」畫面，與他人共用你的工作。如果你登入了免費的 Datawrapper 帳戶，你的工作將自動線上儲存在畫面右上角的「My Charts」選單中。此外，你可以點按藍色的「Publish」按鈕來產生程式碼，以便將互動式圖表嵌入到你的網站中，這些在第 9 章中將會介紹。此外，如果你想更擴大共用自己的圖表，則可以選擇「add your chart to River」，允許其他 Datawrapper 使用者修改和重新使用你的圖表。另外，持續向下捲到最底部，然後點按「Download PNG」來匯出圖表的靜態影像。其他的匯出與發佈選項則需要付費的 Datawrapper 帳戶。或者，如果你不想註冊帳號的話，則可以輸入電子郵件來接收嵌入程式碼。

請參閱此篇 Datawrapper 學院文章（*https://oreil.ly/vROCU*），以了解如何製作具有信賴區間的折線圖，和誤差線類似。

恭喜你完成了第一張互動式 Datawrapper 圖表！現在，讓我們使用 Datawrapper 來製作一種稱為「範圍圖」的新圖表類型。

範圍圖

範圍圖可以歸類為「點地圖」的一種特定類型，它強調資料點之間的差距，通常用於凸顯不平等。在本教學中，我們將使用 Datawrapper 製作關於美國性別工資差距的範圍圖。此圖表將依照 2019 年美國社區問卷提供的教育程度來比較美國男性和女性的平均收入，此問卷將性別列為二元，如圖 6-26 所示。本圖是受到 Datawrapper 學院範圍繪圖教學（*https://oreil.ly/jzw0L*）的啟發，並使用最新資料製作了我們的版本。整體而言，範圍圖顯示了無論教育程度為何，男性平均收入都比女性高。實際上，擁有學士學位的美國一般男性的收入，要比擁有碩士學位的美國一般女性的收入高。

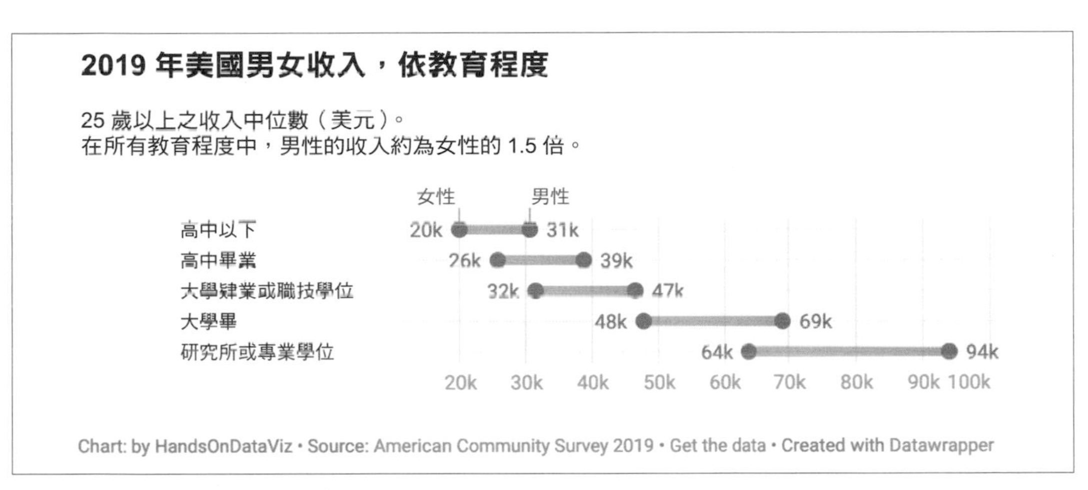

圖 6-26　範圍圖；瀏覽互動式版本（*https://oreil.ly/JP02b*）。資料來自 2019 年美國人口普查美國社區問卷（*https://oreil.ly/k2UDS*）。

為了製作此範圍圖，我們依照圖 6-27 的方式排列資料。第一欄有五個教育程度等級，從最低（高中以下）到最高（研究所或專業學位）。第二欄和第三欄分別是男性和女性收入中位數的數值。

	A	B	C
1	教育程度	男性	女性
2	高中以下	30725	20046
3	高中畢業	38906	25829
4	大學肄業或職技學位	46610	31644
5	大學畢	69201	47895
6	研究所或專業學位	93998	63912

圖 6-27　將範圍圖的資料排列成三欄：兩個子組的標籤和值。

現在你應該對於 Datawrapper 有些熟悉了，因此製作範圍圖的步驟會比先前帶說明的折線圖之教學步驟少。如果你迷路了，請參閱上一單元中關於 Datawrapper 圖表的更多詳細步驟。

1. 在 Google 試算表中打開「US Earnings by Gender by Education Level」資料（*https://oreil.ly/ol2CP*），然後到「File」>「Make a copy」，以在 Google 雲端硬碟中製作自己的版本。

2. 在瀏覽器中開啟 Datawrapper，然後點按「Start Creating」。我們建議你註冊一個免費帳戶以方便管理視覺化，但這並非必要步驟。

3. 在「Upload Data」畫面中，點按「Import Google Spreadsheet」，接著貼上 Google 試算表的連結，然後點按「Proceed」。或者，你可以透過將資料複製並貼到資料表視窗中來上傳資料，或者上傳 Excel 或 CSV 檔案。

4. 在「Check & Describe」畫面中檢查資料，然後點按「Proceed」。

5. 在「Visualize」畫面中，Datawrapper 會依據資料格式嘗試猜測你想要的圖表類型，不過你得選擇「Range Plot」。

6. 點按「Visualize」畫面左上方附近的「Annotate」。輸入有意義的標題、資料來源和署名。

7. 點按「Visualize」畫面的「Refine」來修改範圍圖的外觀。你有幾種選擇，但是在這個情況下，以下這些是最重要的。首先，在「Labels」區，將值的「visibility」從「start」更改為「both」，這會在範圍的兩端加上數字。其次，將「Label first range」開啟，這會將「Men」和「Women」標籤放在第一範圍之上。第三，將「Number format」改為「123k」，這會將美元四捨五入到最接近的千位，並用 k 取代千位。

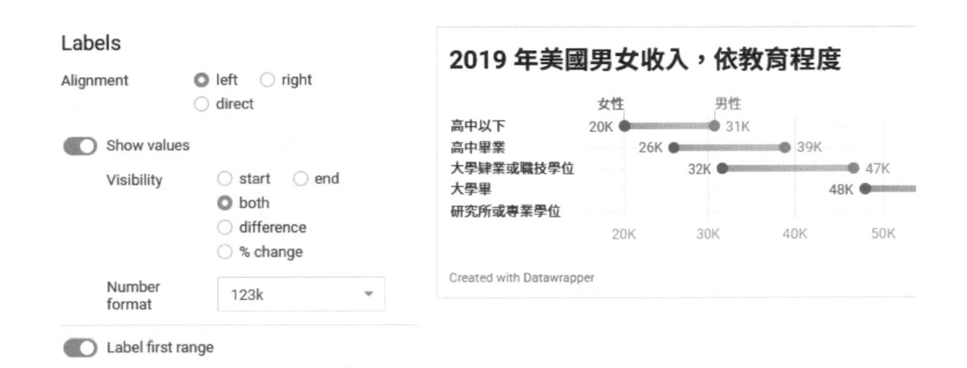

8. 依然在「Refine」中，向下捲動到「Appearance」區來改善顏色。選擇「Range end」下拉選單來選擇更好的顏色，例如紅色。將「Range color」設定更改為「gradient」來凸顯範圍。

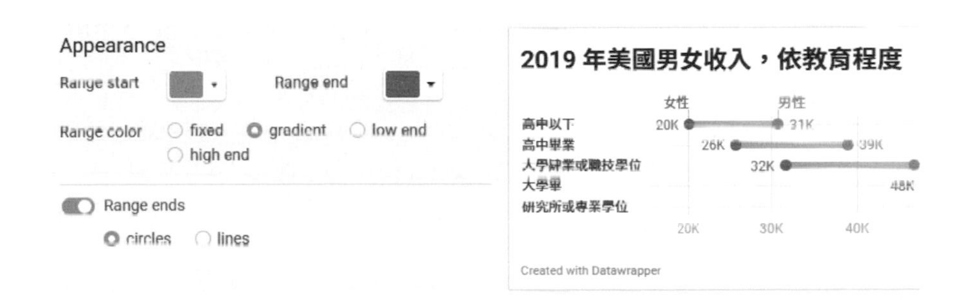

「Refine」的選項包括對資料行進行重新排序或分組、依照設備來更改圖表尺寸，以及檢查色盲可讀性。

9. 修改視覺化後，進入「Publish & Embed」畫面，然後依照提示來共用你的作品，或者參考先前的詳細 Datawrapper 教學。

現在你已經完成了範圍圖，讓我們來看看如何使用 Datawrapper 來製作散佈圖和泡泡圖，以顯示兩個或多個變數之間的關係。

散佈圖和泡泡圖

散佈圖最適合將兩個資料集的 X 和 Y 坐標顯示為點點，呈現可能的相關性，來顯示兩個資料集之間的關係。在接下來的散佈圖範例中，每個點都代表一個國家，水平 X 軸是預期壽命，垂直 Y 軸是生育率（每個婦女的生育率）。整體點狀圖說明了這兩個資料集之間的相關性：隨著生育力的降低，預期壽命趨於增加。

泡泡圖則比散佈圖更進一步，加上兩個視覺元素（點點的大小和顏色）來呈現第三或第四組資料集。這個泡泡圖範例以剛剛的每個國家預期壽命和生育率的散佈圖資料為基礎，但每個圓點的大小代表了第三個資料集（人口），顏色則代表了第四個資料集（地理範圍）。因此，泡泡圖可說是打了類固醇的散佈圖，因為它們將更多資訊塞進視覺化中。

更花俏的泡泡圖還會加入另一個視覺元素——動畫——來呈現第五個資料集，例如隨時間的變化。雖然製作動畫泡泡圖超出了本書的範疇，但是請觀看瑞典全球衛生教授 Hans Rosling 的著名 TED 演講（*https://oreil.ly/jyHQ2*），以了解動畫泡泡圖的實際應用，並進一步了解他在 Gapminder 基金會（*https://www.gapminder.org*）的工作。

在本單元中，你會學到為什麼、以及如何在 Datawrapper 中製作散佈圖和泡泡圖。請務必閱讀上一單元中介紹過的，使用 Datawrapper 設計圖表的優缺點（第 131 頁的「Datawrapper 圖表」）。

Google 試算表的散佈圖

散佈圖最適合透過網格上 X 和 Y 的坐標，來顯示兩組資料之間的關係。如果你想比較不同國家的預期壽命和生育率資料。請將資料排列為三欄，如圖 6-28 所示。第一欄是「Country」標籤，第二欄是即將顯示在水平 X 軸上的「Life Expectancy」（預期壽命），而第三欄是即將顯示在垂直 Y 軸上的「Fertility」（生育率）。現在你可以輕鬆地製作一張散佈圖，呈現出這些資料集之間的關係，如圖 6-29。要總結這張圖表，一種說法是生育率較低（或每名婦女生產的次數）的國家，通常有較高的預期壽命。另一種說法是，預期壽命較高的國家，生育率較低。請記住，相關性不是因果關係，因此你不能使用此圖表來論證較少的生育可以延長壽命，或者更長壽的女性會生育較少的孩子。

	A	B	C
1	Country	Life Expectancy	Fertility
2	China	76.7	1.7
3	India	69.4	2.2
4	United States	78.5	1.7
5	Indonesia	71.5	2.3
6	Brazil	75.7	1.7
7	Pakistan	67.1	3.5
8	Nigeria	54.3	5.4
9	Bangladesh	72.3	2

圖 6-28　要在 Datawrapper 中製作散佈圖時，請在將資料排列成三欄：標籤、X 值和 Y 值。

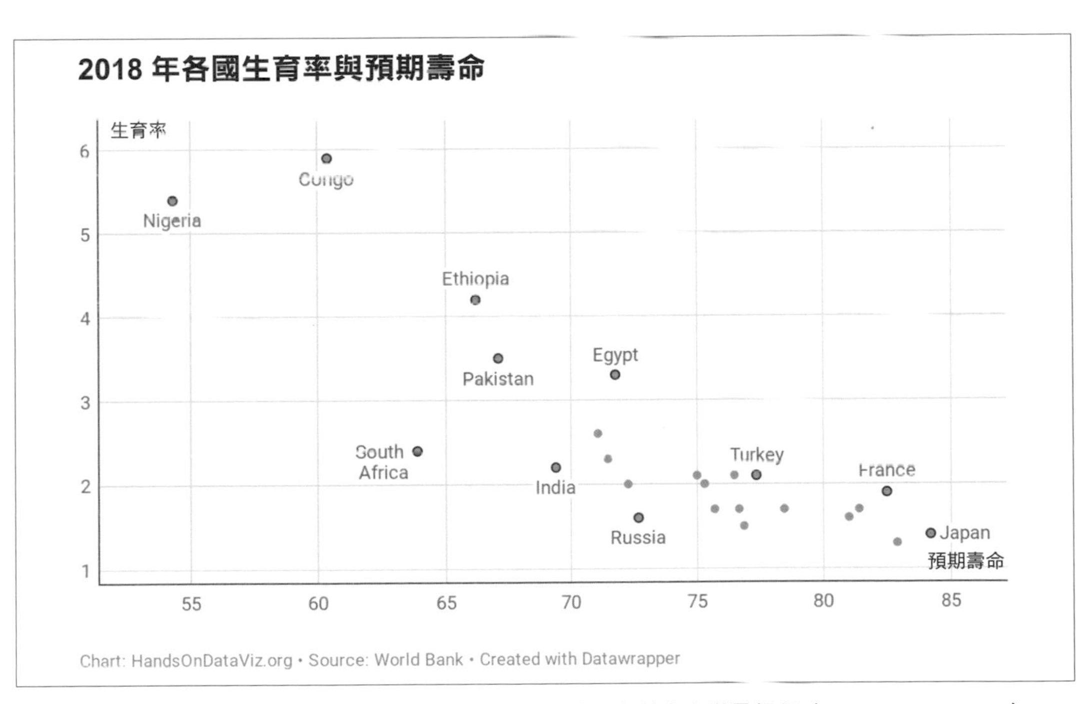

圖 6-29　散佈圖；瀏覽互動式版本（*https://oreil.ly/KBchE*）。資料來自世界銀行（*https://oreil.ly/VmYst*）。

在 Datawrapper 中製作你自己的互動式散佈圖，然後編輯工具提示來正確顯示資料：

1. 在 Google 試算表中打開我們的 Scatter Chart 範例資料（*https://oreil.ly/gU1bE*），或使用你自己格式相似的資料。

2. 打開 Datawrapper，然後點按開啟新圖表。

3. 在 Datawrapper 的「Upload Data」畫面中，複製連結並貼到 Google 試算表的資料標題上，或者直接將資料複製貼上。點按「Proceed」。

4. 在「Check & Describe」畫面中，檢查你的資料，並確認「Life Expectancy」和「Fertility」欄為藍色，代表它們是數值資料。點按「Proceed」。

5. 在「Visualize」畫面的「Chart type」下，選擇「Scatter Plot」。將游標懸停在右側視窗中顯示的散佈圖上，你會注意到，我們還需要編輯工具提示以正確顯示每個點的資料。

6. 在「Visualize」畫面的「Annotate」下，向下捲動到「Customize tooltip」區，選擇「Show tooltips」，然後點按「Customize tooltips」按鈕來打開其視窗。點按第一個欄位內部（這是工具提示的標題），然後在底下的藍色「Country」按鈕上點按一次，在欄位中加上 {{ Country }}。這代表當滑鼠懸停在每個點上時，正確的國家名稱就會顯示在工具提示的標題中。接著，點按第二個欄位內部（這是工具提示的內文），鍵入「**Life expectancy:**」，然後點按同名的藍色按鈕，將它加上，以便接著顯示 {{ Life_expectancy }}。按鍵盤上的 Return 鍵兩次，鍵入 **Fertility:**，然後點按同名的藍色按鈕將它加上，讓 {{Fertility}} 緊隨其後。按「Save」關閉工具提示編輯器視窗。※

※ 編注：Customize tooltip 的欄位名稱變數設定不支援中文。

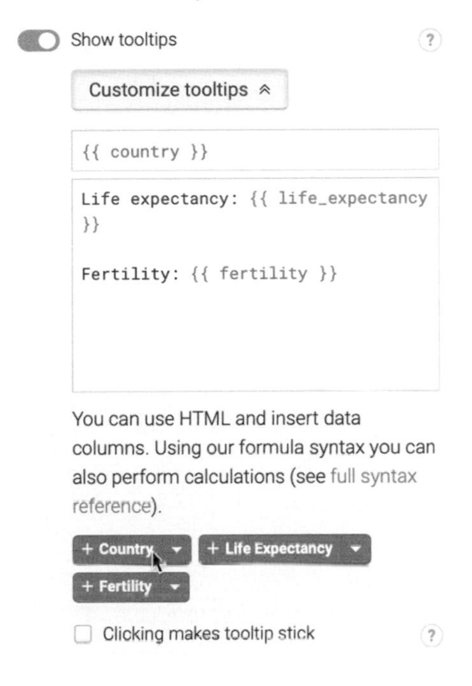

7. 回到「Visualize」畫面，將游標懸停在某個點上時，工具提示將依據編輯器的設定值，正確顯示出資料。

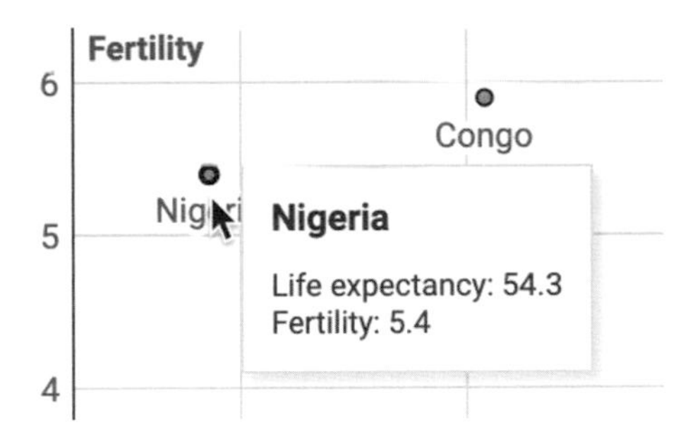

8. 加上標題和資料來源以完成說明，然後依照提示或閱讀更詳細的 Datawrapper 教學，接下去發佈和嵌入圖表。在第 9 章中有後續步驟的介紹。

泡泡圖

在散佈圖中，你學到了如何視覺化兩個資料集之間的關係：預期壽命（X 軸坐標）和生育力（Y 軸坐標）。現在，我們要透過泡泡圖來擴展這個概念，再加上兩個資料集：人口（以每個點或泡泡的大小呈現）和地理區域（以每個泡泡的顏色呈現）。我們將使用與先前相似的世界銀行資料，並新增兩欄，如圖 6-30 所示。留意一下，泡泡尺寸將使用數值資料（人口），而顏色將使用類別資料（區域）。現在你可以輕鬆地製作一張泡泡圖來顯示這四個資料集之間的關係，如圖 6-31 所示。

	A	B	C	D	E
1	Country	Life expectancy	Fertility	Population	Region
2	United States	78.5	1.70	326687501	North America
3	United Kingdom	81.4	1.70	66460344	Europe
4	China	76.7	1.70	1392730000	Asia
5	India	69.4	2.20	1352617328	Asia
6	Japan	84.2	1.40	126529100	Asia

圖 6-30　要在 Datawrapper 中製作泡泡圖時，請將資料排列成五欄：標籤、X 軸、Y 軸、泡泡大小和泡泡顏色。

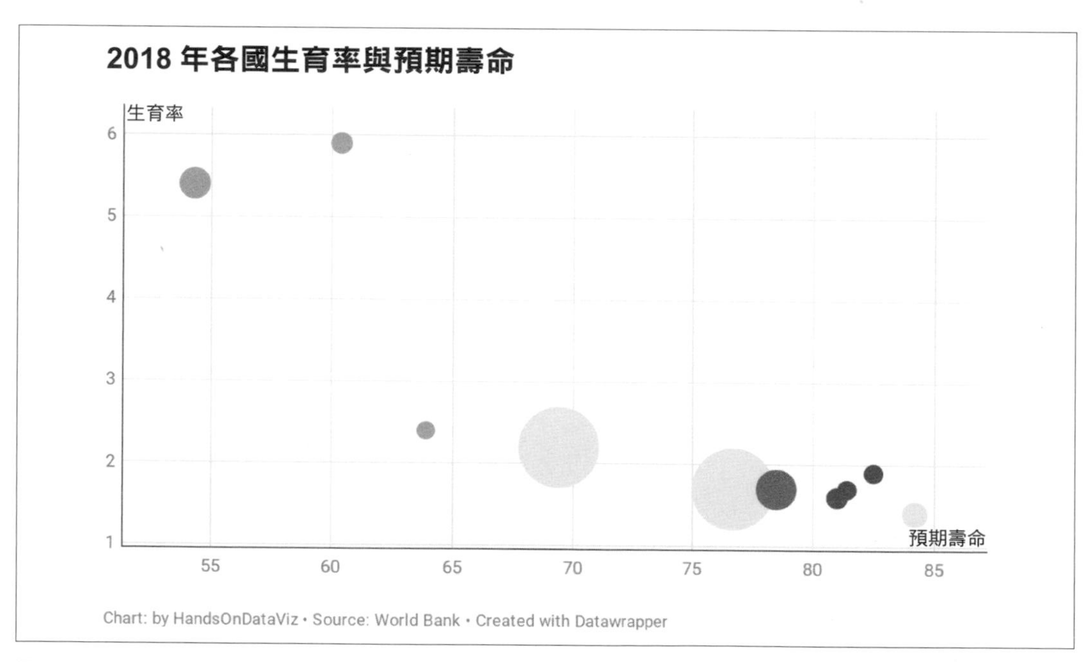

圖 6-31　泡泡圖；瀏覽互動式版本（*https://oreil.ly/7xqM-*）。資料來自世界銀行（*https://oreil.ly/JfAFp*）。

在 Datawrapper 中製作你自己的互動式泡泡圖，並編輯工具提示、泡泡大小和顏色來呈現你的資料：

1. 在 Google 試算表中打開我們的 Scatter Chart 範例資料（*https://oreil.ly/1aUkj*），或使用你自己格式相似的資料。

2. 打開 Datawrapper，然後開啟新圖表。

3. 依照第 140 頁「Google 試算表的散佈圖」中的步驟 3 至 5，將資料上傳、檢查並以 Scatter Plot 類型進行視覺化。

4. 在「Visualize」畫面的「Annotate」下，向下捲動到「Customize tooltip」，然後點按「edit tooltip template」。在「Customize tooltip HTML」視窗中，輸入欄位，然後點按藍色的欄名稱來客製化工具提示，顯示國家、預期壽命、生育率和人口。點按「Save」關閉工具提示編輯器視窗。

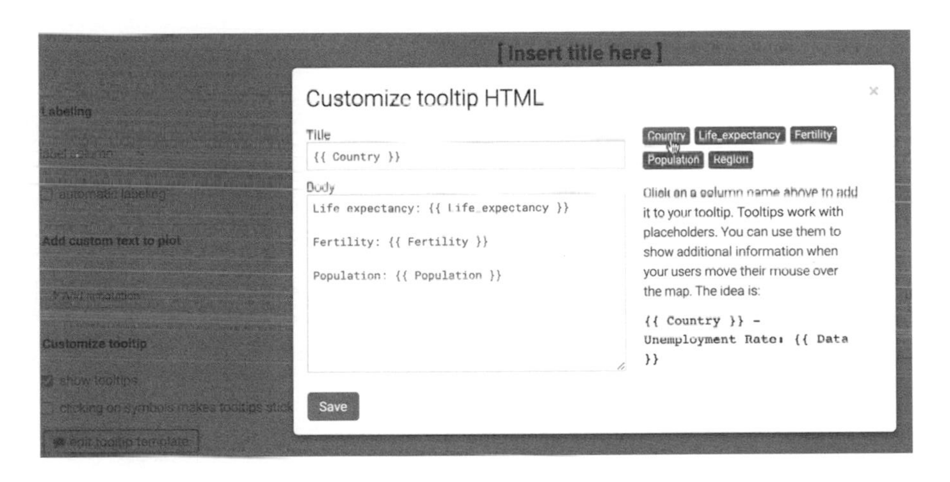

5. 返回「Visualize」畫面，在「Refine」下，向下捲動至「Color」，為「Region」選擇欄，然後點按「Customize colors」按鈕，為每個地區分配一個顏色。然後向下捲動到「Size」，點選「variable」，選擇「Population」欄，並提高「max size」滑桿。點按「Proceed」。

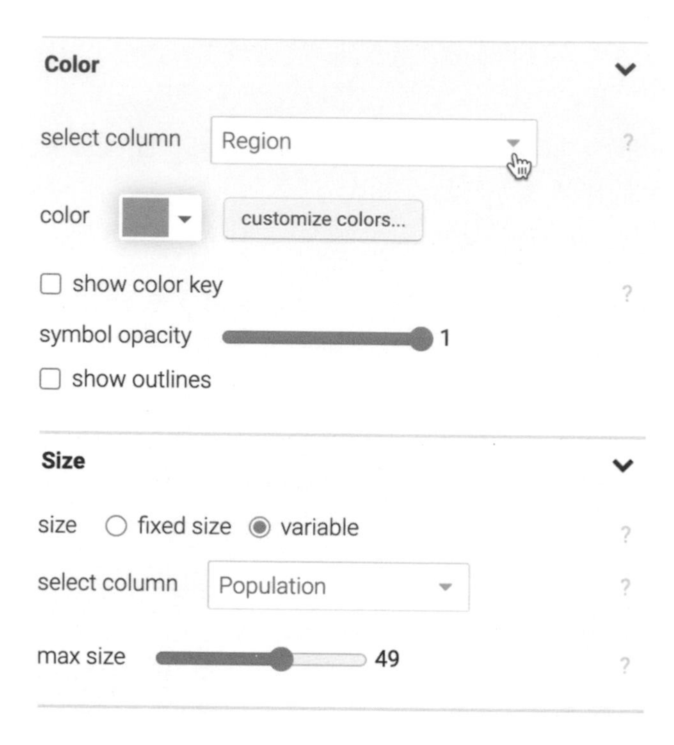

6. 測試你的視覺化工具提示。然後依照提示或閱讀更詳細的 Datawrapper 教學，完成說明，加上標題和資料來源，並接著發佈和嵌入圖表。後續步驟請參閱第 9 章。

更多關於製作散佈圖和泡泡圖的相關資訊，請參見 Datawrapper 學院支援網站（*https://oreil.ly/q112s*）。

現在你已學到了如何在 Datawrapper 中製作散佈圖，在下一單元中，我們要介紹如何使用一個不同的工具：Tableau Public 來製作相同的圖表類型，增強自己的技能，使用這個功能強大工具來繪製更複雜的圖表。

Tableau Public 圖表

Tableau 是一個功能強大的資料視覺化工具，許多專業人士和團體都使用它來分析和呈現資料。我們的書著重於免費版本 Tableau Public（*https://public.tableau.com*），它是 Mac 或 Windows 電腦的桌面應用程式，輸入電子郵件地址便可以免費下載。免費的 Tableau Public 工具與該公司出售的價格較高的 Tableau 版本非常相似，但有一個重要區別。正如產品名稱所暗示的那樣，你發佈的所有資料視覺化檔案都是公開的，因此對於不希望與他人共用的任何敏感或機密資料，請不要使用 Tableau Public。

Tableau Public 有多種功能使它從本書的其他拖放式工具中脫穎而出。首先，你可以在 Tableau Public 內準備、進行資料透視和合併資料，類似第 2 章中的一些試算表技巧、第 4 章中的資料清理方法，以及後續第 13 章中介紹的轉換地圖資料的工具。比起其他免費工具，Tableau Public 提供了更多的圖表類型。最後，使用 Tableau Public，你可以將多種視覺化效果（包括表格、圖表和地圖）組合到互動式儀表板或故事中，然後將它發佈並嵌入你的網站。請到 Tableau Public 資源頁面（*https://oreil.ly/2QxcH*）中了解更多這些功能的資訊。

Tableau Public 也有一些缺點。首先，第一次安裝和啟動應用程式可能需要幾分鐘。其次，如果你對它的設計介面感到不知所措，那麼你並不孤單。它製作圖表和地圖的拖放式版面一開始可能會讓人困惑，並且它內部的資料術語詞彙可能看起來也有點陌生。Tableau Public 的確是一個強大工具，但也許它提供了過多的選擇。

在下一單元中，我們將從 Tableau Public 的基礎知識入手，並透過步驟教學來製作兩種不同類型的圖表。首先，你運用上一單元中學到的技能基礎，在 Tableau Public 中製作散佈圖。接著在第 152 頁的「篩選折線圖」中，你會學到如何製作篩選折線圖，展示出此工具在互動式視覺化設計中的更多優勢。

用 Tableau Public 製作散佈圖

散佈圖最適合顯示位於 X 和 Y 軸上的兩個資料集之間的關係，以揭露出可能的相關性。使用 Tableau Public，你可以製作互動式散佈圖，當游標懸停在點上時，可以查看更多相關的詳細資訊。使用與第 140 頁「Google 試算表的散佈圖」相同的方法，將資料排列成三欄：第一欄是資料標題，第二欄是 X 軸，第三欄是 Y 軸。這樣你便可以製作一張互動式散佈圖，如圖 6-32 所示，說明康乃狄克州公立學區的家庭收入與考試成績（在六年級數學和英語的全國平均程度以上或以下）之間的密切關係。要了解關於資料和相關視覺化的更多資訊，請參見 Sean Reardon 等人在史丹佛教育資料檔案庫的文章（*https://oreil.ly/xCt37*）、Motoko Rich 等人在紐約時報的文章（*https://oreil.ly/rOhig*）、Andrew Ba Tran 在 CT Mirror/TrendCT 的文章（*https://oreil.ly/9OuN0*），以及這個 TrendCT GitHub 儲存庫（*https://oreil.ly/_5xyz*）。

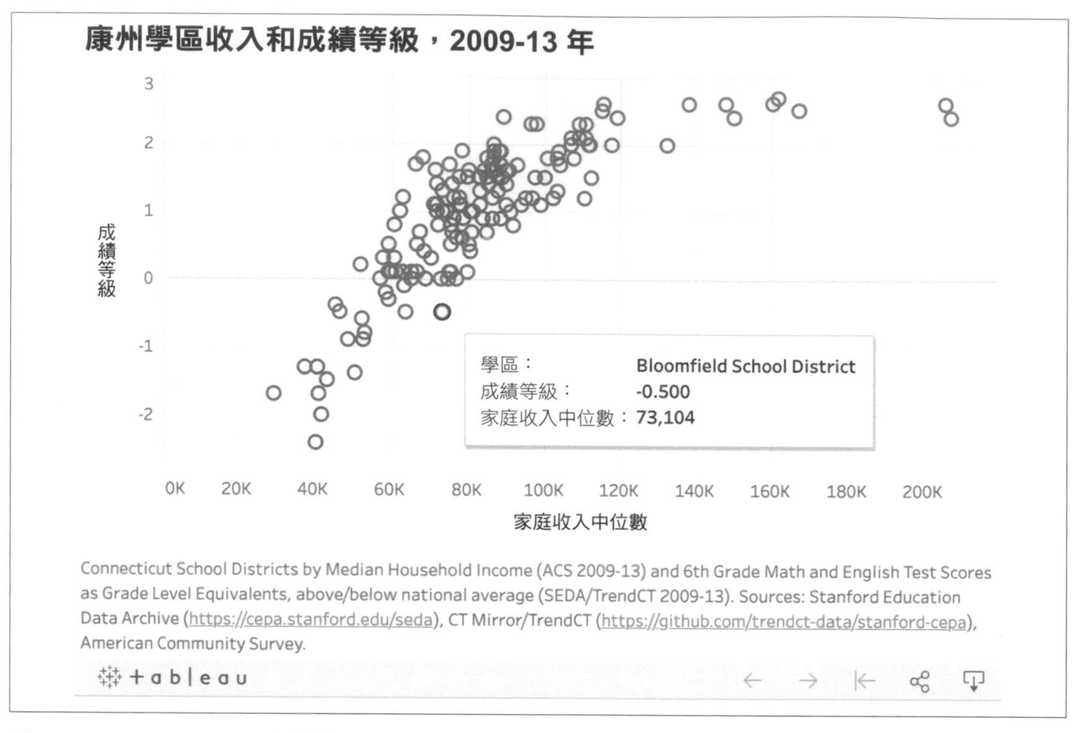

圖 6-32　Tableau Public 中的散佈圖；瀏覽互動式版本（*https://oreil.ly/2cWge*）。資料來自 CT Mirror / TrendCT 和史丹佛 CEPA（*https://oreil.ly/18Vgl*）。

若要在 Tableau Public 中使用此範例資料製作你自己的散佈圖，請跟著下列教學進行。

安裝 Tableau Public 並連結資料

請依照以下步驟安裝 Tableau Public，啟動它，並連結你的資料：

1. 下載 Excel 格式的 CT Districts-Income-Grades 範例資料（*https://oreil.ly/pYkFT*），或檢視並下載 Google 試算表版本（*https://oreil.ly/l2vDp*）。資料檔案內含三欄：地區、家庭收入中位數和測試分數等級。

2. 安裝並啟動適用於 Mac 或 Windows 的免費 Tableau Public（*https://public.tableau.com*）桌面應用程式。完成此過程可能需要幾分鐘。Tableau Public 的歡迎頁面包括三個部分：Connect、Open 和 Discover。

3. 在「Connect」下，你可以選擇上傳 Microsoft Excel 檔案、選擇「文字檔」來上傳 CSV 檔案，或選擇其他選項。要連到伺服器（例如 Google 試算表），請點按「More⋯」來連結到你的帳戶。成功連結到資料來源後，你就會在「Data Source」的「Connection」下看到它。在「Sheets」下，你會看到兩個表：*data* 和 *notes*。

4. 將 data 表拖曳到「Drag tables here」區域中。你會在拖放式區域下方看到表格的預覽圖。現在你已成功將一個資料來源連結到 Tableau Public 上，準備好製作第一個圖表了。

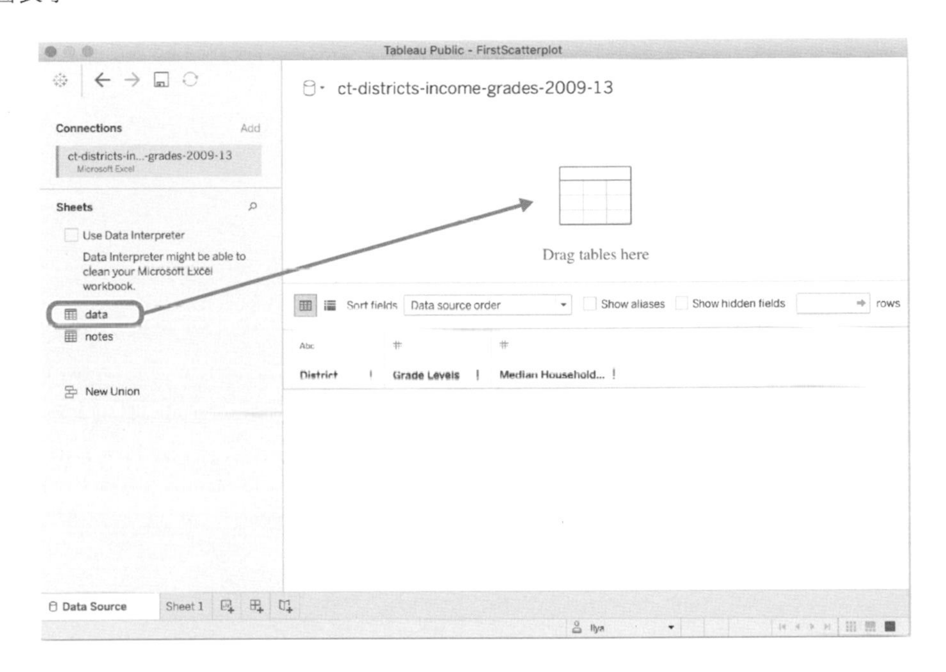

在工作表中製作散佈圖

現在，讓我們在 Tableau Public 工作表中製作一張散佈圖：

1. 在「Data source」畫面中，點按橘色的「Sheet 1」（在左下角）開啟工作表，這將是你製作圖表的地方。

   雖然一開始可能會讓人感到不知所措，但這裡的重點就是學習將專案從「Data」窗格（左）拖曳到主工作表中的何處。Tableau 將所有數據欄位標記為藍色（針對離散值，主要是文字欄位或數字標籤），或綠色（針對連續值，主要是數字）。

2. 在工作表中，將「Grade Levels」欄位拖曳到圖表區域上方、目前只是空白區域的「Rows」欄位中。以下螢幕截圖顯示了此拖曳步驟，以及接續的兩個步驟。Tableau 將在這裡套用總和的功能，你會看到「**SUM(Grade Levels)**」出現在「Rows」行中，圖表區域也會出現藍色條。到目前為止還看不出來是怎麼回事，所以讓我們來繪製另一個資料欄位。

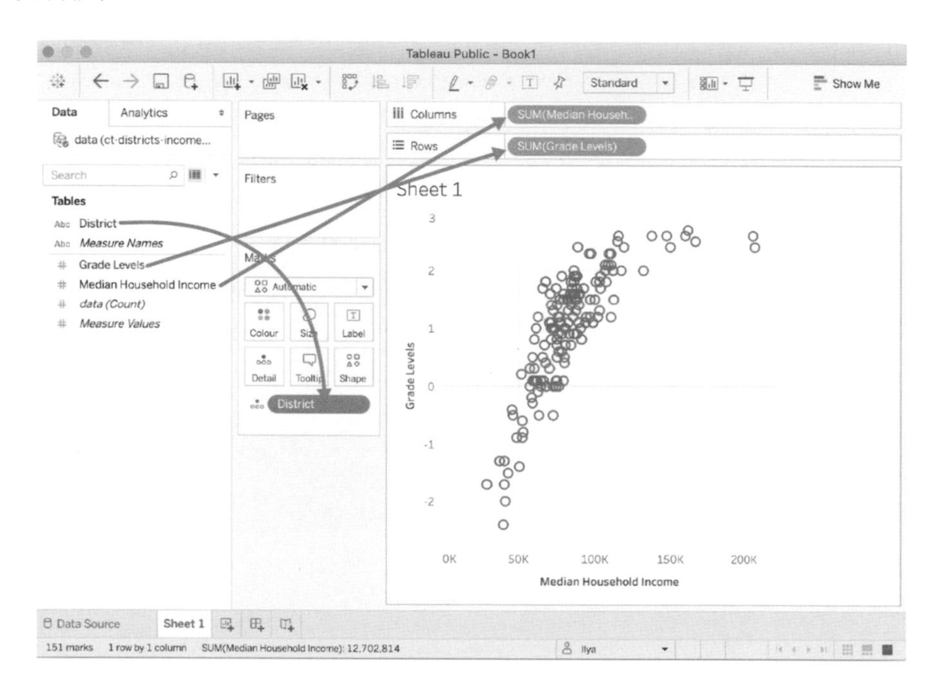

3. 將「Median Household Income」拖曳到「Rows」欄位上方的「Columns」欄位。一般來說，要在「Rows」和「Columns」之間進行選擇可能會很困難，但如果把「Columns」欄位想成 X 軸，將「Rows」想成為 Y 軸，就會方便許多。Tableau 會再次套用總和功能，因此你會在「Columns」欄位中看到 **SUM(Median Household Income)**。條形圖會自動轉換為散佈圖，只在右上角有一個資料點，因為這兩筆資料都已彙整了（還記得 SUM 功能嗎？）。

4. 我們要告訴 Tableau，要將家庭和成績等級的變數拆解開來。換言之，我們想為視覺化添加額外的粒度，或者說*細節*。為此，將「District」維度拖曳到「Marks」卡的「Detail shelf」中。現在，真正的散佈圖將出現在圖表區域中。如果你將滑鼠懸停在點上，就會看到與這些點有關聯的全部三個值。

加上標題、圖說，然後發佈

在圖表區域上方的預設 Sheet 1 標題上按兩下，給散佈圖一個有意義的標題。加上關於圖表的更多資訊，例如資料來源、視覺化製作者和時間以及其他詳細資訊，以增加工作的可信度。你可以在 Caption（Tableau 圖表隨附的文字區塊）中進行。在選單中，到「Worksheet」>「Show Caption」，在出現的 Caption 區塊上按兩下，然後編輯文字。最後的工作表將如圖 6-33 所示。

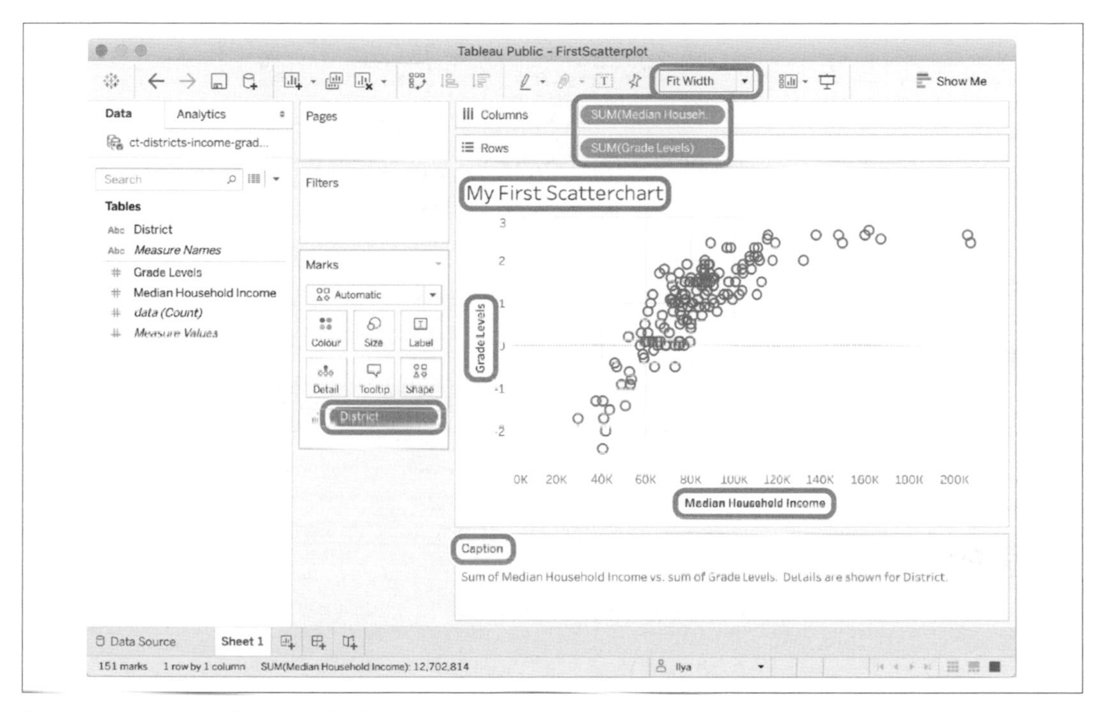

圖 6-33　這張散佈圖已經可以發佈了。

在「Column」欄位上方的下拉選單中，將「Standard」更改為「Fit Width」，以確保你的圖表會占據 100% 的可用水平空間。

1. 要在公開網路上發佈你的互動式圖表，請到「File」>「Save to Tableau Public As⋯」。此時將彈出一個視窗用來登入你的帳戶。如果你沒有帳戶，請點按底部的「Create one now for free」，然後將登入詳細資訊儲存在密碼管理器中。

2. 登入後，將出現一個設定工作表標題的視窗。將預設的 *Book1* 標題更改為有意義的名稱，因為此名稱將出現在你發佈的作品的公開網址中。點按「Save」。

3. 將工作表儲存在公開網路上之後，Tableau Public 將在預設瀏覽器中開啟有視覺化內容的視窗。在圖表上方的綠色條中，點按「Edit Details」來編輯標題或描述。在「Toolbar Settings」下，找到「Allow others to download or explore and copy this workbook and its data」複選框，然後選擇所需的設定。如果你要在網路上發佈視覺化，我們會建議你勾選此框，以便讓其他人下載你的資料並查看你建構它的方式，讓所有人方便存取。

Toolbar Settings
☑ Show view controls *Undo, Redo, Revert*
☑ Show author profile link
☑ Allow others to download or explore and copy this workbook and its data

你的完整 Tableau Public 視覺化作品集地址是 `https://public.tableau.com/profile/`*`USERNAME`*，其中 *`USERNAME`* 是你的使用者名稱。

請參閱第 233 頁的「取得嵌入程式碼或 iframe 標籤」，以便在你維護的網頁上插入互動式版本圖表。

篩選折線圖

現在你已經知道如何在 Tableau Public 中製作散佈圖，讓我們繼續介紹一種能夠強調此工具優勢的新型圖表。本書以**互動式**圖表來代替印刷品或 PDF 中的**靜態**圖表，以便顯示更多資料。你也可以設計互動式圖表來只顯示你想要的資料量。換言之，你的互動式視覺化可以成為一個資料探索工具，允許使用者「挖掘」出特定的資料點和圖案，而不是一次塞入過多資訊讓他們吃不消。

在本教學中，我們將使用 Tableau Public 來製作互動式的篩選折線圖，將各國隨時間變化的網路使用率以視覺化呈現出來。將資料排列成三欄，如圖 6-34 所示。第一欄「Country Name」是資料標題，會變成彩色折線。第二欄「Year」會出現在水平 X 軸上。第三欄「Percent Internet Users」是數值，會出現在垂直 Y 軸上。現在你可以製作出具有複選框的篩選折線圖，在一開始只顯示其中一條折線，以避免用過多資料轟炸使用者，同時允許他們切換其他折線，並將滑鼠懸停在每條線上，以獲得更多詳細資訊，如圖 6-35 所示。

	A	B	C
1	CountryName	Year	PercentInternetUsers
839	Cameroon	2016	23.20297197
840	Cameroon	2017	23.20297197
841	Cameroon	2018	
842	Canada	1995	4.163525253
843	Canada	1996	6.76023965
844	Canada	1997	15.07235736
845	Canada	1998	24.8974003

圖 6-34　在篩選折線圖中，將資料排列成三欄：資料標題、年份和數值。

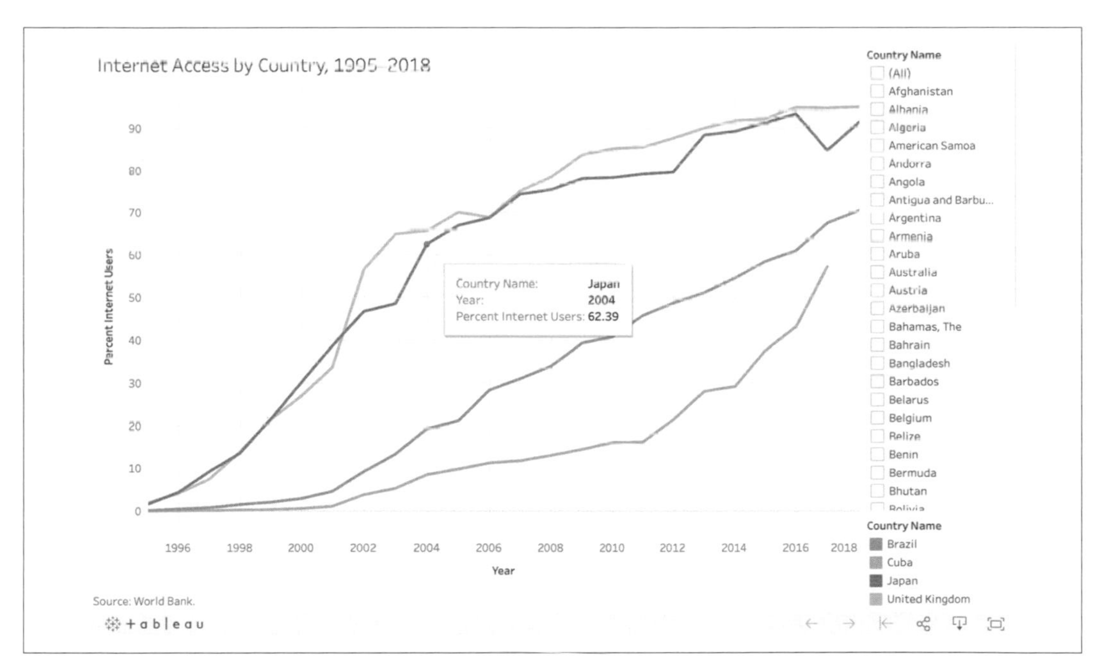

圖 6-35　篩選折線圖；瀏覽互動式版本（*https://oreil.ly/W34xg*）。資料來自世界銀行（*https://oreil.ly/POMyn*）。

若想在 Tableau Public 中使用此範例資料製作你自己篩選折線圖，請跟隨本教學。我們假設你已經安裝了適用於 Mac 或 Windows 的免費 Tableau Public 桌面應用程式，並且已透過完成第 147 頁的「用 Tableau Public 製作散佈圖」教學來熟悉此工具，因此下列步驟是簡化過的。

將資料連結到 Tableau Public

請依照以下步驟開啟資料，並將它連結到應用程式上：

1. 下載 Excel 格式的「World Bank Internet Users 1995–2018」樣本資料（*https://oreil.ly/2sdhd*），或檢視並下載 Google 試算表版本（*https://oreil.ly/vh4fx*）。此檔案由三欄組成：資料標題、年份和數值。

2. 打開 Tableau Public，然後在「Connect」選單下，將資料以 Microsoft Excel 檔案上傳，選擇「Text file」來上傳 CSV 檔案，或點按「More…」連結到伺服器，並從你的帳戶上傳 Google 試算表。成功連結到資料來源後，它會出現在「Data Source」的「Connections」下。在「Sheets」下，你會看到兩個表：`data` 和 `notes`。將其拖曳到「Drag tables here」區，進行預覽。

3. 在「Data Source」畫面中，點按橘色的「Sheet 1」（左下角）前往工作表，你要在這裡製作圖表。

在你的工作表中，變數將列在左側的「Table」下。原始變數會以普通字體顯示，**生成的**變數將以**斜體**顯示（例如，Tableau 從國家名稱猜測的**緯度**和**經度**）。現在你可以開始製作互動式圖表了。

建立和發佈篩選折線圖

請依照以下步驟製作視覺化，並共用到網路上：

1. 將「Year」變數拖曳到「Columns」欄。這會將年份沿著 X 軸排列。

2. 將「Percent Internet Users」變數拖曳到「Columns」欄位。這個動作會將它放置在 Y 軸上。欄位上的值將變成為 `SUM(Percent Internet Users)`。你應該會看到一張單線折線圖，總結了每年的百分比。這是完全不正確的，所以讓我們來進行修正。

3. 為了「中斷」整合，請將「Country Name」拖曳到「Marks」卡的「Color」欄位上。Tableau 會出現一個警告，建議顏色數量不應超過 20 種。由於我們會加上複選框進行篩選，因此可以忽略此警告，繼續按下「Add all memebers」按鈕。

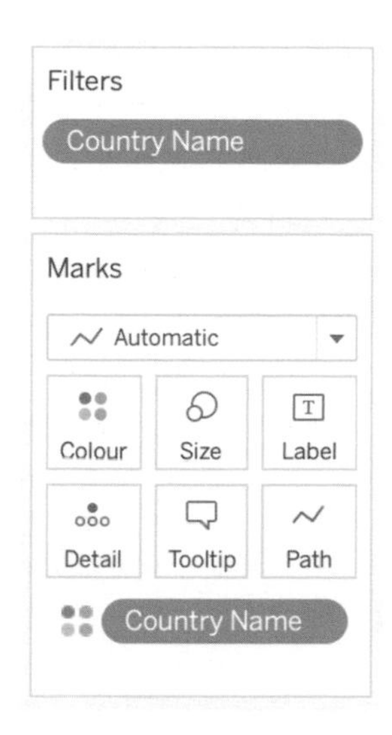

4. 首先，所有的東西看起來會像一大團彩色毛線！要加上篩選功能時，請將「Country Name」拖曳到「Filters」卡中。在「Filter」視窗中將所有國家勾選起來，然後點按「OK」。

5. 在「Filter」卡中，點按「Country Name」符號的下拉箭頭，然後向下捲動並選擇「Show Filter」。

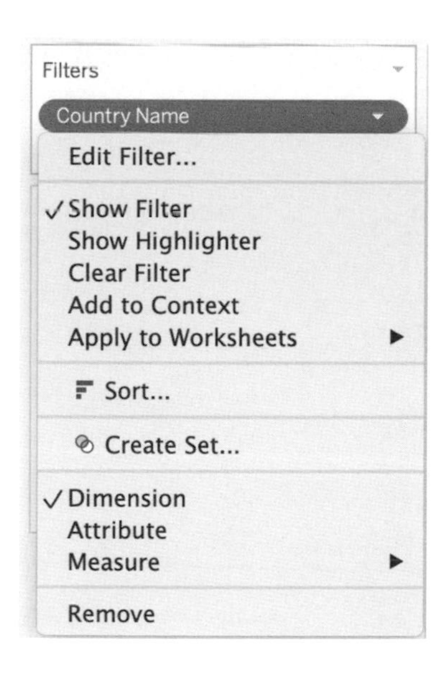

6. 你會在圖表右側看到所有複選框的選項列表。點按（All）來增加／刪除所有選項，然後選擇幾個國家來檢視互動式篩選的作用。你在此階段選擇的複選框，會在發佈的地圖中顯示為「on」。你可能會注意到，「on」選單中的某些國家被分配了相同的值。好消息是，Tableau 可讓你更改單一資料點的顏色（在此範例中為國家）。在「Marks」卡中，點按「Color」欄位，然後點按「Edit Colors...」。在「Select Data Item」清單中的其中一個國家上按兩下，開啟顏色選擇器視窗，選擇你喜歡的顏色，然後點按「OK」。雖然你可以確認預選的國家會有獨特的顏色，但由於配色限制為 20 種顏色，因此其他國家的顏色將會重複。不幸的是，這無法修改。

7. 在「工作表 1」標題（在圖表上方）按兩下，將它改為更有意義的標題，例如「1995-2018 年各國網路使用率」。在選單中，到「Worksheet」>「Show Caption」，在圖表下方增加一個 Caption 區。使用此空間來加上資料來源（世界銀行），或者將自己列為視覺化的作者。

8. 在「Column」欄位上方的下拉選單中，將「Standard」更改為「Fit Width」。

9. 你可能會注意到 X 軸（年份）從 1994 年開始，到 2020 年結束，但我們的資料是從 1995 年到 2018 年。在 X 軸上按兩下，將「Range」從「Automatic」更改為「Fixed」，讓它從 *1995* 年開始，*2018* 結束。關閉視窗，邊緣上的空白區域已經消失了。

10. 當你的篩選折線圖看起來像這樣時，就可以準備發佈了。到「File」>「Save to Tableau Public As⋯」，並登入你的帳戶；如果你還沒有註冊，請註冊一個。依照提示將圖表發佈在網路上，或參閱第 147 頁「用 Tableau Public 製作散佈圖」以取得更多詳細資訊。

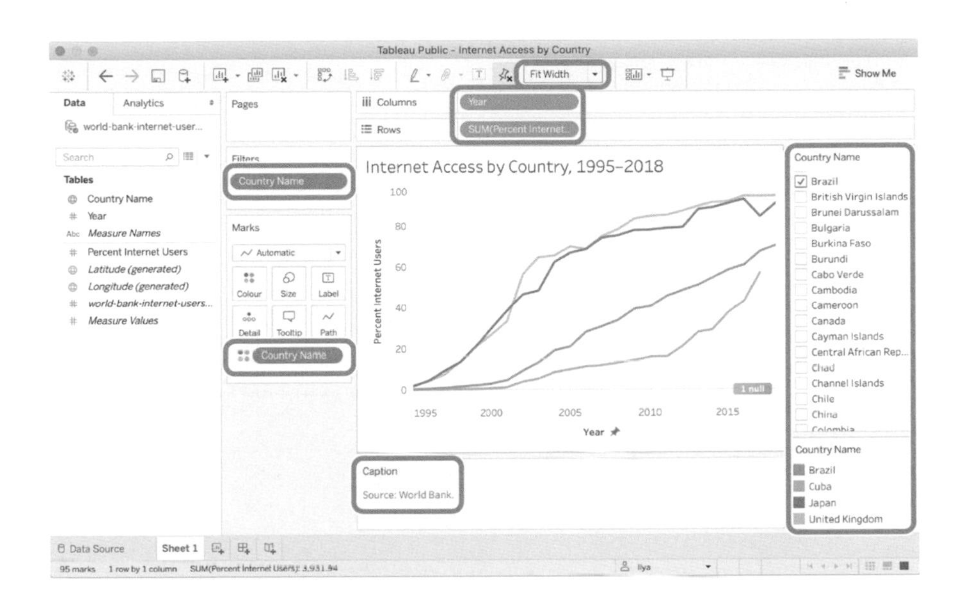

請參閱第 233 頁的「取得嵌入程式碼或 iframe 標籤」，在你維護的網頁上插入圖表的互動式版本。

總結

恭喜你製作了互動式圖表，使讀者能夠更深入了解你的故事，並鼓勵他們探索潛藏的資料！隨著你繼續製作更多圖表，切記將圖表類型與你的資料格式以及你要強調的故事做配合。此外，請遵循本章開頭概述的原理和美學準則來設計圖表。雖然如今任何人點按幾個按鈕都能快速製作出圖表，但你的觀眾將會非常珍惜設計良好的圖表，喚起他們對資料中有意義模式的關注。

在本章中，你學到了如何使用 Google 試算表、Datawrapper 和 Tableau Public 來製作不同類型的互動式圖表。關於使用開源程式碼進行更進階的圖表設計的資訊，請參閱第 11 章，它可以讓你進一步掌控設計和顯示資料的方式，但是你需要先到第 10 章中學習如何使用 GitHub 編輯和託管程式碼樣版。

第 7 章採用類似的格式介紹了一些不同的地圖類型、設計原理和實作教學，製作出具有空間資料的互動式視覺化效果。在第 9 章中，你會學到如何在網站上嵌入互動式圖表。

第七章

將資料製成地圖

地圖將讀者吸引至具有空間維度的資料中，同時也營造了更強的地點感。看到地圖上各點之間的相對距離，或在**熱度**地圖（*choropleth*，其中彩色多邊形代表了資料值）中辨識出地理模式，會比文字、表格或圖表更有效地將資訊傳遞給讀者。但是，要製作有意義的地圖來吸引讀者關注資料中的關鍵洞察，需要對設計決策進行清晰的思考。

在本章中，我們將探討地圖設計的原理，並在第 162 頁的「地圖設計原則」中，區分出良好的地圖和不良的地圖。你會了解所有地圖都適用的規則，以及製作熱度地圖的特有準則。雖然許多工具都能讓你將地圖下載為**靜態**影像，但我們的書也示範了如何製作**互動式**圖表，以邀請讀者在網頁瀏覽器中放大並瀏覽資料。在第 9 章中，你將學到如何在網站上嵌入互動式圖表。

關於要使用哪種地圖，取決於兩個主要因素：資料的格式，以及你希望講述的故事類型。表 7-1 中是你可以在本書中製作的不同類型的地圖。例如，點地圖（point map）最適合顯示帶有彩色標記的特定位置，可以呈現類別（例如醫院），而熱度地圖最適合顯示區域的相對值（例如美國各州的出生率）。選擇好地圖類型後，請跟隨我們建議的工具以及接下來的步驟教學。本章介紹的是具有拖放式選單的**簡單工具**，你可以在第 179 頁的「用 Google My Maps 製作點地圖」、第 187 頁的「用 Datawrapper 製作符號點地圖」、第 202 頁的「用 Tableau Public 製作熱度地圖」中找到這些工具，以及第 209 頁的「用 Socrata 開放資料製作即時地圖」。此表也介紹了強大工具，讓你進一步客製化和託管視覺化效果，例如第 12 章中的 Leaflet 程式碼樣版。這些進階工具需要先具備第 10 章介紹的、如何使用 GitHub 編輯和託管程式碼樣版的知識。

表 7-1　基本地圖類型、最佳用途和教學

Map	最佳用途與本書中的教學
點地圖與客製化圖示 	最適合顯示帶有特定類別的客製化彩色標記的特定位置（例如地址），並在彈出視窗中顯示文字和影像。 • 簡單工具：第 179 頁「用 Google My Maps 製作點地圖」 • 強大工具：第 296 頁「用 Google 試算表製作 Leaflet 地圖」
符號點地圖 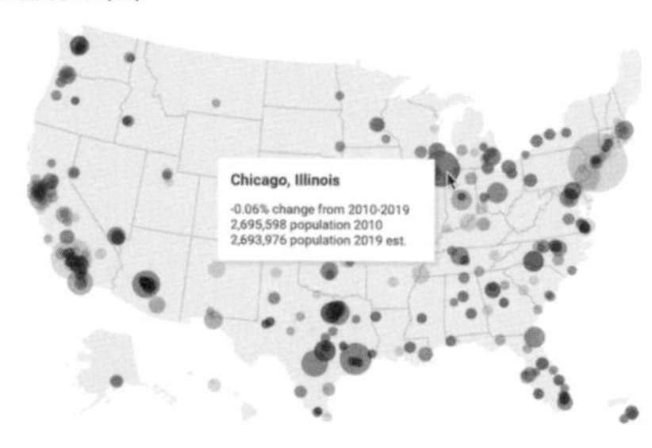	最適合顯示特定位置（例如城市），並使用不同尺寸的形狀或顏色來呈現資料值（例如人口成長）。 • 簡單工具：第 187 頁上的「用 Datawrapper 製作符號點地圖」
熱度（彩色多邊形）地圖 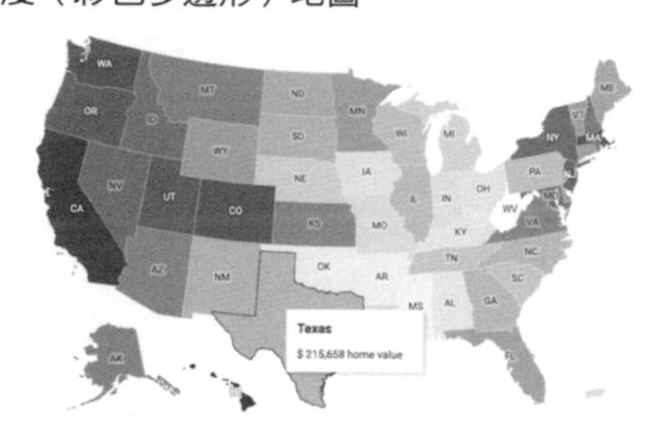	最適合透過對多邊形上色來表示資料值，以顯示地理區域（例如鄰里或國家）中的模式。 • 簡單工具：第 193 頁的「用 Datawrapper 製作熱度地圖」，或第 202 頁的「用 Tableau Public 製作熱度地圖」 • 強大工具：第 296 頁上的「用 Google 試算表製作 Leaflet 地圖」
熱點地圖 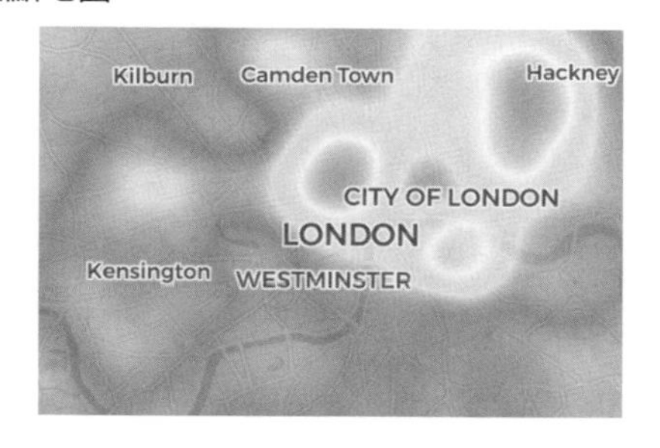	最適合將點的群集顯示為有色熱點，以強調事件的高頻率或高密度。 • 強大工具：第 331 頁上的「用 CSV 資料製作 Leaflet 熱圖點」

Map	最佳用途與本書中的教學
故事圖 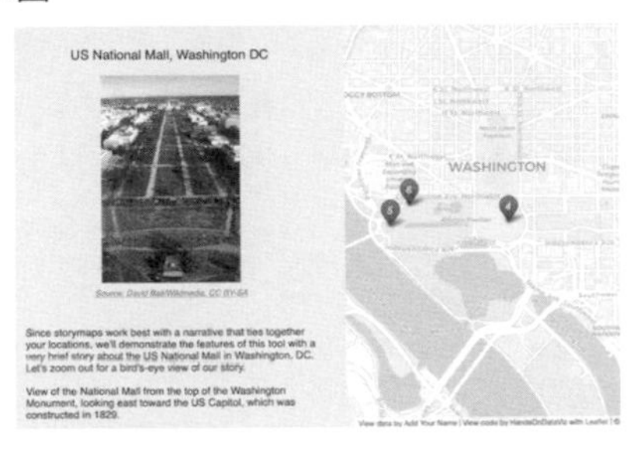	最適合顯示逐點導覽，並有捲動敘述以顯示文字、影像、聲音檔，影片和掃描地圖背景。 • 強大工具：第 310 頁的「用 Google 試算表製作 Leaflet 故事圖」
多線段地圖 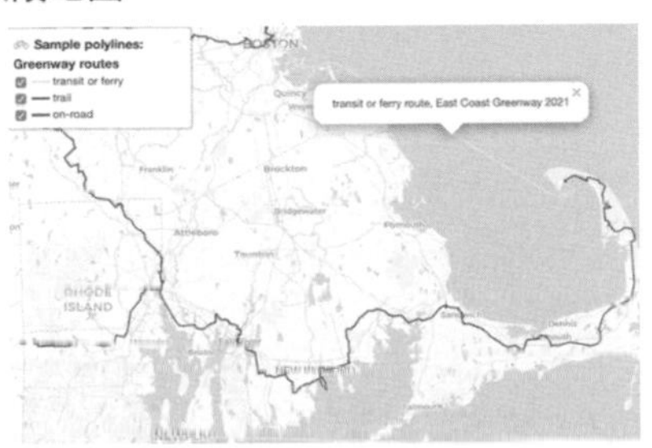	最適合以不同類別的顏色顯示路線（例如小徑或大眾運輸）。 • 簡單工具：第 179 頁「用 Google My Maps 製作點地圖」 • 強大工具：第 296 頁「用 Google 試算表製作 Leaflet 地圖」
客製化的點 - 多線段 - 多邊形圖 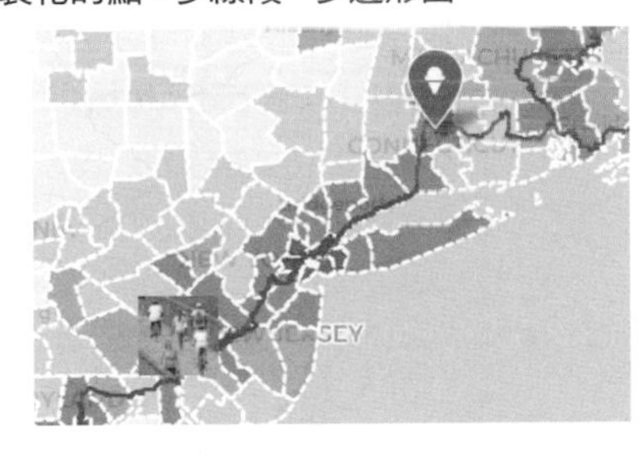	最適合顯示點、多線段或多邊形的任意組合，具有類別的客製化圖示，以及用來呈現資料值的彩色區域。 • 強大工具：第 296 頁「用 Google 試算表製作 Leaflet 地圖」
可搜尋的點地圖 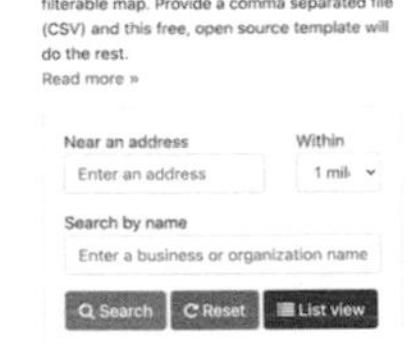	最適合顯示特定的位置，讓使用者透過名稱或接近度進行搜尋，或透過類別進行篩選，具有可選的列表檢視。 • 強大工具：第 332 頁上的「Leaflet 可搜尋的點地圖」

Map	最佳用途與本書中的教學
來自開放式資料儲存庫的即時地圖	最適合顯示直接從開放式資料儲存庫（例如 Socrata 等）取得的即時資訊。

Fatal Crashes in New York City, Last 365 Days

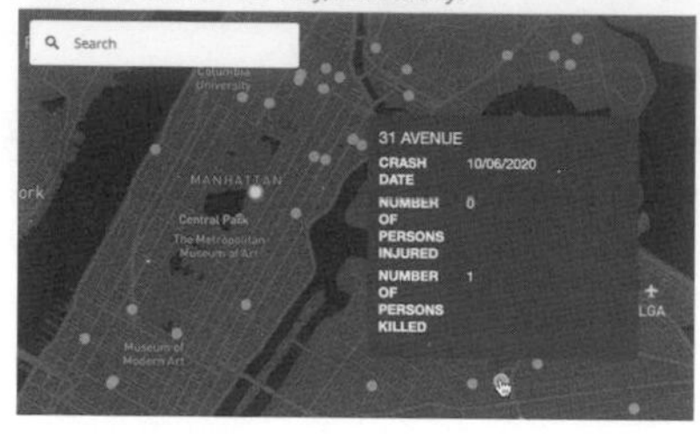

- 簡單工具：第 209 頁的「用 Socrata 開放資料製作即時地圖」
- 強大工具：第 335 頁的「用開放資料 API 製作 Leaflet 地圖」

地圖設計原則

許多現今收集的資料都內含可以製成地圖的空間元素。無論你是尋找城市地址還是在森林中拍照，這兩者都可以編碼成地圖上的點。我們還可以繪製線條和形狀來說明鄰里或國家的地理邊界，並為它們上色來表示不同的值，例如人口和收入。

但是，僅僅因為可以將資料製成地圖，並不代表一定要這樣做。在製作地圖之前，停下來問自己：**位置對你的故事真的重要嗎？**即使你的資料內含地理資訊，有時圖表也比地圖更能說明你的故事。例如，你可以在條形圖中清楚呈現地理區域之間的差異、使用折線圖追蹤它們隨時間以不同速率上升或下降的變化，或者在散佈圖中比較每個區域的兩個變數。有時，一個簡單的表格甚至光靠文字就能夠將你的觀點更有效地傳達給觀眾。由於製作一份設計良好的地圖需要時間和精力，因此請確認它確實能夠提升你的資料故事再進行。

正如你在第 6 章中學到的，資料視覺化不是一門科學，但它有一套原則和最佳做法，是製作真實且有意義的地圖的基礎。在本單元中，我們將找出一些關於地圖設計的規則，但是你可能會驚訝地發現，有些規則並沒有那麼嚴格，在需要強調一個重點時，規則是可以打破的，前提是你要誠實解讀資料。為了理解它們之間的區別，讓我們首先將地圖分解成元素，建構關於地圖的常用詞彙表。

解構地圖

本書將介紹如何製作**互動式**網路地圖，它們也稱為**拼磚**（*tiled*）**地圖**或**滑曳**（*slippy*）**地圖**，因為使用者可以在一組無縫的底圖圖磚上放大和平移來瀏覽地圖資料層。呈現航空照片影像的底圖被稱為**點陣**（*raster*）圖磚，而顯示街道和建築物繪製圖片的底圖則是依據**向量**（*vector*）資料製作的圖磚。點陣地圖資料會受到原始影像解析度的限制，距離越近，點陣影像資料會越來越模糊。相比之下，你可以將向量地圖資料放到很大，卻不會降低其視覺品質，如圖 7-1 所示。你會在第 340 頁的「地理空間資料和 GeoJSON」中了解關於這些概念的更多資訊。

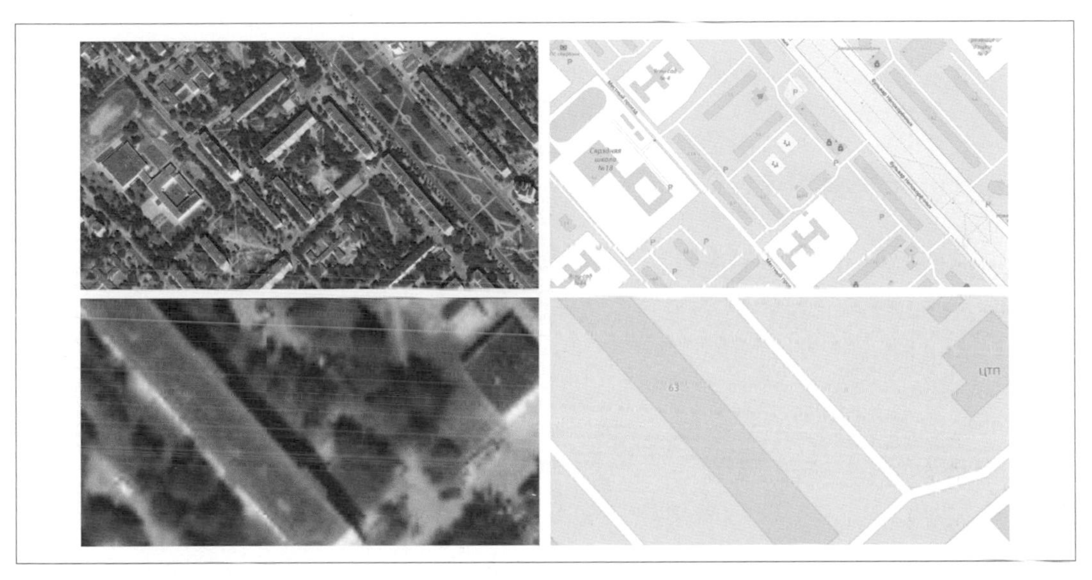

圖 7-1　來自 Esri World Imagory 的點陣地圖資料（左側）和來自 OpenStreetMap 的向量地圖資料（右側），都是作者伊利亞在白俄羅斯 Mogilev 市的兒時鄰里。放大點陣地圖資料會使它更加模糊，而向量地圖資料則會保持其清晰度。

看一下圖 7-2 來了解本章將製作的互動式地圖中的基本元素。頂層通常會顯示**點**、**多線段**和**多邊形**的某種組合。點代表特定的位置，例如房屋或公司的街道地址，有時還帶有位置標記，並且每個點都由一組緯度和經度坐標表示。舉例來說，`40.69, -74.04` 是紐約自由女神像的位置。多線段是點的連結線段，例如道路或交通線上，我們在「線段」之前加上「多」這個字作為提醒，它們可能內含多個分支。多邊形是產生閉合形狀的一組線段，例如建築物的占地面積、人口普查區，或州和國家邊界。由於點、多線段和多邊形基本上是由緯度和經度坐標組成，因此它們都是向量資料。

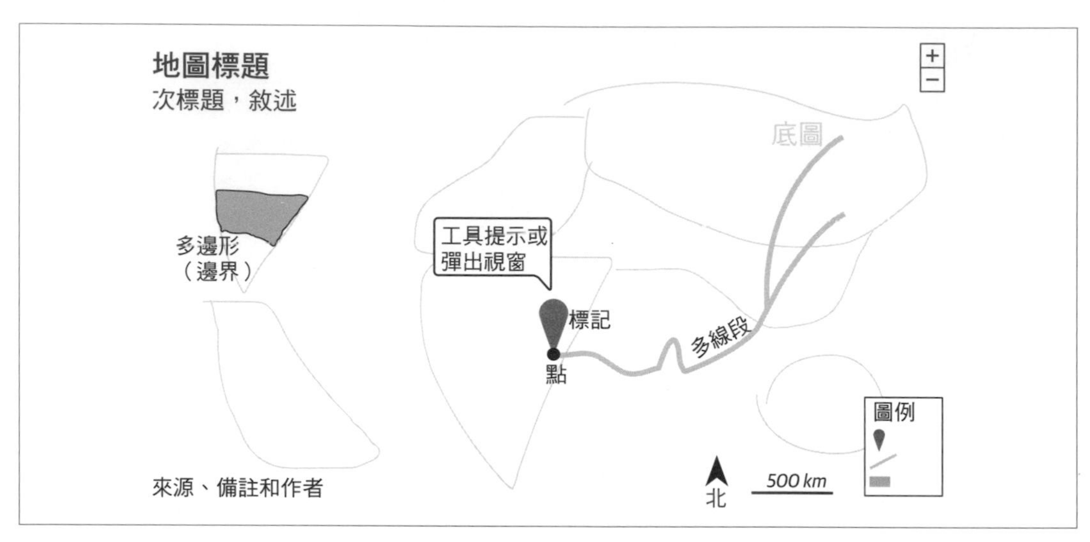

圖 7-2　互動式地圖的關鍵元素。

互動式地圖通常包括**縮放控制**（+ 和 – 按鈕），可以改變底圖圖磚的顯示，並從不同距離檢視表面的外觀。頂層地圖資料可能會顯示隱藏的**工具提示**（當你將游標懸停在其上時）或**彈出式視窗**（當你點按它們時），以顯示關於其屬性的其他資訊。**圖例**會標識出符號、形狀和顏色的含義，和傳統的靜態地圖一樣。地圖也可以包括**向北箭頭**或**比例尺**，為觀眾指引方向和相對距離。和圖表相似，一張好的地圖應包括標題和簡短說明，以提供內容的相關上下文，以及資料來源、備註，和協助製作此地圖的個人或組織。

辨別點 vs. 多邊形資料

在開始製作地圖之前，請確認你了解你的資料格式及它代表的含義。停下來問這些問題，可以避免犯新手的錯誤。首先，**你的資料可以製成地圖嗎**？有時我們收集的資訊並沒有地理成分，也沒有一致的成分，這樣要在地圖上放置這些資訊就會很困難或不可能。如果答案是肯定的，那就繼續第二個問題：**資料可以對應成點還是多邊形**？這兩種類型是最可能的（有時會混淆），另外還有鮮為人知的第三種選擇——多線段（呈現路徑和路線）。

為了協助你理解差異，讓我們來看一些範例。你在這裡看到什麼類型的資料：點或多邊形？

1. 36.48, –118.56（加州約書亞樹國家公園的經度和緯度）
2. 加州洛杉磯市天文台東路 2800 號
3. 加州舊金山市海特街與艾須伯里街口
4. 加州聖地牙哥市巴爾博亞公園（Balboa Park）
5. 加州阿拉米達郡 4087 號人口普查區
6. 加州洛杉磯市
7. 加州聖地牙哥郡
8. 加州

在大多數情況下，項目 1-4 代表了**點**資料，因為它們指的是可以在地圖上顯示為點標記的**特定位置**。相比之下，項目 5-8 通常表示**多邊形**資料，因為它們指的是可以在地圖上顯示為封閉形狀的**地理邊界**。請參見前面的表 7-1 中的點地圖和多邊形圖範例。

這種點 vs. 多邊形的區別在**大多數**情況下適用，但並非總是如此，依據資料情況的不同也會有例外。首先，有可能但不常見的是將所有項目 1-8 表示為地圖上的點資料。舉例來說，要說一個關於加州城市人口成長的資料故事，製作一張帶有不同大小圓圈的符號點地圖來表示每個城市的資料，是合理的。因此，你的地圖工具需要找到洛杉磯市多邊形邊界的中心點，以便將人口圓點放置在地圖上的特定點上。第二種點與多邊形的區別變得模糊的狀況是，我們通常認為是特定點的某些地方，**也**具有多邊形邊界。例如，如果你在 Google Maps 中輸入**加州聖地牙哥市巴爾博亞公園**（*Balboa Park*），它會呈現一個地圖標記，代表它是點資料。但是，巴爾博亞公園也有一個地理邊界，覆蓋 1.8 平方英里（4.8 平方公里）。如果你要說一個關於聖地牙哥有多少土地為公共用地的資料故事，那麼製作一張熱度地圖將巴爾博亞公園顯示為多邊形而非點，就很合理了。第三，透過資料透視表將點轉換為多邊形資料也是可能的，這是我們在第 33 頁的「使用資料透視表來彙整資料」中介紹的主題。例如，若要講一個關於加州每個郡的病床數的資料故事，你可以取得每家醫院床位的點級資料，然後對其進行樞紐處理以彙整每個郡的床位總數，並在熱度地圖中顯示這些多邊形的結果。請參見第 368 頁的「將點樞軸轉換為多邊形資料」中的詳細範例。

總結以上，請判斷你的空間資料應該以點還是多邊形來呈現，因為這兩個類別有時會混淆。如果你設想它們為點，那就製作一張點樣式的地圖；如果是多邊形，則製作一張熱度地圖。這些是製圖人員最常用的方法，但是有很多例外情況，取決於你的資料故事。你會在第 179 頁的「用 Google My Maps 製作點地圖」和第 187 頁的「用 Datawrapper 製作符號點地圖」中學習如何製作基本點地圖，然後我們會在第 193 頁的「用 Datawrapper 製作熱度地圖」和第 202 頁的「用 Tableau Public 製作熱度地圖」中示範如何將多邊形層級的資料視覺化。

將一個變數製圖，而不是兩個

資料視覺化的新手有時會對於在地圖上放置一個變數而感到自豪，以至認為兩個變數必定加倍的好。這通常是不正確的。以下是導致這個錯誤結論的思考過程。想像一下，你想比較你所在州的八個郡的收入與教育之間的關係。首先，你決定要製作一張收入的熱度地圖，其中較深的藍色區域代表收入較高的西北角區域，如圖 7-3(a) 所示。其次，你決定製作一張符號點地圖，其中較大的圓圈代表擁有大學學位的高人口比例，如地圖 (b) 所示。這兩張地圖都不錯，但它們仍未凸顯收入與教育之間的關係。

一個常見的錯誤是將符號點層放置在熱度地圖層的上方，如地圖 (c) 所示。這就是使地圖超載的原因。我們通常會建議不要在同一張地圖上顯示具有不同符號系統的兩個變數，因為它會使視覺化超載，使得大多數讀者很難識別出有助於掌握資料故事的模式。

相反的，如果兩個變數之間的關係是資料故事中最重要的部分，那就製作一張如圖 7-3(d) 所示的散佈圖。或者，如果地理模式對其中一個變數來說很重要，則可以透過組合 (a) 和 (d)，將此變數的熱度地圖與兩個變數的散佈圖配對。整體而言，請記住，只因為資料**可以**製成地圖，並不代表就**應該**這麼做。暫停下來思考一下地點是否重要，因為有時候圖表會比地圖更能說明你的資料故事。

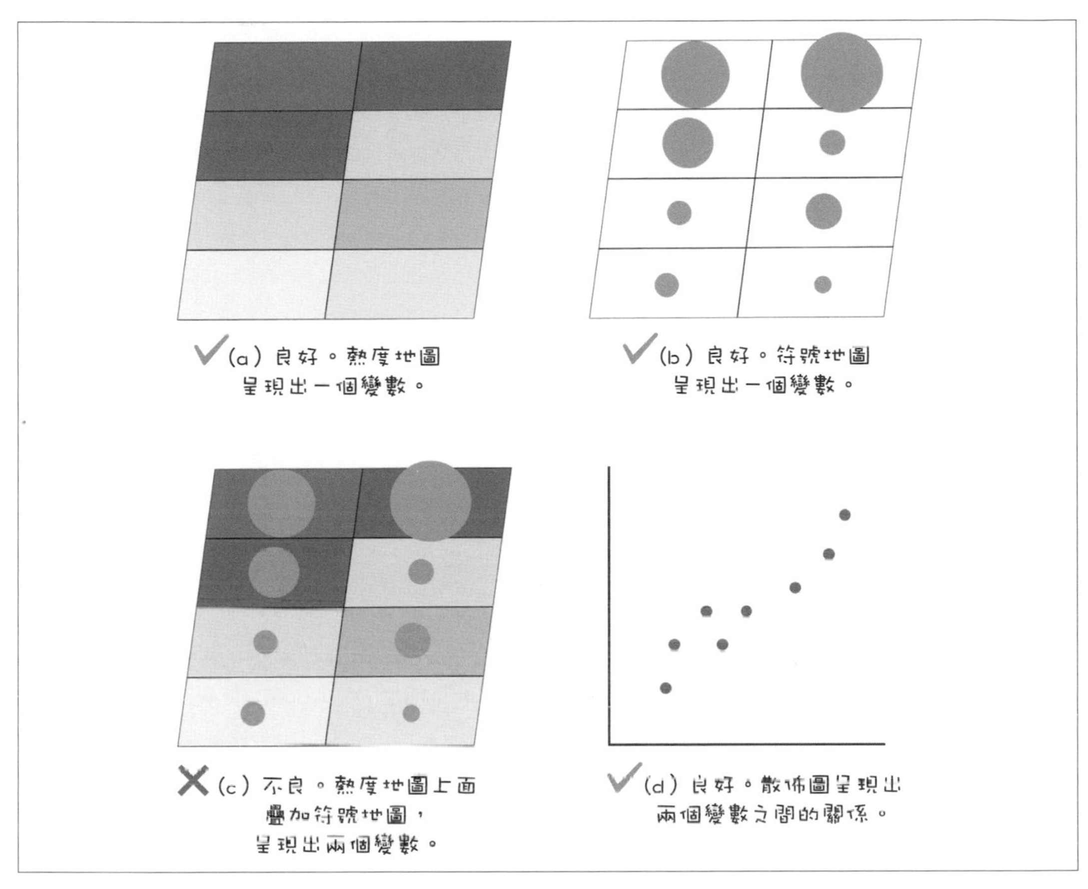

圖 7-3　為了比較兩個變數，例如收入和教育程度，請避免將符號點地圖放置在熱度地圖的上方。請改為製作散佈圖，並考慮將它與其中一個變數的熱度地圖配對。

為熱度地圖選擇較小的地理位置

熱度地圖最適合顯示跨地區的地理模式，透過為多邊形上色來呈現資料值。因此，我們通常建議選擇較小的地理區域來顯示更多的粒度模式，因為較大的地理區域會呈現彙整的資料，可能會隱藏了較低層級的現象。地理學家將此概念稱為「可調整地區單元問題」（modifiable areal unit problem，*https://oreil.ly/rxw2s*），這代表切片資料的方式會影響我們如何分析它在地圖上的外觀。將許多小切片堆疊在一起，揭露出的細節會比一個大切片多。

例如，比較美國東北部典型房價的兩個熱度地圖，資料來自 Zillow 於 2020 年 9 月的研究（*https://oreil.ly/HsLuZ*）。Zillow 將典型值定義為「對所有房價在第 35 至 65 個百分位之間、與第 50 個百分位的中位數相近並內含部分低價和高價房屋的單戶住宅、公寓和合作公寓之平滑化的季調後估值」。兩種熱度地圖都使用相同的比例尺。關鍵區別在於地理單位的大小。在圖 7-4 中，左側的地圖顯示了較大的州層級的房屋價格，而右側的地圖顯示了較小的郡級房屋的價格。

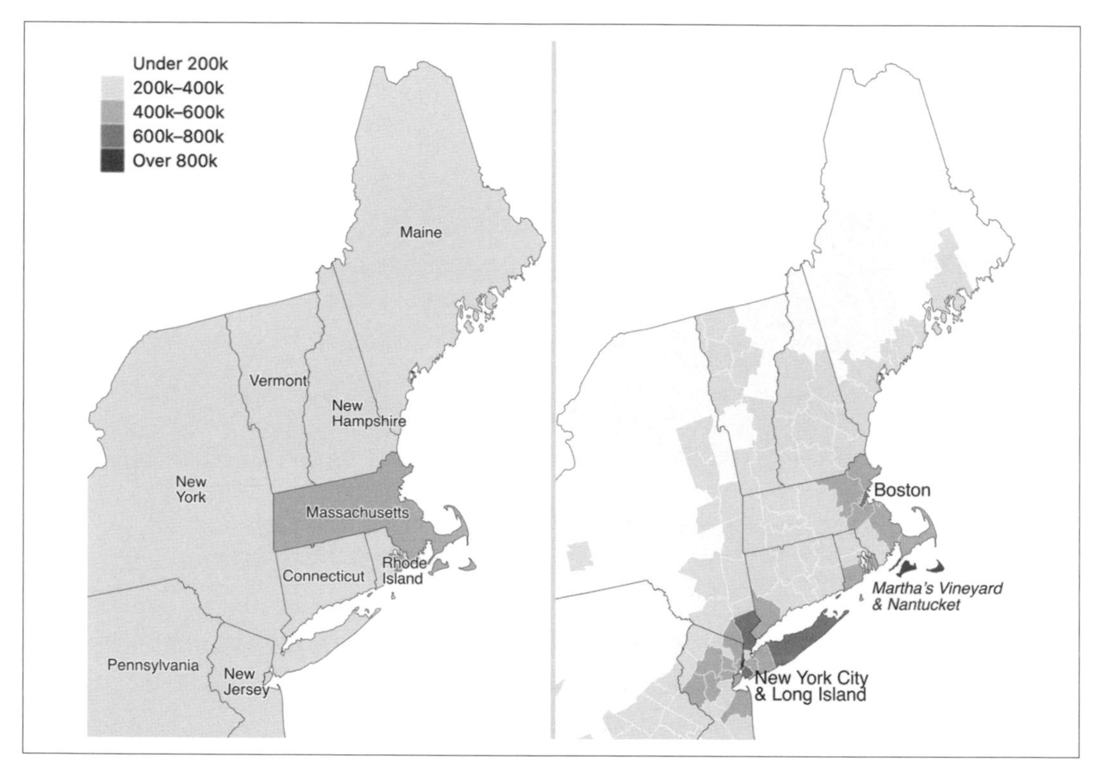

圖 7-4　2020 年 9 月的 Zillow 典型房價，以較大的州層級（左）與較小的郡層級（右）顯示。

哪張地圖最好呢？由於兩者都是對資料的真實描述，因此答案取決於你想講述的故事。如果要強調州與州之間的差異，請選擇第一張地圖，因為它清楚顯示出麻州的典型房價比周圍東北州高出許多。或者如果你想強調州內的差異，請選擇第二張地圖，它顯示了紐約市和波士頓大都會地區與更偏遠的郡相比之下價格較高。如果不確定的話，用較小的地理位置來製圖通常是比較好的，因為如果設計中包含適當的標籤和地理輪廓，就能夠同時檢視州級和州內的變化。但是，不要將「越小越好」當作嚴格的規則，因為規模過小就失效了。舉例來說，如果我們製作了第三張地圖來顯示美國東北部的每筆房屋買賣，那就會過於詳細而看不到有意義的模式。找出適當的地理範圍層級來清楚地講述你的資料故事。

設計熱度地圖的顏色和間隔

本單元將更深入地探討熱度地圖的地圖設計原理。你選擇如何用顏色來呈現資料，會對它的外觀造成巨大的影響，因此學習關鍵的概念以確保你的地圖能夠講述真實有意義的故事，是非常重要的。好的熱度地圖可以使讀者清楚地看到真實且有洞見的地理模式，不論是黑白紙本印刷，還是以彩色顯示在電腦螢幕上。此外，最好的熱度地圖是能夠讓色盲人士正確解讀的。關於整體上視覺化顏色的出色論述，請參見 Datawrapper 部落格上 Lisa Charlotte Rost 寫的「Your Friendly Guide to Colors in Data Visualization」和「How to Pick More Beautiful Colors for Your Data Visualizations」[1]。

要說明顏色的選擇如何影響熱度地圖的設計，最好的方式是透過 Cynthia Brewer 和 Mark Harrower 製作的出色線上設計助理 ColorBrewer（*https://colorbrewer2.org*）[2]。它與本書中的其他工具不同，你不需要直接將資料上傳到 ColorBrewer 來生成視覺化效果。相反的，你只要選擇想顯示在熱度地圖中的資料類型，ColorBrewer 就會協助建議最適合你資料故事的配色。接著你就可以將這些顏色程式碼匯出到你偏好的熱度製圖工具中，如第 193 頁的「用 Datawrapper 製作熱度地圖」和第 202 頁的「用 Tableau Public 製作熱度地圖」所示。請參見圖 7-5 中的 ColorBrewer 介面。

1 Rost, "Your Friendly Guide to Colors in Data Visualization," *https://oreil.ly/ndITD*; Rost, "How to Pick More Beautiful Colors for Your Data Visualizations," *https://oreil.ly/dRCBy*.

2 另見 Cynthia A. Brewer, *Designing Better Maps: A Guide for GIS Users* (Esri Press, 2016).

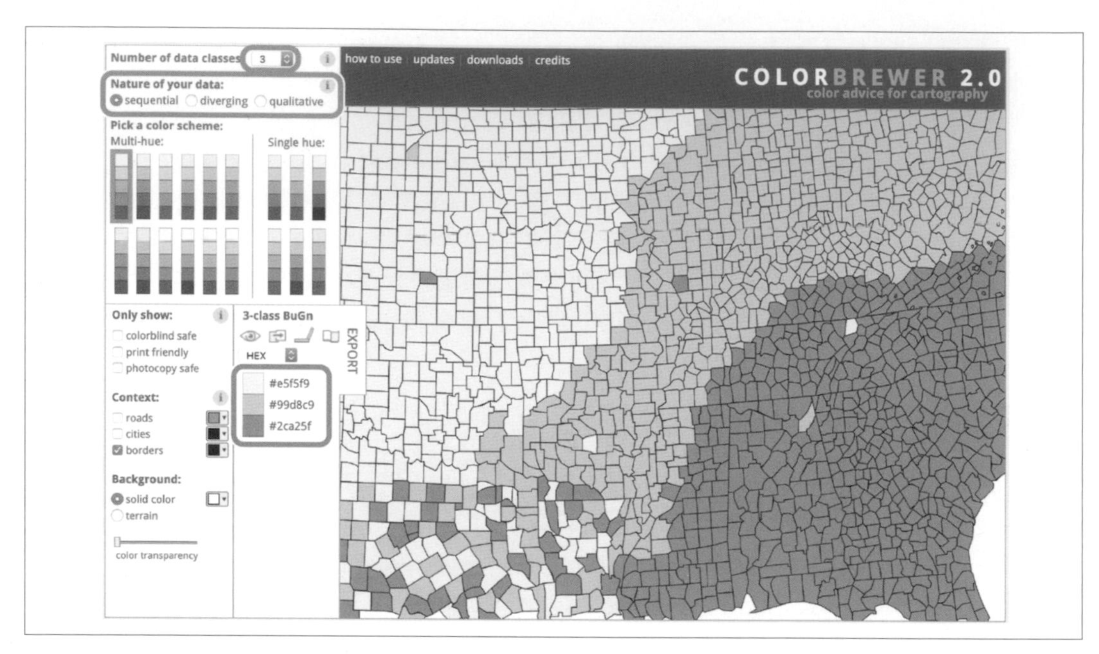

圖 7-5 ColorBrewer 設計助理介面：資料類別、配色方案類型，以及建議的顏色程式碼。

在本單元中，我們將重點放在 ColorBrewer 可以協助你設計熱度地圖的兩個重要的決策：選擇配色類型（順序型、發散型或定性型），以及選擇間隔（將相似顏色資料點群組在一起）。

當你打開 ColorBrewer 時，第一行會要求你選擇在熱度地圖的顏色範圍中的資料類別數量（也稱為間隔或階數）。依據你選擇的配色類型，ColorBrewer 可以建議多達 12 種資料類別的顏色。不過現在先使用預設設定 3 即可，稍後詳細討論間隔時，會再回到此主題。

選擇熱度配色以配合你的資料

設計熱度地圖時，你要做的最重要的決定之一就是選擇配色的類型。你不僅僅是在選擇一種顏色，還可以透過**顏色的排序**來幫助讀者正確解讀你的資訊。規則很簡單：選擇適合你的資料格式和你要講述的故事的配色。

ColorBrewer 將配色分為三種類型：順序型、發散型和定性型——如圖 7-6 所示。

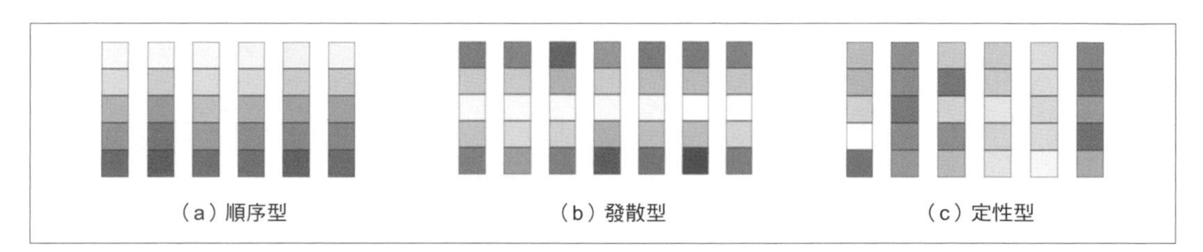

圖 7-6　ColorBrewer 的順序型、發散型和定性型配色。

順序型配色

最適合顯示低到高的數值。範例包括依照順序排序的任何內容，例如中位數收入、降雨量，或上次選舉中投票的人口百分比。順序型配色可以是單色調（例如不同的藍色陰影）或多色調（例如黃橘色 - 紅色）。深色通常代表較高的值，但並不總是如此。

發散型配色

最適合顯示高於或低於標準程度（例如零、平均值或中位數）的數值。它們通常會有兩種截然不同的色相，分別代表正向和負向，極端時為深色，中間時為中性色。例如收入高於或低於中位數、降雨量高於或低於季節性平均值，或選民百分比高於或低於正常值。

定性型配色

最適合顯示分類資料，而非數字尺度。它們通常有獨特的顏色且彼此區隔以突出差異。範例像是不同類型的土地使用（住宅、商業、開放空間和水文），或者紅綠燈警告系統（綠色、黃色和紅色）的類別。

為了示範連續數值和發散數值之間的差異，請比較圖 7-7 的兩個地圖，它們呈現了相同的 2018 年美國各州每人平均收入資料。順序型配色呈現了五種濃淡的藍色，分別代表收入程度由低到高的範圍，這最適合強調最高收入水準的資料故事，例如東北沿岸（從馬里蘭州到麻薩諸塞州）的深藍色。相較之下，發散型的配色在低於平均水準的州呈現深橘色，高於平均水準的州呈現深紫色，中間則為中性色，這最適合強調低收入的南部地區、與高收入的東海岸和西海岸之間的經濟差異現象。

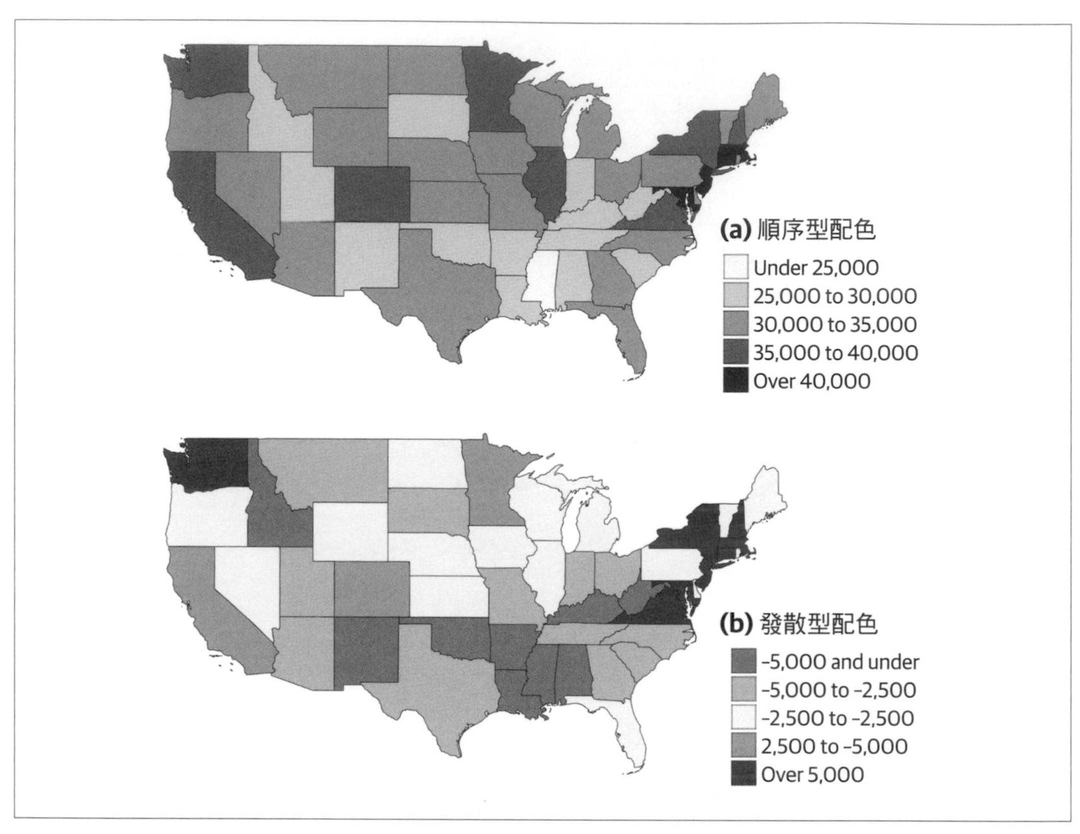

圖 7-7 順序型配色和發散型配色分別呈現了來自 2018 年美國社區問卷的美國各州每人平均收入。請注意，發散型配色的黑白版本效果不佳，因為離開中間值之後，顏色就難以區分。

選擇好資料類別和配色後，ColorBrewer 就會顯示出網頁瀏覽器能夠轉換為顏色的字母數字程式碼。如果你偏好的地圖工具可讓你匯入配色的話，你可以選擇十六進位程式碼（`#ffffff` 為白色）、RGB 程式碼（`255,255,255` 為白色），或 CMYK 程式碼（`0,0,0,0` 為白色），然後以不同的格式匯出它們，如圖 7-8 所示。

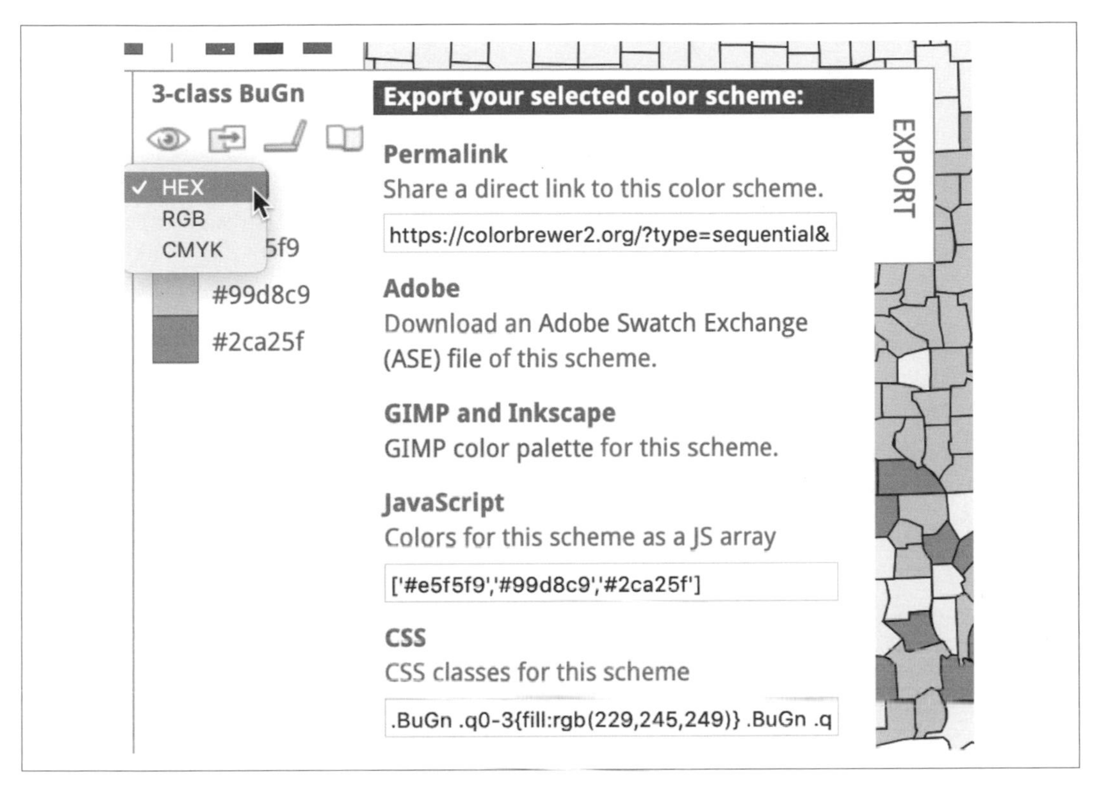

圖 7-8　點按開啟「Export」來顯示各種格式的配色程式碼。

選擇顏色間隔，將熱度地圖資料進行分組

另一個重要的設計選擇是顏色間隔，它決定了資料在熱度地圖上是如何分組和呈現的。這個強大的決策將顯著影響你的地圖在讀者眼中的呈現方式，以及資料故事所傳達的資訊。在這個多步驟的決策過程中，有幾個選項要考慮，雖然沒有一個統一的設計規則，但我們會提供指導和建議。由於在不同製圖工具中，間隔的選項也會有不同，因此我們將在本單元中解釋廣泛的概念，並偶爾提供 Datawrapper 和 Tableau Public 的螢幕截圖，不過細節將留待本章稍後的個別教學再做介紹。

有些製圖工具可讓你在兩種不同類型的顏色間隔之間做選擇，以呈現資料尺度上的上下移動，如圖 7-9 所示。「分階」是標示清晰的色彩分隔，如樓梯，而「連續」則是顏色的逐漸變化，如坡道。兩者都向上，但是以不同的方式達到。

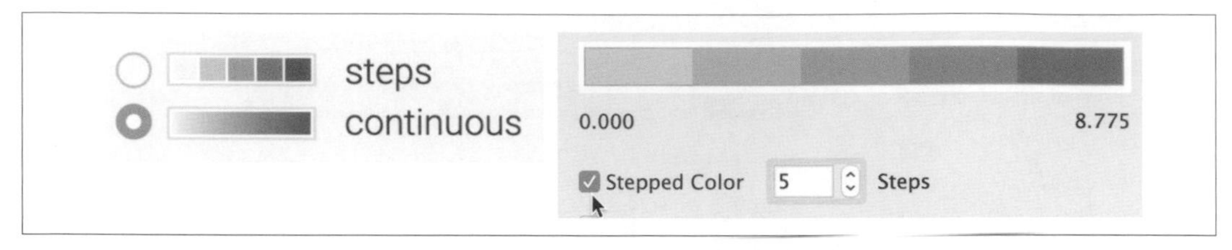

圖 7-9　Datawrapper（左）和 Tableau Public（右）中，分階與連續的顏色間隔。

如果兩個選項都存在，那麼哪種顏色間隔最佳呢？分階還是連續？關於這點並沒有統一的地圖設計規則，但請考慮下列因素。在一方面，分階最適合顯示顯示低於或高於特定線或臨界值的區域（例如，如果海平面上升 1 米將會被淹沒的區域）。此外，由於人眼對於分辨色彩並不一定擅長，因此分階可以幫助讀者快速將地圖圖例中的顏色與資料進行比對。在另一方面，連續資料最適合用來吸引觀眾關注相鄰區域之間細微差異（例如收入範圍內的各種值）。請閱讀這篇 Datawrapper 學院文章，了解製作熱度地圖時需要考慮的事項：（*https://oreil.ly/L08bj*）。整體而言，我們建議你做出誠實而有見地的設計選擇，說出資料的真相，並吸引觀眾對資料故事中之重要內容的注意力。

如果選擇**分階**，應該將資料分成幾階？同樣的，這沒有統一的規則，但可以反過來思考這些選擇和結果。較少的分階，會製作出凸顯廣泛差異的**粗略**地圖；而更多的分階，會做出凸顯區域之間地理多樣性的**精細**地圖。但是，僅僅增加更多的分階，並不一定能繪製出更好的圖，因為分階的差異在人眼中會變得不那麼明顯。因為 ColorBrewer 設計助手是專門為分階設計的（並不顯示「連續」選項），所以我們建議嘗試增加或減少「Number of data classes」的數量（也稱為「steps」）來檢視不同選擇的效果，如圖 7-10。做決策時請將讀者的最佳利益放在心上，以誠實和有洞見的方式呈現你的資料。

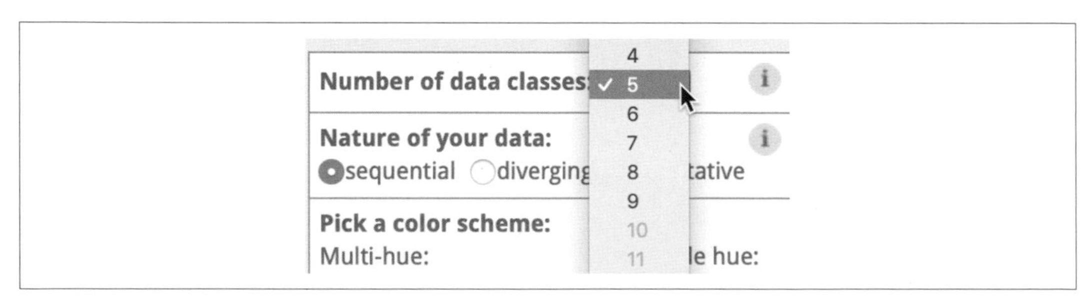

圖 7-10　如果選擇分階，那就實驗一下 ColorBrewer 的資料類數量和配色。

有些熱度地圖工具也讓你選擇如何對資料進行**插值**，這指的是對數字進行分組，以便在地圖上表示相似顏色。例如，取決於你選擇的是「steps」還是「continuous」，Datawrapper 會顯示兩組不同的插值選項下拉選單，如圖 7-11。

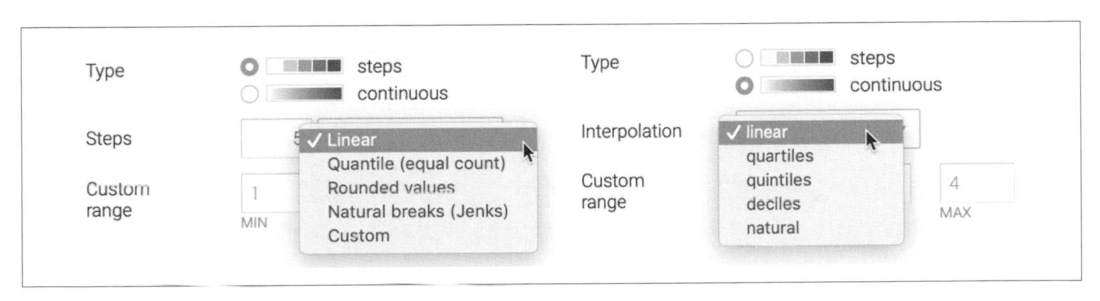

圖 7-11　Datawrapper 中 steps（左）和 continuous（右）的插值選項。

在選擇插值方法之前，先在 Google 試算表中製作直方圖，深入了解一下資料的分佈方式（請參見第 122 頁的「直方圖」）。你的直方圖是否在均值周圍均勻對稱分佈？還是偏向一側，某一邊的離群值尾巴比另一邊長？比較圖 7-12 中的簡化直方圖，這可能會影響你對插值方法的決定，如下所述。

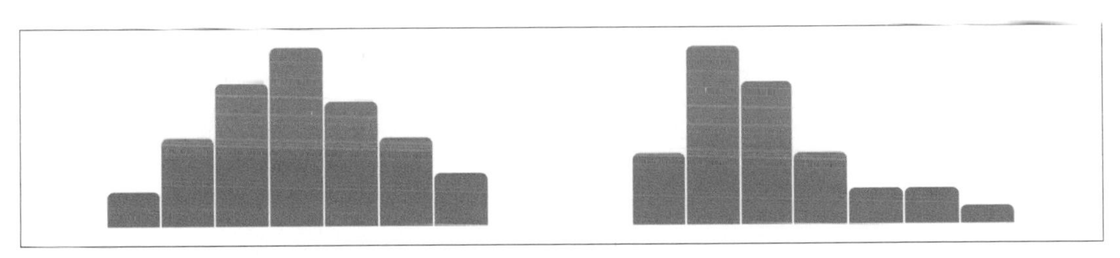

圖 7-12　分佈均勻的資料（左側）與偏斜資料的直方圖，其中一側的尾巴較長（右側）。

在這本入門書中，我們可以將最常見的插值選項分成三個基本類別：

Linear **線性的**

將資料值排成一直線，從最低到最高。當資料均勻分佈時，或者如果你希望引起觀眾對資料的低端和高端的注意，此方法最有效，因為淺色和深色會很醒目。

Quantile 分位數

將你的資料值分成相等數量的組。更具體地說，**四分位數**、**五分位數**和**十分位數**會將值分為等量的 4、5 或 10 組。當資料傾斜到一側時，此方法最有效，因為重新組合可以引起觀眾注意資料內部的多樣性，而不是極端情況。「Rounded values」（四捨五入後的值）類似分位數，但小數點會被四捨五入後的數字取代，對觀眾來說更易讀。

Natural breaks（*Jenks*）自然斷點分類

線性方法和分位數方法之間的折衷。它們會將接近的資料值歸類在同一組，並盡可能提高與其他組的差異。當你希望吸引觀眾對偏斜資料內部多樣性和極端情況的關注時，此方法可能最適合。

哪種插值方法最好呢？這沒有統一的設計規則，不過我們建議**不要**使用「Customize」在任意位置手動放置顏色間隔，因為這樣很可能會產生誤導性的地圖，正如第 14 章中將介紹的。我們最好的建議是嘗試使用不同的插值方法，尤其是在處理傾斜的資料時，以更加了解這些選項如何塑造你的熱度地圖外觀，以及你所講述的資料故事。

整體而言，Datawrapper 學院建議（*https://oreil.ly/L08bj*）選擇能夠充分利用範圍內的所有顏色來幫助讀者「查看資料中的所有差異」的顏色間隔，如圖 7-13 所示。換句話說，如果你的地圖僅顯示最亮和最暗的顏色，則你會無法充分利用顏色範圍的中間部分來凸顯資料中的地理圖案和多樣性。因此，你需要探索預設的地圖設定之外的內容，並測試哪些選項最能說明真實和有見解的資料故事。

設計真實而有意義的熱度地圖是頗具挑戰性的工作。如果你和我們一樣廣泛閱讀、檢視不同地圖，並測試各種方法來視覺化資料，就能提高自己的技能。進一步了解你對顏色間隔的決定，如何大幅改變資料呈現給讀者的方式。最重要的是，製作出將焦點放在故事和真實呈現資料的地圖。

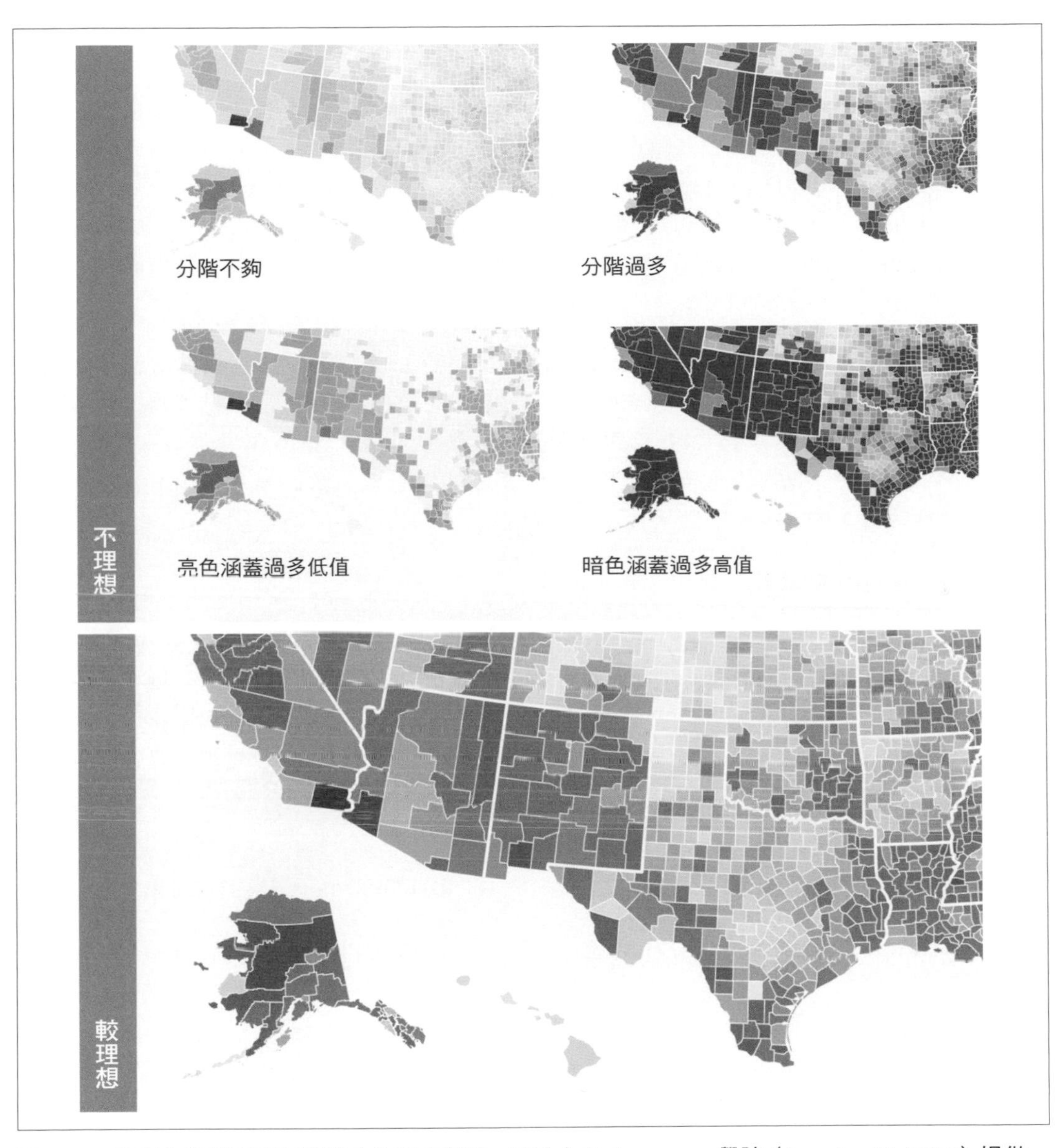

圖 7-13　使用全彩範圍顯示資料中的所有差異。圖片由 Datawrapper 學院（*https://oreil.ly/L08bj*）提供，經許可轉載。

正規化熱度地圖資料

我們在第 90 頁的「將資料正規化」單元中，介紹了正規化資料的概念。正規化指的是將使用不同尺度收集的資料調整為共用尺度，以進行更適當的比較。例如，比較人口差異很大的國家之間的 COVID-19 總確診數並沒有什麼意義，例如截至 2020 年 11 月 6 日止，在美國有 961 萬例（估計人口為 3.282 億），在比利時有 49 萬例（估計人口為 1150 萬）。更好的策略是透過比較人口比例確診（例如，美國每 10 萬人有 2,928 例，而比利時每 10 萬人有 4,260 例）對資料進行正規化，以校正人口差異。

如果你忘記對熱度地圖的資料進行正規化，因而顯示了原始統計數字而非相對值（例如人口百分比或比例），那麼通常最後會做出一張無意義的人口圖，而非你想要測量的現象。舉例來說，比較一下圖 7-14 中所示的兩個圖。它們都是截至 2020 年 6 月 26 日止的美國本土 COVID-19 確診數。左側的 (a) 顯示了每個州的已記錄確診總數，而 (b) 顯示了依據州人口調整的 COVID-19 確診數。較深的顏色表示較高的值。你是否注意到了空間模式的差異？

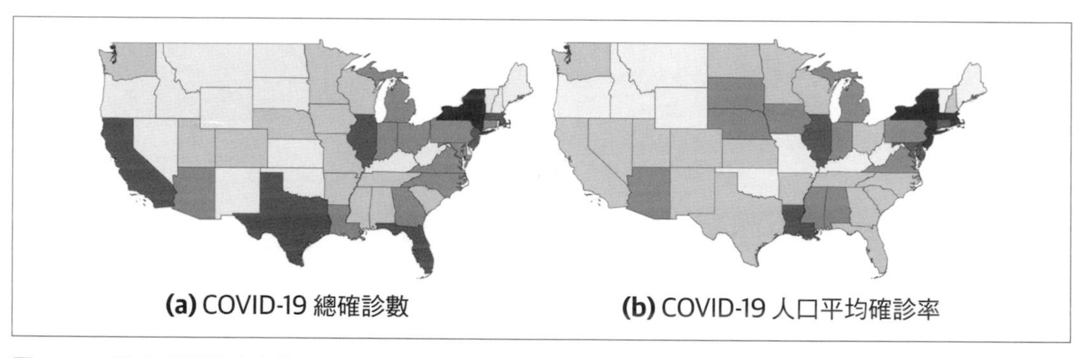

圖 7-14　熱度地圖最適合使用經過正規化的值。

這兩張地圖都顯示了《紐約時報》收集並發表在 GitHub（*https://oreil.ly/xvcXE*）上的 COVID-19 資料。在 (b) 的地圖中，我們依據 2018 年美國人口普查美國社區問卷（本書撰寫當下的最新資料），將確診總數除以每個州的人口，將數值做正規化處理。我們省略了圖例或其他重要的製圖元素，讓你能夠更專心解讀空間模式。在這兩種例子中，我們都使用 Jenks 自然斷點來做分類。

根據 COVID-19 總確診數的圖 7-14(a)，受災最嚴重的是哪些州？如果你熟悉美國地理環境的話，可以迅速看出是紐約州、紐澤西州、麻州，佛羅里達州、伊利諾州、德州和加州。其中有五個恰好是美國人口最多的州，因此 COVID-19 確診人數較多是有道理的。

那麼圖 7-14(b) 的狀況如何呢？你會看到，紐約和鄰州（包括紐澤西州和麻州）的人口平均確診率是目前為止最高的，這是我們在第一張地圖中看到的。但是你也可以看到，加州、德州和佛州受影響的程度小於左側地圖所顯示的程度。因此，人口平均確診率的地圖，更能說明紐約是美國發生 COVID-19 危機的第一個風暴中心。

現在，你對地圖設計中的關鍵原則和最佳實踐應該更加了解了。既然我們已經全面性介紹了互動式地圖（尤其是熱度地圖）的關鍵概念，接下來我們會將重點放在一系列推薦工具的實例教學上。在第 179 頁的「用 Google My Maps 製作點地圖」中，我們將在 Google My Maps 中製作帶有客製化圖示的點地圖，透過彈出視窗來顯示關於特定位置的資訊。在第 187 頁的「用 Datawrapper 製作符號點地圖」中，我們將在 Datawrapper 中製作符號點地圖，以大小不同的彩色圓圈來呈現特定城市的人口變化。本章的最後一個教學將回到熱度地圖的主題，在第 193 頁的「用 Datawrapper 製作熱度地圖」和第 202 頁的「用 Tableau Public 製作熱度地圖」中，比較這兩個工具。

用 Google My Maps 製作點地圖

大多數人都已熟悉 Google Maps，此線上地圖服務可以讓使用者尋找世界各地的位置和方向。在本單元中，你會學到 Google My Maps（*https://oreil.ly/JzQgg*），這是一個可以在 Google Maps 平台上顯示一系列地點的相關工具，可以讓使用者點按這些點來顯示更多資料，包括照片、網站或路線。你可以客製化點標記的顏色和圖示，而且你製作的所有地圖圖層內容都會儲存在你的 Google 雲端硬碟（*https://drive.google.com*）中，讓你可以進行編輯並與他人協作。雖然「Google My Maps」的功能有限，但它是一個容易上手的工具，可製作基本的互動式點地圖，以及簡單的折線和多邊形圖。最後，你可以共用地圖的公開連結或將它嵌入到網站中，這個步驟在第 9 章中會有詳細介紹。

在本單元中，我們將使用兩組不同樣式的標記和一個客製化照片圖示，來製作北美博物館和公園的點地圖。當使用者點按其中一個標記時，額外的文字、連結和影像將出現在彈出視窗中，如圖 7-15 所示。

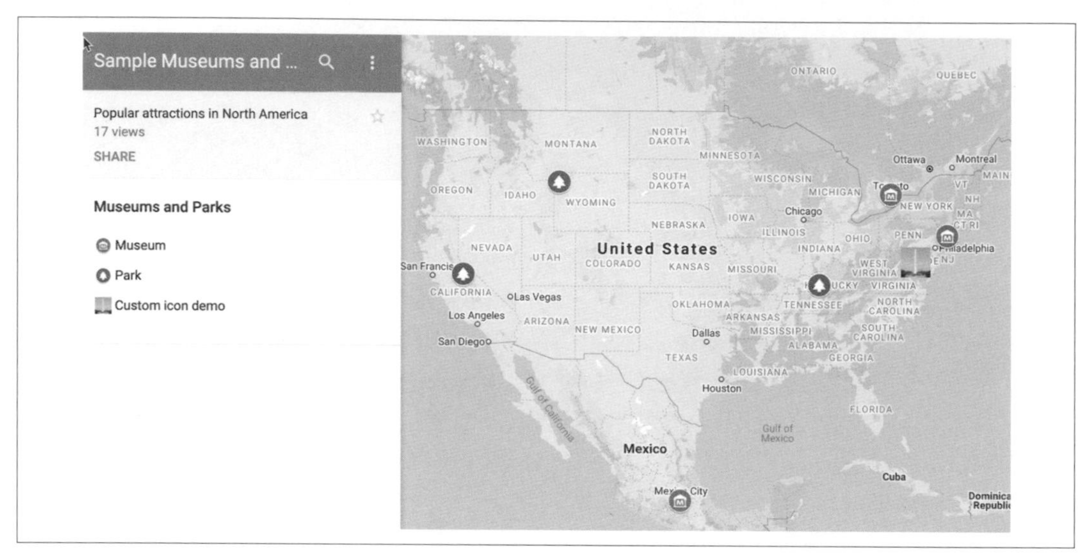

圖 7-15　使用 Google My Maps 製作的公園和博物館的點地圖；瀏覽互動式版本（*https://oreil.ly/xY0HV*）。

若要使用客製化圖示製作自己的互動式點地圖，請跟著以下教學進行：

1. 在 Google 試算表中打開「公園和博物館」資料（*https://oreil.ly/kgqRw*），此資料包含了北美的六個熱門地點。每行有一個 Group、Name、Address 和 URL。登入你的 Google 帳戶，然後到「File」>「Make a copy」來製作可以在 Google 雲端硬碟中編輯的版本。

2. 打開 Google My Maps（*https://oreil.ly/mLeh3*）。點按左上角的「Create a New Map」按鈕。這會製作一張有熟悉的 Google Maps 樣式的空白地圖。

3. 點按目前「Untitled map」標題，然後輸入新的地圖標題和描述。

4. 要將資料加到地圖上，請點按「Untitled layer」項目下的「Import」。

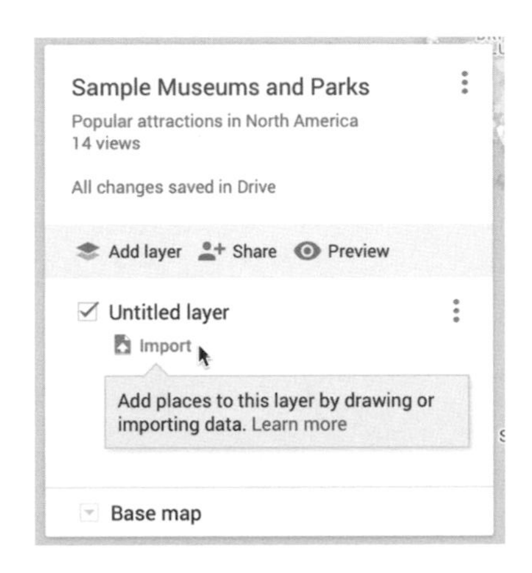

5. 在「Choose a file to import」畫面中，有幾種上傳資料的方法。由於我們的範例資料已經採用了 Google 雲端硬碟，請選擇它，然後選擇「Recent」，找出你儲存到 Google 雲端硬碟上的 *Museums and Parks* 檔案。按「Select」。

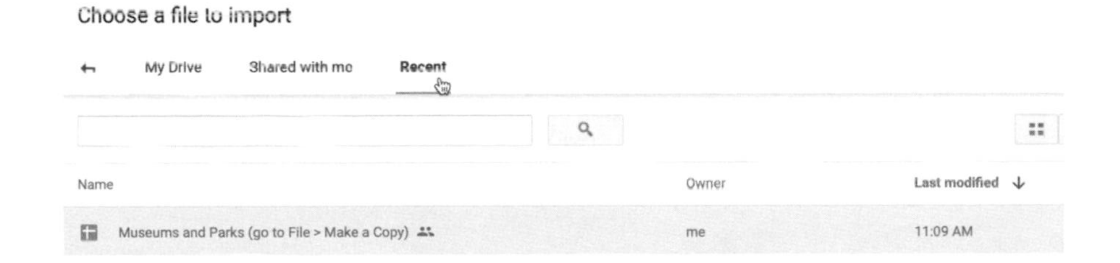

6. 在「Choose columns to position your placemarks」畫面中，選擇「Address」欄以將點資料放置在地圖上。點按「Continue」。

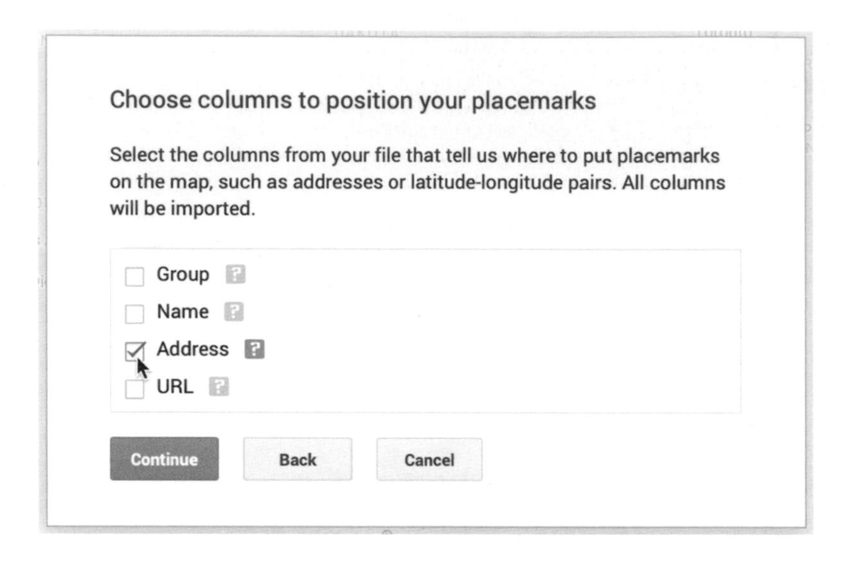

如果你的地址被分成好幾欄，例如門牌街道、城市、州、郵政編碼等，你可以勾選多個框。此外，如果你的點資料已經過地理編碼，就可以上傳緯度和經度，例如 `41.76, -72.69`。

7. 在「Choose a column to title your markers」視窗中，選擇「Name」欄做為點標記的名稱。然後點按「Finish」。

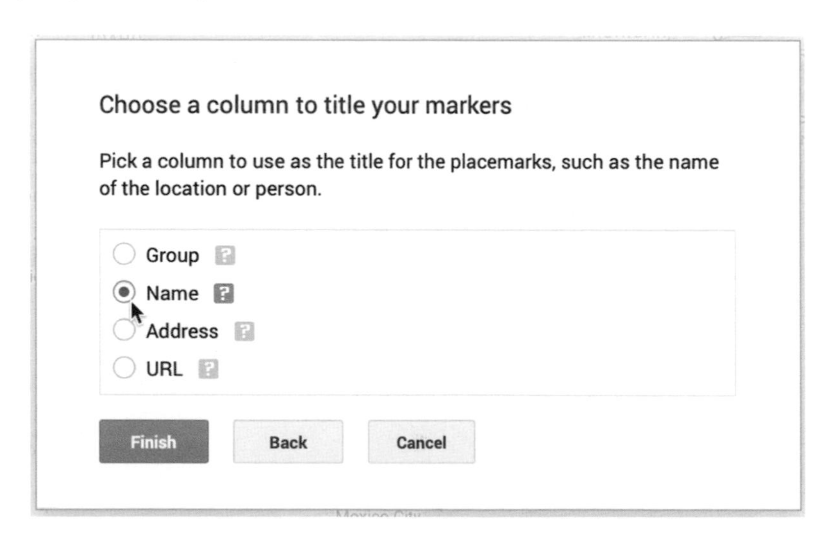

正如我們在第 23 頁「Google 試算表中的地理編碼地址」單元討論過的，Google My Maps 會自動對你的地址資料進行地理編碼，並使用它預設的藍色標記來顯示，且將地圖對齊中心點來囊括所有的點。

8. 點按「Museums and Parks⋯」層旁邊的三點選單下的「Rename」來縮短其名稱，因為在預設情況下，它會匯入檔案的全名。

9. 因為地圖中包括博物館和公園兩大類，所以我們為每一類製作了客製化的顏色標記，以取代預設的藍色標記。點按「Individual styles」，然後在「Group places by」下拉列表中，將值更改為「Style data by column: Group」。會出現此選項是因為我們在設定樣本資料時，特別為博物館和公園製作了「Group」欄。點按右上角的 X 關閉此視窗。

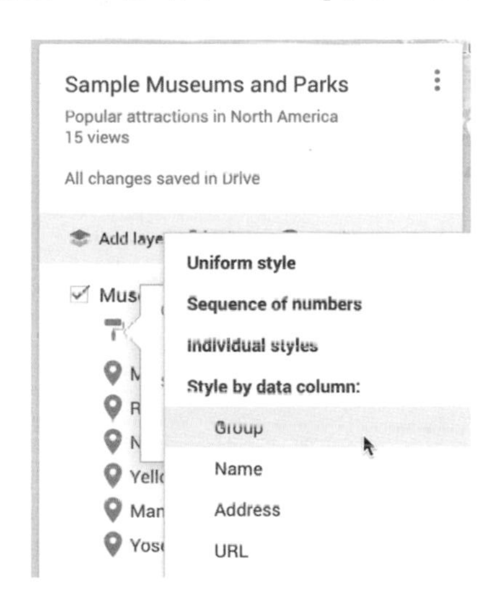

10. 在「Styled by Group」下，將游標懸停在「Museum」上，以顯示儲存桶的樣式符號，然後點按它。

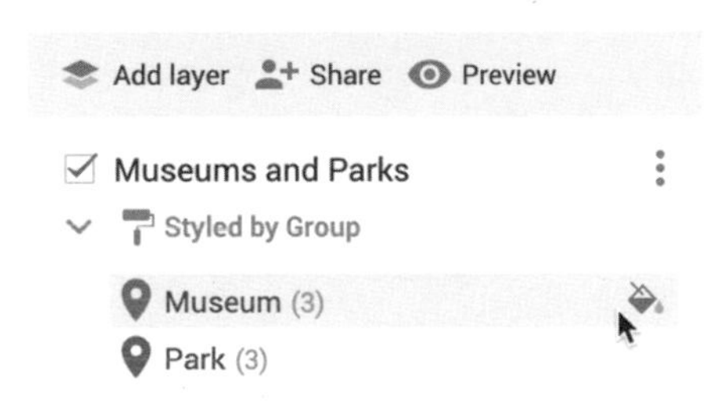

11. 為博物館指定新的顏色，然後點按「More icons」來尋找一個更合適的點標記符號。

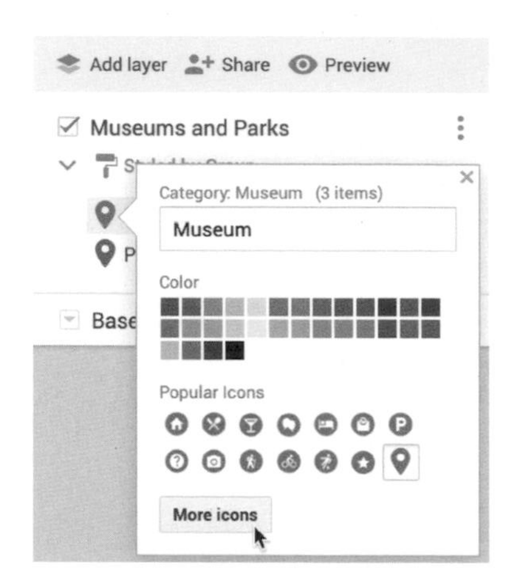

12. 在「Choose an icon」畫面中，使用右上角的「Filter」欄位來搜尋圖示類型的名稱，例如「museum」。對「Parks」也重複此流程。

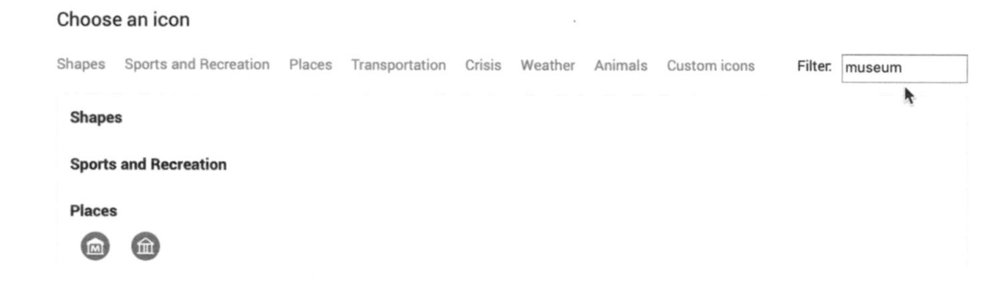

13. 在「Choose an icon」畫面中，你可以點按左下角的「Custom icon」按鈕來上傳影像，這個影像就會被轉換成縮圖圖示。此客製化圖示是依據華盛頓紀念碑的 Wikimedia 影像（*https://oreil.ly/QjQ1x*）製作的。

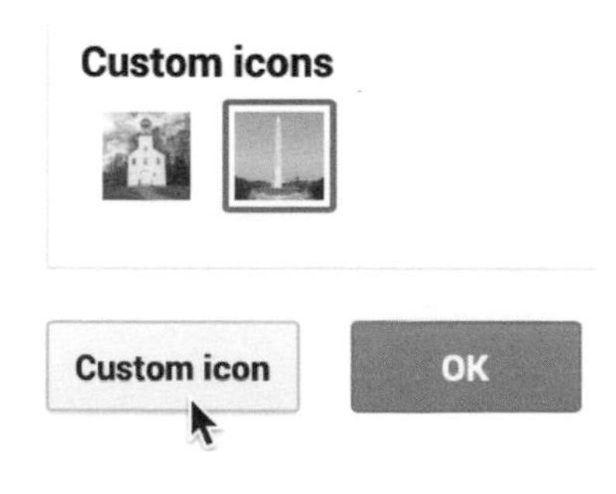

14. 點按任何地圖標記來編輯其資料、插入照片以顯示在彈出視窗中，或加上 Google Map 路線。這張照片是來自大都會藝術博物館的 Wikimedia 影像（*https://oreil.ly/5pAZe*）。但是，你必須手動加上照片或路線，因為這些連結無法預載至資料試算表中。

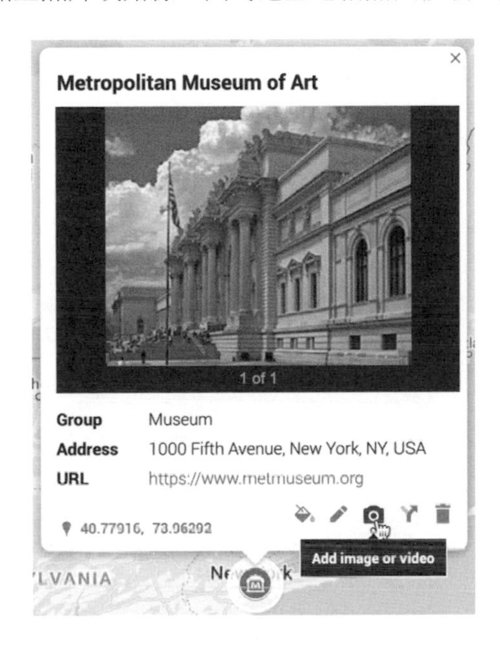

15. 你可以將底圖的樣式更改為 Google 提供的九個不同版本之一。為底圖背景和標記圖示選擇高對比度的顏色。

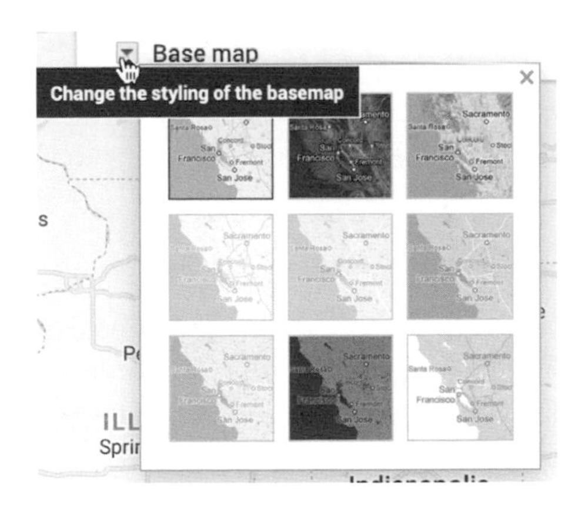

16. 在地圖頂端，會有手動加上更多點標記、畫線、新增路線，或測量距離的按鈕。但是 Google My Maps 對多線段和多邊形的支援有限，而且無法輕易製作出使用彩色邊界代表資料值的熱度地圖。

17. 點按 Preview 來檢視地圖顯示在別人眼中的樣子。完成地圖編輯後，點按地圖標題和描述下方的「Share」，然後在下一個視窗中，確認「Enable link sharing」已開啟，然後將產生的連結複製下來。你可以與任何人共用連結，無論對方有沒有 Google 帳戶。如果需要的話，也可以選擇將地圖公開顯示在網路搜尋結果中。

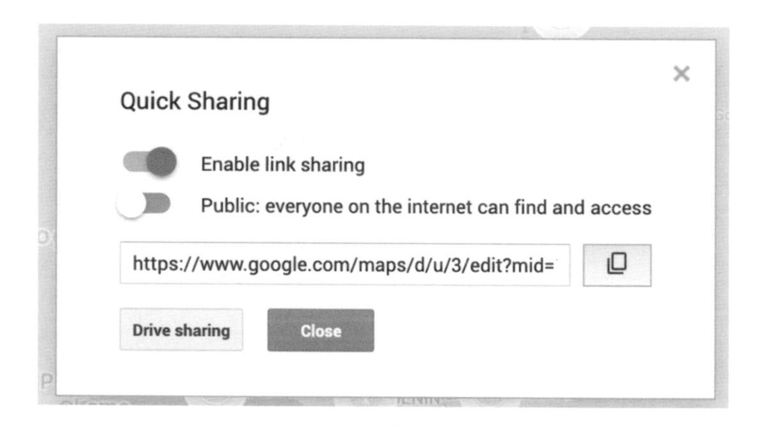

18. 如果你希望將地圖以 iframe 方式嵌入網頁中，請點按地圖標題右側的三點選單，然後選擇「Embed on my site」。這會產生一段 HTML 嵌入程式碼，在第 9 章中會有說明。
19. 如果你希望未來能夠編輯此地圖，在登入 Google 帳戶後可以透過兩種方式進行存取。一種是打開 Google My Maps 平台來查看所有地圖。第二種方法是到 Google 雲端硬碟，然後搜尋關鍵字 Google My Maps。當你使用 Google 試算表中的資料製作了一張 Google My Maps 時，我們會建議你將「My Maps」和試算表檔案儲存在 Google 雲端硬碟的同一檔案夾中，方便未來更輕鬆地進行編輯。

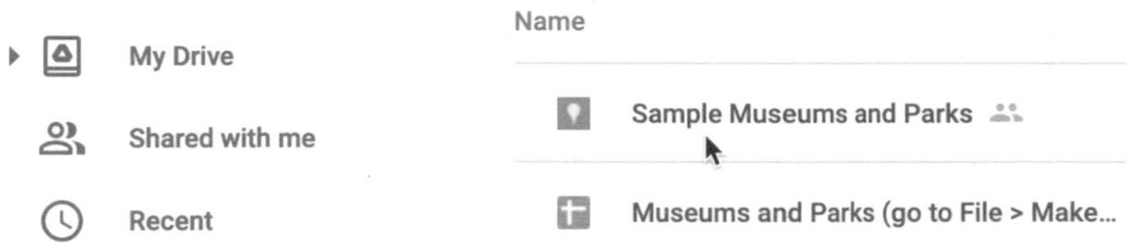

My Drive
Shared with me
Recent

Name
Sample Museums and Parks
Museums and Parks (go to File > Make...

Google My Maps 是很好的學習互動式地圖（尤其是帶有客製化圖示的點地圖）的第一個工具。如果需要的話，你可以設計具有點、多線段和基本多邊形的多圖層地圖。但是，整體的地圖設計和功能僅限於 Google My Maps 平台提供的功能。請到 Google My Maps 支援頁面（*https://oreil.ly/5T_at*）上了解更多資訊。

在下一單元中，我們將探討如何使用 Datawrapper 來製作符號點地圖，其中每個圓形（或其他形狀）的大小和顏色，代表了該特定點的資料值。

用 Datawrapper 製作符號點地圖

我們在第 131 頁「Datawarpper 圖表」中，首度介紹了免費又易上手的 Datawrapper 工具。它還提供了強大的功能，可以製作具有專業外觀之設計元素的各種類型的地圖。使用 Datawrapper，你可以立即在瀏覽器中開始工作，無需任何帳戶，除非你希望在線上儲存和共用你的成果。

在本單元中，你會學到如何製作符號點地圖。與第 179 頁「用 Google My Maps 製作點地圖」的基本點地圖不同，符號點地圖透過大小或顏色變化的形狀，顯示特定位置的資料。在圖 7-16 中，範例的符號地圖透過點位置顯示了美國三百個主要城市的人口變化，其中內含兩個變數：圓圈大小（2019 年的人口規模）和圓圈顏色（自 2010 年以來的百分比變化）。請記住，我們使用**點**資料來製作符號地圖，但是使用**多邊形**資料來製作熱度地圖，你會在以下各單元中學到如何製作它們。在第 9 章中，我們將說明如何將你的互動式 Datawrapper 地圖嵌入到網頁中。

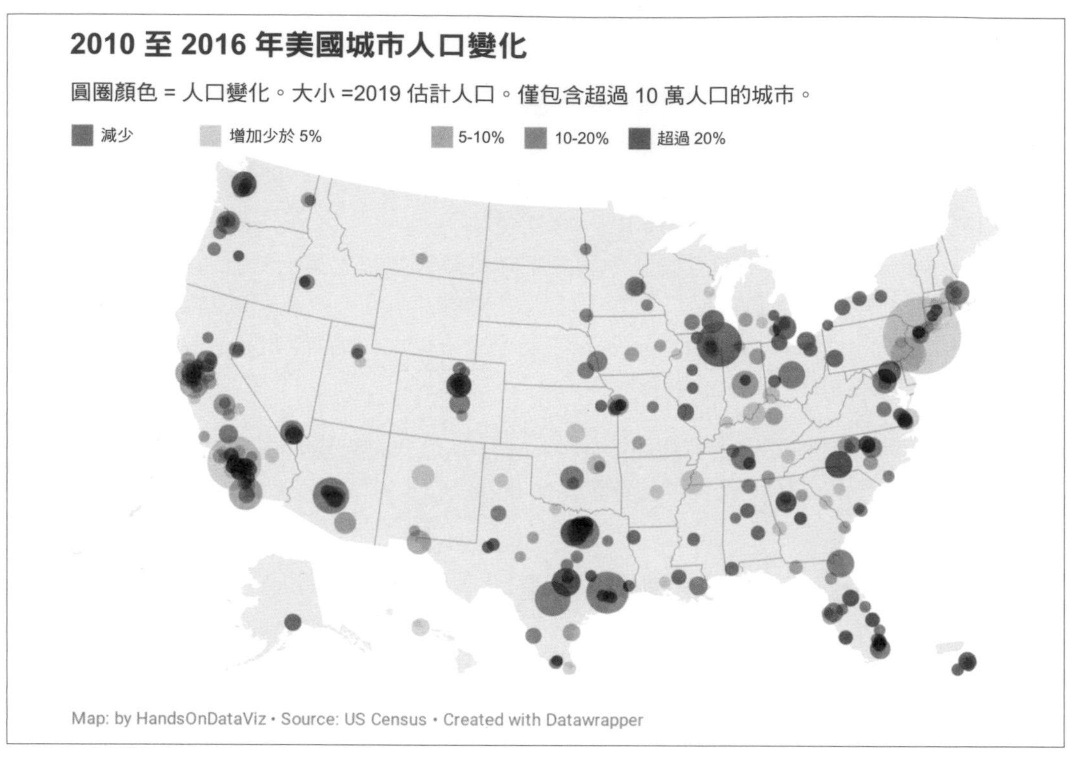

圖 7-16　使用 Datawrapper 製作的美國城市人口成長的符號點地圖；瀏覽互動式版本（*https://datawrapper.dwcdn.net/V0V9Y*）。

Datawrapper 將製作地圖的過程分為四個步驟：選擇地圖、加入資料、視覺化，以及發佈和嵌入。要製作自己的符號點地圖，請跟隨以下教學：

1. 在 Google 試算表中打開「US Cities Population Change 2010-2019」資料（*https://oreil.ly/Qkrue*）。閱讀裡面的 notes 來了解其來源和一些資料問題。我們從美國人口普查網站（*https://oreil.ly/qGMru*）下載了 2010-2019 年的城市人口資料。但是在這段時間內，有些城市與外圍區域重新整合或合併，使它們的人口資料隨著時間發生了變化。另外也請留意，我們也包括了華盛頓特區（一個不屬於美國任一州的主要城市），和波多黎各的五個主要城市（不是州，而是美國領土，其居民為美國公民）的資料，因此我們會在下方選擇一個適當的地圖，以將它們包含在內。

好的地圖通常會需要清除混亂的資料，如第 4 章中所述。在試算表中，我們將原始列表縮小到大約 300 個城市（在 2010 年或 2019 年時居住人口超過 10 萬人）。此外，為了讓 Datawrapper 正確識別**地名**，我們將**城市**和州合併為一欄，以提高地理編碼的準確性。請到 Datawrapper 學院（*https://oreil.ly/pxFEr*）了解更多關於地名地理編碼的資訊。此外，我們新增了名為「Percent Change」的一欄，此欄的計算方式為 `(2019 - 2010) / 2010 × 100`。

2. 在 Google 試算表中，到「File」>「Download」，然後選擇 CSV 格式將資料儲存到你的電腦上。

3. 打開 Datawrapper，點按「Start Creating」，接著點按「New Map」然後選擇「Symbol map」。

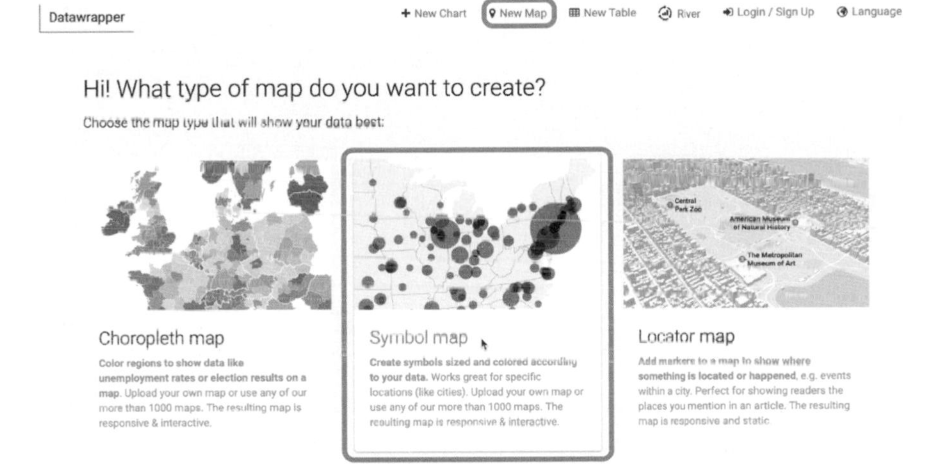

4. 在「Select your map」畫面中，搜尋「USA」>「States and Territories」來囊括 Puerto Rico，而不是顯示在列表頂端附近的「USA」>「States」選項。進入下一個畫面。

5. 在「Add your data」畫面中，點按「Import your dataset」。在下一個視窗中，點按「Addresses and Place Names」按鈕，讓 Datawrapper 明白我們組織資料的方式。在「Import」視窗中，點按「Upload a CSV file」，然後選擇先前下載的檔案。

6. 在「Match your columns」畫面中，選擇「City-State」欄為「Matched as Address」，然後向下捲動點按「Next」。在接下來的畫面中，點按「Go」，在下一個畫面中檢視地圖上顯示的地理編碼資料。

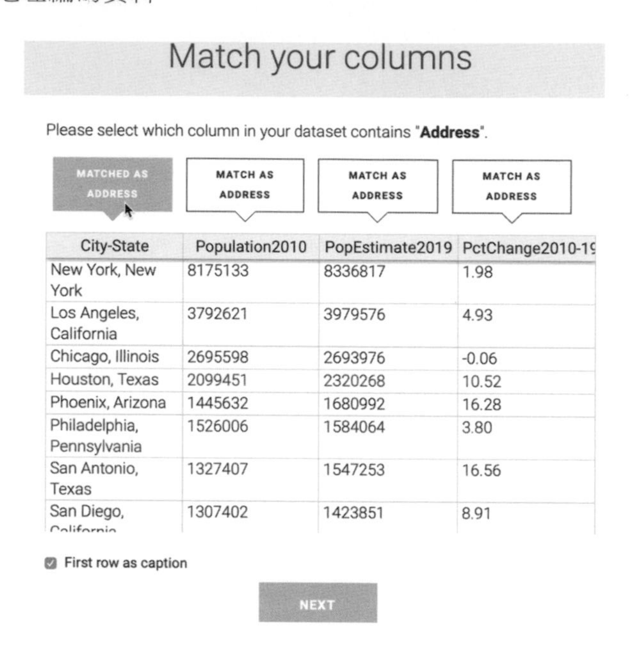

7. 點按「Visualize」來「Refine」你的地圖。我們的目標是顯示兩個變數：2019 年人口為圓圈大小，百分比變化為圓圈顏色。在「Symbol shape and size」下，選擇圓形符號，依據「Pop Estimate 2019」設定大小，最大為 25 像素。在「Symbol colors」下，選擇「Percent Change 2010-2019」欄。

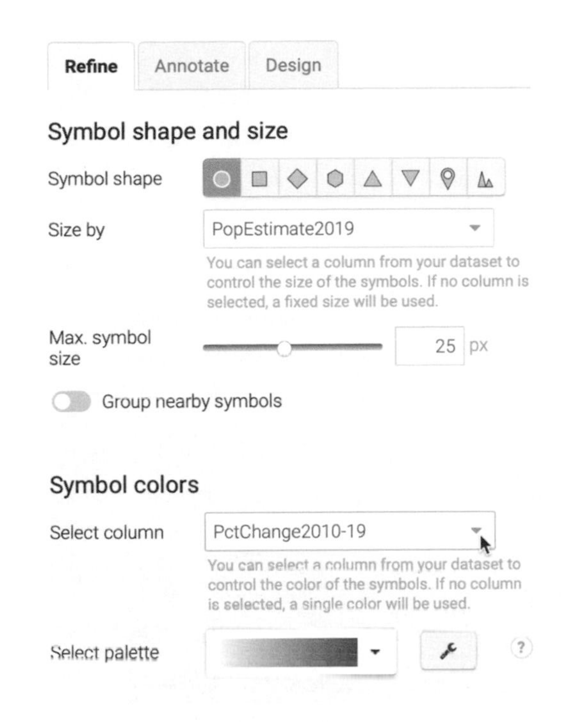

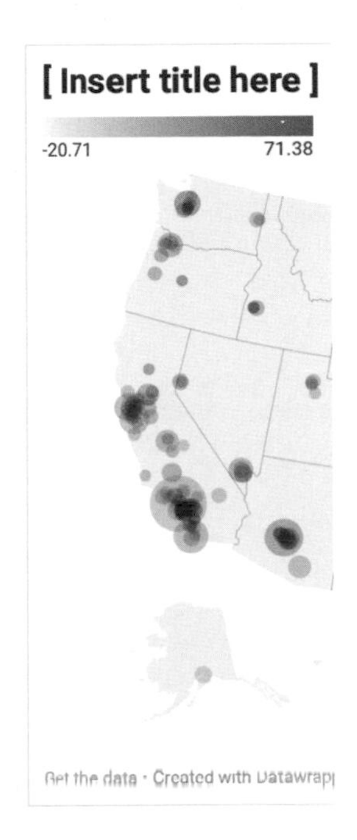

8. （以下為選擇性的）若要客製化配色和間隔來配合我們的範例，請點按配色旁邊的扳手符號。點按「Import colors」，然後在這裡貼上 ColorBrewer 列出的五個十六進制程式碼，如我們在第 169 頁的「設計熱度地圖的顏色和間隔」中所述。第一個程式碼是深粉紅色，接著是四個順序的綠色：`#d01c8b,#bae4b3,#74c476,#31a354,#006d2c`。

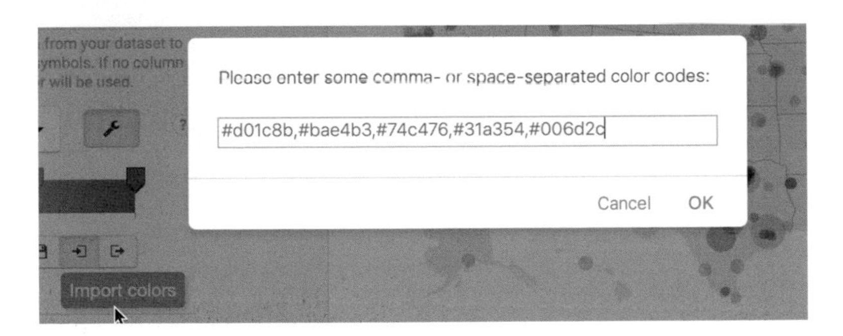

9. 若要繼續客製化間隔以配合我們的範例，請將 steps 設定為 5，然後點按「Custom」。為低於 0%（亮粉紅色）、0% 至 5%（淺綠色）等等手動輸入客製化間隔。點按「More options」，然後在「Legend」下，將「Labels」更改為「custom」，然後點按每個項目來編輯顯示在地圖選單上的文字。請至 Datawrapper 學院關於客製化符號製圖的文章中（*https://oreil.ly/0ajde*），了解更多關於這些選項的資訊。

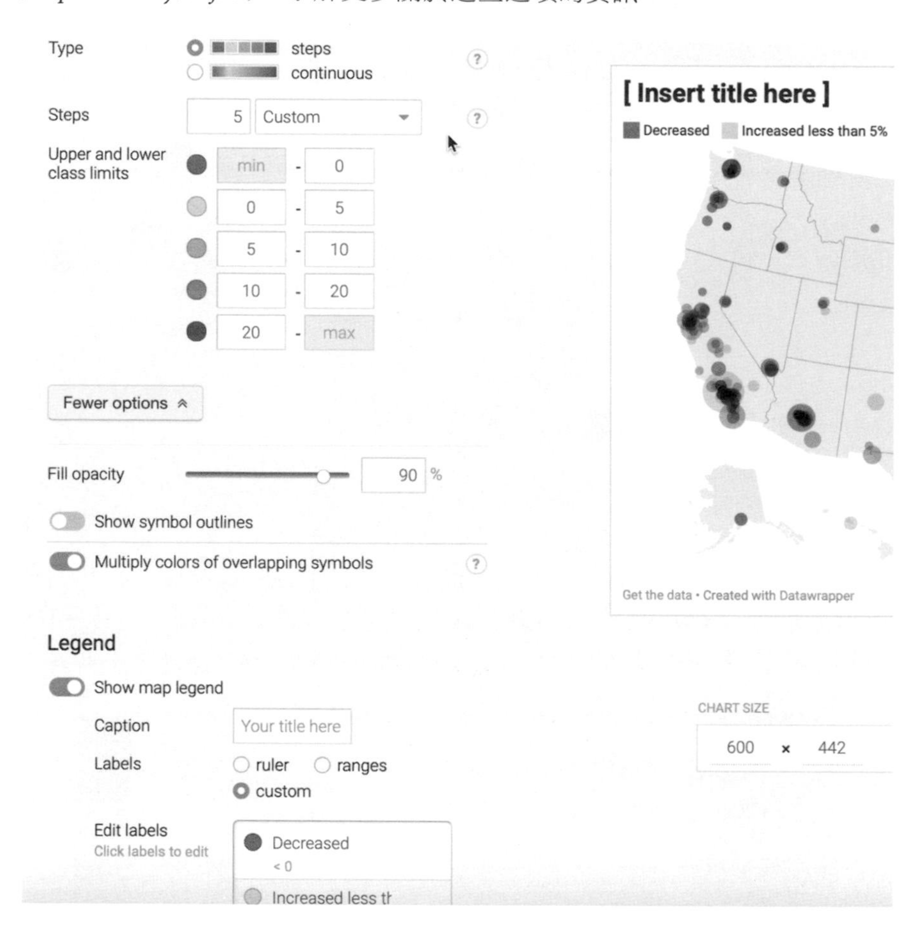

10. 在「Visualize」畫面下，點按「Annotate」以插入標題、來源備註、製作者，並依據 Datawrapper 學院（*https://oreil.ly/Um9B6*）的說明來客製化工具提示。

11. 點按「Proceed」，或前進到「Publish & Embed」畫面來與他人共用你的作品。如果你登入了你的免費 Datawrapper 帳戶，你的工作將自動線上儲存在畫面右上角的「My Charts」選單中。此外，你可以點按藍色的「Publish」按鈕來產生程式碼，將互動式地圖嵌入到你的網站中，在第 9 章中將會介紹。此外，如果你想共用自己的圖表，允許其他 Datawrapper 使用者修改和重用以擴大共用你的成果，你可以選擇「add your chart to River」。此外，向下捲動到底部並點按「Download PNG」來匯出地圖的靜態影像。其他的匯出和發佈選項需要付費的 Datawrapper 帳戶才能使用。或者，假如你不想註冊帳戶的話，可以輸入電子郵件來接收嵌入程式碼。

若需其他幫助和選項，請參閱 Datawrapper 學院上關於符號地圖的支援頁面（*https://oreil.ly/yTWkB*）。

現在你已了解如何使用 Datawrapper 製作符號點地圖了，在下一單元中，我們將以這個技能為基礎，使用此工具來製作熱度地圖。

用 Datawrapper 製作熱度地圖

讓我們從點地圖轉移到多邊形圖上。你已經學到如何使用 Datawrapper 設計圖表（請參見第 131 頁的「Datawrapper 圖表」）和符號地圖了（請參見圖 7-16），因此讓我們用這個工具來製作一張看起來像彩色多邊形的熱度地圖。熱度地圖將多邊形上色來表示資料值，最適合顯示地理區域內的模式。Datawrapper 提供了廣泛的常用地理疆界，包括世界區域、州和省，以及美國的六角格圖（變量圖「cartogram」）、郡、選舉區，和人口普查區。

在這個單元中，你將會使用 Zillow 房價指數（*https://oreil.ly/HsLuZ*）來製作 2020 年 8 月美國各州典型房價的熱度地圖，如圖 7-17。此指數反映了單戶住宅、公寓和合作公寓的典型房價（也就是在第 35 至 65 百分位範圍，接近中位數的房價），並經過平滑化和季節性調整。

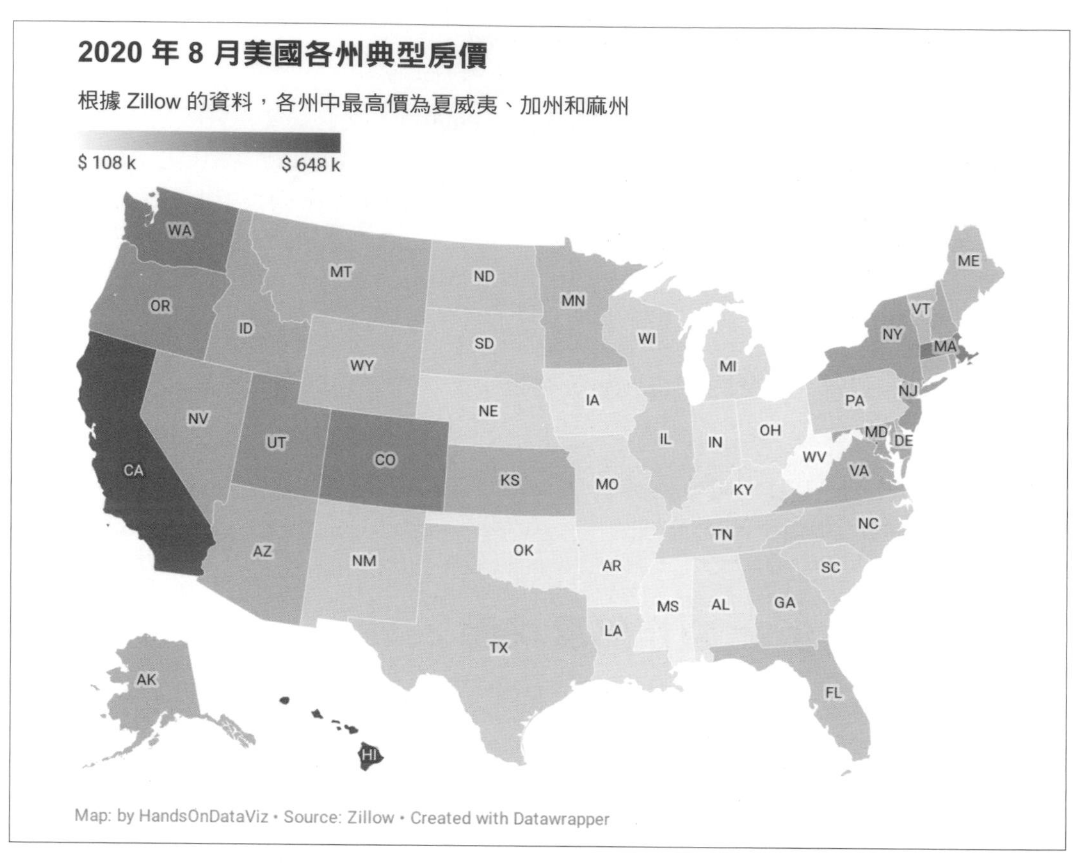

圖 7-17　使用 Datawrapper 製作的 2020 年美國各州房價的熱度地圖；瀏覽互動式版本（*https://oreil.ly/B9XlT*）。

Datawrapper 將製作地圖的過程分為四個步驟：選擇地圖、加上資料，視覺化，以及發佈和嵌入。要製作自己的熱度地圖，請跟隨以下教學：

1. 在 Google 試算表中開啟我們從 Zillow 網站（*https://oreil.ly/HsLuZ*）下載的房價指數資料（*https://oreil.ly/bFKT3*）。閱讀 notes 以了解其來源和定義。

好的地圖通常需要清理凌亂的資料，如第 4 章中所述。在試算表中，我們刪除了 2019 年 8 月和 2020 年 8 月之外的所有欄，並插入了「Percent Change」欄，計算方式為：`(2020 - 2019) / 2019 × 100`。此外很幸運的是，Datawrapper 能夠輕鬆識別美國各州的名稱和縮寫。

2. 在 Google 試算表中，到「File」>「Download」，然後選擇 CSV 格式，將資料儲存到本地電腦。

3. 打開 Datawrapper（*https://datawrapper.de*），點按「Start Creating」，然後點按「New Map」，然後選擇「Choropleth map」。製作地圖不需要登入，但是你應該註冊一個免費帳戶，以便儲存你的工作並在線上發佈地圖。

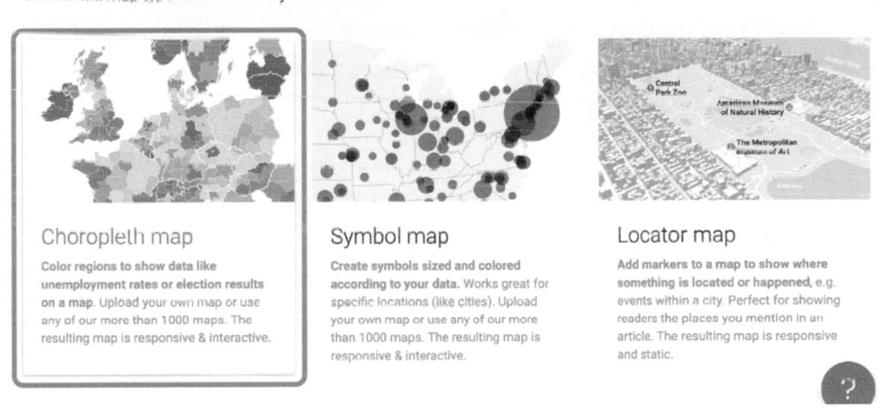

4. 在「Select your map」畫面中，選擇你的地理邊界。在這個例子中，請搜尋並選擇「USA」>「States and Territories」以包括華盛頓特區的資料（它並非一個州），然後點按「Proceed」。

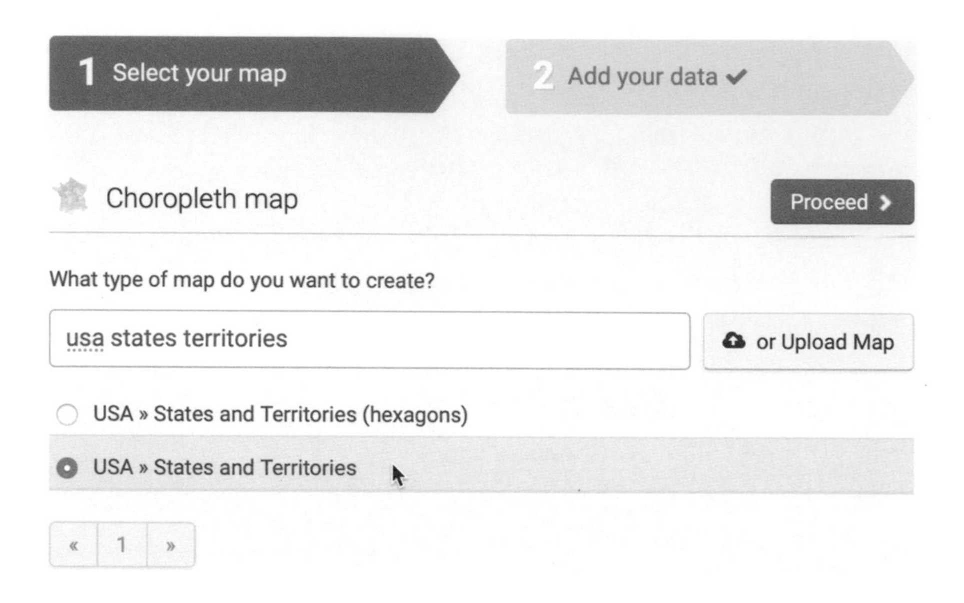

如果 Datawrapper 沒有列出你喜歡的地圖輪廓，你可以上傳自己的 GeoGIS 或 TopoJSON 格式的客製化地理資料。第 340 頁的「地理空間資料和 GeoJSON」會有更多資訊。

5. 在「Add your data」畫面中，你可以手動輸入每個區域的資料，如果只有幾個州就無妨，但 50 個州就太多了。替代方案是向下捲動至「add data」表下方，然後點按「Import your dataset」。

Import your dataset

Datawrapper 會說明，將資料上傳到「USA」>「States and Territories」時，你的資料必須包含以下幾欄其一[3]：

- 名稱，例如 `California`。
- FIPS 碼，這是美國聯邦資訊處理標準的美國各州和較小地理區的數字程式碼，加州是 `06`。
- ANSI 碼，這是美國國家標準協會的美國各州和較小地理區的字母或數字程式碼，加州是 `CA`。

3 請至美國人口普查局了解關於 ANSI 和 FIPS 程式碼的更多資訊（*https://oreil.ly/wZxzQ*）。

代碼因地圖類型而異。例如，世界地圖可能會接受國家名稱（拼寫不同）或 ISO 的三字母碼（*https://oreil.ly/-9U-k*）。若要檢視所選地理位置的所有代碼，在 Datawrapper 中返回上一個畫面，然後選擇「Geo-Code」下拉選單。如有必要，你可以將名稱及其代碼複製並貼到試算表中來準備你的資料。請到 Datawrapper 學院（*https://oreil.ly/pxFEr*）了解更多關於地名地理編碼的資訊。

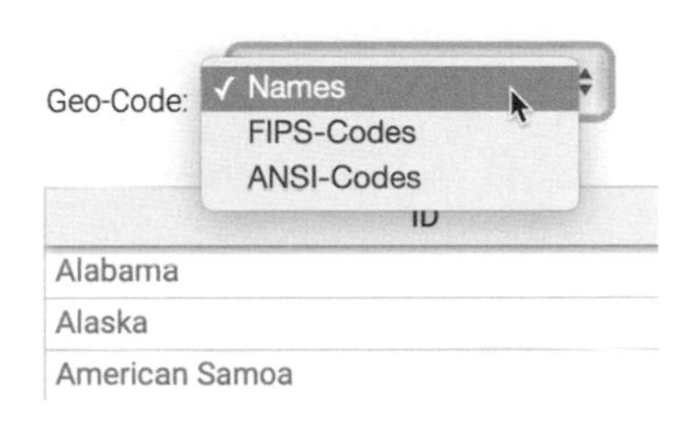

6. 因為我們的資料同時內含名稱和 ANSI 碼的欄，所以繼續並點按「Start Import」。
7. 在「Import your dataset」畫面上，我們建議你點按「upload a CSV file」，然後選擇你在步驟 2 下載的檔案，而非貼上資料。
8. 在「Match your columns」畫面中，點按與 ANSI 碼相同的欄。你可能需要稍微向下捲動以便點按「Next」，然後點按「Continue」。

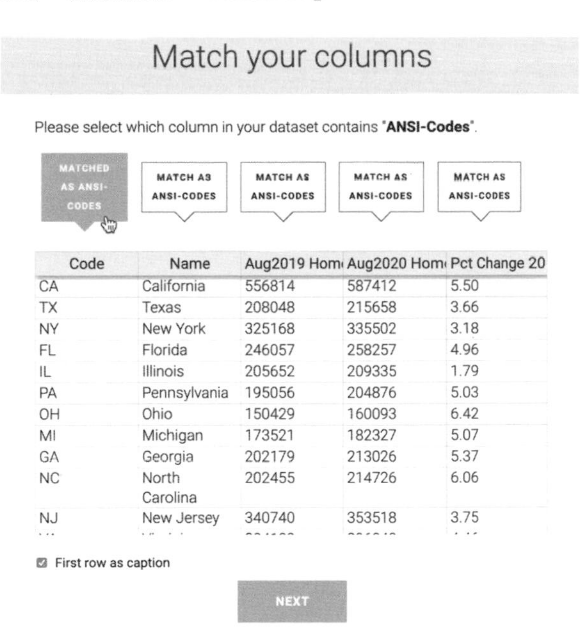

Code	Name	Aug2019 Hom	Aug2020 Hom	Pct Change 20
CA	California	556814	587412	5.50
TX	Texas	208048	215658	3.66
NY	New York	325168	335502	3.18
FL	Florida	246057	258257	4.96
IL	Illinois	205652	209335	1.79
PA	Pennsylvania	195056	204876	5.03
OH	Ohio	150429	160093	6.42
MI	Michigan	173521	182327	5.07
GA	Georgia	202179	213026	5.37
NC	North Carolina	202455	214726	6.06
NJ	New Jersey	340740	353518	3.75

9. 進入下一個畫面，選擇你最初希望對應的資料值欄，然後點按「Matched as values」。在本教學中，請選擇「Aug2020 Home Values」，向下捲動以點按「Next」，然後依序點按「Go」和「Proceed」。你可以在後續的步驟中對應其他資料值。

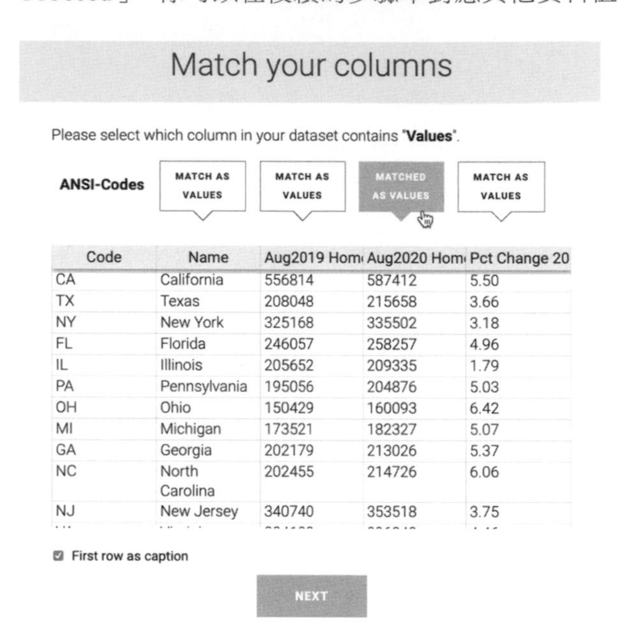

10. 在「Visualize」畫面的「Refine」下，點按配色旁邊的扳手符號以查看預設地圖設定。不要盲目接受預設地圖，但這是一個好的起點，並且是探索因素如何影響其外觀的好地方。

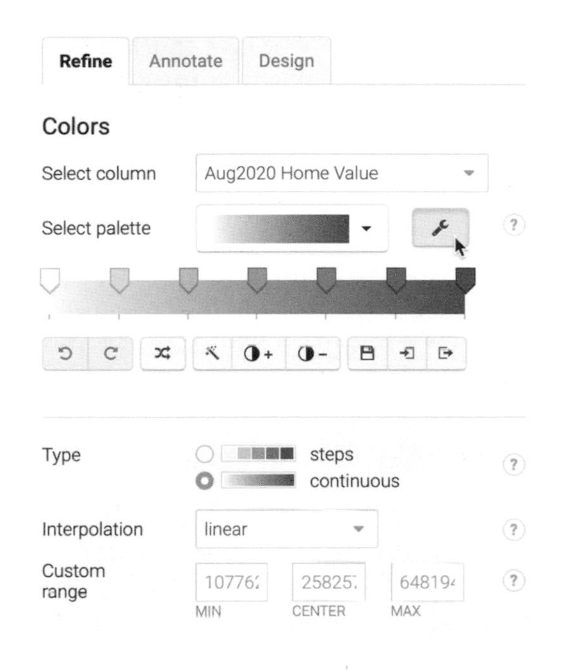

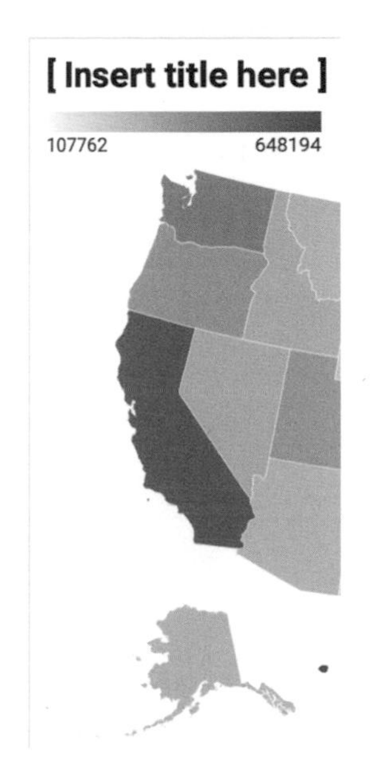

讓我們回顧一下第 169 頁上的「設計熱度地圖的顏色和間隔」中，首次介紹的關鍵概念。預設地圖顯示了具有線性插值的綠色到藍色連續配色，這代表原始值沿直線分佈在尺度上。這些顏色和間隔對於強調低端和高端之極端的資料故事效果更好。

11. 在「Refine」中，嘗試使用不同類型的插值，更改值分配給顏色的方式。例如，從 *linear* 更改為 *quartiles*，就會使資料分組為四個大小相等的組。這張地圖更適合強調地理多樣性的資料故事，因為我們看到中間範圍的州當中，存在更多的對比。

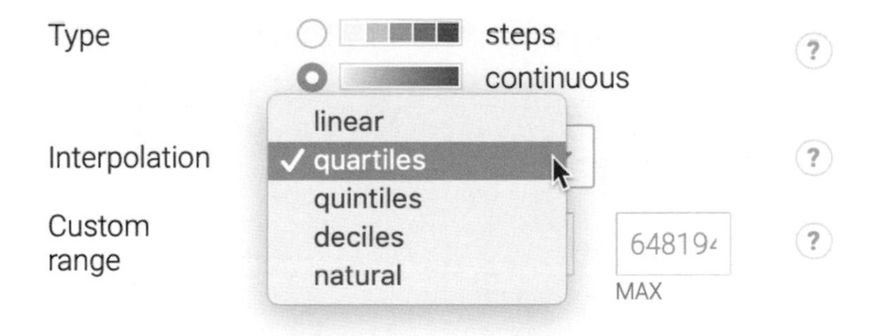

12. 試用其他顏色、間隔和資料欄。將配色從**順序型**顏色更改為**發散型**顏色，這會使中間範圍顯示中性色，在極端顯示兩種深色。將「continuous」的漸變更改為「steps」，然後選擇不同間隔數量。因為全國各地的房價差異很大，所以將資料欄更改為「Pct Change 2019-20」將熱度地圖正規化，如第 178 頁的「正規化熱度地圖資料」中所述。舉例來說，請參考以下 2019 年至 2020 年房價變化百分比的地圖，它有紅至藍的發散型配色，分為五階，以及四捨五入的數值。

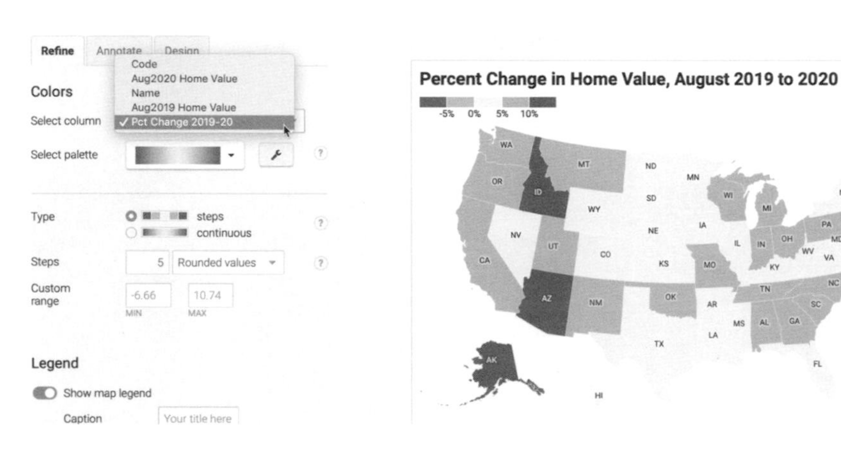

什麼樣的資料欄、顏色和間隔可以做出最佳地圖？這沒有簡單的答案，因為製作真實有意義之地圖的方法不只一種。但是請牢記兩個原則。首先，請確認你誠實呈現了資料，沒有隱藏或掩蓋。其次，因為設計決策會強調對資料的不同解讀，請思考一下你認為重要的資料故事。請查閱第 169 頁「設計熱度地圖的顏色和間隔」的指南。

在發佈並分享地圖之前，讓我們繼續完成地圖的標籤和樣式：

13. 在「Refine」下，客製化圖例格式。例如，為了將長的數值（例如 107762）轉換為縮寫的貨幣（$ 108 k），我們要選擇「custom forrmat」並插入代碼 **`($ 0 a)`**。請到 Datawrapper 的 numerical.js 說明文件連結（*https://oreil.ly/nFKBR*）了解更多關於 Datawrapper 客製化格式的資訊。

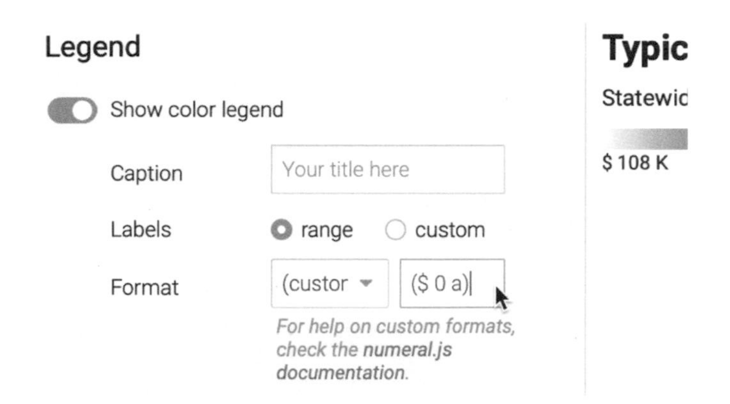

14. 在「Annotate」下，加上標題、描述和資料來源，以增加工作的可信度。你還可以加上地圖標籤和客製化的工具提示，當讀者將游標懸停在各州上方，就會出現這些提示。要編輯工具提示，最簡單方法是點按藍色欄位的名稱，或利用它的下拉選單，使正確的代碼出現在雙大括號中。請到 Datawrapper 學院（*https://oreil.ly/HV1MU*）了解更多關於工具提示客製化的資訊。

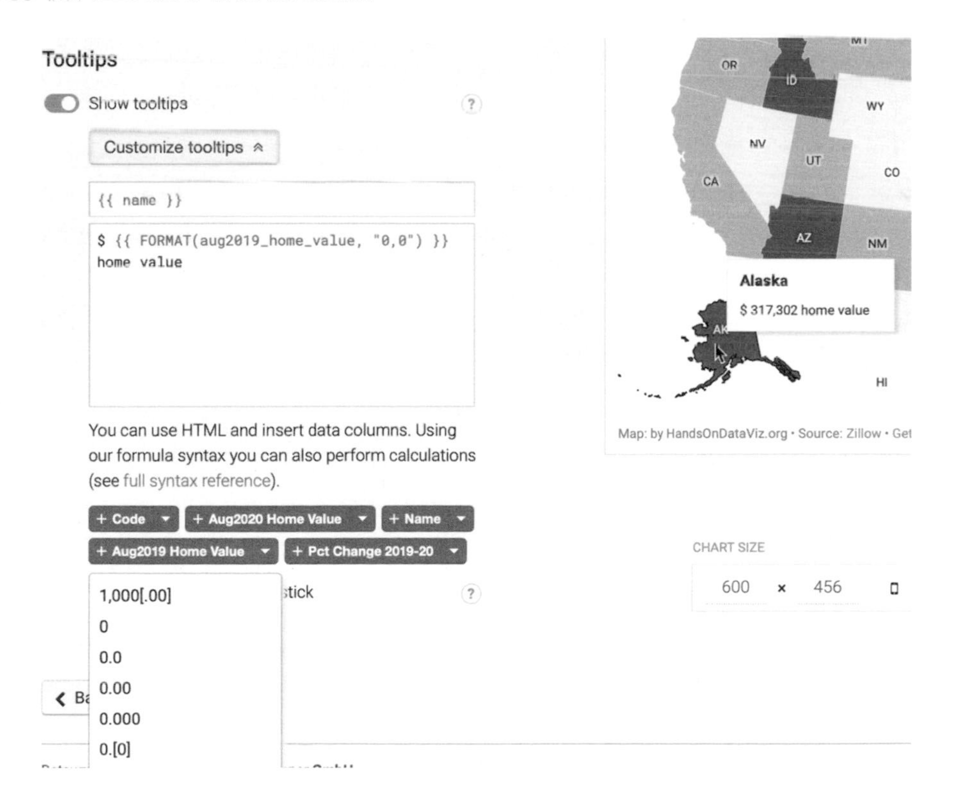

15. 最後，點按「Proceed」，或前進到「Publish & Embed」畫面，與他人分享你的成果。依照提示或更詳細的 Datawrapper 教學進行操作，取得你的互動式地圖的嵌入程式碼，並到第 9 章了解接下來的步驟。

請到 Datawrapper 學院發表的一系列出色文章中（*https://oreil.ly/pU5zx*），詳細了解熱度地圖設計。

現在你已了解如何使用 Datawrapper 工具來製作熱度地圖，現在讓我們使用另一種工具——Tableau Public，來比較這個流程。

用 Tableau Public 製作熱度地圖

我們在第 6 章中製作散佈圖和篩選折線圖時，首度介紹了免費的 Tableau Public 桌面應用程式（適用於 Mac 或 Windows），現在讓我們再次使用它來製作互動式熱度地圖，並將此流程與上一單元介紹的 Datawrapper 工具做比較。我們想透過使用這兩種工具來製作相同類型的地圖，以便示範兩者之間的差異。一方面來說，Datawrapper 讓你更能掌控資料插值和熱度地圖中顏色間隔的外觀。另一方面，有些人偏愛 Tableau Public，因為他們已經很熟悉 Tableau Public 的介面。

Tableau Public 對於它能夠辨識的地理位置名稱或 ISO 程式碼，例如國家、州、郡和機場等，可以製作許多不同類型的地圖。但是 Tableau Public 無法對街道地址進行地理編碼，因此你需要使用其他工具來取得其經緯度，例如第 23 頁的「Google 試算表中的地理編碼地址」的地理編碼單元所描述的。要上傳客製化的地圖疆界的話，請到支援頁面上了解如何使用空間檔案製作 Tableau 地圖（*https://oreil.ly/J8mYF*）。

在本單元中，我們將製作一張每個國家的醫療照護支出占了其國內生產總值（GDP）之百分比的熱度地圖，如圖 7-18 所示。請記住，資料經過正規化以顯示相對而非絕對數字時，熱度地圖最能發揮效用（請參見第 178 頁的「正規化熱度地圖資料」）。繪製每個國家的醫療總支出地圖並不是很有意義，因為較大的國家往往有較大的經濟體，因此我們將依據其經濟在醫療照護上所占的百分比來繪製地圖。

在開始之前，如果你尚未安裝免費的 Tableau Public 桌面應用程式，請先下載安裝（*https://oreil.ly/kPcad*）。它適用於 Mac 或 Windows。你需要輸入電子郵件地址才能下載該應用程式。

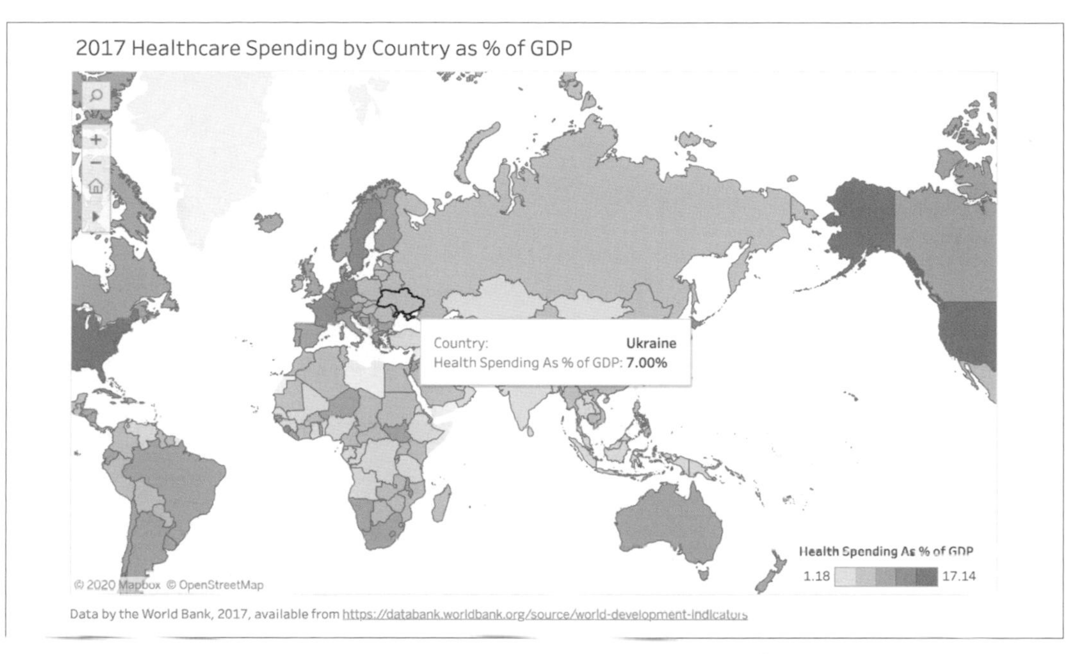

圖 7-18 使用 Tableau Public 進行醫療照護支出的熱度地圖；瀏覽互動式版本（*https://oreil.ly/jIC2_*）。資料來自世界銀行。

讓我們詳細看一下製作出圖 7-18 的熱度地圖之步驟：

1. 在 Google 試算表中打開 Healthcare Spending by Nation as Percent of GDP 資料（*https://oreil.ly/3n7fl*），此資料是我們從世界銀行（*https://oreil.ly/IDsX3*）下載的。檢視一下資料和注釋。

   良好的地圖通常需要清除凌亂的資料，如第 4 章中所述。在試算表中，我們刪除了沒有任何資料的國家行。Tableau Public 可以識別許多不同類型的地理名稱（例如城市和國家），因此我們將依賴此工具來處理所有拼寫問題，並將它們正確地放置在地圖上。

2. 在 Google 試算表中，到「File」>「Download」，然後選擇 CSV 格式以將資料儲存到本地電腦。

3. 啟動 Tableau Public。首次打開該檔案時，你會在左側看到「Connect」選單，顯示了你可以上傳的檔案格式。選擇「Text file」格式，然後上傳你在上一步下載的醫療照護支出 CSV 資料檔案。

透過 Tableau，你可以使用「Connect」>「To a server」選項直接從雲端硬碟中的 Google 試算表存取資料。因此，你可以不需在第 2 步中下載 CSV 檔案，而是製作一份工作表副本，並直接連結到該工作表。

4. 在「Data Source」畫面中，檢查內含三欄：「Country Name」、「Country Code」和「Health Spending As % of GDP」之資料集。注意到「Country Name」和「Country Code」欄上方會出現一個小地球，這代表 Tableau Public 已成功將它識別為地理資料，而不是字元串或文字資料。有時 Tableau 無法自動識別位置資料，因此你需要手動更改資料類型。做法是點按資料類型圖示（例如地球，或者代表數字值的 #），然後選擇「Geographic Role」>「Country/Region」。

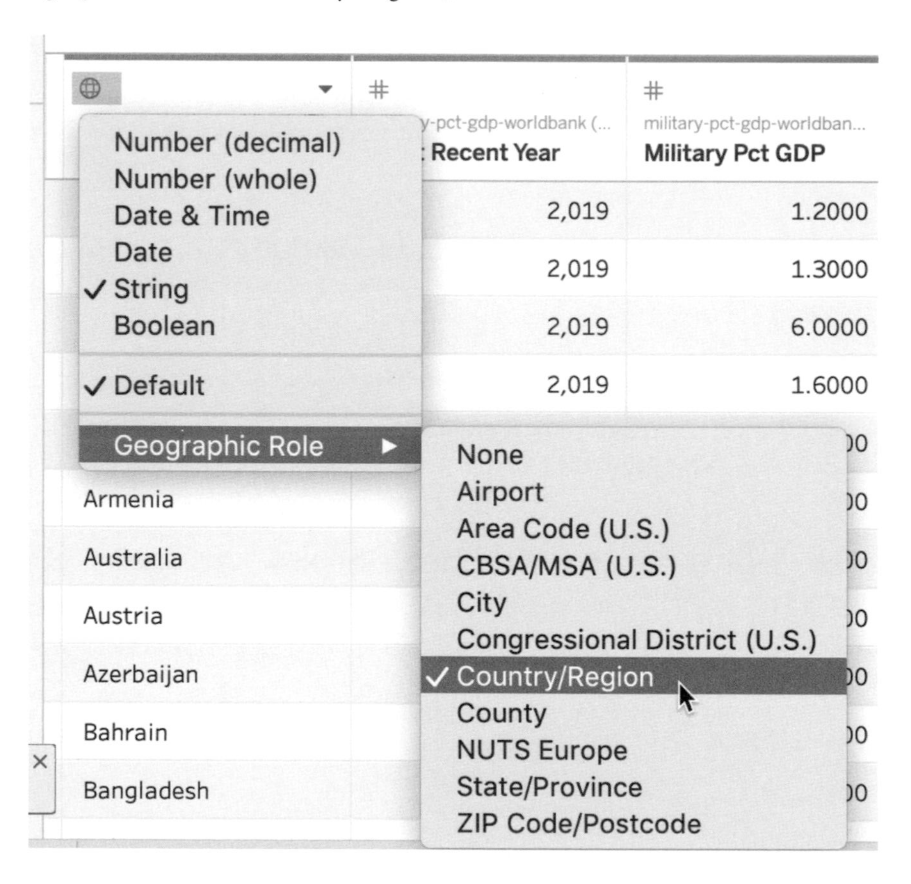

5. 在左下角，點按橘色的「Sheet 1」按鈕來新增第一個視覺化的工作表。

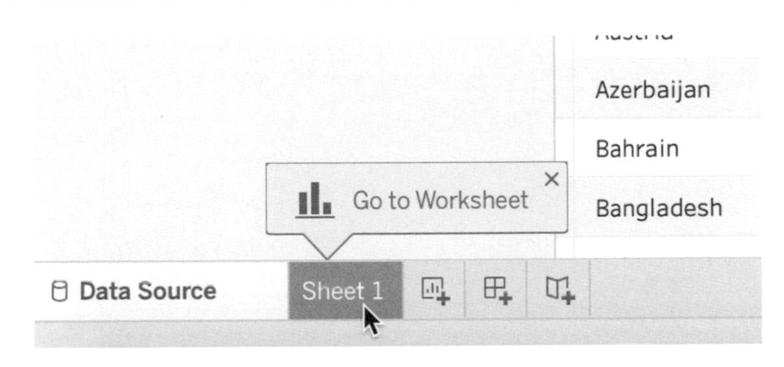

6. 在 Sheet 1 中，使用兩步驟流程來製作你的熱度地圖。首先，將「Country Name」欄位拖曳到工作表的中間（或者拖曳到「Marks」卡的「詳細資料」框）來製作地圖。預設的檢視是符號地圖，我們需要將它改為多邊形地圖。為了加上彩色的多邊形，請將「Health Spending As % of GDP」欄位拖曳到「Marks」卡的「顏色」框中，將它轉換成熱度地圖。

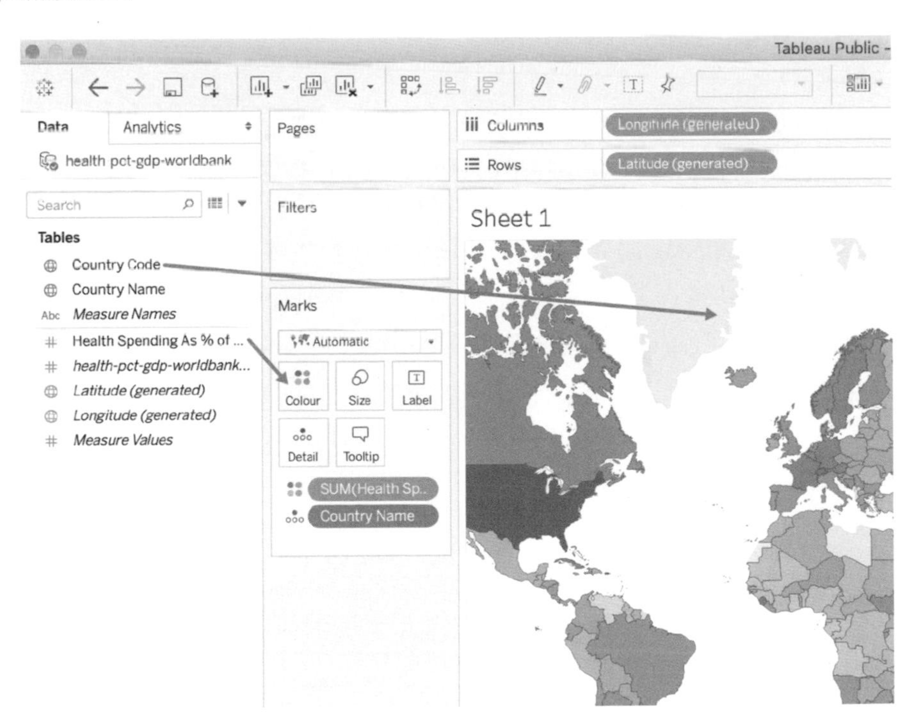

7. Tableau Public 可能會將圖例隱藏在右上角的「Show Me」選單後面，因此請點按選單將它縮小，以顯示出你的圖例。

8. 你可以透過點按「Marks」卡的「顏色」框，然後點按「Edit colors」來更改配色。將配色更改為「Green」，並從連續色改為分階。

Edit Colours [Health Spending As % of GDP]

Palette:

Green

1.18

17.14

Stepped Colour 5 Steps

Reversed

Use Full Colour Range

Include Totals

Advanced >>

Reset Apply Cancel OK

9. 將滑鼠懸停在國家上時，你會注意到有個工具提示會顯示國家名稱和百分比值。它的格式通常是正確的，因為我們的初始資料表具有正確的欄標題。但是我們可以進一步改善它。點按「Marks」卡的「Tooltip」框，然後將第一個 `Country Name` 更改為 `Country`（請勿更改 < > 之間的灰色文字，因為這是變數名）。在第二行的結尾加上一個 `%` 符號。

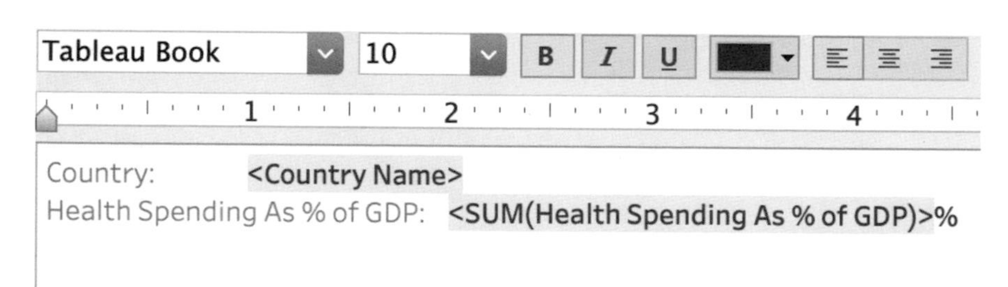

10. 讓我們幫地圖下一個更有意義的標題。在地圖上方的預設「Sheet 1」名稱上按兩下，打開「Edit Title」視窗，然後將圖表名稱更改為「2017 年各國醫療照護支出占 GDP 之百分比」。

11. 到了此時，資料已載入並且應顯示正確，因此我們要來製作適合分享的最終版面，包括地圖的標題、說明和圖例。在軟體的左下角，新增一個儀表板。Tableau 中的儀表板是一種排版，可以包含多個工作表的視覺化內容以及文字框、影像和其他元素，形成豐富的探索性介面。在本教學中，我們只要維持單一熱度地圖的工作表即可。

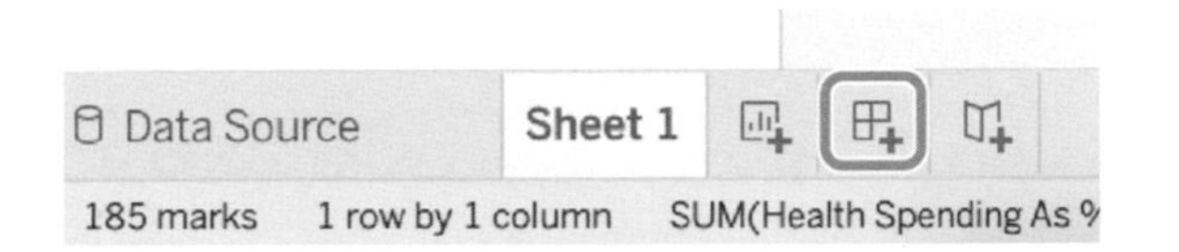

12. 在「Dashboard 1」中，將儀表板的大小更改為「Automatic」，讓地圖能夠自動占據所有設備寬度的 100%。將 Sheet 1 拖曳到「Drop sheets here」區域。這會複製工作表 1 中的地圖、標題和圖例。

13. 右鍵點按地圖圖例的上部，然後選擇「Floating」。現在你可以將圖例直接放在地圖上以節省空間。將它拖曳到地圖的某個角上。

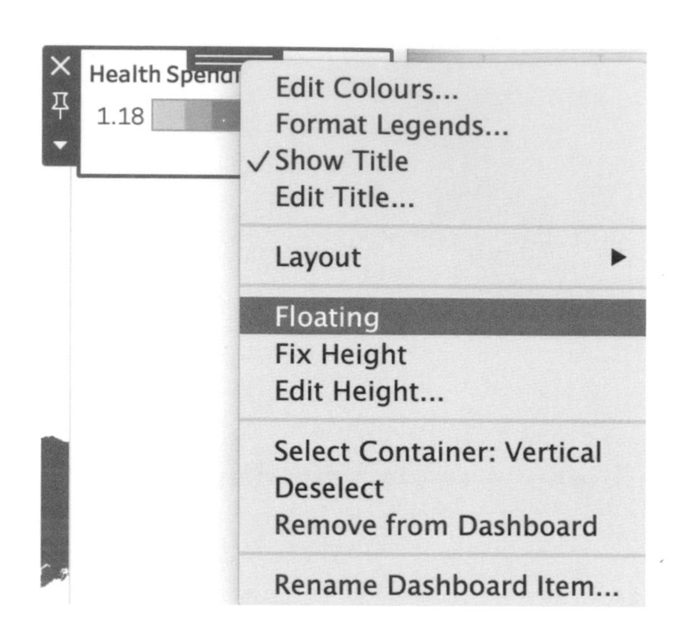

14. 最後，在地圖下方新增一個資料來源的文字區塊。從左側的「Object」選單中，將「Text」拖曳到地圖的下半部分。在出現的「Edit Text」視窗中，鍵入「**`Data by the World Bank, 2017`**」(來自世界銀行 2017 年發布的資料)，然後點按「OK」。此時文字區域會占據螢幕高度的一半，調整一下它的大小，做法跟調整任何視窗大小一樣。

完工了！確認地圖中心和縮放層級已調整好，確保其他人看得見。在這個例子上，最好的做法是呈現整個世界，因為我們呈現了大多數國家的資料，不過你也可以放大特定的大洲。準備好發佈和共用地圖後，請到「File」>「Save to Tableau Public」。在彈出視窗中，依照要求登入你的帳戶。為地圖命名，例如「醫療照護支出」，然後點按「Save」。請參閱第 233 頁的「取得嵌入程式碼或 iframe 標籤」，了解如何以 iframe 方式嵌入地圖。

在所有先前的教學中，你都是使用**靜態**資料來製作互動式地圖，代表資料都是來自試算表。在下一個教學中，你將學到如何使用 Socrata 開放式資料儲存庫中**不斷更新的**資料來製作地圖。這個資料庫永遠顯示即時資訊。

如果你想要全面掌控熱度地圖的色彩斷點，Tableau 可能不是最佳的製圖工具。如本章先前討論過的，在預設值下，Tableau 會使用一個傾向於凸顯離群值的線性配色方案，並且沒有直接的方法可以將間隔更改為非線性方法，例如分位數。如果你不滿意線性尺度呈現資料的方式，你可以篩選資料，從地圖中移除異常值（*https://oreil.ly/Quv4E*），請參閱 Andy Kriebel 的 VizWiz 教學，使用表格計算來將項目依照四分位數來分組（*https://oreil.ly/WmAy5*），或重新複習第 193 頁的「用 Datawrapper 製作熱度地圖」，它對顏色間隔和插值有更多的掌控。

用 Socrata 開放資料製作即時地圖

在 Socrata 平台上製作的地圖會顯示目前資料，因為它會不斷從開放式資料儲存庫中擷取最新資訊，我們在第 56 頁的「開放式資料儲存庫」中曾介紹過。使用開放資料平台來製作視覺化的好處是，你的圖表或地圖會直接連結到資料來源。有些政府機構經常更新某些開放式資料儲存庫，當中的即時資訊很重要，例如火災或報案、財產資料，或公開財政。每當管理員修改開放式資料儲存庫的內容時，你的圖表或地圖都會自動顯示最新資訊。但是，如果政府機構停止更新儲存庫或切換到其他平台，你的視覺化將不再顯示目前資訊，或者可能會完全中斷。

Socrata（*https://oreil.ly/iAgJV*）是一家提供開放式資料儲存庫服務的公司，許多政府機構都使用該服務向公眾提供公開資料。它提供了使用者友善的方式來檢視、過濾和匯出資料。此外，Socrata 平台也內建支援互動式圖表和地圖製作，這些圖表可以嵌入其他網站（包括你自己的網站）中。你可以在 Socrata 的 Open Data Network（*https://oreil.ly/NsOGV*）上搜尋公開可用的資料集。

在本單元中，我們將製作一張紐約市汽車死亡事故的互動式點地圖，此地圖將會連續更新顯示過去 365 天的資料點，如圖 7-19 所示。這張互動式地圖將從 Socrata 平台上的 NYC OpenData 入口網站之「Motor Vehicle Collisions—Crashes」（*https://oreil.ly/bUthE*）公開儲存庫中擷取資料。只要政府單位持續在此平台上更新此資料集，你的地圖就應該會持續顯示過去 12 個月的最新資料。

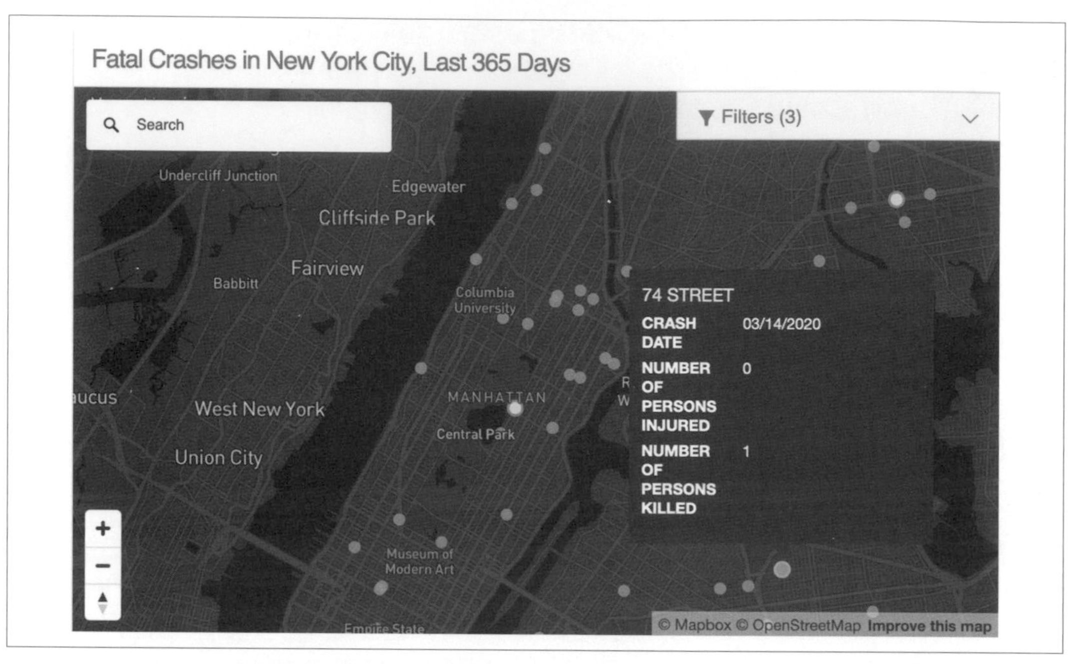

圖 7-19　過去一年在紐約市發生的死亡車禍地圖，資料持續從 Socrata 開放式資料儲存庫更新。請參見互動式版本（*https://oreil.ly/qadiO*）。

任何人都可以使用 Socrata 託管的公開資料來製作地圖，但是你需要成為 Socrata 的註冊使用者才能儲存和共用你的地圖。只有具特殊位置欄的資料集才能夠製圖，它和一般在資料集中看到的傳統位置欄（例如地址或城市）不同。如果你想製圖的資料集當中缺少地理編碼位置，可以與資料集管理員聯絡。

要使用此 Socrata 開放式資料儲存庫來製作持續更新的點地圖，請跟隨以下教學：

1. 點按右上角的「Sign In」按鈕，在 NYC OpenData 入口網站（*https://opendata.cityofnewyork.us*）上註冊你的帳戶。在「Don't have an account yet? Sign Up」處進行註冊。依照說明操作，包括確認你不是機器人，並接受免費帳戶的許可協議。此帳戶（包括使用者名稱和密碼）僅對 NYC OpenData 入口網站有效，對其他也使用 Socrata 的網站無效。

2. 瀏覽至 Motor Vehicle Collisions—Crashes（*https://oreil.ly/bUthE*）資料集。在右側選單中，選擇「Visualize」>「Launch New Visualization」。這會開啟一個「Configure Visualization」工具讓你製作地圖。

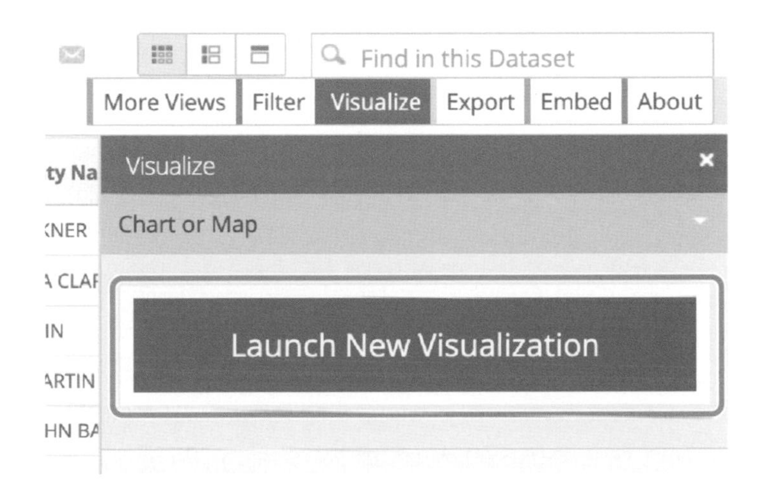

3. 在上方選單中，選擇「Map」視覺化類型（在散佈圖圖示和日曆之間的地球圖示）。幾秒鐘後，底圖會出現，左側選單會有「Map Layer」和「Map Settings」項目。

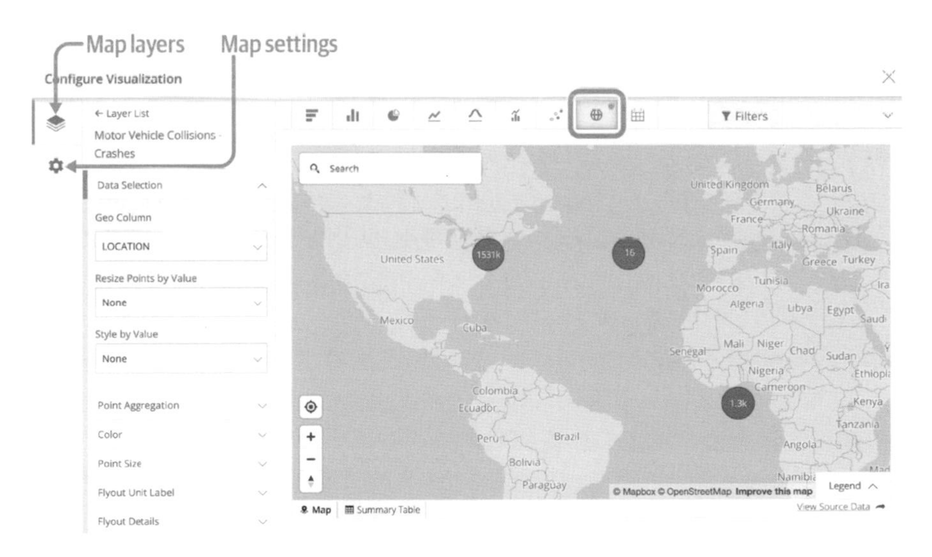

Socrata 可以辨認哪一欄內含地理空間值，並自動將「Geo Column」的值設定為「LOCATION」（請見「Layer List」>「Data Selection」）。在預設值下，點會群集在一起。這就是為什麼你看到的不是個別事故，而是帶有數字的泡泡，代表群集在這些泡泡中的點數量。放大和縮小時，群集會變化。

4. 我們需要限制地圖只顯示出造成死亡的事故。點按右上角的「Filters」>「Add filter」。下拉選單會列出資料集的所有欄（或欄位），你應該選擇「NUMBER OF PERSONS KILLED」。在新出現的下拉選單中，選擇「is greater than」，並將其值設定為 0。或者你可以將其設定為「Is greater than or equal to」，並將值設定為 1。

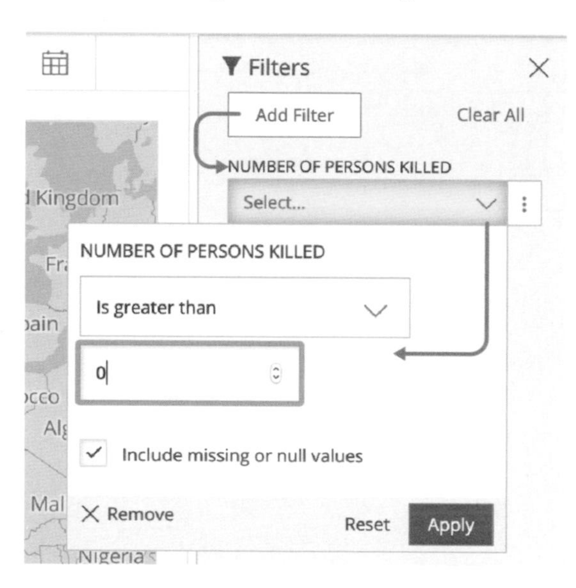

5. 我們需要清理資料。將地圖縮小，你會發現並非所有事故都已正確完成地理編碼。有些事故出現在虛構的大西洋 Null 島上，其中緯度和經度均為 0。你已在第 60 頁的「識別不良資料」中了解如何識別和處理不良資料。為了刪除許多這一類的地理編碼錯誤，讓我們在「LATITUDE」欄上新增另一個篩選器，並將其設定為「Is greater than」，其值為 0。這樣一來就可以顯示位於 Null 島以北之北半球的紐約市車禍。兩個篩選器都正確設定好之後，地圖將聚焦於紐約市。如果你想要的話，可以再加上更多篩選器來清理資料。

6. 我們想要的並非顯示 2012 年以來的所有車禍記錄，而是過去一年發生的，而且要不斷進行更新。為「CRASH DATE」欄新增第三個篩選器，並將它設定為「Relative Date」>「Custom」>「Last 365 day(s)」。你會看到很多點從地圖上消失了，因為它們不在所選的日期範圍內。現在你可以關閉 Filter 視窗來釋放螢幕空間。

7. 讓我們確認事故地點會顯示為單獨的點，並且永遠不會群集在一起。到「Map Settings」>「Clusters」，然後將「Stop Clustering at Zoom Level」滑桿移至 1。現在所有縮放層級上應該都可以看到個別的事故地點。

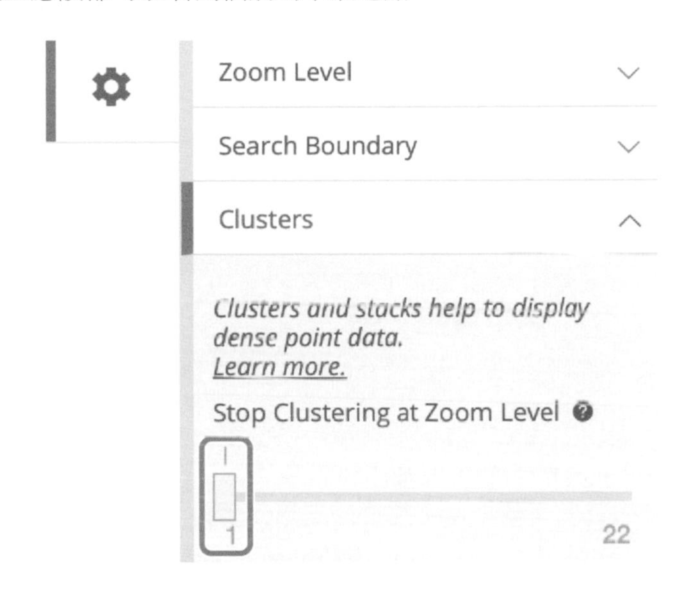

8. 在同一個折疊選單中，將「Basemap」>「Typ」從預設的「Basic」更改為「Dark」，讓點看起來最明顯，並使地圖看起來更時尚。在「General」下，將「Title」設定為「Fatal Crashes in New York City, Last 365 Days」（過去 365 天紐約市之死亡車禍事故），然後取消勾選「Show data table below visualization box」，隱藏地圖下方的資料表。在「Map Controls」下，取消勾選「Show Locate Button」，因為它只對位在紐約市的使用者有用。在「Legend Options」下，取消勾選「Show Legend」。你可以隨意嘗試一下其他設定。

9. 最後，讓我們為資料點製作有意義的工具提示。回到「Map Layers」選單，選擇「Motor Vehicle Collisions—Crashes」資料點圖層。要更改懸停或點按點時工具提示所顯示的內容，請至「Flyout Details」，將「Flyout Title」設定為「ON STREET NAME」，並在「Additional Flyout Values」處加上「CRASH DATE」、「NUMBER OF PERSONS INJURED」和「NUMBER OF PERSONS KILLED」。

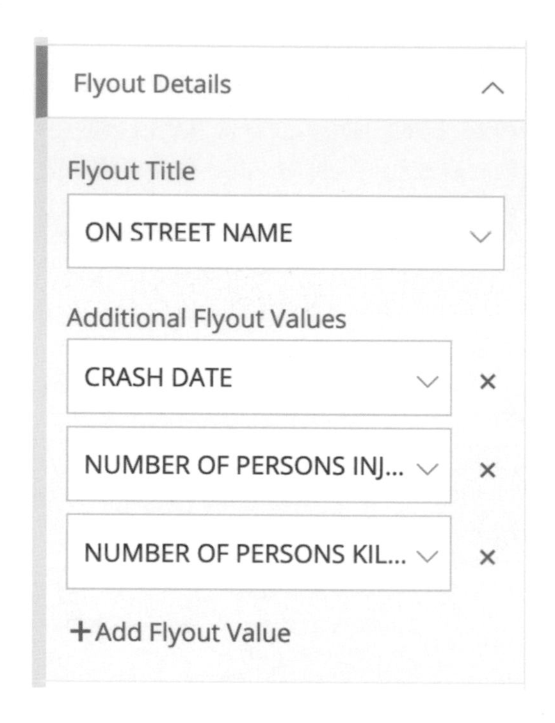

還有更多修改地圖的方法，但我們在這個教學中不會做示範。舉例來說，你可以使用「Data Selection」選單中的「Resize Points by Value」（依照值來調整點的大小）功能，將點地圖轉換為符號地圖，讓大的圓圈代表較大的數值（例如，在事故中受傷的人數較多）。你還可以套用「Style by Value」（依照值顯示樣式）功能，在不同事故類別上使用不同的顏色，將文字分類的資料進行視覺化，例如儲存在資料集的「CONTRIBUTING FACTOR VEHICLE 1」欄中的資料（例如超車過近、駕駛經驗不足，等等）。

現在這張互動式點地圖應該已經開始運作，並會持續更新顯示過去 365 天在紐約市發生的致命交通事故，只要相關單位繼續在此平台上更新資料庫，這張地圖應該就能運行無誤。在分享地圖給其他人之前，你需要將它另存為草稿，然後發佈。

10. 在右下角，點按「Save Draft」。將此地圖命名（這與使用者會看到的地圖標題不同），然後點按「Save」。頂端的灰色條代表它仍然是草稿狀態。當你準備好將它公開時，請點按「Publish」來發佈。

現在，你可以將地圖以 iframe 方式嵌到網站上。做法是點按地圖右上角的「Share」，然後複製「Embeded Code」文字區域所生成的程式碼。我們將在第 9 章中詳細討論嵌入視覺化。

iFrame Embed　JS Embed

Embed Code

```
<iframe src="https://data.cityofnewyork.us/dataset/Fatal-NYC-
Crashes/nx4u-jy9t/embed?width=800&height=600" width="800"
height="600" style="border:0; padding: 0; margin: 0;"></iframe>
```

Size

Large (800x600)

在開放式資料儲存庫平台上製作圖表或地圖是有局限性的。首先，如果代理商停止使用平台或更改了基礎資料的結構，你的線上地圖（或圖表）就可能會停止運作。實際上，我們因為引用了一個不再被管理單位支援的 Socrata 平台，導致不得不重寫本教學。其次，你只能使用該平台上現有的資料集和地理疆界。如果你對這些限制有疑慮，那麼有一種簡單的替代方法，那就是從開放儲存庫匯出資料（這代表任何「即時」資料都會變為「靜態」），然後匯入你喜歡的資料視覺化工具中，例如 Datawrapper、Google 試算表，或 Tableau。第二個更進階的替代方法是學習使用 API 從 Socrata 中擷取即時資料，如第 335 頁的「用開放資料 API 製作 Leaflet 地圖」所述。

總結

在本章中，我們介紹了地圖設計原則，並探討了講述不同類型之資料故事時的建議工具和教學。在製作地圖時，請審慎考慮你要使用點資料或多邊形資料，這是兩個最常見的選項。如果是後者，請切記，好的熱度地圖需要正規化的資料以及深思熟慮過的顏色間隔。

我們只蜻蜓點水地顯示了簡單的範例來幫助你快速製作一些範例地圖。請參考第 12 章使用 Leaflet 地圖程式碼樣版來製作更多進階的設計，以及在第 13 章中學習如何尋找和轉換地理空間資料。

第八章

表列你的資料

你可能會驚訝於一本強調圖表和地圖的資料視覺化的書，還收錄了一章關於表格製作的內容。我們通常不認為資料表是一種視覺化類型，但是取決於你的資料和想要講述的故事，有時表格是最合適呈現資訊的方法，尤其是線上的互動式表格。當讀者想要尋找與自己相關性很高的特定資料，例如當地社區或所屬組織時，表格就十分合理了，因為這些資料很難在大型圖表或地圖中識別出來。此外，當讀者希望在個別的值之間進行精確的比較，但不一定要與資料集的其餘部分進行精確比較時，表格的效果最好。最後，當你沒有廣大的視覺模式要強調時，表格比圖表好，而在沒有特定的空間模式時，表格也比地圖更好。在開始設計圖表或地圖之前，請思考一下製作表格是否更合理。有時最好的視覺化只需要一張好表格。

在本章中，你會學到表格設計原則，以及如何使用我們在第 6 章和第 7 章中介紹過的工具 Datawrapper（*https://www.datawrapper.de*），來製作帶有迷你圖的互動式表格。當然，如果需要快速製作一個簡短表格，那麼使用試算表來製作一個靜態版本通常是適合的，如第 227 頁的「其他製表工具」中所述。本章將重點放在互動式表格上，因為與靜態表格相比，它們有許多優勢，尤其是當你需要在線上發佈大量表格內容，而不僅僅是印刷品而已時。首先，互動式表格使讀者可以透過關鍵字搜尋他們有興趣的特定詳細資訊，當你呈現包含許多行的長表格時，這是至關重要的。其次，讀者可以依照遞增或遞減，對互動式表格的任意欄進行排序，使他們能夠快速檢視長列表的頂端或底部的資料。最後，你也會學到如何插入迷你圖或小圖，這些圖表可以直覺地總結每行中的資料趨勢，並自動安插在互動式表格中。迷你圖融合了表格和圖表的最佳優勢，使讀者能夠快速瀏覽資料表格欄，更容易地從視覺上看出趨勢。在第 9 章中，你會學到如何將互動式表格整合到你的網站中。

表格設計原則

讓我們首先來看看好的表格設計原則，類似第 103 頁的「圖表設計原則」和第 162 頁的「地圖設計原則」。Jonathan Schwabish 是一位經濟學家，專門研究與政策相關的資料視覺化，針對製作出能與多重受眾清楚溝通的表格，他提出了建議[1]。以下是他的幾個要點的摘要，圖 8-1 呈現了其中之一：

- 讓欄標題突出顯示在資料上方。
- 使用淺底色分隔行或欄。
- 讓文字靠左對齊，數字靠右對齊以便於閱讀。
- 僅在第一行放置標籤以避免重複。
- 對資料進行分組和排序，以突顯出有意義的模式。

類別	食物	顏色	每份熱量
水果	香蕉	黃色	105
	蘋果	紅色	95
	藍莓	藍色	42
蔬菜	甘藍	綠色	34
	胡蘿蔔	橘色	26
	茄子	紫色	10

圖 8-1　設計原理的範例表格。

此外，Schwabish 和其他專家建議使用顏色來突顯資料中的關鍵項目或離群值，我們將在第 15 章中討論此主題。

1　Jon Schwabish, "Thread Summarizing 'Ten Guidelines for Better Tables'" (Twitter, August 3, 2020), *https://oreil.ly/JCJpG*; Jonathan A. Schwabish, "Ten Guidelines for Better Tables," *Journal of Benefit-Cost Analysis* 11, no. 2: 151–78, accessed August 25, 2020, *https://doi.org/10.1017/bca.2020.11*; Jonathan Schwabish, *Better Data Visualizations: A Guide for Scholars, Researchers, and Wonks* (Columbia University Press, 2021).

在製作交叉表以說明資料相關性和可能的因果關係時，統計學家 Joel Best 提供了額外的兩個設計建議[2]：

- 將自變數（可疑原因）放在頂端的欄標題，將因變數（可能的影響）放在左側的每一行。
- 以垂直方向計算原始數字的百分比，使獨立變數（潛在原因）的每個值加總為 100%。

讓我們透過製作兩個計算了百分比的表格（不良的方式和更好的方式）來套用這些設計原則，使用的是 2020 年 11 月公布的輝瑞冠狀病毒疫苗試驗研究結果資料。在這項盲測當中，43,661 位志願者被隨機分為兩組，每組約 21,830 人。一組接受疫苗，另一組接受安慰劑，因此這些是獨立變數（潛在的因果關係）。研究人員密切觀察了這些因變數（可能的影響）：安慰劑組有 162 人被病毒感染，而疫苗組有 8 人[3]。表 8-1 以錯誤的方向（水平）計算出此試驗的百分比，混淆了因果關係，尤其是在最後一行。

表 8-1　不良，因為它以水平方向計算百分比。

	疫苗	安慰劑	合計
感染	4.7% (8)	95.3% (162)	100% (170)
未感染	50.2% (21,822)	49.8% (21,668)	100% (43,490)

表 8-2 以正確方向（垂直）計算百分比，它清楚顯示了疫苗與感染率之間的關係。研究人員確認了它們的強烈因果關係，因此獲得了發送疫苗的核准。

表 8-2　較佳，因為它以垂直方向計算百分比。

	疫苗	安慰劑
感染	0.04% (8)	0.74% (162)
未感染	99.96% (21,822)	99.26% (21,668)
合計	100% (21,830)	100% (21,830)

2　Joel Best, *More Damned Lies and Statistics: How Numbers Confuse Public Issues* (Berkeley, CA: University of California Press, 2004), pp. 31–35.

3　Carl Zimmer, "2 Companies Say Their Vaccines Are 95% Effective. What Does That Mean?" *The New York Times: Health*, November 20, 2020, *https://oreil.ly/uhIwf*, Dashiell Young-Saver, "What Does 95% Effective Mean? Teaching the Math of Vaccine Efficacy" (*The New York Times Learning Network*, December 14, 2020), *https://oreil.ly/3bLMP*.

整體而言，表格設計的核心原則反映了我們之前在圖表和地圖設計中討論過的相似概念。用讀者的眼光來規劃資料的展示方式，使他們將注意力集中在你解讀的最重要元素上，幫助他們抓住關鍵要點。這個視覺化對他們有用嗎？使他們不必靠自己在腦中導出相同的結論？視覺化是否把阻礙目標的任何混亂或不必要的重複消除掉了？最重要的是，它們是否講述了關於資料的真實且有意義的故事？

現在你已了解到表格設計的幾個關鍵原理，那麼接下來的單元將介紹如何直接在 Datawrapper 工具中製作。

帶有迷你圖的 Datawrapper 表

在本單元中，你會學到如何使用 Datawrapper 來製作互動式表格。Datawrapper 是我們先前在第 103 頁的「圖表設計原則」中，以及第 162 頁的「地圖設計原則」中介紹的、用來製作圖表的免費線上拖放式視覺化工具。不需帳戶，你就可以立即在瀏覽器上的 Datawrapper 中開始製作，不過免費註冊可以協助整理歸類你的視覺化。請記住，你可能仍然需要試算表工具（例如 Google 試算表）來統整和清理大型表格的資料，但是 Datawrapper 是線上製作和發佈互動式表格的最佳工具。

你也會學到如何製作迷你圖或小折線圖，以便快速總結資料趨勢。耶魯大學教授和資料視覺化先驅 Edward Tufte 對這種圖表類型進行了改造，他將迷你圖描述為「datawords……強大、簡單、字般大小的圖形。」[4] 雖然 Tufte 想像的是在靜態紙張或 PDF 檔案上使用迷你圖，但你會在一個互動式表格中製作它們，如圖 8-2 所示。讀者可以依照關鍵字搜尋、依照遞增或遞減對欄進行排序，並捲動瀏覽迷你圖頁面，以快速識別傳統數字表格中很難發現的資料趨勢。

在本教學中，你會製作一個帶有迷你圖的互動式表格，將全球超過 195 個國家在 1960 年至 2018 年之間的出生時預期壽命差異加以視覺化。整體而言，大多數國家的預期壽命逐漸提高，但少數顯示在小折線圖中的「陡降」卻很明顯。例如，柬埔寨和越南的預期壽命都顯著下降，這與 1960 年代末到 1970 年代中期這兩個國家的致命戰爭和難民危機相呼應。迷你圖可以幫助我們直覺地檢測到此類模式，任何人都可以透過互動式表格底部的連結下載原始資料，來進一步調查這些模式。

4 Edward R. Tufte, *Beautiful Evidence* (Graphics Press, 2006), pp. 46-63.

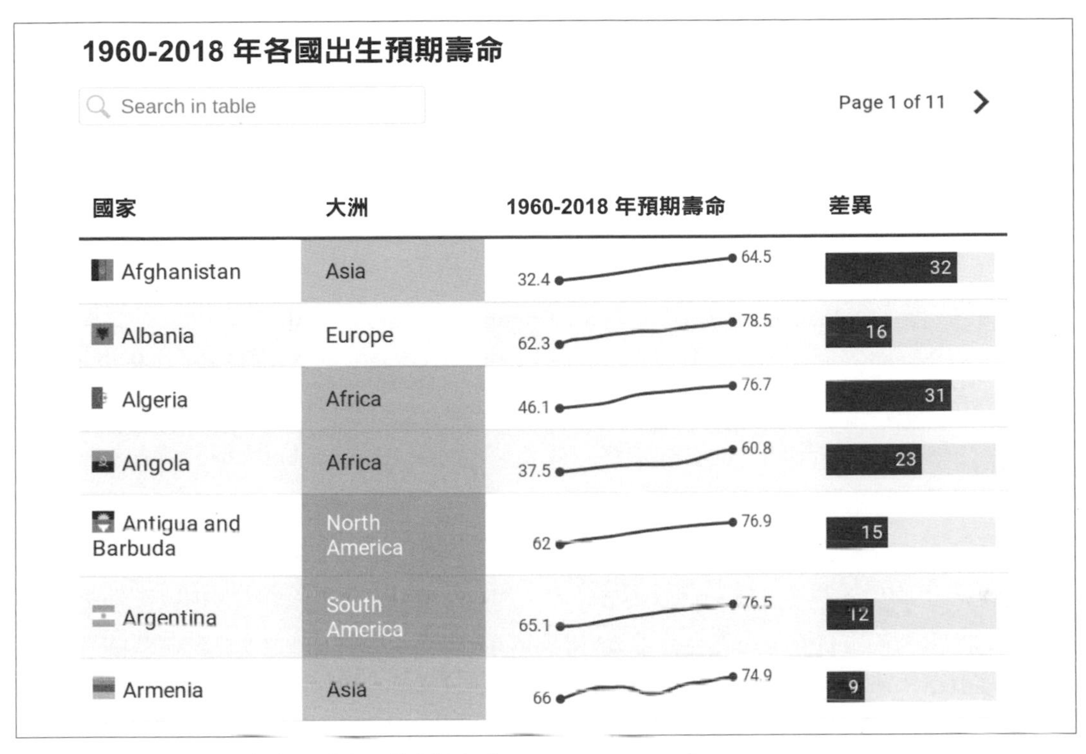

圖 8-2　帶有迷你圖的表格；瀏覽互動式版本（*https://oreil.ly/Rdwy1*）。

雖然同樣的資料也可以在篩選折線圖中顯示，如第 152 頁上的「篩選折線圖」，但是同時顯示超過 180 條的折線時，讀者將很難辨別差異。同樣的，我們也可以依照第 193 頁的「用 Datawrapper 製作熱度地圖」所述，在熱度地圖中呈現此資料，雖然與大國相比，讀者很難識別出小國的資料。在這種特殊情況下，當我們希望讀者能夠針對所有國家進行搜尋、排序或捲動迷你圖時，最好的視覺化效果就是一張好的表格。

為了簡化本教學，我們從世界銀行（*https://oreil.ly/DJku8*）下載了各國從 1960 年到 2018 年的出生時預期壽命的 CSV 格式，這是我們在第 3 章中列出的開放式資料儲存庫之一。在試算表中，我們清理了資料，例如刪除了半個世紀以來只有五年或以下資料的國家，如 Google 試算表中的「Notes」工作表所載。使用第 38 頁「使用 VLOOKUP 比對資料欄」中的 VLOOKUP 試算表方法，我們合併了來自 Datawrapper（*https://oreil.ly/WYx2W*）的雙字母國家代碼欄和大洲。我們還新增了兩個新欄：一個名為「Life Expectancy 1960」（預先為即將出現的迷你圖留白）和「Difference」（計算了最早可用的資料與最近一年的資料之間的差異，大部分是 1960 年至 2018 年）。更多詳細資訊請參見 Google 試算表中的「Notes」工作表。

要製作帶有迷你圖的互動式表格，請跟隨本教學，這是依據 Datawrapper 訓練資料（*https://oreil.ly/LbCo_*）及其範例庫（*https://oreil.ly/EeN-z*）改編而成的：

1. 在 Google 試算表（*https://oreil.ly/LaW6D*）中開啟我們已經整理過的 1960 年至 2018 年出生時預期壽命的世界銀行資料。
2. 到 Datawrapper，點按「Start Creating」，然後在上方瀏覽選單中選擇「New Table」。你無需登入，但是如果你希望儲存自己的工作，我們建議你建立一個免費帳戶。
3. 在第一個「Upload Data」中，選擇「Import Google Spreadsheet」，貼上整理後的 Google Sheet 的網址，然後點按「Proceed」。你的 Google 試算表必須開放**共用**，讓其他人可以檢視。
4. 在「Check & Describe」中檢查資料。確認將「First row as label」框勾選起來，然後點按「Proceed」。
5. 在「Visualize」畫面的「Customize Table」下，勾選以下兩個框：「Make Searchable」（讓使用者可以透過關鍵字搜尋國家）和「Stripe Table」（讓每行更易讀）。
6. 讓我們使用特殊的 Datawrapper 程式碼在每個國家的名稱之前顯示小國旗。在「Nation」欄中，每個條目均以兩個字母的國家代碼為開頭，前後為冒號，後面跟著國家名稱，例如：`af: Afghanistan`。我們依據第 75 頁的「將資料合併為一欄」製作了「Nation」欄。

要了解更多國旗圖示的資訊，請閱讀 Datawrapper 關於此主題的貼文（*https://oreil.ly/xsA8q*），以及他們在 GitHub 上的國家代碼和國旗列表（*https://oreil.ly/ABTTc*）。

7. 在「Visualize」畫面的「Customize columns」下，選擇名為 *Nation* 的第三行。然後向下捲動並開啟滑桿「Replace country codes with flags（用國旗取代國家代碼）」。

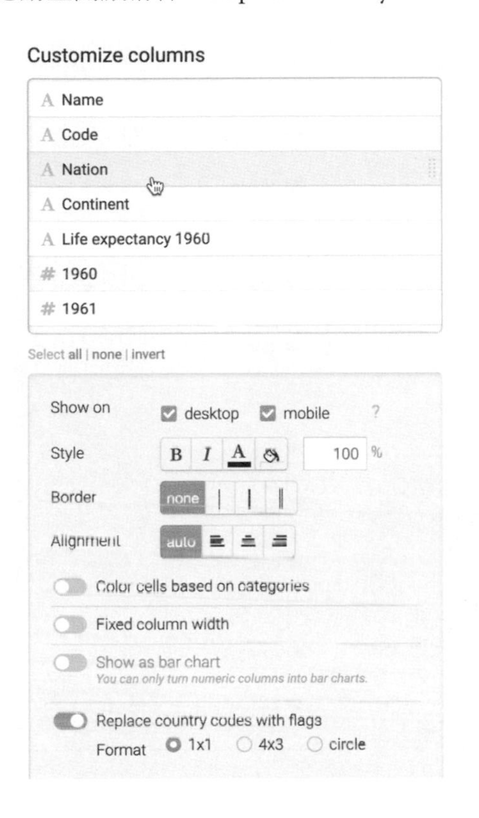

8. 讓我們隱藏前兩欄，因為它們不再需要顯示。在「Customize columns」下的「Visualize」畫面中，選擇「*Name*」欄，然後向下捲動並取消勾選「Show on desktop and mobile（在電腦和行動裝置上顯示）」框。對「*Code*」欄重複此步驟。每個客製化欄旁邊都會出現一個「不可見」符號（帶有斜線的眼睛），以提醒我們已將它隱藏。

9. 現在，讓我們對「*Continent*」欄進行顏色編碼，讓讀者更容易在互動式表格中依照類別進行排序。在「*Customize*」欄下的「Visualize」畫面中，選擇「*Continent*」欄，然後向下捲動並推動滑桿，選擇「Color cells based on categories（依照類別將儲存格上色）」。在下拉選單中，選擇「*Continent*」欄，然後點按「Background」>「Customize background」按鈕。選擇每個大洲，然後為它們指定不同的顏色。

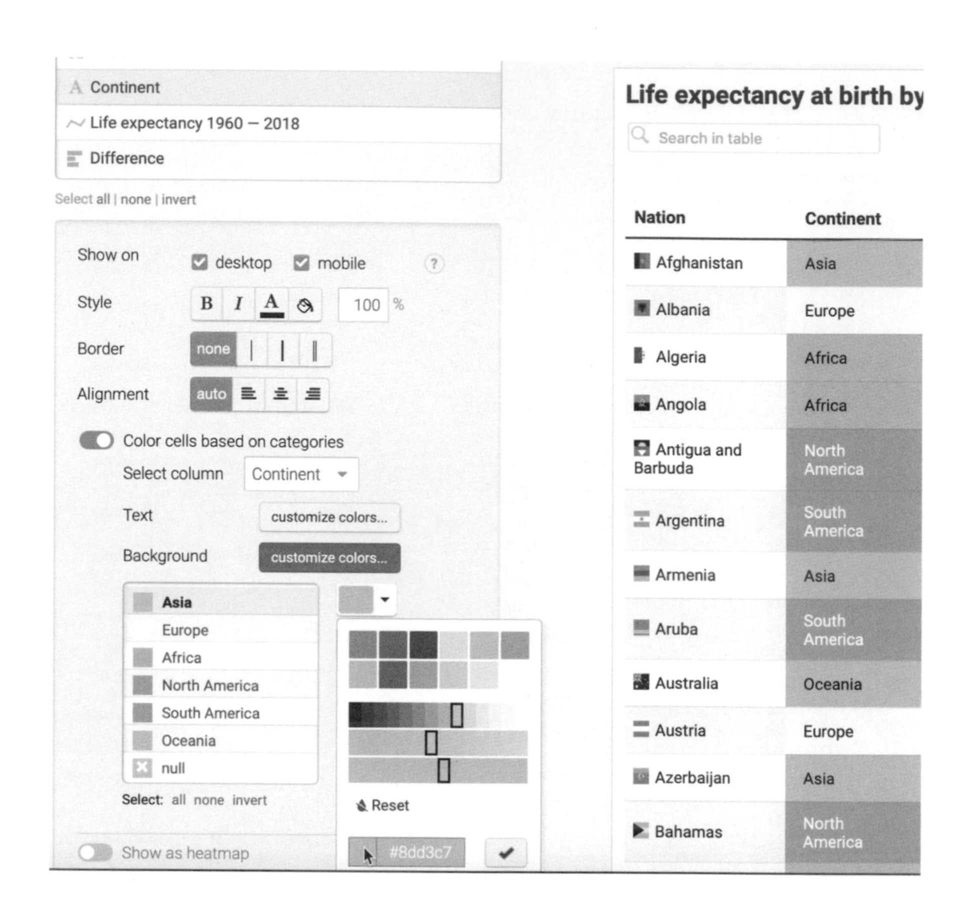

為了選擇六大洲的顏色，我們使用了第 169 頁「設計熱度地圖的顏色和間隔」中所述的 ColorBrewer 設計工具，並選擇了六類定性方案。雖然此工具主要是為熱度地圖設計的，但你也可以使用它來選擇表格和圖表顏色。

10. 現在，讓我們準備資料來製作迷你圖（或稱小折線圖），以直覺地呈現「1960 年預期壽命」欄中的變化，我們特意為了這個步驟將此欄留白。在開始之前，你必須將此欄從文字資料（在 Customize columns 視窗中以 A 符號表示）更改為數值資料（以 # 符號表示）。在畫面頂端，點按「Check & Describe」箭頭來返回上一步（Datawrapper 會儲存你的工作）。現在點按表格標籤來編輯 *E: Life Expectancy 1960* 欄的屬性。在左側，使用下拉選單將它的屬性從「*auto*（*text*)）更改為「*Number*」。點按「Proceed」回到 Visualize 視窗。

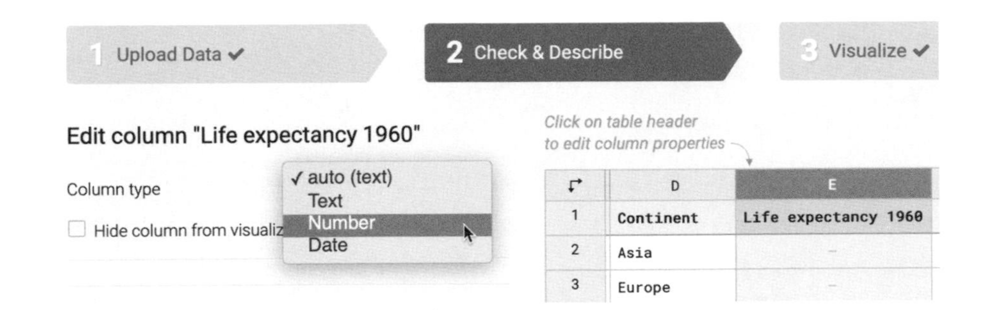

11. 要製作迷你圖，請在「Customize columns」下的「Visualize」畫面中，選擇 1960 年到 2018 年之預期壽命的**所有**欄。要一次選擇所有欄，先點按一欄，然後向下捲動並 Shift+ 點按倒數第二欄。接著向下捲動頁面，點按「Show selected columns as tiny chart」按鈕。這些步驟會在該欄中製作迷你圖，並自動將它重新命名為 1960–2018 年預期壽命。

我們最初將此欄命名為「Life expectancy 1960」，是因為在我們選擇多個欄來製作迷你圖時，在預設功能下此工具會在新欄名的結尾加上 –2018。

12. 讓我們加上另一個視覺元素：一張條形圖，以視覺方式呈現表中的「Difference」欄。在「Customize columns」下的「Visualize」畫面中，選擇「Difference」。然後向下捲動並開啟「Show as bar chart」滑桿。此外，選擇一個不同的條形顏色（例如黑色），以便和大洲顏色做區分。

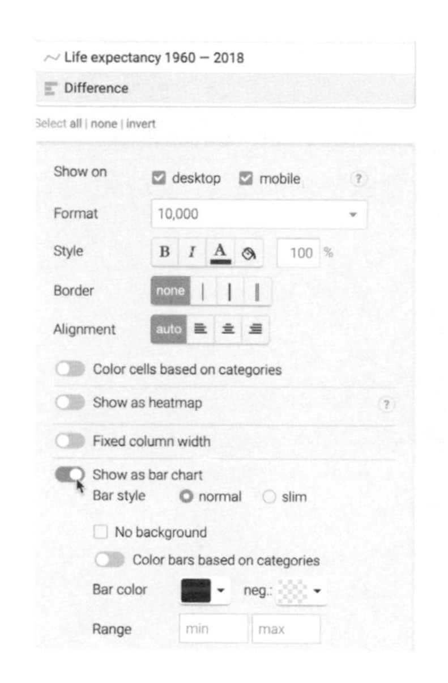

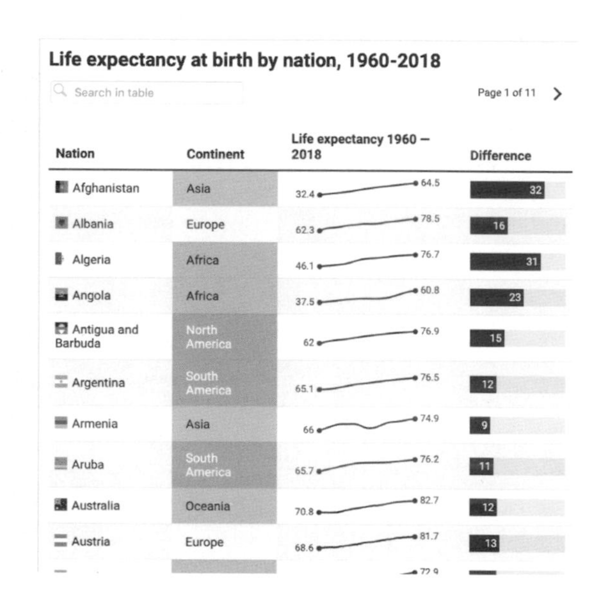

13. 在「Visualize」畫面中，點按「Annotate」來加上標題、資料來源和次署名行。

14. 點按「Publish & Embed」來分享互動式表格的連結（*https://oreil.ly/lw1Ot*），如圖 8-2。如果你登入了你的免費 Datawrapper 帳戶，你的工作就會自動線上儲存在畫面右上角的「My Charts」選單中。此外，你可以點按藍色的「Publish」按鈕來產生程式碼，將互動式圖表嵌入到你的網站中，如第 9 章中將介紹的。此外，如果你想分享自己的圖表，可以選擇「add your chart to River」，讓其他 Datawrapper 使用者修改和重用你的圖表，更擴大地分享你的成果。另外，持續向下捲動並點按「Download PNG」可以匯出圖表的靜態影像。其他的匯出和發佈選項則需要付費的 Datawrapper 帳戶才能使用。如果你不想註冊帳戶，可以輸入電子郵件來接收嵌入程式碼。

要了解更多資訊，我們強烈推薦參考 Datawrapper 學院支援頁面（*https://oreil.ly/q112s*）、大量範例庫（*https://oreil.ly/EeN-z*），和精心設計的培訓資料（*https://oreil.ly/LbCo_*）。

其他製表工具

Datawrapper 是製作有較長內容和迷你圖之互動式表格的好選擇，不過若要製作較不複雜的表格來放在印刷品或線上，還有許多其他工具可以使用。

若要快速製作簡短的靜態表格，請查看你常用的試算表工具。舉例來說，在 Google 試算表中，你可以將表格資料排版並下載為 PDF 檔案，接著使用任何影像編輯器將 PDF 轉換為 PNG 或 JPG 檔案，裁成想要的尺寸，然後將完成的版本插入靜態檔案或網頁中。此外，別忘了你在第 33 頁的「使用資料透視表來彙整資料」中學到的試算表資料透視表／樞紐分析功能，可以製作更複雜的交叉表，並將它匯出為影像，以便插入檔案或網站中。

在 Datawrapper 中，你還可以將一個簡單的靜態表格製作為「Chart」類型，並將它發佈並下載 PNG 版本。

在 Google 試算表中，你也可以線上發佈任何表格並將其嵌入網頁中，這在第 9 章中曾有討論，如此一來，每當你更新 Google 試算表時，最新資料就會自動顯示在網頁上。

在 Tableau Public 中（我們先前在第 146 頁的「Tableau Public 圖表」和第 202 頁的「用 Tableau Public 製作熱度地圖」中介紹的工具），你還可以製作一種 hightlight 表格，它會自動為儲存格的背景上色，以吸引你注意較高與較低的值。

最後，如果你設計的表格主要是在網頁上使用，可以考慮使用線上的 Table Generator 工具（*https://oreil.ly/zM3e9*），它會將表格內容轉換為 HTML 和其他格式。

總結

在本章中，我們討論了表格設計的原理，以及如何使用 Datawrapper 和其他工具來製作帶有迷你圖的互動式表格。在下一章中，你會學到如何在網站上嵌入互動式圖表、地圖和表格，使讀者能夠瀏覽你的資料並對你的故事產生興趣。

第九章

嵌入網頁

到目前為止，你已經在第 6 章中學到如何製作圖表，在第 7 章中學到如何製作地圖，以及在第 8 章中學到如何製作表格。本書著重在介紹設計**互動式**視覺化的好處，藉由邀請受眾與你的資料進行互動、調查新的模式、依據需求來下載檔案、並在社群媒體上輕鬆分享你的成果，從而吸引網路上的廣泛受眾。在本章中，你會學到一種名為 *iframe* 的 HTML 標籤，它讓讀者可以主動瀏覽另一頁面上的資料。與相框（frame）一樣，iframe 會在由你控制的網頁中（例如你的個人或公司組織網站）展示另一個即時網頁（例如你的互動式資料視覺化），如圖 9-1 所示。如果操作正確，iframe 會讓資料視覺化無縫地顯示在你的網頁上，受眾可以瀏覽內容而無需知道資料視覺化是來自其他主機。

到目前為止，你學到的幾種視覺化工具，例如 Google 試算表、Datawrapper 和 Tableau Public，都可以產生一組**嵌入程式碼**，其中內含你在該平台上製作的線上圖表或地圖的 iframe。我們將示範如何從視覺化工具網站取得嵌入程式碼或連結，並將程式碼貼到另一個網站中，以便無縫顯示你的互動式內容（請參見第 233 頁的「取得嵌入程式碼或 iframe 標籤」和第 240 頁的「將程式碼或 iframe 貼到網站上」。這本入門書中不需要任何程式技能，但如果你對程式碼抱持好奇心，一定會有所幫助。

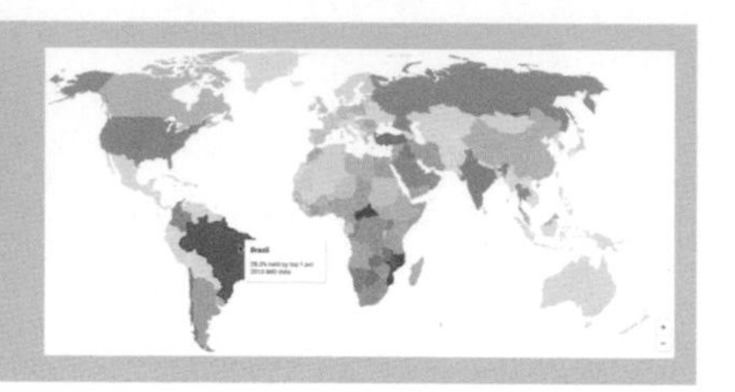

圖 9-1　你可以使用 iframe 將其他網頁嵌入到你的網頁中。

靜態圖片與互動式 iframe

首先，讓我們來辨別一下**靜態**視覺化和**互動式**視覺化之間的差異。靜態的圖表或地圖是靜止的影像。許多視覺化工具可讓你下載靜態圖表或地圖的 JPG、PNG 或 PDF 格式。如果你想做的只是在文件、簡報甚至是網頁中插入靜態圖片，那麼靜態影像就很實用。另一種方式是貼上靜態影像，然後外加互動式圖表或地圖的網址連結或客製化短網址，邀請觀眾線上瀏覽（請參閱第 20 頁的「共用你的 Google 試算表」）。

如果需要擷取電腦上任何網頁的靜態影像，請使用以下內建指令進行螢幕截圖（*https://oreil.ly/UNbcf*）：

Chromebook

Shift + Ctrl + F5（「顯示視窗」按鈕），然後點按拖曳十字游標

Mac

Shift-Command-4，然後點按拖曳十字游標

Windows

Windows logo 鍵 + Shift + S，啟動「剪取」工具

有一種相關的方式是動畫 GIF，它是一系列靜態影像，可以擷取螢幕上的動作。你可以在網頁插入動畫 GIF 檔案，用來說明使用互動式視覺化時的一系列簡短步驟，但是觀眾無法與動畫互動，只能再次播放動畫循環。諸如 Snagit（*https://oreil.ly/39tW_*）等付費軟體工具可以讓你製作含有下拉選單和游標的螢幕截圖、動畫 GIF 等等。

相較之下，**互動式**視覺化讓觀眾能夠透過網頁瀏覽器直接與你的資料故事互動。觀眾通常可以將游標懸停在圖表上，以查看工具提示或基礎資訊、放大地圖並平移檢視、搜尋術語，或對互動式表格中的欄進行排序。互動式視覺化通常是線上託管的，例如圖表或地圖工具平台，並且主要設計成線上瀏覽，不過在某些情況下，你也可以將它下載到自己的電腦上使用。

現在讓我們來討論核心問題：如何使存放在線上主機（主網站）上的互動式視覺化，無縫地出現在我們控制的其他網站（次網站）上？雖然我們可以在次網站上插入連結來指向主網站上的圖表或地圖，但是對觀眾來說這並不方便，因為他們必須點按離開正在閱讀的網頁。更好的解決方案是插入通常包含以 HTML 編寫的 iframe 標籤嵌入程式碼（*https://oreil.ly/tSF4K*），直接在網頁瀏覽器中顯示內容。雖然你不需要任何程式經驗，但從長遠來看，學習如何識別嵌入程式碼的核心功能及其運作方式是很有幫助的。

在最簡單的形式下，iframe 會指示次網站顯示來自主網站（稱為來源）的網址，就像是房間牆壁上的無縫相框一樣。以下的範例 iframe 程式碼以 `<iframe ...>` 標籤為開頭，它包含來源 `src='https://...'`，並在主網站 URL 周圍加上單引號或雙引號，然後以結尾標記 `</iframe>` 結束：

```
<iframe src='https://datawrapper.dwcdn.net/LtRbj/'></iframe>
```

此範例 iframe 引用了 Datawrapper 平台上的互動式美國收入不平等圖表，此圖表在本書簡介中出現過，如圖 9-2 所示。

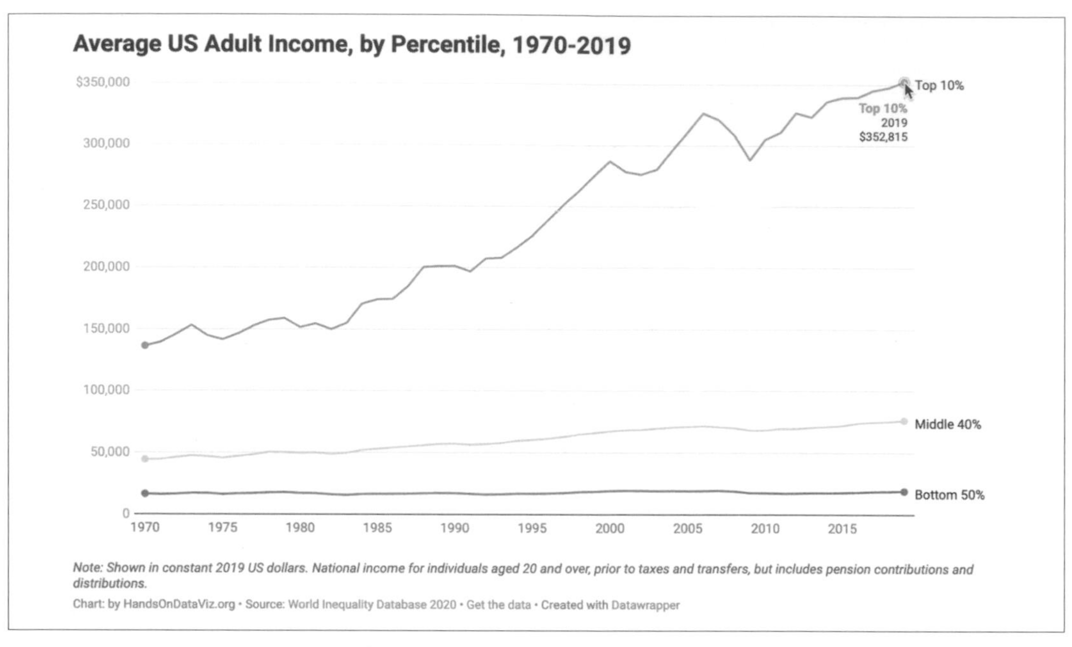

圖 9-2　探索此圖表的互動式版本（*https://oreil.ly/rqodT*）。在美國，收入最高的 10% 的人，收入自 1970 年代以來一直在成長，但收入最低的 50% 的人卻停滯不前。

當你從本書介紹的部分視覺化工具中複製嵌入程式碼時，它們的 iframe 程式碼可能比剛剛的簡單範例長得多。舉例來說，iframe 標籤可能內含其他屬性，例如以像素（`px`）為單位的寬度或高度，或它在次網站上的尺寸百分比。此外，你可能還會看到其他 iframe 標籤屬性，例如 `frameborder="0"` 或 `scrolling="no"`，它們會使 iframe 內容及其周圍環境之間呈現無縫的外觀。最後，你可能會看到**非常長**的嵌入程式碼，其中內含十幾行或更多行、甚至我們都不完全了解的程式碼。沒關係，這些都是用來改善 iframe 在次網站中的外觀的額外設定，可有可無。嵌入程式碼最重要的組成部分是 iframe 及其三個核心部分：iframe 的開始標籤、來源網址和結束標籤。在不確定時，請尋找那些關鍵成分。

現在，你對互動式視覺化，嵌入程式碼和 iframe 標籤有了比較清晰的定義，在下一單元中，我們將學習如何從不同的視覺化平台複製嵌入程式碼。

取得嵌入程式碼或 iframe 標籤

在本單元中，你將學到如何複製本書介紹的、在其他視覺化平台上發佈圖表或地圖時自動產生的嵌入程式碼或 iframe 標籤。請記得，嵌入程式碼包含了必要的 iframe 標籤，以及使主要網站的圖表或地圖無縫顯示在次網站上的其他程式碼。

對於每個視覺化平台，我們將它分為三個步驟。首先，我們將示範如何從 Google 試算表、Datawrapper、Tableau Public 和列出的其他平台，複製嵌入程式碼或 iframe 標籤。其次，我們將展示如何在出色的協助工具「W3Schools TryIt iframe」頁面中（*https://oreil.ly/Nfmma*），測試嵌入程式碼或 iframe 標籤，如圖 9-3 所示。如果你在加到網頁之前需要修剪部分嵌入程式碼，並測試是否仍然有效的話，這是一個檢查的好方法。第三，我們將引導你進入下一單元，學習如何將嵌入程式碼正確貼到你想要的網站中，包括 WordPress、Squarespace、Wix 和 Weebly 等常見平台上。

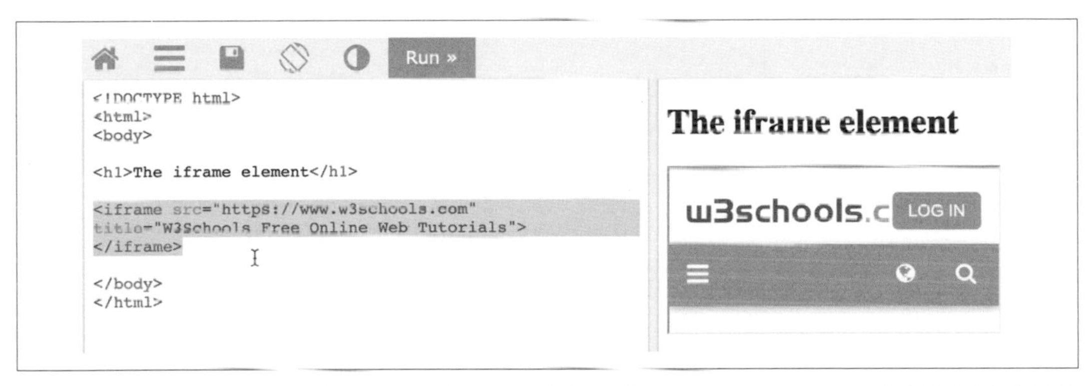

圖 9-3　對於以下各單元中的每個嵌入程式碼，請將它貼到 W3Schools TryIt iframe 頁面截圖中的反白文字位置，以測試運作是否正常。

從 Google 試算表

依照第 114 頁的「Google 試算表圖表」中的方法製作好 Google 試算表圖表之後：

1. 點按圖表右上角的三點選單來進行發佈。
2. 在下一個畫面中，選擇「Embed」和「Interactive」，然後點按「Publish」將它發佈在線上。選擇並複製嵌入程式碼。

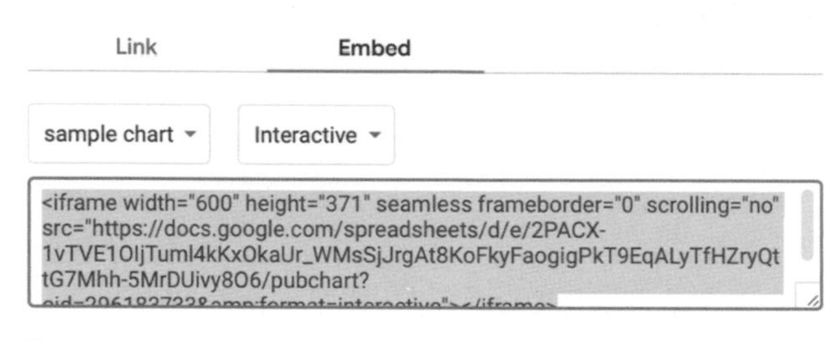

3. 為了進一步理解嵌入程式碼的運作方式，請開啟 W3Schools TryIt iframe 頁面（*https://oreil.ly/2jb9p*）。選擇目前的 iframe 程式碼，貼上你的嵌入程式碼來取代它，然後按下綠色的「Run」按鈕。結果應該會類似下列範例，但會顯示你的嵌入程式碼和互動式視覺化。

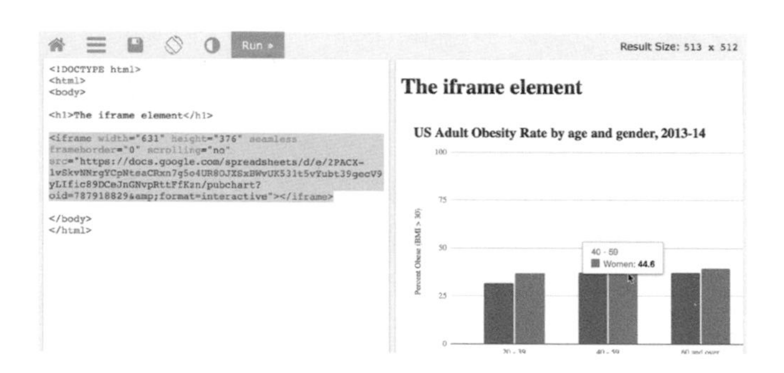

乍看之下，Google 試算表的嵌入程式碼可能看起來很長，但它實際上是簡單 iframe 程式碼，只是來源連結較長。仔細觀察，你會看到 iframe 設定值，例如寬度和高度（以像素為單位），以及設定外觀的 `seamless` 和 `frameborder='0'` 和 `scrolling='no'`。

4. 現在，跳到第 240 頁的「將程式碼或 iframe 貼到網站上」，學習如何將嵌入程式碼正確地插入你想要的平台中。

從 Datawrapper

在你依照第 131 頁的「Datawrapper 圖表」製作了圖表、依照第 7 章製作了地圖，並像第 8 章中一樣製作好互動式表格之後：

1. 到最後一個畫面，然後點按「Publish」。這會在線上發佈圖表或地圖的互動式版本。如果需要的話，同一畫面的下方也可以匯出靜態影像。

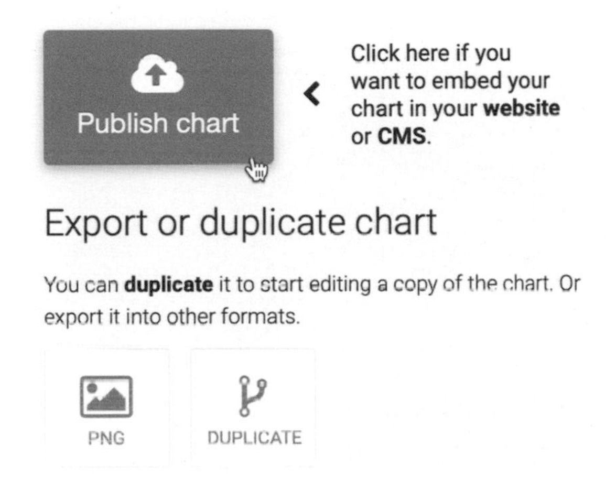

2. 在下一個畫面上，點按「copy」來取得 Datawrapper 嵌入程式碼。嵌入程式碼的預設「responsive iframe」版本包含了其他指示以改善它在小型和大型設備螢幕上的外觀。

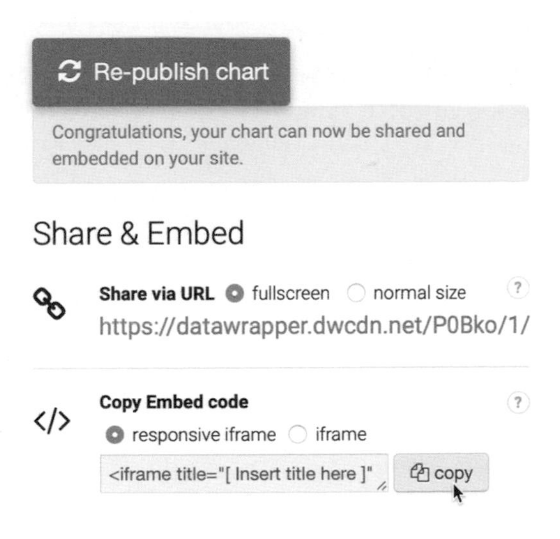

3. 為了進一步理解嵌入程式碼的運作方式，請開啟 W3Schools TryIt iframe 頁面（*https://oreil.ly/2jb9p*）。選擇目前的 iframe 程式碼，貼上你的嵌入程式碼來取代它，然後按下綠色的「Run」按鈕。結果應該會類似下列範例，但會顯示你的嵌入程式碼和互動式視覺化。

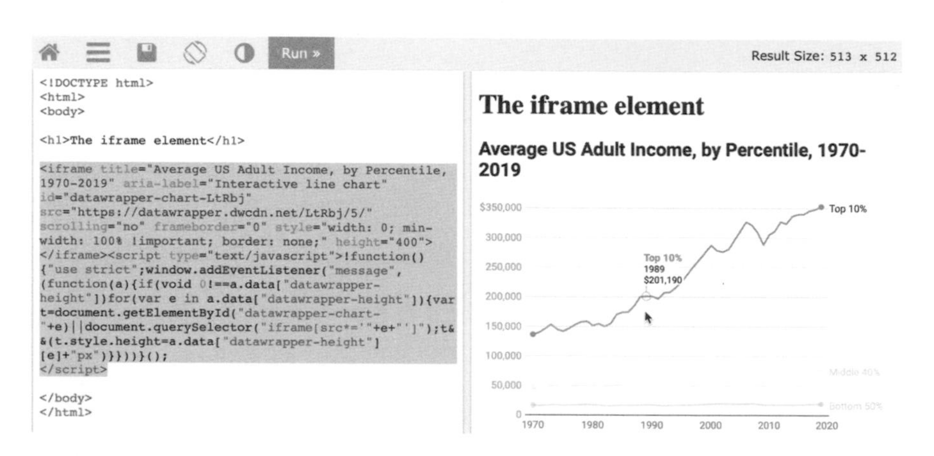

Datawrapper 的嵌入程式碼很長，但是如果仔細觀察，前半部分是一個相對簡單的 iframe 標籤，包含了看起來很熟悉的屬性，例如 `src`、`scrolling` 和 `frameborder`，以及 style 標籤內的 `width` 和 `height`。嵌入程式碼的後半部分內含 JavaScript 指令，使 iframe 根據設備螢幕調整尺寸。

4. 盡可能將**完整的嵌入程式碼**貼到你想要的網路平台上。跳到第 240 頁的「將程式碼或 iframe 貼到網站上」，以了解如何將嵌入程式碼正確插入常見的網站中。

   如果它無法運作，請返回步驟 3 進行嘗試。將嵌入程式碼編輯成**簡單的 *iframe***，然後再運作一次看看效果。有時候，一段簡單的 iframe 會比在網站上崁入一段程式碼的效果來得好。

Datawrapper iframe 標籤來源遵循了以下通用格式：`https://datawrapper.dwcdn.net/abcdef/1/`，其中 1 代表發佈的圖表或地圖的第一個版本。如果你進行編輯並重新發佈視覺化，Datawrapper 就會將最後一位數字提高（到 2，以此類推），並自動將較舊的連結重新導向到目前版本，讓你的成果保持最新狀態。

從 Tableau Public

在第 146 頁的「Tableau Public 圖表」中製作 Tableau Public 圖表，或在第 202 頁的「用 Tableau Public 製作熱度地圖」中製圖之後：

1. 在桌面應用程式選單中選擇「File」>「Save to Tableau Public」，將你的工作表、儀表板或故事發佈到線上。
2. 在你的線上 Tableau Public 帳戶 profile 頁面中，點按「View」來查看任何已發佈的視覺化的詳細資訊。

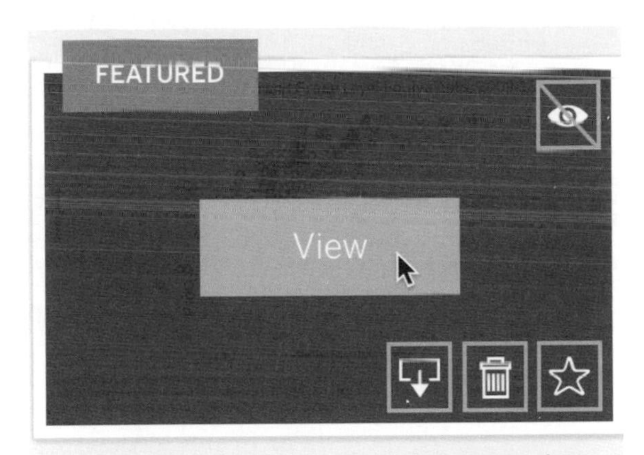

你發佈的所有視覺化內容都將出現在 Tableau Public 伺服器（*https://public.tableau.com*）的使用者名帳戶配置檔案下。如果你不記得使用者名稱，請在 Tableau Public 伺服器上搜尋你註冊線上帳戶時輸入的姓名。

3. 在 Tableau Public 線上帳戶中檢視已發佈的視覺化的詳細資訊時，向下捲動並點按右下角的「共用」符號。選取並複製其嵌入程式碼。

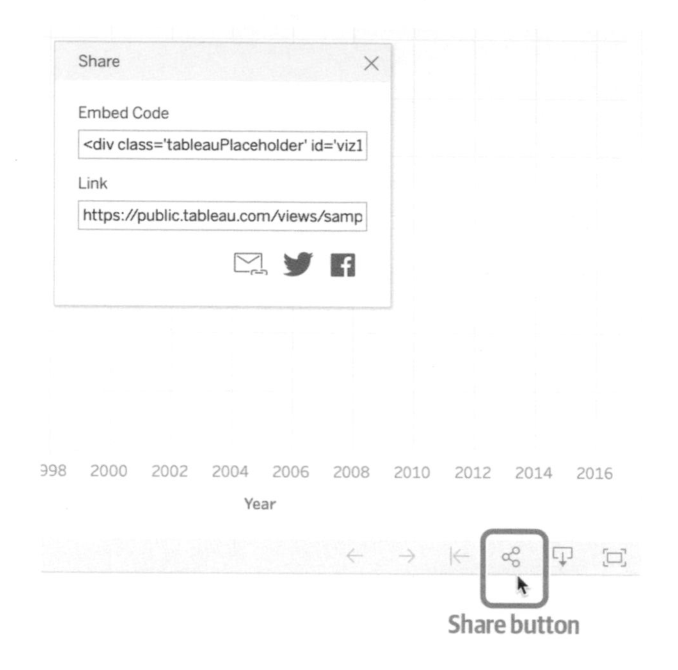

4. 為了進一步理解嵌入程式碼的運作方式，請開啟 W3Schools TryIt iframe 頁面（*https://oreil.ly/2jb9p*）。選擇目前的 iframe 程式碼，貼上你的嵌入程式碼來取代它，然後按下綠色的「Run」按鈕。結果應該會類似下列範例，但將顯示你的嵌入程式碼和互動式視覺化。注意一下，Tableau Public 嵌入程式碼長到超出這張截圖之外。

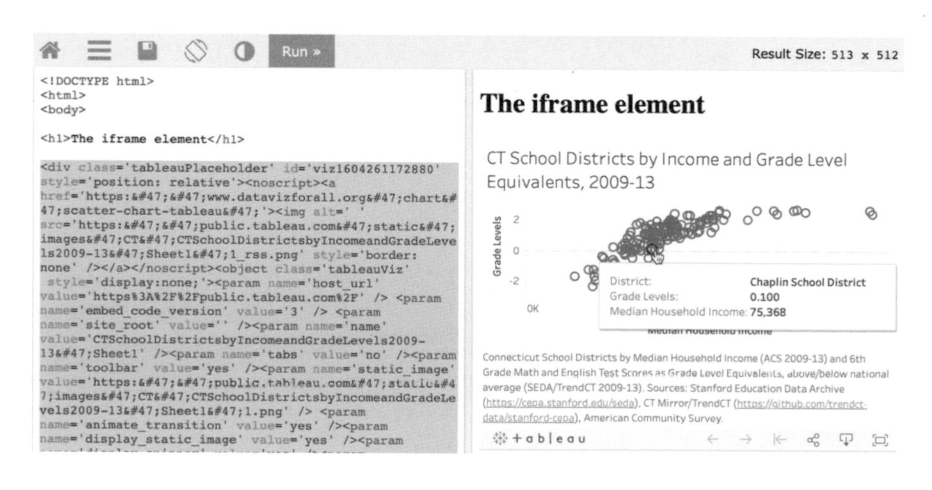

5. 盡可能將完整的嵌入程式碼貼到你想要的網路平台中。跳到第 240 頁的「將程式碼或 iframe 貼到網站上」，以了解如何將嵌入程式碼正確插入常見的網站。

如果你的網路平台不接受 Tableau Public 的完整嵌入程式碼，下一個策略就是嘗試複製你的 Tableau Public 視覺化連結，然後將它轉換為**更簡單的 *iframe* 標籤**，然後看看它在網站上的效果。複製和轉換的方法如下：

1. 在 Tableau Public 線上帳戶上發佈的視覺化檔案中，向下捲動並點按右下角的「Share」符號。但是這一次選擇並複製其連結，而非嵌入程式碼。典型的連結會類似這樣：

```
https://public.tableau.com/views/
CTSchoolDistrictsbyIncomeandGradeLevels2009-13/
Sheet1?:language=en&:display_count=y&:origin=viz_share_link
```

2. 將連結貼到 W3Schools TryIt iframe 頁面（*https://oreil.ly/N_CQT*），然後刪除問號（?）**後面**出現的所有程式碼，如下所示：

```
https://public.tableau.com/views/
CTSchoolDistrictsbyIncomeandGradeLevels2009-13/Sheet1?
```

3. 最後在問號後方，加上下列程式碼片段來取代你之前刪除的內容：

```
:showVizHome=no&:embed=true
```

4. 現在，編輯後的連結應該看起來像這樣：

```
https://public.tableau.com/views/
CTSchoolDistrictsbyIncomeandGradeLevels2009-13/Sheet1?:showViz
Home=no&:embed=true
```

5. 將你編輯後的連結用引號括在 iframe 源程式碼 `src=` 內，讓它看起來像這樣：

```
src="https://public.tableau.com/views/
CTSchoolDistrictsbyIncomeandGradeLevels2009-13/Sheet1?:showViz
Home=no&:embed=true"
```

6. 加上 iframe 的開始和結束標記，以及寬度、高度、`frameborder="0"`、`scrolling="no"` 屬性，如下：

```
<iframe
  src="https://public.tableau.com/views/CTSchoolDistricts\
byIncomeandGradeLevels2009-13/Sheet1?:showVizHome=no&:embed=true"
  width="90%" height="500" frameborder="0" scrolling="no"></iframe>
```

請插入 width="90%" 而不是 100%，留下一個邊界，方便讀者向下捲動網頁。

7. 在 W3Schools TryIt iframe 頁面中按「Run」看看其效果。有時候，一段簡單的 iframe 會比在網站上崁入一段程式碼的效果來得好。

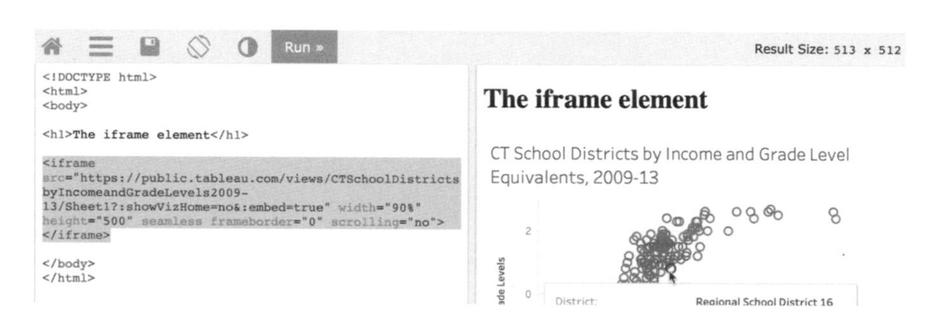

請到 Tableau Public 支援頁面了解更多關於嵌入 iframe 的資訊（*https://oreil.ly/ZaNJ5*）。

現在你更了解如何複製嵌入的程式碼，並在需要時將它編輯為更簡單的 iframe 了，在下一單元中，你會學到如何將它貼到常見的網站中，以便與更多的觀眾分享你的互動式視覺化成果。

將程式碼或 iframe 貼到網站上

在上一單元中，你學到了如何複製嵌入程式碼，或者為主網站線上託管的互動式視覺化製作 iframe。舉例來說，你的即時圖表或地圖可能託管在 Google 試算表、Datawrapper 或 Tableau Public 伺服器上。在本單元中，我們將示範正確貼上嵌入程式碼或 iframe，以便在你控制的次網站上無縫顯示互動式圖表或地圖的方法，而且將重點放在常見的網路製作平台上，例如 WordPress（WP）、Squarespace、Wix 和 Weebly。即使你的網站是在其他平台上運作，原理應該都是相同的。

貼到 WordPress.com 網站

如果你擁有一個免費、個人或進階 WordPress.com 網站，網址格式為 *xxx.wordpress.com*，那麼出於安全方面的考量，你**無法**插入內含 iframe 或 JavaScript 的嵌入程式碼，如支援頁面所述（*https://oreil.ly/iW_BP*）。這代表如果你希望在 WordPress.com 網站上顯示從本書製作的資料視覺化，有兩個選擇。首先，使用你的免費 / 個人版 / 進階版方案，你仍然可以插入圖表或地圖的靜態圖片，然後加上互動式網站的連結，但這顯然不理想。其次，WordPress.com 建議你升級到付費的商用版或電子商務計方案（*https://oreil.ly/JpwLF*），這些方案支援內含 iframe 或 JavaScript 的嵌入程式碼。嵌入方法與接下來介紹的自架（self-hosted）WordPress 網站類似。

貼到自架 WordPress 網站

確認一下你了解 WordPress.com 網站和自架 WordPress 網站之間的區別（*https://oreil.ly/2DrOW*）。後者有時稱為 WordPress.org 網站，因為任何人都可以從此網址免費下載軟體，**並將它託管在自己的網路伺服器上**，或更常見的是，使用學校或工作場所的自架 WordPress 伺服器，或在供應商的網路伺服器上租用空間。但是，自架 WordPress 網站的網址不一定要以 *.org* 結尾。它也可能是 *.com* 或 *.edu* 或任何其他結尾，所以不要被 *.org* 混淆了。

有兩種方法可以在自架的 WordPress 網站中插入嵌入程式碼或 iframe，但成功與否取決於你的 Wordpress 版本、存取層級和程式碼的複雜性。我們將示範方法 A（簡單，但不一定可靠）和方法 B（步驟更多，但更可靠）。看看哪種方法最適合你的自架 WordPress 網站。

方法 A：簡單，但不一定可靠

假設你使用的是自架 WordPress 5.0 或以上，帶有新版本區塊編輯器，而且你有網站的編輯者或管理員的存取權限。（此方法不適用於作者層級或更低層級的權限。）

1. 在區塊編輯器中，選擇一個 *Custom HTML* 區塊，然後直接插入嵌入程式碼或 iframe。

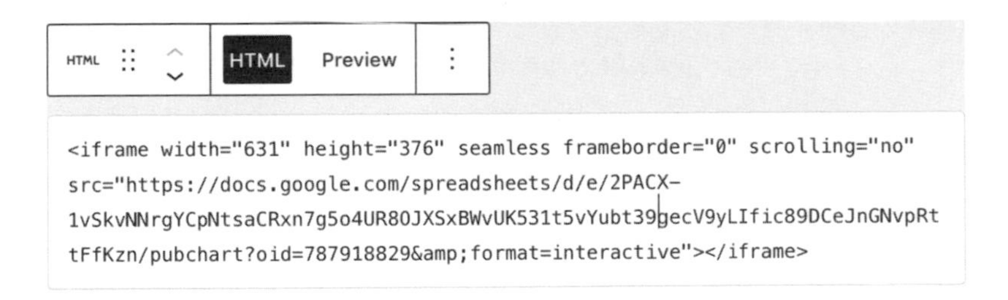

2. 預覽你的 WordPress 頁面或貼文，如果 iframe 出現了，請將它發佈並在另一個瀏覽器中進行檢視，測試讀者看到的樣子。

方法 B：步驟更多，但更可靠

假設你使用的是自架 WordPress，任一版本，有傳統版本或區塊編輯器，而且你有作者或更高層級的存取權限。

1. 首先，網站管理員必須安裝並啟用 iframe 外掛（*https://oreil.ly/2t8Rp*）。此外掛讓作者以一種經過修改後的「短程式碼」格式將 iframe 程式碼嵌入：用方括號括起來的通用格式 `[iframe...]`。

2. 在 WordPress 區塊編輯器中，點按新增一個 *Custom HTML* 區塊（或在經典編輯器中，點按「text」標籤來檢視 HTML 程式碼）。貼上嵌入程式碼或 iframe，乍看之下類似「方法 A：簡單，但不一定可靠」步驟 1 的畫面。

3. 一開始，你貼上的程式碼可能包含開頭的（`<iframe ...`）和結束的（`...></iframe>`）HTML iframe 標籤。修改開始標籤，將小於符號（`<`）換成為開始方括號（`[`）。修改結束標籤，將大於符號和整個結束標記（`> </iframe>`）換成結束方括號（`]`）。仔細比較兩個圖，看看這些程式碼的小變動。

對於來自 Datawrapper 和 Tableau Public 的長嵌入程式碼，你可能需要嘗試使用 W3Schools TryIt iframe 頁面（*https://oreil.ly/N_CQT*）將它們縮減到最相關的部分，如前單元所述，然後貼到 WordPress 編輯器中，並使用方括號修改前後端。

4. 預覽你的 WordPress 頁面或貼文，如果 iframe 出現了，請將它發佈並在另一個瀏覽器中進行檢視，測試讀者看到的樣子。

Squarespace、Wix、Weebly 或其他網路架站平台

在其他網路架站平台中，貼上資料視覺化 iframe 或嵌入程式碼的過程，與 WordPress 網站上的過程類似，但是取決於免費或付費訂閱方案以及作者 - 管理員狀態，細節會有所不同。以下是三種最受歡迎的架站服務的詳細資訊：

- 請參閱 Squarespace 支援頁面關於嵌入區塊的說明（*https://oreil.ly/tAKLp*），以及將客製化程式碼加到你的網站的說明（*https://oreil.ly/-n9Nu*）。
- 請參閱此 Wix 支援頁面，了解如何在網站上使用 iframe 顯示內容（*https://oreil.ly/UJ58w*）。
- 請參閱此 Weebly 支援頁面，了解加上具有嵌入式程式碼的外部內容和小工具（*https://oreil.ly/bbmwa*）。

在處理比較複雜的嵌入程式碼時，你可以在 W3Schools TryIt iframe 頁面（*https://oreil.ly/N_CQT*）中貼上並修剪至 iframe 的最相關部分，再將它貼到你的網路架站平台上。

總結

在本章中，你學到了 iframe 和嵌入程式碼，以及它們如何將來自原網站的互動式資料視覺化，無縫顯示在你個人管理的另一個網站上。這個概念在下一章中會非常有用，你會學到如何在 GitHub 平台上編輯和託管開源程式碼樣版，因為你也可以製作 iframe，以使這些圖表和地圖無縫地出現在你自己的網站上。

第 III 部

程式碼樣版和進階工具

第十章

使用 GitHub 編輯和託管程式碼

在第 I 部和第 II 部中，你在 Google 和 Tableau 等公司製作的免費拖放式工具平台上，製作了互動式圖表和地圖。這些平台非常適合初學者，但是它們的預設工具限制了你設計和客製化視覺化效果的選擇，而且你也必須依賴他們的網路伺服器和服務條款來託管資料和工作成果。如果這些公司更改了他們的工具或條款的話，除了刪除帳戶和換到其他工具之外，你別無選擇，這也代表你的線上圖表和地圖對觀眾來說，會顯示為無效連結。

在第 III 部和第 IV 部中，準備跨一大步吧！學習如何複製、編輯和託管程式碼樣版（我們會在每一個步驟中協助你）。這些樣版是預先寫好的軟體指令，可讓你上傳資料、客製化外觀，並在你控制的網站上顯示互動式圖表和地圖。你不需要有任何程式經驗，但是如果你對程式感到好奇並願意透過電腦來嘗試的話，會很有幫助。

程式碼樣版就像食譜。想像一下你正在廚房裡，閱讀我們公開分享最愛的布朗尼蛋糕食譜（好美味！），從以下三個步驟開始：融化奶油、加糖、混入可可粉。食譜就是樣版，你可以精確地跟著操作，或修改它來配合你的口味。想像一下，你複製（或照程式設計師的說法：分叉「fork」）了我們的食譜，然後插入一個新步驟：加入核桃。如果你也公開分享自己的食譜，那麼現在會有兩種版本的說明，讓喜歡或不喜歡有堅果在布朗尼裡的人做選擇。（在這個高度兩極化的議題上，我們不選邊站。）

目前，在程式人員當中最流行的食譜是 GitHub（*https://github.com*），它有超過 4000 萬使用者和超過 1 億個食譜（或者說「程式碼儲存庫」或「repos」）。你可以註冊一個免費帳戶，然後選擇將你的儲存庫設為私人（例如祖母的秘密食譜）或公開（例如我們接下來要分享的儲存庫）。因為 GitHub 是設計為公開的，在上傳任何不應與他人分享的機密或敏感資訊之前，請三思而後行。GitHub 鼓勵分享**開源程式碼**，代表製作者將依據自己選擇的許可類型條款，允許他人自由散佈和修改。

當你新增一個全新的儲存庫時，GitHub 會邀請你選擇一個許可證（*https://choicealicense.com*）。兩種最常用的開源軟體許可證是：非常寬鬆的 MIT 許可證（*https://oreil.ly/_5hiW*），以及要求所有修改都必須在同一許可證下共用的 GNU 通用公開許可證 v.3 版（*https://oreil.ly/2smHI*）。後者的版本通常被描述為一個**著作傳**（*copyleft*），需要對原始程式碼的任何衍生變化保持公開，這與傳統保護私有權的**著作權**（*copyright*）是相反的概念。當你在 GitHub 上複製某人的開源程式碼的副本時，請檢視他們選擇的許可證類型（如果有的話），將它保留在你的版本中，並遵守其條款。

要說明的是，GitHub 平台也是大企業擁有的（2018 年被微軟收購），當你使用它來分享或託管程式碼時，你也需依賴於它的工具和條款。程式碼樣版的美妙之處在於，你可以將你的工作遷移和託管在網路上的任何地方。你可以移到競爭對手的儲存庫託管服務，例如 GitLab（*https://gitlab.com*），或透過許多線上託管服務購買自己的域名和伺服器空間。或者，你可以選擇混合做法，例如將程式碼託管在 GitHub 上，然後選擇他們的客製化網域選項，將程式碼顯示在你從網路服務提供商處購買的域名下。

在「複製、編輯和託管簡單的 Leaflet 地圖樣版」單元中，我們將介紹在 GitHub 上複製、編輯和託管簡單的 Leaflet 地圖程式碼樣版的基本步驟。當你將圖表或地圖程式碼樣版託管並發表在 GitHub Pages 上時，你可以輕鬆地將它的線上連結轉換為 iframe，然後將它嵌入到次網站中，我們在第 257 頁的「將 GitHub Pages 連結轉換為 iframe」中將會進行討論。在第 258 頁的「在 GitHub 上新增儲存庫並上傳檔案」中，你會學到如何製作新的 GitHub 儲存庫和上傳程式碼檔案。

本章將介紹 GitHub 網頁瀏覽器介面，它最適合初學者。在第 263 頁的「用 GitHub 桌面和 Atom 文字編輯器有效率地寫程式」中，你會學到 GitHub Desktop 和 Atom 文字編輯器等中級工具，以便更有效率地在你的個人電腦上使用程式碼儲存庫。

如果出現問題，請參考「附錄：解決常見問題」。每個人都會犯錯，偶爾都會不小心「弄壞程式碼」，這是學習這一切如何運作以及問題如何解決的好方法！

複製、編輯和託管簡單的 Leaflet 地圖樣版

現在你已經了解，GitHub 程式碼儲存庫就像食譜的公開食譜，任何人都可以複製和修改食譜，那就讓我們走進廚房開始烘焙吧！在本單元中，我們將介紹一個非常簡單的 Leaflet（*https://leafletjs.com*）程式碼樣版，這是一個開源程式碼庫，用來製作在新聞、商業、政府和高等教育中都很常見的互動式地圖。

許多人之所以選擇 Leaflet，是因為它的程式碼可供所有人免費使用，相對容易，而且有活躍的支持者社群定期對它進行更新。與我們先前在第 7 章中介紹過的拖放式工具不同，使用 Leaflet 樣版時，在你將它放在線上託管之前必須先複製和編輯幾行程式碼。雖然不需要任何先前的程式經驗，但了解這些程式碼樣版的基礎是三種與網頁瀏覽器溝通的核心語言（HTML、級聯樣式表「CSS」和 JavaScript）會很有幫助。此外，我們可以使用 GitHub 網路介面來編輯這些程式碼樣版，意思是你可以使用任何較新的網頁瀏覽器，在任何類型的電腦（Mac、Windows、Chromebook 等）執行此操作。

以下是你會在本單元中了解 GitHub 的關鍵步驟：

- 複製我們的簡單 Leaflet 地圖程式碼樣版
- 編輯地圖標題、起始位置、背景圖層和標記
- 在公開網路上託管修改後的地圖程式碼之即時線上版本。

你的目標是製作和編輯一個自訂版本的簡單互動式地圖，如圖 10-1。

圖 10-1　自己設計一個 Leaflet 地圖（*https://oreil.ly/I-eGl*）。

請跟隨以下步驟，設計一個 Leaflet 地圖：

1. 在 GitHub 上註冊一個的免費帳戶。它可能會要求你做一個簡單測驗以證明你是人類。如果你在電子郵件中沒有看到確認信，請檢查垃圾郵件夾。

選擇一個較短的使用者名稱，使用者名稱會顯示在線上發表的圖表和地圖網址上。例如 `BrownieChef` 還可以考慮，但如果是 `DrunkBrownieChef6789` 可能就不是一個好選擇。

2. 在瀏覽器中登入 GitHub 帳戶後，前往我們的 Leaflet 地圖樣版（*https://oreil.ly/handsondataviz*）。
3. 點按綠色的「Use this template」按鈕來製作你自己的副本：

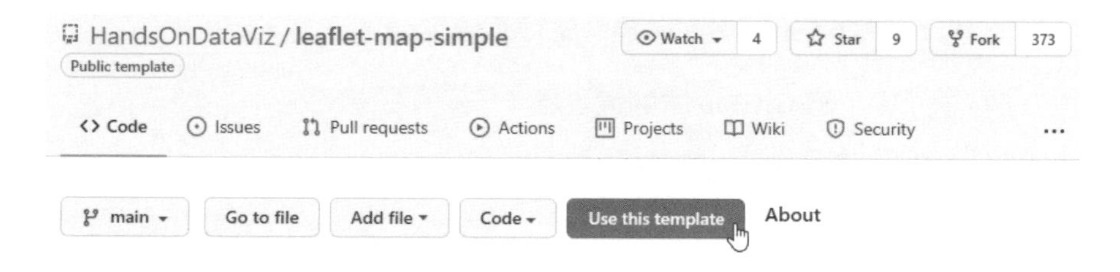

4. 在下一個畫面上，你的帳戶將顯示為副本所有者。將你的副本命名為 *leaflet-map-simple*，和我們的一樣。點按綠色的「Create repository from template」按鈕。

   下一個畫面的左上角將顯示由 *HandsOnDataViz/leaflet-map-simple* 產生的 ***USERNAME**/leaflet-map-simple*，其中 ***USERNAME*** 指的是你的 GitHub 帳戶使用者名稱。這個步驟確認了你已將樣版複製到你的 GitHub 帳戶中，而且僅內含三個檔案：

   LICENSE

   顯示我們選擇了 MIT 許可證，此許可證允許任何人隨意複製和修改程式碼。

   README.md

   它提供了一個簡單的描述並連結到即時示範，稍後我們會回來介紹。

   index.html

   此樣版的關鍵檔案，因為它內含地圖代碼。

Create a new repository from leaflet-map-simple

The new repository will start with the same files and folders as HandsOnDataViz/leaflet-map-simple.

Owner * HandsOnDemo / Repository name * leaflet-map-simple

Great repository names are short and memorable. Need inspiration? How about ubiquitous-disco?

Description (optional)

Public
Anyone on the internet can see this repository. You choose who can commit.

Private
You choose who can see and commit to this repository.

Include all branches
Copy all branches from HandsOnDataViz/leaflet-map-simple and not just master.

Create repository from template

我們使用 GitHub 的樣版功能來設定儲存庫，讓使用者更輕鬆地製作自己的副本。如果你要複製其他人的 GitHub 儲存庫，但沒有看到「Template」按鈕，請點按「Fork」按鈕，它會用不同的方式複製。區別在於：樣版可讓你製作同一儲存庫的*多個*副本，並為它們指定不同的名稱；而 Fork 則只能製作儲存庫的*單一*副本，因為它會使用與原始儲存庫相同的名稱，而 GitHub 禁止你製作兩個具有相同名稱的儲存庫。如果你需要製作 GitHub 儲存庫的第二個 fork，請參考第 258 頁的「在 GitHub 上新增儲存庫並上傳檔案」。

5. 點按 *index.html* 檔案來檢視程式碼。如果這是你第一次檢視電腦程式碼，可能會不知所措，但是放輕鬆！我們插入了幾個「程式碼注釋」來解釋各個部分。第一區告訴網頁瀏覽器，這整頁的程式碼應該套用哪種格式。第二區指示瀏覽器載入 Leaflet（*https://leafletjs.com*）程式碼庫，這是製作了這份互動式地圖的開源軟體。第三區描述了地圖和標題在畫面上的位置。好消息是你不用動這些程式碼區塊，因此讓它們保持原樣即可。但是有幾行的確需要修改一下。

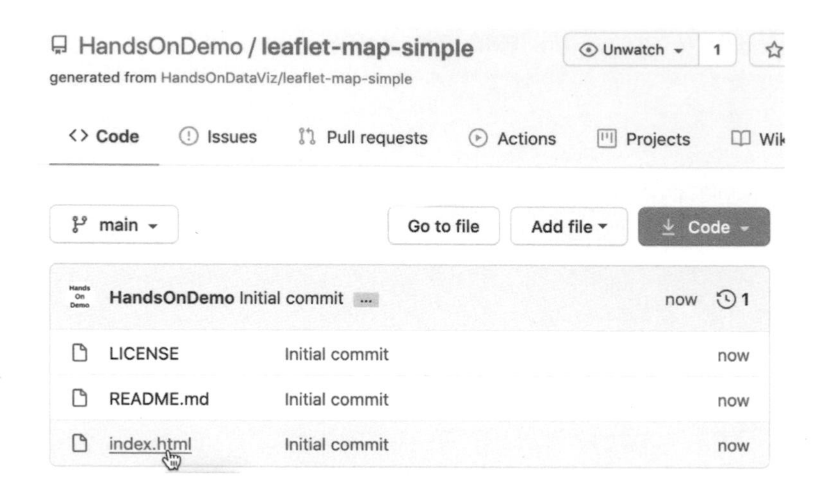

6. 要編輯程式碼，請點按右上角的鉛筆符號（ ）。

   首先做一個簡單的更改——修改地圖標題（在 HTML div 標記中大約第 21 至 23 行的位置），確認你正在編輯**你自己**的地圖。

7. 在 `<div id="map-title">EDIT your map title</div>` 行中，鍵入新的地圖標題來取代「EDIT your map title」字樣。注意不要刪掉出現在兩端符號內的 HTML 標籤。

8. 要儲存你的編輯，請捲動到頁面底部，然後點按綠色的「Commit changes」按鈕。

Commit changes
Update index.html
Add an optional extended description...
Commit directly to the master branch.
Create a **new branch** for this commit and start a pull request.
Commit changes
Cancel

在程式人員的用語中，我們「commit」（執行）修改，就像大多數人「儲存」檔案一樣，稍後你會看到 GitHub 如何追蹤每次的程式碼 commit，以便在需要時回復到之前的版本。在預設下，GitHub 會將你送出的 commit 之簡短描述插入「Update index.html」，當你開始進行大量 commit 時，你可以選擇客製化此描述來追蹤這些變更。此外，GitHub 會將變更直接 commit 到程式碼的預設分支，這個稍後我們會做解釋。

如果你想將程式碼儲存在 GitHub 上，但需要擴大到更大的商業級網路主機的話，請參閱 Netlify（*https://www.netlify.com*）等免費服務。Netlify 會自動檢測你推送到 GitHub 儲存庫的更改，並將其發佈到你的線上網站。

現在將編輯後的地圖發佈到公開網路上，看看它在網頁瀏覽器中的樣子。GitHub 不僅儲存開源程式碼，其內建的 GitHub Pages 功能可以讓你託管 HTML 程式碼的即時線上版本，任何取得該網址的人都可以在瀏覽器中檢視。雖然 GitHub Pages 可以免費使用，但在用途、檔案大小和內容上（*https://oreil.ly/TYNNh*）會有一些限制，並且不適合線上生意或商業交易。但是，程式碼樣版的一個優點是，你可以將它們託管在你控制的任何網路伺服器上。由於我們已經在使用 GitHub 來儲存和編輯程式碼樣版，因此啟用 GitHub Pages 來進行線上託管是很容易的。

1. 要存取 GitHub Pages，請捲動到儲存庫頁面的頂端，然後點按「Settings」。

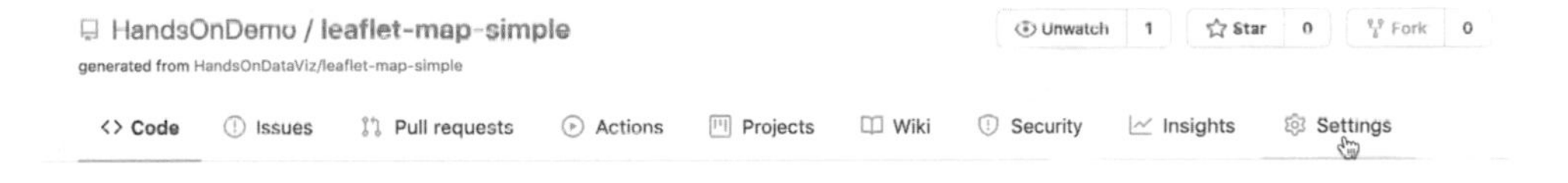

2. 在「Settings」畫面中，向下捲動到 GitHub Pages 區域。在下拉選單中，將「Source」從「None」更改為「Main」，維持中間的「預設 /（*root*）」選項，然後按「Save」。此步驟指示 GitHub 在公開網上發佈你的地圖的即時版本，只要取得網址，任何人都可以在瀏覽器中存取它。

為了呼應 2020 年的「黑人的命也是命」運動，Git-Hub 將其預設分支（*https://oreil.ly/51Nx3*）從 *master* 改為 *main*，以消除其主從的隱喻。

3. 向下捲動到「Settings」>「GitHub Pages」，以查看線上發佈即時地圖的網址，然後右鍵點按它，在新的瀏覽器分頁中打開。

現在，你的瀏覽器應該至少開啟兩個分頁了。第一個分頁是 GitHub 儲存庫，你可以在上面編輯程式碼，網址格式如下。將 ***USERNAME*** 和 ***REPOSITORY*** 改成你自己的：

```
https://github.com/USERNAME/REPOSITORY
```

第二個分頁是你的 GitHub Pages 即時網站，你編輯的程式碼都會顯示在線上。GitHub Pages 會自動以下列格式產生公開網址：

```
https://USERNAME.github.io/REPOSITORY
```

在預設下，你的程式碼的即時版本會指向 *index.html* 頁面，因此無不需將它包括在網址中。

還記得我們建議你不要使用 `DrunkBrownieChef6789` 之類的使用者名稱來註冊帳戶嗎？因為 GitHub 會將你的使用者名稱放在公開網址中。

保持兩個分頁處於開啟狀態，以方便切換編輯程式碼和線上檢視即時結果。

GitHub Pages 通常會在不到 30 秒的時間內顯示你的即時地圖，但在某些情況下可能需要幾分鐘。如果一分鐘後你沒有看到任何變化，請使用下列指令組合鍵將瀏覽器進行「強制重新整理」（hard refresh），繞過快取（cache）中所有已儲存的內容（*https://oreil.ly/i3-UE*），然後從伺服器重新下載整個網頁：

- Ctrl + F5（適用於 Windows 或 Linux 的大多數瀏覽器）
- Command-Shift R（適用於 Mac 的 Chrome 或 Firefox）
- Shift-Reload 按鈕工具欄（適用於 Mac 的 Safari）
- Ctrl + Shift + Backspace（在 Chromebook 上）

現在，讓我們來編輯你的 GitHub 儲存庫，使連結指向**你的**即時地圖，而非**我們的**：

1. 從第二個瀏覽器分頁中複製即時地圖的網址。
2. 返回有 GitHub 儲存庫的第一個瀏覽器分頁，然後點按儲存庫的標題以返回主頁。

HandsOnDemo / leaflet-map-simple

generated from HandsOnDataViz/leaflet-map-simple

3. 在儲存庫頁面上，點按開啟 *README.md* 檔案，然後再次點按鉛筆進行編輯。將即時網路連結貼在標籤下（**換成你的網站連結**），然後向下捲動，commit 這個變更。

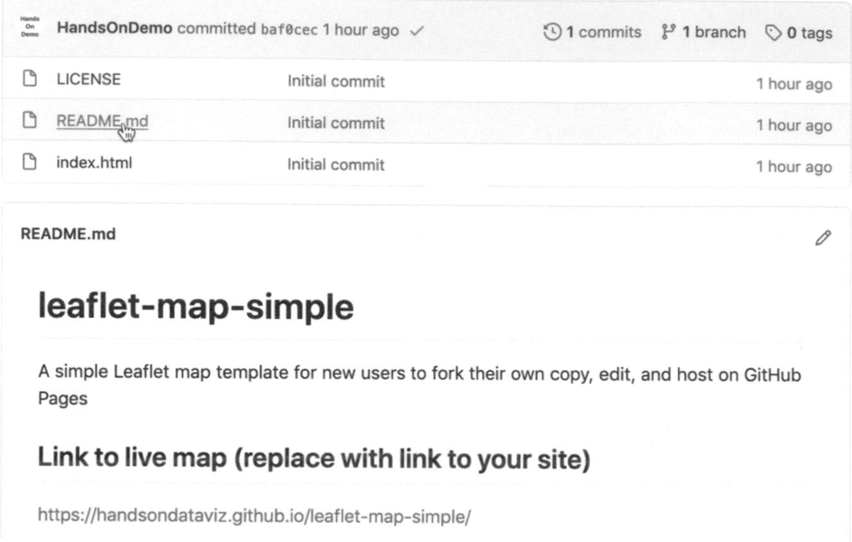

你已經成功完成簡單的編輯並發佈了即時地圖，現在讓我們進行更多的編輯，並幫助你了解更多 Leaflet 程式碼的運作方式。

4. 在儲存庫主頁上，點按打開 *index.html* 檔案，然後點按鉛筆符號來編輯更多程式碼。

   當你看到 `EDIT` 程式碼注釋時，代表它是可以輕鬆修改的行。舉例來說，看看下面這段設定了地圖起始中心點和縮放等級的程式碼。插入新的緯度和經度坐標來設定新的中心點。若要找出坐標，請在 Google Maps（*https://google.com/maps*）的任意一點上按右鍵，然後選擇「What's here ／這是哪裡？」，如第 23 頁的「Google 試算表中的地理編碼地址」中所述。

```
var map = L.map('map', {
    center: [41.77, -72.69], // EDIT coordinates to recenter map
    zoom: 12,  // EDIT from 1 (zoomed out) to 18 (zoomed in)
    scrollWheelZoom: false,
    tap: false
});
```

   下一段程式碼顯示地圖背景的底圖圖磚層。我們的樣版使用了帶有所有標籤的淺色地圖，這些標籤是由 CARTO 提供，並有 OpenStreetMap 的貢獻。有個簡單的改法就是將 `light_all` 更改為 `dark_all`，這會換成顏色反轉的另一張 CARTO 底圖。或者預覽你可以複製和貼上的其他幾個 Leaflet 底圖程式碼選項（*https://oreil.ly/sVVy5*）。記得要註明來源，並保留此段程式碼最末尾的 `}).addTo(map);` 來顯示底圖：

```
L.tileLayer(
    'https://{s}.basemaps.cartocdn.com/light_all/{z}/{x}/{y}{r}.png', {
    attribution: '&copy; <a href="https://osm.org/copyright">\
OpenStreetMap</a> contributors, &copy;\
<a href="https://carto.com/attribution">CARTO</a>'
  }).addTo(map);
```

最後一段程式碼會在地圖上顯示一個單點標記，在 Leaflet 中預設為藍色，當使用者點按它時會彈出訊息。你可以編輯標記的坐標、插入彈出文字，或複製並貼上程式碼來新增第二個標記：

```
L.marker([41.77, -72.69]).addTo(map) // EDIT marker coordinates
.bindPopup("Insert pop-up text here"); // EDIT pop-up text message
```

編輯程式碼時要留意。不小心刪除或加上多餘的標點符號（例如引號、逗號或分號）就可能會使地圖無法正常運作。不過弄壞程式碼（並加以修復）也是一種學習的好方法。

5. 編輯好之後，記得向下捲動並點按「Commit」來儲存變更。接著到即時地圖的瀏覽器分頁，進行強制重新整理以查看變更。地圖上的編輯通常會在 30 秒內會顯示，但請記住，GitHub Pages 有時需要更長的時間來處理程式碼的 commit。如果有問題，請參閱「附錄」。

恭喜！如果這是你第一次編輯電腦程式碼並將它線上託管的話，你現在可以說自己「會寫程式」了。這個過程就像是遵循和修改食譜，成功做出布朗尼之後就自稱「廚師」一樣！雖然此刻大概沒人會僱用你當全薪的程式設計師（或廚師），不過你現在已經學到線上複製、編輯和託管程式碼所需的一些基本技能了，而且你也已準備好進入更進階的版本，例如第 11 章中的 Chart.js 和 Highcharts 樣版，以及第 12 章中的 Leaflet 地圖樣版。

將 GitHub Pages 連結轉換為 iframe

在第 9 章中，我們討論了以無縫方式將主網站的互動式內容顯示在次網站中的好處。你也學到了在需要時，如何將很長的 Datawrapper 和 Tableau Public 嵌入程式碼轉換為較短的 iframe 標籤，以便更輕鬆地將它們嵌入次網站。

相同的概念也適用於 GitHub Pages。當你在 GitHub Pages 上發佈圖表或地圖（或任何內容）的程式碼樣版時，它會產生一個線上連結，你可以使用上述相同的原理將它轉換為 iframe 標籤，然後嵌入到次網站中。請跟著這些步驟做：

1. 對於你在線上發佈的任何 GitHub 儲存庫，請到它的「Settings」頁面，向下捲動以複製其 GitHub Pages 網址，一般格式如下：

```
https://USERNAME.github.io/REPOSITORY
```

2. 將它轉換為 iframe，方法是將此連結放在在引號當中當作來源，並加上開始和結束標記，一般格式如下：

```
<iframe src="https://USERNAME.github.io/REPOSITORY"></iframe>
```

3. 如果需要的話，可以加上以下任何一個可選屬性來改善 iframe 在次網站上的顯示效果，例如寬度或高度（預設是以像素或百分比為單位），或者 `frameborder="0"` 或 `scrolling="no"`，一般格式如下：

```
<iframe src="https://USERNAME.github.io/REPOSITORY" width="100%"
height="400" frameborder="0" scrolling="no"></iframe>
```

在 iframe 程式碼中，單引號標記（'）或雙引號標記（"）都是可接受的，但是請保持一致，並避免意外貼上彎引號（“”）。

現在，你可以使用第 9 章中介紹的方法（第 240 頁的「將程式碼或 iframe 貼到網站上」），將 iframe 貼到你想要的網站上，以顯示你使用 GitHub Pages 發佈的互動式圖表或地圖樣版。

你現在應該更加了解如何在 GitHub 上編輯和託管程式碼儲存庫了。下個單元將介紹如何透過新增儲存庫和上傳檔案來提升你的 GitHub 技能。這些是在接下來的兩章中製作程式碼樣版之第二副本，或使用更進階樣版的必要步驟。

在 GitHub 上新增儲存庫並上傳檔案

現在你已經複製過我們的 GitHub 樣版，下一步是學習如何製作全新的儲存庫並上傳檔案。這些技能在幾種情況下會很實用。首先，如果你必須 fork 一個儲存庫的話（GitHub 僅允許執行一次），此方法可讓你製作其他副本。其次，在使用第 11 章中的 Chart.js 和 Highcharts 樣版、以及第 12 章中的 Leaflet 地圖樣版來製作資料視覺化時，你需要上傳一些自己的檔案。我們會在 GitHub 的初學者層級瀏覽器介面上示範這些步驟，但同時建議你參考第 263 頁的「用 GitHub 桌面和 Atom 文字編輯器有效率地寫程式」單元，來了解能更有效率地使用程式碼樣版的中階介面。

在上一單元中，你使用「Use this template」按鈕新增了我們的 GitHub 儲存庫的副本，而我們刻意用這個較新的功能設定了儲存庫，因為它讓使用者製作**多個**副本，並為每個副本指派不同的名稱。GitHub 上的許多其他儲存庫都沒有「Template」按鈕，因此要複製它們時，你必須點按「Fork」按鈕，這樣就會自動產生一個與原始儲存庫名稱相同的副本。但是，如果你希望第二次 fork 某個儲存庫時怎麼辦呢？ GitHub 會阻止你製作第二個 fork 來避免違反它們的重要規則之一：帳戶中的每個儲存庫都必須具有唯一名稱，以避免覆蓋和刪除工作。

如果沒有「Use this template」按鈕時，如何製作 GitHub 儲存庫的第二個 fork 呢？請跟著我們建議的解決辦法來進行，總結成下列三個步驟：

1. 將現有的 GitHub 儲存庫下載到本地電腦。
2. 使用新名稱製作一個全新的 GitHub 儲存庫。
3. 將原來的程式碼儲存庫檔案上傳到全新的儲存庫中。

現在，讓我們更詳細地介紹這個三步驟的解決方法：

1. 在任何儲存庫上，點按「Code」>「Download ZIP」下拉選單的按鈕。你的瀏覽器會將含有儲存庫內容的壓縮檔案夾下載到本地電腦，並可能會詢問你要儲存在什麼地方。選一個位置，然後點按「OK」。

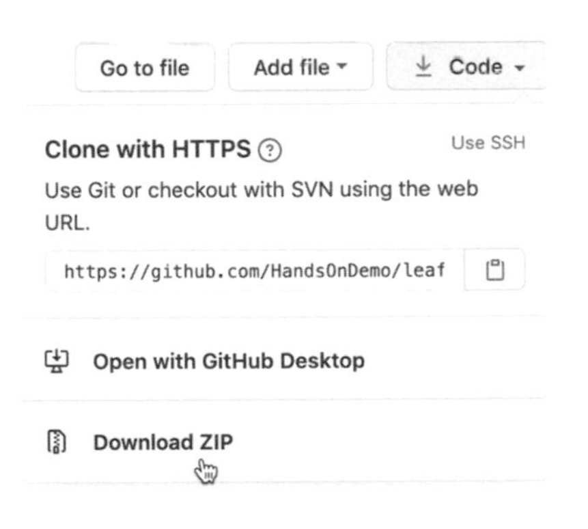

2. 瀏覽至剛剛儲存的檔案夾位置。它的檔案名稱應該是以 *.zip* 結尾，代表你需要按兩下來解壓縮該檔案夾（Windows 使用者，請右鍵點按並選擇「解壓縮全部」）。解壓縮後，將出現一個以「儲存庫 - 分支」這樣的格式來命名的新檔案夾，它指的是儲存庫名稱（例如 *leaflet-map-simple*）和分支名稱（例如 `main`），檔案夾裡面有儲存庫檔案，其中一個檔案是 *index.html*，稍後的步驟中會使用它。

3. 回到在網頁瀏覽器中的 GitHub 帳戶，點按帳戶右上角的加號（+），然後選擇「New repository」。

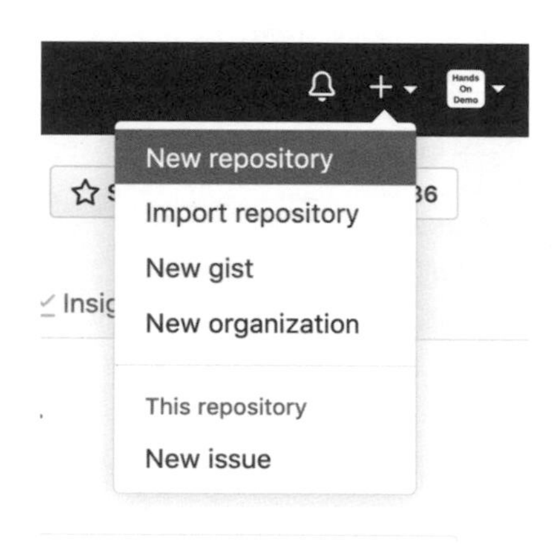

4. 在下一個畫面上，GitHub 會要求你輸入新的儲存庫名稱。請選擇一個簡短的單詞，最好是全部小寫，如果有需要的話，請使用連字元將單詞分開。讓我們將它命名為「practice」，因為我們會在本教學結束後將它刪除。

   勾選「Initialize this repository with a README」框來簡化後續步驟。

   此外，選擇符合你預計上傳之程式碼的「Add a license」，在這個範例中是 MIT License。其他欄位是選擇性的。完成後，點按底部的綠色「Create repository」按鈕。

Create a new repository

A repository contains all project files, including the revision history. /
elsewhere? Import a repository.

Repository template

Start your repository with a template repository's contents.

No template ▾

Owner *

Repository name *

HandsOnDemo ▾ / practice

Great repository names are short and memorable. Need inspiration?

Description (optional)

Public

Anyone on the internet can see this repository. You choose who car

Private

You choose who can see and commit to this repository.

Skip this step if you're importing an existing repository.

Initialize this repository with a README

This will let you immediately clone the repository to your computer.

Add .gitignore: None ▾

Add a license: MIT License ▾

Create repository

你的新儲存庫網址會類似：*https://github.com/USERNAME/practice*。

5. 在新的儲存庫主頁上，點按畫面中間附近的「Add file」>「Upload files」下拉選單按鈕。

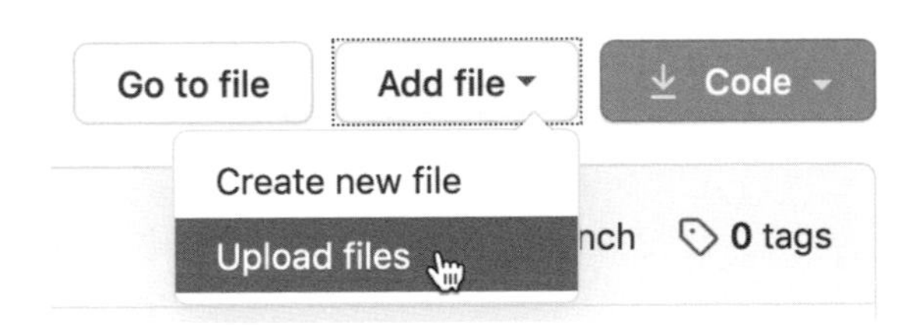

6. 到你先前下載到本地電腦上並已解壓縮的儲存庫檔案夾內，將 *index.html* 檔案拖曳到瀏覽器中的 GitHub repo 上傳畫面上。不要上傳 *LICENSE* 或 *README.md*，因為你的新儲存庫已包含這兩個檔案。向下捲動來點按綠色的「Commit Changes」按鈕。

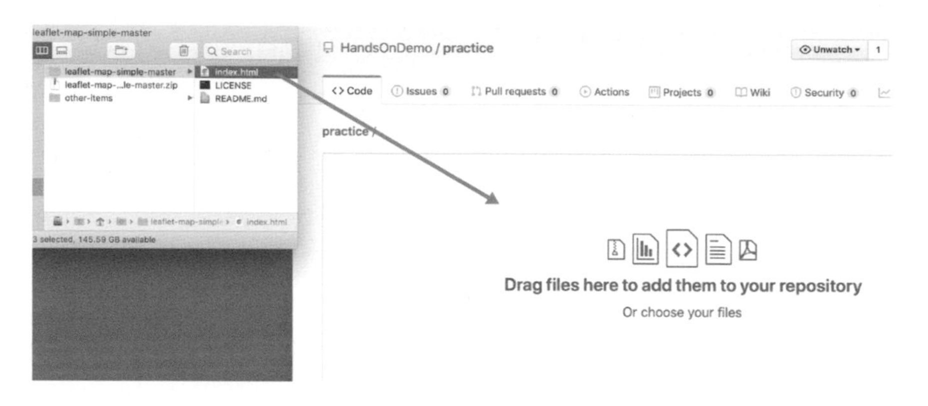

上傳完成後，你的儲存庫現在應該有三個檔案，包括你先前從 *leaflet-map-simple* 樣版下載的 *index.html* 程式碼的副本。透過製作新的儲存庫並手動上傳程式碼的第二個副本，這解決了 GitHub 的單一 fork 問題。

另一個方法是，你可以使用 GitHub Pages 線上發佈一個即時版本的程式碼，然後將指向此一即時版本的連結，貼到儲存庫和 README.md 檔案的頂端，如第 249 頁「複製、編輯和託管簡單的 Leaflet 地圖樣版」單元中所述。

7. 由於這只是一個練習儲存庫，讓我們將它從 GitHub 上刪除。到瀏覽器的儲存庫畫面中，點按右上角的「Settings」按鈕，向下捲動到「Danger Zone」，然後點按「Delete this repository」。GitHub 會要求你輸入使用者名稱和儲存庫名稱，確認你真的要刪除該儲存庫，證明你不是喝醉的布朗尼廚師。

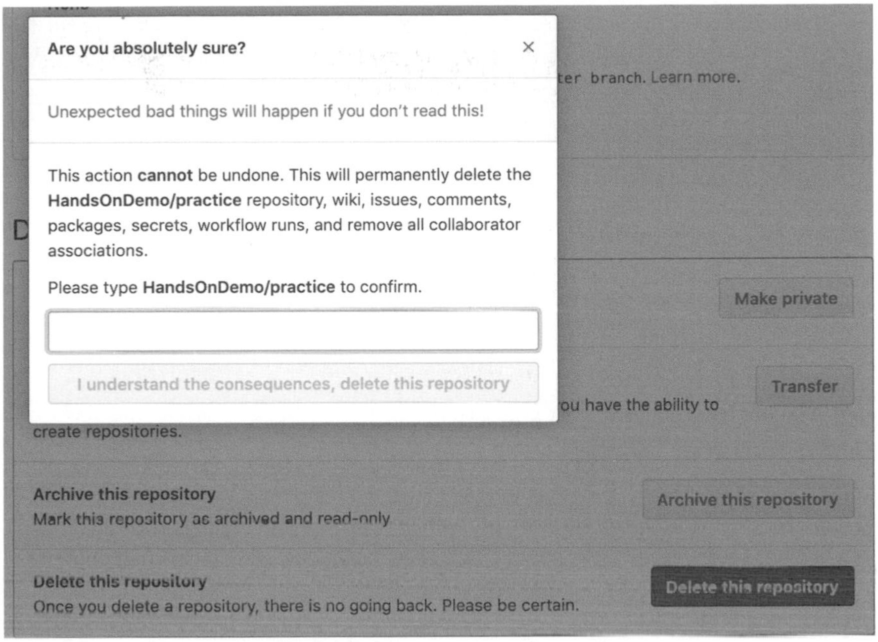

到目前為止，你已經學到了如何使用 GitHub 網路介面來複製、編輯和託管程式碼，這是很棒的初學者入門。你已經準備好進階到能夠更有效率地使用 GitHub 的工具（例如 GitHub Desktop 和 Atom 文字編輯器），以便將整個儲存庫快速移至本地電腦、編輯程式碼，然後將它回傳到線上。

用 GitHub 桌面和 Atom 文字編輯器有效率地寫程式

透過 GitHub 網路介面來編輯程式碼是一個很好的開始，尤其當你只需要進行少量編輯，或將幾個檔案上傳到你的儲存庫時。但是，如果你在儲存庫中編輯或上傳多個檔案，網路介面就會感覺很慢。為了加快工作速度，我們建議你下載兩個能夠在 Mac 或 Windows 電腦上作業的免費工具：GitHub Desktop（*https://desktop.github.com*）和 Atom 文字編輯器（*https://atom.io*）。當你將 GitHub 網路帳戶連結到 GitHub Desktop 時，你可以將程式碼的最新版本「拉」到自己電腦的硬碟上，進行和測試你的編輯，然後再將你的 commits 都「推」回 GitHub 的網路帳戶上。Atom 文字編輯器（也是由 GitHub 的製造商開發的）讓你在自己電腦上檢視與程式碼儲存庫的工作比起在 GitHub 網路介面上更輕鬆。雖然用來寫程式的文字編輯器有很多，但 Atom 是專門為了與 GitHub Desktop 配合使用而設計的。

目前 Chromebook 不支援 GitHub Desktop 和 Atom 文字編輯器，但是 Chrome 的網路商店（*https://oreil.ly/5qRhP*）提供了多種文字編輯器，例如 Text 和 Caret，它們也提供了以下介紹的部分功能。

我們來使用 GitHub Desktop 將你的 *Leaflet-map-Simple* 樣版副本拉到本地電腦上，在 Atom 文字編輯器中做一些編輯，然後將 commits 備份推送回 GitHub：

1. 到你想複製到本地電腦的 GitHub 網路儲存庫。在瀏覽器中，使用 GitHub 使用者名稱瀏覽至 *https://github.com/USERNAME/leaflet-map-simple*，存取第 249 頁的「複製、編輯和託管簡單的 Leaflet 地圖樣版」單元中製作的儲存庫。點按畫面中間附近的「Code」>「Open with GitHub Desktop」下拉選單按鈕。下一個畫面將顯示 GitHub Desktop 網頁的連結，你要下載並安裝此應用程式。

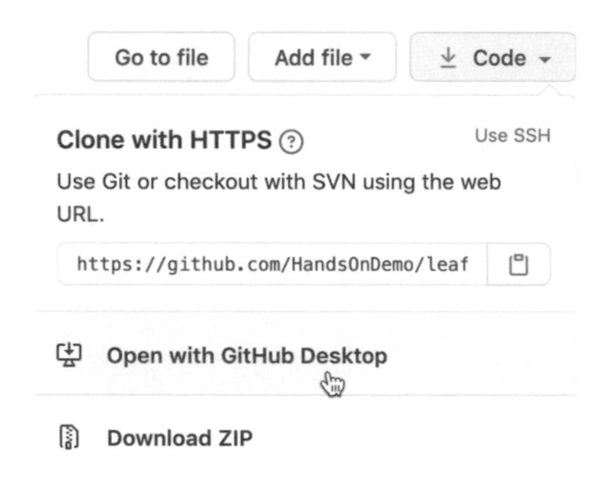

2. 首次打開 GitHub Desktop 時，你需要將它連結到本章先前製作的 GitHub 網路帳戶上。在歡迎畫面上，點按藍色的「Sign in to GitHub.com」按鈕，然後使用你的 GitHub 使用者名稱和密碼登入。在下一個畫面上，GitHub 會要求你點按綠色的「Authorize desktop」按鈕以確認你希望連結到你的帳戶。

Welcome to GitHub Desktop

GitHub Desktop is a seamless way to contribute to projects on GitHub and GitHub Enterprise Server. Sign in below to get started with your existing projects.

New to GitHub? **Create your free account.**

Sign in to GitHub.com

3. 在下一個設定畫面中，GitHub Desktop 會要求你配置 Git，這是在 GitHub 幕後運行的軟體。確認它顯示了你的使用者名稱，然後點按「Continue」。

Configure Git

This is used to identify the commits you create. Anyone will be able to see this information if you publish commits.

Name

HandsOnDemo

Email

66479711+HandsOnDemo@users.noreply.github.com

Continue　Cancel

4. 在「Let's Get Started with GitHub Desktop」畫面上，點按右側的「Your Repositories」來選擇你的 Leaflet 地圖樣本，然後在底下點按藍色「Clone」按鈕來將它複製到本地電腦。

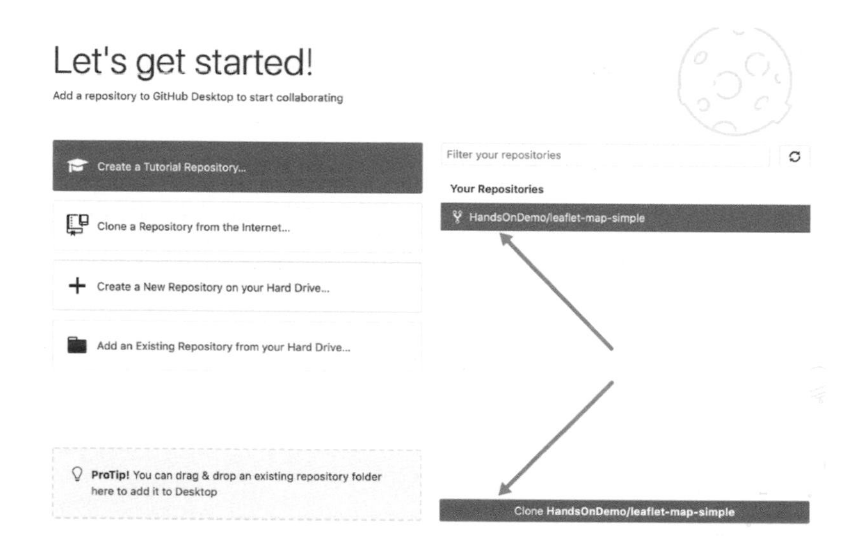

5. 在你複製儲存庫時，GitHub Desktop 會要求你選擇本地路徑，也就是你想在本地電腦上儲存 GitHub 儲存庫副本的位置。在按下「Clone」按鈕之前，請記住此位置的路徑，因為你稍後必須找到它。

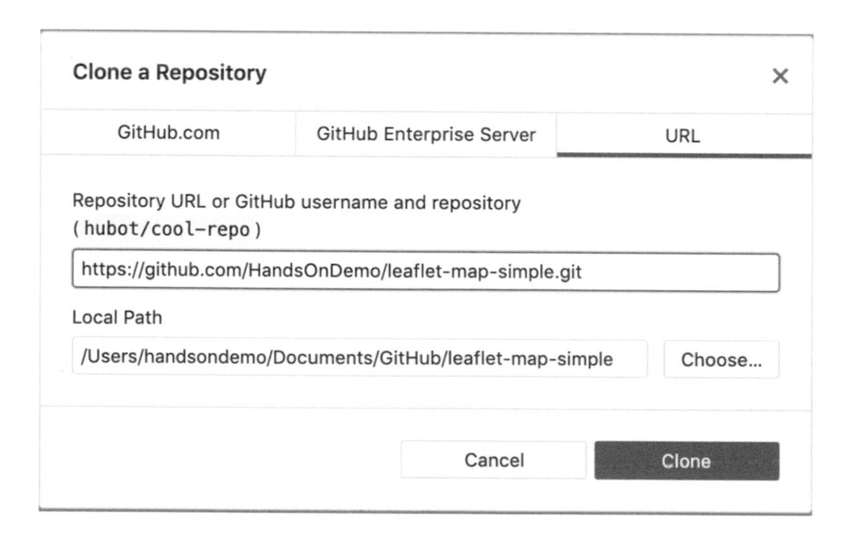

6. 在下一個畫面上，GitHub Desktop 可能會問：「你打算如何使用此 fork？」。選擇預設的「To contribute to the parent project」項目，意指你預計將所做的編輯傳送回 GitHub 網路帳戶。接著點按「Continue」。

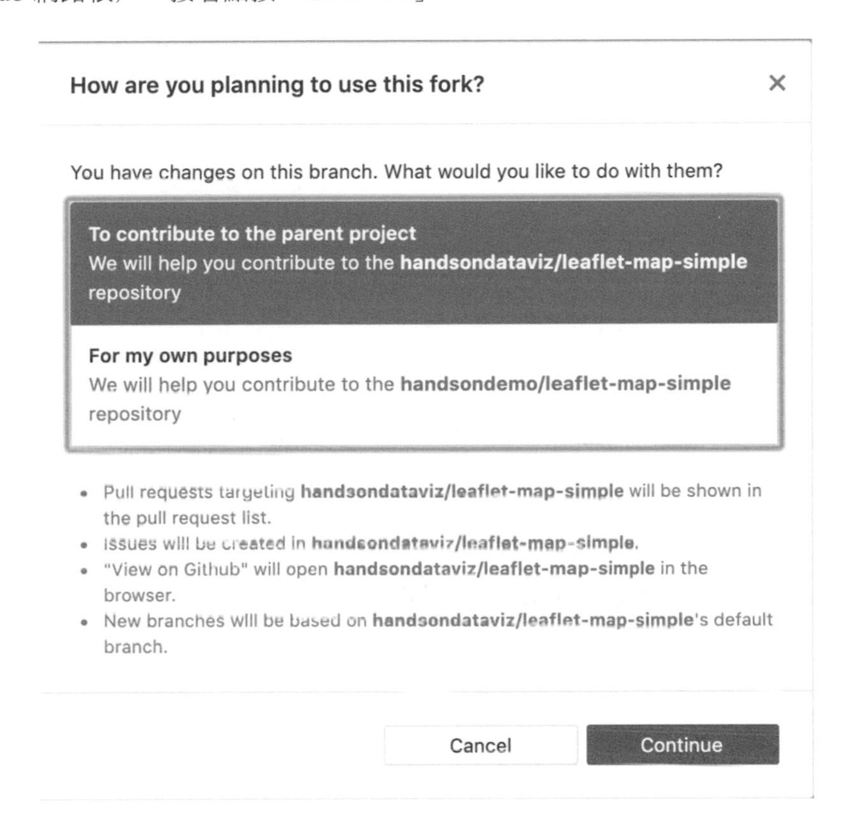

7. 現在，你的 GitHub 儲存庫的副本出現在兩個地方——GitHub 網路帳戶上，以及本地電腦上。取決於你使用的是 Windows 還是 Mac，以及你選擇用來儲存檔案的本地路徑不同，你的畫面可能和下列有所不同。

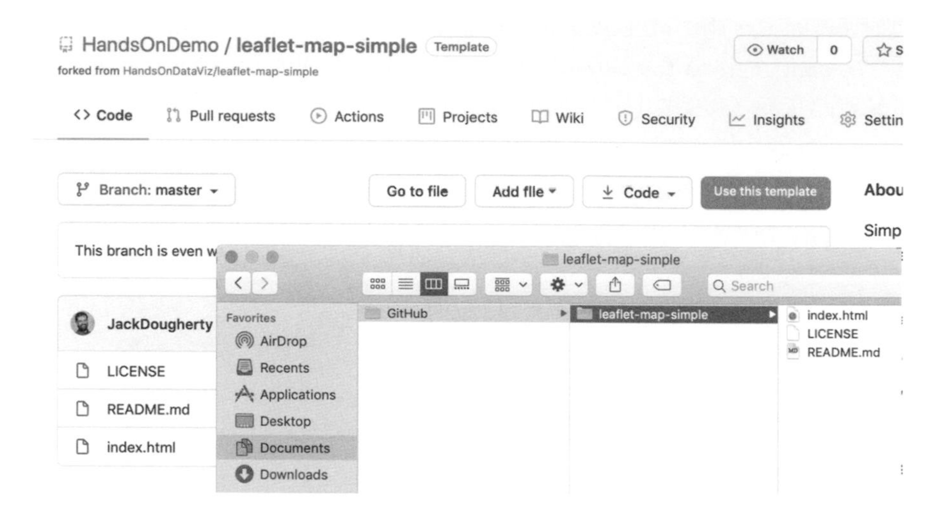

8. 在本地電腦上編輯程式碼之前，請下載並安裝 Atom 文字編輯器應用程式（*https://atom.io*）。然後到 GitHub Desktop 的畫面，確認目前儲存庫為 *leaflet-map-simple*，然後點按「Open in Atom」。

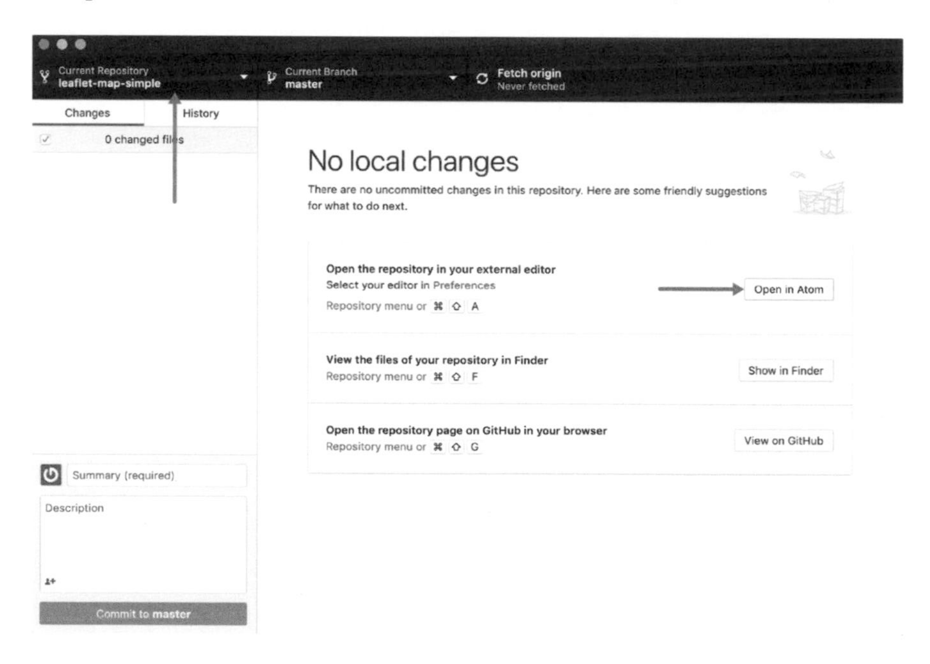

9. 由於 Atom 文字編輯器與 GitHub Desktop 整合在一起，因此它會將你的整個儲存庫開啟為「Project」，你可以在左側視窗中點按檔案，開啟新分頁來檢視和編輯程式碼。打開 *index.html* 檔案，在 line 22 附近編輯你的地圖標題，然後儲存。

10. 儲存好你的程式碼變更之後，將 Atom 文字編輯器工作區做清理是個好習慣。右鍵點按目前 Project，然後在選單中選擇「Remove Project Folder」。下次打開 Atom 時，可以右鍵點按「Add Project Folder」，然後選擇已複製到本地電腦的任何 GitHub 儲存庫。

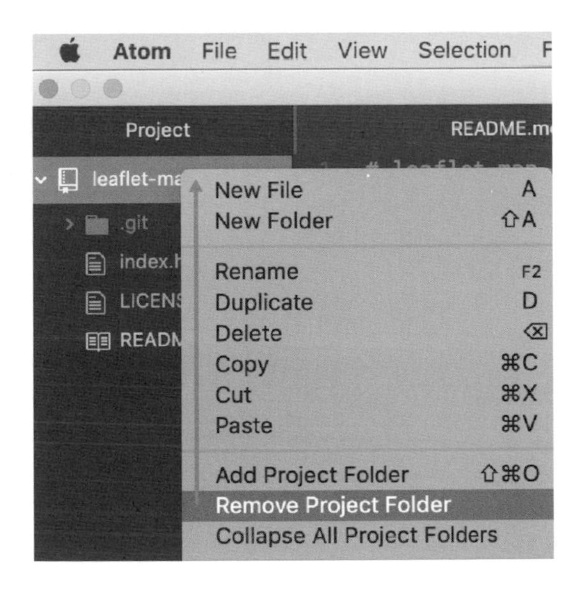

跨域資源共用

若要在本地瀏覽器中完整檢視更複雜的程式碼樣版（包括第 11 章中的部分 Chart.js 或 Highcharts 樣版，或者第 12 章中的 Leaflet 樣版），你可能需要暫時放寬同源政策限制（same-origin restrictions，*https://oreil.ly/wWbTA*），這是一種網路安全機制，可限制網頁存取其他網域內容的方式。做法是管理跨域資源共用（CORS）之設定（*https://oreil.ly/7g81U*）。

實際操行的方法會因作業系統和瀏覽器而異。例如，要在 Mac 上的 Safari（*https://oreil.ly/iaalu*）上停用同源策略，請到「Preferences」>「Advanced」以啟用「Developer」選單，然後在此新選單中選擇「Disable Cross-origin Restrictions」（停用跨域限制），如圖 10-2 所示。測試完程式碼後，請重新啟動 Safari，將它重新設回預設的安全位置。

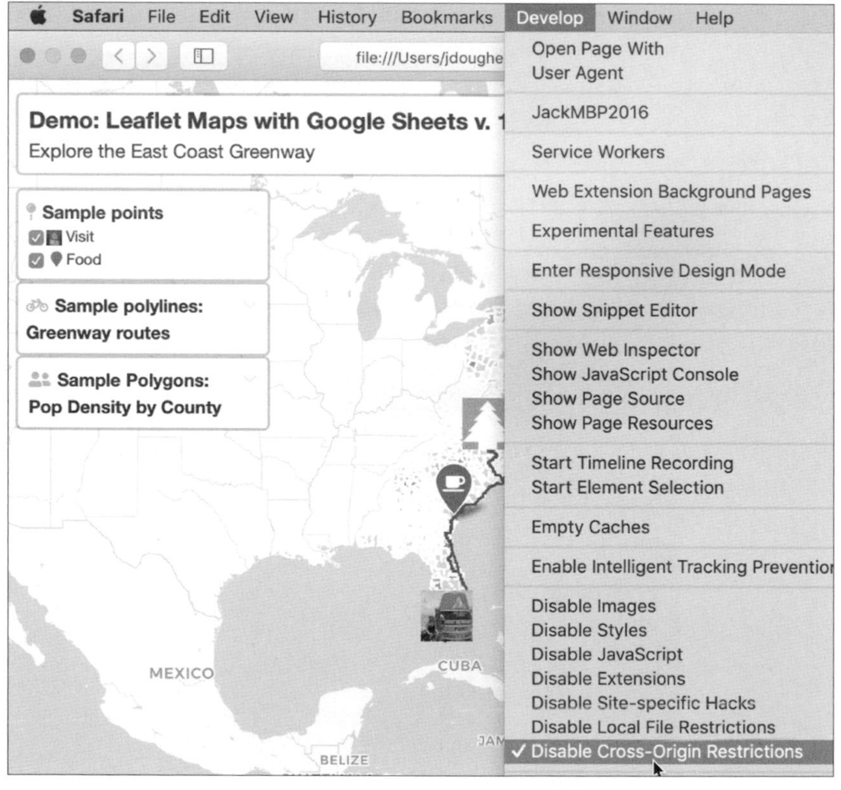

圖 10-2　要使用 Safari 在本地電腦上檢視更複雜的程式碼樣版，請暫時停用跨域限制。

還有多種方法可以在各種電腦上使用 Chrome 瀏覽器上而不受同源限制，如圖 10-3 所示（*https://oreil.ly/KhSco*），如這個受歡迎的 Stack Overflow 頁面（*https://oreil.ly/B_YcA*）所討論的。如果你在瀏覽器中暫時停用了此安全機制，請記得在瀏覽公開網路的網站前重新啟用它。

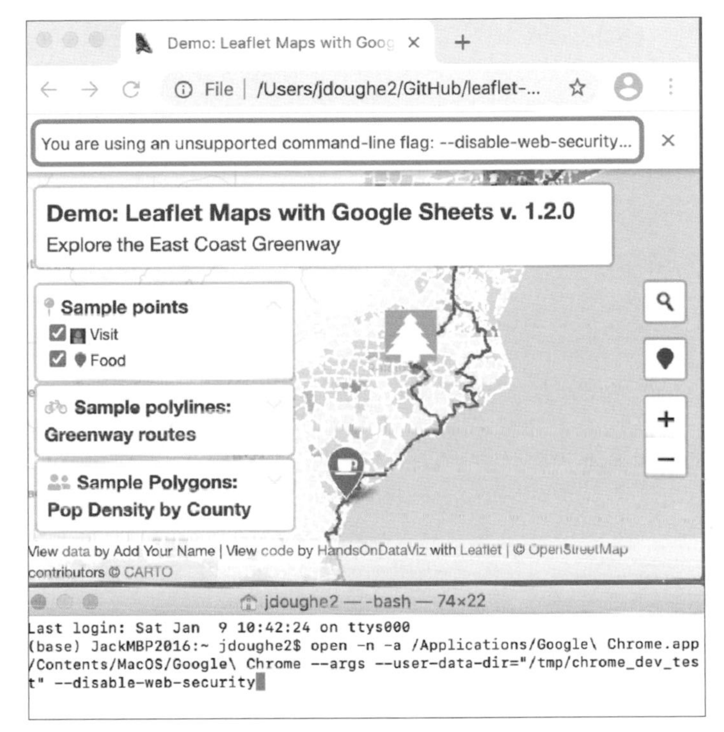

圖 10-3　若要使用 Chrome 在本地電腦上檢視更複雜的程式碼樣版，請使用「Terminal」應用程式指令行（底部視窗）來跑一個不受同源安全限制的版本。

現在你已經在本地電腦上編輯了地圖程式碼，在將它上傳到 GitHub 前，先測試一下它的外觀：

11. 到儲存庫在本地電腦上的位置，右鍵點按 *index.html* 檔案，選擇「Open With」，然後選擇你偏好的網頁瀏覽器。

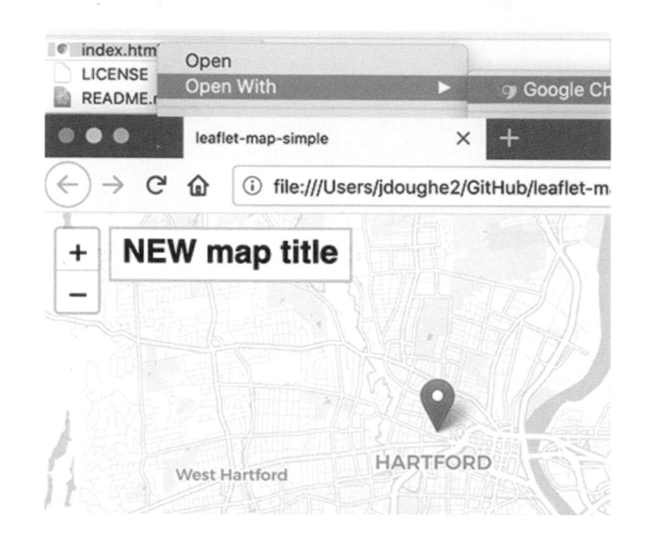

因為你的瀏覽器顯示的是程式碼的本地電腦版本，所以網址的開頭會是 *file:///*…，而不是 GitHub Pages 線上地圖中所示的 *https://*…。此外，如果你的程式碼使用到線上的元素，那麼在本地檢視時，這些功能可能無法運作。在這個簡單的 Leaflet 地圖樣版中，更新的地圖標題應該會顯示出來，讓你在將變更推送回網路之前，能夠檢查其外觀。

現在，讓我們將這些編輯變更從本地電腦轉移到 GitHub 網路帳戶上。這個帳戶是你在設定 GitHub Desktop 時就已經連結了的。

12. 到 GitHub Desktop，確認你的 Current Repo 是 *leaflet-map-simple*，你便會在螢幕上看到程式碼編輯的摘要。在這兩步驟的過程中，首先點按頁面底部的藍色「Commit」按鈕，將所做的編輯儲存到本地儲存庫副本中。（如果你編輯了多個檔案，則 GitHub Desktop 會要求你編寫一份編輯摘要，以幫助你追蹤這些工作。）接下來，點按藍色的「Push origin」按鈕，將這些編輯轉移到你 GitHub 網路帳號的儲存庫父副本中。兩個步驟如下所示。

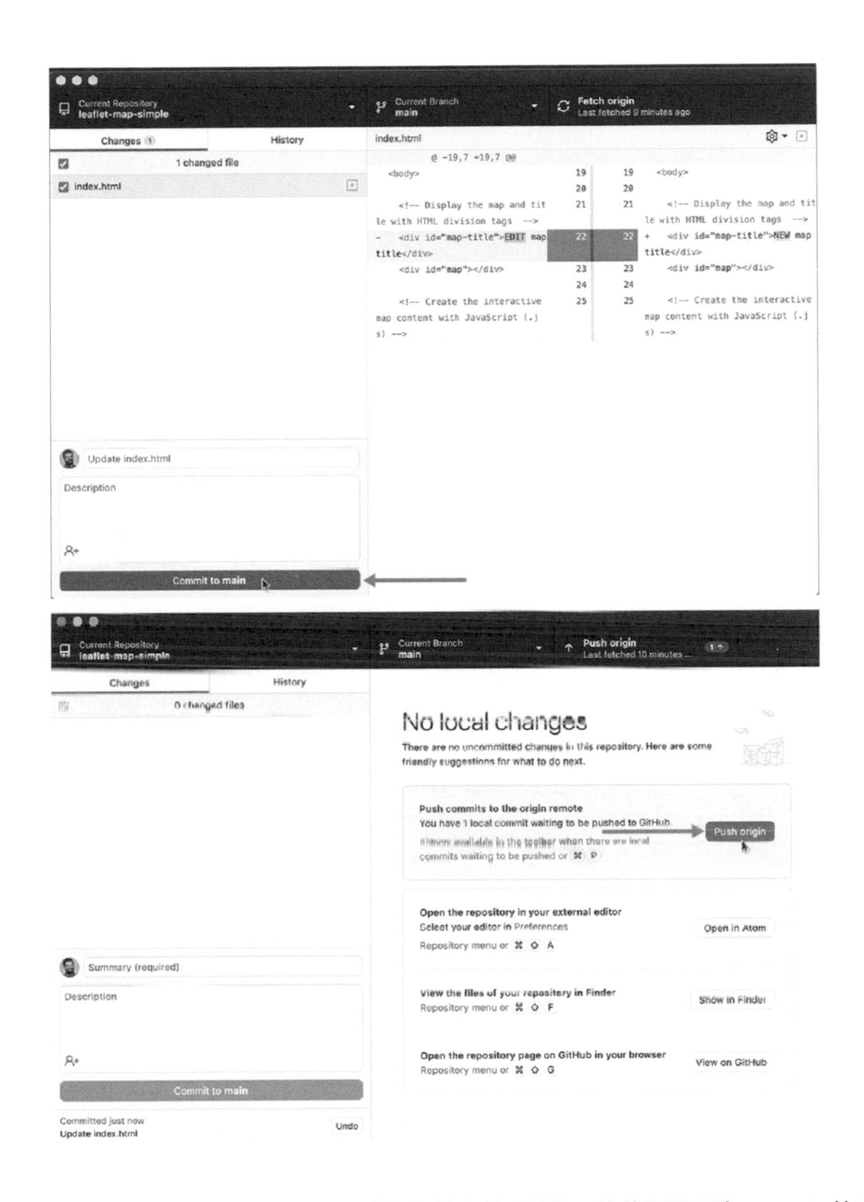

做得好！你已經成功完成了從 GitHub 帳戶到本地電腦，然後再回到 GitHub 的程式碼往返過程。由於你之前是使用 GitHub Pages 設定值來製作程式碼的線上版本，因此請檢視你編輯後的地圖標題現在是否出現在公開線上。你之前設定的網址格式是 *https://USERNAME.github.io/REPOSITORY*，當中會是你的 GitHub 使用者名稱和儲存庫名稱。

雖然你可以在 GitHub 網路介面上進行上述的程式碼小變更，但應該也開始看出在本地電腦上使用 GitHub Desktop 和 Atom 文字編輯器來編輯程式碼並推送 commits 的許多優點。首先，你可以使用 Atom 進行更複雜的程式碼修改，包括搜尋、尋找和取代以及其他功能，使工作更有效率。其次，將儲存庫複製到本地電腦時，你可以快速拖放多個檔案和子檔案夾來做出複雜的視覺化效果，例如資料、地理位置和影像。第三，依據程式碼類型的不同，你可以在將 commits 上傳到公開線上前，測試它在本地瀏覽器上的效果。

Atom 有許多內建指令可以協助編輯程式碼。一個是「View」>「Toggle Soft Wrap」，它可以調整右側邊距，使長的程式碼字元串可見。另一個是「Edit」>「Toggle Comments」，它會自動檢測編碼語言，並將選定的文字從可執行程式碼轉換為不執行的程式碼注釋。第三個指令是「Edit」>「Lines」>「Auto Indent」，可以清理程式碼的縮排，提高閱讀性。你可以從「Preferences」選單中安裝更多 Atom 套件（*https://atom.io/packages*）。

GitHub 也為協作專案提供了強大的平台。當兩個人在一個共用儲存庫上工作時，其中一人可以使用 GitHub Desktop 將最新版本的程式碼拖曳到本地電腦上，隨後將其編輯（也稱為 commits）推回線上 GitHub 儲存庫中。另一人也可以同時從同一個儲存庫中拉出和推回，不過如果兩人能處理不同的檔案或程式碼片段的話，便可減少複雜度。兩人可以選擇「GitHub repo Code」標籤並選擇特定的 commit，來檢視對方所做的變更，並逐行檢視綠色的新增或紅色的刪除，如圖 10-4 所示。

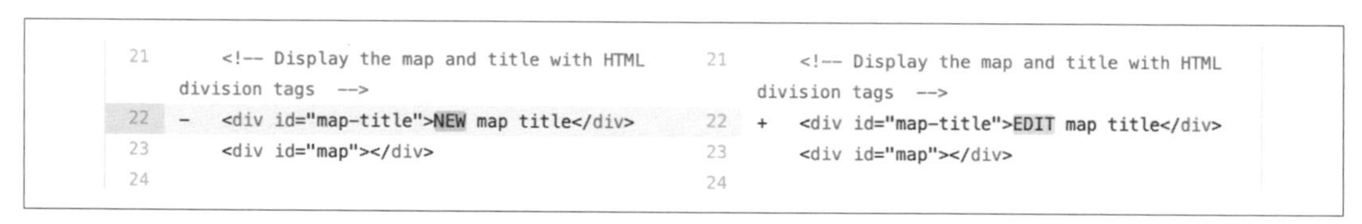

圖 10-4 檢視工作夥伴在共用的 GitHub 儲存庫上所做的 commits。

雖然 GitHub 的運作方式和會顯示出即時編輯變更的 Google Docs 不同，但這個平台在與程式碼協作時有多項優勢。首先，因為 GitHub 會追蹤每個 commit，所以它可讓你在需要的情況下，回頭還原某一特定的過去程式碼版本。再來，當 GitHub 儲存庫公開時，任何人都可以檢視你的程式碼並提出問題，以通知儲存庫擁有者相關的想法或問題，或提出建議編輯程式碼的拉出請求，擁有者可以接受或拒絕。第三，GitHub 可讓你製作儲存庫的不同分叉來進行編輯，然後依據需要將分叉合併回去。有時，如果兩個合作者試圖將不相容的 commit 推送到同一儲存庫，GitHub 就會警告合併衝突，並要求你解決此問題以保留每個人的工作。

許多程式人員喜歡在 GitHub 上使用它的指令行介面（CLI），意思是在 Mac 或 Windows 上的 Terminal 應用程式中直接儲存和鍵入特定指令，但這已超出這本入門書的範疇。

總結

如果這是你第一次在公開網上分叉、編輯和託管即時程式碼，歡迎加入程式人的社群！希望你也同意 GitHub 是參與這項工作並與他人共用的強大平台。雖然初學者會喜歡網路介面，但是你會發現 GitHub Desktop 和 Atom 工具會使第 11 章中的 Chart.js 和 Highcharts 程式碼樣版，以及在第 12 章中的 Leaflet 地圖程式碼樣版的使用上，更加容易。讓我們在接下來的兩章中介紹全新的程式寫作技巧，製作更多的客製化圖表和地圖。

第十一章

Chart.js 和 Highcharts 樣版

在第 6 章中，我們介紹了功能強大的拖放式工具，例如 Google 試算表、Datawrapper 和 Tableau Public，來製作互動式圖表。

在本章中，我們將介紹如何使用兩個受歡迎的 JavaScript 庫 Chart.js（*https://www.chartjs.org*）和 Highcharts（*https://www.high chart.com*）來製作互動式圖表。由於我們不要求讀者熟悉 JavaScript 或任何其他程式語言，因此我們設計了樣版讓你複製到自己的 GitHub 帳戶中，替換掉資料檔案，並將它發佈到網路上，而無須編寫任何程式碼。對於那些對程式碼好奇的讀者，我們將示範如何將這些樣版中的 JavaScript 程式碼客製化。

你可能會好奇，為什麼會有人偏好 JavaScript 而不是簡單好用的 Datawrapper 或 Tableau？嗯，這有幾個原因。雖然 JavaScript 程式碼乍看之下讓人不知所措，但與大多數第三方工具所提供的功能相比，它在圖表的顏色、間距、互動性和資料處理方面，有更大的客製性。此外，你永遠無法確定第三方應用程式是永久免費的，或者甚至有免費版本，但是開源工具只要有人維護程式碼，就能夠維持免費。

雖然兩個程式庫都是開源的，但 Highcharts 的許可比較嚴格（*https://oreil.ly/YskDA*），僅能免費用於非商業專案上，例如個人、學校或非營利組織的網站。因為如此，所以我們把焦點放在 Chart.js，它是依 MIT 許可證發佈的，可以用在商業專案上。

表 11-1 列出了我們將在本章中介紹的所有類型的圖表。這兩個庫都包括更多預設圖表類型，你可以在 Chart.js Samples（*https://oreil.ly/UowOS*）和 HighchartsDemos（*https://oreil.ly/Tp90B*）中探索。但是，基於第 6 章「圖表設計原則」中討論過的原因，我們強烈建議避免使用某些圖表類型，例如 3D 圖表。

表 11-1　圖表程式碼樣版、最佳用途和教學

<table>
<tr><th>圖表</th><th>最佳用途與本書中的教學</th></tr>
<tr><td>條形圖或柱形圖
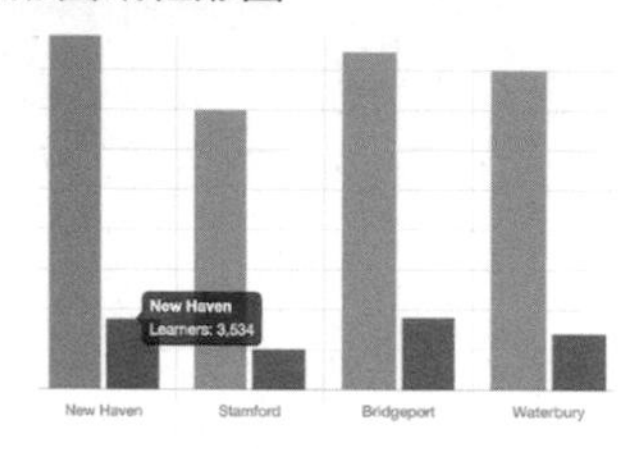
</td><td>最適合並排比較類別。如果標籤很長，請使用水平條代替垂直柱。
• 強大工具：第 279 頁的「用 Chart.js 製作條形圖或柱形圖」</td></tr>
<tr><td>條形圖 / 柱形圖中的誤差線
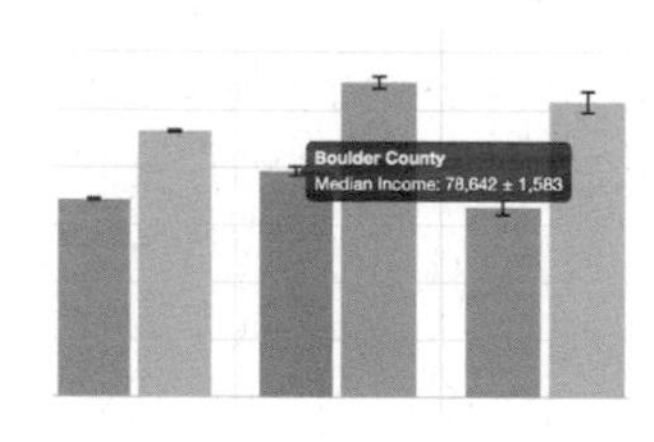
</td><td>最適合在並排比較類別時顯示誤差線值。如果標籤很長，請使用水平條代替垂直柱。
• 強大工具：第 282 頁的「用 Chart.js 製作誤差線」</td></tr>
<tr><td>折線圖
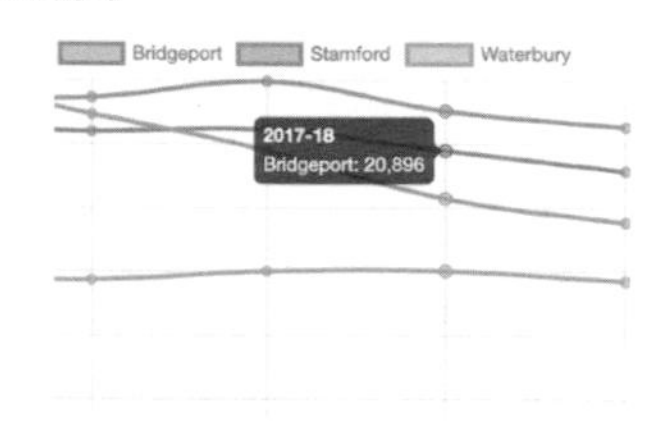
</td><td>最適合顯示連續資料，例如隨時間變化的資料。
• 強大工具：第 284 頁的「用 Chart.js 製作折線圖」（請參考將折線圖改為堆疊面積圖的教學說明）</td></tr>
<tr><td>帶注釋的折線圖
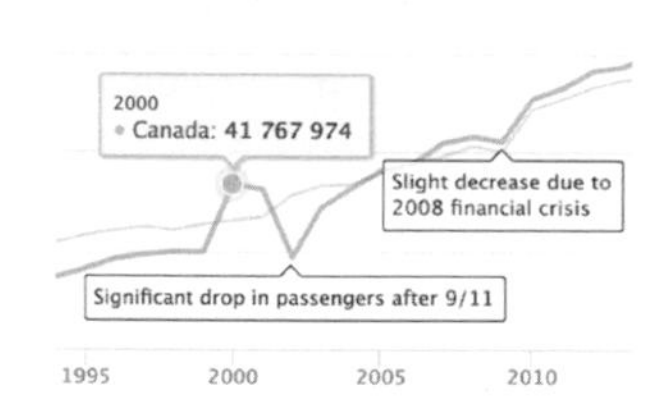
</td><td>最適合在連續資料的圖表中加上相關注釋，例如隨時間的變化。
• 強大工具：第 285 頁的「用 Highcharts 製作帶注釋的折線圖」</td></tr>
<tr><td>散佈圖

</td><td>最適合以 X 和 Y 坐標顯示兩個資料集之間的關係，來揭露可能的相關性。
• 強大工具：第 287 頁的「用 Chart.js 製作散佈圖」</td></tr>
</table>

圖表	最佳用途與本書中的教學
泡泡圖 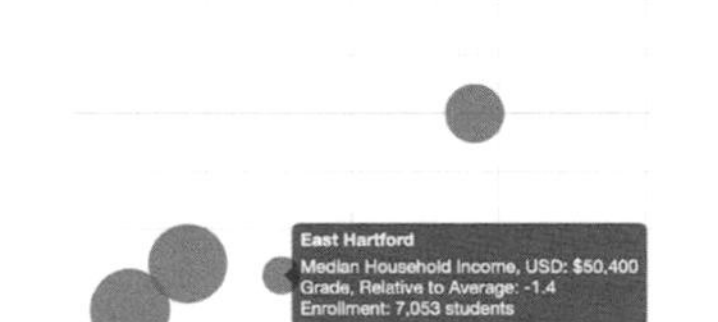	最適合顯示三或四組資料之間的關係，有 XY 坐標、泡泡大小和顏色。 • 強大工具：第 289 頁的「用 Chart.js 製作泡泡圖」

用 Chart.js 製作條形圖或柱形圖

在本單元中，我們將示範如何使用 Chart.js 來製作條形圖或柱形圖。我們將使用 Chart.js 程式碼樣版從 CSV 檔案中擷取資料，如圖 11-1 所示。此柱形圖顯示了在 2018–2019 學年，康乃狄克州五個學區中有多少學生是英語學習者。

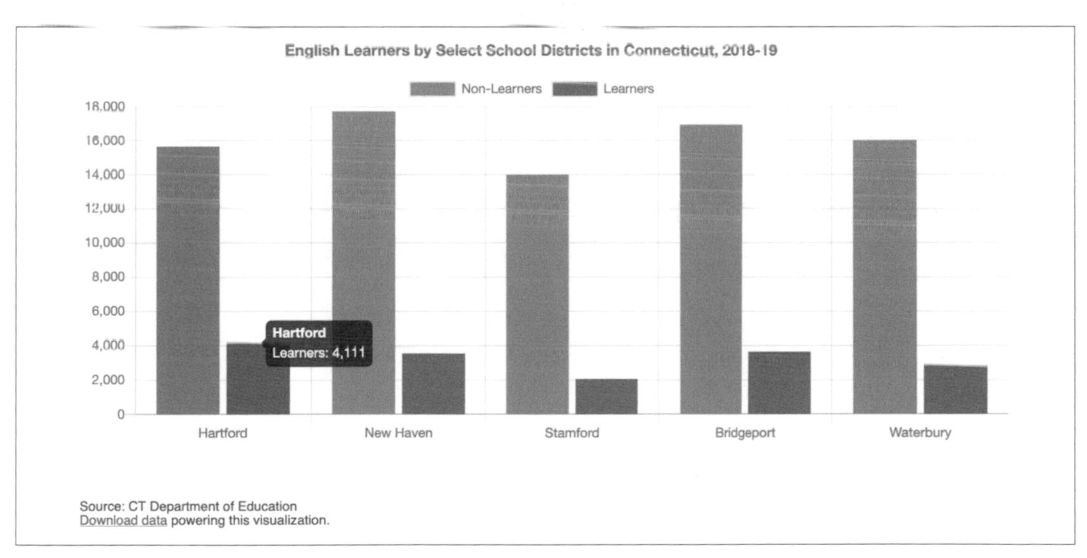

圖 11-1　使用 Chart.js 製作的條形圖；瀏覽互動式版本（*https://oreil.ly/7nTmu*）。

使用 Chart.js 讀取 CSV 資料製作條形圖或柱形圖的步驟如下：

1. 到含有圖 11-1 之程式碼的 GitHub 儲存庫（*https://oreil.ly/jVEKq*），登入 GitHub 帳戶，然後點按「Use this template」來製作一個你可以進行編輯的副本。

樣版檔案結構

如果你不記得如何使用 GitHub，建議你重新複習第 10 章。儲存庫包含了與圖表直接相關的三個檔案：

index.html

內含 HTML（程式碼）和 CSS（樣式表），它們告訴瀏覽器如何設定含有圖表之文件的樣式，以及要載入什麼儲存庫。

script.js

內含能夠從 CSV 檔案讀取資料並建構互動式圖表的 JavaScript 程式碼。

data.csv

這是用逗號分隔的檔案，儲存了圖表中的所有資料，並可以使用文字編輯器或 Google 試算表 / Excel 等等進行編輯。

剩下的兩個檔案是 *README.md*，它描述了 repo 的內容，而 *bar.png* 是你可以在 README 中看到的影像。本章中的所有其他 GitHub 樣版都採用類似的結構。

2. 準備 CSV 格式的資料，然後將它上傳到 *data.csv* 檔案中。將沿軸顯示的標籤放置在第一欄中，並將每個資料組放置在其自己的欄中。CSV 必須至少內含兩欄（標籤和一個資料組）。你可以依據需要，加上任意數量的資料組欄。

```
| district  | nonlearner | learner |
| Hartford  | 15656      |    4111 |
| New Haven | 17730      |    3534 |
```

3. 在 *script.js* 中，將變數的值客製化。因為你可能不熟悉 JavaScript，所以讓我們看一下檔案中描述了單個變數的程式碼片段：

```
// `false` for vertical column chart, `true` for horizontal bar chart
var HORIZONTAL = false;
```

第一行以 `//` 為開頭，這是一個注釋，可幫助你了解下一行中的變數負責什麼。它不會影響程式碼。如你所見，如果變數 HORIZONTAL 為 `false`，則圖表會有垂直線（也稱為欄）。如果為 `true`，則圖表會有水平條。第二行含有變數聲明本身。等號（`=`）將右側的值（*false*）指派給左側名為 `HORIZONTAL` 的變數（`var`）。此行以分號（`;`）做結尾。

以下是一些你可以用在 *script.js* 中客製化的變數：

```
var TITLE = 'English Learners by Select School Districts in CT, 2018-19';

// `false` for vertical column chart, `true` for horizontal bar chart
var HORIZONTAL = false;

// `false` for individual bars, `true` for stacked bars
var STACKED = false;

// Which column defines 'bucket' names?
var LABELS = 'district';

// For each column representing a data series, define its name and color
var SERIES = [
  {
    column: 'nonlearner',
    name: 'Non-Learners',
    color: 'gray'
  },
  {
    column: 'learner',
    name: 'Learners',
    color: 'blue'
  }
];

// x-axis label and label in tool tip
var X_AXIS = 'School Districts';

// y-axis label, label in tool tip
var Y_AXIS = 'Number of Enrolled Students';

// `true` to show the grid, `false` to hide
var SHOW_GRID = true;

// `true` to show the legend, `false` to hide
var SHOW_LEGEND = true;
```

這些基本變數應該可以讓你做很多事了。如果你想移動圖例、編輯工具提示的外觀，或變更網格線的顏色，請參考 *Chart.js* 的官方說明文件（*https://oreil.ly/NuPQ2*）。

用 Chart.js 製作誤差線

如果你的資料帶有不確定性（誤差範圍），我們會建議你在視覺化中使用誤差線來呈現。圖 11-2 中顯示的條形圖樣版顯示了不同規模的地理區域（美國科羅拉多州「Colorado」、博爾德郡「Boulder County」、博爾德市「Boulder City」，以及該市的人口普查區）的中位數和平均收入。

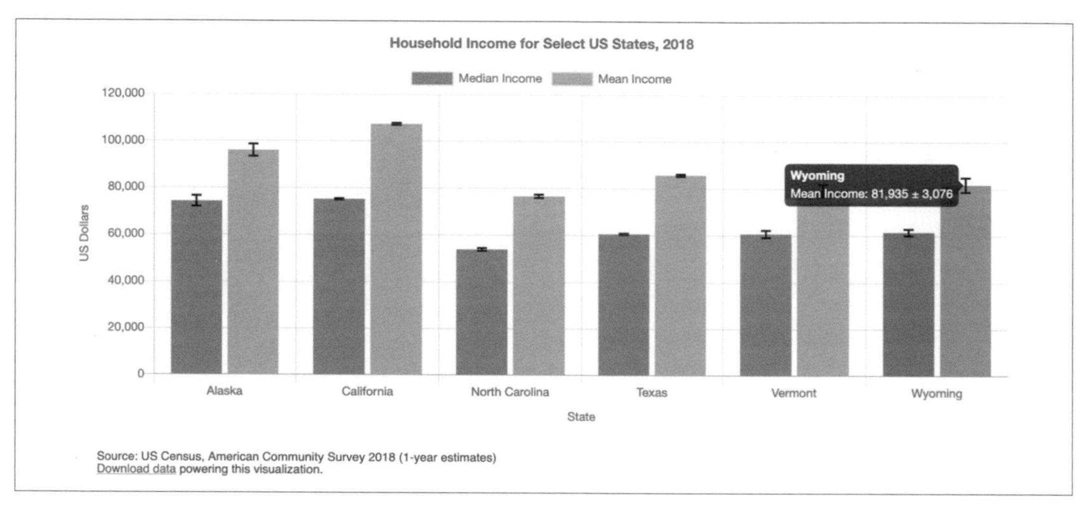

圖 11-2　Chart.js 中帶有誤差線的互動式條形圖；瀏覽互動式版本（*https://oreil.ly/iJU3C*）。

要製作你自己的誤差線條形圖或柱形圖、並從 CSV 檔案中載入資料，請使用我們的 Chart.js 樣版，並依照以下步驟操作：

1. 到內含圖 11-2 之圖表程式碼的 Chart.js 樣版 GitHub 儲存庫（*https://oreil.ly/93gqf*），登入 GitHub 帳戶，然後點按「Use this template」，製作一個可編輯的副本。

2. 準備 CSV 格式的資料，然後將它上傳到 *data.csv* 檔案中。將沿軸顯示的標籤放置在第一欄中，並將每個資料組放置於各自一欄中（加上一個不確定值的欄）。你的 CSV 必須至少內含三欄（標籤、一個資料組，和它相關的不確定值）。你可以依據需要加上任意數量的資料組欄。

geo	median	median_moe	mean	mean_moe
Colorado	68811	364	92520	416
Boulder County	78642	1583	109466	2061
Boulder city	66117	2590	102803	3614
Tract 121.02	73396	10696	120588	19322

3. 在 *script.js* 中，將下列程式碼片段中所顯示的變數值客製化：

```
var TITLE = 'Household Income for Select US Geographies, 2018';

// `false` for vertical (column) chart, `true` for horizontal bar
var HORIZONTAL = false;

// `false` for individual bars, `true` for stacked bars
var STACKED = false;

// Which column defines "bucket" names?
var LABELS = 'geo';

// For each column representing a series, define its name and color
var SERIES = [
  {
    column: 'median',
    name: 'Median Income',
    color: 'gray',
    errorColumn: 'median_moe'
  },
  {
    column: 'mean',
    name: 'Mean Income',
    color: '#cc9999',
    errorColumn: 'mean_moe'
  }
];

// x-axis label and label in tool tip
var X_AXIS = 'Geography';

// y-axis label and label in tool tip
var Y_AXIS = 'US Dollars';

// `true` to show the grid, `false` to hide
var SHOW_GRID = true;

// `true` to show the legend, `false` to hide
var SHOW_LEGEND = true;
```

關於更多客製化，請參閱 Chart.js 說明文件（*https://oreil.ly/NuPQ2*）。

用 Chart.js 製作折線圖

折線圖通常用來顯示時間資料或者隨時間變化的值。X 軸表示時間間隔，Y 軸表示觀測值。請注意，與柱形圖或條形圖不同的是，折線圖的 Y 軸不必從零開始，因為我們是依賴折線的位置和斜率來解讀其含義。圖 11-3 中的折線圖顯示了 2012-2013 年至 2018-2019 學年之間，康乃狄克州某些學區的學生人數。每條折線的顏色各不同，圖例有助於建立顏色 - 區域的關係。

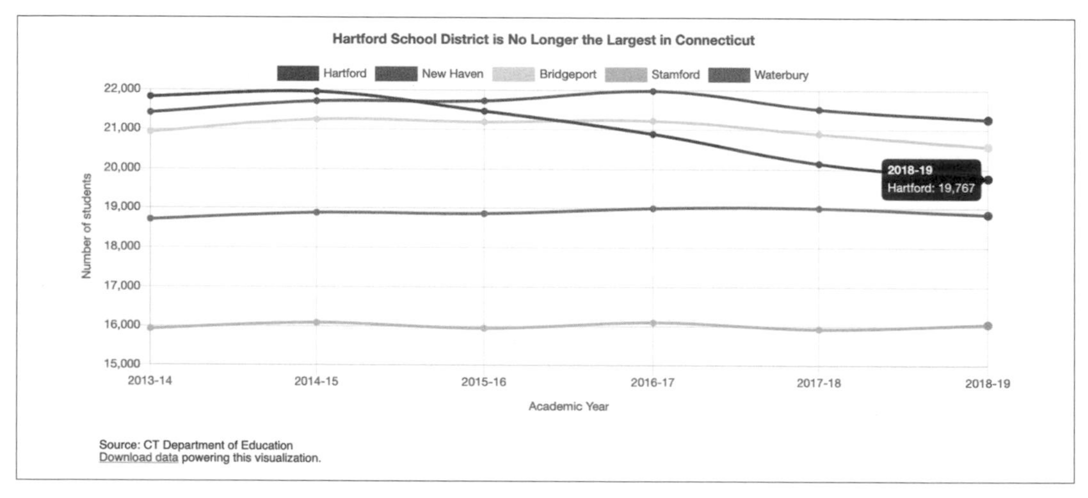

圖 11-3 使用 Chart.js 製作的互動式折線圖；瀏覽互動式版本（*https://oreil.ly/8WCBp*）。

要使用 Chart.js 製作自己的折線圖並從 CSV 檔案中載入資料，你可以：

1. 到含有圖 11-3 之折線圖程式碼的 Chart.js 樣版 GitHub 儲存庫（*https://oreil.ly/Jjqps*），登入 GitHub 帳戶，然後點按「Use this template」製作可編輯的副本。

2. 準備 CSV 格式的資料，然後將它上傳到 *data.csv* 檔案中。將沿軸顯示的標籤放置在第一欄中，並將每個資料組放置在其自己的欄中。你的 CSV 必須至少內含兩欄（標籤和一個資料組）。

year	Hartford	New Haven	Bridgeport	Stamford	Waterbury
2013-14	21820	21420	20929	15927	18706
2014-15	21953	21711	21244	16085	18878
2015-16	21463	21725	21191	15946	18862
2016-17	20891	21981	21222	16100	19001
2017-18	20142	21518	20896	15931	19007
2018-19	19767	21264	20572	16053	18847

你可以加上任意數量的資料組欄，但是請選擇合理數量的折線，因為人類只能區分有限數量的顏色。如果需要顯示多行，請考慮使用單一顏色突顯資料故事中最重要的折線，其他折線則使用灰色，你會在第 405 頁「吸引注意力到意義上」中學到這些。

3. 在 script.js 中，將下列程式碼片段中所顯示的變數值客製化：

```
var TITLE = 'Hartford School District is No Longer Largest in CT';

// x-axis label and label in tool tip
var X_AXIS = 'Academic Year';

// y-axis label and label in tool tip
var Y_AXIS = 'Number of Students';

// Should y-axis start from 0? `true` or `false`
var BEGIN_AT_ZERO = false;

// `true` to show the grid, `false` to hide
var SHOW_GRID = true;

// `true` to show the legend, `false` to hide
var SHOW_LEGEND = true;
```

若要將 Chart.js 折線圖改為堆疊面積圖，請參閱 Chart.js 堆疊面積說明文件（*https://oreil.ly/Z4KEP*）。確認每個資料集都有一個 `fill: true` 屬性，並確認 yAxes 的 `stacked` 屬性設為 `true`。

如果你想加上更多功能，請記得閱讀官方 Chart.js 說明文件（*https://oreil.ly/NuPQ2*）。如果某些功能無法正常運作，請參考 Stack Overflow（*https://oreil.ly/UNNvT*）以檢視是否已有人找出此問題的答案。

用 Highcharts 製作帶注釋的折線圖

雖然注釋是各種圖表的常見元素，但它們對折線圖尤其重要。注釋賦予折線歷史背景，並解釋值的陡升或驟降。圖 11-4 顯示了 1970 年至 2018 年間澳洲和加拿大的航空客運量的變化（資料來自世界銀行）。你可以看到，這兩個國家在 2009 年（也就是 2008 年金融危機後的第二年）經歷了一次下跌，正如注釋所示。

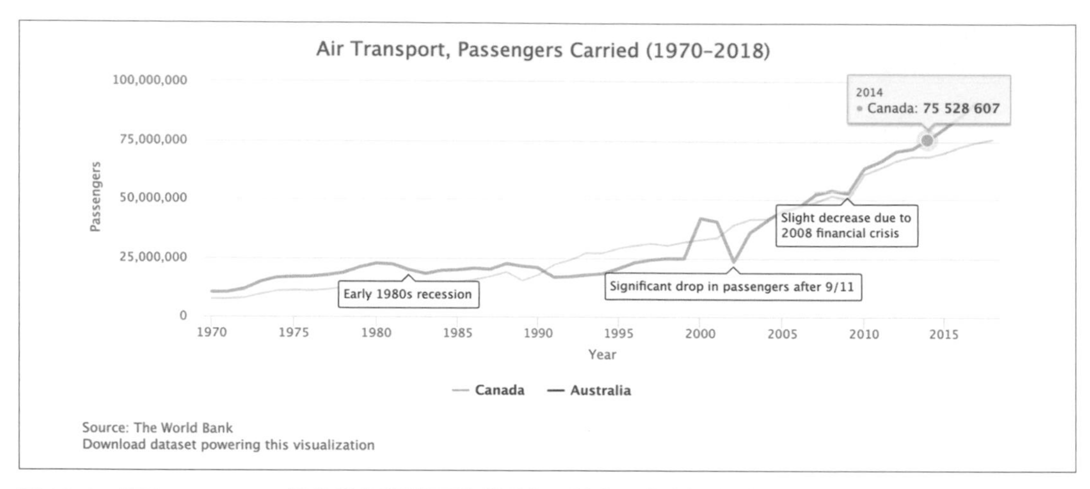

圖 11-4　使用 Highcharts 製作帶注釋的互動式圖表；瀏覽互動式版本（*https://oreil.ly/_5Tqw*）。

不幸的是，Chart.js 並不擅長顯示注釋。這就是為什麼在這個特定範例上我們要切換到 Highcharts 的原因。但是不用擔心，你會發現此流程與先前的 Chart.js 範例幾乎是相同的。

要使用 Highcharts 製作自己的注釋折線圖並從 CSV 檔案中載入資料，請執行以下操作：

1. 到內含圖 11-4 所示圖表之程式碼 GitHub 儲存庫（*https://oreil.ly/UGHCI*），登入 GitHub 帳戶，然後點按「Use this template」來製作一個可編輯副本。

2. 準備 CSV 格式的資料，然後將它上傳到 *data.csv* 檔案中。將沿軸顯示的標籤放置在第一欄中，並將每個資料組放置在個別的欄中。CSV 必須至少包含三欄（標籤、一個資料組、注釋）。你可以依據需要加上任意數量的資料組欄，但是每行只能有一個注釋（最末欄）。

```
| Year | Canada   | Australia | Note                   |
| 1980 | 22453000 | 13648800  |                        |
| 1981 | 22097100 | 13219500  |                        |
| 1982 | 19653800 | 13187900  | Early 1980s recession |
```

3. 在 `script.js` 中，將此程式碼片段中顯示的變數值客製化：

```
var TITLE = 'Air Transport, Passengers Carried (1970-2018)';

// Caption underneath the chart
var CAPTION = 'Source: The World Bank';
```

```
// x-axis label and label in tool tip
var X_AXIS = 'Year';

// y-axis label and label in tool tip
var Y_AXIS = 'Passengers';

// Should y-axis start from 0? `true` or `false`
var BEGIN_AT_ZERO = true;

// `true` to show the legend, `false` to hide
var SHOW_LEGEND = true;
```

如果要進一步客製化圖表，請參考列出了所有可用功能的 Highcharts API 文件（*https://oreil.ly/KOL-6*）。

用 Chart.js 製作散佈圖

現在你已經看過 Highcharts 了，讓我們回到 Chart.js 看看如何製作互動式散佈圖。請記住，散佈圖是用來呈現二維或更多維度的資料。圖 11-5 顯示了康乃狄克州學區之家庭收入與測驗成績之間的關係。使用 X 軸和 Y 軸顯示兩個維度，很容易看出隨著家庭收入的增加，測驗成績也會提高。

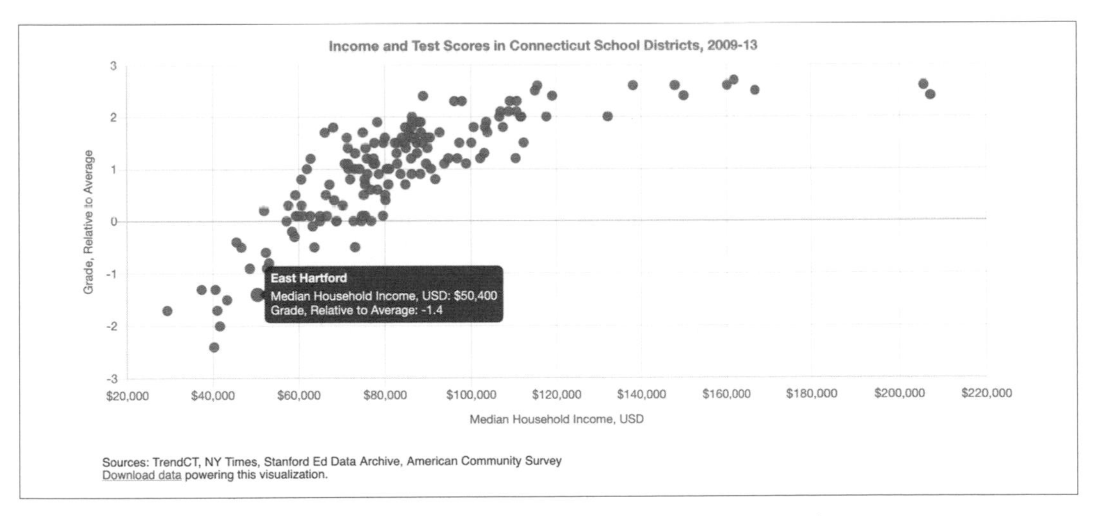

圖 11-5　使用 Chart.js 的互動式散佈圖；瀏覽互動式版本（*https://oreil.ly/hsSMY*）。

要使用 Chart.js 和從 CSV 檔案載入的資料來製作自己的散佈圖，你可以：

1. 到含有圖 11-5 所示圖表的程式碼 GitHub 儲存庫（*https://oreil.ly/wkbzV*），登入 GitHub 帳戶，然後點按「Use this template」來製作一個可編輯的副本。
2. 準備 CSV 格式的資料，然後將它上傳到 *data.csv* 檔案中。前兩欄應該各包含 *X* 和 *Y* 值，第三欄應該包含滑鼠懸停時會出現的點名稱。

```
| income | grades | district |
| 88438  | 1.7    | Andover  |
| 45505  | -0.4   | Ansonia  |
| 75127  | 0.5    | Ashford  |
| 115571 | 2.6    | Avon     |
```

3. 在 *script.js* 中，將以下程式碼片段中顯示的變數值客製化：

```
var TITLE = 'Income and Test Scores in CT School Districts, 2009-13';

var POINT_X = 'income'; // column name for x values in data.csv
var POINT_X_PREFIX = '$'; // prefix for x values, e.g., '$'
var POINT_X_POSTFIX = ''; // postfix for x values, e.g., '%'

var POINT_Y = 'grades'; // column name for y values in data.csv
var POINT_Y_PREFIX = ''; // prefix for x values, e.g., 'USD '
var POINT_Y_POSTFIX = ''; // postfix for x values, e.g., ' kg'

var POINT_NAME = 'district'; // point names that appear in tool tip
var POINT_COLOR = 'rgba(0,0,255,0.7)'; // e.g., `black` or `#0A642C`
var POINT_RADIUS = 5; // radius of each data point

var X_AXIS = 'Median Household Income, USD'; // x-axis & tool tip label
var Y_AXIS = 'Grade, Relative to Average'; // y-axis & tool tip label

var SHOW_GRID = true; // `true` to show the grid, `false` to hide
```

你也可以用 Highcharts 製作一張外觀相似的互動式圖表（*https://oreil.ly/WPS9_*），不過這項任務挑戰就要靠你自己完成了。如果你想進一步調整圖表，別忘了參考官方 Chart.js 說明文件（*https://oreil.ly/SDpzM*）。

你可能會想要在同一散佈圖中顯示第三個變數，例如每個學區的入學人數。你可以透過調整每個點的大小來做到：較大的學區用較大的圓圈標記，較小的學區則用較小的點來呈現。這種大小的運用會產生**泡泡圖**，我們將在下面進行討論。

用 Chart.js 製作泡泡圖

泡泡圖類似散佈圖，但多了一個變數（也稱為尺寸）。每個點（標記）的大小也代表一個值。

圖 11-6 中的泡泡圖顯示了康乃狄克州六個學區的家庭收入中位數（X 軸）和測驗成績（Y 軸）之間的關係。資料點的大小對應了學區中註冊的學生人數：較大的圓圈代表較大的學區。

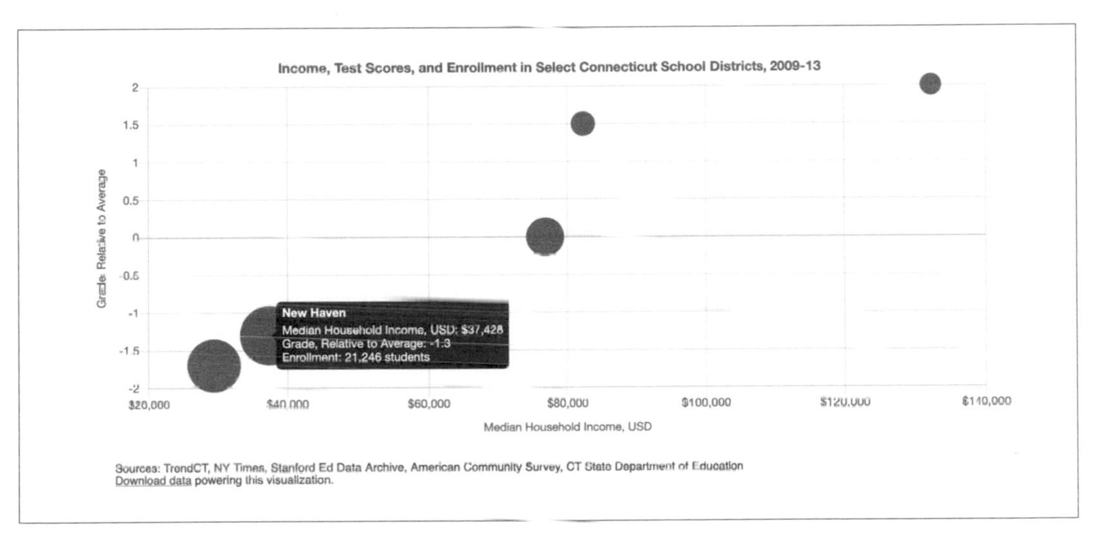

圖 11-6　使用 Chart.js 的互動式泡泡圖；瀏覽互動式版本（*https://oreil.ly/Bk8Cr*）。

要使用 Chart.js 和 CSV 檔案載入的資料來製作自己的泡泡圖，你可以：

1. 到此樣版的 GitHub 儲存庫（*https://oreil.ly/l5x-F*），登入 GitHub 帳戶，然後點按「Use this template」來製作可編輯副本。

2. 準備 CSV 格式的資料，然後將它上傳到 *data.csv* 檔案中。前兩欄應分別包含 *X* 和 *Y* 值。第三欄應含有滑鼠懸停時將出現的泡泡名稱。最後的第四列則是泡泡的大小：

```
| income | grades | district       | enrollment |
| 29430  | -1.7   | Hartford       | 21965      |
| 82322  | 1.5    | West Hartford  | 10078      |
| 50400  | -1.4   | East Hartford  | 7053       |
```

3. 在 `script.js` 中，客製化此程式碼片段中所顯示的變數值：

```
var TITLE = 'Income, Test Scores, and Enrollment in Select \
  Connecticut School Districts, 2009-13';

var POINT_X = 'income'; // column name for x values in data.csv
var POINT_X_PREFIX = '$'; // prefix for x values, e.g., '$'
var POINT_X_POSTFIX = ''; // postfix for x values, e.g., '%'

var POINT_Y = 'grades'; // column name for y values in data.csv
var POINT_Y_PREFIX = ''; // prefix for x values, e.g., 'USD '
var POINT_Y_POSTFIX = ''; // postfix for x values, e.g., ' kg'

var POINT_R = 'enrollment'; // column name for radius in data.csv
var POINT_R_DESCRIPTION = 'Enrollment'; // description of radius value
var POINT_R_PREFIX = ''; // prefix for radius values, e.g., 'USD '
var POINT_R_POSTFIX = ' students'; // postfix for radius values
var R_DENOMINATOR = 800;  // use this to scale the dot sizes, or set to 1
                          // if your dataset contains precise radius values

var POINT_NAME = 'district'; // point names that appear in tool tip
var POINT_COLOR = 'rgba(0,0,255,0.7)'; // e.g., `black` or `#0A642C`

var X_AXIS = 'Median Household Income, USD'; // x-axis & tool tip label
var Y_AXIS = 'Grade, Relative to Average'; // y-axis & tool tip label

var SHOW_GRID = true; // `true` to show the grid, `false` to hide
```

要顯示可能會被較大資料點遮住的較小資料點，請使用 RGBa 顏色程式碼的半透明圓。前三個字元代表紅色、綠色和藍色，而 a 代表 `Alpha`，代表從 0.0（完全透明）到 1.0（完全不透明）的透明度。例如，`rgba(160, 0, 0, 0.5)` 會產生半透明的紅色。請到 W3Schools（*https://oreil.ly/Tx_f4*）上試用 RGBa 顏色值來了解更多資訊。

如果要在泡泡圖中顯示三個以上的變數，則可以使用**顏色**和**字形**（而不只是簡單的點）來表示兩個額外的維度。比如你可以使用藍色來顯示位在費爾菲爾德郡的學區（一般來說是康州較富有的區域），而使用灰色來表示所有其他學區。你可以使用圓形、方形和三角形來代表男性、女性和非二元性別的學生。這裡不會做示範，但是我們保證，這使用 5 到 10 行額外的程式碼就能做到。

關於客製化，Chart.js 幾乎是無限的，但請記住不要塞入太多資訊讓觀眾吃不消，只傳達出能夠證明或說明你的想法的必要資料就好。

總結

在本章中，我們介紹了 Chart.js 和 Highcharts 樣版，可用來製作託管在你自己的 GitHub 帳戶中的豐富互動式圖表，並且示範了如何將它們嵌入到網路上的任何位置。你可以將這些樣版當作開啟互動式視覺化的基礎。更多關於 Chart.js 客製化和故障排除的資訊，請參考 Chart.js Samples（*https://oreil.ly/UowOS*）和 Chart.js 說明文件（*https://oreil.ly/SDpzM*）。Highcharts Demos 庫（*https://oreil.ly/MuZDu*）顯示了大量圖表和可複製的程式碼，而 Highcharts API Reference（*https://oreil.ly/KOL-6*）則列出了所有可以提升你的視覺化的所有功能。請記住，你需要取得許可證（*https://shop.highsoft.com*）才能在商業專案中使用 Highcharts。

在下一章中，我們將介紹 Leaflet.js 地圖樣版，這些樣版的設計方式與我們剛剛看過的圖表樣版類似。Leaflet 是優異的網路地圖開源 JavaScript 庫，可讓你製作很棒的互動地圖，存放在你的 GitHub 帳戶中，並且可以在網路上共用。

第十二章

Leaflet 地圖樣版

在第 7 章中，我們介紹了幾種容易上手的拖放式工具，可做出幾種基本類型的互動式地圖，例如 Google My Maps 和 Datawrapper。如果要製作更多超出這些工具平台之範圍的客製化地圖或進階地圖，本章將提供幾個基於 Leaflet（*https://leafletjs.com*）的程式碼樣版。Leaflet 是一個功能強大的開源庫，可在桌面上或行動裝置上顯示互動式地圖。在第 10 章介紹如何在 GitHub 上編輯和託管程式碼時，我們首度介紹了 Leaflet。

表 12 1 總結了本章中的所有 Leaflet 地圖樣版。前兩個樣版非常適合初學者，因為它們從連結的 Google 試算表中取得地圖資料，且不需要任何程式編寫技能，但是你需要跟著一些詳細的 GitHub 指示來進行。第 296 頁上的第一個樣版「用 Google 試算表製作 Leaflet 地圖」最適合顯示點、多線段或多邊形的任意組合，你可以選擇客製化圖示和顏色，以及在地圖下方顯示點資料的彙整表。第 310 頁的第二個樣版「用 Google 試算表製作 Leaflet 故事圖」最適合引導觀眾逐點瀏覽，它有捲動的敘述可以顯示文字、影像、音檔、影片或掃描的地圖背景。我們特別為本書讀者製作了這兩個程式碼樣版，以填補託管平台上提供的地圖之不足。

其餘的 Leaflet 樣版都是為了提高你的程式編寫技能，並將它應用在更特殊的情況下。假如你沒有程式編寫的經驗，但能夠依照說明操作，對程式碼也很有興趣，那就請從第 329 頁的「用 CSV 資料製作 Leaflet 地圖」開始，學習從 CSV 檔案擷取點資料的基礎。接著進到更進階的範例，例如第 331 頁的「用 CSV 資料製作 Leaflet 熱圖點」，將熱點顯示為群集的點；第 332 頁的「Leaflet 可搜尋的點地圖」，讓使用者搜尋和篩選多個位置；以及第 335 頁的「用開放資料 API 製作 Leaflet 地圖」，持續地直接從開放的儲存庫中抓取最新資訊，我們在第 56 頁的「開放式資料儲存庫」中首度介紹它，並在第 209 頁的「用 Socrata 開放資料製作即時地圖」中再次提到它。

這些 Leaflet 樣版是用網路上三種最常見的編碼語言寫成的：HTML——用來構成網頁上的內容（通常在名為 *index.html* 的檔案中）、CSS——用來調整內容在網頁上的顯示方式（位於 *index.html* 中，或單獨的檔案上，例如 *style.css*），以及 JavaScript——使用開源的 Leaflet 程式碼庫製作互動式地圖（在 *index.html* 內或單獨的檔案，例如 *script.js* 中）。這些 Leaflet 樣版也包含其他線上組件的連結，例如各種開放存取的線上提供商（*https://oreil.ly/A0npS*）所提供的可縮放底圖圖磚。此外，它們還會抓地理空間資料，例如來自 *map.geojson* 檔案的多邊形邊界。你會在第 13 章中學習如何製作這種檔案。

如果你不熟悉程式編寫，製作 Leaflet 地圖的練習是一個很好的起點，這個過程可以幫助你驗證學到的東西。遇到問題的話，可以參考「附錄」的內容進行排解。想要更進一步研究 Leaflet 所使用 JavaScript 程式語言，我們強烈推薦 Marijn Haverbeke 所寫的《精通 *JavaScrip*》，這本書也有開源的線上電子書版本，而且還提供互動式程式編寫沙盒，你可以利用這個沙盒來測試我們的範例。[1]

表 12-1　地圖程式碼樣版、最佳用途和教學

地圖樣版	最佳用途與本書的教學
用 Google 試算表製作 Leaflet 地圖	
	最適合依據你連結的 Google 試算表（或 CSV 檔案）和 GitHub 儲存庫中載入的資料來選擇顏色、樣式和圖示，以顯示互動式的點、多邊形或多線段。有選項可以在地圖旁顯示一個點地圖標記表。 • 有教學的樣版：「用 Google 試算表製作 Leaflet 地圖」（第 296 頁）
用 Google 試算表製作 Leaflet 故事圖	
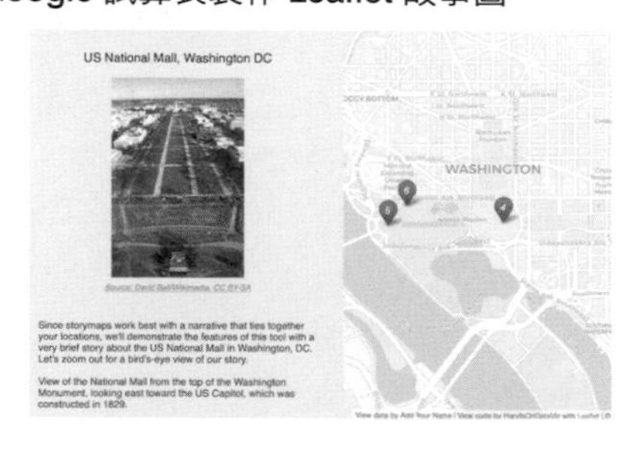	最適合顯示逐點導覽，帶有捲動敘述以顯示文字、影像、音檔、影片和已載入到連結的 Google Sheet（或 CSV 檔案）和 GitHub 儲存庫中的掃描地圖背景。 • 有教學的樣版：「用 Google 試算表製作 Leaflet 故事圖」（第 310 頁）

1　Marijn Haverbeke,《精通 JavaScript 第三版》（*Eloquent JavaScript*, 3rd Edition）, 2018, *https://eloquentjavascript.net.*

地圖樣版	最佳用途與本書的教學

用 CSV 資料製作 Leaflet 地圖

了解如何在編寫一個會從 GitHub 儲存庫中的 CSV 檔案中擷取資料的 Leaflet 點地圖。

- 有教學的樣版：「用 CSV 資料製作 Leaflet 地圖」（第 329 頁）

用 CSV 資料製作 Leaflet 熱圖點

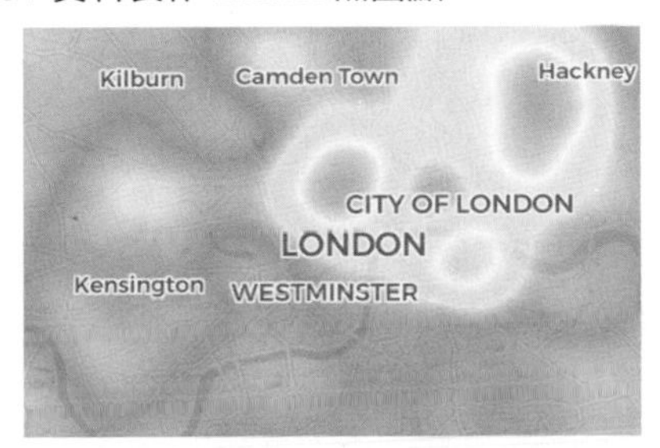

最適合將群集的點顯示為有顏色的熱點，以強調案例的高頻率或高密度。

- 有教學的樣版：「用 CSV 資料製作 Leaflet 熱圖點」（第 331 頁）

用 CSV 資料製作 Leaflet 可搜尋點地圖

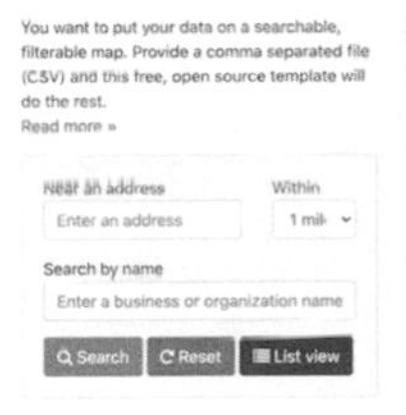

最適合顯示多個位置，以供使用者依照名稱或接近程度進行搜尋，或依照類別進行篩選，帶有選擇性的列表視圖。由 DataMade 的 Derek Eder（*https://derekeder.com*）開發。

- 有教學的樣版：「Leaflet 可搜尋的點地圖」（第 332 頁）

用開放資料 API 製作 Leaflet 地圖

了解如何使用會持續從開放式資料儲存庫（例如 Socrata 等）中取得最新資訊的 API 來編寫你自己的 Leaflet 地圖。

- 有教學的樣版：「用開放資料 API 製作 Leaflet 地圖」（第 335 頁）

用 Google 試算表製作 Leaflet 地圖

有時你需要製作一張無法直接使用拖放式工具完成的地圖，因為你需要客製化它的外觀，或呈現某種點、面或折線資料的組合。一個解決方案是依據我們的「用 Google 試算表製作 Leaflet 地圖」之程式碼樣版來製作地圖，這個樣版可讓你展示客製化的點圖示、選擇任何熱度地圖配色，以及堆疊各種地圖資料層，如圖 12-1 所示。

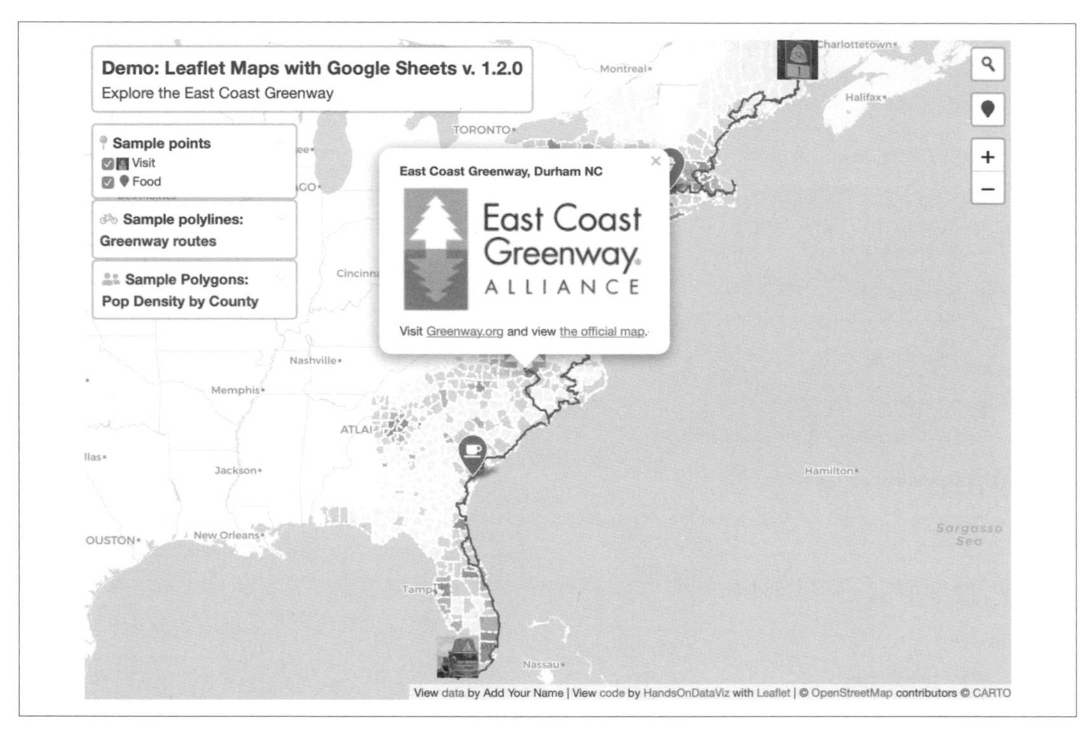

圖 12-1　探索使用 Google 試算表製作的互動式的 Leaflet 地圖（*https://oreil.ly/CqHIw*），此地圖顯示了美國東海岸綠道（East Coast Greenway，一條連結緬因州和佛羅里達州之間城市的步行與自行車道）。截至 2021 年，這條 3,000 英里長的路線中，有超過三分之一的路段無車輛通過。要了解更多資訊，請參閱官方的 Greenway 地圖（*https://oreil.ly/SjHyc*）。

如果你已經瀏覽了本書的前幾章，這對於新的使用者來說是一個很好的樣版，因為你可以在連結的 Google 試算表中輸入地圖資料和設定（如圖 12-2 所示），然後將影像或地理檔案上傳到 GitHub 儲存庫中的檔案夾。正如我們在第 1 章中討論的，隨著視覺化技術在未來的不斷發展，你輸入的所有資料都可以輕鬆匯出並遷移到其他平台。此外，地圖設計是響應式的，所以它能自動調整大小來配合較小或較大的螢幕。最後，Leaflet Maps 樣版是由主要用 JavaScript（網路上非常常見的程式語言）撰寫而成的靈活開源軟體製作的，因此如果你自己會寫程式或有程式設計師的支援，就可以進一步將它客製化。

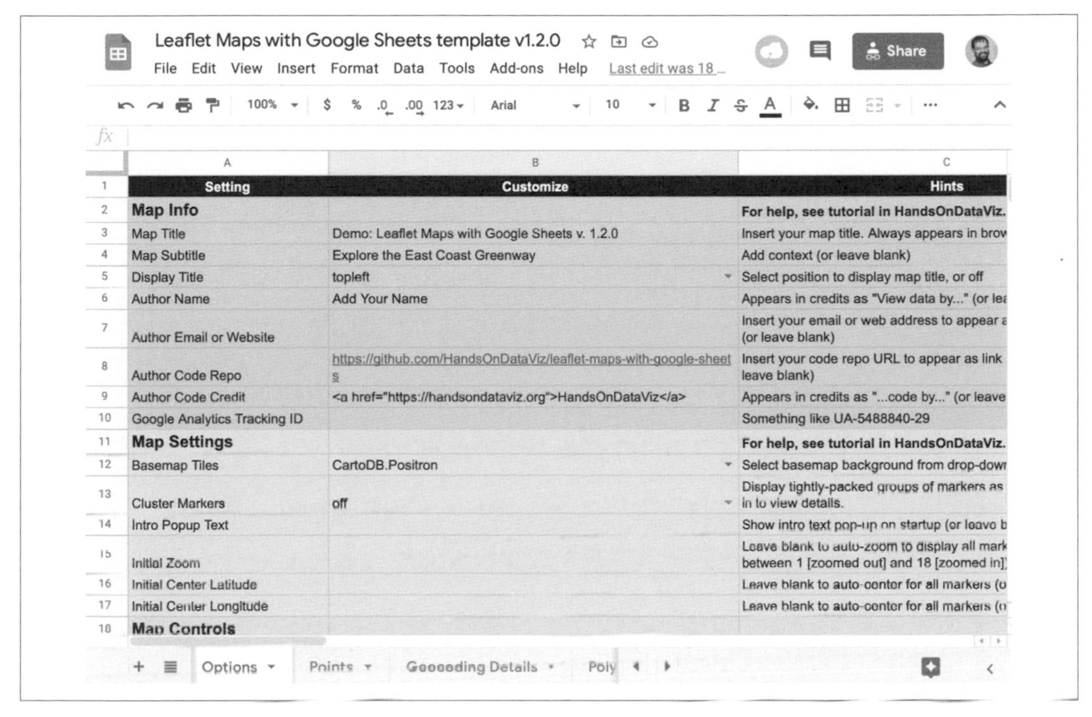

圖 12-2　檢視提供資料給上列 Leaflet Maps 示範圖的線上 Google 試算表樣版（*https://oreil.ly/z4aG5*）。

教學需求和概述

在開始之前，你必須擁有一個 Google 雲端硬碟帳戶，並且知道如何在 Google 試算表中製作副本（請參見第 19 頁的「製作 Google 試算表的副本」）。此外，你也必須擁有 GitHub 帳戶，並且知道如何使用 GitHub 來編輯和託管程式碼（請參見第 10 章）。我們省略了先前介紹過的步驟截圖，因此如果你迷失方向的話，請回頭參考前面的章節。

由於本教學有多個步驟，因此我們先大概說明一下要做哪些事情。在第一個階段，我們將製作和發佈兩個樣版的副本，一個是 GitHub，另一個是連結的 Google 試算表：

- A. 複製 GitHub 樣版，並使用 GitHub Pages 發佈你的版本
- B. 檔案 > 複製 Google 試算表樣版，共用並發佈

- C. 將你的 Google 試算表在瀏覽器上的網址貼到 GitHub 儲存庫中的兩個位置
- D. 更新你的 Google 試算表設定，然後重新載入即時地圖

在第二個階段，你將透過上傳和顯示不同類型的地圖資料（例如點、多邊形和多線段），以及編輯顏色、圖示和影像等，來學習如何在連結的 Google 試算表中輸入資料並上傳檔案到 GitHub 儲存庫。

- E. 將位置進行地理編碼，並在「Points」工作表中客製化新標記
- F. 刪除或顯示點、多邊形或多線段資料和圖例

在第三個階段，你可以選擇下列兩種方式的其中一種將地圖完稿，然後將它公開分享給他人：

- G. 將 Google 試算表內的工作表個別儲存成 CSV 檔案，並上傳到 GitHub
- H. 取得你自己的 Google 試算表 API 密鑰並插入程式碼中

如果出現任何問題，請參閱「附錄」。

現在你對整個流程已有進一步的了解，讓我們開始本教學的第一部分。

A. 複製 GitHub 樣版，並使用 GitHub Pages 發佈你的版本

1. 在新分頁中打開 GitHub 程式碼樣版（*https://oreil.ly/H4vKZ*）。
2. 在程式碼樣版的右上角，登入你的 GitHub 帳戶。
3. 在右上角，點按綠色的「Use this template」按鈕，在你的 GitHub 帳戶中製作儲存庫的副本。在下一個畫面上，將你的副本命名為：*leaflet-maps-with-google-sheets*，或選擇一個全小寫的有意義的名稱。點按「Create repository from template」按鈕。

   你的儲存庫副本將會是以下格式：

   ```
   https://github.com/USERNAME/leaflet-maps-with-google-sheets
   ```

4. 在程式碼儲存庫的新副本中，點按右上角的「Settings」按鈕，然後向下捲動到 GitHub Pages 區域。在下拉選單中，將「Source」從「None」變更為「Main」，保留預設的 /（*root*）設定，然後按「Save」。此步驟會指示 GitHub 發佈地圖的即時版本到網路上，任何人只要取得網址，都可以在瀏覽器中存取它。

GitHub Pages

GitHub Pages is designed to host your personal, organization

Source

GitHub Pages is currently disabled. Select a source below

Branch: main / (root) Save

Select branch

Select branch

ll theme usi

main

None

5. 再次向下捲動到 GitHub Pages 部分，然後複製你發佈的網站連結，格式如下：

```
https://USERNAME.github.io/leaflet-maps-with-google-sheets
```

6. 向上捲回頂端，然後點按你的儲存庫名稱來返回主頁。

7. 在儲存庫主頁的頂層，點按 *README.md*，然後點按鉛筆圖示來編輯此檔案。

8. 刪除指向**我們的**即時網站的連結，然後貼上**你的**已發佈網站連結。向下捲動來 Commit 變更。

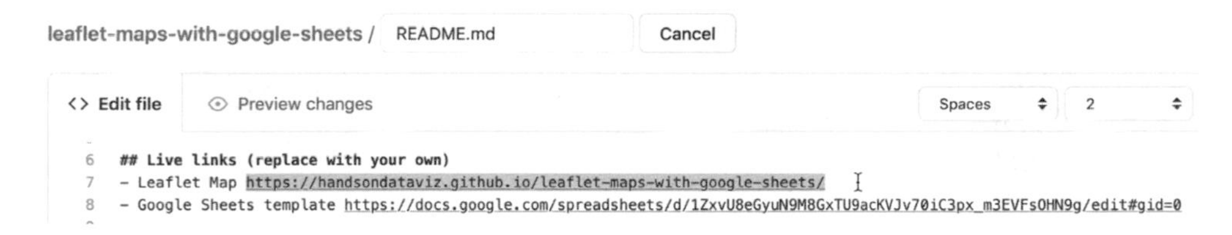

9. 在儲存庫主頁上，右鍵點按連結，在新頁籤中打開即時地圖。請稍待片刻。GitHub Pages 通常會在 30 秒內顯示出你的即時地圖，但有時得花上幾分鐘才能顯示出來。

B. 檔案 > 複製 Google 試算表樣版，共用並發佈

1. 在新分頁中打開 Google 試算表樣版（*https://bit.ly/31UoTqC*）。
2. 登入你的 Google 帳戶，然後選擇「File」>「Make a copy」，將你自己的版本儲存到 Google 雲端硬碟中。
3. 點按藍色的「Share」按鈕，點按「Change to anyone with the link」，然後點按「Done」。這會公開你的地圖資料，這是為了讓樣版運作所必須做的設定。
4. 到「File」>「Publish to the web」，然後點按綠色的「Publish」按鈕來發佈整個檔案，使 Leaflet 程式碼能夠讀取它。點按右上方的 X，關閉視窗。
5. 複製瀏覽器網址列的 URL（通常以⋯*XYZ/edit#gid=0* 結尾）。**不要**複製「發佈到網路」的網址（通常以⋯*XYZ/pubhtml* 結尾），因為此連結略有不同，此樣版中無法使用。

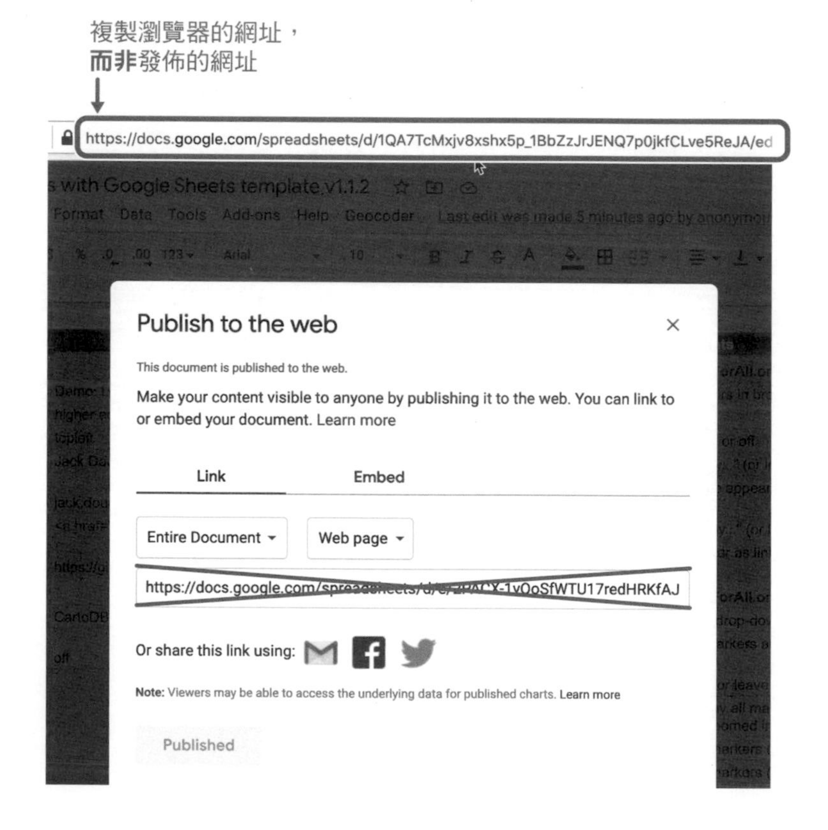

C. 將你的 Google 試算表在瀏覽器上的網址貼到 GitHub 儲存庫中的兩個位置

我們的下一個任務是將已發佈的 Google Sheet 與 GitHub 中的 Leaflet 程式碼連結起來，讓它從試算表中抓取資料，以便顯示在地圖上：

1. 在 GitHub 儲存庫頂端，點按開啟名為「google-doc-url.js」的檔案，然後點按鉛筆符號進行編輯。

2. 貼上你的 Google 試算表 URL（通常以…*XYZ/edit#gid=0* 結尾），取代現有的 URL。注意不要刪掉最後的單引號或分號。向下捲動來 Commit 變更。後面會針對 Google API 密鑰的部份另外做說明。

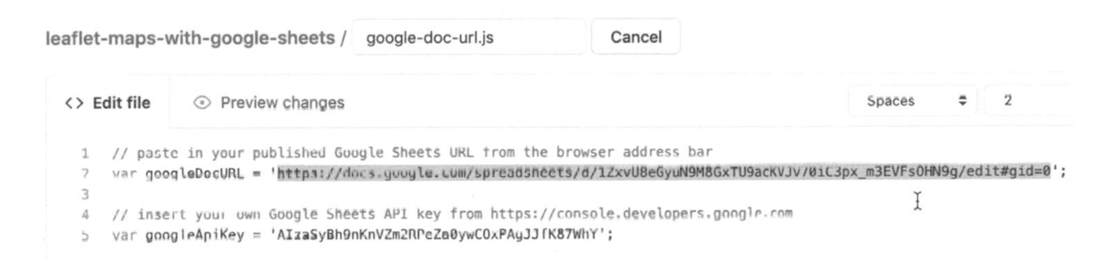

3. 此外，讓我們將 Google 試算表 URL 貼在第二個位置，以便進行追蹤。在你的 GitHub 儲存庫中，點按開啟 *README.md* 檔案，點按鉛筆符號進行編輯，然後貼上你的 Google 試算表 URL 來取代我們現有的 URL。向下捲動來 Commit 變更。

你可以刪除 README 檔案中不想保留的任何內容。

D. 更新你的 Google 試算表設定，然後重新載入即時地圖

現在你發佈的 Google 試算表已連結到即時地圖，請到「Option」工作表下修改以下任一項：

- Map Title（地圖標題）

- Map Subtitle（地圖副標）
- Author Name（作者姓名）
- Author Email or Website（作者電子郵件或網站）
- Author Code Repo（作者程式碼庫）

另開新頁瀏覽即時地圖，並重新整理頁面來檢視你所做的變更。如果你的變更在幾秒鐘內沒有出現，請參閱「附錄」。

E. 將位置進行地理編碼，並在「Points」工作表中客製化新標記

現在，我們可以開始在地圖上新增內容了。在 Google 試算表的「Points」工作表中，你會看到用來組織和顯示地圖上的各種互動式標記。可用你自己的範例資料來取代示範資料，但**不要**刪除或修改欄位名稱，因為 Leaflet 程式碼會尋找以下特定名稱：

Group

製作標籤，將圖例中的標記組進行分類。

Marker icon

插入一個免費的「Font Awesome」實心圖示名稱（*https://oreil.ly/Mz_5F*），例如 `fa-ice-cream` 或 `fa-coffee`，或任何 Material Design 圖示名稱（*https://oreil.ly/OUCGU*），例如 `rowing` 或 `where_to_vote`。或者留白，讓此標記內沒有圖示。請注意，Font Awesome 專業版或有品牌的圖示不適用於此樣版。如果你想自己設計圖示，請見下文。

Marker color

插入任何標準網路顏色名稱，例如 `blue` 或 `darkblue`，或插入網路顏色程式碼，例如 `#775307` 或 `rgba(200,100,0,0.5)`。請參閱 W3Schools Color Names（*https://oreil.ly/2dapU*）的選項。

Icon color

設定標記內的圖示顏色。預設值為 `white`，在深色標記中很適合。

Custom size

除非你要製作自己的客製化圖示，否則請留白。

以下欄位包括了使用者在點按點標記時會出現的項目：

Name

新增標題以顯示在標記彈出視窗中。

Description

新增文字以顯示在標記彈出視窗中。你可以插入 HTML 標籤來加上換行符號（例如 `<br>`），或在新分頁中打開外部連結，例如[2]：

```
<a href='https://www.w3schools.com/' target='_blank'>Visit W3Schools</a>
```

Image

你有兩個顯示影像的選項。你可以插入線上託管之影像（例如 Flickr）的外部連結，只要該連結是以 *https*（安全加密）開頭，並以 *.jpg* 或 *.png* 結尾即可。或者，你可以將影像上傳到 GitHub 儲存庫中的 *media* 子檔案夾中，然後在 Google 試算表中以以下格式輸入路徑名：*media/image.jpg* 或 *...png*。

媒體檔案路徑名有大小寫之分，我們建議全部使用小寫，包括附檔名。此外，由於程式碼樣版會自動調整影像尺寸以符合螢幕大小，因此我們建議你在上傳之前將所有影像的尺寸縮小到 600 × 400 像素或更小，以確保地圖能夠運作順暢。

2 請至 W3Schools（*https://oreil.ly/hQdr3*）學習 HTML 語法。

Location、latitude、longitude

這些項目會將你的標記放置在地圖上的點。雖然程式碼樣版僅需要緯度和經度，但是將地址或地名貼到「Location」欄中是明智的做法，做為地點與數字坐標之對應的提醒。使用第 23 頁「Google 試算表中的地理編碼地址」單元中的 SmartMonkey 外掛，然後選擇「Add-ons」>「Geocoding by SmartMonkey」>「Geocode details」，製作帶有範例資料的新表格，並顯示「Latitude」、「Longitude」和 「Address」三個新欄的結果。貼上你自己的地址資料，然後重複上面步驟，對它進行地理編碼，然後將結果複製並貼到「Points」工作表中。

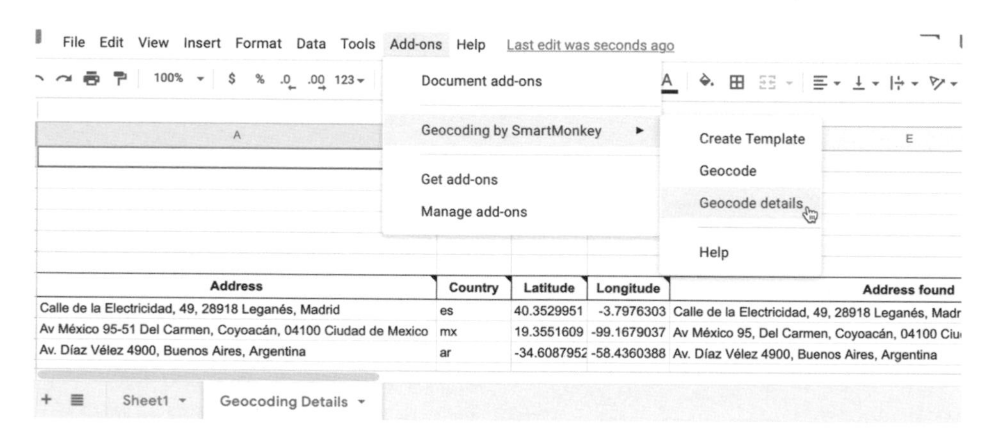

Optional table for viewable markers

它會在地圖底部顯示一個互動式表格。在「Options」工作表中，將「Display Table」（儲存格 B30）設定為「On」。你還可以輸入以逗號分隔的欄標題來調整表格高度，並修改表格欄的顯示。

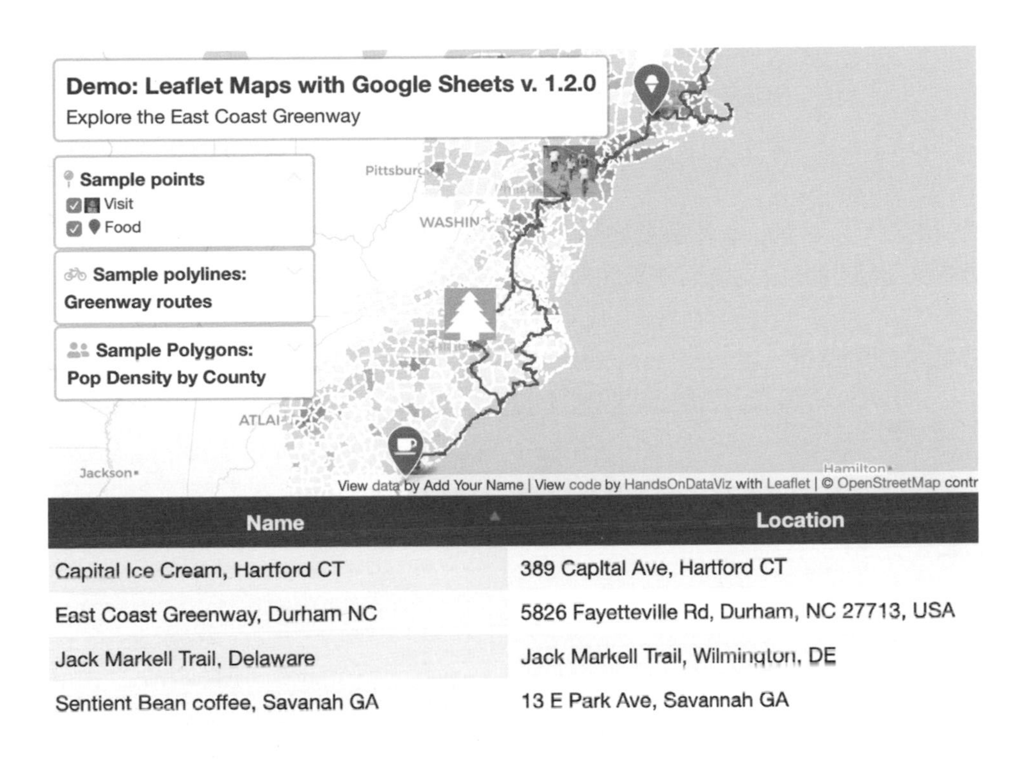

Name	Location
Capital Ice Cream, Hartford CT	389 Capital Ave, Hartford CT
East Coast Greenway, Durham NC	5826 Fayetteville Rd, Durham, NC 27713, USA
Jack Markell Trail, Delaware	Jack Markell Trail, Wilmington, DE
Sentient Bean coffee, Savanah GA	13 E Park Ave, Savannah GA

Optional custom markers

要製作自己的客製化標記，例如縮圖圖示，請使用任何影像編輯工具將照片縮小為 64 × 64 像素的正方形。將它儲存為 PNG 格式，並使用不含空格的全小寫字元做為檔名。如之前所述的，將影像上傳到 GitHub 儲存庫中的 *media* 檔案夾。在「Marker Icon」欄中，以下列格式輸入檔案路徑名：*media/imagename-small.png*。在「Custom Size」欄中，將尺寸設定為 `64×64` 或類似尺寸（例如 `40x40`）。

Group	Marker Icon	Marker Color	Icon Color	Custon
Visit	media/calais-64.jpg			40x40
Food	fa-ice-cream	green	white	
Visit	media/delaware-64.jpg			40x40
Visit	media/ecg-logo-64.png			40x40
Food	fa-coffee	green	white	
Visit	media/keywest-64.jpg			40x40

切換到顯示即時地圖的瀏覽器分頁，並重新整理頁面以檢視所做的變更。如果你的變更在幾秒鐘內沒有出現，請參閱「附錄」。

F. 刪除或顯示點、多邊形或多線段資料和圖例

在預設情況下，示範地圖會顯示三種類型的資料（點、多邊形和多線段）及其圖例。你可以透過修改已連結的 Google 試算表，將任何一項從地圖中刪去。

刪除點：

1. 在「Option」工作表中，將「Point Legend Position」（儲存格 B27）設定為「Off」以將其隱藏。
2. 在「Points」工作表中，刪除點資料的所有行。

刪除多線段：

1. 在「Option」工作表中，將「Polyline Legend Position」（儲存格 B36）設定為「Off」以將其隱藏。
2. 在「Polylines」工作表中，刪除多線段資料的所有行。

刪除多邊形：

1. 在「Polygons」工作表中，將「Polygon Legend Position」（儲存格 B4）設定為「Off」以將其隱藏。
2. 同樣在「Polygons」工作表中，設定「Polygon GeoJSON URL」（儲存格 B6）以從地圖中刪除該資料。
3. 在下一個工作表「Polygons1」中，使用下拉選單選擇「Delete」，將整個工作表刪除（如果沒有這個工作表，可以直接忽略這個步驟）。

你已經學到如何在「Points」工作表中加上更多標記了。如果要新增多邊形或多線段資料，你就需要使用第 345 頁上的「用 GeoJson.io 進行繪圖和編輯」或第 350 頁上的「用 Mapshaper 進行編輯和合併」，以 GeoJSON 格式處理這些檔案。

準備好 GeoJSON 資料後，請使用所有小寫字元（無空格）命名檔案，並將它們上傳到 GitHub 儲存庫的 geojson 子檔案夾中，然後在連結的 Google 試算表中更新這些設定。

若要顯示多線段：

1. 在「Option」工作表中，透過選擇「topleft」或類似位置，確認「Polyline Legend Position」（儲存格 B36）是顯示出來的。
2. 在「Polylines」工作表中，輸入你上傳到 GitHub 儲存庫的檔案之 GeoJSON URL 路徑名，例如 *geodata/polygons.geojson*。然後插入 Display Name、Description 和 Color。

若要顯示多邊形：

1. 在「Polygons」工作表中，透過選擇「topleft」或類似位置，確認「Polygon Legend Position」（儲存格 B4）是顯示出來的。
2. 在 Polygon GeoJSON URL（儲存格 B6）中，輸入你上傳到 GitHub 儲存庫的檔案的路徑名，例如 geodata /polygons.geojson。
3. 你可以變更 Polygon Legend Title（儲存格 B3），並加上選擇性的 Polygon Legend Icon（儲存格 B5）。
4. 編輯「Polygon Data」和「Color Settings」部分，修改標籤和範圍，以便與 GeoJSON 檔案的屬性相配合。在「Property Range Color Palette」下，你可以從我們在第 162 頁的「地圖設計原則」中提到的 ColorBrewer 工具中自動選擇一種配色方案，或在下面的儲存格中手動插入你想要的顏色。
5. 閱讀「Polygons」頁面中的「Hints」欄，了解如何輸入資料。
6. 如果要顯示多個多邊形圖層，請複製「Polygons」工作表，並使用以下格式命名：*Polygons1*、*Polygons2* 等。

現在，你可以開始進行地圖的完工了。如果你想對外分享地圖連結，請閱讀下列選項，然後選擇步驟 G 或步驟 H。

我們保留隨時變更 Google 試算表 API 密鑰的權利，尤其是在受到他人過度使用或濫用的情況下。這代表你必須先使用步驟 G 或 H 將地圖完成，然後再公開分享，因為萬一我們變更密鑰的話，你的地圖將會停止運作。

G. 將 Google 試算表內的工作表個別儲存成 CSV 檔案，並上傳到 GitHub

如果你已將大部分資料輸入到 Google 試算表中，那麼將它們下載成為個別的 CSV 檔案然後上傳到 GitHub 儲存庫中，將是最佳的長期儲存策略。這種方法會將你的地圖和資料儲存在同一個 GitHub 儲存庫中，而且不會有因 Google 服務中斷而導致地圖損壞的風險。此外，你仍然可以編輯地圖資料。如果這種方法適合你的話，請依照下面步驟操作：

1. 在你的 Google 試算表，到每個工作表中，選擇「File」>「Download」下載成 CSV 檔，將每個工作表個別存成一個獨立的檔案。

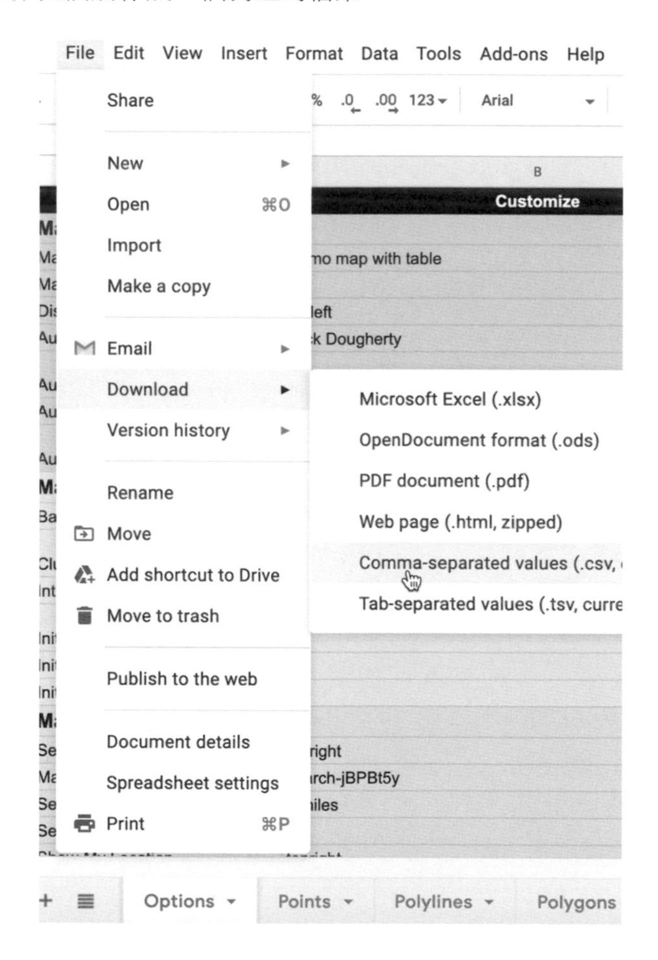

2. 縮短每個檔名，如下表所示。名稱必須完全照以下命名。只有第一個檔案（*Options.csv*）是必要的；其他都是選擇性的，取決於你的資料：

 - *Options.csv*
 - *Points.csv*
 - *Polylines.csv*
 - *Polygons.csv*（如果還有其他檔案，請命名為：*Polygons1.csv*、*Polygons2.csv* 等）
 - *Notes.csv*（或 *.txt*）建議使用這個檔案來保存資料中的所有注釋，但這不是必要的。

3. 在你的 GitHub 儲存庫中，點按 *csv* 子檔案夾將它開啟，選擇「Add file」>「Upload files」，然後將以上所有 CSV 檔案上傳到該子檔案夾中。Leaflet 樣版程式碼會先到這裡檢查資料，如果找到上述名稱的 CSV 檔案，它就會直接從中擷取地圖資料，而不是從 Google 試算表。**請記住**，從現在起，你在 Google 試算表中所做的所有編輯將**不再自動顯示**在地圖中。

4. 如果你想要在上傳 CSV 檔案後編輯地圖，則有兩個選擇。你可以透過在 GitHub 網路介面中打開 CSV 檔案來直接對它進行小幅更動，或者是在 Google 試算表中進行較大的修改，重複前面的步驟來下載 CSV 格式，然後將其上傳取代 GitHub 上的現有檔案。

H. 取得你自己的 Google 試算表 API 密鑰並插入程式碼中

步驟 G 的替代方法是，如果你希望繼續將地圖資料儲存在線上發佈的 Google 試算表中，請到第 324 頁的「取得 Google 試算表 API 密鑰」，然後依照說明將它插入 Leaflet 地圖程式碼中，以避免範例的密鑰遭過度使用。Google 試算表需要一個 API 密鑰來維持其服務的合理使用限制（*https://oreil.ly/3Wd-W*）。如果你擁有個人 Google 帳戶，但**沒有**學校或公司提供的 Google Suite 帳戶，便可以獲得免費的 Google 試算表 API 密鑰。如果有問題的話，請參閱「附錄」。

用 Google 試算表製作 Leaflet 故事圖

Leaflet Storymaps 程式碼樣版的設計目標是顯示逐點導覽，並有捲動敘述來顯示文字、影像、音檔、影片，以及掃描好的地圖背景，如圖 12-3 所示。你可以將所有地圖資料輸入到連結的 Google 試算表（或 CSV 檔案）中，或將它上傳到 GitHub 儲存庫中，如圖 12-4 所示。此外，Leaflet Storymaps 樣版可讓你客製化資料的外觀並加上更多圖層，例如歷史地圖和地理邊界，你會在第 13 章中學習如何準備。

此外，Storymap 設計是響應式的，因此在較小的螢幕中（寬度小於 768 像素）它會由上到下顯示，在較大的螢幕中則會自動切換為並排顯示。最後，Leaflet 樣版是以 JavaScript 編寫的靈活開源軟體所製作的，JavaScript 是網路上非常常見的編碼語言，因此如果你有開發人員的技能或支援，則可以進一步客製化它。

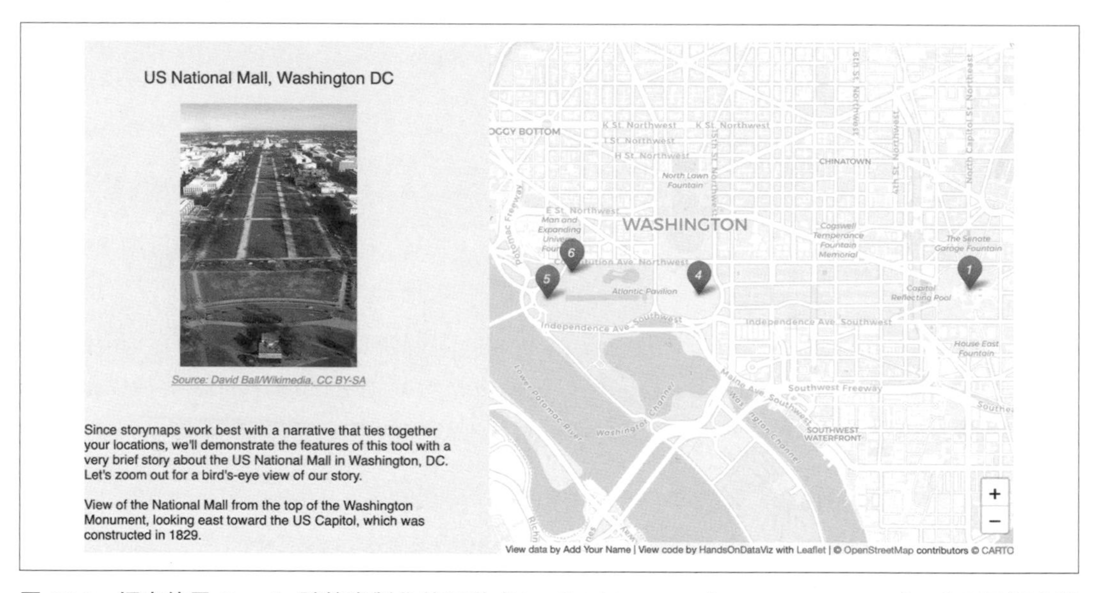

圖 12-3　探索使用 Google 試算表製作的互動式 Leaflet Storymap（*https://oreil.ly/agGac*）。此示範版本說明了程式碼樣版的功能，同時講述了華盛頓特區美國國家購物中心的小故事。

Chapter	Media Link	Media Credit	Media Credit Link	Description
US National Mall, Washington DC	https://upload.wikimedia.org/wikipedia/commons/thumb/a/a4/Mall-002.JPG/400px-Mall-002.JPG	Source: David Ball/Wikimedia, CC BY-SA	https://commons.wikimedia.org/wiki/File:Mall-002.JPG	Since storymaps work best with a narr your locations, we'll demonstrate the f a very brief story about the US Nationa DC. Let's zoom out for a bird's-eye vie story. View of the National Ma Washington Monument, looking east t which was constructed in 1829.
	media/google-sheet-screenshot.png	Screenshot of linked Google Sheet.		Right-click on the tiny "View data" link map to open the contents of the linked new tab. Each row is a chapter, which story, links to media, and data about e The Google Sheet also includes an "O settings for the overall map appearanc
Washington Monument	media/washington-monument-nps.png	Source: US National Park Service, public domain	https://www.nps.gov/nama/learn/photosmultimedia/photogallery.htm	You can upload JPG or PNG images i of your GitHub repository and enter th the linked Google Sheet. The template images to fit the scrolling narrative, bu
Lincoln Memorial	https://live.staticflickr.com/3747/9114059928_b5f4d56ce6_z.jpg	Source: Anthony Citrano/Flickr, Cr	https://flic.kr/p/eTnWuh	Also, you can link directly to photos in such as Flickr and Wikimedia. To add Share button, choose a small-to-mediu embed code, and paste only the portic address that begins with "https://live.st ends in JPG or PNG. To add a Wikime small-to-medium size and copy its dire JPG or PNG. Always credit your image Lincoln Memorial was constructed at t Mall in 1922.
				You can display multiple images for or a series of rows in the Google Sheet. I Location information only in the first ro leave those fields blank for the other r

+ ≣ Chapters ▾ Options ▾ Notes ▾ Geocoding Details ▾

圖 12-4 檢視上面的 Leaflet Storymaps 範例之線上 Google 試算表樣版（*https://oreil.ly/Sabon*）。

我們使用 Google 試算表製作了 Leaflet Storymap，以填補其他工具的不足。要特別說明的是，有些故事地圖平台可以更容易讓初學者立即上手，例如免費和開源的 Knight Lab StoryMap 平台（*https://oreil.ly/Gtzyj*），以及僅限訂閱者的專有 ArcGIS StoryMaps 平台（*https://oreil.ly/fhIb1*）——這是舊版 Esri Story Maps 平台（*https://oreil.ly/K0ped*）的後繼產品。我們之所以不建議你使用，是因為它們都缺乏資料的轉移性，意思是無法輕鬆匯出匯入任何資料或影像，這是我們在第一章中討論如何明智地選擇工具時，曾經建議要留心的狀況。相反的，隨著視覺化技術的發展，你輸入到 Leaflet Storymaps 的 Google 試算表和 GitHub 儲存庫中的所有資料，都可以輕鬆遷移到其他平台。

在表 12-2 中觀摩使用 Google 試算表製作 Leaflet Storymap 作品集，看看其他人使用此樣版製作出什麼樣的成果。

表 12-2　使用 Google 試算表製作的 Leaflet Storymap 作品集

猶太教堂地圖的過去與現在

作者：大哈特福市猶太歷史學會的 Elizabeth Rose

https://oreil.ly/bE8X1

繪製密蘇里州上州

作者：JenAndrella

https://oreil.ly/tp89f

肯辛頓回憶錄

作者：GordonCoonfield、Erica Hayes、James Parente、David Uspal、CheyenneZaremba

https://oreil.ly/7_Ngd

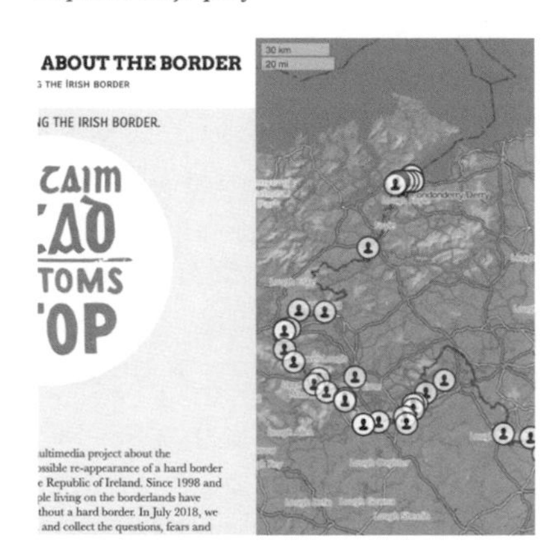

我們要談談邊界

作者：Elisabeth Blanchet 和 Laurent Gontier

https://oreil.ly/laVcY

教學需求和概述

在開始之前，你必須擁有一個 Google 雲端硬碟帳戶，並且知道如何在 Google 試算表中製作副本（請參見第 19 頁的「製作 Google 試算表的副本」）。此外，你也必須擁有 GitHub 帳戶，並且知道如何使用 GitHub 來編輯和託管程式碼（請參見第 10 章）。我們省略了先前介紹過的步驟截圖，因此如果你迷失方向的話，請回頭參考前面的章節。

你會注意到，本教學大綱與上一單元中的大綱類似，但第一階段中的連結不同，第二階段中有幾個新步驟。

由於本教學有多個步驟，因此我們先大概說明一下要做哪些事情。在第一個階段，我們將製作和發佈兩個樣版的副本，一個是 GitHub，另一個是連結的 Google 試算表：

- A. 複製 GitHub 樣版，並使用 GitHub Pages 發佈你的版本
- B. 檔案 > 複製 Google 試算表樣版，共用並發佈
- C. 將你的 Google 試算表在瀏覽器網址列上的網址貼到 GitHub 儲存庫中的兩個位置
- D. 更新你的 Google 試算表設定，然後重新載入即時地圖

在第二個階段，你會學到如何將連結的 Google 試算表中的點資料進行地理編碼和客製化、如何將影像和其他地圖資料上傳到 GitHub 儲存庫，以及在需要時加上掃描的背景地圖圖層：

- E. 在 Chapters 工作表中加上文字、媒體、標記和地理編碼位置
- F. 選擇性的：加上歷史地圖影像或 GeoJSON 疊加層

在第三個階段，在與他人公開分享地圖之前，完成地圖定稿的方式有兩種：

- G. 將 Google 試算表內的工作表個別儲存成 CSV 檔案，並上傳到 GitHub
- H. 取得你自己的 Google 試算表 API 密鑰並插入程式碼中

如果出現任何問題，請參閱「附錄」。

現在，你對整個流程有了更好的了解，讓我們開始學習本教學的第一個階段。

A. 複製 GitHub 樣版，並使用 GitHub Pages 發佈你的版本

1. 在新分頁中打開 GitHub 程式碼樣版（*https://oreil.ly/ZWoxB*）。

2. 在程式碼樣版的右上角，登入你的免費 GitHub 帳戶。

3. 在右上角，點按綠色的「Use this template」按鈕，在你的 GitHub 帳戶中製作儲存庫的副本。在下一個畫面上，將你的副本命名為：*leaflet-storymaps-with-google-sheets*，或選擇一個全小寫的有意義名稱。點按「Create repository from template」按鈕。

   你的儲存庫副本格式將會如下：

   ```
   https://github.com/USERNAME/leaflet-storymaps-with-google-sheets
   ```

4. 在程式碼儲存庫的新副本中，點按右上角的「Settings」按鈕，然後向下捲動至 GitHub Pages 區域。在下拉選單中，將「Source」從「None」變更為「Main」，保留預設的 /（*root*）設定，然後按「Save」。此步驟會指示 GitHub 發佈地圖的即時版本到網路上，任何人只要取得網址，都可以在瀏覽器中存取它。

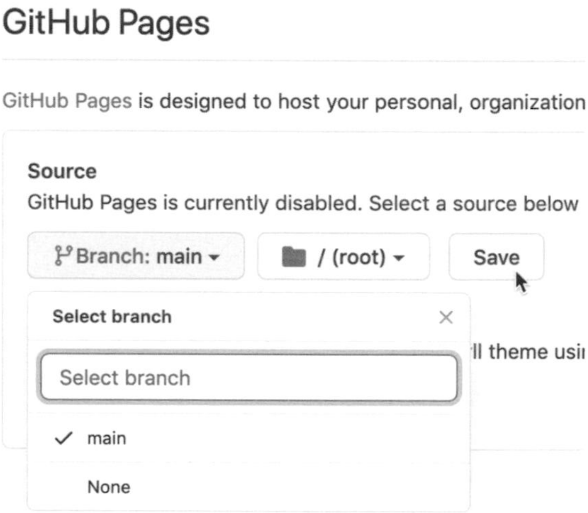

5. 再次向下捲動到 GitHub Pages 部分，然後複製你發佈的網站連結，格式如下：

   ```
   https://USERNAME.github.io/leaflet-maps-with-google-sheets
   ```

6. 向上捲回頂端，然後點按你的儲存庫名稱來返回主頁。
7. 在儲存庫主頁的頂層，點按 *README.md*，然後點按鉛筆圖示來編輯此檔案。
8. 刪除指向**我們的**即時網站的連結，然後貼上**你的**已發佈網站連結。向下捲動來 Commit 變更。

```
leaflet-storymaps-with-google-sheets / README.md   Cancel
<> Edit file   Preview changes   Spac
9   ## Live links (replace with your own)
10  - Leaflet Map https://handsondataviz.github.io/leaflet-storymaps-with-google-sheets/
11  - Google Sheets template https://docs.google.com/spreadsheets/d/1AO6XHL_0JafWZF4KEejkdDNqfuZWUk3SlNlQ6MjlRFM/edit#gid=0
12
```

9. 在儲存庫主頁上，右鍵點按連結，在新頁籤中打開即時地圖。稍待片刻。GitHub Pages 通常會在 30 秒內顯示出你的即時地圖，但有時得花上幾分鐘才能顯示出來。

B. 檔案 > 複製 Google 試算表樣版，共用並發佈

1. 在新分頁中打開 Google 試算表樣版（*https://oreil.ly/PZRev*）。
2. 登入你的 Google 帳戶，然後選擇「File」>「Make a copy」，將你自己的版本儲存到 Google 雲端硬碟中。
3. 點按「共用」按鈕，點按「Change to anyone with the link」，然後點按「Done」。這會公開你的地圖資料，這是讓樣版運作必須做的設定。
4. 到「File」>「Publish to the web」，然後點按綠色的「Publish」按鈕來發佈整個檔案，使 Leaflet 程式碼能夠讀取它。點按右上方的 X，關閉視窗。
5. 複製瀏覽器網址列上的 URL（通常以…*XYZ/edit#gid=0* 結尾）。**不要**複製「發佈到網路」的網址（通常以…*XYZ/pubhtml* 結尾），因為此連結略有不同，此樣版中無法使用。

C. 將你的 Google 試算表在瀏覽器網址列上的網址貼到 GitHub 儲存庫中的兩個位置

我們的下一個任務是將已發佈的 Google Sheet 與 GitHub 中的 Leaflet 程式碼連結起來，讓它從試算表中抓取資料，以便在地圖上顯示：

1. 在 GitHub 儲存庫頂端，點按開啟名為「google-doc-url.js」的檔案，然後點按鉛筆符號進行編輯。

2. 貼上**你的** Google 試算表 URL（通常以…*XYZ/edit#gid = 0* 結尾）來取代原本的 URL。注意不要刪掉最後的單引號或分號。向下捲動來 Commit 變更。後面會針對 Google API 密鑰的部份另外做說明。

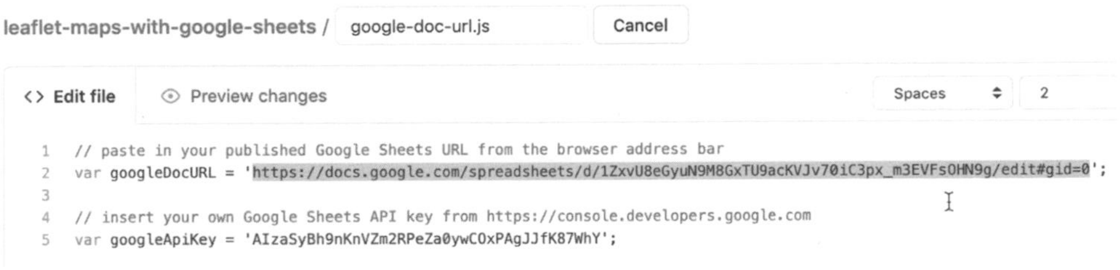

leaflet-maps-with-google-sheets / google-doc-url.js Cancel

<> Edit file   Preview changes   Spaces 2

```
1  // paste in your published Google Sheets URL from the browser address bar
2  var googleDocURL = 'https://docs.google.com/spreadsheets/d/1ZxvU8eGyuN9M8GxTU9acKVJv70iC3px_m3EVFsOHN9g/edit#gid=0';
3
4  // insert your own Google Sheets API key from https://console.developers.google.com
5  var googleApiKey = 'AIzaSyBh9nKnVZm2RPeZa0ywCOxPAgJJfK87WhY';
```

3. 此外，讓我們將 Google 試算表 URL 貼在第二個位置，以便進行追蹤。在你的 GitHub 儲存庫中，點按開啟 *README.md* 檔案，點按鉛筆符號進行編輯，然後貼上你的 Google 試算表 URL 來取代我們現有的 URL。向下捲動來 Commit 變更。

leaflet-storymaps-with-google-sheets / README.md Cancel

<> Edit file   Preview changes   Spa

```
9  ## Live links (replace with your own)
10 - Leaflet Map https://handsondataviz.github.io/leaflet-storymaps-with-google-sheets/
11 - Google Sheets template https://docs.google.com/spreadsheets/d/1AO6XHL_0lafWZF4KEejkdDNqfuZWUkJ5lNlQ6MjlRFM/edit#gid=0
```

你可以刪除 README 檔案中不想保留的任何內容。

D. 更新你的 Google 試算表設定，然後重新載入即時地圖

現在你發佈的 Google 試算表已連結到即時地圖，請到「Option」工作表下更新以下任一項：

- Map Title（故事圖標題）
- Map Subtitle（地圖副標），以及向下箭頭的程式碼：

```
<br><small>Scroll down <i class='fa fa-chevron-down'></i></small>
```

- Author Name（作者姓名）
- Author Email or Website（作者電子郵件或網站）
- Author Code Repo（作者程式碼庫）

另開新頁瀏覽即時地圖，並重新整理頁面以檢視剛剛的變更。如果你的變更在幾秒鐘內沒有出現，請參閱「附錄」。

E. 在 Chapters 工作表中加上文字、媒體、標記和地理編碼位置

現在，我們可以開始在地圖上新增內容了。在 Google 試算表的「Chapters」工作表中，你會看到欄標題，用來組織和顯示地圖上的互動式標記。用你自己的範例資料來取代示範資料，但**不要**刪除或重新命名欄標題，因為 Leaflet 程式碼會尋找以下特定名稱：

Chapter

在捲動敘述的每個區塊頂端所顯示的標題。

Media link

你有好幾個選項可以在每個章節中顯示影像、音檔或影片。對於影像，你可以插入線上託管（例如 Flickr）之圖檔的外部連結，只要該連結是以 *https*（安全加密）開頭，並以 *.jpg* 或 *.png* 結尾即可。也可以插入 YouTube 影片連結，或者是將影像上傳到 GitHub 儲存庫中的 *media* 子檔案夾中，然後在 Google 試算表中用下列格式輸入路徑名：*media/image.jpg* 或 *...png*。同樣的，你可以上傳 *.mp3*（建議）、*.ogg* 或 *.wav* 格式的聲音檔案。

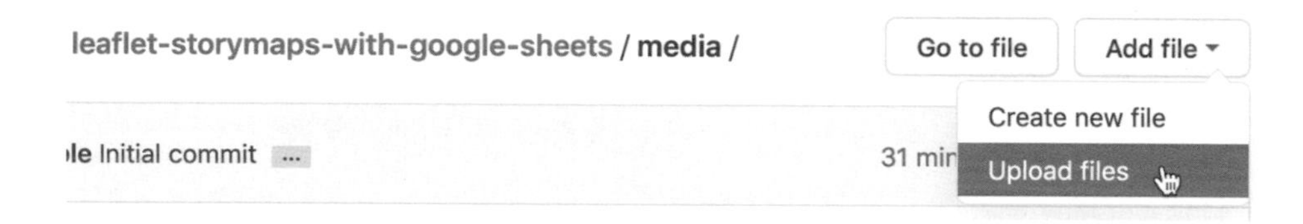

媒體檔案路徑名有大小寫之分，我們建議全部使用小寫，包括附檔名。此外，由於程式碼樣版會自動調整影像尺寸以符合螢幕大小，因此我們建議你在上傳之前將所有影像的尺寸縮小到 600 × 400 像素或更小，以確保地圖能夠運作順暢。

Media credit

顯示有關媒體來源的文字，例如「Source…」

Media credit link

在上面的「Media Credit」文字中加上來源資訊的連結。

Description

用於顯示關於該章節的一段文字或更少的文字。你可以插入 HTML 標籤來加上換行符號（例如 `<br>`），或在新分頁中打開外部連結，例如[3]：

```
<a href='https://www.w3schools.com/' target='_blank'>Visit W3Schools</a>
```

Zoom

Leaflet 的預設縮放層級是在 0（檢視全世界）和 18（單一建築物）之間，而且大部分免費的底圖圖磚，例如 Stamen 或 CartoDB 所提供的，都可以在此範圍內的每個層級上縮放。有些更詳細的底圖，可讓你使用更高的值。嘗試不同縮放層級來找出最適合你的故事的最佳檢視，並記住在相同的縮放層級下，比起較小的螢幕（如智慧手機），較大的螢幕會顯示較大的區域。

Marker

選擇 Numbered（預設）、Plain，或 Hidden。當你要將多個 chapters 指派到一個位置（以避免將標記彼此疊放）或縮小視圖以檢視更寬的視圖（而不突顯某一特定位置）時，後者效果最佳。

Marker color

插入任何標準網路顏色名稱，例如 `blue` 或 `darkblue`，或插入網路顏色程式碼，例如 `#775307` 或 `rgba(200,100,0,0.5)`。請參閱 W3Schools Color Names（*https://oreil.ly/2dapU*）的選項。

Location、latitude、longitude

這些項目會將你的標記放置在地圖點上。雖然程式碼樣版僅需要緯度和經度，但是將地址或地名貼到「Location」欄中是明智的做法，以提醒我們它必須與數字坐標相對應。使用第 23 頁「Google 試算表中的地理編碼地址」單元中的「使用 SmartMonkey 進行地理編碼」外掛，然後選擇「Add-ons」>「Geocoding by SmartMonkey」>「Geocode details」，製作帶有範例資料的新表格，並顯示「Latituded」、「Longitude」和「Address」三個新欄的結果。貼上你自己的地址資料，重複前面步驟對它進行地理編碼，然後將結果複製並貼到「Points」工作表中。

3 請到 W3Schools（*https://oreil.ly/hQdr3*）了解 HTML 語法。

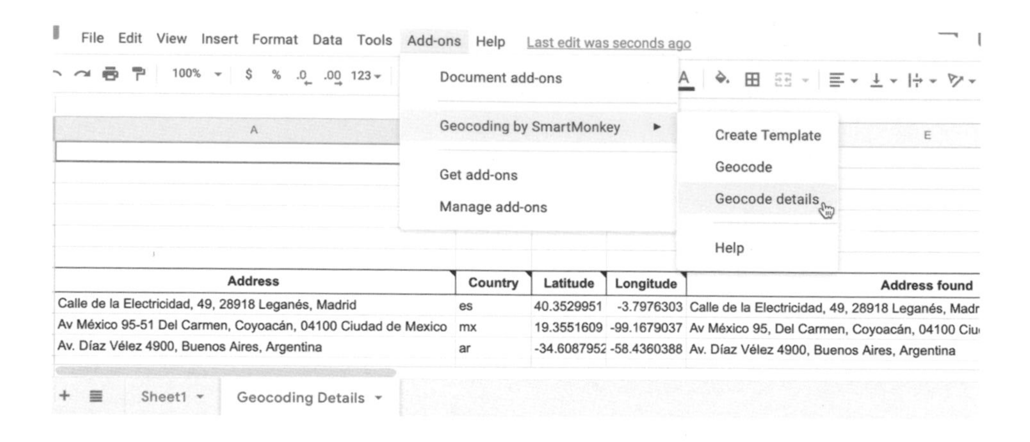

你可以在一個位置上顯示多張影像，做法是只在第一行列出「Chapter」和「Location」資訊，其他行的這兩個欄位則留白。

切換到顯示即時地圖的瀏覽器分頁，並重新整理頁面以檢視所做的變更。如果你的變更在幾秒鐘內沒有出現，請參閱「附錄」。

F. 選擇性的：加上歷史地圖影像或 GeoJSON 疊加層

程式碼樣版可讓你在背景地圖上疊放兩種不同類型的圖層來豐富你的故事：地理對位地圖影像（例如歷史地圖）和 GeoJSON 地理資料（例如道路、邊界線或有顏色編碼的熱度地圖）。你可以將兩種類型的圖層加上到特定章節或整個故事中。此外，你可以調整透明度層級來顯示或隱藏目前的背景圖。若要準備這兩種類型的圖層，你必須跳到第 13 章，但是在這裡我們會解釋一下將它插入 Storymap 樣版中的步驟。

要將歷史地圖疊加到一個或多個故事地圖章節中，它必須先進行**地理對位**（*georeferenced*，也稱為地理校正（georectified）），意思是將靜態地圖影像與現今更精確的互動式地圖進行數位對齊。如果你擁有高品質的歷史地圖靜態影像，請使用第 365 頁「用 Map Warper 進行地理對位」單元介紹的 Map Warper 工具，將多個已知點與目前互動式地圖上的已知點對齊。Map Warper 會將靜態地圖影像轉換為互動式地圖圖磚，並透過 Google/OpenStreetMap 格式的連結公開託管在網上，類似 *https://mapwarper.net/maps/tile/14781/{z}/{x}/{y}.png*。或者，你可以到 Map Warper（*https://mapwarper.net*）和 New York Public Library Map Warper（*http://maps.nypl.org/warper*）上，搜尋已經過地理對位並轉為圖磚的歷史地圖

（並加入對齊地圖的群眾外包志工團隊）。雖然在一般瀏覽器中看不到地圖圖磚的連結，但透過「Leaflet Storymap」程式碼就可以顯示它們。在 Google 試算表樣版的「Chapters」工作表的「Overlay」欄中，輸入圖磚連結和所需的透明度層級，如圖 12-5 所示：

Overlay

與上一個範例類似，以 Google/OpenStreetMap 格式輸入地圖圖磚連結。

Overlay transparency

輸入從 0（透明）到 1（不透明）的數字。預設值為 0.7。

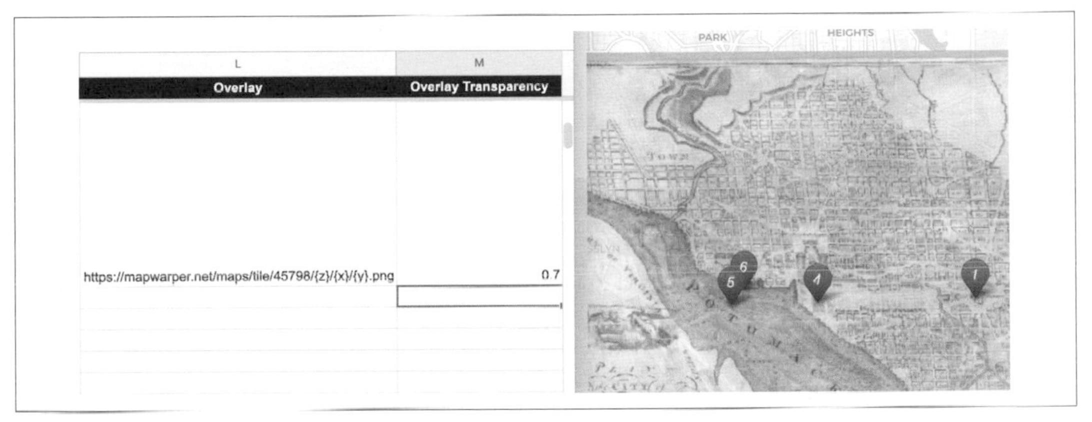

圖 12-5　在 Google 試算表樣版（左側）中輸入地圖圖磚連結和透明度層級，使它能夠顯示在一個或多個 Storymap 章節中（右側）。

要在故事中加上可見的路徑、地理邊界或有顏色的熱度地圖，可考慮在一個或多個章節中加上 GeoJSON 資料層。到第 340 頁的「地理空間資料和 GeoJSON」中，閱讀關於 GeoJSON 和地理空間資料格式的資訊，你還可以在當中學習如何尋找現有的 GeoJSON 邊界檔案（請參見第 344 頁的「尋找 GeoJSON 邊界檔案」），使用 GeoJson.io 工具（請參閱第 345 頁的「用 GeoJson.io 進行繪圖和編輯」）或 Mapshaper 工具（請參見第 350 頁的「用 Mapshaper 進行編輯和合併」）繪製或編輯自己的地理資料。我們建議你使用小寫字母命名 GeoJSON 檔案，不要使用空格。打開 `geojson` 檔案夾並選擇「Add file」>「Upload files」，將檔案上傳到 GitHub 儲存庫。在你的 Google Sheet 樣版中，依照以下格式在 *GeoJSON Overlay* 欄中輸入路徑名：*geojson/your-file-name.geojson*，如圖 12-6 所示。

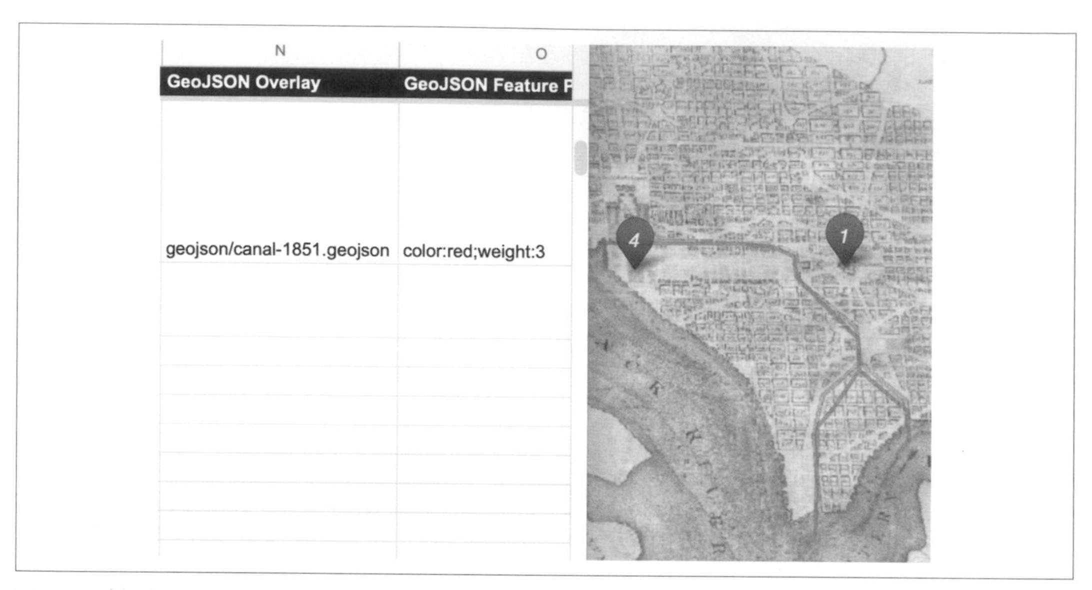

圖 12-6　在「GeoJSON Overlay」欄（左側）中輸入路徑名，以便在一個或多個故事地圖章節（右側）中顯示。

當你使用 GeoJson.io 之類的工具製作或編輯 GeoJSON 資料時（請參見第 345 頁的「用 GeoJson.io 進行繪圖和編輯」），你可以直接編輯其特色屬性。如果你希望在故事圖中顯示這些 GeoJSON 檔案的屬性，建議你依照以下方式命名：

- weight（線條或多邊形邊框的寬度；故事圖樣版的預設值為 1px）
- color（線條或多邊形邊框的顏色；預設值為灰色）
- opacity（線或多邊形邊界的不透明度；預設值為 0.5）
- fillColor（多邊形的填色；預設為白色）
- fillOpacity（多邊形的不透明度；預設值為 0.7）

或者，你可以在「GeoJSON Feature Properties」樣版欄中，以下列格式輸入屬性和 CSS 程式碼，以分號分隔，不需要引號：`weight:3; color:red; opacity:1; fillColor:orange; fillOpacity:0.9`。你可以依照 W3Schools Colors Picker（*https://oreil.ly/Kbe0R*）的描述，使用標準名稱、hex 碼或 RGBa 值來指定顏色。

在樣版內，你會發現更多客製化故事圖的方法，例如：

- 插入 logo（請參閱 Google 試算表中的「Option」工作表）
- 插入 Google Analytics（分析）的追蹤 ID（請參閱 Google 試算表中的「Option」工作表）
- 調整標題大小和字體（到 GitHub 中的 *css /styles.css* 檔案）
- 在「Chapter」文字中插入水平分隔線（將此文字複製並貼到 Google 試算表的 Description」欄位中，並避免將單引號更動為彎引號）：

```
<span style='display:block;width:100%;height:1px;background-color:
          silver; margin: 20px 0;'></span>
```

現在你可以開始進行地圖的完稿了。如果你想公開分享地圖連結，請參考以下的做法。

我們保留隨時變更 Google 試算表 API 密鑰的權利，尤其是在受到他人過度使用或濫用的情況下。這代表你必須先使用步驟 G 或 H 將地圖完成，然後再公開分享，因為如果我們變更密鑰的話，你的地圖將會停止運作。

G. 將 Google 試算表內的工作表個別儲存成 CSV 檔案，並上傳到 GitHub

如果你已將大部分資料輸入到 Google 試算表中，那麼將它們下載成個別的 CSV 檔案然後上傳到 GitHub 儲存庫中，是最佳的長期儲存策略。這種方法會將你的地圖和資料儲存在同一個 GitHub 儲存庫中，並消除了因 Google 服務中斷而導致地圖損壞的風險。此外，你仍然可以編輯地圖資料。如果這種方法適合你的話，請依照下面步驟操作：

1. 在你的 Google 試算表中，到每個工作表中，選擇「File」>「Download」下載成為 CSV 格式，為每個工作表製作一個單獨的檔案。
2. 縮短每個檔名，如下表所示。名稱必須完全依照下列命名。前兩個檔案是必要的，其他都是選擇性的：
    - *Chapters.csv*
    - *Options.csv*
    - *Notes.csv*（或 *.txt*）建議使用這個檔案來保存資料中的所有注釋，但這並非必要。

3. 在你的 GitHub 儲存庫中，點按 *csv* 子檔案夾將它開啟，選擇「Add file」>「Upload files」，然後將以上所有 CSV 檔案上傳到該子檔案夾中。Leaflet 樣版程式碼會先到這裡檢查資料，如果找到上述名稱的 CSV 檔案，它就會直接從中擷取地圖資料，而不是從 Google 試算表。請記住，從現在開始，你在 Google 試算表中所做的所有變更將**不再自動顯示**在地圖中。

4. 如果你想要在上傳 CSV 檔案後編輯地圖，則有兩個選擇。你可以透過在 GitHub 網路介面中打開 CSV 檔案來直接對它進行小幅更動。或者，你可以在 Google 試算表中進行較大的修改，重複前面的步驟來下載 CSV 格式，然後上傳它們來取代 GitHub 上的現有檔案。

H. 取得你自己的 Google 試算表 API 密鑰並插入程式碼中

步驟 G 的替代方法是，如果你希望繼續將地圖資料儲存在線上發佈的 Google 試算表中，請到底下的「取得 Google 試算表 API 密鑰」，然後依照說明將它插入 Leaflet 地圖程式碼中，以避免範例的密鑰遭到過度使用。Google 試算表需要一個 API 密鑰來維持其服務的合理使用限制（*https://oreil.ly/3Wd-W*）。如果你擁有個人 Google 帳戶，但**沒有**學校或公司提供的 Google Suite 帳戶，便可以獲得免費的 Google 試算表 API 密鑰。如果有問題的話，請參閱「附錄」。

取得 Google 試算表 API 密鑰

使用 Google 試算表製作好你自己的 Leaflet Maps 或 Leaflet Storymaps 之後（請參閱第 296 頁的「用 Google 試算表製作 Leaflet 地圖」和第 310 頁的「用 Google 試算表製作 Leaflet 故事圖」），有兩種方法可以完成地圖定稿，如先前所述：一是以 CSV 格式儲存 Google 試算表，二是取得自己的 Google 試算表 API 密鑰，並將它貼到 GitHub 上的 Leaflet 程式碼中。你會在本單元中學到後者。

自 2021 年 1 月起，Google 試算表第 4 版要求使用程式碼讀取資料必須透過 API 密鑰，以限制其服務在合理範圍內使用。以 Google 試算表來說，其限制是每個專案每百秒 500 個請求，以及每個使用者每百秒 100 個請求。無每日用量限制。

在你開始之前：

- 你需要一個個人 Google 帳戶，而**不是**你的學校或企業發出的 Google Suite 帳戶。
- 本教學假定你已完成第 296 頁的「用 Google 試算表製作 Leaflet 地圖」或第 310 頁的「用 Google 試算表製作 Leaflet 故事圖」，並希望完成地圖的定稿。
- 如果你已經為一個樣版製作了 Google 試算表 API 密鑰，這個密鑰也可以用於另一個樣版上。

你看到的操作步驟可能會跟底下的敘述有一些不同之處。

你可以依照以下步驟取得自己的免費 Google 試算表 API 密鑰。整體而言，你要做的是製作並命名你的 Google Cloud 專案，啟用 Google 試算表 API 以允許電腦從你的 Google Sheet 中讀取資料，複製新的 API 密鑰，然後將它貼到 Leaflet 程式碼中來取代我們的密鑰：

1. 到 Google Developers Console（*https://oreil.ly/69spv*）並登入你的 Google 帳戶。Google 可能會要求你識別你的國家並同意其服務條款。
2. 在開啟的畫面上點按「Create a Project」。或者到左上方的下拉選單，「Select a project」>「New project」。

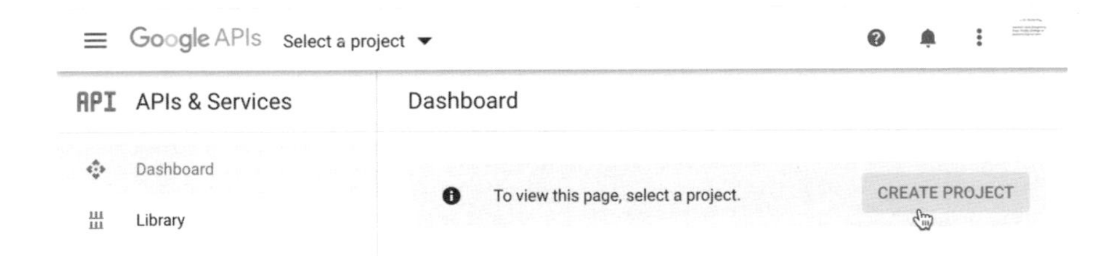

3. 在下一個畫面中，給你的新專案一個有意義的名稱，以便提醒你它的用途，例如 *handsondataviz*。你不需要新增上層機構或檔案夾。然後點按 Create。

Google APIs

New Project

You have 12 projects remaining in your quota. Request an increase or delete projects. Learn more

MANAGE QUOTAS

Project name *
handsondataviz

Project ID: handsondataviz-285521. It cannot be changed later. EDIT

Location *
No organization BROWSE

Parent organization or folder

CREATE CANCEL

4. 在下一個畫面中，依照選單頂端的「Enable APIs and Services」。確認你的新專案名稱顯示在頂端附近。

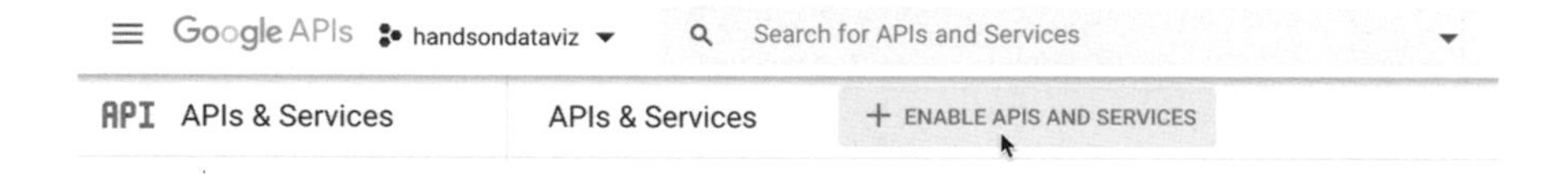

5. 在下一個畫面中，在搜尋欄中鍵入 **`Google Sheets`**，然後選擇這個結果。

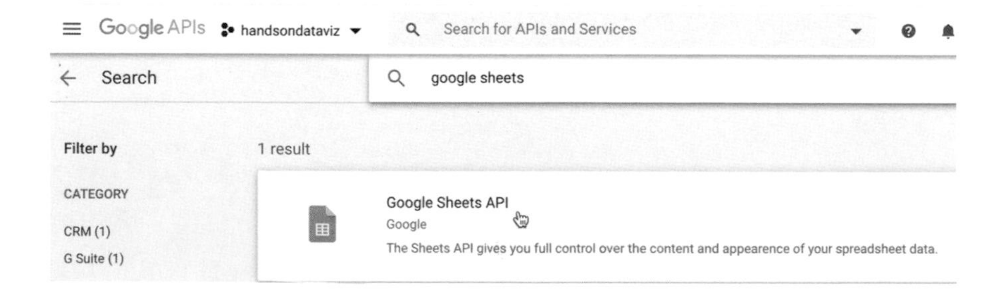

6. 在下一個畫面中，選擇 Enable，為你的專案開啟 Google 試算表 API。

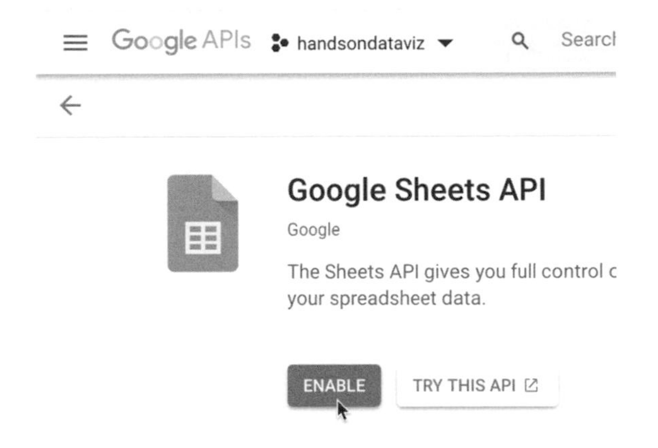

7. 在左欄選單中，點按「Credentials」，然後點按「Create Credentials」，然後選擇「API key」。

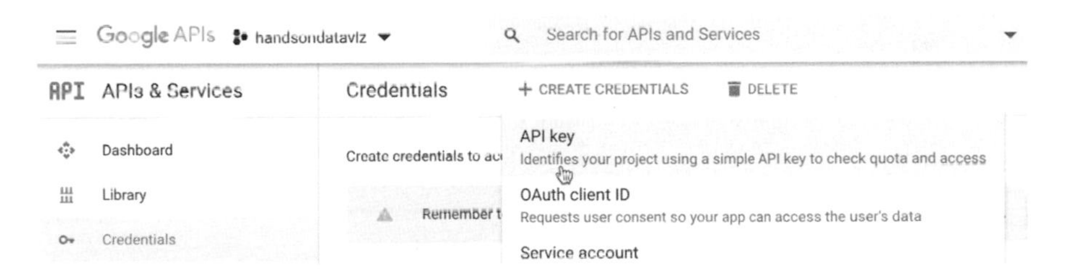

8. 在下一個畫面中，控制台將產生你的 API 密鑰。複製它，然後點按「Restrict Key」。

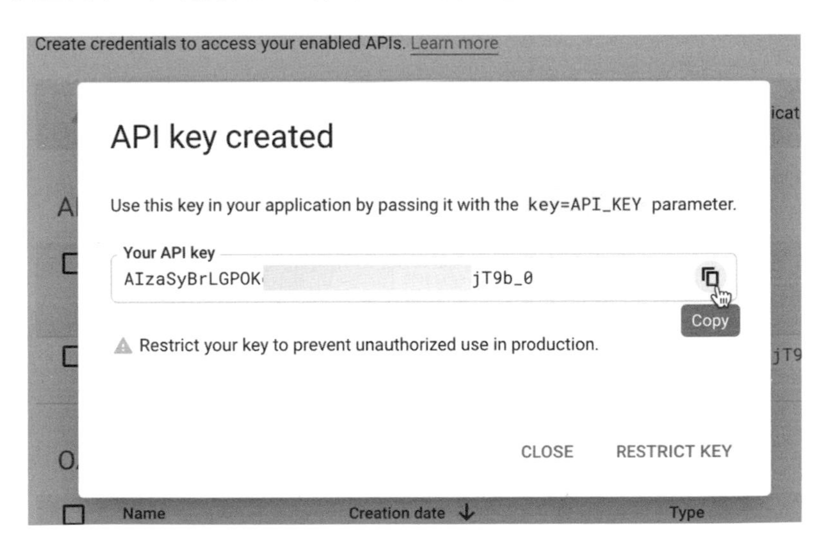

9. 在新視窗的「API restriction」下，選擇「Restrict key」單選按鈕。在出現的下拉選單中，選擇 Google Sheets API，然後點按 Save。

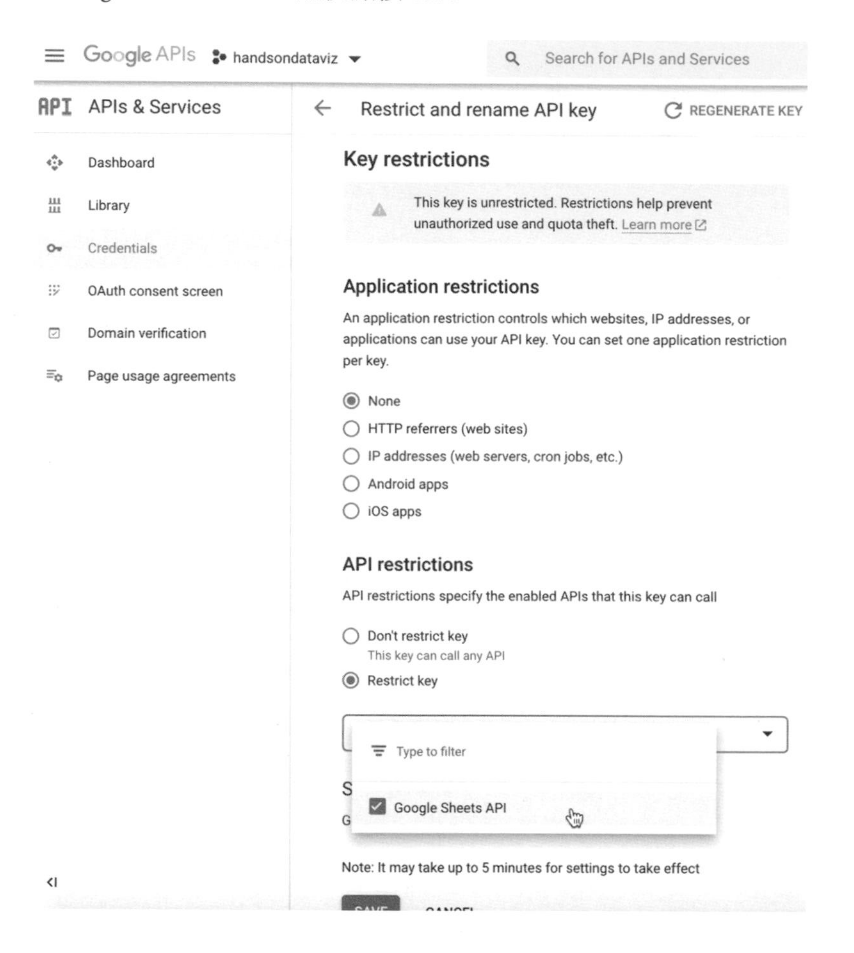

10. 在你的 GitHub 儲存庫上的 Leaflet 地圖程式碼中，開啟 *google-doc-url.js* 檔案，點按鉛筆符號進行編輯，然後貼上你的 Google Sheets API 密鑰來取代我們的密鑰。注意不要刪掉單引號或分號。向下捲動來 Commit 變更。

Edit this file

Executable File | 2 lines (2 sloc) | 179 Bytes   Raw Blame

```
1  var googleDocURL = 'https://docs.google.com/spreadsheets/d/1fH16jlqfWUhUzN-oBOK4ZRVcEqHQLSf6XUSqquuiWcg/edit#gid=0';
2  var googleApiKey = 'AIzaSyBh!                    'AgJJfK87WhY';
```

你可能會收到來自 GitHub 的通知，說你的 API 密鑰已曝光，但請不要擔心。該密鑰只能與 Google 試算表一起使用，你是免費取得此密鑰的，而且也沒有附上任何帳務資訊，因此 Google 不會收取使用費。

現在，你已經了解如何製作 Google 試算表 API 密鑰，以便搭配使用 Google 試算表來製作 Leaflet Maps 或 Leaflet Storymaps 了。在接下來的單元中，你會學到更多關於其他類型的 Leaflet Maps 樣版。

用 CSV 資料製作 Leaflet 地圖

這個開源程式碼樣版的設計用意，是示範如何製作一個從 GitHub 儲存庫的 CSV 檔案中擷取資料的 Leaflet 點地圖，來提升你的程式編寫技能。雖然你可以在其他平台上製作相同類型的地圖，例如第 179 頁「用 Google My Maps 製作點地圖」中所述的 Google My Maps，但是當你自己動手做時，會了解更多關於 Leaflet 程式碼庫如何運作的資訊。

圖 12-7 是一張顯示了康乃狄克州部分大學的簡單點地圖。這些點資料並非使用 Leaflet 的 `L.marker()` 函數在 JavaScript 中個別製作標記，而是儲存在本地 CSV 檔案（*data.csv*）中，可以在任何文字編輯器或試算表中輕鬆修改。每次瀏覽器載入地圖時，都會讀取 CSV 檔案中的點資料，並「即時」產生標記。

圖 12-7　探索來自 CSV 資料的互動式 Leaflet 點地圖（*https://oreil.ly/ouz0b*）。

你可以依照以下說明修改此樣版，製作你自己的點地圖：

1. 存取包含了此樣版程式碼的 GitHub 儲存庫（*https://oreil.ly/_n_Zm*）。確認你已登入，然後點按「Use this template」按鈕，在你自己的 GitHub 帳戶中製作此儲存庫的副本。

2. 將你的點資料放入 *data.csv* 中。樣版將讀取的相關欄位有「Latitude」、「Longitude」和「Title」。前兩個決定了標記的位置，最後一個則會顯示在彈出視窗中。欄的順序無關緊要。資料集當中可以有其他欄，但它們將被忽略。

   你的資料可能會像這樣：

   ```
   Title,Latitude,Longitude
   Trinity College,41.745167,-72.69263
   Wesleyan University,41.55709,-72.65691
   ```

3. 依據你的點的地理位置，在地圖首次載入時，我們要變更其預設位置。在 *index.html* 中，找到 `<script>` 標籤，然後編輯以下這段程式碼：

   ```
   var map = L.map('map', {
     center: [41.57, -72.69], // Default latitude and longitude on start
     zoom: 9, // Between 1 & 18; decrease to zoom out, increase to zoom in
     scrollWheelZoom: false
   });
   ```

為了簡化程式碼，我們使用了預設的 Leaflet 標記，但是你可能會想使用客製化圖示。以下程式碼片段可讓你了解如何在 GitHub 儲存庫中進行設定，插入你的圖示的唯一路徑名，以代替範例。

```
var marker = L.marker([row.Latitude, row.Longitude], {
  opacity: 1,
  // Customize your icon
  icon: L.icon({
    iconUrl: 'path/to/your/icon.png',
    iconSize: [40, 60]
  })
}).bindPopup(row.Title);
```

要了解更多資訊，請參閱 Leaflet 檔案說明文件範例中，關於客製化圖示的資訊（*https://oreil.ly/pHCHn*）。

用 CSV 資料製作 Leaflet 熱圖點

熱圖將單個點變成熱點或群集，讓觀看者能夠探索事件的空間分佈，例如人口密度高或低的區域或犯罪事件。圖 12-8 顯示了 2020 年 1 月至 7 月期間倫敦自行車失竊地點的互動式熱圖。底層基礎資料是每宗自行車失竊報案的坐標位置，`Leaflet.heat`（*https://oreil.ly/lmwPQ*）外掛將此資料轉成各種密度的區域。紅色表示密度最高的區域，或自行車盜竊最頻繁發生的區域。當你將地圖放大時，區域就會重新計算成更多不同的群集。

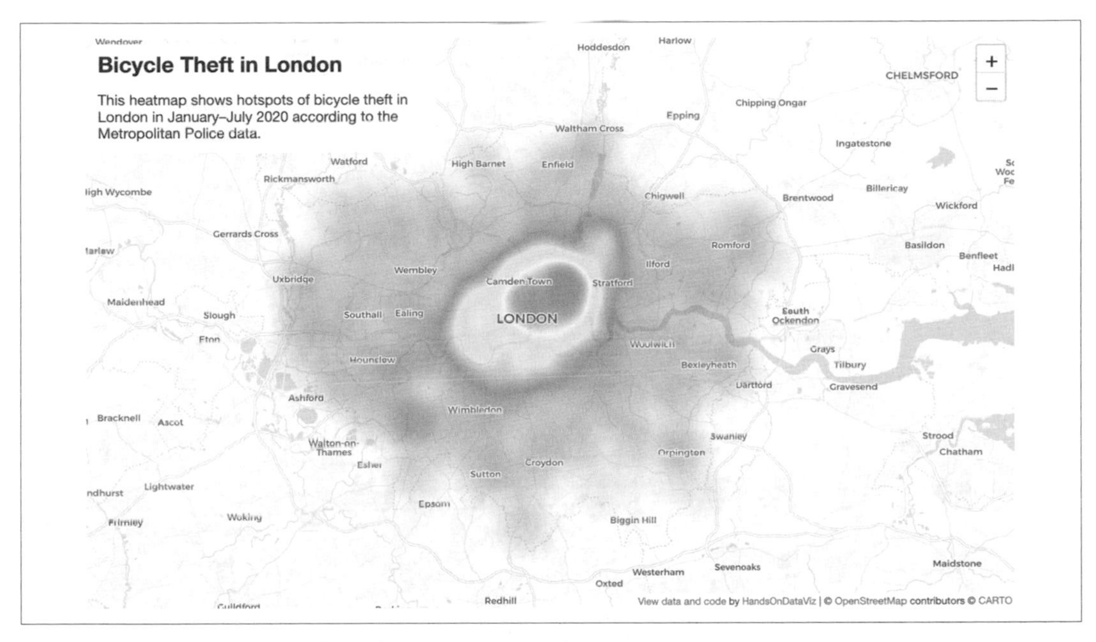

圖 12-8　探索互動式 Leaflet 熱圖（*https://oreil.ly/r-nwt*）。

你可以修改我們使用在這張倫敦熱圖上的程式碼，以製作出你自己的熱圖：

1. 前往存有這個程式碼的 GitHub 儲存庫（*https://oreil.ly/rSLAf*），確認你已登入，然後點按「Use this template」來製作此儲存庫的個人副本。

2. 在 *index.html* 中修改地圖的標題和描述。

3. 將點坐標資料放置在 *data.csv* 中。不要插入任何欄標題。和傳統順序不同的是，你必須依照緯度、經度（或 y,x）的順序來寫，每行一對且沒有空格，如下所示：

```
51.506585,-0.139387
51.505467,-0.14655
51.507758,-0.141284
```

4. 依據你的資料密度，調整 *index.html* 的 `<script>` 標籤內的 *radius* 和 *blur* 參數：

```
var heat = L.heatLayer(data, {
  radius: 25,
  blur: 15,
})
```

5. 編輯下列這段程式碼，來設定你地圖的預設位置和縮放層級：

```
var map = L.map('map', {
  center: [51.5, -0.1], // Initial map center
  zoom: 10, // Initial zoom level
})
```

如果由於某種原因你看不到群集，請確認你的點資料是以「緯度 , 經度」的順序呈現，而非相反。如果點很少，試試增加 `L.heatLayer` 的 `radius` 屬性值。

Leaflet 可搜尋的點地圖

可搜尋的點地圖最適合顯示多個位置，使用者可以在地圖上透過名稱或與某個地點的鄰近程度進行搜尋，或者使用選擇性的列表檢視，依照類別來進行篩選。圖 12-9 顯示了一個功能強大的可搜尋且可篩選的點地圖 Leaflet 樣版，資料來自芝加哥 DataMade 的 Derek Eder（*https://derekeder.com*）所開發的 CSV 資料檔案。此地圖可讓你顯示特色地點、使用「依照名稱搜尋」功能進行篩選，並將它顯示為列表，而非地圖上的點。此外，「About」頁面提供了許多空間來讓你描述地圖之目的和內容。

圖 12-9 探索互動式可搜尋的地圖樣版（*https://oreil.ly/wFqyk*）。

此樣版結合使用 Leaflet.js 和 Google Maps API 來執行地址搜尋。

若要將樣版用在你自己的專案上，請到樣版的 GitHub 頁面（*https://oreil.ly/XAaSQ*），然後將它分叉，以取得自己的副本（第 10 章可以複習關於分叉的資訊）。

步驟 1：準備資料

此樣版可搭配 CSV（請參見第 17 頁的「下載為 CSV 或 ODS 格式」）和 GeoJSON（請參見第 340 頁的「地理空間資料和 GeoJSON」）格式的資料一起使用。如果你有 Excel 檔案，請使用任何試算表工具將它儲存為 CSV 格式。CSV 檔案必須具有緯度欄和經度欄，而且每一行都必須經過地理編碼。如果你只有街道地址或位置資料，請參閱第 23 頁的「Google 試算表中的地理編碼地址」，了解如何將它進行地理編碼。

步驟 2：下載並編輯此樣版

1. 下載或複製此專案，然後啟動你喜歡的文字編輯器。打開 */js/map.js* 並在 `SearchableMapLib.initialize` 函數中設定你的地圖選項：

   `map_centroid`

   你希望的地圖中心點緯度 / 經度（lat/long）。

`filePath`

地圖資料檔案的路徑。該檔案必須是 CSV 或 GeoJSON 格式，並放置在 *data* 檔案夾中。該檔案的第一行必須是標題，並且必須具有緯度欄和經度欄。

`fileType`

設定你載入的是 *csv* 或 *geojson* 檔案。

2. 依據你希望資料顯示的方式，到 *template* 檔案夾中編輯樣版。這些樣版使用嵌入式 JavaScript 樣版（EJS），可使用 HTML 和條件式邏輯來顯示變數。請到 EJS 說明文件（*https://ejs.co/#docs*）中了解更多資訊。

/templates/hover.ejs

當滑鼠懸停在地圖上的一個點時的樣版。

/templates/popup.ejs

地圖上的點被點按時的樣版。

/templates/table-row.ejs

在列表檢視下的每一行樣版。

3. 刪除客製化篩選器，然後加上你自己的。

index.html

篩選器的客製化 HTML 從第 112 行開始。

/js/searchable_map_lib.js

客製化篩選器的邏輯始於第 265 行。

步驟 3：發佈地圖

1. 在發佈之前，你需要取得免費的 Google Maps API 密鑰（*https://oreil.ly/Hi8gd*），該密鑰與第 324 頁上的「取得 Google 試算表 API 密鑰」相似，但有些不同。將 *index.html* 這一行的 Google Maps API 密鑰換成你自己的：

```
<script type="text/javascript"
src="https://maps.google.com/maps/api/js?libraries=places&
key=[YOUR KEY HERE]"></script>
```

2. 將此地圖以及所有相關的檔案和檔案夾都上傳到你的網站。此地圖不需要後端程式碼，因此任何主機都可以，例如 GitHub Pages，如第 10 章 Netlify（*https://netlify.com*）所述，或你自己的網路伺服器。

用開放資料 API 製作 Leaflet 地圖

學習如何用程式編寫一個自己的 Leaflet 地圖，使用 API 直接從開放式資料儲存庫中持續擷取最新資訊，類似你在第 209 頁的「用 Socrata 開放資料製作即時地圖」中學到的 Socrata Open Data 地圖。Leaflet 地圖可以使用 API 從各種開放式資料儲存庫中擷取和顯示資料。圖 12-10 顯示了北達科他州各郡的互動地圖，依照人口密度上色，並提供了醫院和緊急醫療服務（EMS）的位置。

該地圖樣版從三個不同的開放儲存庫源中擷取資料：

- 醫院資訊是直接從 Medicare.org Socrata 資料庫（*https://data.medicare.gov*）取得的。
- 郡邊界和人口密度是從北達科他州 GIS（*https://www.gis.nd.gov*）ArcGIS 伺服器抓取的。
- EMS 服務站是從美國國土基礎設施基金會資料（*https://oreil.ly/XWwD6*）ArcGIS Server 中取得的。

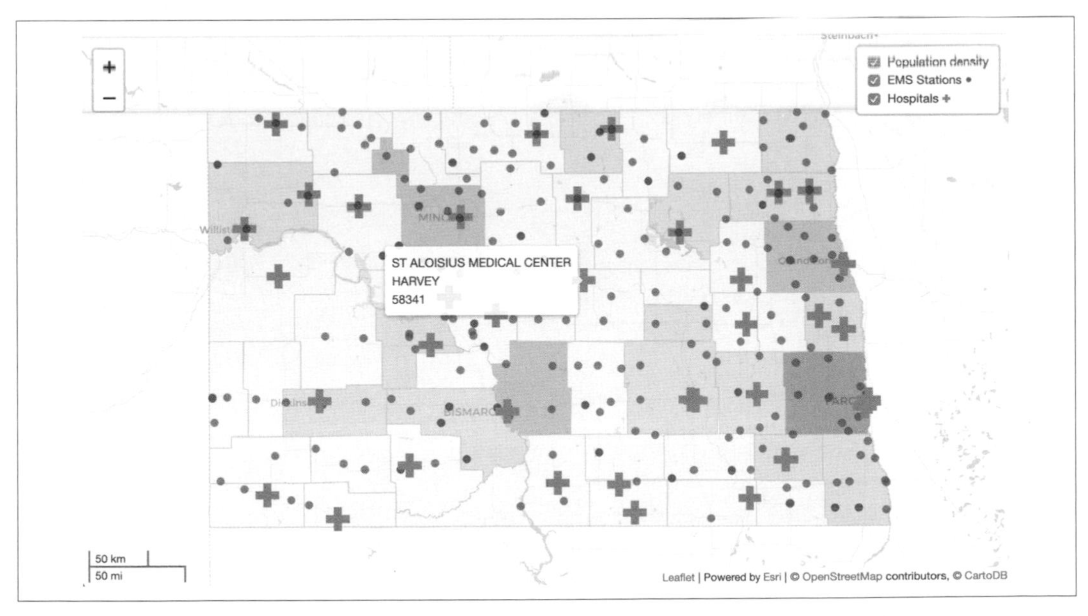

圖 12-10　探索開放資料的互動式 Leaflet 地圖（*https://oreil.ly/ZT8Ow*）

你可以啟用 Leaflet 來使用免費的 `esri-leaflet`（*https://oreil.ly/Ia-VB*）外掛，從 ArcGIS 伺服器擷取資料。來自 Socrata 的資料可以用 jQuery 的 `$.getJSON()` 函數來抓取，然後使用 `L.geoJSON()` 函數將它直接傳遞給 Leaflet。

要修改這個樣版來配合你的專案，請執行以下操作：

1. 到內含圖 12-10 地圖之程式碼的 GitHub 儲存庫（*https://oreil.ly/Ir0XH*），點按「Use this template」按鈕，將儲存庫複製到你自己的 GitHub 帳戶。

2. 所有資料都是從 *index.html* 的 `<script>` 標籤內的程式碼中擷取的。要從 Socrata 或其他 JSON /GeoJSON 端點抓資料，請使用適當的 URL 和圖示來修改以下的程式碼片段：

```
/*
  From Medicare's Socrata database, add general hospitals in North Dakota
  using simple filtering on the `state` column, and a GeoJSON endpoint.
  Each point is a custom .png icon with a tool tip containing hospital's name,
  city, and zip code.
*/
$.getJSON("https://data.medicare.gov/resource/xubh-q36u.geojson?state=ND",

  function(data) {

    var hospitals = L.geoJSON(data, {
      pointToLayer: function(feature, latlng) {
        return L.marker(latlng, {
          icon: L.icon({
            iconUrl: 'images/hospital.png',
            iconSize: [24, 24],
            iconAnchor: [12, 12],
            opacity: 0.5
          })
        }).bindTooltip(
          feature.properties.hospital_name
            + '<br>' + feature.properties.city
            + '<br>' + feature.properties.zip_code
        )
      }
    }).addTo(map)

  }

)
```

以下程式碼片段使用 esri-leaflet 外掛從 ArcGIS 伺服器擷取多邊形資料，並依照人口密度（儲存在每個要素或多邊形的 POP10_SQMI 變數中）製作一張熱度地圖圖層：

```
var counties = L.esri.featureLayer({
  url:'https://ndgishub.nd.gov/arcgis/rest/services\
/All_GovtBoundaries/MapServer/20',
  style: function(feature) {
    return {
      fillOpacity: 0.5,
      weight: 0.5,
      color: 'silver',
      fillColor: getDensityColor(feature.properties.POP10_SQMI)
    }
  }
}).addTo(map)
```

在這裡，getDensityColor() 函數會依據預定義的臨界值，對每一特定的值回傳一個顏色。在北達科他州的範例中，每平方英里超過一百人的人口密度被指定了最暗的紅色陰影，而密度為五位數或更少的人口則被指定了最淺的紅色：

```
var getDensityColor = function(d) {
  return d > 100  ? '#7a0177' :
         d > 50   ? '#c51b8a' :
         d > 20   ? '#f768a1' :
         d > 5    ? '#fbb4b9' :
                    '#feebe2'
}
```

雖然直接從來源資料庫中擷取資料很方便，但是請記住，這些資源是你無法控制的（除非你有管理權限）。資料變更通常不會有通知。舉例來說，如果資料集的所有者決定將人口密度欄位從 POP10_SQMI 重新命名為 Pop10_sqmi，你的地圖就會停止正確顯示值。資料集也可能移至其他域名或完全刪除，因此明智的做法是將備份檔案儲存在本地。

如果比起顯示資料集的最新版本，你更關心的是地圖長期的功能性，則可以考慮改用本地 GeoJSON 檔案來提供資料（但首先要確認資料許可證許可）。

總結

在本章中，我們介紹了 Leaflet 地圖樣版來解決常見地圖問題，例如使用可捲動介面來講述關於地點的故事、顯示來自 Socrata 等資料庫的點資料，以及製作熱圖來將高密度活動區域視覺化。

你可以將這些樣版當作啟動自己的地圖專案的基礎。Leaflet.js 的說明文件相當完整（*https://oreil.ly/ZjP2J*），我們建議你閱讀其教學（*https://oreil.ly/pPRJR*）以獲得更多啟發。

在下一章中，我們將討論地理空間資料，並介紹幾種可以轉換、製作和編輯地理空間檔案的工具。

第十三章

轉換你的地圖資料

在第 7 章中，我們介紹了由不同資料層組成的互動式網路地圖基本概念。使用者瀏覽互動式地圖時，通常會點按頂層圖層，此層呈現了點、多線段和多邊形的組合，放在以點陣或向量資料製作的一組無縫底圖圖磚上。無論你是使用拖放式工具（例如 Datawrapper）製作地圖（請參見第 193 頁的「用 Datawrapper 製作熱度地圖」），還是客製化 Leaflet 地圖程式碼樣版（請參見第 12 章），你可能都需要轉換資料才能使用這些類型的地圖圖層。

在本章中，我們將進一步探討地理空間資料及其不同格式，例如 GeoJSON，這是本書中最常用的開放標準格式（請參閱第 340 頁的「地理空間資料和 GeoJSON」）。你會在第 344 頁的「尋找 GeoJSON 邊界檔案」中學習如何從群眾外包的 OpenStreetMap 平台中，尋找和擷取這種格式的地理邊界檔案。我們會示範如何使用第 345 頁上的「用 GeoJson.io 進行繪圖和編輯」中的 GeoJson.io 工具來轉換或創造你自己的頂層地圖資料，以及如何使用第 350 頁的「用 Mapshaper 進行編輯和合併」中的 Mapshaper 工具，透過試算表資料來編輯這些圖層。你還將學習如何使用第 365 頁上的「用 Map Warper 進行地理對位」中的 Map Warper 工具，對高品質的靜態地圖影像進行地理對位，並將它轉換為互動式地圖圖磚。所有這些免費的線上地理資料工具都很容易上手，並且在許多情況下取代了對更昂貴或更複雜的地理資訊系統的需求，例如專有的 ArcGIS 和開源的 QGIS 桌面應用程式。

我們將在第 367 頁的「使用美國人口普查的批次地理編碼」和在第 368 頁的「將點樞軸轉換為多邊形資料」單元進行總結，介紹對大批地址資料進行地理編碼並將點透視資料轉換為多邊形資料的策略，讓這些資訊顯示在熱度地圖中。在本章結束時，你應該會更有信心悠遊穿梭在龐大的地理空間資料世界裡。

讓我們從地理空間資料的概述開始，並介紹各種檔案格式，以確保你已準備好製作、使用和共用地圖資料。

地理空間資料和 GeoJSON

讓我們來討論地理空間資料的基礎知識，以協助你進一步認識本章稍後將製作和編輯的地圖圖層。關於地理空間資料，第一件事就是，它是由兩個部分組成：**位置**和**屬性**。當你使用 Google 地圖搜尋餐廳時，你會在螢幕上看到一個紅色標記，該標記指向該餐廳的經度和緯度坐標，例如 `41.7620891, -72.6856295`。屬性包括其他資訊，例如餐廳名稱、對人類友善的街道地址，以及顧客評論等。所有的這些屬性為你的位置資料增加了價值。

其次，地理空間資料可以是**點陣的**，也可以是**向量的**，這是我們先前在第 162 頁的「地圖設計原則」中介紹的概念。在數位地圖中，點陣資料通常以衛星和航空影像出現，而且品質取決於拍攝時的相機的解析度。如果衛星攝像機的解析度為 1 公尺，影像就會以不同顏色組成的網格出現，每格單邊尺寸為 1 公尺。這些儲存格中的每一格，在我們的電腦螢幕上都會以顏色編碼的像素呈現。如果將點陣影像放大過度，由於原始影像的解析度限制，它可能會顯得模糊或像素化，如圖 13-1 所示。

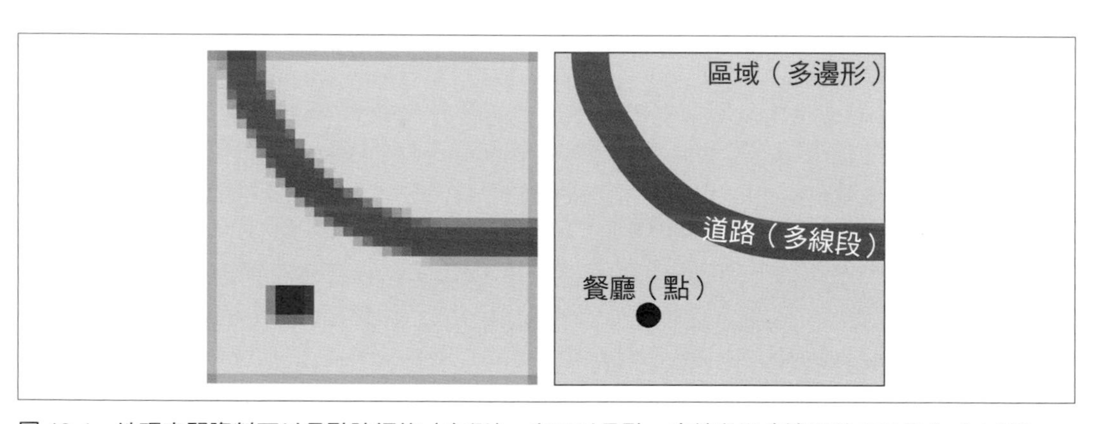

圖 13-1　地理空間資料可以是點陣網格（左側），也可以是點、多線段和多邊形的向量集合（右側）。

相較之下，向量資料通常在數位地圖中會以建築物、河流和區域出現。向量地圖來自人類或演算法從點陣衛星或航拍影像、記錄跑步，或徒步旅行的 GPS 追蹤器等設備或其他來源，來繪製而成的點、多線段和多邊形。例如，許多 OpenStreetMap（*https://oreil.ly/LC190*）都是由志願者製作的，他們從衛星影像描下物體的輪廓，任何人都可以註冊來協助擴充這張群眾外包的世界地圖。與點陣地圖不同的是，向量地圖在任何縮放層級都能保持清晰，因為每個點和線都是以緯度和經度坐標呈現，可以用精確的小數來表示。此外，雖然點陣資料通常限制為每個儲存格一個值（例如傳統衛星影像的顏色，或數位海拔模型中的海拔高度），但是向量資料可以內含每個物件的多種屬性（例如名稱、街道地址和評論）。此外，向量地圖檔案往往比點陣檔案小，這在製作和上傳地圖到網路上進行共用和顯示時，非常重要。

因為我們在本章的幾個單元中都將重點放在向量資料上，所以讓我們來看看一些最常見的向量檔案格式，從與我們推薦的工具 GeoJSON 最相容的格式開始。

GeoJSON

GeoJSON（*https://geojson.org*）是一種受歡迎的地圖資料格式，奠基於 2016 年創建的開放標準，副檔名是 *.geojson* 或 *.json*。以下程式碼片段呈現了 GeoJSON 格式的單個點，其緯度為 41.76，經度為 -72.67，name 屬性值為 `Hartford`：

```
{
  "type": "Feature",
  "geometry": {
    "type": "Point",
    "coordinates": [-72.67, 41.76]
  },
  "properties": {
    "name": "Hartford"
  }
}
```

除了上面顯示的 Point 特性類型外，GeoJSON 類型還有 `Line String`（也稱為線或折線）或 `Polygon`，這兩種類型都是以點的陣列來呈現。由於 GeoJSON 的簡單性和易讀性，它甚至可讓你用最簡單的文字編輯器來進行編輯，例如第 263 頁的「用 GitHub 桌面和 Atom 文字編輯器有效率地寫程式」中所述的 Atom 文字編輯器。

我們強烈建議你以 GeoJSON 格式製作和編輯地圖資料，本書推薦的地圖工具（例如 Datawrapper 和 Leaflet）以及其他數十種工具都支援此格式。在 GeoJSON 中儲存和共用你的地理空間資料，可確保其他人無需安裝龐大或昂貴的地理資訊系統（GIS）桌面應用程式便能夠使用該檔案。另一個好處是，你的 GitHub 儲存庫會自動顯示出 GeoJSON 檔案的地圖預覽，如圖 13-2 所示。

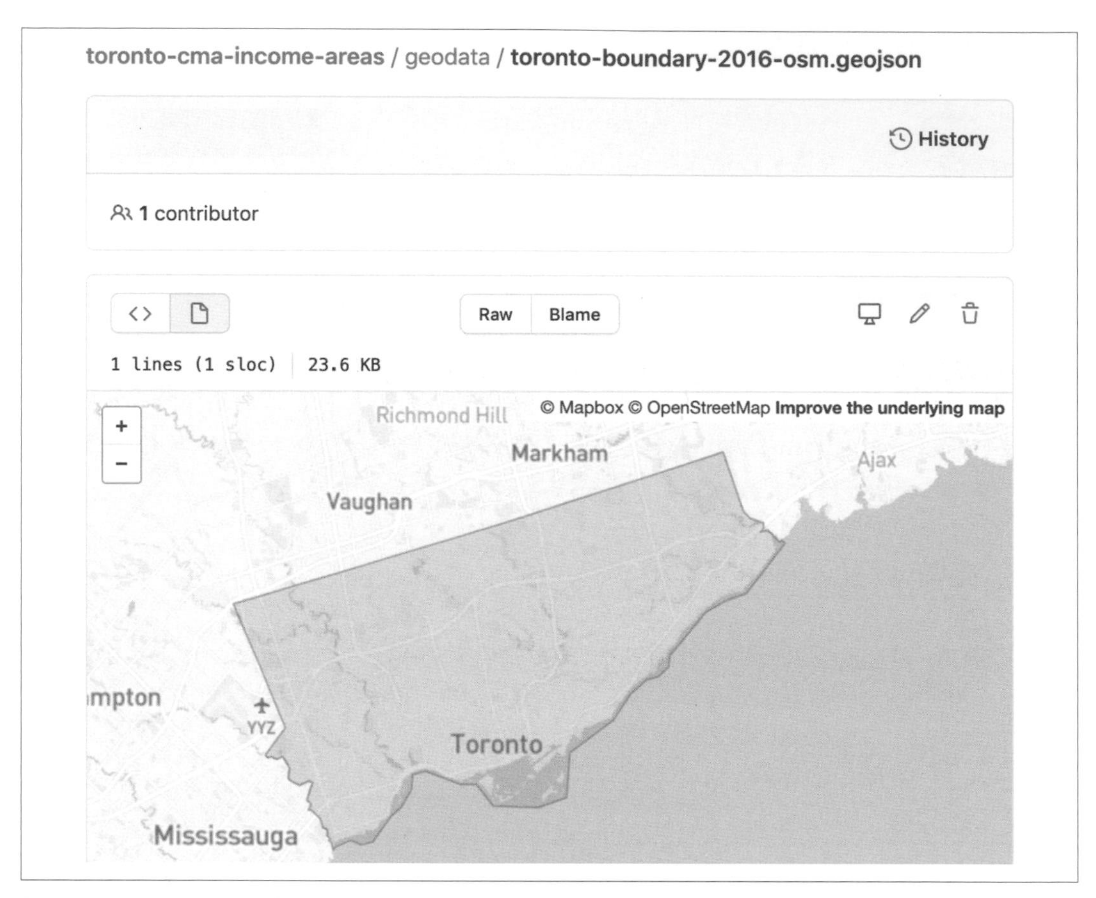

圖 13-2 GitHub 儲存庫會自動顯示出 GeoJSON 檔案的地圖預覽。

在 GeoJSON 格式中，坐標的順序是「經度 - 緯度」格式，與數學中的 X 和 Y 坐標相同。但這與 Google Maps 和部分線上地圖工具相反，後者的坐標值為「緯度 - 經度」格式。舉例來說，在 GeoJSON 格式下，康乃狄克州哈特福市位於 (–72.67, 41.76)，但在 Google 地圖中是 (41.76, –72.67)。這兩種沒有對錯，只要確認你知道是哪一個格式即可。Tom MacWright 製作了一個很棒的摘要表，列出了不同地理空間格式和技術的經 / 緯度順序（*https://oreil.ly/XRRjf*）。

現在你對 GeoJSON 地理空間檔案格式已有了基本認識，讓我們來將它和其他格式進行比較。

形狀檔案

形狀檔案（shapefile）格式是由開發 ArcGIS 軟體的公司 Esri 在 1990 年代創造的。形狀檔案通常以副檔名 *.shp*、*.shx* 和 *.dbf* 出現在一個檔案夾中，此檔案夾也可能被壓縮為 *.zip* 檔案。

政府機構通常會以形狀檔案格式發佈地圖資料。但是，用於編輯形狀檔案的標準工具（ArcGIS 及它免費的開源程式碼親戚 QGIS）並不像本書中的其他工具那樣容易學習。因此，我們建議盡可能將形狀檔案轉換成 GeoJSON 檔案，這個轉換可以透過 Mapshaper 工具來完成，如第 350 頁的「用 Mapshaper 進行編輯和合併」中所述。

GPS 交換格式

如果你曾經用 GPS 設備記錄過跑步或騎自行車的路徑，很可能最後拿到的是一個 *.gpx* 檔案。GPS 交換格式（GPS Exchange Format，GPX）是一種開放的標準，奠基於 XML 標記語言。與 GeoJSON 一樣，你可以在任何簡單的文字編輯器中檢視 GPX 檔案的內容。你很可能會看到 GPS 設備在那一段特定時間中所記錄的一組時間戳和緯度 / 經度坐標。你可以使用 GeoJson.io 工具將 GPX 轉換為 GeoJSON 格式，如第 345 頁的「用 GeoJson.io 進行繪圖和編輯」中所述。

鎖孔標記語言

由 Google Earth（*https://www.google.com/earth*）開發的鎖孔標記語言（Keyhole Markup language，KML）格式是在 2000 年代後期流行起來的，它是一種免費且使用者友善的工具，可以檢視和編輯二維和三維的地理資料。KML 檔案也用在 Google Fusion Tables 支援的地圖上，不過 Google 已於 2019 年末放棄了此工具（*https://killedbygoogle.com*）。你可以使用第 345 頁上的「用 GeoJson.io 進行繪圖和編輯」中所述的 GeoJson.io 工具將 KML 檔案轉換為 GeoJSON 格式。

有時 *.kml* 檔案會以壓縮的 *.kmz* 格式發佈。要學習如何轉檔，請參閱第 363 頁的「將壓縮的 KMZ 轉換為 KML」。

MapInfo 標籤

專有的 TAB 格式是由 Esri 的競爭對手 MapInfo 所創造和支援的，目的是與 MapInfo Pro GIS 軟體搭配使用。與 Esri 的形狀檔案相似，MapInfo TAB 檔案通常以副檔名 *.tab*，*.dat*，*.ind* 和其他檔出現在檔案夾中。不幸的是，你很可能需要 MapInfo Pro、QGIS 或 ArcGIS 才能將它們轉換為形狀檔案或 GeoJSON 格式。

我們僅提到了少數幾種最常見的地理空間檔案格式，此領域中還有許多鮮為人知的格式（*https://oreil.ly/KT0AO*）。請記住，GeoJSON 是用於**向量**資料的最佳且最常用的格式之一，我們強烈建議你以這種格式來儲存和分享點、多線段和多邊形資料。在下一單元中，我們將描述如何尋找世界各地的 GeoJSON 邊界檔案。

尋找 GeoJSON 邊界檔案

你可能正在搜尋 GeoJSON 格式的地理邊界檔案以便製作客製化地圖。例如第 193 頁上的「用 Datawrapper 製作熱度地圖」中描述的 Datawrapper 工具，和第 12 章中描述的 Leaflet 地圖程式碼樣版，都可讓你上傳自己的 GeoJSON 檔案。由於 GeoJSON 是開放式的資料標準，因此你可以在第 56 頁「開放式資料儲存庫」中所列出的幾個開放式資料儲存庫裡找到這些檔案。

尋找和下載 GeoJSON 檔案的另一種方法，是由 Hans Hack 開發的聰明工具 Gimme Geodata（*https://oreil.ly/1xM5b*），此工具可以快速存取 OpenStreetMap（*https://openstreetmap.org*）邊界檔案的多重圖層。開啟工具後，搜尋一個地點並點按地圖上的特定點，此工具會顯示出該點周圍已上傳到 OpenStreetMap 中的不同地理邊界的名稱和輪廓，你可以選取並以 GeoJSON 格式下載。舉例來說，當你搜尋並點按「Toronto Centre」（多倫多市中心）時，此工具將顯示幾個鄰里層級的邊界：舊的多倫多城界、現今的多倫多城界，以及區域和省邊界，如圖 13-3 所示。閱讀關於每個圖層的更多詳細資訊以評估其準確性，然後選擇一個圖層來以 GeoJSON 格式下載。此工具還包括了一個編輯器（剪刀符號），可從邊界檔案中刪除水域（例如，從多倫多地圖刪除安大略湖）。使用從 OpenStreetMap 下載的任何類型的資料時，請切記在最終產品標注來源，如下所示：©OpenStreetMap contributors[1]。

1 了解更多關於 OpenStreetMap 版權和許可政策的資訊（*https://oreil.ly/5eSzl*）。

圖 13-3　使用 Gimme Geodata 工具選擇一個點，然後從 OpenStreetMap 下載周圍的地理邊界。

現在你知道如何尋找地理資料了，讓我們來看看使用其他類型的資料來製作、轉換、編輯和合併 GeoJSON 檔案的免費線上工具。

用 GeoJson.io 進行繪圖和編輯

GeoJson.io（*https://geojson.io*）是一種受歡迎的開源網路工具，可轉換、編輯和製作 GeoJSON 檔案。此工具最初是由 Tom MacWright（*https://oreil.ly/KyP2E*）在 2013 年開發出來，並迅速成為地理空間從業人員的首選工具。

在本教學中，我們將示範如何將現有的 KML、GPX、TopoJSON 甚至具有緯度 / 經度資料的 CSV 檔案轉換為 GeoJSON 檔案。我們還會探討如何編輯屬性資料、新增特徵到 GeoJSON 檔案中，以及如何對衛星影像描圖，製作全新的地理資料。

將 KML、GPX 和其他格式轉換為 GeoJSON

打開 GeoJson.io 工具。你會在左側看到一個地圖，在右側看到一個 Table /JSON 屬性檢視區域。一開始時，它呈現的是一個空的特徵集合。請記住，特徵指的是點、多線段和多邊形。

將你的地理空間資料檔案拖曳到左側的地圖區域中。或者，你也可以從「Open」>「File」選單中匯入檔案。如果你沒有地理空間檔案，請以 KML 格式將多倫多社區樣本檔案（*https://oreil.ly/dv4nC*）下載到你的電腦，然後將它上傳到 GeoJson.io 工具中。這個簡化的 KML 範例檔案製作自 Toronto Open Data 入口網站（*https://oreil.ly/yIQvY*）。

如果 GeoJson.io 可以識別並匯入你的地理資料檔案，你會在左上角看到綠色的彈出訊息，顯示已匯入了多少特徵。例如，圖 13-4 顯示了它從多倫多鄰里範例 KML 檔案中匯入了 140 個特徵，這些多邊形都出現在地圖檢視圖的頂端。

圖 13-4　GeoJson.io 成功匯入了多倫多社區樣本 KML 檔案。

如果 GeoJson.io 無法匯入檔案，你會看到一個紅色彈出視窗顯示「Could not detect file type（無法偵測檔案類型）」。請改嘗試使用 Mapshaper 工具將檔案轉為 GeoJSON 格式，如第 350 頁的「用 Mapshaper 進行編輯和合併」所述。

要將轉換後的 GeoJSON 檔案下載到你的電腦，請到「Save」>「GeoJSON」。

GeoJson.io 工具會自動將下載的檔案命名為 *map.geojson*，因此請將檔案重新命名以避免混淆。

從 CSV 檔案製作 GeoJSON

GeoJson.io 可以將具有 *latitude*（或 *lat*）和 *longitude*（或 *lon*）欄的 CSV 試算表，轉換為點特徵的 GeoJSON 檔案。試算表中的每一行都會成為個別的點，而且除了「lat」和「lon」之外的所有欄，都會成為點特徵的屬性（*attribute* 或 *properties*）。對於本練習，你可以將多倫多位置範例 CSV 檔案（*https://oreil.ly/tVKJE*）下載到電腦，此檔案含有三行資料，如圖 13-5 所示。

	A	B	C	D
1	name	lat	lon	link
2	CN Tower	43.6425956	-79.38712307	http://www.cntower.ca/
3	Toronto Pearson International Airport	43.6777176	-79.6270137	http://www.torontopearson.com/
4	Royal Ontario Museum	43.667679	-79.394809	http://www.rom.on.ca/en
5				

圖 13-5　具有經 / 緯度欄的 CSV 試算表可以轉換為具有點特徵的 GeoJSON。

1. 在 GeoJson.io 工具中選擇「New」來清除上一個練習的資料，然後將多倫多位置範例 CSV 檔拖曳到此工具的地圖區域中。綠色彈出視窗會通知你三個特徵已成功匯入。

如果你在 GeoJson.io 中將新資料加到的現有資料中，它會將資料合併到一個檔案中，這在某些專案中可能會很有用。

2. 點按一個標記來檢視帶有點屬性的彈出視窗。如果你使用了多倫多位置範例檔案，那麼除了此工具的預設 *marker-color*、*marker-size* 和 *marker-symbol* 欄位外，你還會看到 *name* 和 *link* 功能。請注意，你可以在地圖視圖中編輯和刪除屬性。

3. 點按地圖右側的 *Table* 標籤來同時檢視所有資料，而非單個標記的彈出視窗。你可以在 Table 視圖和 JSON 程式碼視圖中編輯和刪除屬性。

4. 如果你編輯了地圖資料，請到「Save」>「GeoJSON」將檔案下載到電腦中，它會自動命名為 *map.geojson*，因此請將它重新命名以避免混淆。你也可以使用 GitHub 帳戶登入 GeoJson.io，並將它直接儲存到儲存庫中。

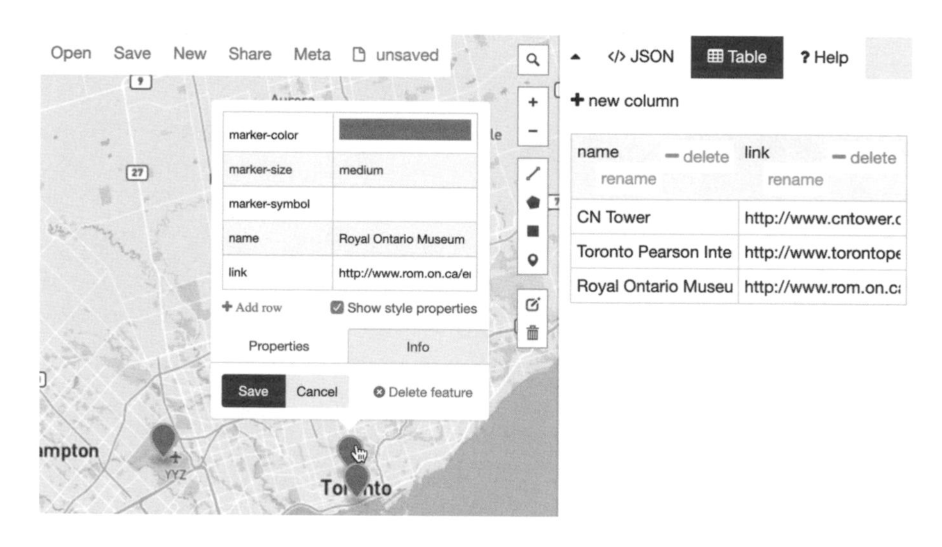

使用繪圖工具製作新的 GeoJSON 資料

使用 GeoJson.io，你可以透過簡單的繪圖工具在地圖上放置點、多線段或多邊形，製作全新的地理空間檔案。當你沒有原始檔案可使用時，這些功能很有用。讓我們來創造一些新資料：

1. 在 GeoJson.io 工具中點按「New」，清除先前練習中的資料。

2. 在左下角，從 Mapbox（向量圖磚）切換到 Satellite（點陣資料）。

3. 在地圖的右上角，使用 Search 工具尋找你有興趣的區域。在本練習中，我們要描製多倫多一個運動場周圍的地理位置。

4. 在工具欄中有四個繪圖工具可以選擇：線段（由線連結的一系列點，但不像多邊形是閉合的）、多邊形、矩形（僅是多邊形的一種）和點標記。

5. 選擇「Draw a marker」按鈕，然後點按地圖上的任意位置來放置它。你會看到一個灰色標記，現在已成為地圖的一部分。你可以互動式彈出視窗中修改其屬性，也可以將它刪除。

6. 選擇「Draw a polyline」按鈕，然後點按地圖上的多個位置，看一下出現的連結線段。線段通常用於道路和路徑。點按最後一點來完成並新增特徵。

7. 選擇「Draw a polygon」按鈕，它與繪製線段相似，唯一不同之處在於最終點必須與初始點相同位置，才能完成這個特徵。多邊形用來定義邊界，包括較小和較大的地理區域。

8. 使用「Edit layers」工具（在「Delete」上方），將標記移到更佳的位置，或調整特徵的形狀。

9. 製作好特徵及其物理邊界之後，請加上有意義的屬性資料。使用互動式彈出視窗或 Table 視圖來為特徵新增名稱和其他屬性。完成後，將 GeoJSON 檔案儲存到你的電腦。

你還可以使用繪圖工具來編輯現有的 GeoJSON 檔案。例如，如果你是從 CSV 檔案製作 GeoJSON 的，你可能會想要使用 Edit layers 來移動某些標記，而非修改其緯度和經度值。或者，你可能會想要描下衛星影像，使多邊形更加精確。

在下一單元中，我們將介紹 Mapshaper，這是另一種用來轉換和修改地理空間檔案的免費線上工具。

用 Mapshaper 進行編輯和合併

與 GeoJson.io 一樣，Mapshaper（*https://mapshaper.org*）是一個免費的開源程式碼編輯器，可以轉換地理空間檔案、編輯屬性資料、篩選和分解特徵、簡化邊界以縮小檔案等等。Mapshaper 的編輯和合併指令比 GeoJson.io 工具強大許多。與 GeoJson.io 不同的是，Mapshaper 沒有繪圖工具，因此你會無法從頭開始製作地理空間檔案。

Mapshaper 是由 Matthew Bloch 在 GitHub（*https://oreil.ly/hYTwc*）上開發和維護的。這個簡單易學的線上工具取代了許多從前需要昂貴且難以學習的 ArcGIS 軟體才能完成的地圖準備工作，或者免費但學習上仍具有挑戰性的表親 QGIS。即使是進階的 GIS 使用者，也可能會發現 Mapshaper 能夠替代某些常見但耗時的任務。

匯入、轉換和匯出地圖邊界檔案

你可以使用 Mapshaper 在地理空間檔案格式之間進行轉換。與 GeoJson.io 不同的是，Mapshaper 還可讓你上傳 Esri 形狀檔案，因此你可以輕鬆地將它們轉換為網路友善的 GeoJSON 格式。在下列步驟中，我們要轉換一個地理空間檔案，方法是將它匯入 Mapshaper，然後匯出為其他檔案類型：

1. 瀏覽至 Mapshaper.org。首頁有兩個大的拖放式區，可用於匯入檔案。底部較小的區域「Quick import」使用預設的匯入設定，是個開始的好方法。
2. 將你的地理空間檔案拖曳到「Quick import」區域。在本練習中，你可以下載我們的美國各州 Shapefile 之 *.zip* 格式（*https://oreil.ly/p_AwT*），這是一個壓縮的存檔，其中內含四個形狀檔案。

如果要匯入一整個形狀檔案的檔案夾，你需要 1. 選擇該檔案夾中的所有檔案，然後將它們全部拖曳到匯入區域，或者 2. 將所有檔案放在 *.zip* 壓縮檔中上傳。

3. 每個匯入的檔案都會變成一個圖層，並且可以從瀏覽器視窗中頂端的下拉選單中存取。在這裡，你可以檢視每個圖層有多少特徵、切換它們的可見度，或刪除它們。

4. 要匯出的話，請到右上角的「Export」選擇所需的檔案格式。匯出格式的選擇如下圖所示。目前可用格式為 Shapefile、GeoJSON、TopoJSON（類似 GeoJSON，但具有地形資料）、JSON 記錄、CSV 或 SVG（可縮放向量圖形，用在網路和印出）。如果你想一次匯出多個圖層，Mapshaper 會先將所有圖層存檔，然後讓你下載內含所有匯出圖層的 *output.zip*。

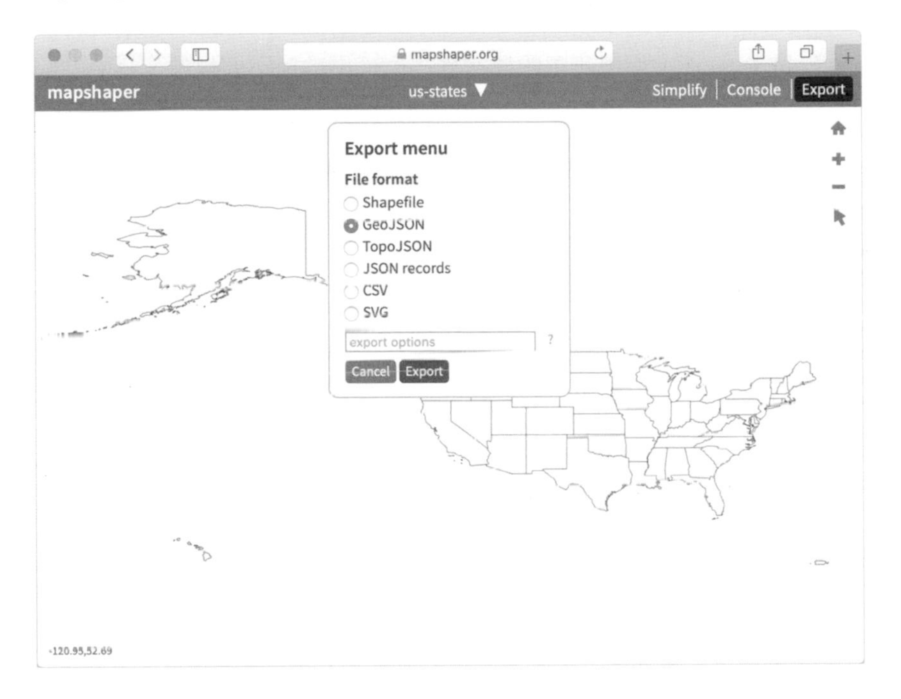

Mapshaper 不適用於 KML 或 KMZ 檔案，但是你可以使用 GeoJson.io 將這些檔案先轉換為 GeoJSON 格式，然後再上傳到 Mapshaper（請參見第 340 頁的「地理空間資料和 GeoJSON」）。

編輯特定多邊形的資料

你可以在 Mapshaper 中編輯各個多邊形（以及點和線）的屬性資料：

1. 匯入你想要編輯多邊形屬性的檔案。
2. 在「游標」工具下，選擇「edit attribute」。
3. 點按要編輯的多邊形。彈出視窗將出現在左上角，列出多邊形的所有屬性和值。
4. 點按任何值（藍色底線）並進行編輯。
5. 完成後，點按 Export 並選擇所需的檔案格式來匯出地理空間檔案。

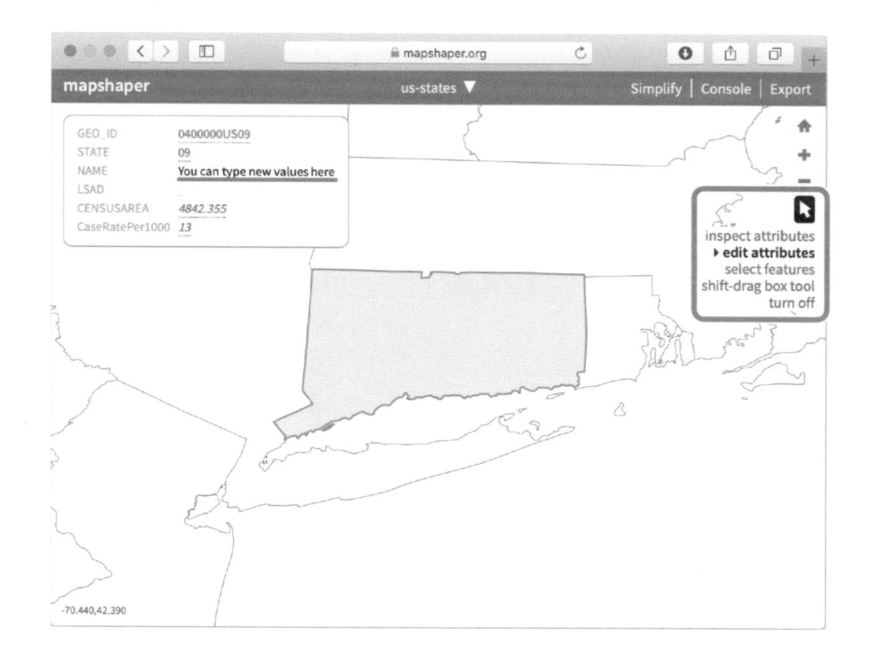

重新命名資料欄位

Mapshaper 最強大的工具，是頂端的 Console（控制台）按鈕，它會開啟一個視窗，讓你鍵入地圖編輯常見的指令。

有時，地圖特徵（例如點、多線段和多邊形）的屬性（資料欄位或欄）名稱較長或令人困惑。在 Mapshaper Console 中，你可以透過下列常用格式來鍵入重新命名的指令，輕鬆變更欄位名稱：

```
-rename-fields NewName=OldName
```

首先，在 Mapshaper 中選擇「inspect features」箭頭，然後將游標懸停在地圖特徵上以檢視其欄位名稱，然後點按「Console」來開啟控制台視窗，如圖 13-6。在此範例中，要將較長的欄位名稱（`STATE_TITLE`）變更為較短的欄位名稱（`name`），請在控制台中輸入以下指令：

```
-rename-fields name=STATE_TITLE
```

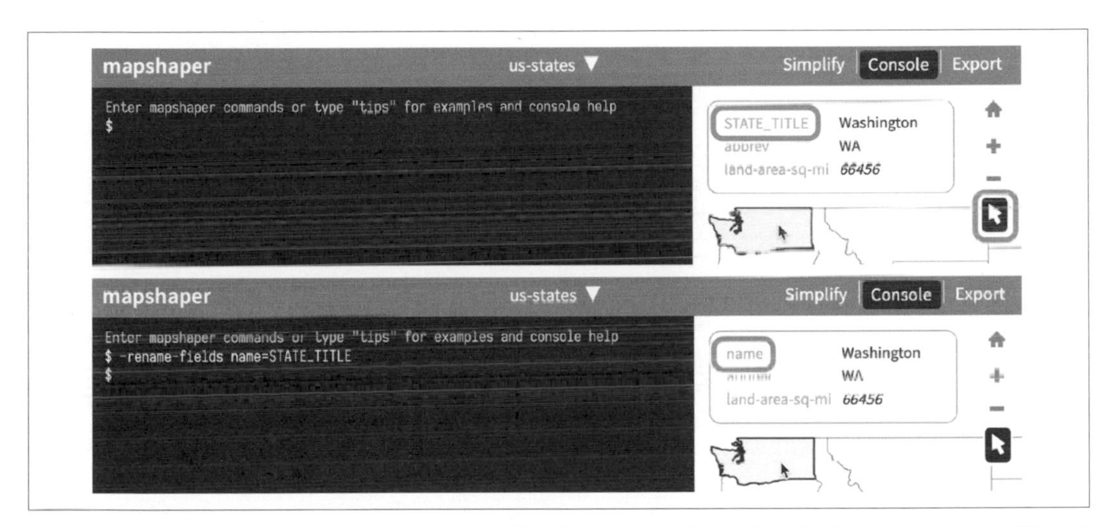

圖 13-6　選擇「Inspect features」箭頭來檢視欄位名稱，然後使用控制台中的 `-rename-fields` 指令重新命名。

刪除不需要的資料欄位

有時，地圖特徵會包含不需要的屬性，你可以使用 Mapshaper 控制台中的 `-filter-fields` 指令輕鬆地將其刪除。

舉例來說，以下指令將刪除 *town* 以外的所有欄位：

```
-filter-fields town
```

如果要保留多個欄位，請用逗號分隔它們，但不能使用空格，如下所示：

```
-filter-fields town,state
```

如果你在逗號後留一個空格，會得到一個「*Command expects a single value*」（指令只能使用單一值）的錯誤。

簡化地圖邊界以減少檔案大小

當你網路上尋找 GeoJSON 地圖時，它們可能內含詳細的邊界（尤其是在海岸線周圍），從而增加檔案大小，這可能會降低線上地圖的效能。由於那些縮小地理位置的資料視覺化專案，並不一定需要高度詳細的邊界，因此可考慮使用 Mapshaper 來簡化地圖邊界。產生的地圖會較不精細，但是在使用者瀏覽器中的載入速度較快。

要學習如何簡化地圖邊界，請看一下圖 13-7 所示的兩張美國本土地圖（也稱為「*下 48 州地圖*」，這是作者 Ilya 2018 年在阿拉斯加旅行時學到的術語）。地圖 (a) 較詳細，約 230 KB 大，而地圖 (b) 僅 37 KB，小了六倍！不過請注意不要過於簡化邊界，以免刪除重要特徵。

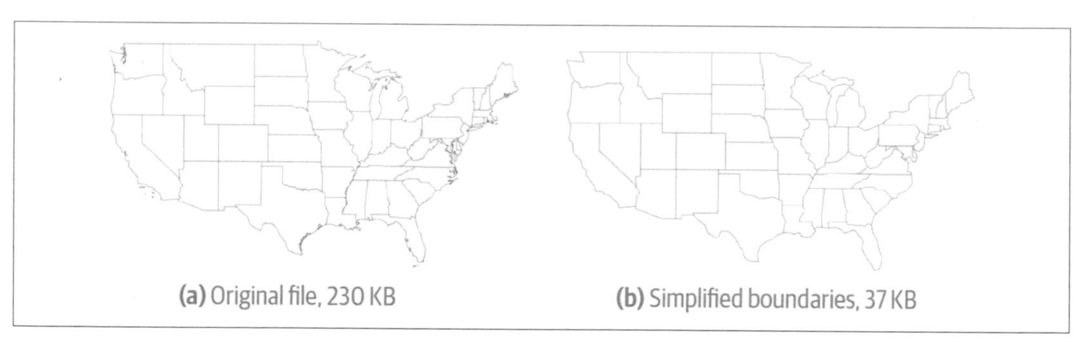

圖 13-7　考慮使用 Mapshaper 來簡化幾何形狀，以使你的網路地圖載入更快。

將地理檔案上傳到 Mapshaper 時，你可能需要變更其投影，以便與視覺化工具或相關地理資料對齊。打開控制台，然後鍵入 `-proj webmercator`（或 `-proj EPSG:3857`），將投影方式改為 Web Mercator（網路麥卡托），這是 Google Maps 和其他網路製圖工具常用的格式。

要簡化 Mapshaper 中的地圖邊界，請依照下列步驟操作：

1. 將地理資料檔案匯入 Mapshaper。你可以使用 GeoJSON 格式的範例美國本土地圖（*https://oreil.ly/KFTSF*）。
2. 點按右上角的「Simplify」按鈕。Simplification 選單會出現，你可以在其中選擇三種方法之一。我們建議勾選「prevent shape removal（防止形狀移除）」，並保留預設的「Visvalingam/weighted area（Visvalingam 簡化 / 加權區域）」。點按「Apply」。
3. 你會看到頂端有一個 `100%` 的滑桿，取代了圖層選擇下拉選單。將滑桿向右移動，就可以檢視地圖簡化後的形狀。停在你覺得地圖看起來合適（形狀仍可識別）的位置。

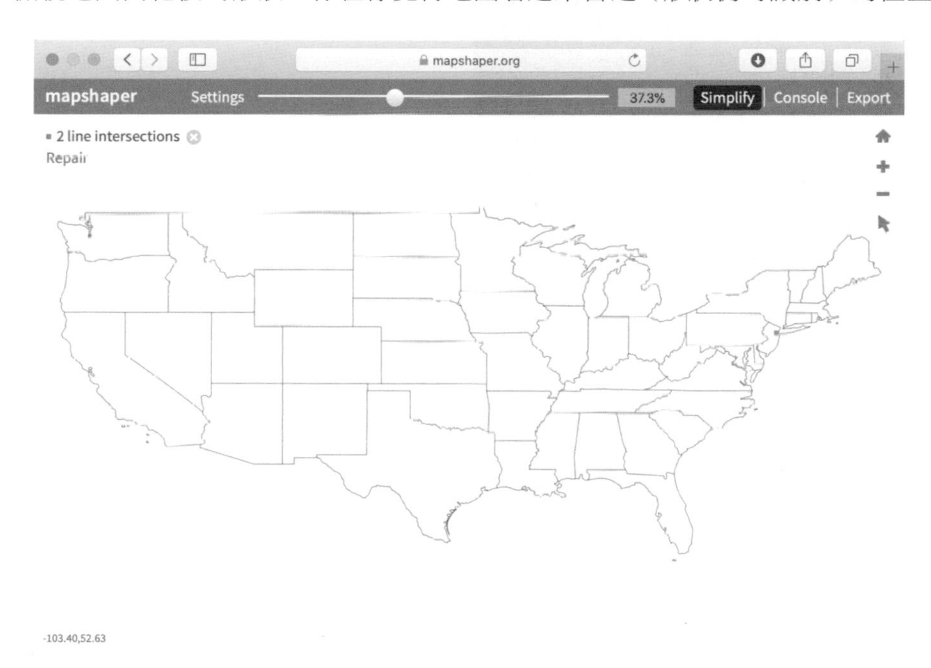

4. 在畫面左上角，Mapshaper 可能會建議修復線條相交處。點按「Repair」。
5. 現在你可以使用「Export」功能來匯出檔案。

溶解內部多邊形來製作輪廓圖

有一個常見的地圖編輯任務，是刪除內部邊界來製作輪廓圖。舉例來說，你可以在上一個練習中溶解美國地圖內的各州邊界，以獲得國土的輪廓，如圖 13-8 所示。

點按 Console，它會打開一個視窗讓你鍵入指令。完全依照下列輸入 `dissolve` 指令，然後按 Return 或 Enter 鍵：

```
-dissolve
```

你會看到內部邊界的顏色變淺了，這就是 Mapshaper 呈現內部邊界不再存在的方式。現在你可以匯出輪廓形狀了。

圖 13-8　Mapshaper 可溶解邊界以製作輪廓形狀。

裁剪地圖以比對輪廓圖層

另一個常見的地圖編輯任務，是「裁剪」大地圖的一小部分，僅取得所需的區域。例如，康乃狄克州由八個郡組成，而這些郡又被分為 169 個鎮。想像一下，你拿到所有 169 個城鎮的邊界檔案（*https://oreil.ly/N7O7f*）和哈特福市郡的輪廓（*https://oreil.ly/gVLOK*）。你需要裁剪原始的城鎮地圖，僅留下內含康乃狄克州特定部分的城鎮：哈特福市郡。

Mapshaper 可讓你使用一個簡單的 `-clip` 指令執行此操作：

1. 將兩個邊界檔案匯入 Mapshaper。一個是必須做裁剪的較大形狀（如果你使用樣本檔案來練習的話，那就是 *ct-towns* 檔），另一個是你想要的最終形狀（*hartfordcounty-outline*）。後者是 ArcGIS 所稱的「*clip feature*（剪輯功能）」。

2. 確認你正在使用的圖層是要裁剪的地圖（*ct-towns*）。
3. 到 *Console* 控制台中，鍵入 **`-clip`**，接著是你的圖層名稱，如下：

```
-clip hartfordcounty-outline
```

4. 你應該會看到使用中的圖層被裁剪了。有時候，邊界附近會留下一小片被剪裁的區域。如果是這種情況，請使用一個相關指令將它刪除，如下：

```
-clip hartfordcounty-outline -filter-slivers
```

5. 你的 Mapshaper 狀態應該看起來如圖所示。現在你可以使用「Export」按鈕將檔案儲存到電腦上。

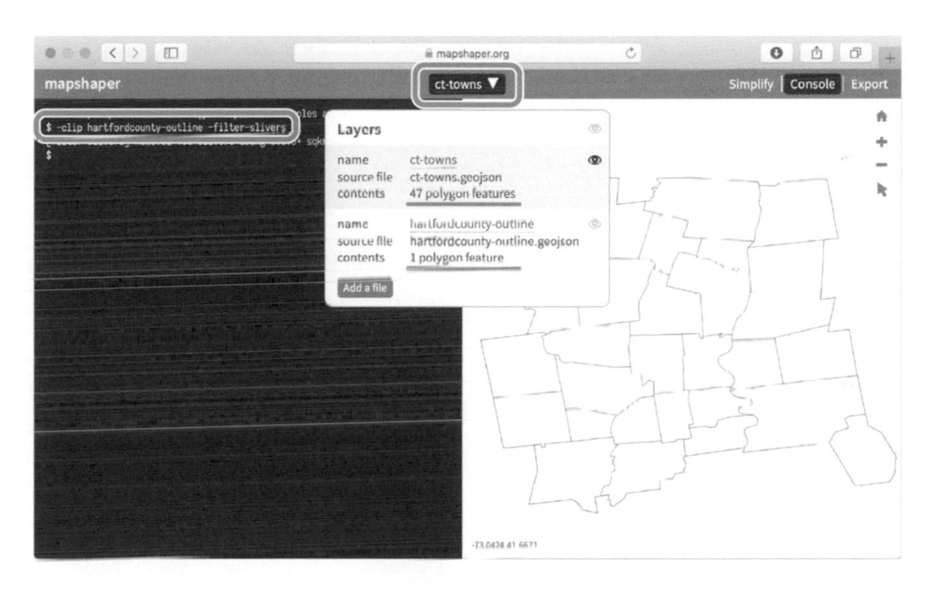

將試算表資料與多邊形地圖合併

將試算表資料與地理邊界合併，是資料視覺化中的常見任務。在本練習中，你將以 GeoJSON 格式下載這張康乃狄克州城鎮邊界地圖（*https://oreil.ly/N7O7f*），並以 CSV 格式下載此康乃狄克州城鎮人口資料（*https://oreil.ly/gVLOK*），接著將兩者合併，製作一張熱度地圖。

Mapshaper 提供了強大的 `-join` 指令來合併這些檔案。請記住，在兩個資料集中都需要一些共同關鍵字（例如 *town name*、*state* 或 *country*）才能將兩個檔案合併在一起。少了共同欄位，Mapshaper 無法知道哪些數字屬於哪些多邊形。

1. 使用 Quick import 框，將你之前下載的 GeoJSON 檔案和 CSV 檔案匯入 Mapshaper。
2. 確認兩個檔案都出現在圖層的下拉列表中。你的 CSV 資料會看起來像一個表格。使用「Cursor」>「inspect features」工具來確認資料匯入正確。如果你使用康乃狄克州資料樣本，請注意 *ct-towns* 圖層的 *name* 屬性有城鎮名稱，而 *ct-townspopdensity* 圖層中的 *town* 欄中有城鎮名稱。
3. 將你的地理空間層（*ct-towns*）設為目前（active）圖層。
4. 開啟 Console 控制台，然後輸入下列 `-join` 指令：

   ```
   -join ct-towns-popdensity keys=name,town
   ```

   在此指令中，`ct-towns-popdensity` 是你要合併的 CSV 層，而 `keys` 是要作為合併依據的屬性值。以我們的樣本資料來說，就是地圖檔 `name` 屬性儲存的城鎮名稱，以及 CSV 檔案的 `town` 欄。
5. 你會在控制台中看到一則訊息，通知 `join` 指令是否已成功執行，或 Mapshaper 是否遇到任何錯誤。
6. 使用「Cursor」>「inspect features」工具，確認你可以看到 CSV 欄變成多邊形的欄位。

7. 現在你可以點按 Export，將檔案儲存到電腦上。

為了避免混淆，請考慮在內含關鍵值的 CSV 資料上使用 `-rename-fields` 指令，來比對地圖的關鍵屬性名稱。在我們的範例中，首先對 CSV 檔案執行 `-rename-fields name=town`。將此 CSV 欄位重新命名為 `name` 可以避免第二步的混淆，因為你的合併指令會產生 `keys=name,name` 結尾。

使用 Mapshaper 計算多邊形中的點

Mapshaper 可讓你計算多邊形中的點，並使用 `-join` 指令將數字記錄在多邊形屬性中：

1. 將兩個 GeoJSON 檔案樣本下載到你的電腦上：要整合的點，例如美國的醫院點（*https://oreil.ly/Rjm3H*），以及多邊形邊界，例如美國的州邊界（*https:///oreil.ly/i3yg5*）。將兩者都匯入到 Mapshaper 中。

2. 從下拉選單中選擇 polygons（不是 points），將它設為目前（active）圖層。

3. 在 Console 控制台中，使用 `count()` 函數執行 `-join` 指令，如下所示：

```
-join hospitals-points calc='hospitals = count()' fields=
```

   這個指令要求 Mapshaper 對 *hospitals-points* 圖層內的點進行統計，並將它們記錄為多邊形的 *hospitals* 屬性。`Fields=` 的部分告訴 Mapshaper 不要複製這些點的任何欄位，因為在我們的範例中，我們要執行一對多的配對，也就是每個州有很多醫院。

4. 使用「Cursor」>「inspect features」工具，確認多邊形出現了記錄點數量的新欄位。

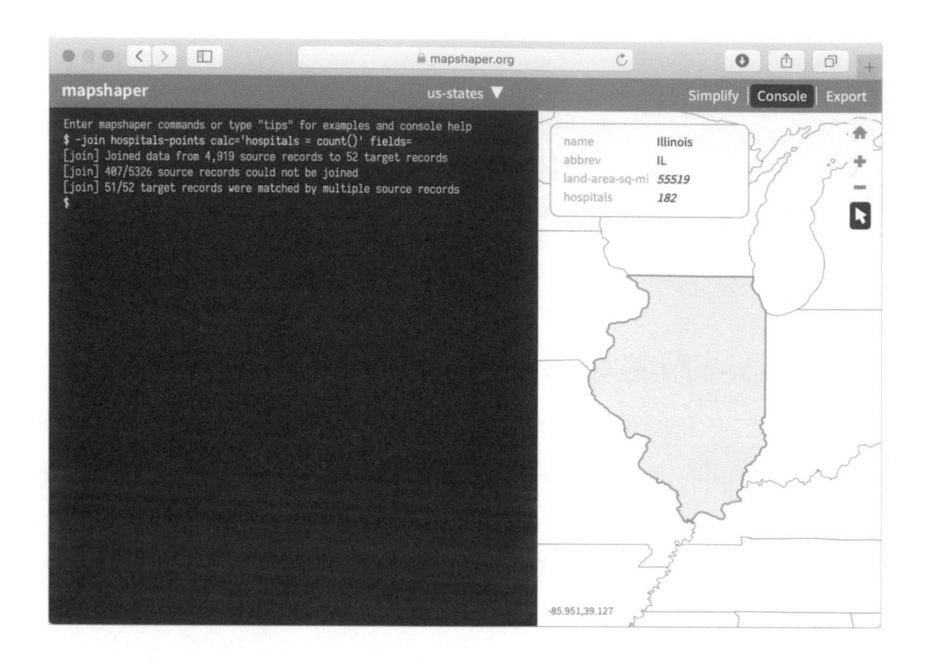

5. 使用 Export 按鈕儲存新檔案，然後選擇所需的輸出格式。在下一單元中，我們將討論未合併的物件會發生什麼事。

更多關於合併的資訊

在上一單元中，你無需指定**密鑰**即可將兩個地理圖層（點和多邊形）的位置合併在一起。但是，如果你要合併的檔案其中之一是 CSV 資料集，你就則需要**密鑰**了。

如果你沒有一組與邊界地圖資料中的欄相配對的 CSV 資料集，你可以輕鬆製作一組。將邊界地圖上傳到 Mapshaper，並以 CSV 格式匯出。使用任何試算表工具打開下載的 CSV 檔案。要比對 CSV 試算表中的資料欄，請使用 VLOOKUP 功能（請參見第 38 頁的「使用 VLOOKUP 比對資料欄」）。

在現實生活中，幾乎沒有一對一完美配對的檔案，因此你可能會想知道哪些特徵尚未配對，以便進行資料修復。Mapshaper 可幫助你追蹤未正確合併或配對的資料。例如，假如多邊形地圖內含 169 個特徵（康乃狄克州每個城鎮一個特徵），但是 CSV 表僅內含 168 行資料，則 Mapshaper 會將所有有配對關鍵字的特徵合併在一起，然後顯示下列訊息：

```
[join] Joined data from 168 source records to 168 target records
[join] 1/169 target records received no data
[join] 1/169 source records could not be joined
```

若需要更多關於哪些值未合併的細節，請在合併指令中加上 `unjoined unmatched -info` 警示，如下所示：

```
-join ct-towns-popdensity keys=name,town unjoined unmatched -info
```

`Unjoined` 警示會將來源表格中每筆未合併的紀錄，儲存到另一個名為「*unjoined*」的圖層中。`Unmatched` 警示會將目標表格中每一筆未配對的紀錄儲存到一個名為 *unmatched* 的新圖層。最後，`-info` 警示會將合併過程的一些其他資訊輸出到控制台。

使用 Join 和 Dissolve 指令合併選定的多邊形

在 Mapshaper 中，你可以使用 `-join` 和 `-dissolve` 指令將選定的多邊形合併為更大的群集。想像一下你受僱於康州公共衛生部門，你的任務是將 169 個城鎮劃分為 20 個公共衛生區（*https://oreil.ly/MaAnS*），並製作一個新的地理空間檔案。

首先你應該製作城鎮及公共衛生區的**對照表**（*crosswalk*），意思是以某種方式比對兩組資料，例如郵政編碼和城鎮所在的城鎮。在此案例中，對照表可以是兩欄的簡單 CSV 城鎮和所在區域列表，每個城鎮一行。因為你的上司沒有提供城鎮列表的試算表格式，只有一份有城鎮邊界的 GeoJSON 檔案，所以讓我們從中擷取城鎮列表：

1. 使用 Quick import 框將 *ct towns.geojson*（*https://oreil.ly/N7O7f*）匯入 Mapshaper。
2. 使用「Cursor」>「inspect features」工具，確認每個多邊形都有一個 name 屬性，儲存了該城鎮的名稱。
3. 使用 Export 按鈕將屬性資料另存為 CSV 檔案。在任何試算表工具中打開檔案。你會看到你的資料是一個單欄檔案，名為「*name*」的欄列出了 169 個城鎮。
4. 在試算表中，製作標題為「*merged*」的第二欄，並從「*name*」欄複製和貼上值。此刻，試算表有兩欄具有相同的值。
5. 選擇一些城鎮，例如 West Hartford 和 Bloomfield，然後將 *Bloomfield-West Hartford* 指派為「merged」欄。你可以在此處停下然繼續進行下一步，或者繼續為其他幾個鄰近城鎮指派地區名稱。

	A	B	C
1	name	merged	
2	Bloomfield	Bloomfield-West Hartford	
3	West Hartford	Bloomfield-West Hartford	
4	Bethel	Bethel	
5	Bridgeport	Bridgeport	
6	Brookfield	Brookfield	
7	Danbury	Danbury	
8	Darien	Darien	
9	Easton	Easton	
10	Fairfield	Fairfield	
11	Greenwich	Greenwich	

6. 將此新試算表檔案另存為 *ct-towns-merged.csv*，並將它拖曳到 *ct-towns* 層頂端的 Mapshaper 中。點按 Import。

7. 在 Mapshaper 中，名為 *ct-towns-merged* 的新 CSV 圖層將顯示為一系列表格儲存格。從下拉選單中，選擇 *ct-towns* 來回到你的地圖上。

8. 現在，你可以依據上傳的 CSV 檔案將某些城鎮合併為地區。打開 *Console* 控制台，然後鍵入 **`-join ct-towns-merged keys=name,name`** 以將 CSV 層與你在螢幕上看到的邊界圖層連結起來。接著依據 CSV 檔案的合併欄，鍵入 **`-dissolve merged`** 來溶解城鎮的多邊形。

   在我們的範例中，只有 Bloomfield 和 West Hartford 被合併為 Bloomfield-West Hartford 區域衛生區，兩者之間共用的邊界線變灰。所有其他多邊形保持不變。下圖是最終結果。

你可以使用「Cursor」>「inspect features」工具檢查多邊形的屬性資料，然後使用「Export」按鈕儲存結果檔案。

整體而言，Mapshaper 是一款功能強大的地理資料編輯工具，含有許多值得探索的指令。其中一些功能包括變更投影、使用 JavaScript 運算式篩選功能、依據值為多邊形指定顏色等。在 GitHub（*https://oreil.ly/MATMD*）上瀏覽 Mapshaper Wiki 來了解更多指令並檢視更多範例。

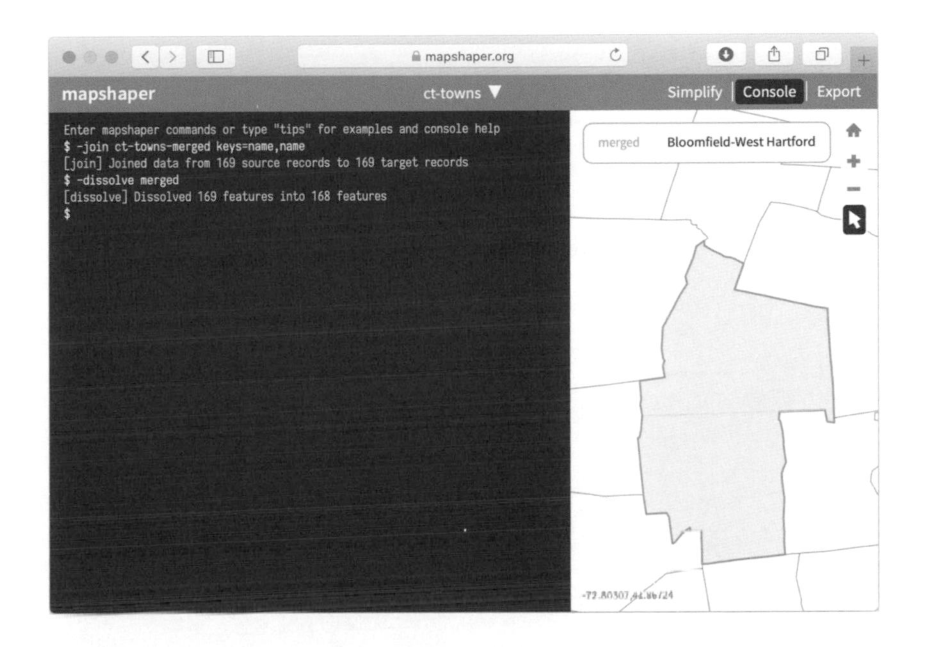

將壓縮的 KMZ 轉換為 KML

在前兩節中，我們示範了如何使用 GeoJson.io 工具和 Mapshaper 工具將地理空間檔案從一種格式轉換為另一種格式。但是，並非所有檔案類型都可以使用這些工具進行轉換。本單元將示範使用免費的 Google Earth Pro 桌面應用程式來轉換經常被要求的 *.kmz* 和 *.kml* 格式。KMZ 是 KML 檔案（Google Earth 的原生格式）的壓縮版本：

1. 下載並安裝適用於 Mac、Windows 或 Linux 的 Google Earth Pro（*https://oreil.ly/ivIRH*）桌面應用程式。

2. 在任一 *.kmz* 檔案上按兩下，在 Google Earth Pro 中將它開啟。或者先開啟 Google Earth Pro，然後到「File」>「Open」，然後選擇你的 KMZ 檔案。

3. 在 Places 選單下的 KMZ 層，點按滑鼠右鍵（或 Control- 點按），然後選擇「Save Place As...」。

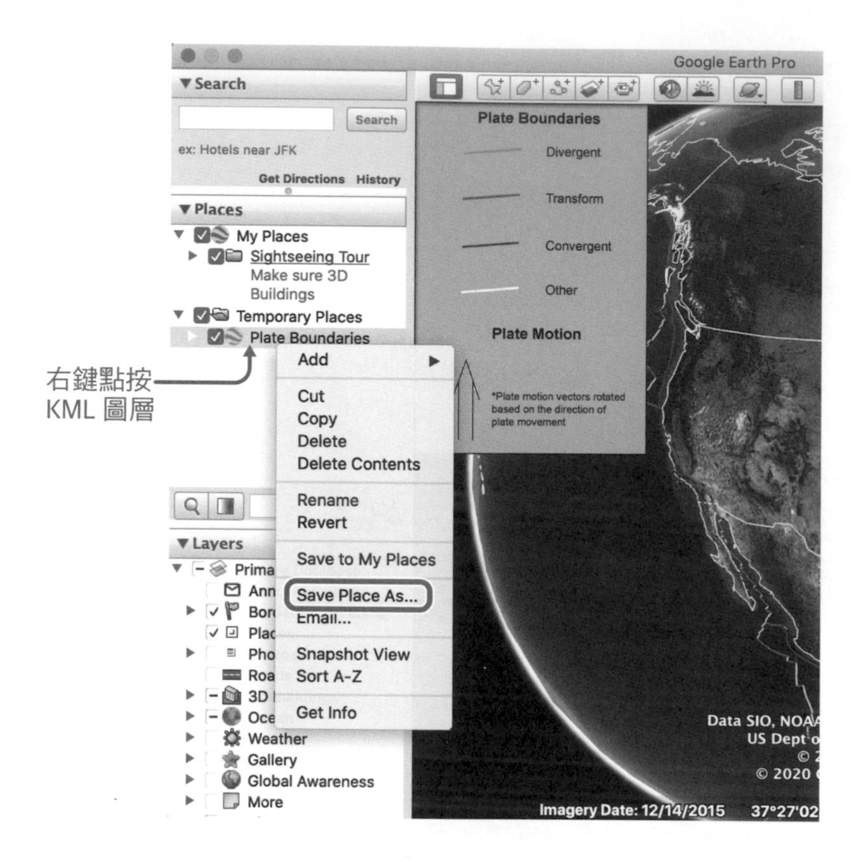

4. 在「Save file...」視窗的下拉選單中，選擇 KML 格式。

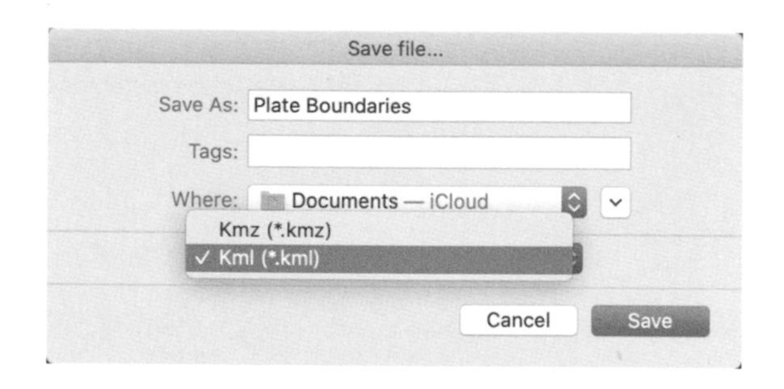

或者，你可以使用任何 zip 工具從 KMZ 中擷取 KML 檔案，因為 KMZ 只是 KML 檔案的壓縮版本。

用 Map Warper 進行地理對位

Map Warper（*https://mapwarper.net*）是由 Tim Waters 製作和託管的開源工具，允許使用者將掃描的地圖影像上傳並進行地理對位（georeference，也稱為 georectify 地理校正）。這代表將靜態地圖影像精確地對齊到當今的互動式地圖之上。舊的地圖影像在針對數位時代進行更新後，通常會出現變形。在你將地圖影像進行地理對位並將它託管在這個網站之後，有一個特殊連結可以將此點陣資料疊加在互動式地圖上，例如第 310 頁的「用 Google 試算表製作 Leaflet 故事圖」。任何人都可以在開發者的公開 Map Warper 網站上製作一個免費帳戶，以便上傳地圖並對它進行地理對位。請參閱紐約公立圖書館的數位地圖典藏（*http://maps.nypl.org*），看看組織團體如何使用此工具。

雖然 Map Warper 是一個很棒的開源平台，但它的服務可能不穩定。2020 年 7 月的更新中指出：「磁碟空間不足。兩年以上的地圖將需要重新變形才能運作。停機事件將再次發生。」我們建議使用者注意平台的局限性，也可以考慮捐款給開發者，使此開源專案持續下去。

跟隨下面這個簡短的教學，製作一張經過地理對位的疊加圖，此圖奠基於數位圖書館員 Erica Hayes 和 Mia Partlow（*https://oreil.ly/-YZdn*）的更詳細版本[2]：

1. 在 Map Warper 上製作一個免費帳戶。
2. 上傳一張高品質的影像或尚未進行地理對位的掃描地圖（例如紙本歷史地圖的影像），然後輸入 metadata 供其他人尋找。請遵循在公共領域合理使用版權或作品的準則。
3. 上傳影像後，在 Map Warper 介面中點按 Rectify，然後練習移動地圖。
4. 在歷史地圖視窗裡點按加上控制點，然後在現代地圖視窗中點按加上一個配對的控制點以對齊兩個影像。良好的控制點是在兩張地圖之間的時間段內未變更的穩定位置或地標。舉例來說，依據地圖的比例和歷史背景，主要城市、鐵軌或道路交叉口可能是對齊 1900 年代初至今天的地圖的一種好方法。

2 Erica Hayes and Mia Partlow, "Tutorial: Georeferencing and Displaying Historical Maps Using Map Warper and StoryMapJS" (Open Science Framework; OSF, November 20, 2020), *https://doi.org/10.17605/OSF.IO/7QD56*.

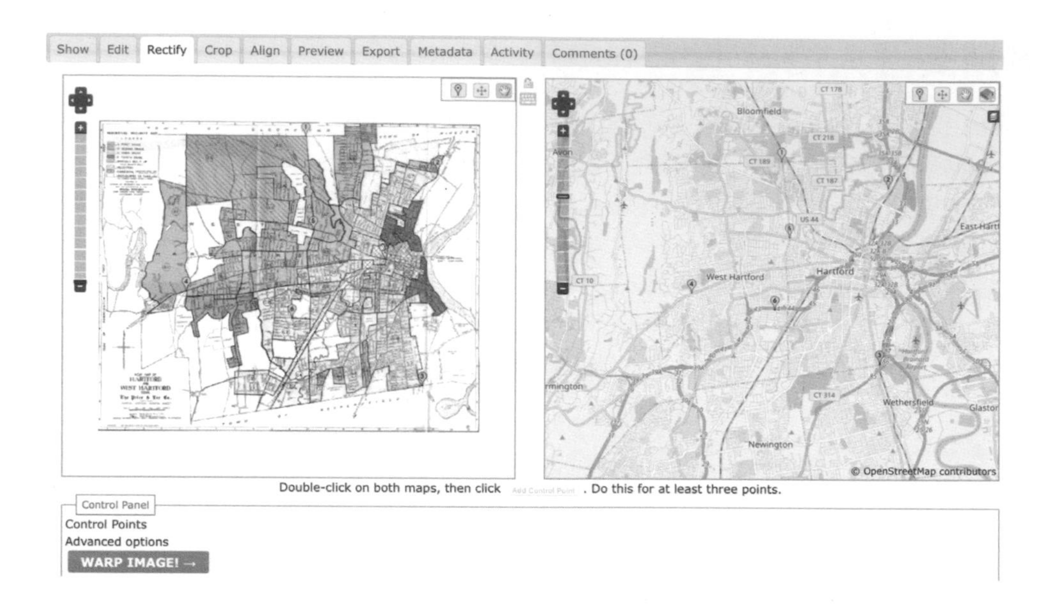

5. 加上至少四個或五個分散的控制點來比對兩張地圖。滿意之後，請點按頁面底部的 Warp Image 按鈕。Map Warper 會將靜態地圖影像轉換成一組地理對位的地圖圖磚，並顯示為現代地圖頂端的一個圖層。

6. 點按 Export，然後在「Map Services」下，複製以 Google/OpenStreetMap 格式顯示的 Tiles URL，類似：

```
https://mapwarper.net/maps/tile/14781/{z}/{x}/{y}.png
```

7. 你可以依照第 310 頁「用 Google 試算表製作 Leaflet 故事圖」中所述，將特殊的 Tiles URL 複製並貼到該單元的樣版中，或將其他格式的疊加圖顯示在網路地圖工具或程式碼樣版上。但是，如果將它貼到日常的網頁瀏覽器中，將無法正常運作。

你可以在 Map Warper（*https://mapwarper.net*）和 New York Public Library Map Warper（*http://maps.nypl.org/warper*）等平台上尋找已經過地理對位並轉換為圖磚的歷史地圖，或對於對齊地圖的群眾外包作出貢獻。

使用美國人口普查的批次地理編碼

在第 23 頁的「Google 試算表中的地理編碼地址」中，你學到了如何使用 SmartMonkey 這個 Google 試算表外掛來對地址進行地理編碼。地理編碼將街道地址轉換為可以放置在地圖上的經緯度坐標（例如將 *300 Summit St, Hartford CT, USA* 的地址轉為 *41.75,-72.69*）。雖然 Google 試算表的 SmartMonkey 地理編碼外掛對於中型的地址批次處理是適合的，但有時你需要更快速的地理編碼服務來處理較大型的工作。

若要一次對多達 10,000 筆美國地址進行地理編碼，最快方法之一就是使用 US Census Geocoder（美國人口普查地理編碼器，*https://oreil.ly/XY1_1*）。首先，製作一個含有五欄的 CSV 檔案。檔案不得內含標題行，並且需要整理成下列格式：

```
| 1 | 300 Summit St | Hartford | CT | 06106 |
| 2 | 1012 Broad St | Hartford | CT | 06106 |
```

- 欄 1：每個地址的唯一 ID，例如 1、2、3 等。雖然不一定要從 1 開始或以連續順序開頭，但這是最容易的。若要在大多數試算表中快速製作一欄連續數字，請輸入 1，選擇儲存格的右下角，按住 Option 或 Control 鍵，然後將滑鼠向下拖曳。
- 第 2 欄：街道地址。
- 第 3 欄：城市。
- 第 4 欄：州。
- 第 5 欄：郵政編碼。

雖然你的資料有可能會有缺少（例如郵政編碼或州），但地理編碼器可能仍能夠識別並對該位置進行地理編碼，但每行（地址）都絕對必須有唯一的 ID。

如果你的原始資料將地址、城市、州和郵政編碼合併成一個儲存格，請參閱第 72 頁「將資料拆分為個別的欄」。如果街道地址中內含公寓號碼，可以將它們保留。

接下來，將你的 CSV 檔案上傳到 US Census Geocoder（*https://oreil.ly/yHdH9*）。選擇「Find Locations Using... 」>「Address Batch」，然後選擇要上傳的檔案。選擇 *Public_AR_Current* 做為 benchmark 基準，然後點按「Get Results」。

在左側選單中，如果你想取得其他資訊（例如每個地址的 GeoID），則可以從「Find Locations」切換到「Find Geographies」。美國人口普查會為每個地點指派一個唯一的 15 位數 GeoID，以及一個樣本（例如 `090035245022001`），這是由州（09）、郡（003）、普查區（524502，或更傳統的 5245.02）、普查區組（2）和普查區（001）所組成。

片刻之後，此工具將回傳一個名為 *GeocodeResults.csv* 的檔案，其中包含經過地理編碼的結果。較大的檔案通常需要更長的時間。儲存此檔案，並用你喜歡的試算表工具來檢查它。它產生的檔案是一個 8 欄 CSV 檔案，有原始 ID 和地址、比對類型（精確、不精確、並列或無配對），以及緯度經度坐標。***並列***（*tie*）代表你的地址可能有多個結果。要檢視出現「並列」之地址的所有可能配對項目，請使用左側選單中的「One Line」或「Address」工具並搜尋該地址。

如果你看到一些無配對的地址，請使用試算表的篩選功能來篩選出這些無配對的地址，然後手動更正它們，另存為單獨的 CSV 檔案，然後重新上傳。US Census Geocoder 並無使用次數限制，只要單一檔案不超過 10,000 筆記錄即可。

要了解關於此服務的更多資訊，請閱讀 US Census Geocoder 的說明文件（*https://oreil.ly/Vio89*）。

如果由於某種原因你無法對地址層級的資料進行地理編碼，但需要產生一些地圖輸出，則可以使用資料透視 / 樞紐分析表來取得特定區域（例如城鎮或州）的點之數量統計。在下一單元中，我們要來看看美國的醫院地址，以及如何使用資料透視表依據州別對它們進行統計。

將點樞軸轉換為多邊形資料

在處理地理資料時，你可能會遇到這樣的狀況：你需要將地址列表依照區域來統計（彙整），並顯示為多邊形地圖。在這種情況下，試算表中的簡單資料透視 / 樞紐分析表可以解決此問題。

多邊形地圖的一種特殊情況是熱度地圖，它以特定方式著色的多邊形來呈現背後的值。大部分多邊形地圖最終都會變成熱度地圖。

讓我們來看一下在美國聯邦醫療保險中註冊的所有醫院的列表（*https://oreil.ly/2ZWWd*），此列表由 Medicare 和 Medicaid Services 中心提供。此資料集內含關於每家醫院的名稱、位置（詳細分為地址、城市、州和郵政編碼欄）、電話號碼，以及一些其他指標（例如死亡率和病患就醫經驗）等資訊。

想像你被要求製作一張美國各州醫院總數的熱度地圖。你不希望將各個醫院顯示為點，而是希望使用較深的藍色陰影來表示有較多醫院的州（請參見圖 13-9）。

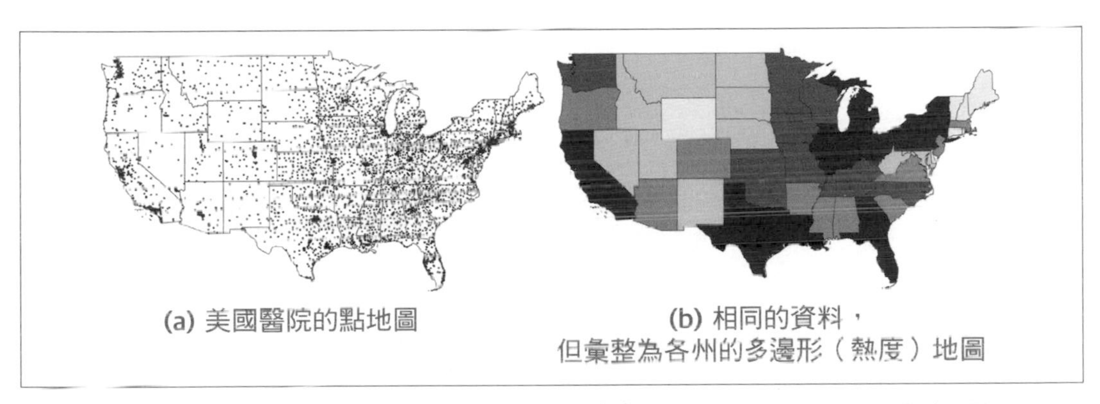

圖 13-9　你可以依照州（或其他地區）對地址進行統計來產生多邊形或熱度地圖，而非點地圖。

首先，點按表右側的「Download this dataset」按鈕，將資料庫儲存到本地電腦中（請參見圖 13-10）。

接下來，使用你偏好的試算表工具中打開檔案。如果你使用 Google 試算表，請使用「File」>「Import」>「Upload」來匯入 CSV 資料。確認你的地址欄存在，然後接著製作資料透視表（在 Google 試算表中，到「Data」>「 Pivot table」，確認整個資料範圍都選取起來了，然後點按「Create」）。在資料透視表中，將「Rows」設定為「*State*」，因為我們希望依照州別進行統計。接下來，將資料透視表的「Value」設定為「*State*」（或任何沒有缺失值的其他欄都可以），然後選擇「Summarize by：COUNTA」。完成！

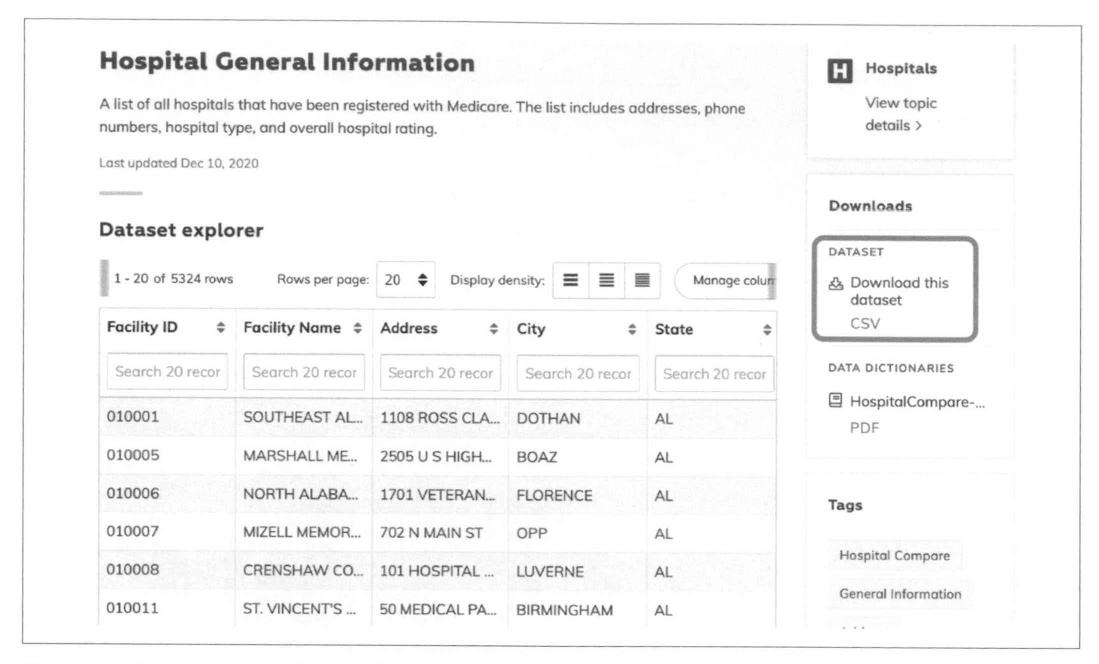

圖 13-10　在 Socrata 中，你可以將整個資料集匯出為 CSV。

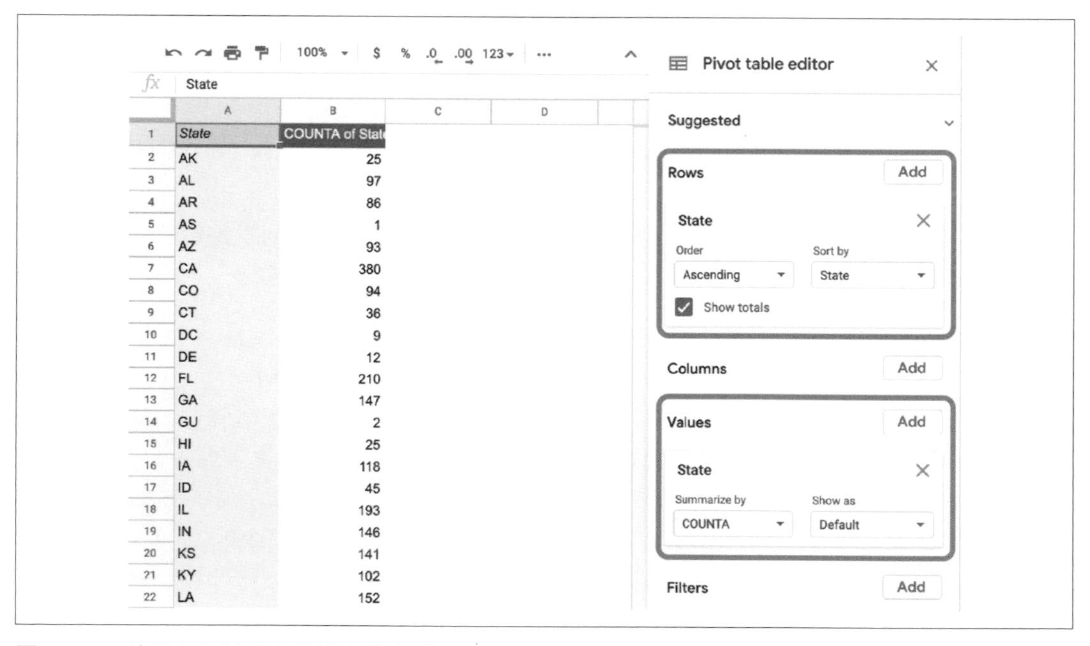

圖 13-11　使用任何試算表軟體中的資料透視 / 樞紐分析表來統計每個區域（例如州、郡或郵政編碼）的地址。

你的彙整資料集已準備就緒了，因此請將它另存為 CSV。如果你使用 Google 試算表，請到「File」>「Download」>「Comma-separated values (*.csv*, current sheet)」現在，你可以使用 GeoJson.io 的編輯功能將此資料集與多邊形手動合併，或者使用功能強大的 Mapshaper 一次全部合併。

總結

在本章中，我們深入探討了地理空間資料和 GeoJSON 格式。你也學到了如何使用各種開源程式碼工具尋找地理資料、轉換和製作向量資料，以及使用試算表資料來編輯這些圖層並將它們合併在一起。你也將歷史點陣地圖影像透過地理對位方式對齊至現代地圖上。最後，你學到了一些其他策略，以便對大批美國地址進行地理編碼，並將點級資料轉換為多邊形，以供在熱度地圖中使用。

在下一章中，我們將討論如何偵測謊言，並減少圖表和地圖中的偏誤，從而使你成為更重要的視覺化消費者，以及更好的資料故事講者。

第IV部

講述真實、有意義的故事

第十四章

測謊和降低偏誤

資料視覺化的目標是將資訊編碼成為影像，捕捉真實而有見地的故事。但是我們也曾警告過，要留意那些用視覺化來說謊的人。回顧一下本書簡介中的收入不平等範例，我們刻意操縱了圖 I-1 和 I-2 中的圖表，以及圖 I-3 和 I-4 中的地圖，來示範如何將相同的資料重新佈置以描繪出非常不同的現實樣貌。這是否代表所有資料視覺化都同樣有效力？當然不是。經過仔細研究，我們認為這兩張關於美國收入不平等的圖表的第二張具有**誤導性**，因為它刻意使用了不適當的尺度來掩蓋事實。我們也斷定，雖然美國的顏色看起來比其他國家深（暗示不平等程度更高），這兩張世界地圖都是**同樣真實的**。

兩份不同的視覺化效果怎麼能夠一樣正確呢？我們的回答可能與那些偏好稱自己的工作為「資料科學」的人相衝突，「資料科學」的標籤暗示他們的客觀世界裡只有一個正確答案。相反的，我們認為最好將資料視覺化理解為一種仰賴證據的**解讀技能**，但其中存在可能不止一種的現實描述。假如你還記得，我們的領域對於「資料視覺化的禁止做法」只有幾條明確的規則，我們在第 103 頁的「圖表設計原則」和第 162 頁的「地圖設計原則」中介紹了這些規則。我們認為，視覺化並非黑白對錯的二元世界，而是劃分成三類：錯誤、誤導和真實。

如果視覺化錯誤地陳述了證據或違反了這些嚴格的設計規則之一，那就是**錯誤的**。舉例來說，如果條形圖或柱形圖以零以外的數字做為開頭，那是錯誤的，因為這些類型的圖表透過**長度**或**高度**來呈現值，如果基線被截短了，讀者便無法判定這些值。同樣的，如果圓餅圖的切片加起來超過 100%，那也是錯的，因為讀者無法準確地解讀該圖，因此也是錯誤地呈現資料。

如果視覺化在技術上遵循設計規則，但不合理地隱藏或扭曲相關資料的外觀，也會產生**誤導**。我們承認，「不合理」是主觀判斷的，但是我們會在本章中檢視幾個範例，例如使用不合適的尺度，或扭曲寬高比例。在**錯誤**和**真實**之間插入這個類別，強調出圖表和地圖如何能夠在準確顯示資料並遵守設計規則的同時，又誤導我們偏離真實，就像魔術師知道如何透過高超手法來誤導觀眾一樣。

如果視覺化顯示出準確的資料並遵循設計規則，那就是**真實的**。雖然如此，這個類別中的品質範圍還是很廣。在觀看兩個同樣有效的視覺化時，有時我們會說其中一個**優於**另一個，因為它闡明了一個我們尚未認識到的、有意義的資料模式。或者我們會說其中一個比較好，是因為相較之下，它描繪這些模式的方式更美觀，或者墨水更少、更簡潔。無論如何，我們的目標是真實的視覺化，並且偏向於品質更好的那一端。

在本章中，你會學到如何分辨三種類別的差異。提高偵謊技術的最佳方法，是透過實地操作第 376 頁的「如何用圖表說謊」和第 387 頁的「如何用地圖說謊」的「資料詐欺術教學」。先做賊才能喊抓賊。學習**如何說謊**，不僅使別人更難誤導你，而且還讓你更深刻地了解到我們在設計「說真話的視覺化」時所做出的道德決定，同時明白到通往目標的途徑不只一條。最後，我們將討論如何辨識和減少四種常見的資料偏誤類別（採樣、認知、演算法和群體）以及空間偏誤（第 392 頁的「辨別並減少資料偏誤」和第 396 頁的「辨識並減少空間偏誤」）。雖然我們可能無法完全消除偏誤，但你會學到如何辨識出其他人在工作中的偏誤，以減少你自己的[1]。

如何用圖表說謊

在本單元中，你會學到如何避免被誤導性的圖表迷惑，以及如何透過刻意操縱相同的資料來講述相反的故事，使自己的圖表更加誠實。首先，你要**誇大**柱狀圖中的細微差異，讓差異看起來更大。接下來，你要**降低**折線圖中的成長率，讓它看起來更平緩。綜合起來，這些教學會讓你學到在閱讀其他人的圖表時要注意的關鍵細節，例如縱軸和寬高比。矛盾的是，透過示範**如何說謊**，我們的目標是教你**說實話**，並更仔細地思考設計資料故事時的道德準則。

1　「如何說謊」的教學靈感來自下列資料視覺化方面的出色作品：Cairo, The Truthful Art, 2016; Cairo, How Charts Lie, 2019; Darrell Huff, How to Lie with Statistics (W.W. Norton & Company, 1954); Mark Monmonier, How to Lie with Maps, 3rd edition (University of Chicago Press, 2018); Nathan Yau, "How to Spot Visualization Lies" (FlowingData, February 9, 2017), *https://oreil.ly/o9PLq*; NASA Jet Propulsion Laboratory (JPL), "Educator Guide: Graphing Global Temperature Trends," 2017, *https://oreil.ly/Gw-6z*。

圖表中的誇大變化

首先我們要檢視關於經濟的資料，這是經常受到政客扭曲以偏向自己觀點的話題。國內生產總值（GDP）衡量了一個國家生產的最終商品和服務之市場價值，許多經濟學家認為這是經濟健康的主要指標[2]。我們從美聯儲開放式資料儲存庫中下載了美國 GDP 資料（*https://oreil.ly/0n9E1*），以十億美元為單位。這份指南每季出版一次，並進行季節性調整，以便比較在一年當中有變化的行業，例如夏季農業和旅遊業，以及冬季的節慶購物。你的任務是製作一張欺騙性的柱狀圖，將細微的差異**誇大化**，使它們在讀者眼中顯得更大。

1. 在 Google 試算表中打開美國 GDP 2019 年年中資料（*https://oreil.ly/3chLY*），然後到「File」>「Make a copy」以製作一個副本，以便在自己的 Google 雲端硬碟中進行編輯。我們將在 Google 試算表中製作圖表，但如果你想要的話也可以下載資料，然後在其他圖表工具中使用。

2. 檢查資料並閱讀注釋。為了簡化此範例，我們僅顯示兩個數字：第二季（2019 年 4 月至 6 月）和第三季（2019 年 7 月至 9 月）的美國 GDP。第二季約為 21.5 萬億美元，第三季略有增加，為 21.7 萬億美元。換句話說，季度 GDP 成長不到 1%，我們採用這種方式進行了計算：`(21747 - 21540)/21540 = 0.0096 = 0.96%`。

3. 使用**預設值**在同一個工作表上製作 Google 試算表柱形圖，不過我們絕不會盲目地接受它們是真相的最佳呈現。在 *data* 表中，選擇兩欄，然後到「Insert」>「Chart」，正如你在第 114 頁的「Google 試算表圖表」單元中學到的。此工具應能夠識別你的資料，並自動產生一張柱形圖，如左側所示。

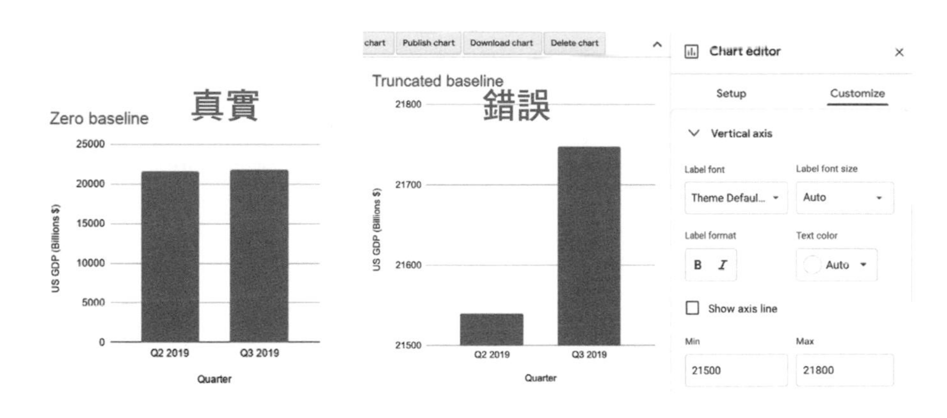

2 請注意，並非所有人都同意這一點，因為 GDP 並未將無薪家庭勞動（例如照顧孩子）算在內，也未考慮財富在一個國家人口中的分配。

在這個預設的檢視中，縱軸的基線為零，對於讀者來說，$ 21.5 萬億和 $ 21.7 萬億之間的差別相對較小。

4. **截短縱軸來誇大差異**。捨棄零基線吧，讓我們來操縱尺度，使 GDP 的 1% 變化看起來更大。點按三點選單，打開「Chart editor」，然後選擇「Customize」。向下捲動到縱軸設定，並將最小值從 0（零基線）變更為 21,500 來縮短尺度，並將最大值變更為 21,800，如上圖的右側所示。

   雖然資料保持不變，但是在我們眼中，圖表中兩欄之間的細微差別現在看起來要大得多。只有仔細閱讀圖表的人才會注意到這個詭計。倡導經濟成長的政治候選人將會感謝你！

如你所見，截短基線的圖表是**錯誤的**，因為它違反了第 103 頁上的「圖表設計原則」中關於圖表設計的基本規則之一。柱形圖（和條形圖）**必須**從零基線開始，因為它們使用**高度**（和**長度**）來呈現值。除非兩個柱形都是從零基線開始，否則讀者無法判斷一欄的高度是否為另一欄的兩倍。相比之下，基線為零的預設值圖表便是真實的。讓我們繼續來看另一個規則不那麼清楚的例子。

淡化圖表的變化

接下來，我們將研究關於氣候變化的資料，這是我們在地球上面臨的最急迫的問題之一，但否認主義者仍然抗拒現實，而且其中一些人會歪曲事實。在本教學中，我們將研究從美國太空總署（NASA）（*https://oreil.ly/1kASv*）下載的 1880 年至今的全球溫度資料。它顯示過去 50 年來，全球平均溫度上升了約 1 攝氏度（或約 2 華氏度），這樣的暖化已經開始引起冰川融化和海平面上升。你的任務是製作**誤導性**的折線圖，以**降低**讀者眼中全球溫度上升的趨勢[3]：

1. 在 Google 試算表中打開 1880–2019 年全球溫度變化資料（*https://oreil.ly/D-AK1*），然後到「File」>「Make a copy」製作一個副本，以便在你自己的 Google 雲端硬碟中進行編輯。

3 關於誤導性氣候變化資料的教學，靈感來自 NASA 噴氣推進實驗室（JPL）舉辦的一次高中課堂活動，以及 Alberto Cairo 針對氣候變遷否認主義者之圖表的分析。NASA JPL; Cairo, *How Charts Lie*, 2019, pp. 65–67, 135–141。

2. 檢查資料並閱讀注釋。溫度變化是指全球陸地 - 海洋表面平均溫度，以攝氏度為單位，是依據全球各地的許多樣本估計的，相對於 1951-1980 年的溫度約為 14°C（或 57°F）。換言之，2019 年的 0.98 值，代表該年的全球溫度比正常程度高約 1°C。科學家依據 NASA 和美國國家氣象局（National Weather Service）的標準，將 1951–1980 年定義為「正常」時期。在那段時間長大的成年人可能還記得這種「正常」狀態。雖然還有其他方法可以測量溫度變化，但來自 NASA 的戈達德太空研究所（NASA / GISS）的資料通常與美國氣候研究部門（*https://oreil.ly/_dXSb*）和美國國家海洋和大氣管理局（*https://oreil.ly/TxZkD*）的其他科學家所彙整的資料一致。

3. 選取 *data* 工作表中的兩欄，然後選擇「Insert」>「Chart」，製作一張 Google 試算表折線圖。此工具應該能夠識別你的時間序列資料，並產生**預設**折線圖，不過我們絕不會盲目地將它視作最佳的真相呈現。點按三點選單，開啟「Chart editor」，然後選擇 Customize。使用注釋加上更好的標題和縱軸標籤，以註明來源以及溫度變化是如何測量的。

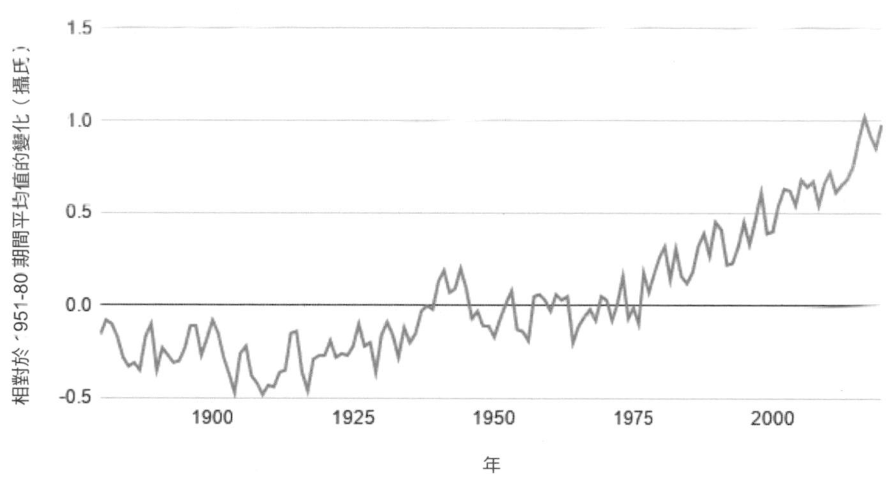

現在，讓我們使用相同的資料但不同的方法再製作三張圖表，並從技術角度來討論為什麼它們**沒有錯**，但是卻**極具誤導性**。

延長縱軸以使線變平

我們要使用與上一單元相同的方法，但沿相反的方向變更軸。在 Google 試算表的 Chart editor 中客製化縱軸，將最小值變更為 –5，最大值變更為 5，如圖 14-1 所示。透過增加垂直尺度的長度，我們對上升線的感知變平坦了，並解除了氣候緊急情況，但實際上並非如此。

是什麼使這個扁平化的折線圖**具有誤導性**卻不是**錯誤**的？在本教學的前半部中，縮短美國 GDP 圖表的縱軸違反了零基線規則，因為柱狀圖和條形圖**必須**從零開始，因為它們需要讀者判斷**高度**和**長度**，如第 103 頁的「圖表設計原則」所述。如果你知道零基線規則不適用於折線圖的話，可能會感到驚訝。視覺化專家 Albert Cairo 提醒我們，折線圖是透過折線的**位置**和**角度**來呈現值。讀者透過形狀而非高度來解釋折線圖的含義，因此基線無關緊要。因此，壓扁折線圖的溫度變化可能誤導讀者，但只要它標籤是正確的[4]，它在技術上就沒有錯。

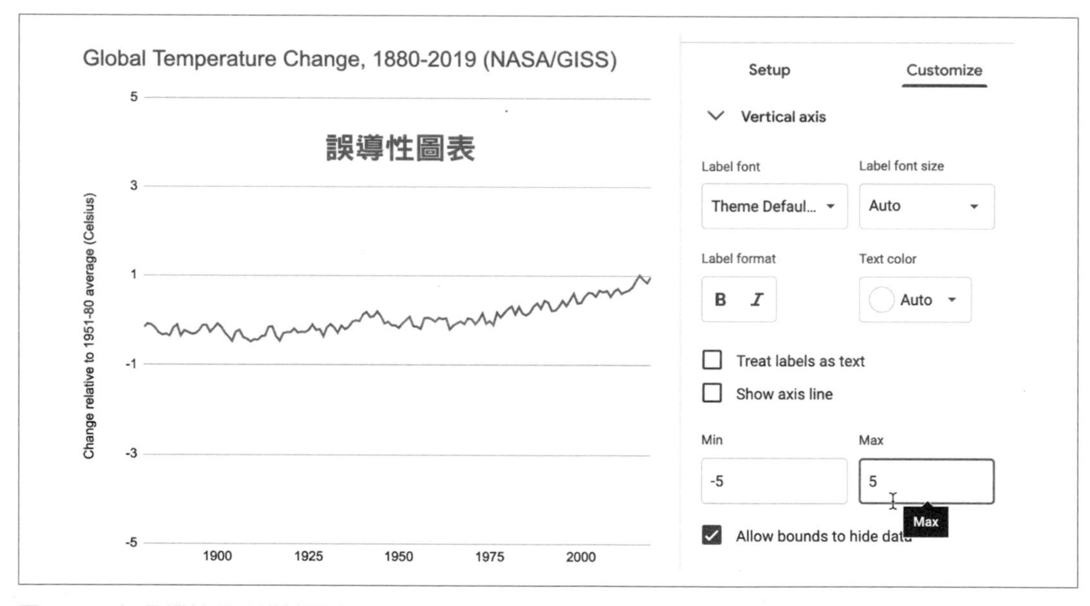

圖 14-1　加長縱軸的誤導性圖表。

4　Cairo, *How Charts Lie*, 2019, p. 61.

加寬圖表來改變寬高比例

在你的 Google 試算表中，點按圖表並拖曳兩側，讓它變得又矮又寬，如圖 14-2 所示。影像尺寸的呈現方法是寬度 x 高度，若將寬度除以高度就可以計算出寬高比。由於預設圖表的尺寸為 600 × 370 像素，因此其寬高比約為 1.6：1。但是拉長的圖表的尺寸為 1090 × 191 像素，其寬高比約為 5.7 到 1。提高寬高比後，我們對上升線的感知被壓平了，並再次解除了我們的氣候危機——但真相並非如此。

是什麼使這個彎曲的折線圖**具有誤導性**而非**錯誤**的？如剛剛說的，由於變更折線圖的寬高比並不違反明確定義的資料視覺化規則，因此從技術上來說，這不是錯誤的，只要標籤正確即可。但是這絕對是誤導性的。Cairo 指出，我們設計的圖表之寬高比，應該「不誇大也不淡化變化」。那麼他建議什麼呢？ Cairo 建議（但也明確指出這「不是圖表設計的通用規則」）圖表中表達的百分比變化，應大致與寬高相符。例如，如果圖表呈現 33% 提升，也就是 33/100 或三分之一，那麼他建議寬高比為 3：1（將分數翻轉過來，將寬度放在高度之前），換句話說，折線圖的寬度是其高度的三倍 [5]。

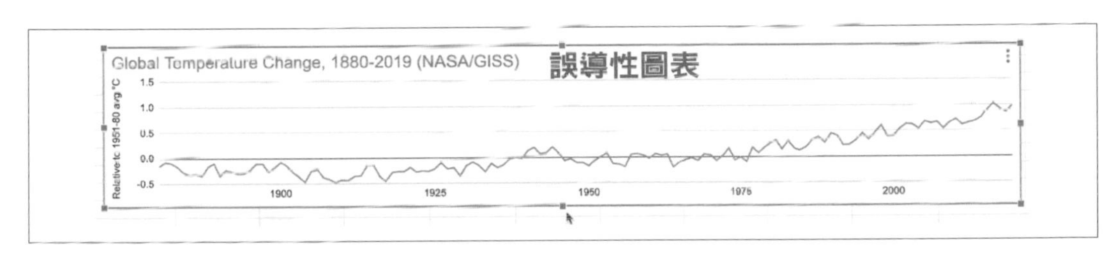

圖 14-2　拉長寬高比的誤導性圖表。

一些專家建議，折線圖的寬高比應遵循「45 度傾斜原則」，也就是折線段的平均方向應等於 45° 向上或向下的角度，以區分各段。但這需要用統計軟體來計算所有直線的斜率，而且仍然無法適用於所有情況。請參閱 Robert Kosara 的精彩論述「Aspect Ratio and Banking to 45 Degrees」[6]。

Cairo 並不建議將他的寬高比建議視為通用規則，因為他知道它遇到很小或很大的值時會失敗。舉例來說，如果我們將 Cairo 的建議應用在全球溫度變化圖上，則最低和最高值（–0.5° 至 1°C）之間的差異代表了 300% 的增加。在這種情況下，我們要使用最低

5　Cairo, *How Charts Lie*, 2019, p. 69.

6　Robert Kosara, "Aspect Ratio and Banking to 45 Degrees" (Eagereyes, June 3, 2013), *https://oreil.ly/0KNUb*.

值 –0.5°C 而不是初始值 0°C 來計算百分比變化，因為除以零是無意義的，因此 `(1°C - (-0.5°C))/|-0.5°C| = 3 = 300%`。依照 Cairo 的一般建議，增加 300% 表示寬高比為 1：3，或者高度為寬度之三倍的折線圖，如圖 14-3。雖然從技術上來說，這個非常高的圖表是正確的，但它**具有誤導性**，因為它**誇大了變化**，這與 Cairo 的主張背道而馳。當我們除以非常接近零的數字時，寬高比的建議就會變得荒謬。

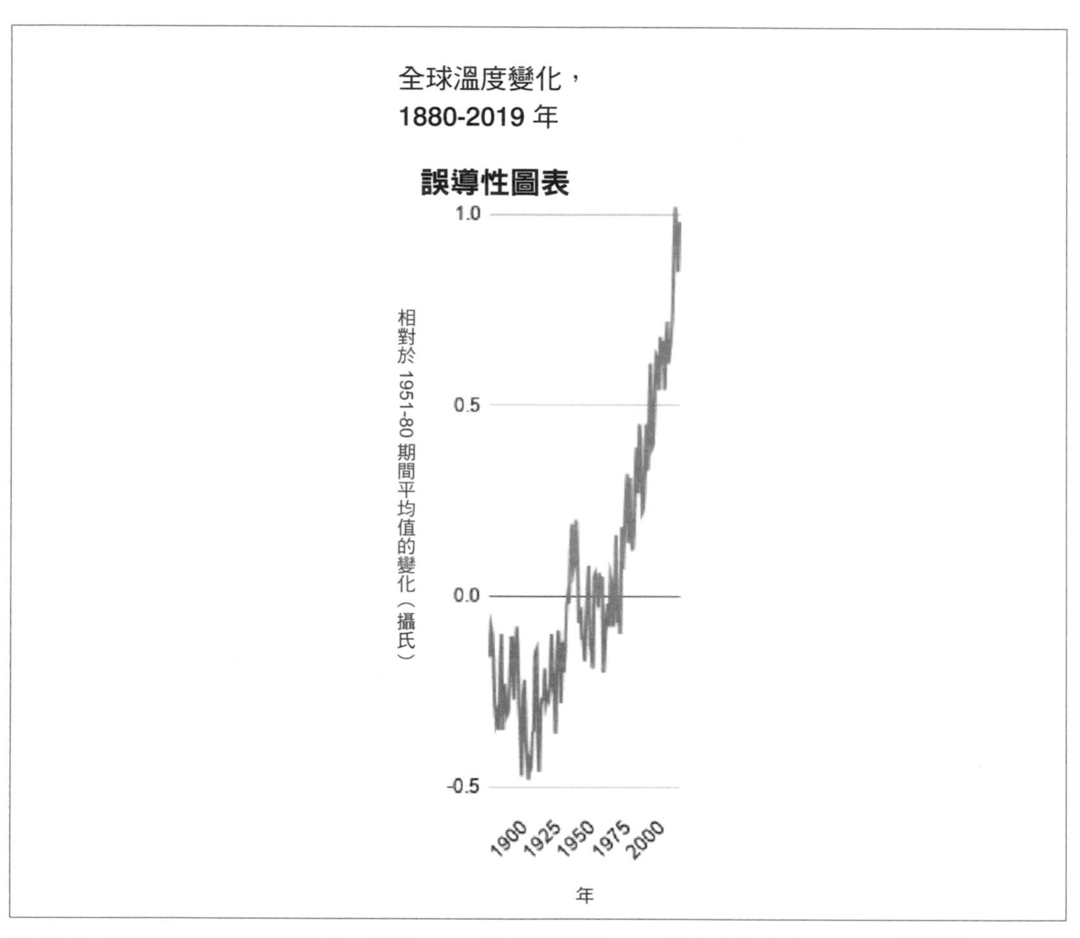

圖 14-3 經驗法則並非永遠有效。依據 Cairo 的建議使用 1：3 的寬高比來表示 300% 的變化，在這個範例中會產生誤導性圖表。

Cairo 承認他的寬高比建議可能會**產生誤導性**且淡化**變化**的相反方向，例如不顯示從 0°C 升高到 1°C 的**全球溫度變化**。想像另有一張圖表，顯示隨著時間過去，**全球溫度**從大約 13°C 升高到 14°C（或從 55°F 升高到 57°F）。雖然全球平均溫度相差 1°C 對我們的身體來說可能並不十分顯著，但這對地球卻產生了巨大影響。我們可以將變化百分比計算為：`(14°C - 13°C) /13°C = 0.08 = 8%` 提高，或大約十二分之一。如圖 14-4，這會變成 12：1 的寬高比，或者一張寬度比長度多 12 倍的折線圖。Cairo 警告說，這會使全球氣溫的顯著上升「看起來微小」，因此他告誡不要在所有情況下都使用他的寬高比建議 [7]。

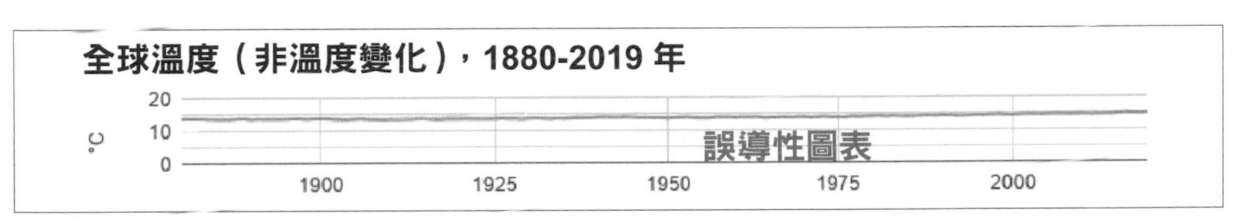

圖 14-4　再次證明，經驗法則並不一定奏效。8% 會使 Cairo 的寬高比變成 12:1，在這個特定範例中會產生誤導性的圖表。

所以結論是什麼呢？如果你感到困惑，那是因為資料視覺化的寬高比並**沒有放諸四海皆準的規則**。那麼我們該怎麼辦呢？首先，不要盲目接受預設圖表。其次，請研究不同的寬高比如何影響到圖表的外觀。最後，即使是 Cairo 也認為你應該在每種情況下都運用自己的判斷力，而不是遵循他的建議，因為寬高比沒有統一的規則能應用在所有情況上。選擇一個能夠誠實地解釋資料、並向讀者清楚地講述故事的方式。

加上更多資料和雙縱軸

另一種常見的誤導方式是加上更多資料，例如與折線圖右側的第二個縱軸相對應的第二組資料。雖然以技術上來說，製作雙軸圖表是辦得到的，但我們強烈建議不要使用，因為它們很容易被操縱來誤導讀者。讓我們結合兩個先前的資料集（全球溫度變化和美國 GDP）做成一張雙軸圖表來做範例說明。在 Google 試算表中，到 *temp+GDP* 工作表中，你會看到溫度變化以及一個新欄：從 1929 年至 2019 年的美國 GDP，以十億美元為單位（資料來自：美聯儲 *https://oreil.ly/LJcut*）。為了簡化此範例，我們刪除了 1929 年之前的溫度資料，以便與現有的 GDP 資料配對。

1. 選擇全部三欄，然後選擇「Insert」>「Chart」來產生具有兩個資料組的預設折線圖：溫度（藍色）和美國 GDP（紅色）。

7　Cairo, *How Charts Lie*, 2019, p. 70.

2. 在「Chart editor」中，選擇「Customize」並向下捲動到「Series」。將下拉選單從「Apply to all series」變更為「US GDP」。在下方的在「Format」區域中，將「Axis」選單從「Left axis」變更為「Right axis」，這會圖表的右側製作另一個縱軸，僅連結到美國 GDP 資料。

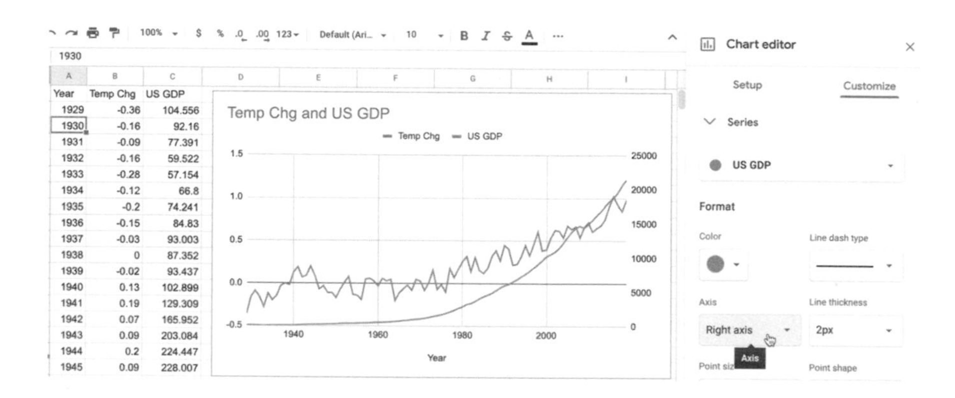

Year	Temp Chg	US GDP
1929	-0.36	104.556
1930	-0.16	92.16
1931	-0.09	77.391
1932	-0.16	59.522
1933	-0.28	57.154
1934	-0.12	66.8
1935	-0.2	74.241
1936	-0.15	84.83
1937	-0.03	93.003
1938	0	87.352
1939	-0.02	93.437
1940	0.13	102.899
1941	0.19	129.309
1942	0.07	165.952
1943	0.09	203.084
1944	0.2	224.447
1945	0.09	228.007

3. 在「Chart editor」>「Customize」中向下捲動，現在你會看到「Vertical axis」的獨立控制（左側的溫度變化），以及一個新的「Right axis」選單（美國 GDP）。

> Vertical axis

> Right vertical axis

4. 最後調整「Vertical axis」溫度變化，但要比第 380 頁「延長縱軸以使線變平」單元更誇張。這一次，將最小值改為為 0（來配合右軸美國 GDP 的基線），最大值改為 10，使溫度折線更加平坦化。加上標題、來源和標籤，讓其圖表看起來更有權威感。

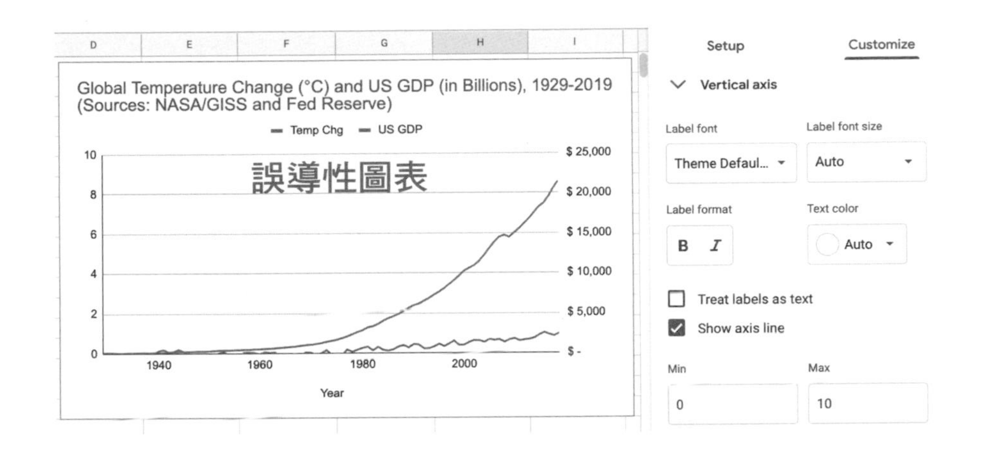

造成這張雙軸圖表是**誤導性的**而不是**錯誤的**原因是什麼？同樣的，因為它沒有違反明確定義的視覺化設計規則，所以圖表並沒有錯。但是許多視覺化專家強烈建議不要使用雙軸圖表，因為它們使大多數讀者感到困惑、無法清楚地顯示兩個變數之間的關係，而且有時會變成一齣鬧劇。雖然在步驟 4 中兩個軸都是從零開始，但是左側溫度尺度最高為 10°C，這是不合理的，因為溫度線僅升高了 1°C。與穩定成長的 GDP 線相較之下，它降低了觀眾對溫度線的感知，我們在忽略氣候變化帶來的後果的同時享受著長期的經濟繁榮！另外還有兩個問題也使此圖表有問題。GDP 資料未依據通貨膨脹進行調整，因此誤導我們將 1929 年的幣值與 2019 年的幣值進行比較，這是我們在第 5 章中警告過的主題。此外，因為直接接受 Google 試算表分配的預設顏色，氣候資料顯示為「很涼爽」的藍色，這向我們的大腦傳遞了與溫度升高和冰川融化的相反資訊。總而言之，此圖表在三個方面都產生了誤導：縱軸不合理、資料不可比較，以及顏色選擇。

比雙軸折線圖更好的替代方案是什麼？如果你的目標是將全球溫度和美國 GDP 這兩個變數之間的關係視覺化，那麼請將它們顯示在散佈圖中，如我們在第 140 頁的「散佈圖和泡泡圖」中所述。將已調整為 2012 年定值美元價格的真實美國 GDP 製成圖表（*https://oreil.ly/Q_Ijd*），並將全球溫度變化一併輸入此 Google 試算表（*https://oreil.ly/0wTID*），就能夠進行更有意義的比較。我們跟著這個 Datawrapper 學院教學（*https://oreil.ly/KBcy3*）製作了一張**連結散佈圖**，此圖顯示出所有點之間的直線來表示時間，如圖 14-5 所示。整體而言，從 1929 年到現在，美國經濟的成長與全球溫度變化的上升密切相關。此外，要使用散佈圖誤導讀者是很困難的，因為這些軸呈現了整個資料範圍，而且我們對關係強度的解讀，與寬高比無關。

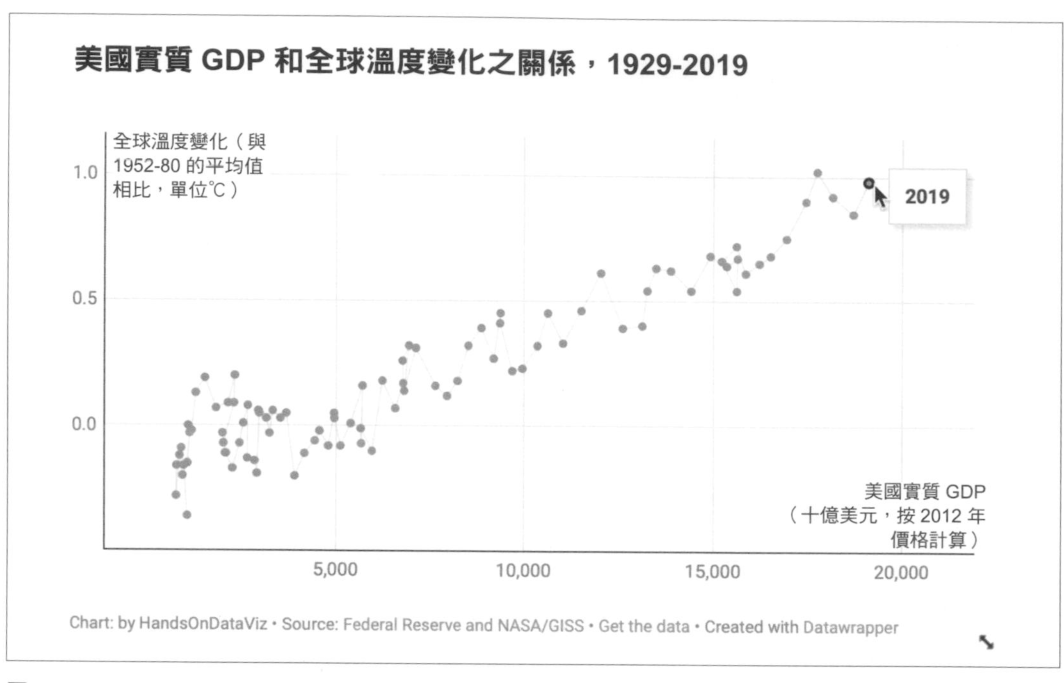

圖 14-5　1929 年至 2019 年美國實質 GDP 與全球溫度變化之間關係的連結散佈圖；瀏覽互動式版本（*https://oreil.ly/NrxXD*）。

綜合以上，我們在本教學中製作了幾張關於全球溫度變化的圖表。從技術上來說，它們都不是錯的，只有部分是真實的，而且大多數都透過隱藏或掩蓋資料中的重要模式，以不合理的方式欺騙讀者。我們展示了幾種設計圖表來欺騙讀者的方法，但並未列出所有的。舉例來說，你可以參考關於製作 3D 圖表並傾斜讀者的視角到基線以下，使讀者錯誤判斷柱形圖或折線圖之相對高度的方法 [8]。

因為我們已習慣閱讀數學、科學或文法教科書，所以對於資料視覺化在許多情況下都缺乏明確定義的設計規則，你可能會感到沮喪。相反的，請記住重要的視覺化規則是一個**三步驟**的過程：不要盲目接受預設值、要探索不同的設計如何影響解釋的外觀，並使用最佳判斷來講述真實而有意義的資料故事。

你已經學到如何使用圖表來說謊了，在下一單元中，我們要進一步透過這些技巧來用地圖說謊。

8　Cairo, *How Charts Lie*, 2019, p. 58.

如何用地圖說謊

學習如何偵測出謊言的最好方法之一，是刻意操縱地圖，並用相同的資料講兩個（或多個）相反的故事。你會學到在檢視其他人的地圖時要注意的事項，並在設計自己的地圖時更加謹慎地考慮道德問題。我們要將焦點放在使用深淺色調或顏色來呈現地理區域之值的熱度地圖上，因為它們可能會造成相當大的惡作劇。此練習的靈感來自地理學家 Mark Monmonier 的同名經典書籍《如何用地圖說謊》，1991 年初版，現在已是第三版[9]。

在我們開始之前，請閱讀第 162 頁的「地圖設計原則」，以避免在設計熱度地圖時出現常見錯誤。例如在大多數情況下，應該避免繪製原始統計（例如患某種疾病的總人數），而是顯示相對比例（例如患有某種疾病的人的百分比），因為原始統計圖通常會顯示大多數人居住在城市而不是農村地區。此外，本單元也假定你已經熟悉第 193 頁的「用 Datawrapper 製作熱度地圖」單元的步驟。

讓我們回到本書簡介中的兩張地圖，我們在其中對世界收入不平等提出了兩種不同的解釋。圖 I-3 以中間藍色將美國上色，暗示美國的不平等程度與其他國家相似，而圖 I-4 則用深藍色凸顯美國為最高程度的不平等。我們認為兩者都是**真實**的解釋。跟著這個教學來製作這兩張地圖（外加一張），你會更加清楚地理解這些概念。

檢查資料並上傳到 Datawrapper

首先，讓我們檢查資料並將它上傳到 Datawrapper，開始製作我們的熱度地圖：

1. 在 Google 試算表中開啟世界收入最高的 1% 資料（*https://oreil.ly/dbpr9*），然後到「File」>「Make a copy」以製作一個副本，以便在你自己的 Google 雲端硬碟中進行編輯。

2. 檢查資料並閱讀注釋。整體而言，這份資料顯示每個國家中最富有的 1% 人口占了「一塊圓餅的多少」，以提供一種對收入分配進行國際性比較的方法。每行都列出了一個國家及三個字母的程式碼，以及收入最高 1% 人口占稅前國民收入的百分比，這是由全球不平等資料庫所收集的最近一年資料。舉例來說，在巴西，2015 年收入最高的 1% 人口占該國收入的 28.3%，而在美國，收入最高的 1% 的人口在 2018 年占 20.5%。

9 Monmonier, *How to Lie with Maps*, 3rd edition, 2018.

要說明的是，社會科學家已經開發出許多其他方法來比較不同國家之間的收入或財富分配國家，但是這已超出了本書的範疇。在本教學中，我們使用一個易於理解的變數來捕捉這個複雜的概念：每個國家中收入最高的1% 人口所占的稅前國民收入的百分比。

3. 因為我們無法直接將此 Google 試算表匯入到 Datawrapper 製圖工具中，所以請到「File」>「Download」，將第一個工作表以 CSV 格式匯出到你的電腦上。
4. 在瀏覽器中打開 Datawrapper 視覺化工具（*https://datawrapper.de*）並上傳 CSV 地圖資料。選擇「New Map」，再選擇「Choropleth map」，接著選擇「World」，然後選擇「Proceed」。在「Add your data screen」中，向下捲動至表格下方，然後選擇「Import your dataset」按鈕，接著選擇「Start Import」按鈕，然後「click here to upload a CSV file」，上傳你在前一個步驟製作的 CSV 檔。點按以確認第一欄是「*Matched as ISO code*」，點按「Continue」，點按確認「*Percent Share*」欄是「*Matched as Value*」，然後點按「Go」和「Proceed」來視覺化你的地圖。
5. 在「Visualize」畫面中，在「Refine」Colors 區塊下的「Select palette」中，點按扳手符號打開顏色設定。讓我們跳過淺綠色到藍色的配色（你可以稍後進行修改），將焦點放在顏色範圍的設定。

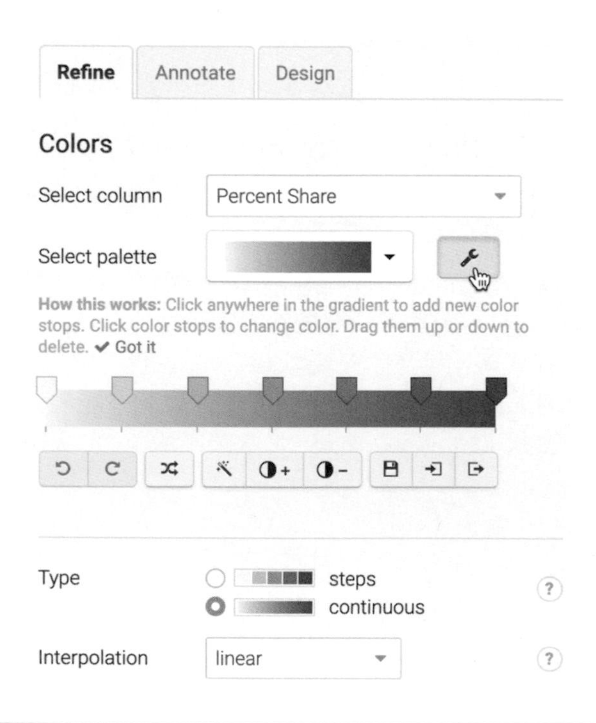

修改地圖顏色範圍

雖然我們不該盲目接受預設的視覺化，但它是一個好的起點。預設地圖顯示了資料值之線性插值的連續範圍類型。此地圖將所有值沿直線（從最小 5% 到最大 31%）放置，並沿著漸層為每個值分配一種顏色，如圖 14-6 所示。注意到美國（20.5%）是中等藍色，剛好在此範圍的中點上方。

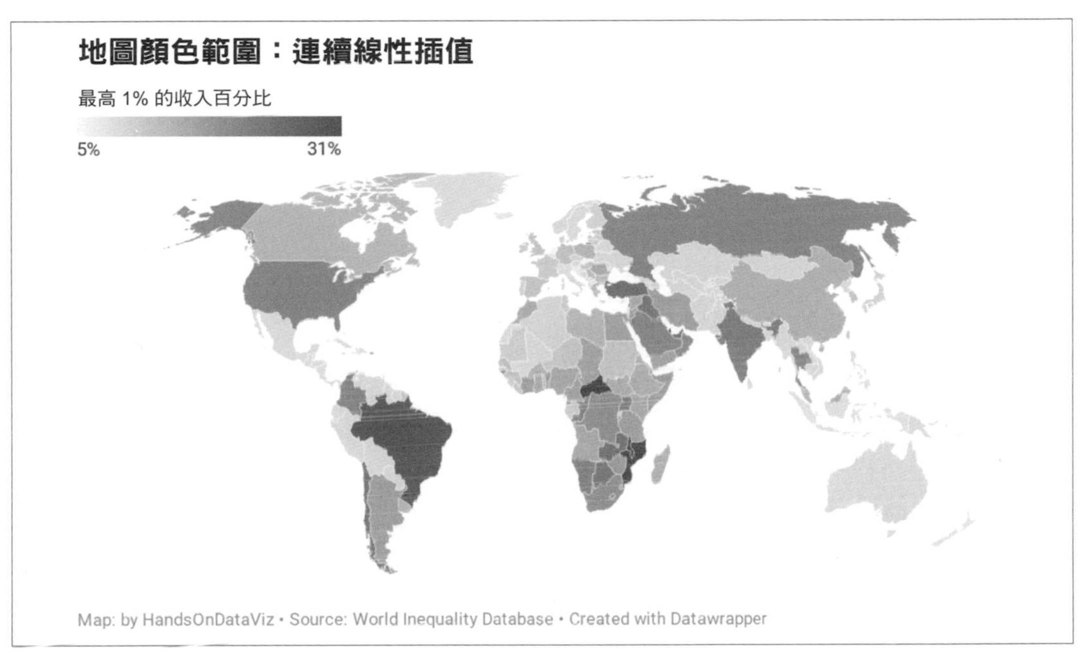

圖 14-6　使用連續範圍和線性插值的收入不平等圖；瀏覽互動式版本（*https://oreil.ly/EMfwQ*）。

讓我們來製作第二張資料相同但設定值不同的地圖。將「Type」設定值改為 steps，並使用「Natural breaks（Jenks）自然中斷」插值調整為三階，如圖 14-7。這代表地圖現在會將所有值放在三個遞增的組別中。在使用顏色突出顯示異常值和範圍內的多樣性之間，自然中斷提供了折衷。注意到美國（仍為 20.5%）現在是深藍色，在此範圍的頂端三分之一（19% 或更高）突顯出來。

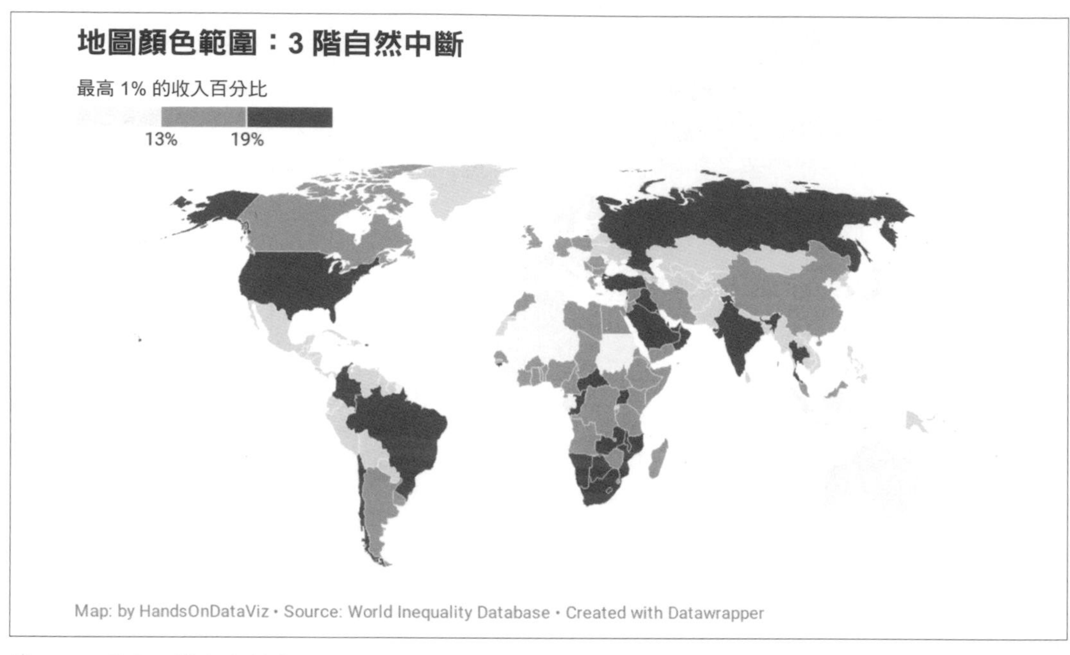

圖 14-7 使用三階和自然中斷插值的收入不平等圖：探索互動式版本（*https://oreil.ly/asCkV*）。

第一張地圖描繪的美國收入不平等程度與大多數國家相似，而第二張地圖則將美國置於顏色尺度的的較高端。哪個地圖具有誤導性？哪一個是真實的？如果你希望在地圖設計中使用清晰明確的規則，此答案可能會讓你感到沮喪。雖然兩個地圖產生的印象截然不同，但兩個地圖都基於對資料的合理和真實的解釋，提供了清楚標記的準確資料。

為了了解你的熱度地圖在幕後發生的情況，視覺化專家 Alberto Cairo 建議製作直方圖以便更了解資料分佈。回到 Google 試算表中的資料（*https://oreil.ly/Nt9ZG*），並依照我們在第 122 頁「直方圖」中所述的方式製作直方圖，以檢視依照百分比分成「儲存桶」的國家數量，如圖 14-8 所示。雖然大多數國家都集中在中位數附近，但這並不是正常的分佈曲線，因為少數地區的離群值接近 30%。在第一個使用連續類型和線性插值的地圖中，美國看起來更接近中位數，並融入中等藍色。相比之下，第二張地圖使用了三階和自然中斷，使得美國出現在最高範圍，並呈現突出的深藍色。

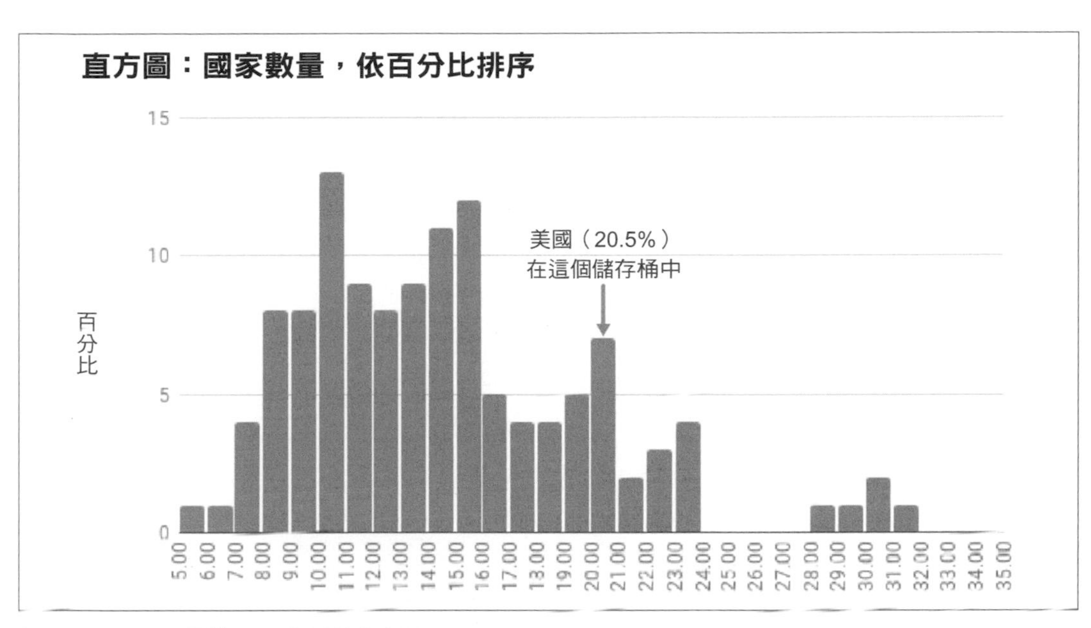

圖 14-8 收入不平等地圖資料的直方圖。

那麼在設計熱度地圖時，我們應該如何做決策呢？與圖表單元相似的是，這裡沒有通用的規則，但有一些明智的建議。首先，切記尋找**更好的**方法來使用地圖顏色範圍，以顯示資料中真實且有意義的差異，而不是將它們隱藏在視線之外。Datawrapper 學院建議在製作熱度地圖時，找出「誠實與有用之間的折衷」（*https://oreil.ly/aHIcZ*）。

換言之，在顯示證據時要講真話，**並**使用設計來強調一種解釋，使我們注意到資料故事中最重要的內容。例如，**線性**插值最能強調極端的低點和高點，而**分位數**或其他非線性分組則揭露中間範圍內更多的地理多樣性。Datawrapper 學院還建議使用**連續的**配色顯示資料中的細微差別（*https://oreil.ly/Bu_gx*），除非你的資料故事有令人信服的理由要顯示離散的**階數**來強調高於或低於某些臨界值的區域。在使用階數時，增加**階數**會在地圖中顯示更多對比度，但是太多階數可能會給人一種錯誤的印象，也就是淺色和深色區域的差異非常大，雖然它們的數量可能只是略有不同。無論你做出什麼決定，都要避免嘗試手動調整地圖的設定，操縱其外觀來配合先入為主的觀點。

簡而言之，請向我們展示一個故事並講出真相。你可能需要製作多個不同設定的地圖，以決定哪一個是最好的折衷方案。

現在，你對如何使用圖表和地圖有了更清晰的了解，讓我們來探討一個相關主題：辨別並減少資料偏誤。

辨別並減少資料偏誤

我們將偏誤定義為：不公平地偏愛某一種觀點而非另一種。在處理資料和設計視覺化時，重要的是要意識到不同類型的偏誤，了解它們可能影響你的感知，並減少它們出現在你的工作中。減少偏誤的第一步是正確辨認出（乍看是隱藏的）各種類型，以便將它們找出來。在本單元中，我們將討論任何處理資料的人都需辨認的四類偏誤：採樣偏誤、認知偏誤、演算法偏誤和群體偏誤。

採樣偏誤（*sampling bias*）發生在當我們認為資料已被公平選擇，但某些幕後過程影響了它的組成並歪曲了結果。我們先前曾在第 93 頁的「留意偏誤比較」中警告過你幾種類型。其中要避免的一種類型是「**選樣偏誤**」（*Selection bias*），意思是為了研究而挑選的樣本與更廣大的人群有系統上的不同，比如你隨機測量身高的對象，恰巧是打完籃球後剛好要離開體育館的人。第二種要避免的類型是**無回應偏誤**（*nonresponse bias*），這種偏誤發生在人口的某些子群體因為不太可能回應問卷而導致其代表性降低。我們也提醒你注意第三種類型：**自選偏誤**（*self-selection bias*），指的是申請或自願參加此計劃的參與者必須經過審慎評估，以避免與動機不相同的非參與者進行比較。在嘗試進行有意義的比較之前，請依照第 63 頁上的「質疑你的資料」所述的，永遠對資料存疑。如果你懷疑資料收集過程中可能摻雜了取樣問題，請不要使用資料，或者在視覺化注釋和隨附文字中清楚描述你的疑慮，以指出潛在的偏誤。

認知偏誤（*cognitive bias*）是指一種會歪曲資料解讀的人類行為類別。一個例子是**確認偏誤**（*confirmation bias*），它是指傾向於只接受符合自己關於世界運作方式之先入為主的主張。要因應此問題，請以開放心態積極尋找替代解讀，並考量矛盾性的發現。第二個例子是**模式偏誤**（*pattern bias*），它描述了人們即使在數字隨機選擇的情況下，也傾向於看到資料中有意義的關係。對抗此傾向的方式是提醒讀者（和你自己）資料是混雜的，即使模式不存在，我們的大腦也被設計成看得到。請參閱第 5 章中提到的統計分析相關的其他資源，以了解如何使用適當的測試，來判斷資料中是否存在大於隨機的明顯模式。第三個例子是**框架偏誤**（*framing bias*），它指的是負面或正面的標籤或概念類別，影響了我們解讀資訊的方式。關於標籤的威力，英國統計學家 David Spiegelhalter 指出，美國醫院傾向於報告**死亡率**，而英國醫院則報告**存活率**。在評估家人的外科手術風險時，5% 的死亡率聽起來會比 95% 的存活率糟，即使它們是完全相同的。此外 Spiegelhalter 觀察到，當我們用原始統計數字來補充比例時，會進一步增加我們對風險的印象。舉例來說，如果我們告訴你外科手術的死亡率為 5%，400 名患者中會有 20 人死亡，這個結果聽起來更糟，因為我們會開始想像真實的生命，而不僅是抽象的百分比而已[10]。了解它對我們的思想的潛在影響，並將它指出來。

當電腦系統強化了占主導地位的社會群體所擁有的特權，而經常性地偏好某些結果時，就會出現*演算法偏誤*（*algorithmic bias*）。最近有幾起案件引起了公眾關注。例如，演算法導致了美國法院系統中的種族偏誤。Northpointe 軟體公司（現稱為 Equivant）開發了一種演算法來預測被告再度犯案的風險，法官在決定判刑或緩刑時會使用此演算法。但是，偵探般的 ProPublica 記者發現，即使將範圍控制在黑人被告先前犯下的犯罪類型，此演算法也錯誤地預測，黑人被告的重複犯罪率幾乎是白人被告的兩倍[11]。此演算法還增加了金融服務行業的性別偏誤。當蘋果公司和高盛公司合作提供一種新型的信用卡時，一些客戶注意到，用於評估應用程式的軟體公式有時核發給男性的信用額相當於女性 10 到 20 倍，即使這些女性已婚，擁有相同的資產，也有類似的信用分數[12]。在上面這兩個案例中，這些公司都否認算法偏誤的指控，但也拒絕在披露其軟體公式的決策過程，聲稱公式是專有的。結論就是，我們需要對資料的濫用保持警惕。

群體偏誤（*Intergroup bias*）指的是因種族、性別、階級和性向等等社會類別而有特權或區別對待的多種方式。很顯然的，群體偏誤的歷史久遠，早於數位時代。但是，隨著「黑人的命也是命」運動的到來，一些作者呼籲人們重視群體偏誤普遍存在於資料視覺化領域的現象，並倡導抗衡其影響的方法。例如，Jonathan Schwabish 和 Alice Feng 描述了他們如何運用種族平等視角來修訂《*城市研究所的資料視覺化風格指南*》[13]。Schwabish 和 Feng 建議將群體標籤依序排列，將焦點放在資料故事上，而不是在預設之下就將白人和男性列在最前面。他們也呼籲大眾關注美國聯邦資料集當中經常被遺忘的人群（例如非二元和跨性別人群），來主動認知到資料中被漏掉的群體，不再忽略他們的存在。此外，在選擇圖表和地圖中代表人群的配色時，作者提醒我們避免刻板印象的色彩，並且避免將黑人、拉丁裔和亞洲人組成相對於白人的有色人種。

---

10 David Spiegelhalter, *The Art of Statistics: Learning from Data* (Penguin UK, 2019), pp. 22–5

11 Julia Angwin et al., "Machine Bias" (ProPublica, May 23, 2016), *https://oreil.ly/3Q6Em*.

12 Neil Vigdor, "Apple Card Investigated After Gender Discrimination Complaints" (Published 2019), *The New York Times: Business*, November 10, 2019, *https://oreil.ly/gs5lb*.

13 Jonathan Schwabish and Alice Feng, "Applying Racial Equity Awareness in Data Visualization," preprint (Open Science Framework, August 27, 2020), *https://doi.org/10.31219/osf.io/x8tbw*。*或是參考這篇論文的摘要*：Jonathan Schwabish and Alice Feng, "Applying Racial Equity Awareness in Data Visualization" (Medium), accessed October 16, 2020, *https://oreil.ly/uMoi6*, and Urban Institute, "Urban Institute Data Visualization Style Guide," 2020, *https://oreil.ly/_GRS2*.

Schwabish 和 Feng 提出了一些非常好的建議來改善資料視覺化中的種族平等，雖然他們有部分更具挑釁性的提議可能會引起更多的討論和辯論。例如他們對比了各種描述 COVID-19 疫情資料（*https://oreil.ly/uMoi6*）的方法，並建議我們停止在同一圖表上放置分類的種族和族裔資料，因為這會激化「基於匱乏的觀點」── 依照績效較高的群體的標準，來批判績效較低的群體，如圖 14-9 所示。

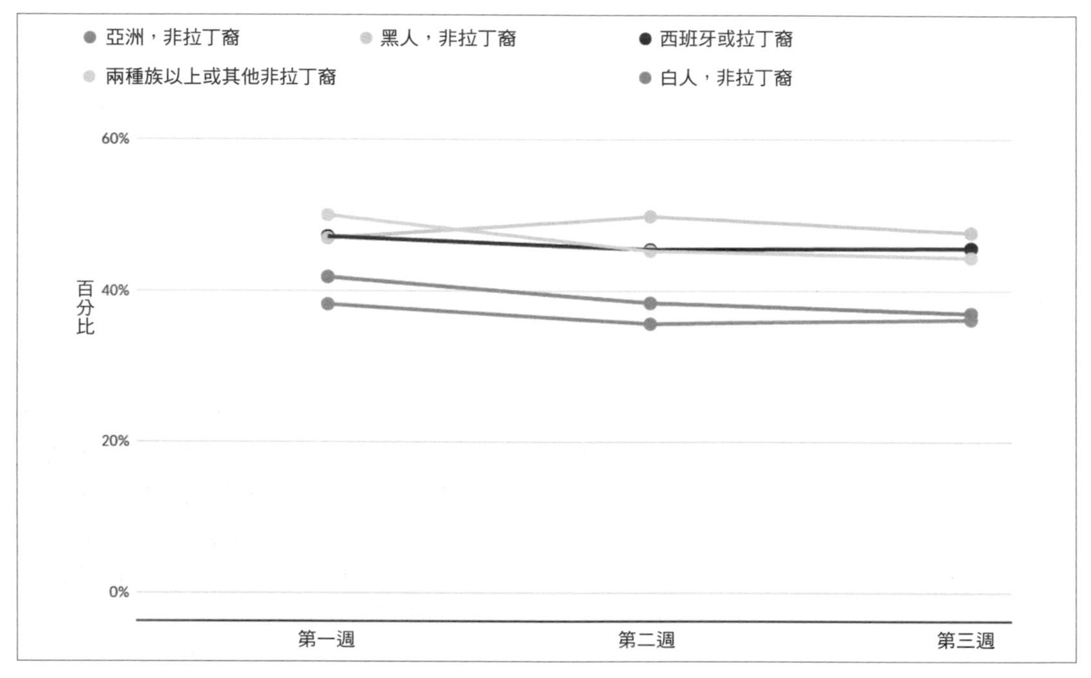

圖 14-9　為了避免基於匱乏的觀點，Schwabish 和 Feng 主張不要在同一張圖表上合併種族和種族資料。圖片由 Urban Institute（*https://oreil.ly/uMoi6*）提供，經許可轉載。

相反的，Schwabish 和 Feng 建議我們在單獨但相鄰的圖表中繪製種族和種族資料，每個圖表都分別參照州或國家平均值與信賴區間，如圖 14-10 所示。

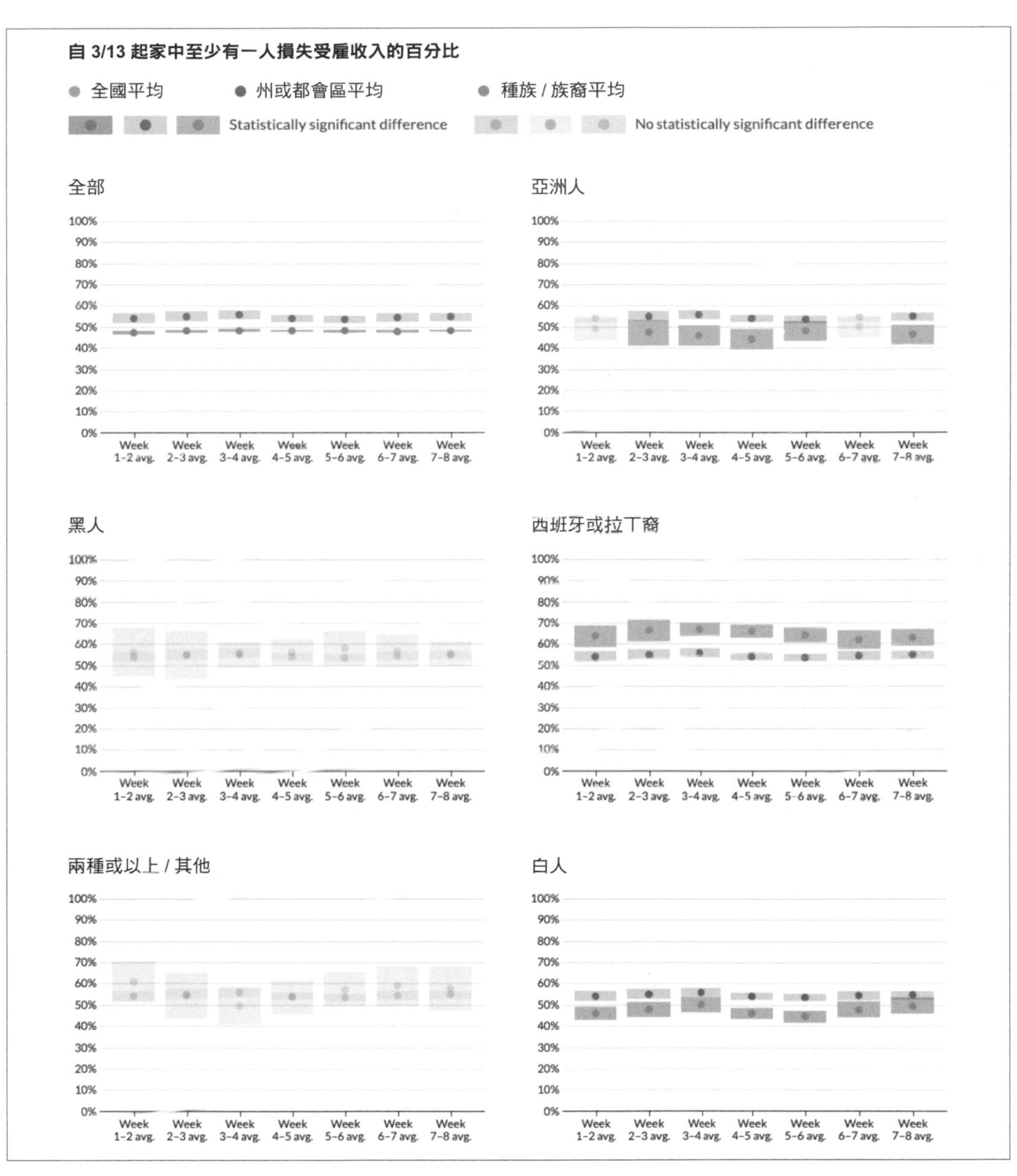

圖 14-10 Schwabish 和 Feng 建議將種族和族裔資料放在單獨的圖表中，並以州或國家平均值作為比較點。圖片由 Urban Institute（*https://oreil.ly/uMoi6*）提供，經許可轉載。

比較兩組圖表會使我們思考這個大哉問：資料視覺化最能滿足誰的利益？一方面，如果占優勢的群體利用圖表中的種族差異來**指責受害人**，那麼停止對群體行為的種族主義刻板印象並停止在同一圖表上比較不同的群體就是有道理的。另一方面，如果種族差異是對於有品質的就業、住宅以及醫療照護方面的**結構性障礙**所引起的，那麼六個獨立版面的視覺化，是否會使讀者更難辨識和挑戰系統性種族主義的根源？ Schwabish 和 Feng 提出了重要的觀點，但是並沒有說服我們種族和種族資料的分離必然促進公平和正義。雖然如此，我們同意有必要不斷反思和減少資料視覺化方面的偏誤，同時對於這個不公正世界中的人們如何解釋我們的圖表和地圖，進行更廣泛的思考，以不斷追尋更好的方法來講述真實和有意義的資料故事。

所有在製作資料視覺化的人，都應努力認識並減少這些資料偏誤的類別：取樣、認知、演算法和群體。在下一單元中，我們要將焦點放在不同類型的空間偏誤，尤其在處理地圖資料上。

辨識並減少空間偏誤

除了一般性的辨識和減少資料偏誤之外，我們也需要留意對製作和解釋地圖產生負面影響的空間偏誤。在本單元中，我們要辨識出四種類型的空間偏誤：地圖區域、投影、有爭議的領土，以及排除。我們也會建議一些特定的方法以嘗試在製作視覺化時克服這些偏誤。

地圖區域偏誤（*map area bias*）指的是人眼傾向將注意力集中在地圖上的較大區域，而較少關注較小的區域。一個典型的例子是每四年出現一次的美國總統大選熱度地圖，我們會注意到美國各州的地理區域，而不是各州人口或選舉人票數，如圖 14-11 所示。慣用的地圖誇大了地理區域較大的鄉村州（例如，人口不足 60 萬人的廣大懷俄明州）的政治影響力，而削弱了地理區域較小的城市州（例如人口超過 100 萬的小羅德島州）的角色。雖然懷俄明州的面積是羅德島的 80 倍，但在美國總統大選中，它只占三張選舉人票，而羅德島卻有四張。但是在檢視慣用地圖時，大多數讀者無法輕易做區分，因為我們的目光會投向地理區域更大，而非人口眾多的州。

投影偏誤（*projection bias*）是一個相關的、關於地圖如何描繪地理區域的問題。隨著時間過去，地圖製作者開發出不同的投影系統，以便在二維表面上顯示三維地球。麥卡托（Mercator）是最常見的投影系統之一，它使許多歐洲和北美國家的規模膨脹，並縮小了距離赤道較近的中非和中美洲國家的相對規模（和重要性）。關於麥卡托投影地圖偏誤和與其他系統之比較的互動式視覺化，請參閱 Engaging Data 網站（*https://oreil.ly/9Dhrm*）和 Maps Mania 的 Map Projections Lie（*https://oreil.ly/7JoL6*）。在過去 15 年中，隨著 Google 地圖和類似線上服務的普及，它們的預設投影系統「網路麥卡托」（*https://oreil.ly/ikEBh*）變得無處不在，進一步使得地理失真深植人心。（2018 年，Google Maps 開始允許桌面型電腦使用者縮小畫面以啟用 3D Globe 檢視而非網路麥卡托，但此功能可能不是預設設定，需要被開啟。）

解決國家或全球地圖中地圖面積和投影偏誤的一種方法，是使用**統計地圖**（*cartograms*）來代替傳統的地圖輪廓，它在某些平台上也稱為六邊形圖（hexagon maps）或人口方塊圖（population squares）。統計地圖以地理區域的相對重要性來呈現大小，在本範例中是人口，但它也可以以經濟規模或其他因素而定，取決於資料故事。統計地圖的一項優勢是，它可以將我們的注意力更加平均地集中在資料故事中最相關的方面，例如選舉人票數，如圖 14-11。統計地圖的一個缺點是，因為這些基於人口的視覺化與傳統以麥卡托地理為基礎的地形圖並不完全一致，所以讀者必須辨別抽象的形狀，而非熟悉的邊界。另請參閱 Datawrapper 學院中 Lisa Charlotte Rost 的貼文，學習如何將美國人選結果視覺化（*https://oreil.ly/5hFYO*）。

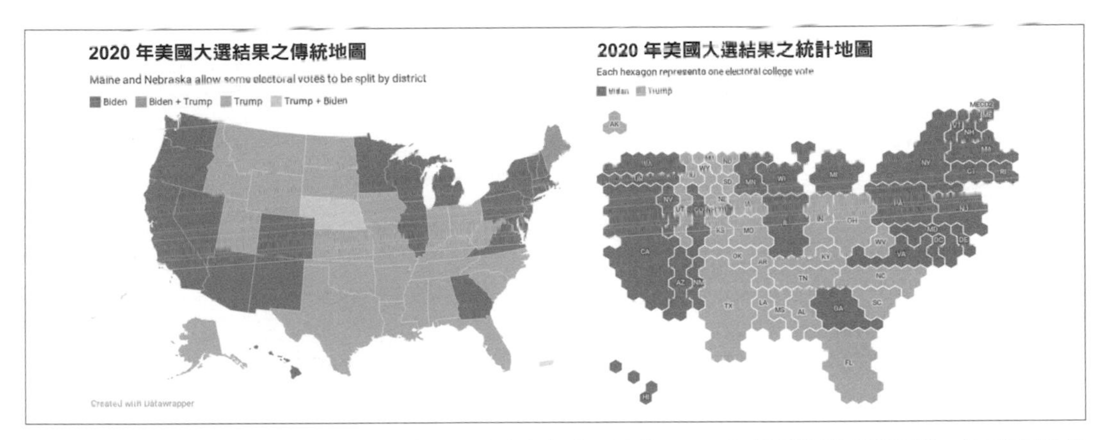

圖 14-11　在傳統美國地圖（左）與統計地圖（右）中顯示的 2020 年美國總統選舉票數，兩者都是使用 Datawrapper 製作。

要在 Datawrapper 中重新製作圖 14-11 中的統計地圖，請選擇名為「USA」>「Electoral College（hexagon）」的檔案，因為它讓使用者依照緬因州和內布拉斯加州的行政區來劃分選舉人票。

在第 387 頁的「如何用地圖說謊」單元中，我們在 Datawrappe 裡製作了世界不平等資料的區域地圖。若要將一張傳統世界地圖轉為人口方塊地圖，請到「My Charts」，選擇地圖並右鍵點按進行複製。（你也可以選擇製作一張新地圖，請依照上一單元的步驟進行。）然後到「Select your map」畫面中，輸入「**squares**」來檢視所有可用的類型（包括世界人口方塊）。同樣的，鍵入「**hexagons**」來檢視所有可用的統計地圖（包括美國各州）。選擇你喜歡的地圖，然後如圖 14-12 所示，使用與其他 Datawrapper 熱度地圖相同的方式將資料視覺化。

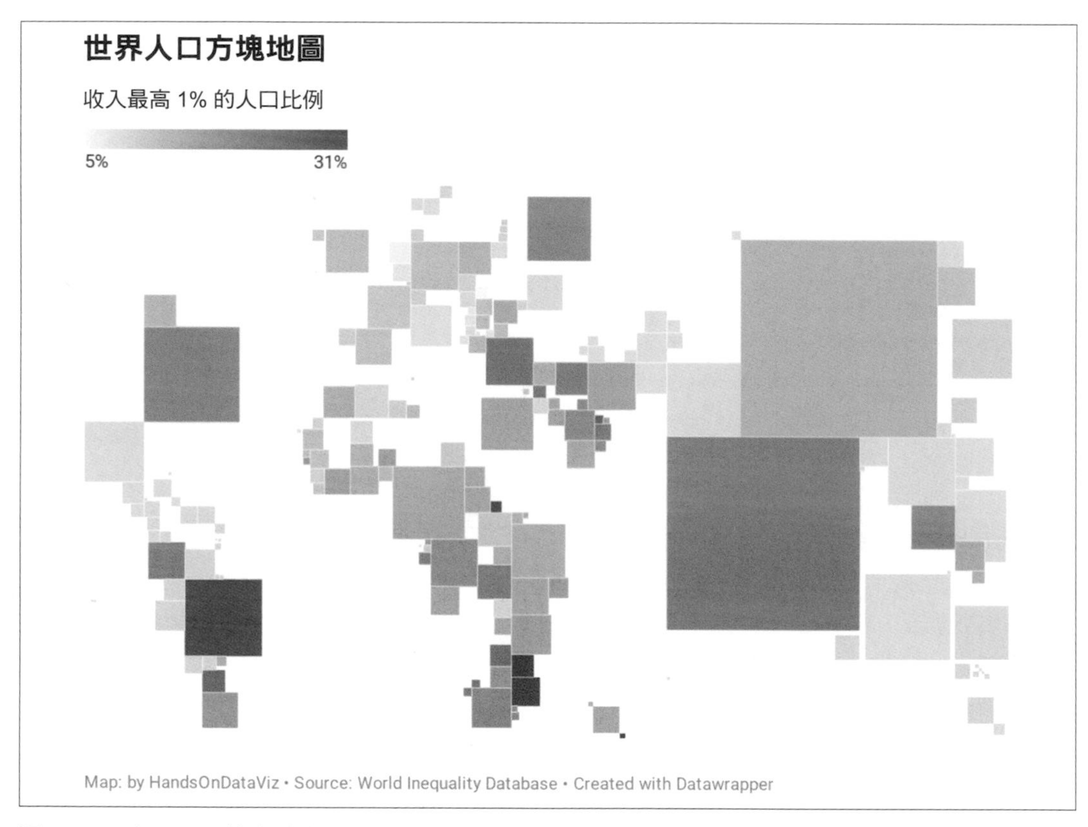

圖 14-12　收入不平等資料的世界人口方塊地圖；瀏覽互動式版本（*https://oreil.ly/o-TsA*）。

有爭議的地區偏誤（*disputed territory bias*）指的是線上地圖提供商有時會依據你存取的位置來顯示不同的世界視圖。例如，俄羅斯在 2014 年強行吞併烏克蘭的克里米亞半島，引發了地緣政治糾紛。由於 Google 希望繼續在俄羅斯牟利，因此它在 Google Maps 平台上製作了兩個版本的俄羅斯與烏克蘭邊界。從俄羅斯 IP 地址檢視時，Google 地圖會顯示實線邊框，表示該地區是由俄羅斯控制的地區。從世界上的其他位置檢視時，Google 地圖會顯示虛線邊框，代表它是有爭議的領土。依據《華盛頓郵報》的報導，雖然 Google 聲稱「對地緣政治糾紛保持中立」，但他們顯然向俄羅斯觀眾展示了堅實的邊界[14]。Google 和其他幾個網路地圖供應商在面對有爭議的印度和巴基斯坦邊界、伊朗和沙特阿拉伯之間的水路、日本和韓國之間的海域時，都採取了相似的行動。

雖然一般人可以在 Google 地圖和其他專有服務中辨認出有爭議的地域偏誤，但很難直接挑戰他們的決定，或者向他們施加壓力要求修改底圖。但是我們可以藉由其他策略來減少這些偏誤。例如，群眾外包的全球地圖 OpenStreetMap（*https://oreil.ly/uEllx*）的投稿貢獻者，積極討論了不同的方法以在平台上（*https://oreil.ly/OXyzs*）標明有爭議的領土。此外，我們可以使用資料視覺化工具在專有地圖圖層上繪製不同的邊界。例如，由加拿大一家非營利組織製作的「Native Land」地圖（*https://native-land.ca*）在現在的地圖上展示了原住民的領土和語言的邊界，公開提醒人們關於殖民主義和強迫遷移政策。挑戰龐大 Google Maps 平台的一種方法，是製作和宣傳替代的方案。

地圖排除偏誤（*map exclusion bias*）指的是因為疏忽的行為而未呈現人或土地。有時候這些行為是 Google 和其他專有地圖提供商採取的，有時則是我們在製作地圖時的日常決策。請仔細檢視你最近製作的地圖，並自問它是否真正呈現了其標題所聲稱要顯示的內容？舉例來說，如果你使用州級資料來製作美國地圖，那麼你是如何處理哥倫比亞特區的？這個國家首都並不算一個州，在美國國會中也不占席位。但是 DC 擁有超過 70 萬居民（超過懷俄明州或佛蒙特州），而且《美國憲法》第二十三修正案賦予它選舉權，如同州一樣（雖然其選舉人名額不能超過人口最少的州）。同樣的，你的美國地圖如何呈現波多黎各（這片領土上有超過 300 萬美國居民，但在國會或總統府中並無投票權）？還有那些也住著美國公民的其他領土呢？例如美屬薩摩亞、關島、北馬里亞納群島和美屬維爾京群島？當這些地點的資料存在時，你的地圖是否會顯示它們？或者會排除它們？如果是後者，那麼因為哥倫比亞特區和這些地區的大多數居民是黑人、拉丁裔和太平洋島民，你還得思考這種忽略行為是否也算是群體偏誤的一種。

要說明的是，某些資料視覺化工具很難納入傳統上不包含在地圖中的人物和地點。但有時候問題出在我們本身，或者是我們工具的預設設定值以及我們是否嘗試變更它們。請再次檢視你喜歡用的地圖工具，並仔細檢查在你選擇「美國」的地圖資料時所出現的地理輪廓。如果你輸入的資料包括哥倫比亞特區和美國領土，但地圖僅顯示 50 個公認的州，那麼這種疏忽會將 400 萬美國公民從地圖上抹去。檢視超出預設設定的部分，看看

14 Greg Bensinger, "Google Redraws the Borders on Maps Depending on Who's Looking," *Washington Post*, February 14, 2020, *https://oreil.ly/agLUY*.

你的工具是否提供更多的納入選項。例如，Datawrapper 最近改進了「USA」>「States and Territories」地圖選項，以同時顯示符號點和熱度地圖資料，如圖 14-13 所示。對於尚未出現在 Datawrapper 選項中的其他區域，你可以依照第 340 頁的「地理空間資料和 GeoJSON」中的說明，以 GeoJSON 格式製作和上傳自己的地圖邊界檔案。或者，如果你的工具強制你省略資料故事的部分內容，那就透過在地圖注釋或說明文字來指出這種偏誤。我們在資料視覺化中的任務是講述真實且有意義的故事，因此請納入地圖上的人物和地點，而非忽略它們的存在。

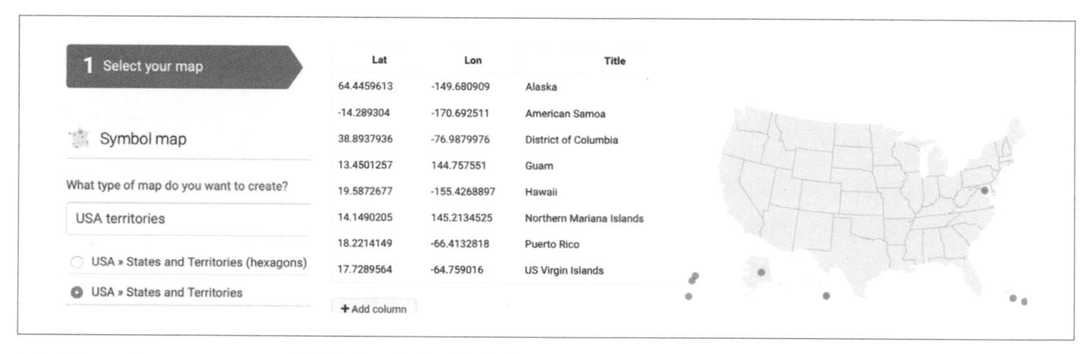

圖 14-13　Datawrapper 最近改進了符號地圖與熱度地圖在 *USA > States and Territories* 選項中顯示 DC 和非美國本土區域的方式。

總結

在本章中，你學到了如何區分錯誤的、誤導性的和真實的視覺化，並增強了偵測謊言的技能，以了解在講述你自己的資料故事時誠實的重要性。你還學到了在一般狀況下如何辨別並減少四類的資料偏誤的方法，尤其是空間偏誤。

下一章將彙整本書不同部分的所有概念，以強調「說故事」這件事在我們的資料視覺化中的重要性。

第十五章

講述和呈現你的資料故事

在本章的最後，我們將運用你在閱讀本書時所學到的知識和技能，並提供一些關於製作真實有意義的資料故事的最終建議。在這裡，我們強調「說故事」。資料視覺化的目標，不僅是製作關於數字的圖片，也在製作出真實的敘述，以說服讀者理解你的解讀如何重要，以及為何重要。

寫作有句名言：「呈現，但不說」（show, don't tell），意思是讓讀者透過故事角色的行為和感受來體驗故事，而不是透過作者的描述。我們採取的立場則不同，如本章標題所示的，**講述和呈現**（*tell and show*）你的資料故事。請養成下列三個步驟的習慣：告訴觀眾你在資料中發現了什麼有趣事物，向他們展示支援你論點的直覺證據，並提醒觀眾它為何如此重要。三個詞：**講述**、**呈現**、**原因**。無論你做什麼，都應避免顯示大量圖片然後留給觀眾猜測其含義的壞習慣。我們依賴說故事的人來引導我們瀏覽資料的旅程，並強調哪些方面值得我們注意。描述森林而非每棵樹，並指出一些特殊的樹當作範例，以幫助我們了解森林的某些部分何以特別。

在本章中，你會學到如何將視覺化內容放進我們在第 I 部中開頭的分鏡腳本中。我們要透過第 405 頁的「吸引注意力到意義上」單元中的文字和顏色，嘗試幾種方法使觀眾注意力放在資料中最有意義的地方。你也會在第 408 頁的「標注來源和不確定性」單元中，學習如何標注來源和不確定性。最後，我們將在第 410 頁的「確定你的資料故事格式」單元中，討論如何決定資料故事的格式[1]，並持續著重於分享互動式視覺化而不是靜態影像。

1 本章的靈感來自視覺化專家 Cole Nussbaumer Knaflic 和 Alberto Cairo 的出色著作：Nussbaumer Knaflic, *Storytelling with Data: A Data Visualization Guide for Business Professionals*, (Hoboken, New Jersey: Wiley, 2015); Nussbaumer Knaflic, *Storytelling with Data: Let's Practice!* (John Wiley & Sons, 2019); Cairo, *The Truthful Art*, 2016; Cairo, *How Charts Lie*, 2019。

在分鏡腳本上建構敘述

讓我們回到第 1 頁的「為你的資料故事打草稿」練習，我們鼓勵你在紙上簡單寫下單詞和草繪圖片，列出至少故事的四個初始元素：

1. 找出激發專案靈感的*問題*。
2. 將問題重新構成一個可研究的*提問*。
3. 描述你*尋找*資料來回答此問題的計畫。
4. 想像你可能使用虛擬資料製作的一個或多個*視覺化*。

像*分鏡腳本*一樣將這些紙散開，找出敘述的順序，如圖 15-1 所示。將它們想像成簡報的初選幻燈片，或書面報告或網頁的段落和圖片，看看要如何向觀眾解釋流程。如果你偏好以數位方式製作分鏡腳本，另一個選擇是將工作表中的文字和影像塊轉換為 Google 簡報、Google 文件，或其他你偏好用來講述資料故事的工具。當然，在專案初期更新你製作的工作表來以反映思想的變化是完全正常的。舉例來說，你可能進一步琢磨了你的研究提問、在搜尋過程中找到了新資源，當然也可能已經將你想像中的視覺化轉換為實際的表格、圖表或有真實資料的地圖。

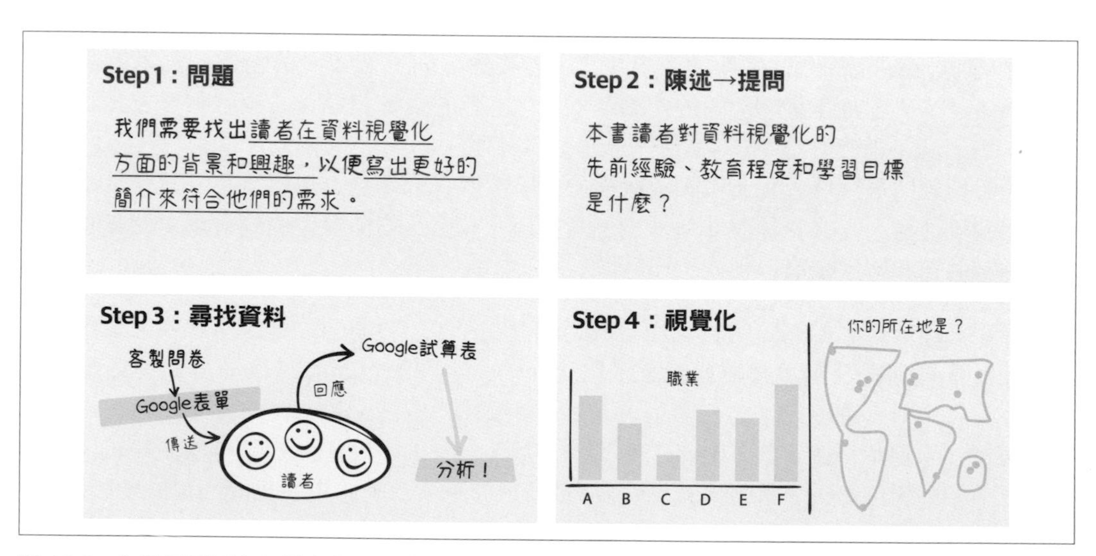

圖 15-1　在四個頁面上勾勒出你的故事構想：問題、提問、尋找資料、視覺化。

加上你在搜尋、清理、分析和視覺化資料時的發現，豐富你的分鏡腳本。只選擇最有意義的表格、圖表或地圖。將它們個別列印在紙上，或下載靜態影像或擷取螢幕截圖，然後將它們放置在草稿幻燈片或檔案中（請參閱第 230 頁的「靜態圖片與互動式 iframe」）。在每個表格、圖表或地圖的頂端和底部留空間方便書寫，以講述你的資料故事。

下一步是將這些資料顯示的最重要的訊息**總結成**一個句子的摘要，寫在表格、圖表或地圖的每頁頂端。用語言表達出你在最重要的視覺化上最具洞察力的發現。做觀眾的嚮導，將他們的注意力集中在資料森林上，而不是單棵樹上。兩句話是可接受的，但簡潔的一句話更好。如果你的散文過於長篇大論，請嘗試以「標題」形式來寫第一個句子，然後用更具描述性的方式寫第二個句子。雖然俗話說：一畫勝千言，但資料視覺化**無法**自我解釋。你的任務是為觀眾解釋它們的含義。將圖表轉換成文字的最佳方法之一，就是準確描述吸引你目光的內容，並傳達給第一次看到它並仰賴你的引導的讀者。在每種情況下，你都需要決定單詞和影像的理想組合。

在每個視覺化的底部，請告訴我們**為什麼它很重要**，並告訴觀眾應該如何重新思考或做出反應。討論資料故事之重要性的一種好方法，是將焦點放在這些新資訊如何**改變我們**。當你在資料視覺化中發現有趣的模式時，它使你對你（或你的組織）試圖解決的問題有什麼想法？你對研究問題的回答，如何讓你以新的或不同的方式思考問題？整體而言，你的資料故事是否激發你或其他人採取某種行動？再一次，從你的觀眾的角度來思考這些問題，並找到話語來描述這份資料故事如何轉變我們的思維方式、改變我們的習慣，或影響我們的下一步。

舉例來說，我們在第 1 頁的「為你的資料故事打草稿」單元中，開始為我們的分鏡腳本打草稿，定義出我們的問題陳述：**我們需要找出讀者對資料視覺化的背景和興趣，從而編寫出更好的入門指南以滿足他們的需求**。如我們在第 2 章中討論過的，我們從這本書的早期草稿的三千多位讀者中收集了資料，這些讀者對我們的線上問卷（*https://oreil.ly/GXTUT*）做出了回應，並同意我們將公開分享問卷結果（*https://oreil.ly/SOuTl*）。我們依照第 4 章中所述的方式清理資料，因為某些回應部分為空白，或內含無法進行精確地理編碼的位置。然後如第 5 章所述，我們尋求有意義的比較，並將最有趣的結果以兩種方式視覺化。我們在第 6 章中製作了散佈圖，並在第 7 章中製作了點地圖。

現在，我們將依照自己的建議，在每個視覺化檔案的頂端編寫簡短的摘要，並在底部解釋其重要性。

針對本書的早期版本，我們在讀者問卷中發現了什麼？我們如何應對關鍵資料的發現？首先，超過 70% 的回應者居住在北美以外。最值得注意的是，亞洲 15%、歐洲 20%、非洲和南美 6%、大洋洲 3%，如圖 15-2 左側所示。這本書的初稿大部分都是康乃狄克州哈特福市的例子，因為我們兩人都在那裡工作。雖然我們知道這本書吸引了全世界的讀者，但我們驚訝地發現美國以外的讀者有多少（在對問卷做出回應的讀者中）。為了囊括並擴大至國際讀者，我們修訂了本書，加上了更多來自世界其他地區的範例圖表和地圖。

其次我們發現，對我們的問卷做出回應的讀者受過較高的教育，但是對資料視覺化的經驗有限。尤其有 89% 的人表示完成了相當於大學學歷的學習歷程（16 年或以上的學歷），其中有 64% 的人稱自己為資料視覺化初學者（在 5 分經驗量表上是 1 或 2），如圖 15-2 的右側所示。在本書的早期草稿中，主要讀者是大學生，我們不確定其他讀者的閱讀程度和背景知識。依據問卷的回應，我們修訂了手稿，以增加關於資料視覺化的更深層次的概念，因為我們相信大多數讀者都可以理解它們，但是我們仍持續編寫入門內容，假定讀者除了中學或早期大學教育之外沒有其他相關知識。現在，我們可以將這些新的表加上到分鏡腳本中。

圖 15-2　在每個視覺化的頂端說明有意義的見解，並在底部說明原因，然後將其插入分鏡腳本中。

讓我們回到分鏡腳本。將新的資料視覺化工作表（或幻燈片、或文字和影像區塊）插入你安排好的頁面中。完成後，你的版面可能會像這樣：

- 問題陳述
- 研究疑問
- 你如何找到資料
- 講述第一項資料洞察——展示證據——為何重要
- 講述第二項資料洞察——展示證據——為何重要

……依此類推，直至你的總結性結論。

身為說故事的人，你的工作是依照對你的觀眾有意義的方式來組織資料說明，這些觀眾很可能是第一次閱讀這些內容。雖然說故事的方法不只一種，但請考慮下列建議，以免出現菜鳥級的錯誤：

- 在你提供答案之前，先告訴讀者問題和疑問，因為我們的大腦期待以這種順序聽到它們。
- 在提供支持證據之前，請先總結每一個見解，因為同樣的，顛倒正常順序會使觀眾難以聽懂你的論點。
- 確認你的研究疑問和關鍵見解是一致的，因為如果你提出一個疑問，卻回答另一個問題，觀眾會感到困惑。在深入研究資料之後，對研究疑問的措詞進行調整或完全修改是完全正常的，因為有時候你要等到發現後，才知道自己在尋找什麼。

現在對於分鏡腳本如何幫助你將敘述和資料結合在一起，你應該有了更清晰的認識。在下一單元中，你會學到如何改善你的視覺化，透過文字和顏色來吸引人們注意最重要的部分。

吸引注意力到意義上

在完成視覺化時，請加上畫龍點睛的一筆，吸引觀眾注意資料中最有意義的方面。除了編寫文字來搭配圖表和地圖之外，你還可以加上注釋，並在某些類型的視覺化中使用顏色來指出資料故事中最重要的重點。讓我們示範如何使用這些功能在 Datawrapper 中將你的視覺化改頭換面（我們在第 131 頁的「Datawrapper 圖表」中首次介紹了此工具）。

我們今天面臨的環境挑戰之一，是不斷成長的塑膠產量。這些廉價輕巧的材料可提供許多生活便利的好處，但人類經常將塑膠丟棄到管理不善的廢水中，導致它們進入我們的河流和海洋。要了解塑膠產量的成長，我們查閱了 Our World In Data（*https://oreil.ly/Mjd-4*），你可以以 Google 試算表的形式檢視 1950-2015 年的年度全球生產資料（*https://oreil .ly /G7s85*）[2]。

首先，讓我們以單欄格式將資料上傳到 Datawrapper。預設情況下，此工具將會這些時間序列資料轉換為折線圖，如圖 15-3 所示，顯示了全球塑膠產量如何隨時間增加：

```
| year | plastics |
| 1950 |        2 |
| 1951 |        2 |
...
```

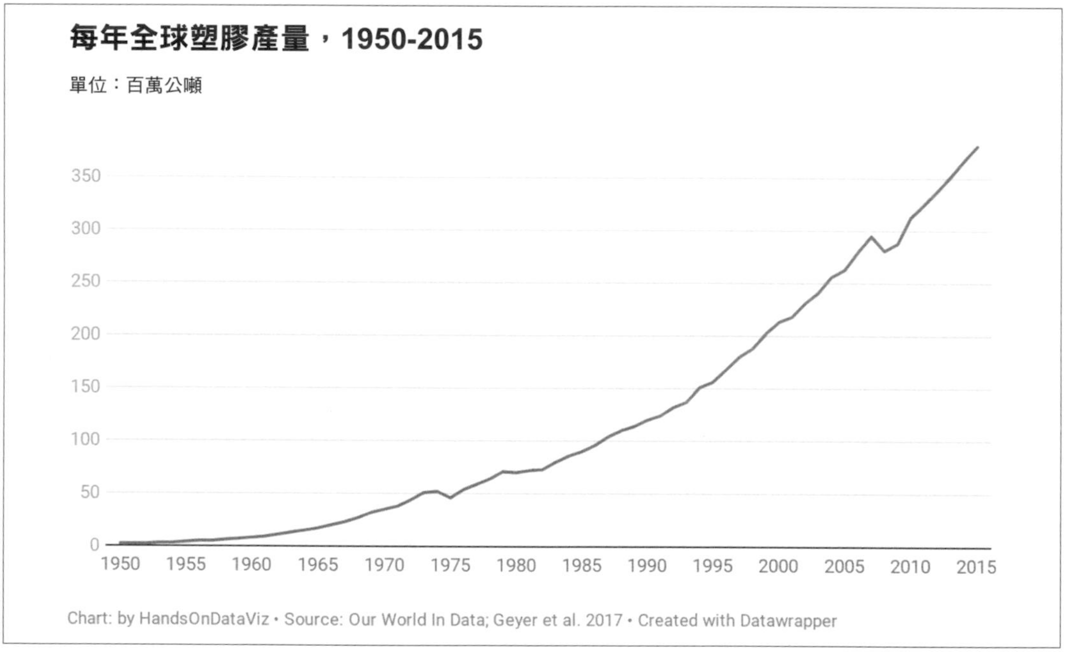

每年全球塑膠產量，1950-2015

單位：百萬公噸

Chart: by HandsOnDataViz • Source: Our World In Data; Geyer et al. 2017 • Created with Datawrapper

圖 15-3 Datawrapper 中的預設塑膠產量歷史折線圖。

2 此範例的靈感來自 Datawrapper 學院關於專業提示一文（*https://oreil.ly/gR37W*）。

圖 15-3 尚未關注更大的故事：依據我們對資料的分析，全球歷史上製造的塑膠總量。世界上生產的所有塑膠中，有 60% 以上是自 2000 年以來（即該圖表的最後 15 年）製造的。讓我們透過編輯圖表，並利用你在前幾章中學到的技能來突顯更廣泛的觀點。首先，將資料分為兩欄，分別是 *2000* **年之前**和 *2000* **年以來**的資料，這樣你就能為每個資料組套用不同的顏色。在 2000 年的兩欄中插入相同的資料，使新圖表看起來是連續的：

```
| year | before 2000 | since 2000 |
| 1999 |         202 |            |
| 2000 |         213 |        213 |
| 2001 |             |        218 |
...
```

接下來，將圖表類型從預設的**折線圖**更改為**面積圖**來填充曲線下的空間，以吸引觀眾注意到隨著時間變化的塑膠生產總量。第三，在「Refine」中，由於你**不**需要堆疊面積圖，因此請取消勾選「stacked areas」框。指定一個深藍色給 2000 年以後的資料組以吸引更多關注，並指定灰色給 2000 年以前資料組來降低關注，如圖 15-4 所示。

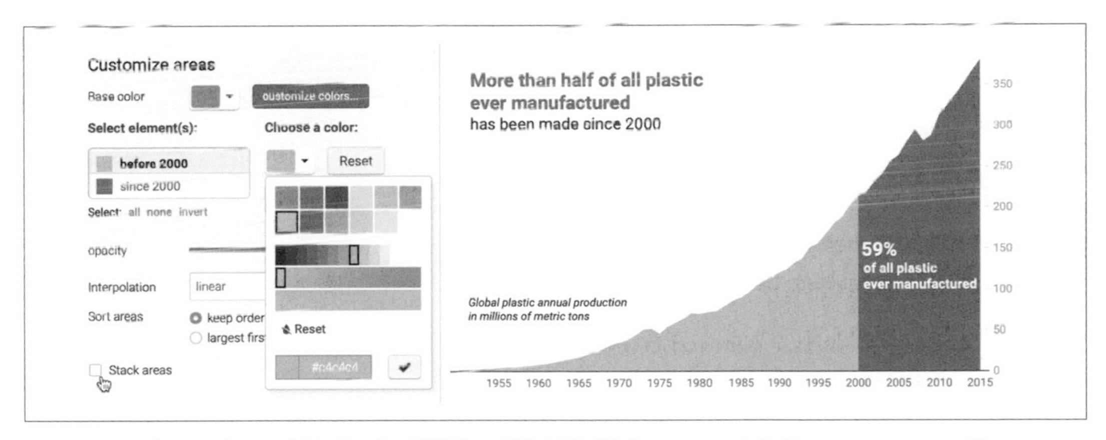

圖 15-4　將資料分為兩欄並切換到面積圖後，請取消勾選「Refine」中的「stacked areas」框。

最後，如你在第 132 頁的「帶注釋的圖表」中所學到的，隱藏舊標題並加上注釋來取代它。使用彩色文字將注釋放置在面積圖內，以強調新的解釋並將它放置在讀者會看到的位置，如圖 15-5 所示。整體而言，重新設計圖表可以幫助你傳達更有意義的資料，也就是全球塑膠產量正在增加，**而且**在過去 15 年中，全球生產了歷史總產量的一半以上。

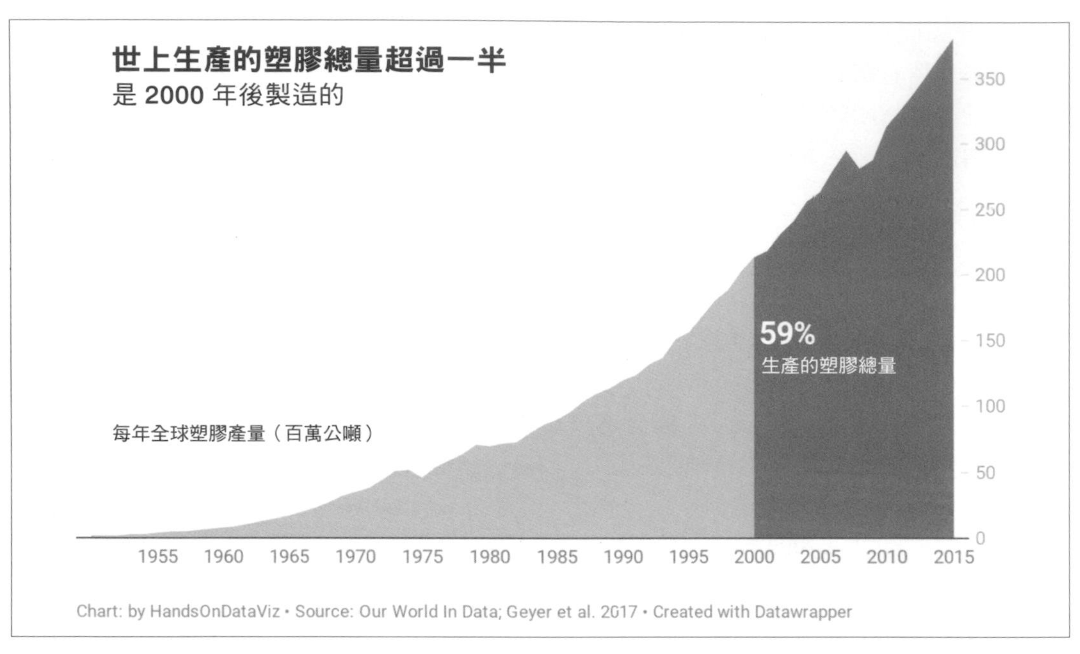

圖 15-5　探索新面積圖的互動式版本：（*https://oreil.ly/9YRSu*），此圖使用顏色和注釋來引起對 2000 年後全球塑膠生產量的關注。

現在，對於為何和如何吸引觀眾關注資料故事中最有意義的部分，你已有了更清晰的了解，我們將在下一單元中，繼續學習關於資料來源和歧義資料的標注。

標注來源和不確定性

由於我們的目標是講述有意義且真實的資料故事，因此我們也建議你建立工作上的可信度，透過下列幾種方法進行。

首先，永遠都要如實地呈現資料。正如我們在第 14 章關於偵測謊言和減少偏誤的單元中所討論的，不要隱藏或掩蓋相關證據，並避免使用可能會誤導觀眾的視覺化方法。我們相信你會公平地解釋資料的含義。如果讀者有可能過度解讀資料，或因為不存在的東西而誤解資料，請向讀者發出警告。

其次，如第 59 頁上的「資料溯源」中所述，標明並寫出你的資料來源。本書介紹的某些視覺化工具和樣版可以很容易地顯示線上資源的連結，因此請在可行的情況下使用該功能。若狀況並非如此，請將這些重要的詳細資訊寫入表格、圖表和地圖隨附的文字中。此外，讓觀眾知道是誰製作了視覺化，並感謝協作者和其他協助你工作的人。

第三，儲存並顯示你的資料在流程的不同階段皆有效。下載、清理或轉換資料時，請儲存注釋和資料副本；並記錄你在此過程中做出的重要決定。一種簡單的方法是將不同版本的資料儲存在個別的試算表工作表中，如第 2 章所示。對於更複雜的專案，請考慮在公開 GitHub 儲存庫中共用資料並記錄方法，如第 10 章所示。如果有人質疑你的工作、想要複製它，或者如果你需要使用更新的資料集進行更新，你會很慶幸你有注釋可以讓你回到舊版。

最後，註明資料的局限性並披露任何不確定性。當你承認自己不知道的部分或願意考慮其他解釋時，你的工作就會變得更加可信。第 6 章中推薦的某些圖表工具和第 11 章中的圖表程式碼樣版，可讓你插入誤差線以顯示資料的信賴等級，因此請在適當的時候使用它們。此外，上一單元中顯示的兩欄方法也可以在視覺上以實線與虛線的方式區分觀測資料與預測資料，如圖 15-6 中的 Google 試算表圖表編輯器所示。

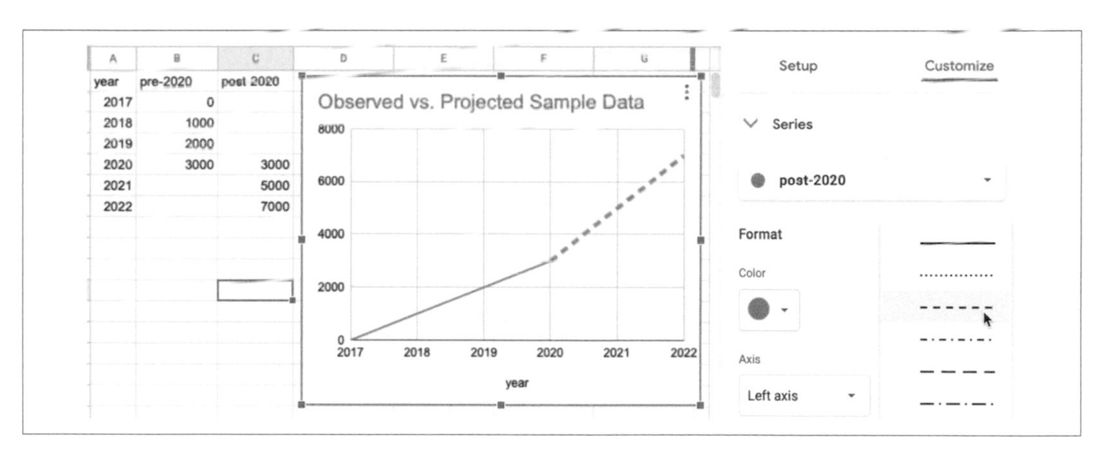

圖 15-6　將一個資料欄分成兩欄，以對比觀測到的資料（實線）與預測的資料（虛線）。

現在，我們已經回顧了在工作中建立信譽的方法，讓我們接續下去探討使用不同格式來講述資料故事時所需做的決策。

確定你的資料故事格式

大多數資料視覺化書籍和工作營，都假定你會將最終成果以紙本形式交給董事會之與會人士，或者透過電子郵件發送或線上發佈的 PDF 檔案。這些靜態格式很好，但不能完全反映出在數位時代分享故事給觀眾的多種方式。此外，因為我們是在 COVID-19 疫情期間寫下這些文字，如果坐在室內開會不可行，那麼我們就需要找到更多有創意的格式來傳達我們的資料故事。

我們的書強調了製作互動式視覺化的好處，讓觀眾將游標懸停在圖表和地圖上，吸引他們與你的資料互動，因此我們也建議你考慮為故事製作更具互動性的格式，例如：

- 使用 iframe 將文字敘述和互動視覺化結合起來的網站
- 線上示範幻燈片，連結到即時性的視覺化
- 結合了現場或旁白旁白與互動式視覺化螢幕錄製的影片
- Data walk 格式（*https://oreil.ly/zK0CR*）——社區權益關懷者四處走動，並討論他們的生活經驗和資料故事之間的連結。

當然，說故事的不同方法需要你客製適合格式的內容。此外，並非每種格式都需要互動式視覺化，它也不一定總是最合適的選擇。雖然這些細節不在本書的討論範圍之內，但我們鼓勵你不要陷入傳統思維，以不同的方法來思考講述真實而有意義的資料故事的方式。

總結

本章總結了本書中廣泛的概念和實用技能，以強調真實和有意義的敘事如何驅動資料視覺化。雖然我們喜歡為數字做影像，但我們更大的使命是創造敘事，以說服觀眾我們的資料解釋如何重要，以及為何如此重要。你學到了實現此目標的不同策略，例如製作分鏡腳本、用文字和顏色吸引對有意義的資料的關注，標注來源和不確定性，以及創造性地考慮適合觀眾的故事講述格式。

我們希望這本書幫助你進一步了解如何使用資料並製作更好的視覺化，以講述真實而有意義的故事。我們的目標之一是介紹各種免費的功能強大的工具，以擴充你的知識並協助你完成資料專案。如果你覺得這本書有用，我們會很高興在社群媒體上看到你想與我們分享的資料專案。歡迎隨時與我們分享本書中未提及的其他入門級工具或方法。

附錄 A

解決常見問題

在使用線上工具、公開資料集和程式碼樣版來製作資料視覺化時，偶爾會遇到一些問題以至無法依照預期運作，這種情況並不罕見。我們知道要找出問題的根源的過程可能會令人感到沮喪。但是弄清楚為什麼它壞掉，以及如何解決它，可能是了解幕後運作的好方法。

向其他人尋求解決問題的建議，並協助他們更輕鬆地為你提供幫助。清楚地描述你的問題，告知你的電腦作業系統和 / 或瀏覽器版本，並考慮使用以下內建指令來製作螢幕截圖（*https://oreil.ly/FHe8L*）：

Chromebook

Shift + Ctrl + F5（「顯示視窗」按鈕），然後點按並拖曳十字游標。

Mac

Shift-Command-4，然後點按並拖曳十字游標。

Windows

Windows logo 鍵 + Shift + S 開啟「剪取 & 素描」工具。

檢視以下單元來診斷你所面臨的問題類型，並檢視我們對於最常見問題的建議解決方案。請記住，有些最棘手的問題可能是由兩個或多個單獨的問題引起的：

- 第 412 頁的「工具或平台問題」
- 第 413 頁的「嘗試使用其他瀏覽器」
- 第 414 頁的「使用開發人員工具進行診斷」

- 第 416 頁的「Mac 或 Chromebook 問題」
- 第 416 頁的「留意不良資料」
- 第 418 頁中的「常見的 iframe 錯誤」
- 第 419 頁上的「修復 GitHub 上的程式碼」

工具或平台問題

如果你對我們推薦的一種數位工具有疑問，但在本書中沒有找到答案，請到該工具的支援頁面（以字母順序列出）：

- Airtable 關聯式資料庫支援（*https://support.airtable.com*）
- Atom 文字編輯器說明文件（*https://atom.io/docs*）
- Chart.js 程式碼庫檔案（*https://www.chartjs.org*）
- Datawrapper 學院支援（*https://academy.datawrapper.de*）
- GeoJson.io 地理資料編輯器（請參閱「Help」選單）（*https://geojson.io*）
- GitHub.com 和 GitHub Desktop 說明文件（*https://docs.github.com*）
- Google My Maps 支援（*https://support.google.com/mymaps*）
- Google 試算表支援（*https://support.google.com/docs*）
- Highcharts 程式碼庫（示範和支援）（*https://www.highcharts.com*）
- Leaflet 地圖程式碼庫（教學和檔案）（*https://leafletjs.com*）
- LibreOffice Calc 支援（*https://help.libreoffice.org*）
- Mapshaper 地理資料編輯器（說明文件 Wiki）（*https://oreil.ly/ZVgcF*）
- Map Warper georectifier 幫助（*https://mapwarper.net/help*）並參閱有限磁碟空間的說明（*https://mapwarper.net*）
- OpenRefine 資料清理器（說明文件）（*https://openrefine.org*）
- Tabula PDF 表擷取器（操作方法）（*https://tabula.technology*）
- Tableau 公開資源頁面（*https://public.tableau.com/zh-cn/s/resources*）

當然，如果你在使用線上工具或線上平台時遇到問題，請務必檢查你的網路連結。在極少數情況下，線上工具和平台可能對所有使用者都是停機的。要弄清是否每個人（而不是你自己）都無法使用某個線上服務，請檢查以下網站上的停機報告：

- Downdetector.com（*https://downdetector.com*）
- Down for Everyone or Just Me?（*https://downforeveryoneorjustme.com*）

此外，某些線上服務有自己的狀態頁：

- GitHub Status（*https://www.githubstatus.com*）
- Google Workspace Status（*https://www.google.com/appsstatus*）

最後，請注意，大型提供商的罕見停機（例如 2020 年 11 月 Amazon Web Services 遇到的問題）可能會影響其他線上工具平台[1]。

嘗試使用其他瀏覽器

我們在使用線上工具和程式碼樣版時遇到的許多問題，實際上是我們的瀏覽器引起的，而不是工具或樣版本身引起的。我們在本附錄中提供的最重要建議是，**嘗試使用其他瀏覽器來診斷你的問題**。

如果你通常在偏好的瀏覽器中完成所有工作（例如 Chrome、Firefox、Microsoft Edge 或 Mac 的 Safari），請下載第二個瀏覽器以進行測試。但請勿使用已失效的 Internet Explorer 或 Edge Legacy 瀏覽器，因為 Microsoft 已於 2020 年（*https://oreil.ly/xSgsa*）宣布未來將不再支援這兩種瀏覽器。

實際上，你應該**每一次都**在第二個瀏覽器中測試資料視覺化成果，在這個瀏覽器中你**沒有**登入製作這些視覺化之工具或服務的線上帳戶，所以方便檢查它對一般使用者的顯示狀況。我們的電腦上安裝了第二個專門用於測試的瀏覽器，並將設定變更為「**永不記住瀏覽歷史記錄**」，讓每次打開它時都像第一次使用一樣。

如果你在偏好的瀏覽器上使用數位工具或網路服務時遇到任何問題，請對它進行「強制重新整理」（hard refresh）以繞過暫存中所有已儲存的內容（*https://oreil.ly/6WQZY*），然後使用以下組合鍵之一，從伺服器重新下載整個頁面：

1 Jay Green, "Amazon Web Services outage hobbles businesses," *The Washington Post, Business*, November 25, 2020. *https://oreil.ly/PTmQ6*.

Windows 或 *Linux* 瀏覽器

Ctrl + F5

Chromebook

Shift + Ctrl + R

Mac 的 *Chrome* 或 *Firefox*

Command-Shift-R

Mac 的 *Safari*

Option-Command-R

使用開發人員工具進行診斷

我們建議你學習如何使用瀏覽器診斷其他類型的問題，例如在第 418 頁上的「常見的 iframe 錯誤」和在第 419 頁上的「修復 GitHub 上的程式碼」中所討論的那些問題。大多數瀏覽器都內含「開發人員工具」，可讓你檢視的網頁的原始程式碼，並發現它警示的任何錯誤。即使你不是軟體開發人員，也可以學習如何打開瀏覽器的開發人員工具來窺視一下，對發生的問題做出更有憑據的猜測。要在各種瀏覽器中打開開發人員工具，請執行以下操作：

- 在 Chrome 中，到「檢視」>「開發人員」>「開發人員工具」。
- 在 Firefox 中，到「工具」>「網路開發者」>「切換工具」。
- 在 Microsoft Edge 中，到「設定和更多（…）」圖示 > 更多工具 > 開發人員工具。
- 在 Mac 上的 Safari 中，首先到 Safari > 偏好設定 > 進階 >「在選單欄中顯示開發選單」，然後到開發 > 顯示 JavaScript 控制台。

當你打開瀏覽器的開發人員工具時，它會顯示一個控制台視窗，當中會顯示錯誤訊息，可能有助於診斷問題，尤其是程式碼樣版。例如，在第 249 頁的「複製、編輯和託管簡單的 Leaflet 地圖樣版」中，你學到了如何在 GitHub 中編輯簡單的 Leaflet 地圖樣版。如果你不小心犯了錯誤，例如刪除了地圖中心的經度和緯度坐標之間的逗號，則你的程式碼將會「壞掉」並在螢幕上顯示一個空的灰色框。如果你打開瀏覽器開發人員工具，如圖 A-1 所示，控制台將顯示多個錯誤，其中一個錯誤會指出 *index.html* 檔案從第 29 行開始的問題。

雖然它沒有直接指出第 30 行中缺少逗號，但這仍然是提醒你程式碼附近之問題的最佳線索。這只是使用開發人員工具的一種方式，那麼何不探索其他功能，以及它們在各瀏覽器之間的區別？

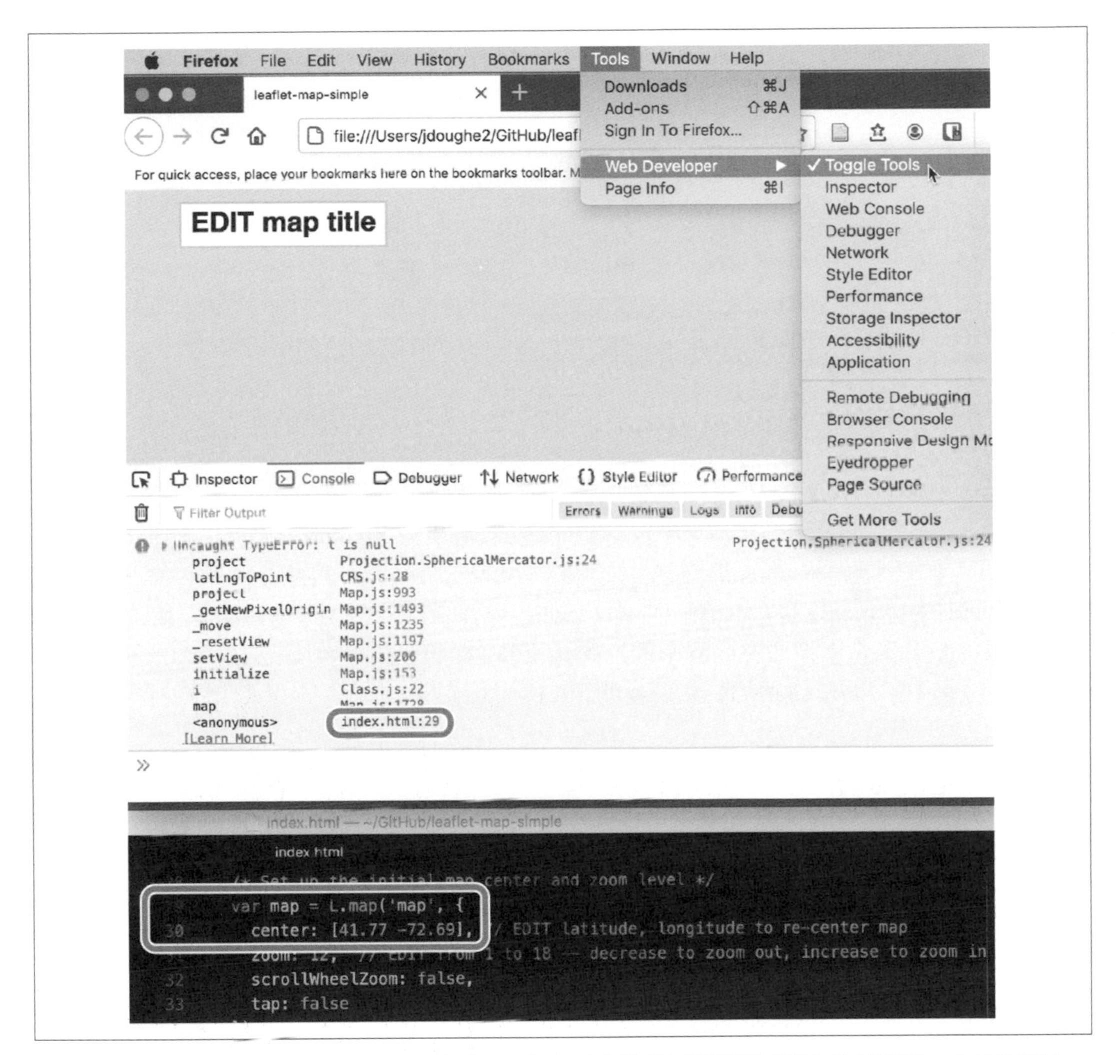

圖 A-1　當你打開瀏覽器的開發人員工具時，控制台視窗將警示網頁程式碼中的的錯誤。在此範例中，「壞掉」的地圖顯示為灰色框（頂端），而且控制台在 index.html 檔案的第 29 行（中間）顯示錯誤，提供了第 30 行的緯度和經度座標之間缺少了逗號的線索（底部）。

Mac 或 Chromebook 問題

如果你使用的是 Mac，請確認你的設定會顯示副檔名，代表檔案名稱結尾的句點之後會出現縮寫檔案格式，例如 *data.csv* 或 *map.geojson*。Mac 作業系統在預設情況下會隱藏這些副檔名，但如果本書中介紹的某些工具看不見副檔名，將無法正常工作。到 Finder > 偏好設定 > 進階，然後勾選「顯示所有檔案副檔名」框，使它們在 Mac 上顯示出來：

如果你使用的是 Chromebook，請注意本書中的某些推薦工具可能很難或無法安裝和運作。Chromebook 目前不支援的工具包括大多數下載型的桌面應用程式，例如：Atom、GitHub Desktop、LibreOffice Calc、OpenRefine 資料清理器、Tableau Public 和 Tabula PDF 表擷取器。但是 Chromebook 仍然可以透過 Chrome 瀏覽器來使用大多數工具，例如：Google 試算表、Google My Maps、Datawrapper、GitHub.com 線上介面以及其他幾個工具。此外，如果你希望在 Chromebook 上編輯程式碼樣版，請參考 Thomas Wilburn 的開源 Caret 文字編輯器（*https://oreil.ly/CNhwB*）。

留意不良資料

有時，資料視覺化工具或服務的問題是由不良資料引起的。重新複習第 60 頁的「識別不良資料」以及第 4 章中清除資料的其他方法。此外，避免使用會在資料檔案中造成問題的常見錯誤，尤其是在第 11 章中使用 Chart.js 和 Highcharts 程式碼樣版，以及在第 12 章中使用 Leaflet 地圖程式碼樣版時。

首先，避免在試算表條目中（尤其是欄標題）輸入空格。欄標題必須拼寫精確、沒有多餘的空格，雖然空格看起來很無害，但會混淆數位工具和程式碼樣版：

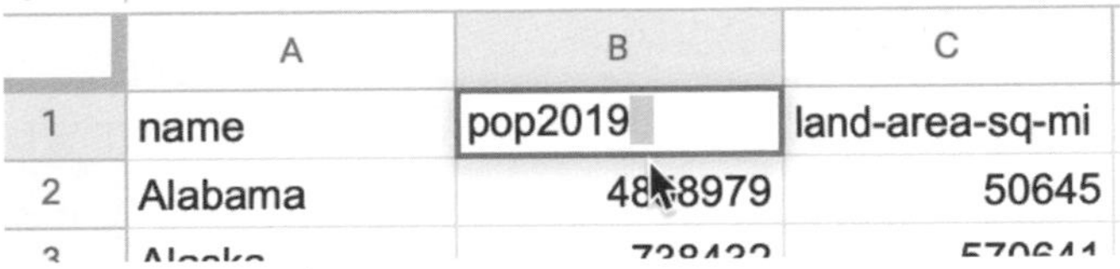

其次，避免資料檔案中的空白行。例如，在使用程式碼樣版（例如使用 Google 試算表製作 Leaflet Maps 或 Leaflet Storymaps）時，如果你在 Google 試算表中留下空白行，線上地圖就會發生錯誤：

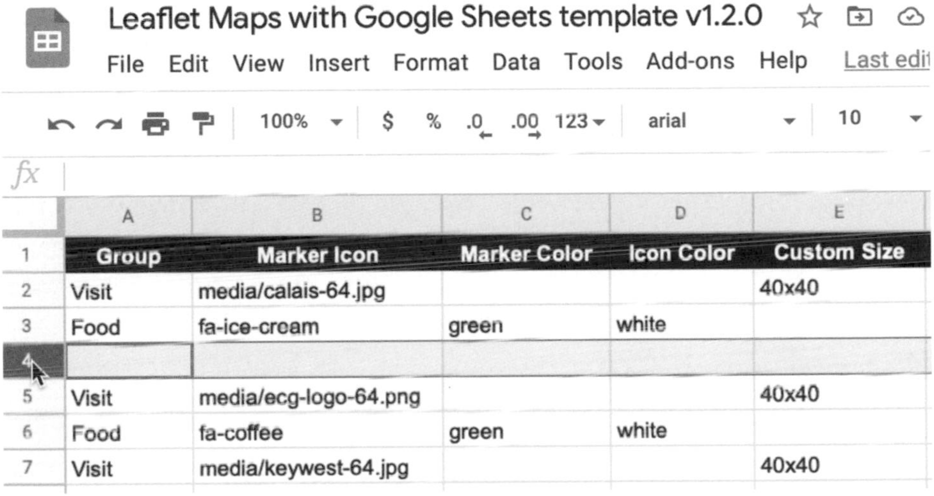

與此相關的是，在前面介紹的兩個 Leaflet 程式碼樣版中，媒體檔案路徑名是分大小寫的。換言之，*media/filename.jpg* 與 *media/filename.JPG* 是不同的。因此，我們建議包括副檔名都使用全小寫字元。

最後，如第 12 章所述的，在使用呼叫 GeoJSON 資料檔案的 Leaflet 程式碼樣版時，請注意地理資料中是否存在 null（空）欄位錯誤。在上一單元所述的瀏覽器控制台診斷視窗中，這些錯誤可能會顯示為類似以下內容的 `NaN`（意思是「not a number ／非數字」）錯誤訊息：

```
Uncaught Error: Invalid LatLng object: (NaN, NaN)
```

要解決瀏覽器控制台中的 `NaN` 錯誤，請使用第 345 頁「用 GeoJson.io 進行繪圖和編輯」中的 GeoJson.io 工具，仔細檢查你的地理資料中是否存在空欄位。

常見的 iframe 錯誤

如果你依照第 9 章中的步驟進行操作，但 iframe 的內容仍未出現在瀏覽器中，請檢查以下常見問題：

- iframe 中列出的項目（例如 URL、寬度或高度）應使用單引號（'）或雙引號（"）引起來。可選擇其中一種，但要保持一致。
- 永遠使用**直**引號，並避免輸入彎引號（又名「智慧引號」或「傾斜引號」）。從文字處理器複製程式碼時，有時會意外發生這種情況。避免使用彎的引號，例如開頭的單引號（‘）、結尾的單引號（’）、開頭的雙引號（“）和結尾的雙引號（”）。
- 在 iframe 中永遠使用 `https`（多出來的「s」代表「secure / 安全」），而非 `http`。有些網頁瀏覽器會阻擋混合使用 *https* 和 *http* 資源的內容。本書中的所有程式碼樣版都需要使用 *https*。

使用 W3Schools 的 TryIt iframe 頁面（*https://oreil.ly/5T1hg*）測試你的 iframe 嵌入程式碼，尤其是當你需要進行編輯時，因為這是檢查標點符號錯誤的好方法。圖 A-2 顯示了一個簡單 iframe 中的三個常見問題：彎雙引號（在 `src=` 之後）、使用 `http` 而非 `https`，以及雙引號和單引號的混用。圖 A-3 中所有的問題都修正了，使 iframe 出現了預期的效果。

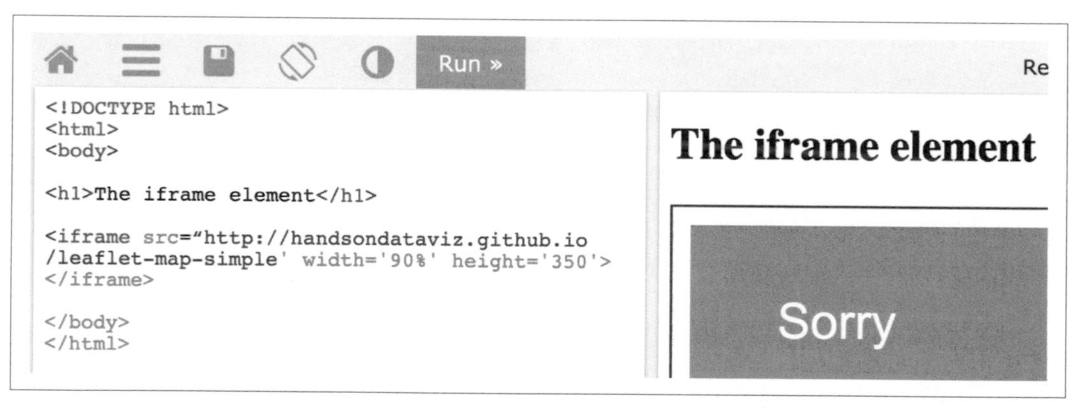

圖 A-2　你可以在這段錯誤的 iframe 程式碼中發現三個常見問題嗎？

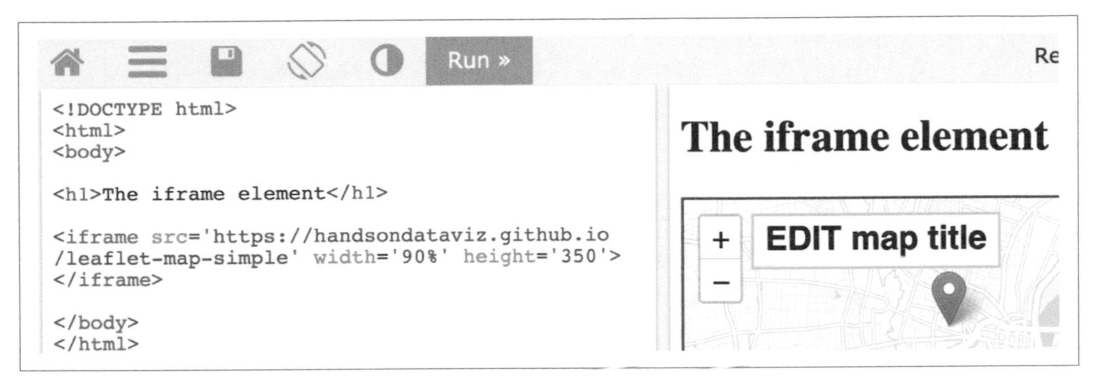


```
<!DOCTYPE html>
<html>
<body>

<h1>The iframe element</h1>

<iframe src='https://handsondataviz.github.io
/leaflet-map-simple' width='90%' height='350'>
</iframe>

</body>
</html>
```

圖 A-3　三個問題均已修正，使 iframe 出現了預期的效果。

修復 GitHub 上的程式碼

第 10 章曾經提到，使用開源程式碼樣版讓你更能掌控資料視覺化的外觀以及線上儲存的位置。這也代表當你的程式碼損壞時，你就得自己修復，或（可能需要付費）找一個技術人員來協助你修復它。如果你在免費的 GitHub 平台上遇到修復程式碼或託管的問題，請閱讀本書中的相關章節，並注意以下常見問題：

- 編輯程式碼時要小心。一個拼寫錯誤（例如缺少逗號、分號、引號或括號）都可能會破壞你的視覺化。我們知道發生這種情況時讓人沮喪，因為我們也遇到過，因此暫停一下，稍後再回到螢幕前，並用新的角度來尋找問題。
- 保持耐心。GitHub Pages 通常會在 30 秒內處理視覺化檔案的編輯，但有時可能需要幾分鐘。使用以下組合鍵之一來強制重新整理瀏覽器，以繞過暫存（*https://oreil.ly/6WQZY*）中儲存的所有內容，並從伺服器重新下載整個網頁：
  - Ctrl + F5（大部分的 Windows 或 Linux 瀏覽器）
  - Shift + Ctrl + R（Chromebook）
  - Command-Shift-R（適用於 Mac 的 Chrome 或 Firefox）
  - Option-Command-R（適用於 Mac 的 Safari）
- 永遠都要在其他瀏覽器中測試視覺化檔案的連結。有時問題實際上是瀏覽器中的故障，而不是程式碼本身引起的。
- 有時 GitHub 平台可能會發生故障，或用你的程式碼製作 GitHub Pages 後出現已知問題。檢查 GitHub Status 網站（*https://status.github.com*）。

當你使用第 11 章中的 Chart.js 和 Highcharts 程式碼樣版以及第 12 章中的 Leaflet 地圖程式碼樣版時，請謹慎進行編輯，尤其是對資料檔案的結構進行編輯。例如，在使用 Google 試算表製作 Leaflet Maps 程式碼樣版時，除非你知道自己在做什麼，否則不要變更每欄頂端的名稱，因為該程式碼樣版會尋找以下確切名稱來處理資料：

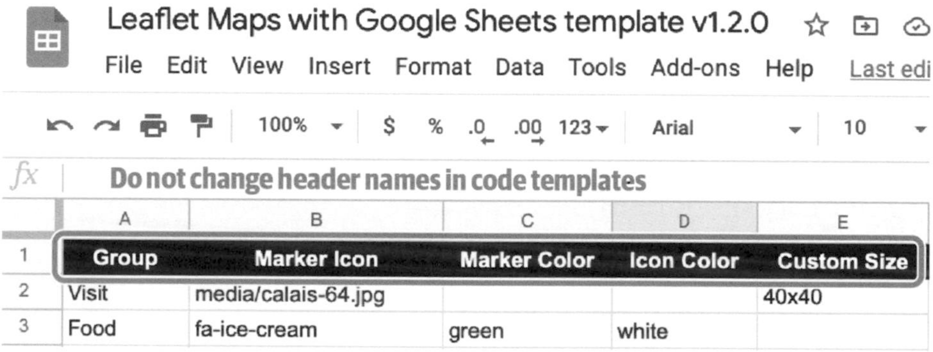

別忘了你可以在**本地**電腦上更有效地編輯和測試程式碼樣版，而不是上傳所有變更到線上的 GitHub 檢視。使用第 263 頁上的「用 GitHub 桌面和 Atom 文字編輯器有效率地寫程式」中所述的 GitHub 桌面和 Atom 工具。要在**本地**電腦上完整檢視更複雜的 Chart.js、Highcharts 或 Leaflet 程式碼樣版，你可能需要暫時在瀏覽器中管理 CORS Internet 安全設定，如圖 10-2 和 10-3 所示。

隨著時間過去，程式碼樣版需要維護，以確認它們會隨著技術的發展而繼續運作。例如，本書中的程式碼樣版都具有**程式碼依賴性**，代表它們依賴於其他程式碼或線上服務來進行操作。這些依賴項包括製作圖表和地圖的線上程式碼庫，例如 Chart.js、Highcharts、Leaflet 等。同樣的，地圖程式碼樣版依賴於來自 CARTO、Stamen 和 OpenStreetMap 等提供商的線上地圖圖磚。**如果你的線上程式碼依賴項目之一停止運作**，你的程式碼樣版也可能會停止。

要檢查你的程式碼樣版與它依賴的線上程式碼庫之間是否有問題，請回到製作副本的原始 GitHub 儲存庫。檢查目前的線上樣版圖表或地圖是否正常運作。如果是，請檢查原始 GitHub 儲存庫是否有最近的程式碼更新能夠解決你的問題。有些程式碼更新很簡單，可以透過 GitHub 網路介面直接輸入到你的儲存庫中。有些程式碼更新比較複雜，因此請檢視如何使用第 263 頁「用 GitHub 桌面和 Atom 文字編輯器有效率地寫程式」介紹的 GitHub Desktop 等工具，將程式碼從儲存庫中拉至本地電腦。

如果你複製程式碼樣版的原始 GitHub 儲存庫中，有一個無法正常運作的線上示範版本，請與開源軟體的開發人員聯絡；最好的方法是在 GitHub 儲存庫上新增一個 *Issue*。開源軟體開發人員並不保證未來將繼續維護他們的程式碼專案。但是開源程式碼的一個好處是，任何人都可以製作一個新的 fork 副本並自己做維護，也可以與開源程式碼社區中的協作者一起維護。

最後，如果你在這裡找不到問題的答案，請考慮到其他地方提出你的問題。我們推薦的部分工具支援頁面包含了社群論壇的連結，使用者可以在其中發問，有時可以從其他使用者那裡獲得有用的答案。此外，Stack Exchange 網（*https://stackex change.com*）匯集了 170 多個線上社群，有專家會在其中回答關於特定主題的問題，例如針對 Google 試算表等線上工具的 Web Applications Stack Exchange（*https://webapps.stackexchange.com*），以及針對軟體程式編寫的 Stack Overflow（*https://stackoverflow.com*）。在這些公開論壇中發佈問題時，請務必遵循其規則，清楚地描述你的問題，並提供你所使用的電腦作業系統和 / 或瀏覽器版本。

索引

※ 提醒您：由於翻譯書排版的關係，部份索引名詞的對應頁碼會和實際頁碼有一頁之差。

符號

& (ampersand) for concatenation（串接的 & 符號）, 75

A

accounts online（線上帳戶）
  Google for tool use（使用 Google 工具）, 10
  password manager for（密碼管理器）, 10
address data column splitting（地址資料欄拆分）, 74
  zip codes as plain text（郵政編碼為純文字）, 75
address mapping (see geocode tools)（地址對應（見地理編碼工具））
adjusting data for change over time（隨時間的變化調整資料）, 91, 385
Adobe Acrobat Pro for OCR（Adobe Acrobat 專業版 OCR）, 76
Africa data repository（非洲資料儲存庫）, 57
The Age of Surveillance Capitalism (Zuboff)（監控資本主義時代）, 52
aggregation of data （資料彙整）
  choropleth maps（熱度地圖）, 167
  searching for data（搜尋資料）, 49
  sensitive data（敏感資料）, 55
Airtable, 43
  mailing list in relational database（關聯式資料庫中的郵寄清單）, 43
  recommended tool（推薦工具）, 9
  relational databases versus spreadsheets（關聯式資料庫與試算表）, 42
  support page link（支援頁面連結）, 44, 412
algorithmic biases（運算法偏誤）, 393
Amazon data privacy（Amazon 資料隱私）, 52
American Community Survey (ACS)（美國社區問卷）, 57
  margins of error（誤差範圍）, 63
  median earnings by education, gender（中位數收入依教育程度、性別）, 137
  normalizing COVID-19 data（將 COVID-19 資料正規化）, 178
ampersand (&) for concatenation（串接的 & 符號）, 75
animated bubble charts（動畫泡泡圖）, 139
animated GIFs（GIF 動畫）, 231
annotated line charts（帶注釋的折線圖）
  about（關於）, 102, 285
  Datawrapper example（Datawrapper 範例）, 132-136
  Highcharts, 278, 285
annotations（注釋）
  about（關於）, 104, 132
  attributes of geospatial data（地理空間屬性資料）, 340
  bias described in（在…中描述偏誤）, 399
  Datawrapper
    annotated line chart（帶注釋的折線圖）, 132-136
    choropleth map（熱度地圖）, 200
  drawing attention to meaning（吸引注意力到意義上）, 405
  uncertainty acknowledged in（在…中註明不確定性）, 408
ANSI codes for US states and geographies（ANSI 碼（美國各州和地區））, 196
APIs
  Google Maps API for searchable point map（Google 地圖 API（可搜尋的點地圖））, 332

Google Maps API key（Google 地圖 API 密鑰），333
Google Sheets API key may change（Google 試算表 API 密鑰可能改變），307, 322
Google Sheets API personal key（Google 試算表 API 人密鑰），309, 323-328
Leaflet map templates for open data APIs（開放資料 API，Leaflet 地圖樣版），295, 333
open data repositories（開放式資料儲存庫），56
Apple data privacy（Apple 資料隱私），52
ArcGIS (Esri)
about（關於），350
Leaflet plug-in for pulling data（用於擷取資料的 Leaflet 外掛），334
QGIS open source tool（QGIS 開源工具），339, 343
Shapefiles, 343
StoryMaps platform（StoryMaps 平台），311
The Art of Statistics (Spiegelhalter), 87, 392
aspect ratio of chart warped to mislead（扭曲圖表寬高比以誤導），380-383
Atom text editor（Atom 文字編輯器），263-275
Chromebook not supported（Chromebook 不支援），416
support page link（支援頁面連結），412
attributes of geospatial data（地理空間資料屬性），340
GeoJSON data from CSv（CSV 中的 GeoJSON 資料），347
Mapshaper editing（Mapshaper 編輯），351-353
data fields removed（資料欄位刪除），353
data fields renamed（資料欄位重新命名），352, 358
average as a troublesome word（平均是造成麻煩的用詞），87
axes of charts（圖表的軸），104
decimal points（小數點），125
how to lie with charts（如何用圖表說謊）
aspect ratio of chart warped（扭曲圖表寬高比），380-383
diminishing change（淡化變化），378
dual vertical axis（雙縱軸），383-386
exaggerating change（誇大變化），376
labels（標籤）
misleading use of（誤導性使用），17
readability（可讀性），110
zero-baseline rule for charts（圖表的零基線規則），106
exaggerating change in charts（誇大變化），377
line charts（折線圖），106, 379

B

backing up data（備份資料），59
bad data（不良資料），60-62
Quartz Guide to Bad Data（Quartz 不良資料指南），60
troubleshooting（故障排除），416
bar charts（條形圖）
about（關於），100, 114
（另見圖表）
Chart.js, 278, 278-281
file structure（檔案結構），279
error bars（誤差線），101, 104
Chart.js, 278, 282-283
credibility and（可信度與），408
Google Sheets（Google 試算表），117
Google Sheets（Google 試算表），114-126
grouped（分組），100, 114
Google Sheets（Google 試算表），114-118
Google Sheets, interactive（Google 試算表，互動式），115
Google Sheets, interactive embedded（Google 試算表，互動式嵌入式），117
labels（標籤），100, 114
stacked（堆疊），100, 119
Google Sheets（Google 試算表），119
baselines in charts（圖表的基線），106-108
exaggerating change（誇大變化），377
line charts（折線圖），106, 379
basemaps（底圖）
disputed territory bias（有爭議的地域偏誤），399
Leaflet code options site（Leaflet 程式碼選項網站），256
raster versus vector（點陣 vs. 向量），163
zoomable tile provider links（可縮放圖磚提供商連結），294
beginner tools（初學者工具），9

about spreadsheets（關於試算表）, 13
easy tools identified（易於使用的工具）, 4
charts（圖表）, 99-103
maps（地圖）, 159-161
HTML tags and syntax link（HTML 標籤和語法連結）, 303
Leaflet map templates（Leaflet 地圖樣版）, 293, 295
beginner coding（初學者編碼）, 294, 295
Mapshaper, 350
storymap platforms（故事地圖平台）, 311
tool selection（工具選擇）
data format（資料格式）, 16
factors to consider（因素考慮）, 3-8
one chart from 24 different tools（用 24 種不同工具製作同一張圖表）, 24, 8
password manager（密碼管理器）, 10
recommended tools（推薦工具）, 9
spreadsheet tools（試算表工具）, 15
believable visualizations (see credibility)（可信的視覺化（參見可信度））
Bergstrom, Carl T., 93
Best, Joel, 219
bias in data（資料的偏誤）, 92-95, 392-399
racial equity in data visualization（資料視覺化中的種族平等）, 393-396
spatial biases（空間偏誤）, 396-399
cartograms addressing（用統計地圖因應）, 397
Bitwarden, 10
Black Lives Matter police data（「黑人的命也是命」警察資料）, 54
blank spaces as bad data（空格為不良資料）, 416
Bloch, Matthew, 350
boundaries (see geographic boundaries)（邊界（參見地理邊界））
branches on GitHub（GitHub 上的分支）
committing changes（送交變更）, 253
different for edits then merging（不同的編輯然後合併）, 274
main as default（預設主要）, 254
Brewer, Cynthia A., 169
Brown University Open Data listings（Brown University Open Data 列表）, 58
browsers（瀏覽器）
Chromebook supported（Chromebook 支援的）, 416
console window（控制台視窗）, 414
developer tools（開發人員工具）, 414
GitHub Desktop code template edits（GitHub Desktop 程式碼樣版編輯）, 271
relaxing same-origin policies（鬆綁同源政策）, 270
link-shortening service（連結縮短服務）, 21
map boundary detail and（地圖邊界詳細資訊以及）, 353
OpenRefine data cleaner（OpenRefine 資料清理器）, 80
password manager（密碼管理器）, 10
recommended browsers（推薦的瀏覽器）, viii
legacy browsers not supported（不支援的舊版瀏覽器）, 413
try different for troubleshooting（嘗試不同以進行故障排除）, 413
relational databases in（關聯式資料庫）, 43
Tabula PDF table extractor（Tabula PDF 表格擷取器）, 77
testing visualizations（測試視覺化）, 413
troubleshooting browser troubles（排除瀏覽器故障）, 413
hard refresh（強制重新整理）, 413
troubleshooting using browser（使用瀏覽器進行故障排除）, 414
visualization tool security and privacy（視覺化工具安全性和隱私性）, 6
web security extension（網路安全擴充）, 10
bubble charts（泡泡圖）
about（關於）, 103, 139, 289
animated（動畫）, 139
Chart.js, 278, 289
Datawrapper, 142
more than three variables（三個以上的變數）, 290
semitransparent circles（半透明圓圈）, 290

C

Cairo, Alberto
aspect ratio in charts（圖表的寬高比）, 380

geocoding bad data（對不良資料進行地理編碼）, 61
histograms for data distribution（資料分布的直方圖）, 390
normalization of data（將資料正規化）, 89
The Truthful Art, 89, 376, 402
zero-baseline rule in line charts（零基線規則）, 106, 379
California Consumer Privacy Act（2020）(《加州消費者隱私法》（2020 年）), 52
Canada Native Land map（Canada Native Land 地圖）, 399
Caret text editor for Chromebooks（Chromebook 的 Caret 文字編輯器）, 264, 416
CARTO used by code template（程式碼樣版使用的 CARTO）, 256
cartograms（統計地圖）, 397
categories of data via range charts for distance between（範圍圖呈現資料類別的距離之間）, 99
cause-and-effect relationships in data（資料的因果關係）, 88
table design example（表格設計範例）, 219
censorship of internet by governments（政府的網路審查）, 6
Center for Responsive Politics, 54
change over time（隨時間的變化）
adjusting data for（為…調整資料）, 91, 385
line charts（折線圖）, 99, 101, 128
stacked area charts（堆疊面積圖）, 102, 130
Chart.js
about（關於）
annotations（注釋）, 286
file structure（檔案結構）, 279
open source（開源的）, 277
bar or column chart（條形或柱形圖）, 278, 278-281
error bars（誤差線）, 278, 282-283
bubble charts（泡泡圖）, 278, 289
documentation link（說明文件連結）, 285, 291, 412
line charts（折線圖）, 278, 283
stacked area chart conversion（堆疊面積圖之轉換）, 285
recommended tool（推薦的工具）, 9
samples link（範例連結）, 291
scatter charts（散佈圖）, 278, 287
warnings about editing（關於編輯的警告）, 419
charts（圖表）
about（關於）, 99
persuasiveness of（說服力）, 16
aspect ratio（寬高比）, 380-383
book using bar and column charts（用條形圖和柱形圖的書）, 100
Datawrapper, 131
annotated line chart（帶注釋的折線圖）, 132-136
confidence intervals（信賴區間）, 136
scatter and bubble charts（散佈圖和泡泡圖）, 139
definition（定義）, 13
design principles（設計原則）, 103-113
aesthetics（美學）, 108-113
baselines（基線）, 106-108
baselines exaggerating change（誇大變化的基線）, 377
chart junk（圖表垃圾）, 108
colors（顏色）, 111
components of charts（圖表的組件）, 104
data visualization rules blog post（資料視覺化規則部落文）, 104
label readability（標籤可讀性）, 110
pie charts（圓餅圖）, 108-109, 127
rules that cannot be broken（不能破壞的規則）, 106-108
easy tools identified（簡單工具列表）, 99-103
Google Sheets（Google 試算表）
about（關於）, 113
bar and column charts（條形圖和柱形圖）, 114-126
embedding in web page（在網頁中嵌入）, 117
grouped bar or column charts（分組條形圖或柱形圖）, 114
histograms（直方圖）, 121-126
interactive bar and column charts（互動式條形圖和柱形圖）, 115
limitations of Google Sheets（Google 試算表的局限性）, 114, 117, 125
scatter and bubble charts（散佈圖和泡泡圖）, 139

split bar or column charts（分割條形圖或柱形圖）, 118
stacked area charts（堆疊面積圖）, 130
stacked bar or column charts（堆疊條形圖或柱形圖）, 119
how to lie with charts（如何用圖表說謊）
about（關於）, 376
add more data（加上更多資料）, 383-386
adjusting data for change over time（隨時間變化來調整資料）, 385
aspect ratio warped（寬高比扭曲）, 380-383
colors（顏色）, 385
diminishing change（淡化變化）, 378
exaggerating change（誇大變化）, 376
sources for tutorials（教學資源）, 376
power tools identified（強大工具列表）, 99 103
recommended tools（推薦工具）, 9
rows and columns opposite tables（轉置列和欄）, 71, 130
sparklines（迷你圖）, 217
types of（的類型）
about（關於）, 99
best uses and tutorials（最佳用途和教學）, 100
relationships visualized（視覺化關係）, 103, 166
cherry-picking data（挑選資料）, 92
choropleth maps（熱度地圖）
about（關於）, 159-160, 193
ColorBrewer online assistant（ColorBrewer 線上助理）, 169-177
color intervals（顏色間隔）, 173-177
color palettes（配色）, 170-172
steps only, no continuous（僅分階，無連續性）, 174
design principles（設計原則）
avoiding common mistakes（避免常見錯誤）, 386
choropleth map design blog posts（熱度地圖設計部落文）, 202
color intervals（顏色間隔）, 173-177
color intervals, steps versus continuous（顏色間隔，分階 vs. 連續性）, 173
color palettes（配色）, 169-172
ColorBrewer online assistant（ColorBrewer 線上助理）, 169-177
design considerations blog post（設計考量事項部落文）, 174
interpolation of data（資料插值）, 174
one variable, not two（一個變數，不是兩個）, 166
point versus polygon data（點 vs. 多邊形資料）, 164-166
smaller geographies（較小的地理區域）, 167
how to lie with maps（如何用地圖說謊）
about（關於）, 386
color ranges（顏色範圍）, 388
design decisions（設計決策）, 391
histograms for data distribution（資料分佈的直方圖）, 390
loading data（載入資料）, 386
normalizing data（將資料正規化）, 178, 202
pivot points transformed into polygon data（樞軸點轉換成多邊形資料）, 165, 368
spreadsheet data joined with polygon map（試算表資料與多邊形地圖合併）, 357
table with sparklines instead（改用帶有迷你圖的表格）, 220
tutorials（教學）
Datawrapper, 193-202
Tableau Public, 202-208
Chromebooks
text editors（文字編輯器）, 264
tools not supported（不支援的工具）, 416
cleaning data（清理資料）
backing up first（備份第一）, 59
blog post on preparing for visualization（關於為視覺化做準備的部落文）, 76
Find and Replace（尋找和取代）, 69
healthcare spending by nation data（依照國家資料的醫療照護支出）, 203
life expectancy data（預期壽命資料）, 221
OpenRefine for, 79-86
recommended tools（推薦工具）, 9
Smart Cleanup in Google Sheets（Google 試算表中的 Smart Cleanup）, 68
transposing rows and columns（轉換行和欄）, 71

US Census data for population change（美國人口變化普查資料）, 188
Zillow Home Value Index（Zillow 房價指數）, 194
climate change chart diminishing change（氣候變化圖表減小的變化）, 378
Climate Research Unit link（氣候研究部門連結）, 378
closed data repositories（封閉資料儲存庫）, 58
clustering similar spellings（相似的拼寫形式）, 84
code templates（程式碼樣版）
about（關於）, 247
Leaflet templates for beginners（初學者的 Leaflet 樣版）, 293, 295
Chart.js, 277
（另見 Chart.js）
documentation link（說明文件連結）, 285
file structure（檔案結構）, 279
commercial-level web hosting（商業級網站託管）, 253
editing code templates on GitHub（在 GitHub 上編輯程式碼樣版）, 250, 256
committing changes（送交變更）, 252, 257
GitHub Desktop, 263
troubleshooting（故障排除）, 414, 419
GitHub hosting map template（GitHub 託管的地圖樣版）
about GitHub（關於 GitHub）, 247
about Leaflet（關於約 Leaflet）, 249
committing changes（送交變更）, 252, 257
editing code template（編輯程式碼樣版）, 250, 256
publishing（發佈）, 253
repo pointing to live map（儲存庫指向即時地圖）, 255
Highcharts, 277
（另見 Highcharts）
file structure（檔案結構）, 279
image size（影像尺寸）, 303, 317
languages used（使用的語言）, 249, 294
Leaflet map templates（Leaflet 地圖樣版）
about（關於）, 293
custom icons documentation（客製化圖示說明文件）, 329
GeoJSON overlays（GeoJSON 疊加層）, 319, 320
georeferenced map images（經過地理對位的地圖影像）, 319
heatmap points with CSV data（用 CSV 資料製作熱圖點）, 294, 329
image size（影像尺寸）, 303, 317
map tile provider links（地圖圖磚提供商連結）, 319
Maps with Google Sheets（用 Google 試算表製作地圖）, 294, 295-309
maps with open data APIs（用開放 API 的資料製作地圖）, 295, 333
point maps with CSV data（用 CSV 資料製作地圖）, 294, 328
searchable point map with CSV data（用 CSV 資料製作可搜尋的點地圖）, 294, 331
Storymaps with Google Sheets（用 Google 試算表製作故事圖）, 294, 310-328
Storymaps with Google Sheets gallery（用 Google 試算表製作 Storymaps 之範例）, 311
media file pathname case sensitivity（媒體檔案路徑名分大小寫）, 303, 317, 417
troubleshooting（故障排除）, 414, 419
warnings about editing（關於編輯的警告）, 419
coding tools（編碼工具）
Leaflet maps for beginner coding（用於初學者編碼的 Leaflet 圖）, 294, 295
recommended tools（推薦工具）, 9
cognitive biases（認知偏誤）, 392
spatial biases（空間偏誤）, 396-399
cartograms addressing（用統計地圖因應）, 397
collaboration（協作）
GitHub platform（GitHub 平台）, 274
Google Sheets（Google 試算表的）
book using（使用…的書）, 16
sharing sheets（共用工作表）, 20, 21
link-shortening service（連結縮短服務）, 21
tool selection factor（工具選擇因素）, 6
collecting data (see data, collecting)（收集資料（參見資料，正在收集））
Color Oracle, 111

ColorBrewer choropleth tool（ColorBrewer 熱度圖工具）, 169-177
color intervals（顏色間隔）, 173-177
steps only, no continuous（僅分階，無連續性）, 174
color palettes（配色）, 170-172
diverging palettes（發散型配色）, 171
qualitative palettes（定性型配色）, 171
sequential palettes（順序型配色）, 171
table category colors（表格類別顏色）, 224
colors（顏色）
bias avoidance（避免偏誤）, 394
blog posts on visualization colors（關於視覺化顏色的部落文）, 169
bubble charts（泡泡圖）
more than three variables（超過三個變數）, 290
semitransparent colors（半透明顏色）, 290
charts（圖表）, 111
colorblindness and chart colors（色盲和圖表顏色）, 111, 139, 169
choropleth maps（熱度地圖）
about（關於）, 159
color intervals（顏色間隔）, 173-177
color intervals with Tableau Public（Tableau Public 的顏色間隔）, 208
color intervals, steps versus continuous（顏色間隔，分階 vs. 連續）, 173, 199, 388
color palettes（配色）, 169-172
design decisions（設計決策）, 391
how to lie with maps（如何用地圖說謊）, 386-391
online design assistant（線上設計助理）, 169-177
color intervals（顏色間隔）, 173-177
choropleth maps, steps versus continuous（熱度地圖，分階 vs. 連續）, 173, 199, 388
Tableau Public, 208
colorblindness（色盲）
chart color（圖表顏色）, 111
chart color check by Datawrapper（Datawrapper 進行圖表顏色檢查）, 139
choropleth map design（熱度地圖設計）, 169
colorblind-accessible tools（色盲可存取工具）, 7
ColorBrewer tool (see ColorBrewer)（ColorBrewer 工具（參見 ColorBrewer））
line charts（折線圖）, 284
misleading（誤導性）, 385
pie charts in Google Sheets（Google 試算表中的圓餅圖）, 127
semitransparent colors（半透明顏色）, 290
tables（表格）
Datawrapper colors based on categories（基於類別的 Datawrapper 顏色）, 223
highlighting data with color（用顏色突顯資料）, 218
Tableau Public, 226
web color codes and names site（網路顏色程式碼和名稱網站）, 302
column charts（柱形圖）
about（關於）, 100, 114
(see also charts)（另見圖表）
Chart.js, 278, 278-281
file structure（檔案結構）, 279
error bars（誤差線）, 101, 104
Chart.js, 278, 282-283
credibility and（可信度）, 408
Google Sheets（Google 試算表）, 117
Google Sheets（Google 試算表）, 114-126
grouped（分組的）, 100, 114
Google Sheets（Google 試算表）, 114-118
Google Sheets, interactive（Google 試算表，互動式）, 115
Google Sheets, interactive embedded（Google 試算表，互動式嵌入）, 117
histograms versus（直方圖 vs.）, 121
labels（標籤）, 100, 114
stacked（堆疊）, 100, 119
Google Sheets（Google 表格）, 119
columns and rows in tables versus charts（表格的行和欄和圖表的相比）, 71, 130
comma-separated values (see CSV format)（逗號分隔值（見 CSV 格式））
comparative visualizations（比較性的視覺化）
chart types for（之圖表類型）, 100-103, 114

compared to what（與什麼相比）, 87
bias in data（資料偏誤）, 92-95, 392-399
normalizing data（將資料正規化）, 89-92
precisely describing comparisons（精確地描述比較）, 87
truth in charts example（圖表範例中的真相）, 17
computer recommendations（電腦推薦）, viii
cross-platform tools（跨平台工具）, 6
GitHub Desktop and Atom text editor（GitHub Desktop 和 Atom 文字編輯器）, 263
screenshot keystrokes（螢幕截圖鍵）, 230, 411
concatenation to combine data（組合資料的串接）, 75
confidence intervals in Datawrapper（Datawrapper 的信賴區間）, 136
confirmation bias（確認偏誤）, 392
confounding variables（混雜變數）, 89
Connecticut Campaign Reporting Information System, 54
console window of browsers（瀏覽器的控制台視窗）, 414
constant dollars as adjusted over time（依時間調整為定值美元）, 91
continuous color intervals（連續的顏色間隔）, 173, 199, 388
copyleft as GNU General Public License（GNU 通用公開許可證之著作傳）, 248
coronavirus (see COVID-19)（冠狀病毒（參見 COVID-19））
corporations collecting private data（公司收集私人資料）, 52
correlations between variables（變數之間的相關性）, 88
chart types for（圖表類型）, 103, 166
scatter and bubble charts（散佈圖和泡泡圖）, 139, 147, 287, 385
table cross-tabulation design（表格交叉表設計）, 219
COVID-19
nonresponse bias in US Census（美國人口普查中的無回應偏誤）, 93
normalizing data for choropleth maps（為熱度地圖資料正規化）, 178
racial equity in data visualization（資料視覺化中的種族平等）, 394
table design example（表格設計範例）, 219
tables extracted from PDFs（從 PDF 中擷取表格）, 78
credibility of visualizations（視覺化之可信度）
bad data（不良資料）, 60-62
Quartz Guide to Bad Data, 60
bias in data（資料偏誤）, 92-95, 392-399
racial equity in data visualization（資料視覺化中的種族平等）, 393-396
spatial biases（空間偏誤）, 396-399
critically examining data（嚴格檢查資料）, 63
data source notes（資料來源注釋）, 104, 118, 408
normalizing data（資料正規化）, 89-92
percentages used to mislead（用於誤導的百分比）, 88
what to believe（應該相信什麼）, 14-21
cross-platform tools（跨平台工具）, 6
crosswalks matching up sets of data（用來比對資料集的對照表）, 360
CSS (Cascading Style Sheets)（CSS（階層樣式表））, 249, 294
CSV format（CSV 格式）
about .csv files（關於 .csv 檔案）, 16
CSV UTF-8 across platforms（跨平台的 CSV UTF-8）, 19
support for（對…的支援）, 16
data.csv of code templates（data.csv 的程式碼樣版）, 279
export limitations（匯出限制）, 17, 19, 42
geocoding data（地理編碼資料）, 23-25
bulk geocoding（批次地理編碼）, 366
combining data into one column（將資料合併成一欄）, 75
GeoJSON data from（來自…的 GeoJSON 資料）, 347, 350
Google Sheets to CSV to GitHub repo（Google 試算表到 CSV 到 GitHub 庫）, 307, 322
Leaflet code templates（Leaflet 程式碼樣版）
heatmap points with CSV data（用 CSV 資料製作熱圖點）, 329
point maps with CSV data（用 CSV 資料製作點地圖）, 328

searchable point map（可搜尋的點地圖），331
map polygon data joined with（地圖多邊形資料與…合併），357
keys（鍵），360
matching up data（比對資料），360
Microsoft Excel versions and（Microsoft Excel 版本以及），16, 17
PDF tables extracted to（PDF 表格擷取為），76, 79
current map from open data repository（來自開放式資料儲存庫的即時地圖），161
tutorial with Socrata Open Data（Socrata Open Data 之教學），208-215
customized point-polyline-polygon maps（客製化的點 - 多折線 - 多邊形地圖），160

D

dashboards in Tableau Public（Tableau Public 的儀表板），207
data breaches listed on Wikipedia（Wikipedia 列出的資料洩露事件），6
data categories via range charts for distance between（範圍圖呈現資料類別的距離），99
data distribution in choropleth maps（熱度地圖中的資料分佈），174, 390
Data Feminism（D'Ignazio and Klein）（資料女權主義（D'Ignazio 和 Klein）），47
data formats（資料格式）
CSV
about .csv files（關於 .csv 檔案的），16, 19
（另參見 CSV 格式）
converted to GeoJSOn（轉換為 GeoJSON），347, 350
map polygon data joined with（地圖多邊形資料與…合併），357, 360
export data formats（匯出資料格式），16
geospatial data（地理空間資料）
converting KMZ to KMl（將 KMZ 轉換為 KML），362
converting to GeoJSOn（轉換為 GeoJSON），346, 350
GeoJSOn, 339, 344
（另見 GeoJSON）
GPS Exchange Format（GPS 交換格式），343
Keyhole Markup Language（鎖孔標記語言），343
lesser-known formats（少為人知的格式），344
MapInfo TAb, 344
Shapefiles, 343
raster data（點陣資料）
basemap raster tiles（底圖點陣圖磚），163
geospatial data（地理空間資料），340
spreadsheet tools（試算表工具），16
vector data（向量資料）
basemaps（底圖），163
GeoJSON format（GeoJSON 格式），341
（另見 GeoJSON）
GeoJSON format as universal（GeoJSON 格式是通用的），344
geospatial data（地理空間資料），340
OpenStreetMap data（OpenStreetMap 資料），340
points, polylines, polygons（點、多線段、多邊形），164
Data Is Beautiful and Data Is Ugly sites（Data Is Beautiful 和 Data Is Ugly 網站），113
data objectivity（資料客觀性），47
data portability（資料可移動性）
CSV UTF-8, 19
data format（資料格式），16
Leaflet Storymaps with Google Sheets（使用 Google 試算表製作 Leaflet 故事圖），311
tool selection factor（工具選擇因素），5
data repositories（資料儲存庫）
open（開放式），56-58
（另見資料集）
source note information (see source notes for data)（原始注釋資訊（參見原始資料））
subscription-based（訂閱制），58
data series（資料組），104
line chart（折線圖），128
data sources (see data, collecting)（資料來源（參見資料收集））
data stories (see storytelling)（資料故事（參見說故事））
data visualizations（資料視覺化）

about not speaking for themselves（無法不辯自明）, 402
bad data（不良資料）, 60-62
Quartz Guide to Bad Data, 60
troubleshooting（故障排除）, 416
（另參見故障排除）
definition（定義）, 13
drawing attention to meaning（吸引注意力到意義上）, 405
interpretive skill（解讀能力）, 375
open data repository tools（開放資料儲存庫工具）, 56
（另見資料集）
persuasiveness（說服力）, 14-21
preparing data blog post（準備資料部落貼文）, 76
（另參見清理資料）
purposes explicit and implicit（顯性和隱性目的）, 47
question if visualization needed（質疑是否需要視覺化）, 103
question if location needed（質疑是否需要地點）, 161, 166
question if table is best（質疑表格是否最佳）, 217
questioning data（質疑資料）, 63, 392
racial equity improvements（種族平等改善）, 393-396
（另見資料偏誤）
storytelling by（用…說故事）, 13, 1, 401
（另見說故事）
survey of readers visualization（讀者問卷之視覺化）, 403
（另見對讀者問卷）
testing in second browser（在第二個瀏覽器中進行測試）, 413
data walk interactive visualization（Data walk 互動式視覺化）, 409
data, collecting（資料，收集）
backing up data（備份資料）, 59
bad data（不良資料）, 60-62
Quartz Guide to Bad Data, 60
troubleshooting（故障排除）, 416
bias in data（資料偏誤）, 92-95, 392-399
spatial biases（空間偏誤）, 396-399
spatial biases and cartograms（空間偏誤和統計地圖）, 397
book survey for sample data（本書樣本資料的問卷）, 14
copying a Google Sheets sheet（複製 Google 試算表）, 19
Google Forms for（Google 試算表）, 26
visualization of（的視覺化）, 403
cleaning data (see cleaning data)（清理資料（見清理資料））
critically examining data（嚴格審查資料）, 63, 392
data story sketch（資料故事草圖）, 2
finding data（尋找資料）
datasets (see datasets)（資料集（參見資料集））
GeoJSON from other data formats（來自其他資料格式的 GeoJSON）, 346, 350
GeoJSON geographic boundary files（GeoJSON 地理邊界檔案）, 344, 353
historical maps（）, georeferenced（經過地理對位的歷史地圖）, 319, 366
questions to guide search（引導搜尋的問題）, 47-51
Google Forms for（Google 表單用於）, 26
how to search for data（如何搜尋資料）
Google Dataset Search（Google 資料集搜尋）, 57
Google Scholar（Google 學術搜尋）, 50
no collections exist（不存在的收集）, 51
normalizing data（將資料正規化）, 89-92
PDF table extraction（PDF 表格擷取）, 76-79
text- versus image-based PDFs（文字型 vs. 影像型 PDF）, 76
power structures affecting（影響力量的結構）, 51
private versus public data（私人資料與公開資料）, 51-55
sensitive data（敏感資料）, 55
questioning data（質疑資料）, 63, 392
recommended tools（推薦工具）, 9
source note information (see source notes for data)（來源注釋資訊（參見資料來源注釋））

data.csv of code templates（data.csv 程式碼樣版），279
Data.gov, 57
databases（資料庫）
  flat-file（平面檔案）, 42
  government（政府）
    Climatic Research Unit（氣候研究小組）, 378
    Data.gov, 57
    Federal Election Commission（聯邦選舉委員會）, 54
    finding（發現）, 49
    IRS 990 forms（IRS 990 表格）, 54
    NASa, 378
    National Oceanic and Atmospheric Administration（國家海洋和大氣管理局）, 378
    private data collection（私人資料收集）, 52, 53
    property ownership（財產所有權）, 54
    Socrata Open Data Network（Socrata 開放資料網路）, 58, 208
    Socrata tutorial on current map（Socrata 即時地圖教學）, 208-215
    state and municipal open data platforms（州和市政開放資料平台）, 58
    US Federal Reserve（美聯儲）, 376
  open data repositories（開放式資料儲存庫）, 56-58
    （另見開放式資料儲存庫）
  police data（警察資料）, 54
  political contributions（政治捐款）, 54
  relational（相關人員）, 42
  subscription-based（訂閱制的）, 58
DataMade company（DataMade 公司）, 331
datasets（資料集）
  backing up data（備份資料）, 59
  bad data（壞資料）, 60-62
    Quartz Guide to Bad Data（Quartz 壞資料指南）, 60
    troubleshooting（故障排除）, 416
  bias in data（資料偏誤）, 92-95, 392-399
    racial equity in data visualization（資料視覺化種族平等）, 393-396
    spatial biases（空間偏誤）, 396-399
    spatial biases and cartograms（空間偏誤和製圖）, 397
  cleaning data (see cleaning data)（清理資料（參見清理資料））
  closed data repositories（封閉的資料儲存庫），58
  critically examining data（嚴格檢查資料）, 63
  crosswalks matching up sets of data（比對資料集的對照表）, 360
  CSV joined with map polygon data（CSV 合併地圖多邊形資料）, 360
  databases (see databases)（資料庫（參見資料庫））
  digital maps collection（數位地圖典藏）, 365
  finding data（尋找資料）
    GeoJSON from other data formats（來自其他資料格式的 GeoJSON）, 346, 350
    GeoJSON geographic boundary files（GeoJSON 地理邊界檔案）, 344, 353
    historical maps（）, georeferenced（經過地理對位的歷史地圖）, 319, 366
    questions to guide search（引導搜尋的問題），47-51
  how to search for data（如何搜尋資料）
    Google Dataset Search（Google 資料集搜尋）, 57
    Google Scholar（Google 學術搜尋）, 50
    no collections exist（不存在的收集）, 51
  open data repositories（開放資料資訊庫）, 56-58
    data changes unannounced（未公告的資料變更）, 335
    digital maps collection（數位地圖典藏）, 365
    Leaflet map templates for open data APIs（開放資料 API 的 Leaflet 地圖樣版）, 295, 333
    Our World in Data, 122, 405
    tutorial on current map with Socrata（用 Socrata 製作即時地圖之教學）, 208-215
    US Federal Reserve（美國聯邦儲備委員會），376
    （參見政府資料庫）
    World Inequality Database（世界不平等資料庫）, 58, 387
  PDF table extraction（PDF 表格擷取）, 76-79

text- versus image-based PDFs（文字型 vs. 影像型的 PDF）, 76
power structures affecting（權力結構影響）, 51
questioning data（質疑資料）, 63, 392
source note information（原始注釋資訊）, 58
acknowledging in storytelling（在說故事時標注）, 408
chart annotations（圖表注釋）, 104
credibility and（可信度以及）, 104, 118, 408
how to lie tutorial sources（資料詐欺術教學來源）, 376, 386
Leaflet code template edits（Leaflet 程式碼樣版編輯）, 256
maps（地圖）, 164, 208
no clickable link in Google Sheets（Google 試算表中沒有可點按的連結）, 114, 118
OpenStreetMap credit line（標注 OpenStreetMap 來源）, 344
storytelling chapter source（說故事的章節來源）, 402
survey of readers for sample data（對讀者的抽樣資料問卷）, 14
copying a Google Sheets sheet（複製 Google 試算表）, 19
Google Forms for（Google 表單製作）, 26
visualization of（的視覺化）, 403
Datawrapper
about（關於）, 131, 202
Core open source（核心開源）, 132
paired with Google Sheets（搭配 Google 試算表）, 132
tables（表格）, 226
Annotate tab（標註標籤）, 200
charts（圖表）
about（關於）, 131
annotated line chart（帶注釋的折線圖）, 132-136
confidence intervals（信賴區間）, 136
range charts（範圍圖）, 137-139
scatter and bubble charts（散佈圖和泡泡圖）, 139
Chromebook supported（Chromebook 支援的）, 416
Datawrapper Academy link（Datawrapper 學院連結）, 104
choropleth map color intervals（熱度地圖顏色間隔）, 175
choropleth map considerations（熱度地圖注意事項）, 174
choropleth map design（熱度地圖設計）, 202
choropleth map honesty and usefulness（熱度地圖的誠實性和實用性）, 391
cleaning and preparing data（清理和準備資料）, 76
colors in data visualizations（資料視覺化中的顏色）, 112, 169
confidence intervals（信賴區間）, 136
data visualization rules（資料視覺化規則）, 104
flag icons（國旗圖示）, 221
gallery of examples（範例庫）, 132, 221, 226
one chart from 24 different tools（用 24 種工具製作同一張圖表）, 24, 8
place name geocoding（將地名進行地理編碼）, 189, 196
plastics in storytelling inspiration（說故事範例中的塑膠）, 405
range plot tutorial（範圍的繪圖教學）, 137
support pages（支援頁面）, 226, 412
symbol maps support pages（符號圖支援頁面）, 193
tool tip customization（工具提示客製化）, 192, 200
training materials（培訓資料）, 132, 221, 226
US election results visualized（美國選舉結果視覺化）, 397
maps（地圖）
cartograms（統計地圖）, 397
color interval types（顏色間隔類型）, 173
how to lie with maps（如何用地圖說謊）, 386-391
interpolation of data in choropleth maps（資料在熱度地圖中進行插值）, 174
uploading data to US States and Territories map（將資料上傳到美國州和地區地圖）, 196
US states and territories options（美國州和地區選項）, 399
recommended tool（推薦工具）, 9
Refine tab（Refine 標籤）, 139, 198, 200

storytelling example on plastics（說故事範例中的塑膠）, 405
table with sparklines（帶有迷你圖的表格）, 220-226
colors（顏色）, 223
flag icons（國旗圖示）, 221
searchable（可搜尋）, 221
sparklines（迷你圖）, 224
table, static（表格，靜態）, 226
tool tip customization（工具提示客製化）, 192, 200
tutorials（教學）
choropleth map（熱度地圖）, 193-202
symbol point map（符號點地圖）, 187
table with sparklines（帶有迷你圖的表格）, 220-226
dates in tables versus charts（表格 vs. 圖表的日期）, 71, 130
Decennial Census（十年普查）, 57
deception (see credibility)（欺騙性（參見可信度））
decile interpolation of data（資料的十進制補值）, 175
dependent variable（因變數）, 88
table design（表格設計）, 219
Designing Better Maps: A Guide for GIS Users (Brewer)（設計更好的地圖：GIS 使用者指南（Brewer））, 169
developer tools in browsers（瀏覽器中的開發人員工具）, 414
disability and visualization accessability（殘障和視覺化可存取性）, 7
disputed territory bias（有爭議的地區偏誤）, 398
District of Columbia depiction（哥倫比亞特區描述）, 399
Down for Everyone or Just Me? site（Down for Everyone or Just Me? 網站）, 412
Downdetector.com, 412
drawing tools for GeoJSON data（GeoJSON 資料的繪圖工具）, 348
D'Ignazio, Catherine, 47, 51

E

easy tools identified（簡單工具列表）, 4
charts（圖表）, 99-103
maps（地圖）, 159-161
economic data adjusted for change over time（依時間變化調整的經濟資料）, 91
Eder, Derek, 331
Edge Legacy browser（Edge Legacy 瀏覽器）, 413
Eloquent JavaScript (Haverbeke), 294
embedding in web page（嵌入網頁）
Datawrapper, 136, 193, 226
embed code（嵌入程式碼）, 235
embed code（嵌入程式碼）
about（關於）, 229, 231
Datawrapper, 235
Google Sheets（Google 試算表）, 233
iframes, 229, 231
Tableau Public, 237
GitHub Pages, 253
converting link to iframe（轉換 iframe 的連結）, 257
public web address generated（產生公開網址）, 254
Google Sheets chart（Google 試算表圖表）, 117
embed code（嵌入程式碼）, 233
iframes, 229, 231
（另見 iframes）
Socrata, 214
Tableau Public embed code（Tableau Public 嵌入程式碼）, 237
tutorial on Google My Maps point map（Google My Maps 點地圖教學）, 186
error bars in bar or column chart（條形圖或柱形圖中的誤差線）
about（關於）, 101, 104
Chart.js, 278, 282-283
credibility and（可信度和）, 408
Google Sheets（Google 試算表）, 117
errors (see troubleshooting)
Esri (see ArcGIS (Esri))（錯誤（參見故障排除））
ethics（道德）, 51
（另見真相）
private data（私人資料）, 51
racial equity in data visualization（資料視覺化中的種族平等）, 393-396
sensitive data（敏感資料）, 55

ethnicity and race shifts in US Census data（美國人口普查資料中的族裔和種族的變化）, 64
European Union statistical office（歐盟統計辦公室）, 57
Excel (see Microsoft Excel)（Excel 檔案（參見 Microsoft Excel））
excluding people or land from maps（人（不包括地圖上的人或土地））, 399

F

Facebook data privacy（Facebook 資料隱私權）, 52
Family Educational Rights and Privacy Act (FERPA; 1974)（家庭教育權利和隱私權法案（FERPA; 1974））, 53
Federal Election Commission database（聯邦選舉委員會資料庫）, 54
Federal Information Processing Standards (FIPS)（聯邦資訊處理標準（FIPS））, 196
Federal Reserve Economic Research（美聯儲經濟研究）, 57
Feng, Alice, 393
50th percentile（第 50 百分位數）, 88
file pathname case sensitivity（檔案路徑名分大小寫）, 303, 317, 417
file size and map boundary detail（檔案大小和地圖邊界詳細資訊）, 353
filename extensions（副檔名）, 16
  Mac computers and（Mac 電腦和）, 16, 415
filtered line charts（篩選折線圖）, 102
  table with sparklines instead（改用帶有迷你圖的表格, 220
  Tableau Public interactive chart（Tableau Public 互動式圖表）, 152-156
filtering spreadsheet data（篩選試算表資料）, 28
Find and Replace in spreadsheets（在試算表中尋找和取代）, 69
FIPS codes for US states and geographies（美國國家和地區的 FIPS 程式碼）, 196
fixing common problems (see troubleshooting)（解決常見問題（參見故障排除））
flag icons in Datawrapper table（Datawrapper 表中的國旗圖示）, 221
flat-file database as spreadsheet（平面檔案資料庫試算表）, 42
Follow the Money (National Institute on Money in Politics)（「金錢流向」（國家政治研究所））, 54
The Force Report database（The Force Report 資料庫）, 54
forks on GitHub（GitHub 上的分叉）, 247
  licenses（許可證）, 248
  Template versus Fork button（Template vs. Fork 按鈕）, 251, 259
    second fork creation（製作第二個分叉）, 259
formulas in spreadsheets（試算表中的公式）, 31
  concatenation to combine data（串接以合併資料）, 75
  CSV format export limitations（ CSV 格式的匯出限制）, 17, 19, 42
Fowler, Geoffrey, 52
framing bias（框架偏誤）, 392
freedom of information (FOI) laws（資訊自由（FOI）法）, 53
functions in spreadsheets（試算表中的功能）, 31

G

Gapminder Foundation（Gapminder 基金會）, 139
gender bias as algorithmic bias（演算法偏誤之性別偏誤）, 393
geocode tools（地理編碼工具）
  about geocoding（關於地理編碼）, 23, 366
  bad data from（不良資料）, 61
  code templates（程式碼樣版）
    Leaflet Maps with Google Sheets（用 Google 試算表製作 Leaflet 地圖）, 303
    Leaflet Storymaps with Google Sheets（用 Google 試算表製作 Leaflet 故事地圖）, 318
  combining data into one column（將資料合併為一欄）, 75
  Geocoding (SmartMonkey)（地理編碼（SmartMonkey））, 366
    combining data into one column（將資料合併為一欄）, 75
    GeoJSON overlays（GeoJSON 疊加層）, 24
    Leaflet Maps with Google Sheets template（用 Google 試算表製作 Leaflet 地圖之樣版）, 303

Leaflet Storymaps with Google Sheets（用 Google 試算表製作 Leaflet 故事之樣版）, 318
GeoJSON data from other formats（來自其他格式的 GeoJSON 資料）
CSV files（CSV 檔）, 347, 350
drawing tools（繪圖工具）, 348
geospatial data（地理空間資料）, 346, 350
Google Maps（Google 地圖）, 23
Google My Maps, 183
Google Sheets add-on tool（Google 試算表外掛程式）, 23-25
IP address geocoding problems（IP 位址地理編碼問題）, 61
recommended tools（推薦工具）, 9
US Census Geocoder bulk geocoding（用美國人口普查地理編碼器批次地理編碼）, 366
Geocoding (SmartMonkey)（地理編碼（SmartMonkey））, 24, 366
combining data into one column（將資料合併為一欄）, 75
Leaflet Maps with Google Sheets template（用 Google 試算表製作 Leaflet 地圖樣版）, 303
Leaflet Storymaps with Google Sheets（用 Google 試算表製作 Leaflet 故事地圖）, 318
geographic boundaries（地理邊界）
Datawrapper upload of GeoJSOn（GeoJSON 資料上傳至 Datawrapper）, 399
detail and performance（詳細資訊和表現）, 353
disputed territory bias（有爭議的地域偏誤）, 398
dissolved for outline map（溶解為輪廓地圖）, 355
polygon data（多邊形資料）, 165
geographic center of contiguous US (Kansas)（美國本土地理中心（堪薩斯州））, 61
geographic patterns in two variables（兩變數的地理模式）, 166
GeoJSON
about GeoJson.io（關於 GeoJson.io）, 345
（另見 GeoJson.io）
about its vector data（關於其向量資料）, 341
universal format for（常用格式的）, 344
data sources（資料來源）
converting data to GeoJSOn（將資料轉換為 GeoJSON）, 346, 350
drawing tools（繪圖工具）, 348
Gimme Geodata tool（Gimme Geodata 工具）, 344
map boundary detail（地圖邊界的細節）, 353
open data repositories（開放式資料儲存庫）, 344
GitHub displaying map previews（顯示地圖預覽的 GitHub）, 342
GPS Exchange Format converted into（GPS 轉換格式轉換為）, 343
Keyhole Markup Language converted to（Keyhole 標記語言轉換為）, 343
Leaflet function for pulling data（擷取資料的 Leaflet 功能）, 334
longitude-latitude format（經緯度格式）, 342
map boundary detail（地圖邊界的細節）, 353
map boundary upload to Datawrapper（地圖邊界上傳到 Datawrapper）, 399
NaN errors from empty fields（空欄位導致的 NaN 錯誤）, 417
overlays in Leaflet Storymap templates（疊加在 LeafletStorymap 樣版上）, 319, 320
recommended tool（推薦工具）, 9, 341, 344
searchable point map template（可搜尋的點地圖樣版）, 332
Shapefiles converted into（Shapefile 轉換為）, 343
GeoJson.io
about（關於）, 345
open source（開源）, 350
GeoJSON data from other formats（其他格式的 GeoJSON 資料）
CSV file（CSV 檔案）, 347
drawing tools（繪圖工具）, 348
geospatial data（地理空間資料）, 346
Help menu link（幫助選單連結）, 412
new data added to existing data（將新資料加上到現有資料中）, 347
georeferencing（進行地理對位）
about（關於）, 319, 365
map images in Leaflet Storymap templates（Leaflet Storymap 樣版中的地圖影像）, 319
geospatial data（地理空間資料）

attributes（屬性）, 340
GeoJSON data from CSv（來自 CSV 的 GeoJSON 資料）, 347
Mapshaper editing（Mapshaper 編輯）, 351-353, 358
basics of（基礎知識）, 340
locations and attributes（位置和屬性）, 340
raster versus vector data（點陣 vs. 向量資料）, 340
formats（格式）
converting to GeoJSOn（轉換為 GeoJSON 的）, 346, 350
GeoJSOn, 339, 344
（另見 GeoJSON）
GPS Exchange Format（GPS 交換格式）, 343
Keyhole Markup Language（鎖孔標記語言）, 343
lesser-known formats（少為人知的格式）, 344
MapInfo TAb, 344
Shapefiles, 343
GeoJSON data sources（GeoJSON 資料來源）
converting data to GeoJSOn（將資料轉換為 GeoJSON）, 346, 350
drawing tools（繪圖工具）, 348
Gimme Geodata tool（Gimme Geodata 工具）, 344
map boundary detail（地圖邊界細節）, 353
open data repositories（開放式資料儲存庫）, 344
latitude-longitude versus longitude-latitude（經 - 緯度 vs. 緯 - 經度）, 342
Mapshaper, 350
（另見 Mapshaper）
GIFs, animated（GIF 動畫）, 231
Gimme Geodata tool（Gimme 地理資料工具）, 344
GIS mapping（GIS 製圖）
ArcGIS Leaflet plug-in for pulling data（用來擷取資料的 ArcGIS Leaflet 外掛）, 334
ArcGIS StoryMaps platform（ArcGIS StoryMaps 平台）, 311
Designing Better Maps: A Guide for GIS Users（設計更好的地圖：GIS 使用者指南）, 169
MapInfo Pro GIS software（MapInfo Pro GIS 軟體）, 344
Mapshaper recommendation（Mapshaper 建議）, 350
QGIS open source tool（QGIS 已打開源工具）, 339, 343
Shapefiles, 343
GitHub
about（關於）, 247
account creation（註冊帳戶）, 250, 255
GitHub Desktop connected to（GitHub Desktop 連結至）, 263
Atom text editor（Atom 文字編輯器）, 263-275
Chromebook not supported（不支援 Chromebook）, 416
support page link（支援頁面連結）, 412
branches（分支）
committing changes（Commit 變更）, 253
different for edits then merging（不同的…以便編輯再合併）, 274
main as default（主要預設）, 254
collaboration platform（協作平台）, 274
Merge Conflict on commits（Commit 時的合併衝突）, 274
CSV data into point map template（CSV 資料製作點資料樣版）, 294, 328
Datawrapper country codes and flags（Datawrapper 國家程式碼和國旗）, 221
deleting a repository（刪除儲存庫）, 262
documentation link（說明文件連結）, 412
forks, 247
licenses（許可證）, 248
second fork creation（製作第二個 fork）, 259
Template versus Fork button（Template vs. Fork 按鈕）, 251, 259
GeoJSON map preview display（GeoJSON 地圖預覽顯示）, 342
GitHub Desktop, 263-275
browser checking edits（瀏覽器檢查編輯）, 271
browser same-origin policy restrictions（瀏覽器同源政策限制）, 270
Chromebook not supported（不支援 Chromebook）, 416
documentation link（說明文件連結）, 412
Leaflet code template hosting（Leaflet 程式碼樣版託管）

about Leaflet（關於 Leaflet）, 249
committing changes（commit 變更）, 252, 257
copying map template repo（複製地圖樣版儲存庫）, 250
editing code template（編輯程式碼樣版）, 250, 256
publishing（發佈）, 253
repo pointing to live map（指向即時地圖的儲存庫）, 255
troubleshooting（故障排除）, 414, 419
license choices（許可證選擇）, 248
new repository（新儲存庫）, 260
template copy showing（樣版版本顯示）, 250
Mapshaper Wiki, 362
new repository（新儲存庫）, 258
upload files（上傳檔案）, 261
ownership of（所有權）, 248
publishing（發佈）
converting GitHub Pages link to iframe（轉換 GitHub Pages 連結到 iframe）, 257
GitHub Pages, 253
GitHub Pages public web address（GitHub Pages 公開網址）, 254
Netlify, 253
recommended tool（推薦工具）, 9
status link（狀態連結）, 413
GitLab, 248
Global Open Data Index (Open Knowledge Foundation)（全球開放資料索引）, 57
glyphs for bubble chart variables（泡泡圖變數的圖形）, 290
（另見圖示）
GNU General Public License（GNU 通用公開許可證）, 248
as copyleft（著作傳）, 248
Google
account for tool use（使用工具的帳戶）, 10, 15
data privacy（資料隱私）, 52
tools killed by（被…終止服務的工具）, 5, 343
Google Dataset Search（Google 資料集搜尋）, 57
Google Docs for storyboarding（用 Google 文件做分鏡腳本）, 402
Google Drive（Google 雲端硬碟）
copying a Google Sheets sheet（複製 Google 試算表工作表）, 19
Google My Maps content（Google My Maps 內容）, 179, 186
link（連結）, 297
organizing files（組織檔案）, 19
Tableau Public connecting to（Tableau Public 連結到）, 204
Google Earth and Keyhole Markup Language（Google Earth 和 Keyhole 標記語言）, 343
Google Forms for data collection（用 Google 表單收集資料）, 26
Responses tab（回應標籤）, 28
support page for options（選項的支援頁面）, 27
Google Maps
about Google My Maps（關於 Google My Maps）, 179
API key（API 密鑰）, 333
geocode tool（地理編碼工具）, 23
location as latitude and longitude（位置的經度和緯度）, 340
latitude-longitude format（經緯度格式）, 342
searchable point map using APi（使用 API 的可搜尋的點地圖）, 332
Ukraine map served in two versions（烏克蘭地圖有兩種版本）, 398
Web Mercator projection（網路麥卡托投影）, 354
projection bias（投影偏誤）, 397
Google My Maps
about（關於）, 179
Chromebook supported（支援 Chromebook）, 416
geocode tool（地理編碼工具）, 183
recommended tool（推薦工具）, 9
support link（支援連結）, 412
tutorial on point map with custom icons（有客製化圖示之點地圖的教學）, 179-187
Google Scholar for previously published data（用 Google 學術來搜尋過去發佈的資料）, 50
Google Sheets（Google 試算表）
about（關於）, 15
（另見試算表）
API key may change（API 密鑰可能會變更）, 307, 322
personal Google Sheets API key（個人 Google 試算表 API 密鑰）, 309, 323-328

Sheets data to CSV to GitHub（試算表資料到 CSV 到 GitHub）, 307, 322
blank spaces and rows as trouble（空白間隔和行是大麻煩）, 416
book using（使用…的書）, 16, 17
charts（圖表）
about（關於）, 113
bar and column charts（條形圖和柱形圖）, 114-126
Datawrapper and Google Sheets（Datawrapper 和 Google 表格）, 132
error bars（誤差線）, 117
grouped bar or column charts（分組條形圖和柱形圖）, 114-118
histograms（直方圖）, 121-126
histograms for data distribution（資料分布的直方圖）, 174, 390
limitations of Google Sheets（Google 表格的限制）, 114, 117, 125
line charts（折線圖）, 128
pie charts（圓餅圖）, 126
scatter and bubble charts（散佈圖和泡泡圖）, 139
split bar or column charts（分割條形圖或柱形圖）, 118
stacked area charts（堆疊面積圖）, 130
stacked bar or column charts（堆疊條形圖或柱形圖）, 119
Chromebook supported（Chromebook 受支援）, 416
cleaning data（清理資料）
combining data into one column（將資料合併為一欄）, 75
Find and Replace（尋找和取代）, 69
Smart Cleanup, 68
splitting into separate columns（拆分為獨立的欄）, 72
transposing rows and columns（轉置行與欄）, 71
zip codes as plain text（郵政編碼為純文字）, 75
column headers, freezing（凍結欄標題）, 30
data collection in Google Forms（Google 表單的資料收集）, 26
embed code（嵌入程式碼）, 233
export data formats（匯出資料格式）, 17
filtering data（篩選資料）, 28
formulas（公式）, 31
concatenation to combine data（串接以組合資料）, 75
CSV format export limitations（CSV 格式匯出限制）, 17, 19, 42
freezing column headers（凍結欄標題）, 30
functions（函數）, 31
geocoding data（地理編碼資料）, 23-25
bulk geocoding（批次地理編碼）, 366
combining data into one column（將資料合併為一欄）, 75
GeoJSON data from（GeoJSON 資料來自）, 347
gsheet data format（gsheet 資料格式）, 16
importing files into（將檔案匯入至）, 21
Leaflet code templates（Leaflet 程式碼樣版）
Maps with Google Sheets（使用 Google 試算表製作地圖）, 295-309
Leaflet map templates with Google Sheets（用 Google 試算表製作 Leaflet map 樣版）, 294
looking up and pasting data between sheets（在工作表之間尋找和貼上資料）, 38
mailing list in spreadsheets（試算表中的郵寄清單）, 38
making a copy of a sheet（工作表的副本）, 19
map polygon data joined with（地圖多邊形資料與…連結）, 357
keys（密鑰）, 360
matching up data（比對資料）, 360
Microsoft Excel files editable（可編輯的 Microsoft Excel 檔案）, 22
pivot tables for summarizing（彙整的資料透視表）, 33
recommended tool（推薦工具）, 9, 17
relational databases versus（關聯式資料庫 vs.）, 42
security via dedicated account（透過專用帳戶提供的安全性）, 10, 15
sharing data online（線上共用資料）, 20
converting to Google Sheets format（轉換為 Google 試算表格式）, 21
link-shortening service（連結縮短服務）, 21
Smart Cleanup（智慧清理）, 68

sorting data（排序資料）, 28
support link（支援連結）, 412
tables from（表格）, 226
Google Slides for storyboarding（用在分鏡腳本的 Google 簡報）, 402
Google Workspace Marketplace for Geocoding (SmartMonkey)（Google Workplace marketplace 地理編碼（SmartMonkey））, 24
Google Workspace status（GoogleWorkspace 狀態）, 413
government databases（政府資料庫）
Climatic Research Unit（氣候研究部門）, 378
Data.gov, 57
Federal Election Commission（聯邦選舉委員會）, 54
finding（問卷結果）, 49
IRS 990 forms（IRS 990 表格）, 54
NASa, 378
National Oceanic and Atmospheric Administration（國家海洋和大氣管理局）, 378
private data collection（私人資料收集）, 52, 53
Open Government Guide（政府公開指南）, 53
property ownership（財產所有權）, 54
Socrata Open Data Network（Socrata 開放資料網路）, 58, 208
tutorial on current map（即時地圖教學）, 208-215
state and municipal open data platforms（州和市政開放資料平台）, 58
tutorial on current map with Socrata（使用 Socrata 製作及時地圖的教學）, 208
GPS Exchange Format (GPX)（GPS 交換格式（GPX））, 343
converting into GeoJSOn（轉換為 GeoJSON）, 343, 346, 350
gross domestic product (GDP) exaggeration（誇大的國內生產總值（GDP））, 376
grouped bar or column charts（分組條形圖或柱形圖）
about（關於）, 100, 114
Google Sheets（Google 試算表）, 114-118
interactive（互動式）, 115
interactive embedded in web page（互動式嵌入網頁）, 117
gsheet data format（gsheet 資料格式）, 16

H

Hack, Hans, 344
hamburger menus（三線選單）, 27
hard refresh of browsers（瀏覽器強制重新整理）, 413
Harrower, Mark, 169
Harvard Dataverse, 57
Hayes, Erica, 365
Health Insurance Portability and Accountability Act (HIPAA; 1996)（《醫療保險可攜與責任法案》（HIPAA; 1996 年））, 53
healthcare spending per country choropleth map（各國醫療總支出熱度地圖）, 202-208
heatmaps（熱圖）, 160, 329
example（範例）, 329
Leaflet heatmap points with CSV data template（用 CSV 資料製作 Leaflet 熱圖點樣版）, 329
Highcharts
about（關於）, 277
file structure（檔案結構）, 279
open source for noncommercial（非商業性之開源）, 277, 291
annotated line charts（帶注釋的折線圖）, 278, 285
API reference link（API 參考連結）, 291
demo gallery link（示範庫連結）, 291
recommended tool（推薦工具）, 9
support link（支援連結）, 412
warnings about editing（關於編輯的警告）, 419
histograms（直方圖）
about（關於）, 101, 121
column charts versus（柱形圖 vs.）, 121
choropleth map data distribution（熱度地圖資料分佈）, 174, 390
Google Sheets（Google 試算表）, 121-126
quick via column stats（快速透過欄的統計資訊）, 122
regular via Charts（日常透過圖的統計圖）, 124
historical data（歷史資料）

credibility in charts examples（在圖表範例中的可信度）, 14
normalizing（正規化）, 91
tables versus charts（表與圖表）, 71, 130
historical map overlay in Leaflet Storymap templates（歷史記錄 Leaflet Storymap 樣版中的地圖疊加層）, 319
hospitals registered with Medicare（在 Medicare 註冊的醫院）, 368
How Charts Lie (Cairo)（圖表如何說謊（Cairo））, 376
how to lie (see truth)（如何說謊（見真相））
How to Lie with Maps (Monmonier)（如何用地圖說謊（Monmonier））, 376, 386
How to Lie with Statistics (Huff)（如何用統計說謊（哈夫））, 376
How to Spot Visualization Lies (Yau)（如何偵測視覺化謊言（Yau））, 376
HTML
code template language（程式碼樣版語言）, 249, 294
index.html file of code template（程式碼樣版的 index.html 檔案）, 250
developer tools in browsers（瀏覽器中的開發人員工具）, 414
GitHub Pages publishing（GitHub Pages 發佈的）, 253
tool to create HTML tables（工具來製作 HTML 表格）, 226
W3Schools tags and syntax link（W3Schools 標籤和語法連結）, 303
Huff, Darrell, 376
Humanitarian Data Exchange, 57

I

icons（圖示）
bubble chart variables as（泡泡圖變數為）, 290
Leaflet documentation on custom（關於客製化的 Leaflet 說明文件）, 329
links to sites for（的網站連結）, 302
tutorial on Google My Maps with custom icons（帶有客製化圖示的 Google My Maps 教學）, 179-187
iframes
about（關於）, 229, 231
converting GitHub Pages link to（將 GitHub Pages 連結轉換為）, 257
embed codes（嵌入程式碼）, 229, 231
Datawrapper, 235
Google Sheets（Google 試算表）, 233
iframe tag（iframe 標籤）, 231
Tableau Public, 237
errors commonly found（常見的錯誤）, 417
interactive iframe versus static image（互動式 iframe 與靜態圖片）, 230
paste code or iframe to website（貼上程式碼或 iframe 到網站）, 240
W3Schools TryIt iframe page（W3Schools TryIt iframe 頁面）, 233, 418
web-building site embedding（網路架站平台嵌入）, 243
WordPress site embedding（WordPress 網站嵌入）, 240-243
images on web（）, static versus interactive（網頁影像，靜態 vs. 互動）, 230
importing files into Google Sheets（將檔案匯入 Google 試算表）, 21
income inequality visualizations（收入不平等視覺化）, 14-21, 386-391
cartogram（統計地圖）, 398
independent variable（獨立變數）, 88
table design（表格設計）, 219
index.html file of code template（程式碼樣版的 index.html 檔）, 250, 279
inequality visualization（不平等的視覺化）
cartogram（統計地圖）, 398
income inequality visualizations（收入不平等視覺化）, 14-21, 386-391
range charts for（範圍圖）, 99, 102
infographics as single-use artwork（資訊圖表是單次使用的藝術品）, 13
Integrated Public Use Microdata Series (IPUMS)（整合公共用途微資料庫（IPUMS））, 57
interactive visualizations（互動式視覺化內容）
about（關於）, 14, 231
Chart.js, 277
（另見 Chart.js）
data walk, 409
Datawrapper

annotated line chart tutorial（帶注釋的折線圖教學）, 132-136
embed code（嵌入程式碼）, 235
symbol point map tutorial（符號點地圖教學）, 187-193
table with sparklines tutorial（帶有迷你圖教學的表格）, 220-226
examples（例子）
historical map of racial change（種族變化的歷史地圖）, 64
Leaflet Maps with Google Sheets（使用 Google 試算表製作 Leaflet 地圖）, 296
projection bias（投影偏誤）, 396
US opioid epidemic（美國鴉片類藥物流行病）, 47
grouped bar or column chart（分組條形圖或柱形圖）
embedded in web page（嵌入網頁中的）, 117
grouped bar or column charts（分組條形圖或柱形圖）, 115
Highcharts, 277
（另見 Highcharts）
iframes, 229, 231
（另參見 iframe）
map tiles from Map Warper（來自 Map Warper 的圖磚）, 319
maps（地圖）
about（關於）, 163
about Leaflet（關於 Leaflet）, 249
Datawrapper symbol point map（Datawrapper 符號點地圖）, 187-193
heatmaps（熱圖）, 329
tutorial on current map with Socrata Open Data（用 Socrata 開放資料製作即時地圖的教學）, 208-215
tutorial on Google My Maps point map（Google My Maps 點地圖的教學）, 179-187
zoom controls（縮放控制）, 164
open data repositories（開放式資料儲存庫）
Socrata Open Data Network tutorial（Socrata 開放資料線上教學）, 208-215
open data repository tools（開放式資料儲存庫工具）, 56
（另見資料集）
spreadsheets for data（資料的試算表）, 13
storytelling by（用…說故事）, 409
Tableau Public
filtered line charts（篩選的折線圖）, 152
scatter charts（散佈圖）, 147-151
tables（表格）
about（關於）, 217
Datawrapper table with sparklines tutorial（帶有迷你圖的 Datawrapper 表格教學）, 220-226
tool tips（工具提示）
charts（圖表）, 104
Datawrapper customizing（Datawrapper 客製化）, 192
maps（地圖）, 164
Socrata, 213
Tableau Public, 206
intergroup biases（群組偏誤）, 393
map exclusion bias（地圖排除偏誤）, 399
Internal Revenue Service（IRS）990 forms（國稅局（IRS）990 表格）, 54
internet censorship by governments（網路政府的審查）, 6
Internet Explorer, viii, 413
interpolation of data in choropleth maps（熱度地圖中的資料插值）, 174
design decisions（設計決策）, 391
histogram for data distribution（資料分布的直方圖）, 174, 390
linear（線性）, 175, 199
natural breaks（Jenks）（自然中斷（Jenks））, 175, 389
quantiles（分位數）, 175
IP address geocoding problems（IP 位址地理編碼問題）, 61

J

JavaScript
Chart.js, 277
（另見 Chart.js）
code template language（程式碼樣版語言）, 249, 294
beginner coding（初學者編碼）, 294, 295
why use（為什麼使用）, 277

Highcharts, 277
(另見 Highcharts)
Jenks natural breaks in interpolation of data(Jenks 自然中斷資料插值), 175, 389
jQuery function to pull JSON data(用 jQuery 函數抓取 JSON 資料), 334

K

Kansas as geographic center of contiguous Us(堪薩斯州是美國的地理中心), 61
kebab menus(三點選單), 27
key collision clustering method(key collision 群集方法), 85
Keyhole Markup Language (KML)(壓縮的鎖孔標記語言(KMZ))
about(關於), 343, 362
compressed KMZ converted to(轉換為 KML), 362
converting to GeoJSON format(轉換為 GeoJSON 格式匯出), 343, 346, 350
distributed as compressed files(以壓縮檔案格式發佈), 343
Mapshaper not importing(Mapshaper 無法匯入), 351
Klein, Lauren, 47, 51
Knaflic, Cole Nussbaumer, 402
Knight Lab StoryMap platform(Knight Lab StoryMap 平台), 311

L

labels(標籤)
about(關於), 104
axis labels misleading(軸標籤誤導), 17
bar versus column charts(條圖與柱形圖), 100, 114
framing bias(框架偏倚), 392
questioning data(提問資料), 63
racial bias(族偏誤), 393
readability(可讀性), 110
removing town label after Census place names(在人口普查地名後刪除城鎮標籤), 69
latitude (see geocode tools)(緯度(參見地理編碼工具))
latitude-longitude format of map data(地圖資料的緯度 - 經度格式), 342
Leaflet
about(關於), 249, 293
code templates(程式碼樣版)
about(關於), 293
custom icons documentation(客製化圖示檔案), 329
GeoJSON overlays(GeoJSON 疊加層), 319, 320
georeferenced map images(經過地理對位的地圖影像), 319
heatmap points with CSV data(用 CSV 資料製作熱圖點), 294, 329
image size(影像尺寸), 303, 317
map tile provider links(地圖圖磚提供商連結), 319
Maps with Google Sheets(使用 Google 試算表製作地圖), 294, 295-309
maps with open data APIs(使用開放資料 API 製作地圖), 295, 333
media file pathname case sensitivity(媒體檔案路徑名分大小寫), 303, 317, 417
point maps with CSV data(帶有 CSV 資料的點地圖), 294, 328
searchable point map with CSV data(用 CSV 資料製作可搜尋點地圖), 294, 331
Storymaps with Google Sheets(使用 Google 試算表製作故事圖), 294, 310-328
Storymaps with Google Sheets gallery(使用 Google 試算表範例製作 Storymap), 311
troubleshooting(故障排除), 414, 419
warnings about editing(關於編輯的警告), 419
documentation link(說明文件連結), 336
editing code templates on GitHub(GitHub 上的編輯程式碼樣版), 250, 256
basemap code options site(底圖程式碼選項網站), 256
troubleshooting(故障排除), 414, 419
geocode tool for Google Sheets(Google 試算表地理編碼工具), 23-25
GitHub hosting map template(GitHub 託管地圖樣版)

about code templates（關於程式碼樣版）, 247
about GitHub（關於 GitHub）, 247
committing changes（commit 變更）, 252, 257
editing code template（編輯程式碼樣版）, 250, 256
publishing（發佈）, 253
repo pointing to live map（指向即時地圖的儲存庫）, 255
portability of（的可轉移性）, 311
recommended tool（推薦的工具）, 9
Storymaps
about（關於）, 160, 310
demo（示範）, 310
tutorials link（教學連結）, 336, 412
legends（圖例）
charts（圖表）, 104
maps（地圖）, 164
color intervals in steps（顏色間隔分階）, 174
continuous color intervals example（連續顏色間隔範例）, 388
steps in color intervals example（顏色間隔範例之分階）, 389
Tableau Public, 205, 207
librarians（圖書館員）
closed data repository access（關閉資料庫存取權限）, 58
overnment databases（政府資料庫）, 49
levels of data available（可用資料層級）, 49
Open Data listings（Open Data 列表）, 58
previously published data（先前發佈的資料）, 50
LibreOffice
ods data format（ods 資料格式）, 16
LibreOffice Calc
about（關於）, 15
Chromebook not supported（不支援 Chromebook）, 416
export data formats（匯出資料格式）, 17
freezing column headers（凍結欄標題）, 30
ods data format（ods 資料格式）, 17
recommended tool（推薦工具）, 9
support link（支援連結）, 412
licenses（許可證）
GitHub offering（GitHub 提供的）, 248
new repository（新的儲存庫）, 260
template copy showing（樣版副本顯示）, 250
lie detection（謊言偵測）, 375
（另見真相）
life expectancy table with sparklines（帶有迷你圖的預期壽命表格）, 220-226
line charts（折線圖）
about（關於）, 99, 101, 128
colors（顏色）, 284
persuasiveness of（說服力的）, 16
annotated line charts（帶注釋的折線圖）
about（關於）, 102, 285
Datawrapper, 132-136
Highcharts, 278, 285
Chart.js, 278, 283
stacked area chart conversion（堆疊面積圖的轉換）, 285
filtered line charts（篩選折線圖）, 102
Google Sheets（Google 表格）, 128
zero-baseline rule（零基線規則）, 106, 379
linear interpolation of data（資料的線性插值）, 175, 199
design decisions（設計決策）, 388, 391
link-shortening service（連結縮短服務）, 21
locations of geospatial data（地理空間資料位置）, 340
logarithmic scales misleading（對數尺度會誤導）, 17
longitude（經度）（參見地理編碼工具）
CSV files to GeoJSOn（用 CSV 檔案轉換為 GeoJSON）, 347
longitude-latitude format of map data（地圖資料的經度 - 緯度格式）, 342
longitudinal (time-series) data normalized（縱向（時間序列））資料正規化）, 91

M

Mac computer filename extensions（Mac 電腦副檔名）, 16, 415
machine bias（機器偏誤）, 393
MacWright, Tom
GeoJson.io, 345
latitude-longitude versus longitude-latitude（經 - 緯度 vs. 緯 - 經度）, 342
mailing list（郵寄清單）

relational database（關聯式資料庫）, 43
spreadsheets（試算表）, 38
map area bias（地圖區域偏誤）, 396
cartograms addressing（用統計地圖因應）, 397
map exclusion bias（地圖排除偏誤）, 399
map templates (Leaflet)（地圖樣版（Leaflet））
about（關於）, 293
custom icons documentation（客製化圖示檔案）, 329
georeferenced map images（經過地理對位的地圖影像）, 319
heatmap points with CSV data（使用 CSV 資料製作熱圖點）, 294, 329
image size（影像尺寸）, 303, 317
map tile provider links（地圖圖磚提供商連結）, 319
Maps with Google Sheets（Google 試算表的地圖）, 294, 295-309
maps with open data APIs（使用開放資料 API 製作地圖）, 295, 333
media file pathname case sensitivity（媒體檔案路徑名分大小寫）, 303, 317, 417
point maps with CSV data（使用 CSV 資料製作點地圖）, 294, 328
searchable point map with CSV data（使用 CSV 資料製作可搜尋點地圖）, 294, 331
Storymaps GeoJSON overlays（Storymaps 的 GeoJSON 疊加）, 319, 320
Storymaps georeferenced map images（Storymaps 的地理對位地圖影像）, 319
Map Warper
about（關於）, 365
open source（開源）, 365
unstability（不穩定性）, 365, 412
georeferencing with（地理對位）
historical map overlay（歷史地圖疊加層）, 319
tutorial（教學）, 365
help（幫助）, 412
platforms（平台）
historical maps already georeferenced（經過地理對位的歷史地圖）, 319, 366
Map Warper site（Map Warper 網站）, 319, 365, 366
New York Public Library Map Warper（紐約公立圖書館 Map Warper）, 319, 365, 366
recommended tool（推薦的工具）, 9
map.geojson accessed by Leaflet（Leaflet 存取 map.geojson）, 294
MapInfo Pro GIS software, 340
MapInfo TAB data format（MapInfo TAB 資料格式）, 344
maps（地圖）
address mapping（地址對應）, 23-25
basemaps（底圖）
disputed territory bias（有爭議的地區偏誤）, 399
Leaflet basemap providers（Leaflet 底圖提供商）, 256
raster versus vector（點陣 vs. 向量）, 163
zoomable tile provider links（可縮放圖磚提供商的連結）, 294
biases in map creation and interpretation（地圖製作和解讀中的偏誤）, 396-399
cartograms addressing（以統計地圖回應）, 397
code templates (see code templates)（程式碼樣版（參見程式碼樣版））
definition（定義）, 13
design principles（設計原則）
about（關於）, 161
about interactive maps（關於互動式地圖）, 163
avoiding common mistakes（避免常見錯誤）, 386
choropleth color intervals（熱度顏色間隔）, 173-177
choropleth color palettes（熱度配色）, 169-172
choropleth map blog posts（熱度地圖部落貼文）, 202
choropleth map data normalized（熱度地圖資料正規化）, 178
choropleth smaller geographies（較小地理位置的熱度圖）, 167
components of maps（地圖組成部分）, 163
one variable, not two（一個變數，不是兩個）, 166

point versus polygon data（點 vs. 多邊形資料）, 164-166
points into polygons via pivot tables（透過資料透視表將點轉為多邊形）, 165, 368
two variable solutions（兩個變數的解決方案）, 166
digital maps collection（數位地圖典藏）, 365
easy tools identified（簡單工具列表）, 159-161
examples（範例）
interactive historical map of racial change（種族變化的互動式歷史地圖）, 64
projection bias（投影偏誤）, 396
US Census self-response rates（美國人口普查回應率）, 93
US opioid epidemic（美國鴉片類藥物氾濫）, 47
GeoJSON boundary detail（GeoJSON 邊界細節）, 353
historical（經過地理對位的）, georeferenced（歷史的）, 319
how to lie with maps（如何用地圖說謊）
about（關於）, 386
color ranges（顏色範圍）, 388
design decisions（設計決策）, 391
histograms for data distribution（用於資料分佈的直方圖）, 390
loading data（載入資料）, 386
sources for tutorials（教學資源）, 386
interactive（互動）
about（關於）, 163
（另參見互動式視覺化）
about Leaflet（關於 Leaflet）, 249
Map Warper georeferenced maps（Map Warper 地理對位地圖）, 319
zoom controls（縮放控制）, 164
Open Data Inception global directory（Open Data Inception 全球目錄）, 57
outline map in Mapshaper（Mapshaper 的輪廓圖）, 355
projections（投影）
Mapshaper, 354
projection bias（投影偏誤）, 396
projection bias and cartograms（投影偏誤和統計地圖）, 397
projection bias interactive visualizations（投影偏誤互動式視覺化）, 396
recommended tools（建議的工具）, 9
tutorials（教學）
choropleth map with Datawrapper（用 Datawrapper 製作熱度地圖）, 193-202
choropleth map with Tableau Public（用 Tableau Public 製作熱度地圖）, 202-208
current map with Socrata Open Data（用 Socrata 開放資料製作即時地圖）, 208-215
point map with Google My Maps（用 Google My Maps 製作點地圖）, 179-187
symbol point map with Datawrapper（用 Datawrapper 製作符號點地圖）, 187-193
types of（的類型）, 159-161
choropleth maps（熱度地圖）, 159, 160
（另見熱度地圖）
current map from open data repository（用開放資料儲存庫製作即時地圖）, 161
customized point-polyline-polygon maps（客製的點 - 多折線 - 多邊形地圖）, 160
heatmaps（熱圖）, 160, 329
point maps（點地圖）, 159, 160
（另見點地圖）
polyline maps（多折線地圖）, 160
searchable point maps（可搜尋的點地圖）, 161, 331
storymaps（故事地圖）, 160
（另見故事圖）
symbol point maps（符號點地圖）, 160, 187
Mapshaper
about（關於）, 350
documentation wiki（說明文件 Wiki）, 362, 412
open source（開源）, 350
attribute data editing（屬性資料編輯）, 351-353
data fields removed（資料欄位刪除）, 353
data fields renamed（資料欄位重新命名）, 352, 358
boundary detail simplified（邊界細節簡化）, 353
clipping data to match portion（剪切資料以符合部分）, 356

counting points in polygons（計算多邊形中的點）, 359
error Command expects a single value（Command expects a single value 錯誤）, 353
GeoJSON from other data formats（其他資料格式匯入 GeoJSON）, 350
KML and KMZ files not imported（未匯入的 KML 和 KMZ 檔）, 351
Shapefiles converted into GeoJSOn（轉換為 GeoJSON 的 Shapefile）, 343, 350
merging selected polygons（合併選定的多邊形）, 360
outline map with no internal boundaries（無內部邊界的輪廓地圖）, 355
projection of map（地圖投影）, 354
recommended tool（推薦工具）, 9, 343, 350
spreadsheet data joined with polygon map（多邊形地圖與試算表資料合併）, 357
matching up data（資料比對）, 360
margins of error indicated in charts（圖表顯示誤差線）, 104, 282
（另見誤差線）
masking or aggregating sensitive data（遮蔽或彙整敏感資料）, 55
mean (statistical)（平均值（統計上））, 88
meaning of data pointed out（資料指出的含義）, 405
media file pathname case sensitivity（媒體檔案路徑名分大小寫）, 303, 317, 417
median（媒體檔案路徑名分大小寫）, 88
median earnings by education, gender（收入中位數依教育程度、性別）, 137
Medicare-registered hospitals（Medicare 註冊的醫院）, 368
menus, kebab versus hamburger（選單，串烤 vs. 漢堡）, 27
Mercator projection bias（麥卡托投影偏誤）, 396
Mercator projection on the web（網路上的麥卡托投影）, 354, 397
Microsoft Excel
about（關於）, 16
export data formats（匯出資料格式）, 16, 17
freezing column headers（凍結欄標題）, 30
uploading as Google Sheets（上傳為 Google 試算表）, 21
xlsx data format（xlsx 資料格式）, 16
Microsoft owning GitHub（Microsoft 擁有 GitHub）, 248
MIT License（MIT 許可證）, 248
modifiable acrial unit problem（可調整的地區單元問題）, 167
money in politics data（政治中的金錢資料）, 54
Monmonier, Mark, 376, 386
mortality versus survival rates（死亡率 vs. 生存率）, 392
motor vehicle collision current map tutorial（汽機車事故即時地圖教學）, 208-215
motor vehicle safety normalization of data（汽機車安全性資料正規化）, 89
Mullen, Lincoln, 8

N

Naked Statistics (Wheelan), 87
NaN errors from empty GeoJSON fields（GeoJSON 空欄位造成 NaN 錯誤）, 417
NASA (National Aeronautics and Space Administration) link（NASA（美國國家太空總署）連結）, 378
National Freedom of Information Coalition（國家資訊自由聯盟）, 53
National Institute on Money in Politics（政治與金錢國家研究所）, 54
National Oceanic and Atmospheric Administration link（國家海洋與大氣管理局連結）, 378
Native Land map（Native Land 地圖）, 399
natural breaks in interpolation of data（資料插值自然中斷法）, 175, 389
nearest neighbor clustering method（Nearest neighbor 群集方法）, 85
Netlify.com web hosting（Netlify.com 網站託管）, 253
neutrality of data（資料中立性）, 47
New York Public Library Map Warper（紐約公共圖書館地圖整經機）, 319, 366
digital maps collection（數位地圖典藏）, 365
nominal data（名目資料）, 91
Nonprofit Explorer (ProPublica), 54
nonresponse bias（無回應偏誤）, 93, 392
normalizing data（資料正規化）, 89-92

adjusting for change over time（隨時間變化進行調整的）, 91, 385
choropleth maps（熱度地圖）, 178, 202
data not needing normalizing（不需要正規化的資料）, 92
index for reference point over time（時間變化的參考點指標）, 92
standard scores（標準分數）, 92
north arrow on maps（地圖上的向北箭頭）, 164
null（empty）GeoJSON fields as NaN errors（GeoJSON null（空）欄位造成 NaN 錯誤）, 417
Null Island（Null 島）, 61
NYC OpenData portal for Socrata（Socrata 的紐約市 OpenData 入口網站）, 210
NYC Public Library Map Warper（紐約市公共圖書館 Map Warper）, 319, 366
digital maps collection（數位地圖典藏）, 365
The NYPD Files database（紐約市警局檔案資料庫）, 54

O

OCR（optical character recognition）software（OCR（光學字元辨別）軟體）, 76
ods data format（ODS 資料格式）, 16
support for（支援）, 16
open access sites（開放存取網站）
data changes unannounced（不通知資料改變）, 335
zoomable basemap tiles（可縮放的底圖圖磚）, 294
Open Data Inception, 57
Open Data Network（Socrata）, 58, 208
about Socrata（關於 Socrata）, 208
hospitals registered with Medicare（在 Medicare 註冊的醫院）, 368
Leaflet function for pulling data（用於擷取資料的 Leaflet 功能）, 334
tutorial on current map（即時地圖的教學）, 208-215
open data repositories（開放式資料儲存庫）, 56-58
data changes unannounced（不通知資料改變）, 335
digital maps collection（數位地圖典藏）, 365
（見資料集）
Leaflet map templates for open data APIs（開放資料的 API 用的 Leaflet 地圖樣版）, 295, 333
Our World in Data, 122, 405
tutorial on current map with Socrata（Socrata 即時地圖教學）, 208-215
US Federal Reserve（美國聯邦儲備委員會）, 376（另見政府資料庫）
World Inequality Database（世界不平等資料庫）, 58, 387
Open Government Guide（Reporters Committee for Freedom of the Press）（開放政府指南（新聞自由委員會））, 53
Open Knowledge Foundation Global Open Data Index（開放知識基金會 Global Open Data Index）, 57
Open Secrets（Center for Responsive Politics）（公開的秘密（響應性政治中心））, 54
open source code encouraged by GitHub（受 GitHub 鼓勵的開源程式碼）, 248
open source tools（開源程式碼工具）
Caret text editor for Chromebooks（Chrome 瀏覽器的 Caret 文字編輯器）, 416
Chart.js, 277
Datawrapper Core, 132
GeoJson.io, 350
Google Sheets not（Google 試算表不是）, 10
Highcharts, 277
Knight Lab StoryMap platform（Knight Lab StoryMap 平台）, 311
Leaflet, 249, 293
LibreOffice, 15
data format（資料格式）, 16
Map Warper, 365, 365
password manager（密碼管理器）, 10
QGIs, 339, 343
tool selection factor（工具選擇因素）, 7
zoomable basemap tiles（可縮放的底圖圖磚）, 294
openAfrica（Code for Africa）, 57
OpenDocument Spreadsheet（.ods）（OpenDocument 試算表（.ods））, 16
support for（支援）, 16

OpenRefine data cleaner（OpenRefine 資料清理器）
about（關於）, 67
Chromebook not supported（不支援 Chromebook）, 416
documentation link（說明文件連結）, 412
process of（的流程）, 79-86
clustering similar spellings（將相似拼寫進行群集）, 84
converting text to numbers（將文字轉換為數字的）, 82
recommended tool（推薦工具）, 9
OpenStreetMap
disputed territory bias（有爭議的領土偏誤）, 399
Gimme Geodata tool（Gimme Geodata 工具）, 344
Leaflet code template index.html（Leaflet 程式碼樣版 index.html）, 256
link to（連結至）, 340
Map Warper interactive map tiles（Map Warper 互動式地圖圖磚）, 319
source credit line text（來源可信度文字）, 344
vector data（向量資料）, 340
optical character recognition（OCR）software（光學字元辨別（OCR）軟體）, 76
Our World in Data link（Our Data in World 連結）, 122, 405
outliers（離群值）, 88
Tableau Public highlighting（Tableau Public 突出顯示）, 208
outline map with no internal boundaries（無內部邊界的輪廓圖）, 355

P

Partlow, Mia, 365
password manager（密碼管理器）, 10
pathname case sensitivity（路徑名區分大小寫）, 303, 317, 417
pattern bias（模式偏誤）, 392
PDF table extraction（PDF 表格擷取）, 76-79
text- versus image-based PDFs（文字型 vs. 影像型 PDF）, 76
percent as a troublesome word（百分比是麻煩製造者）, 88
percent change（百分比變化）, 88
percentage point difference（百分點差異）, 88
percentages used to mislead（用百分比來誤導）, 88
percentile（分位數）, 88
performance and map boundary detail（載入速度與地圖邊界細節）, 353
persuasion（說服力）
credibility of visualizations（視覺化的可信度）, 14-21
data objectivity（資料客觀性）, 47
persuasiveness of charts（圖表的說服力）, 16
persuasive theory for causation（因果關係的說服性理論）, 88
pie charts（圓餅圖）
100% represented（呈現 100%）, 108-109, 127
about（關於）, 101
design principles（設計原理）, 108-109, 127
Google Sheets（Google 表格）, 126
pivot tables in spreadsheets（試算表中的資料透視 / 樞紐分析）, 33
points transformed into polygon data（將點轉換成多邊形資料）, 165, 368
plastics storytelling in Datawrapper（用 Datawrapper 說塑膠的故事）, 405
point maps（點地圖）
about（關於）, 159
code template with CSV data（CSV 資料製作程式碼樣版）, 294, 328
custom icons（客製化圖示）, 160
tutorial（教學）, 179-187
point versus polygon data（點 vs. 多邊形資料）, 164-166
symbol point maps（符號點地圖，）, 160
tutorial on Datawrapper（Datawrapper 上的教學）, 187-193
tutorials（教學）
code template with CSV data（使用 CSV 資料的程式碼樣版）, 328
current map with Socrata Open Data（用 Socrata 開放資料製作即時地圖）, 208-215
Datawrapper symbol point map（Datawrapper 符號點地圖）, 187-193

Google My Maps with custom icons（Google My Maps 與客製化圖示）, 179-187
points as map elements（點的地圖元素）, 163
GeoJSON data from drawing tools（來自繪圖工具的 GeoJSON 資料）, 348
Mapshaper counting points in polygons（用 Mapshaper 計算多邊形的點）, 359
pivot tables transforming into polygon data（樞軸分析表轉換成多邊形資料）, 165, 368
point versus polygon data（點 vs. 多邊形資料）, 164-166
police call center data（報案中心的資料）, 55
police officer data on violence（暴力警員資料）, 54
Policy Map subscription database（政策地圖訂閱資料庫）, 58
political contribution databases（政治捐款資料庫）, 54
polygon maps (see choropleth maps)（多邊形地圖（參見熱度地圖））
polygons as map elements（多邊形做為地圖元素）, 164
GeoJSON data from drawing tools（來自繪圖工具的 GeoJSON 資料）, 348
Mapshaper counting points in（Mapshaper 計算…的點）, 359
Mapshaper merging selected polygons（Mapshaper 合併選取的多邊形）, 360
pivot tables transforming point data into（樞軸表將點資料轉換為）, 165, 368
point versus polygon data（點 vs. 多邊形資料）, 164-166
polyline maps（折線圖）, 160
polylines as map elements（折線圖做為地圖元素）, 163, 165
GeoJSON data from drawing tools（來自繪圖工具的 GeoJSON 資料）, 348
pop-ups（彈出視窗）
Leaflet code template（Leaflet 程式碼樣版）, 257
maps（地圖）, 164
population database IPUMs（人口資料庫 IPUMS）, 57
（參見美國人口普查資料）
portability of data (see data portability)（資料的可移動性（參見資料可移動性））
power structures affecting data（權力結構影響資料）, 51
power tools identified（強大工具列表）, 4
charts（圖表）, 99-103
maps（地圖）, 159-161
privacy（隱私）
private data（專用資料）, 51-55
sensitive data（敏感資料）, 55
tool selection factor（工具選擇因素）, 6
（另參見安全性和隱私）
Privacy Badger, 10
problem solving (see troubleshooting)（問題解決（參見故障排除））
problem statement（問題陳述）
data story sketch（資料故事草圖）, 2
building narrative on storyboard（在分鏡腳本上建構描述）, 402
searching for data（搜尋資料）, 47
productivity and tool selection（生產率和工具選擇）, 8
projections of maps（地圖投影）
Mapshaper, 354
projection bias（投影偏誤）, 396
cartograms addressing（用統計地圖因應）, 397
interactive visualizations on（…上的互動式視覺化）, 396
property ownership records（財產所有權的記錄）, 54
ProPublica Nonprofit Explorer（ProPublica 非營利瀏覽器）, 54
publishing（發佈）
Datawrapper Publish & Embed screen（Datawrapper 發佈和嵌入畫面）, 136, 193, 202, 226
GitHub Pages, 253
converting link to iframe（轉換連結到 iframe 中）, 257
public web address generated（產生的公開網址）, 254
Google Sheets（Google 試算表）, 20
converting to Google Sheets format（轉換為 Google 試算表格式）, 21
link-shortening service（連結縮短服務）, 21
Tableau Public, 151

tutorial on Google My Maps point map（用 Google My Maps 製作點地圖的教學）, 186
Puerto Rico depiction（波多黎各的描述）, 399

Q

QGIS open source tool（QGIS 開源工具）, 339, 350
Shapefiles, 343
quantile interpolation of data（分位數資料插值）, 175
design decisions（設計決策）, 391
quartile interpolation of data（四分位數資料插值）, 175, 199
questioning data（質疑資料）, 63, 392
questions asked (see problem statement)（被問到的問題（參見問題說明））
quintile interpolation of data（資料的五分位數插值）, 175

R

race and ethnicity shifts in US Census data（美國人口普查資料中的種族和族裔變化）, 64
racial bias as algorithmic bias（演算法偏誤的種族偏誤）, 393
racial equity in data visualization（資料視覺化中的種族平等）, 393-396
random assignment of participants（參與者的隨機分配）, 94
range charts（範圍圖）
about（關於）, 99, 102, 137
Datawrapper, 137-139
range plot tutorial（範圍圖教學）, 137
raster data（點陣資料）
basemap raster tiles（底圖點陣圖磚）, 163
geospatial data（地理空間資料）, 340
real data versus nominal（實際資料 vs. 名目資料）, 91
Reddit Data Is Beautiful and Data Is Ugly（Reddit 的 Data Is Beautiful and Data Is Ugly）, 113
relational databases versus spreadsheets（關聯式資料庫 vs. 試算表）, 42
relationships visualized（關係視覺化）
chart types for（圖表類型）, 103, 166
scatter and bubble charts（散佈圖和泡泡圖）, 139, 147, 287, 385
table design example（表格設計範例）, 219
Reporters Committee for Freedom of the Press（美國新聞自由委員會）, 53
resources（資源）
choropleth map online design assistant（熱度地圖線上設計助理）, 169-177
colors（顏色）
blog posts on data visualization colors（資料視覺化色彩的部落貼文）, 112, 169
colorblindness check（色盲檢查）, 111
colorblindness check in Datawrapper（Datawrapper 中的色盲檢查）, 139
databases (see databases)（資料庫（參見資料庫））
Datawrapper Academy link（Datawrapper 學院連結）, 104
gallery of examples（範例庫）, 132, 226
support pages（支援頁面）, 226
training materials（培訓資料）, 132, 226
Designing Better Maps: A Guide for GIS Users, 169
icon source links（圖示來源連結）, 302
JavaScript book（JavaScript 書）, 294
latitude-longitude versus longitude-latitude（經 - 緯度 vs. 緯 - 經度）, 342
Leaflet
documentation link（說明文件連結）, 336
tutorials link（教學連結）, 336
Mapshaper documentation wiki（Mapshaper 說明文件 Wiki）, 362, 412
OpenStreetMap link（OpenStreetMap 連結）, 340
source credit line text（標注來源的文字）, 344
statistical data analysis introduction（統計資料分析簡介）, 87
support page links for tools（支援頁面連結工具）, 412
Tableau Public resources page link（Tableau Public 資源頁面連結）, 146
W3Schools
HTML tags and syntax（HTML 標籤和語法）, 303
semitransparent colors（半透明顏色）, 290
TryIt iframe page（TryIt iframe 頁面）, 233, 418

web color codes and names（網路顏色程式碼和名稱）, 302
zoomable basemap tile sites（可縮放底圖圖磚網站）, 294
responsive visualizations（響應式視覺化）, 7
Rosling, Hans, 139
Rost, Lisa Charlotte
cleaning and preparing data（清理和準備資料）, 76
colors in data visualizations（顏色的資料視覺化）, 112, 169
data visualization rules（資料視覺化規則）, 104
one chart from 24 different tools（用 24 種不同工具製作一張圖表）, 24, 8
US election results visualized（美國選舉結果視覺化）, 397
rows and columns in tables versus charts（表格 vs. 圖表中的行和欄）, 71, 130
Russian version of Ukraine map（俄羅斯版的烏克蘭地圖）, 398

S

salary information for officers of tax-exempt organizations（免稅組織之員工的個人薪資）, 54
sampling biases（採樣偏誤）, 92, 392
scale on maps（地圖上的尺度）, 164
scatter charts（散佈圖）
about（關於）, 103, 139, 166, 287
scatterplots another name（散佈圖另一名稱）, 287
bubble chart for third variable（第三變數的泡泡圖）, 288
（另見泡泡圖）
Chart.js, 278, 287
Datawrapper, 140
Google Sheets（Google 試算表）, 140
misleading chart corrected（誤導性圖表修正）, 385
Tableau Public interactive（Tableau Public 互動式）, 147-151
Schwabish, Jonathan, 218, 393
screenshot keystrokes（螢幕截圖鍵）, 230, 411
script.js of code templates（script.js 程式碼樣版）, 279
searchable point maps（可搜尋點地圖）
about（關於）, 161, 331
example（範例）, 331
Leaflet searchable point map template（Leaflet 可搜尋點地圖樣版）, 331
searchable tables（可搜尋表）, 221
seasonal adjustments to data（資料季節性調整）, 92
security and privacy（安全和隱私）
browser extension for（瀏覽器擴充）, 10
data privacy（資料隱私）
private data versus public（私人 vs. 公開資料）, 51-55
spreadsheet selection（試算表選擇）, 15
Google Sheets account（Google 試算表帳戶）, 10
tool selection factor（工具選擇因素）, 6
selection bias（選擇偏誤）, 93, 392
self-selection bias（自我選擇偏誤）, 93, 392
semitransparent colors（半透明顏色）, 290
sensitive data（敏感資料）
ethical issues（道德問題）, 55
Shapefiles（Esri data format）（Shapefile（Esri 資料格式））, 343
converting into GeoJSOn（轉換為 GeoJSON）, 343, 350
sharing online（線上共用）
GitHub Pages, 253
（另見發佈）
Google Sheets（Google 試算表）, 20
converting to Google Sheets format（轉換為 Google 試算表的格式）, 21
link-shortening service（連結縮短服務）, 21
skewed data interpolated（偏斜的資料插值）, 174
slippy maps as interactive（互動式的滑曳地圖）, 163
SmartMonkey Geocoding tool（SmartMonkey 地理編碼工具）, 24, 366
combining data into one column（將資料合併為一欄）, 75
Leaflet Maps with Google Sheets template（用 Google 試算表樣版製作 Leaflet 地圖）, 303
Leaflet Storymaps with Google Sheets（用 Google 試算表製作 Leaflet 故事圖）, 318
Snagit web page tool（Snagit 網頁工具）, 231
Snowden, Edward（愛德華·斯諾登）, 52

Social Explorer subscription database（Social Explorer 訂閱資料庫）, 58
Socrata Open Data Network（Socrata 開放資料網路）, 58, 208
about Socrata（關於 Socrata）, 208
hospitals registered with Medicare（在 Medicare 註冊的醫院）, 368
Leaflet function for pulling data（用於擷取資料的 Leaflet 功能）, 334
tutorial on current map（即時地圖的教學）, 208-215
sorting spreadsheet data（對試算表資料進行排序）, 28
source notes for data（資料的原始注釋）
about（關於）, 58
acknowledging in storytelling（講述故事時註明）, 408
chart annotations（圖表注釋）, 104
no clickable link in Google Sheets（Google 試算表中沒有可點按的連結）, 114, 118
credibility and（可信度和）, 104, 118, 408
how to lie tutorial sources（如何說謊的教學來源）, 376, 386
Leaflet code template edits（Leaflet 程式碼樣版編輯）, 256
maps（地圖）, 164
Tableau Public choropleth map（Tableau Public 熱度地圖）, 208
OpenStreetMap credit line（OpenStreetMap 的可信度）, 344
storytelling chapter（說故事章節）, 402
sources of data (see data, collecting)（資料的來源（見資料，收集））
sparklines（迷你圖）
about（關於）, 103, 217, 220
Datawrapper table（Datawrapper 表）, 224
spatial biases（空間偏誤）, 396-399
cartograms addressing（用統計地圖因應）, 397
spatial distributions of events via heatmaps（透過熱圖呈現事件的空間分佈）, 329
spatial files with Tableau Public（用 Tableau Public 製作空間檔案）, 202
spellings clustered by similarity（將相似拼寫群集在一起）, 84
Spiegelhalter, David, 87, 392
split bar or column chart（分割條形或柱形圖）
about（關於）, 100, 118
Google Sheets（Google 試算表）, 118
spreadsheets（試算表）
about（關於）, 13
blank spaces and rows as trouble（空格和空白行是大麻煩）, 416
cleaning data（清理資料）
combining data into one column（將資料合併為一欄）, 75
Find and Replace（尋找和取代）, 69
Smart Cleanup in Google Sheets（Google 試算表中的智慧清除）, 68
splitting into separate columns（拆分為個別的欄）, 72
transposing rows and columns（轉置列和欄）, 71
column header labels（欄標題標籤）
critically examining（嚴格檢查）, 63
dates in tables versus spreadsheets（表格 vs. 試算表的日期）, 71, 130
freezing（凍結）, 30
data formats（資料格式）, 16
download to CSV or ODS format（下載為 CSV 或 ODS 格式）, 16
filtering data（篩選資料）, 28
formulas（公式）, 31
concatenation to combine data（串接以合併資料）, 75
CSV format export limitations（CSV 格式匯出限制）, 17, 19, 42
freezing column headers（凍結欄標題）, 30
functions（函數）, 31
geocoding data（地理編碼資料）, 23-25
bulk geocoding（批次地理編碼）, 366
combining data into one column（將資料合併為一欄）, 75
GeoJSON data from（來自…的 GeoJSON 資料）, 347
Google Sheets used in book（書中使用 Google 試算表）, 16, 17
（另參見 Google 試算表）
LibreOffice (see LibreOffice)（LibreOffice（參見 LibreOffice））

looking up and pasting data between sheets（在工作表之間尋找和貼上資料）, 38
mailing list in spreadsheets（試算表中的郵寄清單）, 38
map polygon data joined with（地圖多邊形與…合併）, 357
keys（密鑰）, 360
matching up data（比對資料）, 360
Microsoft Excel (see Microsoft Excel)（Microsoft Excel（參見 Microsoft Excel））
pivot tables for summarizing（資料透視 / 樞紐分析表進行彙整）, 33
relational databases versus（關聯式資料庫 vs.）, 42
selecting tools（選擇工具）, 15
tables from（表格來自）, 226
transposing rows and columns（轉置列和欄）, 71
Datawrapper transposing（Datawrapper 的轉置）, 134
uploading and converting to Google Sheets（上傳並轉換為 Google 試算表）, 21
Squarespace site embedding（Squarespace 網站嵌入）, 243
Stack Overflow forum（Stack Overflow 論壇）
Chart.js, 285
tool support（工具支援）, 5
stacked area charts（堆疊面積圖）
about（關於）, 102, 130
Chart.js line chart converted into（Chart.js 折線圖轉換為）, 285
Google Sheets（Google 試算表）, 130
stacked bar or column charts（堆疊條形或柱形圖）
about（關於）, 100, 119
Google Sheets（Google 試算表）, 119
standard scores（標準分數）, 92
starting out (see beginner tools)（入門（參見初學者工具））
State University of New York Open Data listings（紐約州立大學開放資料列表）, 58
state-level maps and excluded peoples（州級地圖和被排除人群）, 399
static image versus interactive iframe（靜態圖片 vs. 互動式 iframe）, 230
statistical data analysis introduction（統計資料分析簡介）, 87
step color intervals（分階顏色間隔）, 173, 389
storyboarding narrative of visualization（視覺化的分鏡腳本敘述）, 402
storymaps（故事圖）
about（關於）, 160
portability of Leaflet Storymaps（Leaflet 故事圖的可移動性）, 311
example（範例）, 310
Knight Lab StoryMap platform（Knight Lab StoryMap 平台）, 311
Storymaps (Leaflet)
about（關於）, 160, 310
code template for Google Sheets（Google 試算表的程式碼樣版）, 294, 310-328
code template for Google Sheets gallery（Google 試算表的程式碼樣版範例）, 311
demo（示範）, 310
storytelling（故事的講述）
about（關於）, 401
chart types based on（基於…的圖表類型）, 99
data objectivity（資料客觀性）, 47
data visualization for（為了…的資料視覺化）, 13, 1
Datawrapper example on plastics（Datawrapper 關於塑膠的範例）, 405
drawing attention to meaning（吸引注意力到意義上）, 405
format of data story（資料故事的格式）, 409
interactive visualization storytelling（互動式視覺化說故事）, 231
mistakes to avoid（應避免的錯誤）, 404
question if visualization needed（質疑需要視覺化）, 103
question if location needed（質疑是否需要位置）, 161, 166
sketching（草繪）, 1-3
building narrative on storyboard（在分鏡腳本建構敘事）, 402
sources（來源）
acknowledging（註明）, 408
storytelling chapter of book（故事書的章節）, 402

steps of data visualization（資料視覺化步驟）
1. storyboarding the narrative（1. 將敘事做成分鏡腳本）, 402
2. summarizing key messages（2. 彙整關鍵消息）, 402
3. why it matters（3. 為什麼重要）, 402
example of reader survey（讀者問卷範例）, 403
Tableau Public interactive dashboards（Tableau Public 互動式儀表板）, 146
titles of charts（圖表標題）, 104
Storytelling with Data (Knaflic)（用資料說故事（Knaflic））, 402
summarizing spreadsheet data via pivot tables（透過資料透視表彙整試算表資料）, 33
support of tools（工具支援）
Airtable support page（Airtable 支援頁面）, 44
Google Forms support page（Google Forms 支援頁面）, 27
support page links（支援頁面連結）, 412
tool selection factor（工具選擇因素）, 5, 8
survey of book readers（讀者問卷）, 14
copying a Google Sheets sheet（複製 Google 試算表）, 19
Google Forms for（用 Google 表單製作）, 26
visualization of（視覺化）, 403
survey tools and nonresponse bias（問卷工具和無應答偏誤）, 93, 392
survival versus mortality rates（生存率與死亡率）, 392
SVG (Scalable Vector Graphics)（SVG（可縮放向量圖形））, 350
symbol point maps（符號點地圖）, 160, 187
tutorial on Datawrapper（Datawrapper 的教學）, 187-193

T

Tableau Public
about（關於）, 146, 202
choropleth map tutorial（熱度地圖教學）, 202-208
cleanup of data（資料清理）, 203
Chromebook not supported（不支援 Chromebook）, 416
color break control（色彩斷點控制）, 208
connecting data（連結資料）, 147, 153
dashboards（儀表板）, 207
embed code（嵌入程式碼）, 237
geocoding not included（地理編碼不包括在內）, 202
Google Drive accessibility（Google 雲端硬碟可存取性）, 204
installing（安裝）, 147
install link（安裝連結）, 202
interactive charts（互動式圖表）
filtered line charts（篩選折線圖）, 152-156
scatter charts（散佈圖）, 147-151
not for sensitive data（不適用於敏感資料）, 146, 151
portfolio of public visualizations（公開視覺化作品集）, 151
recommended tool（推薦工具）, 9
resources page link（資源頁面連結）, 146, 412
create Tableau maps from spatial files（空間檔案中製作 Tableau 地圖）, 202
tables（表格）, 226
tables（表格）
about（關於）, 217
data visualization and（資料視覺化以及）, 13
Datawrapper table with sparklines tutorial（帶有迷你圖的 Datawrapper 表格教學）, 220-226
colors（顏色）, 223
flag icons（標記圖示）, 221
searchable（可搜尋）, 221
sparklines（迷你圖）, 224
Datawrapper table, static（Datawrapper 表，靜態）, 226
design principles（設計原則）, 218-220
color for highlighting data（顏色用於突顯資料）, 218
example using COVID-19 data（使用 COVID-19 資料的範例）, 219
extracting from PDFs（從 PDF 擷取）, 76-79
text- versus image-based PDFs（文字型 vs. 影像型 PDF）, 76
Google Sheets（Google 試算表）, 226
readability of（可讀性）, 15
recommended tools（推薦工具）, 9

relational databases versus spreadsheets（關聯式資料庫 vs. 試算表）, 42
rows and columns opposite charts（行和欄顛倒的表格）, 71, 130
sorting（排序）, 28
（另參見試算表）
sparklines（迷你圖）, 217, 220
Tableau Public, 226
Tables Generator tool for web pages（用於網頁的 Table Generator 工具）, 226
Tables Generator tool for web pages（用於網頁的 Table Generator 工具）, 226
Tabula PDF table extractor（Tabula PDF 表格擷取器）
about（關於）, 67
Chromebook not supported（不支援 Chromebook）, 416
link for how to（使用說明連結）, 412
recommended tool（推薦工具）, 9
table extraction（表格擷取）, 76-79
text- versus image-based PDFs（文字型 vs. 影像型 PDF）, 76
tax-exempt organization officer salaries（免稅組織人員薪水）, 54
technical support of tools (see support of tools)（工具的技術支援（參見工具的支援））
templates (see code templates)（樣版（參見程式碼））
testing in different browser（在不同的瀏覽器中進行測試）, 413
text editors（文字編輯器）
Atom, 263-275
Chromebook not supported（不支援 Chromebook）, 416
support page link（支援頁面連結）, 412
Chromebooks
Caret, 264, 416
文字, 264
three-dimensional charts（三維圖表）, 109
tiled maps as interactive（互動式圖磚地圖）, 163
time-series data（時間序列資料）
line chart（折線圖）, 128
normalizing（正規化圖表）, 91
stacked area charts（堆疊面積圖）, 130
tables versus charts（圖表與圖表）, 71, 130
titles（標題）
charts（圖表）, 104
Datawrapper choropleth map（Datawrapper 熱度地圖）, 192, 200
Google My Maps, 180
maps（地圖）, 164
editing code template（編輯程式碼樣版）, 252
point map custom icons（點地圖客製化圖示）, 182
Tableau Public choropleth map（Tableau Public 熱度地圖）, 206
tool selection（工具選擇）
data format（資料格式）, 16
factors to consider（要考慮的因素）, 3-8
one chart from 24 different tools（用 24 種不同工具製作同一張圖表）, 24, 8
password manager（密碼管理器）, 10
recommended tools（推薦工具）, 8
spreadsheet tools（試算表工具）, 15
tool tips（工具提示）
charts（圖表）, 104
Datawrapper customizing（Datawrapper 客製化）, 192, 200
maps（地圖）, 164
Socrata, 213
Tableau Public, 206
TopoJSOn, 350
transform tools（轉換工具）
GeoJson.io, 345
（另見 GeoJson.io）
Map Warper, 365
（另見 Map Warper）
Mapshaper, 350
（另見 Mapshaper）
Wiki on GitHub（GitHub 上的 Wiki）, 362
recommended tools（推薦工具）, 9
transposing spreadsheet rows and columns（轉置試算表的行和欄）, 71
Datawrapper transposing（Datawrapper 轉置）, 134
troubleshooting（故障排除）
bad data（不良資料）, 416

browser as trouble（身為故障瀏覽器）, 413
hard refresh（強制重新整理）, 413
browser as troubleshooting tool（瀏覽器為故障排除工具）, 413, 414
Chromebook tools not supported（不支援的 Chromebook 工具）, 416
code templates（程式碼樣版）, 414
developer tools in browsers（瀏覽器中的開發人員工具）, 414
error messages in console window of browser（瀏覽器控制台視窗中的錯誤訊息）, 414
GeoJson.io cannot import file（GeoJson.io 無法匯入檔案）, 346
GitHub
status link（狀態連結）, 413
warning Merge Conflict on commits（Commit 時警告合併衝突）, 274
heatmap clusters not showing（熱圖群集不顯示）, 331
iframe common errors（iframe 中常見的錯誤）, 417
Mac computers and filename extensions（Mac 電腦和副檔名）, 16, 415
Mapshaper（）, Command expects a single value（Mapshaper 的 Command expects a single value）, 353
NaN errors from empty GeoJSON fields（GeoJSON 空欄位造成 NaN 錯誤）, 417
online tools or platforms（線上工具或平台）, 412
browser causing trouble（造成麻煩的瀏覽器）, 413
screenshot keystrokes（螢幕截圖鍵）, 411
support page links（支援頁面連結）, 412
truth（真相）
bias in data（資料中的偏誤）, 92-95, 392-399
categories of visualizations（視覺化類別）
misleading（誤導性）, 376
truthful（真實）, 376
wrong（錯誤）, 375
detecting lies（檢測謊言）, 375
how to lie sources for tutorials（如何說謊的教學來源）, 376, 386
how to lie with charts（如何用圖表說謊）
about（關於）, 376
add more data（加上更多資料）, 383-386
adjusting data for change over time（隨時間調整資料）, 385
aspect ratio warped（變形的寬高比）, 380-383
colors（顏色）, 385
diminishing change（淡化變化）, 378
exaggerating change（誇大變化）, 376
how to lie with maps（如何用地圖說謊）
about（關於）, 386
color ranges（顏色範圍）, 388
design decisions（設計決策）, 391
histograms for data distribution（用於資料分佈的直方圖）, 390
loading data（載入資料）, 386
what to believe（應該相信什麼）, 14-21（另參見信譽）
The Truthful Art（Cairo）, 89, 376, 402
Tufte, Edward, 87, 220
tutorials（教學）
choropleth maps（熱度地圖）
Datawrapper, 193-202
Tableau Public, 202-208
current map with Socrata Open Data（用 Socrata 開放資料製作即時地圖）, 208-215
GeoJSON convert from other formats（從其他格式轉換成 GeoJSON）, 346-349, 350
how to lie（如何說謊）
charts（圖表）, 376-386
maps（地圖）, 386-391
sources for tutorials（教學來源）, 376, 386
interactive Leaflet Maps with Google Sheets（使用 Google 試算表製作互動式 Leaflet 地圖）, 296-309
Leaflet code templates（Leaflet 程式碼樣版）
heatmap points with CSV data（用 CSV 資料製作熱圖點）, 329
Maps with Google Sheets（用 Google 試算表製作地圖）, 295-309
maps with open data APIs（用開放資料 API 製作地圖）, 333
point maps with CSV data（用 CSV 資料的點地圖）, 328

Storymaps with Google Sheets（使用 Google 試算表製作故事圖）, 310-328
Leaflet tutorials link（Leaflet 教學連結）, 336
Map Warper georeferencing（Map Warper 地理對位）, 365
Mapshaper, 350
point map with Google My Maps（使用 Google My Maps 製作點地圖）, 179-187
symbol point map with Datawrapper（使用 Datawrapper 製作符號點地圖）, 187-193
table in Datawrapper with sparklines（帶有迷你圖的 Datawrapper 表格）, 220-226

U

Ukraine map served in two versions（烏克蘭地圖有兩種版本）, 398
uncertainty indicated in charts（圖表標注不確定性）, 104, 282
（另見誤差線）
acknowledging（註明）, 408
Google Sheets（Google 試算表）, 117
United Nations（聯合國）
Food and Agriculture Organization（糧食與農業組織）, 122
Humanitarian Data Exchange, 57
open data repository（開放式資料儲存庫）, 58
US Census data（美國人口普查資料）
American Community Survey（美國社區問卷）, 57
margins of error（誤差範圍）, 63
median earnings by education, gender（收入中位數，依教育，性別）, 137
normalizing COVID-19 data（正規化 COVID-19 資料）, 178
ANSI codes（ANSI 碼）, 196
Decennial Census（十年人口普查）, 57
FIPS codes（FIPS 程式碼）, 196
Geocoder for bulk geocoding（用於批次地理編碼的地理編碼器）, 366
documentation link（說明文件連結）, 368
interactive historical map of racial change（種族變化的互動式歷史地圖）, 64
levels of data available（可用資料層級）, 49
nonresponse bias（無回應偏誤）, 93
race and ethnicity category shifts（種族和族裔類別變化）, 64
removing town label after place names（刪除地名末尾的 town 標籤）, 69
site for accessing data（存取資料的網站）, 57
US Cities population change（美國城市的人口變化）, 188
US Census Geocoder for bulk geocoding（美國人口普查地理編碼器）, 366
documentation link（說明文件連結）, 368
US Federal Election Commission database（美國聯邦選舉委員會資料庫）, 54
US Federal Reserve open data repository（美聯儲開放式資料儲存庫）, 376
US government Data.gov（美國政府 Data.gov）, 57
US maps and excluded peoples（美國地圖和被排除的人群）, 399
US National Aeronautics and Space Administration（NASA）link（美國國家太空總署（NASA）連結）, 378
US Overseas Loans and Grants dataset cleanup（美國海外貸款和捐款資料集清理）, 79-86
University of Rochester Open Data listings（羅切斯特大學 Open Data 列表）, 58
uploading files as Google Sheets files（上傳檔案為 Google 試算表檔案）, 21
Urban Institute Data Visualization Guide（城市研究所資料視覺化指南）, 393

V

variables（變數）
bubble charts for three variables（三變數的泡泡圖）, 289
more than three variables（三個以上的變數）, 290
confounding（混淆）, 89
correlations between（相關性）, 88
independent and dependent（獨立和從屬）, 88
table design（格設計）, 219
maps（地圖）
one variable, not two（一個變數，非兩個）, 166
two variable solutions（兩個變數的解決方案）, 166

vector data（向量資料）
basemaps（底圖）, 163
GeoJSON format（GeoJSON 格式）, 341, 344（另見 GeoJSON）
geospatial data（地理空間資料）, 340
OpenStreetMap data（OpenStreetMap 資料）, 340
points, polylines, polygons（點、多線段、多邊形）, 164
visualizations (see data visualizations)（視覺化（參見資料視覺化））
truthfulness categories（真實性類別）, 375（另見真相）
visually impaired readers（視障讀者）, 7
VLOOKUP function in spreadsheets（試算表中的 VLOOKUP 功能）, 38
CSV joined with map polygon data（CSV 結合地圖多邊形資料）, 360

W

W3Schools site（W3Schools 網站）
HTML tags and syntax（HTML 標籤和語法）, 303
semitransparent colors（半透明顏色）, 290
TryIt iframe page（TryIt iframe 頁面）, 233, 418
web color codes and names（網路顏色程式碼和名稱）, 302
Waters, Tim, 365
web embedding (see embedding in web page)（網上嵌入（參見嵌入網頁））
web hosting（網站託管）, 253（參見 GitHub）
Web Mercator projection（網路麥卡托投影）, 354
projection bias（投影偏誤）, 397
web page-based tables, tool to create（網頁表格的製作工具）, 226
Weebly site embedding（嵌入 Weebly 網站）, 243
West, Jevin D., 93
Wheelan, Charles, 87
Wilburn, Thomas, 416
Williams, Serena, 51
Wix site embedding（嵌入 Wix 網站）, 243
WordPress site embedding（嵌入 WordPress 網站）, 240-243
World Bank Open Data（世界銀行開放資料）, 58
life expectancy table with sparklines（帶有迷你圖的預期壽命表格）, 220-226
World Inequality Database（世界不平等資料庫）, 58, 387

X

xlsx data format（xlsx 資料格式）, 16

Y

Yau, Nathan, 376

Z

z-scores（z- 分數）, 92
zero-baseline rule for charts（圖表的零基線規則）, 106
exaggerating change in charts（誇大圖表的變化）, 377
line charts（折線圖）, 106, 379
Zillow research data（Zillow 的研究資料）, 168
Zillow Home Value Index（Zillow 房價指數）, 193
zip codes as plain text（郵政編碼為純文字）, 75
zoom controls on interactive maps（互動式地圖上的縮放控制）, 164
Zuboff, Shoshana, 52